新古典主义与浪漫主义

建筑·雕塑·绘画·素描

1750-1848年

罗尔夫·托曼（Rolf Toman）　主编

马库斯·巴斯勒（Markus Bassler）、阿希姆·贝德诺尔茨（Achim Bednorz）

马库斯·博伦（Markus Bollen）、弗洛里安·蒙海姆（Florian Monheim）　摄影

中铁二院工程集团有限责任公司 译

丛书翻译： 朱颖、许佑顶、秦小林、魏永幸、金旭伟、王锡根、苏玲梅、张桓、张红英、刘彦琳、祝捷、白雪、毛晓兵、林尧璋、孙德秀、俞继涛、徐德彪、欧眉、殷峻、刘新南、王彦宇、张兴艳、张露、刘娴、周泽刚、毛灵、彭莹、周毅、秦小廷、胡仕赉、周宇、王朝阳、王平、蔡涤泉

U0227195

中国铁道出版社

CHINA RAILWAY PUBLISHING HOUSE

封面：

安东尼奥·卡诺瓦（Antonio Canova）：

《爱与灵魂》（Amor und Psyche，局部），1786年-1793年

巴黎卢浮宫国家博物馆（Musée National du Louvre）

摄影：©布里奇曼艺术图书馆（The Bridgeman Art Library）

封底：

卡斯帕·戴维·费里德里希（Caspar David Friedrich）：

《人生阶段》（The Stages of Life，局部），约1835年

画布油画

莱比锡（Leipzig）造型艺术博物馆（Museum der bildenden Künste）

摄影：©伦敦艺术与历史图片库（akg-images）

卷首插图：

乔瓦尼·保罗·帕尼尼（Giovanni Paolo Panini）：

《古罗马》（Roma Antica，局部），约1755年

画布油画，186厘米×227厘米

北京市版权局著作权合同登记号：图字01-2011-4636

图书在版编目（CIP）数据

新古典主义与浪漫主义——建筑, 雕塑, 绘画, 素描 / (德) 托曼 (Toman,R.) 主编；中铁二院工程集团有限责任公司译. -- 北京：中国铁道出版社，2012.8

ISBN 978-7-113-14005-2

Ⅰ. ①新… Ⅱ. ①托… ②中… Ⅲ. ①建筑艺术—欧洲 Ⅳ. ①TU-865

中国版本图书馆CIP数据核字(2012)第109597号

Neoclassicism and Romanticism: Architecture, Sculpture, Painting, Drawing
ISBN:978-3-8331-5020-3

© for the Chinese edition: China Railway Publishing House, 2011
© h.f.ullmann publishing GmbH

Editing and Realization：Rolf Toman, Esperaza, Birgit Beyer, Cologne, Barbara Borngässer, Dresden

Photography：Markus Bassler, Dosquers(Girona), Achim Bednorz, Cologne, Markus Bollen, Bergisch-Gladbach, Florian Monheim, Meerbusch

Picture Research：Monika Bergmann, Astrid Schunemann, Cologne

Cover Design：Werkstatt Munchen

书　　名：新古典主义与浪漫主义——建筑, 雕塑, 绘画, 素描
著　　者：(德) 罗尔夫·托曼 （Rolf Toman）
译　　者：中铁二院工程集团有限责任公司
策划编辑：石建英　杨新阳　凌遵斌
责任编辑：王菁　　电话：010-83545974-807
责任印制：郭向伟
出版发行：中国铁道出版社（北京市西城区右安门西街8号）
印　　刷：北京盛通印刷股份有限公司
版　　次：2012年8月第1版　2012年8月第1次印刷
开　　本：889mm×1080mm 1/16 印张：32.5 字数：1190千
书　　号：ISBN 978-7-113-14005-2
定　　价：400.00元

目　录

彼得·皮茨（Peter Pütz）

从文艺复兴到浪漫主义运动时期各类思潮概况

新古典主义与浪漫主义时期的艺术不仅与同时期的先进哲学思想紧密交织在一起，而且还深深扎根于近代的思想传统之中。自中世纪晚期，就人类自我意识与其外在世界二者间的关系而言，重心逐渐从客观转移到主观。这一重心的转移在知识理论、伦理道德、社会教义和神学体系方面十分明显。笛卡尔（Descartes）的哲学思想也显示出了这一重心的转移，因为他提出的"本着怀疑的精神追求真理"的理论基础是"我思"（ego cogito），而不是"所思（cogitatum）"。这就是说，他的哲学思想基础是主观意识，而非规定和预先注定的事物。康德（Kant）和费希特（Fichte）后来从更加激进的角度阐述了主体在意识方面所起的作用。斯宾诺莎（Spinoza）在他有关知识理论的著作中，也主要关心的是纯粹理性，而在《几何伦理学》（Ethica ordine geometrico demonstrata）一书中，他认为每个人对幸福的追求都是合理的，并阐释了伦理教义不应忽视自存本能的原因。莱布尼茨（Leibnitz）发明了"神义论"一词，意为寻求协调邪恶存在和上帝存在之间的矛盾。他认为，不但人类必须向上帝证明自己的正当合理性，上帝也必须向人类证明自己的正当合理性。

不过，这一渐进的主观化并非哲学独有的特点；它也是近代其他文化现象的一个重要特点，在启蒙运动时期表现得更为突出。自文艺复兴时期以来，在世俗艺术方面，才能出众的个别人得到了升华，而在宗教艺术方面，虔信派脱离了宣扬客观主义的教会。维护信仰不再是教会本身的事，而是个人凭真正的良心做出的决定，是与"精神伴侣"的直接媾和。同时，我们还看到了主观主义是在与广义上的权威展开激烈斗争的过程中取得进展的。透视法的诞生就是这方面的一个典型例子，它的发现和掌握在艺术史上具有划时代意义。因为除了观察对象与观察主体所处位置之间的关系之外，还有什么更能说明透视法呢？中世纪没有景深的画作忽视了这一点。在涉及救赎的客观事实方面，中世纪画作没有留下余地供人探讨相对性和视角。但是如今的世界不再被看作是平的了，不再有放之四海而皆准的真理，万物皆取决于主体的立场。透视法刻意追求的和表现的到底有多么异乎寻常，甚至反常呢？对于这个问题的答案，人们只需回忆下曼特尼亚（Mantegna）按照透视法缩短了人体长度的画作便明白了。

就生活空间设计而言，景观和城市规划中对规定和上帝注定事物的恪守被相关主体的几近专横的意志取代。哲学对方法和实践应用的关注也同样影响到城市设计。在《方法论》（Discours de la méthode）一书中，笛卡尔表达了对旧城镇的强烈不满：街道和小巷

弯弯曲曲，到处拐弯抹角，房屋布局稀奇古怪、杂乱无章，仿佛是随意安排在那里的，而非出自理性的人的意志。相反，笛卡尔要求工程师协调设计，而他的这些要求很快得到了实现。在接下来的数十年里，街道修直了，房屋正立面整齐划一，正如歌德以赞许的口吻记述抵达莱比锡后所看到的景象。大自然简直被"征服"了：为了创造出几何次序（ordine geometrico），法国花园里的灌木丛和树篱笆被修剪成金字塔状和球状。几乎不让植物自然生长、随意抽枝和疯长，几乎不让大自然不受约束地自由发展。这一原则不仅用在了市镇规划，而且用在了教育当中。当卢梭对此加以抨击时，他并不是反对渐进的主观化进程；实际上，他是支持主观化进程的，因为他所辩护主张的个性甚至超出了主观性。

主观主义在各个领域发挥了日益重要的作用，近代早期人们对生活的基本态度便是主观主义能够发挥作用的基础。越来越多的人意识到人类已取代地球成为了宇宙的核心。重心已经从上帝和来世生活转移到人类和现世生活。人类是衡量所有事物的标准，这一思想是从古代传承下来的。这一思想的再次兴起构成了文艺复兴和启蒙运动的核心。神学和鬼魔学遭到了自然科学和历史学的挑战。

中世纪的思想家很少关注尘世间的人类历史。对他们来说，来到这个世上就是坠入苦海，而唯一的出路就是获得救赎；这就是最初给尘世赋予的含义。最后，人人都将面临最后的审判，要么心怀恐惧地等待，要么怀抱希望地期盼。更具体的情形是，人要么名垂史册，要么遗臭万年，皆取决于仁慈上帝赐予恩惠，还是不赐予恩惠。但是，自16世纪起，思想开始发生转变：人类并不是无能为力的生物，而是能够——也应该——自己掌握自己命运的能动主体。因此需要审视和改善能够实现幸福的理性人生的条件。自16世纪起，从托马斯·莫尔（Thomas More）、坎帕内拉（Campanella）到卢梭、孟德斯鸠等一系列思想家提出了乌托邦（Utopia）和改革思想。在启蒙运动即将结束时，法国大革命以势不可挡之势爆发了，这些思想也随着这一重大事件达到了高潮。弗里德里希·施莱格尔（Friedrich Schlegel）认为法国大革命是"这个时代最伟大的运动之一"，其重要性远超费希特的知识学和歌德的《威廉·迈斯特》（Wilhelm Meister）。

所有这些思想均可归类为广义的"渐进式主观主义"。它们以中世纪前所未闻的方式传播蔓延。活版印刷发明之后，书面作品的流通成本降低了，传播速度更快了，影响力也是今非昔比。

艺术和自然科学不再是各修道院和修会的特权，个人也能学习艺术和自然科学。自此以后，纽伦堡（Nuremberg）、法兰克福（Frankfurt）和奥格斯堡（Augsburg）等城镇不仅是布匹和谷物的交易中心，也是知识和技能的交易中心。中产阶级知识发展的第一次巨大飞跃出现在文艺复兴时期，第二次飞跃则出现在图书数量猛增的18世纪下半叶。印刷技术为启蒙运动做出了无法估量的贡献。

近代初期出现的主观化趋势不仅仅是思想史的一部分，而且是社会史的一部分，即在中产阶级崛起方面起到了一定的作用。主观主义是中产阶级自我意识和自我主张的基础。贵族凭借其属于某个阶级的身份从一出生就享受特权，而中产阶级的出人头地只能靠自身的成就，他们真的还需要赢得社会认可。正如在歌德的《威廉·迈斯特》中威廉·迈斯特告诉他那整天呆在家里的妹夫，贵族只需安于现状就能过得称心如意，但是中产阶级则需要通过自身努力才能活个样子来。至少从意识层面来讲，中产阶级的奋斗缺乏阶级意识，始终只是为了自己而奋斗。他们从根本上认为和他们同在一条船上的人都是竞争对手，而彼此竞争的个体不会抱团组成一个团体。在很长一段时间里，中产阶级甚至连社群意识也没有。贵族阶级再次利用中产阶级的这一弱点牟利，因为他们可以让中产阶级个体为其所用，把他们用作交易伙伴、服务员、官员、顾问，有时候用作艺术家。最终，他们的主子可能会因他们的效劳而加封他们为贵族，对中产阶级个体来说，没有比这更荣耀的事情了。

上一页：
威廉·布莱克（William Blake）
《英格兰象征性人像》，1794年-1796年
铜版画，彩色印刷，25.3厘米×18.8厘米
伦敦大英博物馆（The British Museum）

当人摆脱旧秩序的枷锁并以光芒四射的形象出现时，他在一定程度上还面临着自身问题，即有待回答"我是谁"的问题。

刚刚获得的自由解放了个人，但是也迫使个人规划自己的人生。

下图：
约翰·亨利·富泽利（John Henry Fuseli）
《自画像》（Self-Portrait）1780年-1790年
炭画素描，白色提亮
27厘米×20厘米
伦敦维多利亚与艾伯特博物馆（Victoria and Albert Museum）

中产阶级的不抱团可能阻碍了群体心理的发展，但是它也释放出了巨大的能量。18世纪下半叶，正是这股力量使经济和文化取得了巨大的进步。因为中产阶级不能耽于现状，必须孤注一掷地去干事业，所以这一行为释放出来的力量是贵族阶层不能产生的力量，原因是他们不需要去产生这样的力量。因此，中产阶级主观主义引起的结果是：巨大的付出换来了更大的经济和知识收获，使前所未想、前所未梦的最为深远的发现和发明问世了。不断奋进但在一定程度上遭到误解的"浮士德式的人物（Faustian man）"，从骨子里来讲，就是一个积极的中产阶级代表。

17世纪的重商主义经济体制不再适合偏重于主观主义的中产阶级，因为这个经济体制是为了增强独裁统治者的权柄而设立的。对贸易收支一门心思的追求反映了统治者作为一个中央集权主义者对领土和王朝的兴趣。不过，18世纪下半叶经济实力变得更加强大的中产阶级认为自己是生产者和商人，与领土和诸侯的联系算不上头等大事。他们追求的是自己的利润前景。在此追求过程中，他们废除了国家对贸易的控制，做上了他们想做的生意。一种有利于中产阶级资本主义发展的自由放任主义兴起了，并取代了重商主义。这些商业活动并不局限在王朝或国家疆域之内，从而为启蒙运动时期的世界大同主义创造了物质基础。

所有这些渐进的主观化趋势相汇在18世纪，成为了启蒙运动的推动力量。康德为此专门写了一篇文章《答复这个问题："什么是启蒙运动"？》（*Beantwortung der Frage: Was ist Aufklärung?*）。在这篇文章的头几页里，他使用的几个组合词［"自我感激（self-indebted)"、"为自我打算（thinking for oneself)"等］中都含有"自我（selbst)"一词，所表达的思想在这几个哲学术语中也是相同的。他反复使用同一含义的"自我"，并通过肯定个人的"自我"理性和理智，进一步强调了"自我"的重要性。因为只有个人本人付出努力——"鼓起勇气利用你自己的理性！"——才能获取见解和知识，所以促进个人付出努力的并不是对符合逻辑的正当活动具有普遍约束力的法律，而是个人的意志行为，即做出决定的力量。与错误决定相比，敌人莫过于"懒惰和懦弱"。启蒙运动的立足点不是逻辑，而是认知观念。因此，启蒙并不等同于孜孜以求的认知、学问或思想，而是指不同的思维方式。虽然通常运用理性专门或主要为了获取知识，但启蒙是在同等程度上针对和反抗获取知识阻力的。这类阻力要么来源于知识本身，以偏见和情绪的形式混淆理性，要么来源于知识之外，以当局和

官员的形式阻挡理性的道路。所有这些都应予以抗争，他们的主张也应加以提防。他们的价值观必须予以考查、扭转，必要时，还须予以毁灭。这就是启蒙运动的知识炸药。然而，在18世纪，扭转价值观作为启蒙运动的基本原则，作为倡导者的逻辑论工具，并未致使所有价值观发生转变，也没有引起完全混乱，更没有出现一片消极的情况。启蒙运动不是为了解决纷乱，而是为了重新安排既有的秩序。

德国的新古典主义——新古典主义时期在德国被称为古典主义时期，在英国和美国则被称为新古典主义时期——便是这方面的一个典

范，因为其形式和思想在许多方面遵循了兼容并包的原则。康德在他的《判断力批判》(Critique of Judgment，德国唯心主义的"经典"著作)一书中旨在调和纯粹理性和实践理性、自由和自然。跟康德一样，席勒（Schiller）提出了第三种选择，其中存在于优雅和端庄、直觉文学和分析文学［"素朴的诗与感伤的诗 (naive und sentimentalische Dichtung)"］之间的对立似乎是协调的。调和并不只是针对伦理审美问题，还针对人类思想、生活、本性和历史的方方面面。因此，新古典主义旨在把古典时代和基督教时代、启蒙运动时期和天才时代、感性和理性、自由论和因果论、甚至上帝和人类合而为一。历史、人类学和神学各对立面的调和产物同样适用于审美标准和诗歌实践。歌德把兼容并包的思想原理当作结构规律用到了他的文学作品之中。如

同古希腊神庙一样，在他的文学作品中，横向和纵向采用了最简单、但最必要的的衔接方式。新古典主义的特点是旨在思想和谐，以及以恰当的艺术形式组织思想。《威廉·迈斯特的学习时代》(Wilhelm Meistens Lehrjahre) 中所表现的和谐整体性与其结构元素休戚相关，所采用的结构方式不允许任何外来元素或孤立元素，当然就更别提离题了。这在德国小说史上开了先河。

在启蒙运动时期，渐进的主观主义得到强有力的推进，只受到了来自德国新古典主义运动的阻力。在浪漫主义运动期间的文学作品和思潮当中，渐进的主观主义完全突破了所有界限和限制。

对于这个时期最鼓舞人心的天才费希特来说，自我不仅创造自身，也创造非我。弗里德里希·施莱格尔把他的计划称为"渐进式通体诗

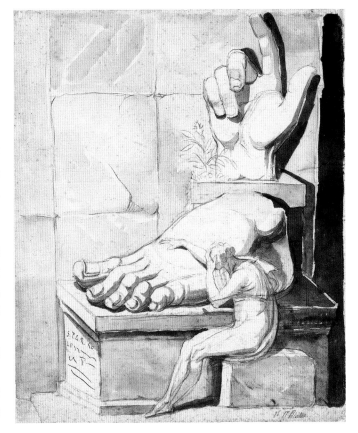

化"。"渐进式"意味着浪漫主义运动并没有摈弃遵循古典主义的新古典主义原理，当然也没有反对这些原理，但是的确超越了它们。希腊艺术毋庸置疑的完美没有被封存，而是被纳入了面向未来的进程，纳入是为了不断地追求完美。浪漫派们从本质上拒绝接受终极因论，他们并不以一项最终成果而固步自封，因为最终成果很快就会卷入渐进式主体无休无止的运动长河之中。对浪漫主义艺术家来说，没有"约束"，因此无羁无绊；他们不受束缚，也不屈服于任何条件。他们的主观主义内核像恒星系那样膨胀扩大，仿佛伸进了宇宙。这种奋斗不息是浪漫主义的母题，即人们不断动身前往新的彼岸，因为在已经抵达的地方还没有找到幸福。如果所描绘的人不是在旷野中游荡（在大多数情况下是远离某物，而非走近某物），那么就会是在聆听凝视，热切地透过一扇窗户眺望远方或浩瀚的大海，仿佛要望断天涯的尽头。

施莱格尔提出的"渐进式通体诗化"中的第二个词也暗含了超越限制的想法。渐进的目标是指不可实现的普遍性。浪漫主义运动冲破了启蒙运动和新古典主义中遵循的描绘事物的条条框框。如今，曾经被禁止的、甚至被摈弃的东西，比如中世纪的奇妙、魔法和神秘，再次成为了最中意的主题，深受浪漫派推崇。

文学作品中开始涉猎激进的自由思考和自由恋爱[弗里德里希·施莱格尔的《鲁沁德》(Lucinde)]、天使般的纯洁 [诺瓦利斯 (Novalis)]、超自然现象 [E.T.A.赫夫曼 (E.T.A. Hoffmann)]、天堂 [艾兴多夫 (Eichendorff)] 和地狱 [蒂克 (Tieck) 的《威廉·罗维尔》(William

左图:
阿斯穆斯·雅各布·卡斯腾斯（Asmus Jakob Carstens）
《夜晚与她的孩子、熟睡和死亡》（*Night with her Children, Sleep and Death*），1795年
牛皮纸炭画素描，白色提亮
板上裱贴两张纸
74.5厘米×98.5厘米
魏玛艺术收藏馆（Staatl. Kunstsammlungen, Weimar），Inv. KK 568

则吸收了抒情诗和戏剧元素，从而预示了理查德·瓦格纳（Richard Wagner）的综合艺术思想的诞生。戏剧在浪漫主义运动中所起的作用较少，没有受到克莱斯特（Kleist）不朽成就的影响。这符合倾向于开放和无垠的趋势，因为没有任何其他文学体裁像戏剧这样需要专注、限制和结局。由于"渐进式通体诗化"不局限于任何特定的内容和形式，它也同样摆脱了束缚，迈进了文学以外的艺术领域。这个时期的德国文学借鉴最多的是音乐和绘画。作曲家和画家们反过来也关注文学，比如弗朗茨·舒伯特（Franz Schubert）、罗伯特·舒曼（Robert Schumann）、斯帕·戴维·费里德里希和菲利普·奥托·伦格（Philipp Otto Runge）。"渐进"的推动力不仅仅超越了体裁和艺术的界限，而且迈进了艺术以外的领域，例如学说和哲学，直到最终所有的思想和存在领域都融入到浪漫主义普遍和谐之中。施莱尔马赫（Schleiermacher）宣扬神学，格林兄弟（Brothers Grimm）开启了对德语和德国文学的研究，萨维尼（Savigny）用浪漫主义手法述说法律原理，甚至严肃的经济学也在亚当·米勒（Adam Müller）的国家和社会理论的刺激下取得了进展。

Lovell)]。作者选用的主题不拘一格，表达形式也丰富多彩。不羁的激情取代了准则和节制，成为了情感和思想的主宰。作品中的人物倾向于极端化，他们毫无顾忌，忘形于知识激进主义之中，最终不了了之。自我毁灭的唯一选择通常就是突然决裂。浪漫派明显厌恶固定的结局，如果这只是他们作品的一个片面性，那该有多好啊！在现实生活里，一些作家选择了自杀，另一些则皈依了天主教。

随着文学作品形式趋向开放，各类文学体裁也开始相互糅合，相互渗透。文学作品走向了"通体诗化"，而最受宠的文学体裁小说

埃哈德（Erhard）有关友谊的画作《两位在山间休憩的艺术家》（*Two Artists Resting in the Mountains*）表达了宁静夏日的浪漫情怀，而卡斯腾斯（Carstens）的画作（上图）则寓意着夜晚、熟睡和死亡三者间的关系。在启蒙运动时期尽量避而不谈人类生活中的这一阴暗面，但是浪漫派则把它纳入自己的文学和美术作品中。

右图:
约翰·克里斯托夫·埃哈德（Johann Christoph Erhard）
《两位在山间休憩的艺术家》，1817年
水彩画，铅笔底线，黑色钢笔着色，黑色轮廓
12.8厘米×18.4厘米
不来梅美术馆（Kunsthalle, Bremen）铜版画陈列馆（Kupferstichkabinett），Inv. No. 52/226

菲利普·奥托·伦格
《春天里的诗人》（The Poet at the
Spring），1805年
黑色钢笔画，铅笔淡墨素描，50.9厘米
×67.1厘米
汉堡市立美术馆（Kunsthalle, Hamburg）

伦格的画作《春天里的诗人》第一
眼看上去可能显得柔弱多情，但是
这也可以作为一个例子，说明伦格
为其艺术作品在知识层面上所定的
高标准。

对他来说，人类，尤其是孩童与大
自然，象征着掌控天地万物兴衰过
程的宇宙主宰者。

如果认为浪漫主义等同于非理性那就错了，因为在无拘无束的情感当中还夹杂着对理解的不渝追求，不仅仅费希特、舍林（Schelling）和施莱尔马赫是这样。横亘在感情和思想之间的屏障也被撤除，因而即使是最自由不羁的情感也不得不通过自我反省证明其本身的正当合理性。在任何其他思想史时期，作者几乎没有像这样严格反省过自己的工作，他们甚至严格到了质疑思想的思考过程的地步。从弗里德里希·施莱格尔针对哲学家所著的《雅典娜神殿片段集》（Athenaeum fragment）第一卷中可明显看出他们是如何坚持不懈地探究自己研究的条件和范畴："他们把问题进行哲学探讨，探讨范畴几乎超出了哲学本身"。这一研究方法存在对思考本身的不足思考，从而使渐进地跨越不同领域成了一个问题，致使对决断能力和总结能力的否定。为了追求一个综合的整体，浪漫派要求通过不断否定来获取进展，从这个角度来讲，浪漫主义的计划至今仍未完成。

乌特·恩格尔（Ute Engel）

英国的新古典主义和浪漫主义建筑

世界强国——英国

18世纪下半叶，英国一跃成为世界头号强国，并将此强国地位一直保持到20世纪。英国之所以能够成为头号强国的原因之一就是1688年光荣革命（Glorious Revolution）后确立的君主立宪制。君主立宪制有利于议会，它限制了国王的权力，保证了个人自由，从而使踌躇满志的中产阶级得以发展。另外一个原因就是引起英国早期工业化的强大经济实力。还有一个重要因素就是英国殖民帝国跨越全球，其版图从加拿大延伸到印度、澳大利亚和非洲。在1793年至1815年期间的反法同盟战争（对抗法国革命和拿破仑）中，英国对打败拿破仑起了决定性作用，于是在1814年至1815年召开的维也纳会议上，英国极力维护其海上霸权和均势主义政策。

自1714年起，拥有日耳曼血统的汉诺威王朝（German house of Hanover）一直统治着英国。然而，只有该王朝的第三位国王乔治三世（1760-1820年在位）在英国政治舞台上发挥了举足轻重的作用，不过1788年，他第一次出现了明显的精神病迹象，此后间歇发生的精神病严重影响了他的判断力，于是自1810年到1820年，他的儿子，也就是后来的乔治四世，不得不担任摄政王代理国务。因此，虽然自1714年起18世纪的英国建筑总体被称为乔治王朝风格建筑，但是从18世纪晚期到19世纪前25年期间的建筑通常被称为摄政时期建筑。乔治四世（1820年-1830年在位）对享乐的兴趣比对政治的兴趣浓，他是一位重要的美术和建筑赞助人。当他驾崩以后，他的弟弟威廉四世继位担任国王。1837年，威廉四世的侄女维多利亚（1837年-1901年在位）又继承王位，她的统治标志着英国政治和文化迈入了一个新的时代。

18和19世纪的英国国内政治是由辉格党（Whig）和托利党（Tory）轮流执政（就本质而言今天依然如此）。拥护君主制的托利党代表着旧贵族，在法国大革命期间，托利党演变为保守党（Conservative），而通常主张锐意改革的辉格党则代表着绅士阶层和富裕的中产阶层，后来发展为自由党（Liberal）。与法国不同，英国的君主立宪制显得如此变通和稳定，以至于无需发生革命政变，在现有的体制下就能进行政治和社会改革。

在1760年左右爆发的工业革命（Industrial Revolution）期间，英国的经济实力大幅提升，使其成为世界上最重要的贸易国，主要得益于其得天独厚的自然条件，如出入海的便利、良好的河流系统、蕴藏的煤铁资源、自中世纪以来在纺织业方面占据的领先地位、先进的农业等。基础设施明显改善，最初修建狭窄运河、收费公路和新桥梁构成的交通系统，自1825年起开始发展国家铁路网络。英国在机械化、新技术和新生产方式发明方面也走在世界前列。此时从纺织工业开始，劳动力大量涌入工厂，城镇人口急剧增长。19世纪初期，伦敦居民总数已愈百万，成为欧洲第一大城市。中部地区和北部地区的工业中心也形成了其他的大型城市，例如，曼彻斯特、伯明翰、利物浦和利兹。

工业革命及相伴而来的社会变革以不同的方式影响着建筑发展史。尽管直至18世纪下半叶，主要的建筑委托项目依然是兴建宫殿、教堂和贵族阶级的大型乡间别墅，但是从19世纪初起，建筑重心转移到了与政府、教育、商业和贸易相关的公共建筑。此时，近来地位显赫、家私万贯的中产阶级构成了最重要的客户来源。

帕拉弟奥式风格盛行

直到18世纪中叶，英国建筑完全以帕拉弟奥式风格为主。继英国内战和光荣革命的混乱局势之后，出现了一段建筑热潮，主要集中于大型乡间宅邸的建造。事实上，每个地主都想在其地产上修建一座惹人注目的府邸，同时在伦敦市内拥有一处住宅。喜欢社交的人冬季居住在城里，而夏季呆在乡间、照料地产、进行田猎，以及跟郡内名门攀攀交情。

在确立君主立宪制以后，贵族和富裕的中产阶级焕发出新的朝气，他们作为建筑项目客户，在乡间别墅设计上是最早摈弃巴洛克式设计风格的欧洲人，他们转而寻求一种更加内敛、更加节制的设计理念，但同时能给他们的朋友和邻居带来深刻的印象。他们在意大利文艺复兴时期的建筑师安德烈亚·帕拉弟奥（Andrea Palladio，1508年-1580年）的建筑风格中找到了这种理念。帕拉弟奥设计的建筑通过严格应用对称、结构合理的比例，使其具有了格外简约和格外和谐的特点。帕拉弟奥早已获得了国家认可，因为早在17世纪英国一位重要的建筑师伊尼戈·琼斯（Inigo Jones）就曾把他的作品作为蓝本效仿。因此，18世纪的帕拉弟奥式建筑具体是指英式建筑，与欧洲其他地方的天主教国家和专制统治国家毫无章法的巴洛克式风格截然相反。所以，帕拉弟奥的建筑风格被英国建筑师和赞助人赋予了一个理想地位，即确立为人们不得背离的标准。在这条标准的背后隐藏着这样的观点：美是客观存在的，取决于客观、普遍适用的规律。

因此，在18世纪上半叶，英国比比皆是帕拉弟奥式建筑物，由

轮廓分明的立方体构建而成，设计比例严谨，外墙装饰格外朴素。建筑物正立面是一个大柱廊，柱基粗琢，呈古典神殿风格。

18世纪中叶出现了第二次别墅建造热潮，富有的中产阶级在伦敦周边兴建了许许多多规模较小的乡间别墅。其中一个例子就是罗瑟姆公园（第15页插图），它是艾萨克·韦尔于1754年为海军上将约翰·宾（Admiral John Byng）修建的。就核心部分的特点而言，这座宅邸基本上属于帕拉弟奥式别墅的立方体结构，具有五条窗户轴线以及爱奥尼亚风格四柱式门廊和三角楣。这座四层楼的建筑物有一个粗琢的柱基、一个主厅、一个位于主厅上方的夹楼层（仅用简洁的带饰隔开），而且在檐部之上、建筑物顶端，设有一个带栏杆的阁楼。主厅最外边的窗户也明显存在帕拉弟奥风格特征，即设计成了典型的帕拉弟奥式威尼斯窗户（一种圆拱形的窗户，介于两扇高高的矩形窗户之间）。不过就在这个位置，一种新颖的、非常英式的元素使得平淡的立方体结构生动活泼起来，那就是这些窗户通过与底层的三面结构多边形凸窗相结合。凸窗是中世纪晚期和文艺复兴时期英国建筑的一大特色，自18世纪中叶起被日益用于乡间别墅之中。角楼则效仿了多边形的底层平面设计。

下一页：
理查德·格伦维尔（Richard Grenville）、威廉·肯特（William Kent）和托马斯·皮特（Thomas Pitt）
白金汉郡（Buckinghamshire）斯托镇（Stowe）的和谐胜利神庙（Temple of Concord and Victory），约1748年

两大革命性发现——古希腊时代和中世纪

尽管如此，即使是在罗瑟姆公园正在修建的时候，帕拉弟奥风格的至高地位也日渐衰落。启蒙运动时期对知识的极度渴望开始蔓延到对古典主义遗址的调查。1711年，人们开始发掘赫库兰尼姆（Herculaneum）遗址，1733年则开始发掘庞贝（Pompeii）。发掘成果逐渐显示帕拉弟奥有关古典主义住宅的资料是完全错误的。与此同时，云游四方的英国人开始更加频繁地在欧洲巡游旅行（Grand Tour）的传统目的地——罗马以外的地方探险。1751年至1755年，尼古拉斯·里维特（Nicholas Revett）和詹姆斯·斯图尔特（James Stuart）最先开始勘察雅典的古典神庙。1762年，两人出版了《雅典古迹》（*The Antiquities of Athens*），由于此书含有准确的平面图和风景画，引起了强烈的轰动，如同1750年罗伯特·伍德（Robert Wood）远征叙利亚（Syria）探索巴尔米拉（Palmyra）和巴勒贝克（Baalbek）的古代遗址一样。1753年至1757年间，伍德把他的研究出版成书，随即掀起了一股盛行较长时间的出版大量英国考古著作的风潮。有了这些大部头书籍之后，这个充满学究气的世界惊讶地发现希腊神庙看上去与罗马神庙迥然不同，除了从罗马建筑中已熟悉的多立克柱式，还有一种更加古老的式样，这个式样没有采用基座和墩柱，而且伟大罗马帝国自身的建筑就是多种多样的。经证明，古代建筑比先前设想的要加多样化，而且也与帕拉弟奥出版著作中的研究成果和使得学者们相信的其他文艺复兴时期建筑师研究成果完全是两回事。

建筑史的出现既突然又异乎寻常，更何况作为在18世纪中叶"发现"的另一个时代，即"中世纪"。在这点上，英国开了先河。在冲破"中世纪"局限方面，没有任何一个国家比英国来得更突然的了。英国的文艺复兴深受哥特式晚期传统的影响。当亨利八世脱离天主教会以后，不同于意大利，英国走上了一条普遍独立的道路。如此一来，中世纪的建筑在17世纪完全就已经开始呈现巴洛克风格，而且英国伟大的巴洛克建筑师也已经开始再次采用哥特式样式，尤其是在中世纪建筑物的增建部位。爵士约翰·范布勒（Sir John Vanbrugh，1664年-1726年）甚至倡导保存中世纪遗迹，因为它们使得我们对过去居住在这里的人们的记忆保持鲜活，而且也像一幅风景画那样，融入到周围环境当中。事实上，这是18世纪晚期和19世纪浪漫派对遗迹充满热情的第一个先兆。

大约在18世纪中叶，英国对哥特风格的痴迷进一步增强。哥特风格被认为是一种基督教的、民族的建筑风格，重点集中在对中世纪英式建筑物的直接研究，并且按照像古代那样谨慎的学究气予以研究和记录。起初仅有一些关于个别建筑物的专题论文，自19世纪起，约翰·布里顿（John Britton）、约翰·卡特（John Carter）和查尔斯·怀尔德（Charles Wild）就英式大教堂所著的一系列伟大书籍开始问世。许多学识渊博的协会把悠闲的贵族、具有绅士派头的赞助人和艺术家、建筑师集合到一起，以便增进关于古代文化和中世纪文化的学识。"古文物研究者协会（Society of Antiquaries）"成立于1707年，为斯图尔特和里维特对位于雅典的希腊神庙的勘察提供了赞助；"业余爱好者协会（Society of Dilettanti）"成立于1733至1734年，特别旨在促进古代文化研究，为伍德远征叙利亚提供了赞助。19世纪上半叶，许多当地的古文物研究者协会陆续成立，并且为各自地区的纪念性建筑相关的中世纪文化做出了重大贡献。

在18世纪中叶左右，大约同时出现了对古希腊时代和中世纪的"发现"，随之而来的是那个时代的一场根本性、革命性的历史观变革。历史以及建筑史不再被看作是从古至今的连续趋势，而是划分成不同的时段和连续的时代。当英国的建筑师和赞助人寻找建筑物设计的模型时，不再存在诸如18世纪初期以前帕拉弟奥主义中那样的普遍适用的建筑标准。如今人们可以选择同等地位的各种风格。选择取决于与特定风格和模型相配程度以及建筑物必须实现的功能。美观日渐成为一个主观问题，盘踞在整个国家之中的大问题就是："我们应该修建什么风格的建筑？"

新的审美观——如画美学

两个新的审美观念对18世纪下半叶英国建筑艺术的发展产生了决定性的影响。同时，还抛弃了对美的传统、普遍约束的定义，即"和谐和平衡"。1757年，埃德蒙·伯克（Edmund Burke）发表了他颇具影响力的文章——《论崇高与美观念起源的哲学研究》（*A Philosophical Enquiry into the Origin of our Ideas of the Sublime and the Beautiful*）。这篇文章指出观察对象能够唤起观察者的种种感觉，包括愉快、恐惧以及胆战心惊。如此一来，伯克就为美感哲学奠定了基础，这种哲学将是浪漫主义原理的奠基石。伯克对美（圆形、光滑和柔软）和壮丽（无穷、巨大和令人生畏）加以区别。18世纪晚期，伯克的理论得到进一步详述，增加了"如画美学"。在18世纪80年代和90年代，威廉·吉尔平（William Gilpin）、尤维达尔·普赖斯（Uvedale Price）和理查德·佩恩·奈特（Richard Payne Knight）发表的作品为他的理论提供了支持。那时的前景充满了多样性、不规则性、惊奇、

下图：
詹姆斯·吉布斯（James Gibbs）
自由神殿（Temple of Liberty），1741年
白金汉郡斯托镇

底图：
桑德森·米勒（Sanderson Miller）
人造城堡遗迹，约1747年
伍斯特郡（Worcestershire）海格利庄园（Hagley Hall）

园林花园的尝试

因此，18世纪下半叶为赞助人和建筑人带来了丰富的新思路。从根本上了解了古典时代，并发现了中世纪和哥特式建筑。新的审美观念使得眼光更加敏锐，注意观察建筑物唤起联想和情感的特性及其与周围环境的协调性。于是，应运而生的建筑设计机会首先是在英国园林中，以小规模的景点建筑物进行试验，随后再转变为大规模建筑物。英国园林形成于18世纪早期，与几何形状的法国园林风格迥异，其设计倾向于大自然无拘无束的生长，旨在象征光荣革命之后英国政治体制自由和解放。在具有改革头脑的辉格党中，大多数地主通常在他们的花园里零星布置一些小型建筑物，充当近景观景楼（避暑屋）或园亭，主要作为寓政治、道德和知识于其间的信息载体。

位于白金汉郡的斯托园就是此类园林的例子之一。1741年，这里修建了一座神庙（第18页插图），属于最早的一批哥特复兴式建筑物。该神庙是座不折不扣的荒唐建筑，平面呈三角形，设有多边形角楼和不对称布局的塔楼，还利用圆形尖拱、四叶饰、小尖塔和城垛加以装饰。此座哥特式神庙是为了献给自由；在其用马赛克装饰的室内，供奉着屋主的盎格鲁撒克逊祖先。这种早期的哥特化并不被认为是总结性的建筑系统，而是个体的装饰特征，因此掺杂了各种自由观念和对国家历史的赞颂。

不过，同样的观念很快便与希腊联系在一起：1748年左右，在斯托镇修建了一座"希腊山谷（Greek Valley）"，主体部分为希腊式神殿。神殿里面供奉着公共自由雕像，门楣中心上饰有大不列颠人像

粗糙甚至衰败。园林、建筑物和位于其间的物体像画作那样加以分析，并以17世纪的风景画，尤其是克劳德·洛林（Claude Lorrain）、普桑（Poussin）和萨尔瓦托·罗萨（Salvator Rosa）的作品为典范。

通过这些新的美学理论，建筑物不再被理解为是独立、设施完备的形式单元，而是周围环境的组成部分。建筑对观看者产生的影响、各种设计方法或建筑风格可以唤起的联想和感受、交错的光影以及凹凸布局都是关注焦点。如今的建筑物必须与其周边风景协调一致，尤维达尔·普赖斯要求建筑物的窗户应该开在可以看到特定迷人的物体和景色的位置。理想的对称状态被束之高阁，取而代之的是趣味更浓的不对称和不规则布局，这样就允许出现更加个性化的设计方法。在他们的通常绘画背景中，对如画风景的新狂热与对遗迹的热衷最终交织在一起。

詹姆斯·斯图尔特
忒修斯神殿（Temple of Theseus），1758年
伍斯特郡（Worcestershire）海格利庄园（Hagley Hall）

（第17页插图）。虽然这座建筑物完全是按照古代模型建造，但并不是我们之前看到的希腊式模型（在当时并不被人们知晓），实际上是罗马式模型，有点像尼姆（Nîmes）的梅森卡瑞神殿（Maison Carrée），可能是委托人在其欧洲巡游旅行中见到的的。

直到1758年，第一座如实效仿希腊多立克式神殿建造的神殿才得以问世。该神殿建于海格利庄园之中，再次呈现为一大园林特色，并且被安排在一座绿树成阴的山坡上，俨如一幅画卷。这种神殿被认为是第一座新古典主义风格神殿，是由前面提到的詹姆斯·斯图尔特从雅典返回不久后修建的。十年前，即1747年，哥特复兴之父桑德森·米勒（Sanderson Miller）在海格利庄园的另一座山坡上按照人造城堡遗迹建起了一座哥特式神殿（第18页下图），以供庄园看守人居住。

新古典主义——希腊复古式风格

园林中尝试修建的小型建筑物很快就发展为大型作品了，再次呈现新古典风格和哥特风格。在这两种情况下，乡间别墅在园林建筑之后起了带头作用，因为无论是建筑环境还是资金问题，都不曾受限。

对古代建筑的新理解源自18世纪中叶的一系列考古远征和出版物，使得自18世纪60年代起，委托人和建筑物开始对从文艺复兴时期继承而来的古典主义规则颇有微词。相反，其目的是在于直接从古代建筑里寻找模型，而日益泛滥的考古学出版物为此提供了准确的示意图。此外，把现场勘察和研究希腊式和罗马式建筑作为其中一个学习训练的组成部分，成为建筑物的惯常做法。著名乡间别墅的本质最早明显表现出新近对古代建筑的直接接触。毫无异议，在18世纪60年代和70年代，此领域的大师就是非常成功的建筑师罗伯特·亚

下图和右下图）一样，折射出力图按照古代风格打造出一座全新建筑物所做的尝试。其外部呈现纯粹的立方体结构，墙面光秃秃的，没有任何装饰，唯一可见的就是半圆形的浴场式窗户和辣味炖锅式的塔楼。其内部也是同样浓烈的纯粹主义风格。四根短矮、对称的十字形臂借鉴自罗马风格建筑，顶部罩有镶板的桶状拱顶。正方形交叉甬道上的交叉拱顶支撑于角落里的多立克柱式之上，还有类似帕埃斯图姆（Paestum）的希腊式神庙中那样的柱上楣构。

尽管如此，从考古学而言，18世纪下半叶修建的大多数乡间别墅并没帕金顿庄园那样精确。多宁顿公园（Dodington Park，第21页上图）就是一个很好的例子，该公园是由多才多艺的詹姆斯·怀亚特（James Wyatt）于1793年至1818年间修建的。相比18世纪上半叶期间的帕拉弟奥式乡间别墅，该公园外部风格有着很大的改变。完全没有一点装饰，连窗户也是无框式的。一座气势恢宏的六柱式门廊突出强调了大门正立面。门廊直接伫立在地面，没有任何粗琢的柱脚层，也没有任何夹楼层或阁楼。建筑物只有两层，从主厅的大房间直接过渡到底楼。这种创新设计自18世纪60年代开始出现在乡间别墅上，对宅第及其周边环境间的关系产生了重要影响。第一，该公园房屋没有利用柱脚抬高到园林水平，而是直接与其相连。由此，英国一位重要的园林美化师汉弗莱·雷普顿（Humphrey Repton）把乡间别墅所处的环境设计成游乐场，几乎就像是会客室的延伸部分。第二，就实际操作而言，先前在较矮地面水平或楼上（厨房、仆人室或客房）实现的功能不得不移至房屋外面。最终就形成了诸如多宁顿公园里那样不对称连接的翼部结构，以及符合如画风景理论的建筑结构群。

当，本书中另有一章（第37页-42页）专门介绍罗伯特·亚当和另外三位最重要的建筑师。1782年，出生于罗马的建筑师约瑟夫·博诺米（Joseph Bonington）开始在大帕金顿工作，效仿在庞贝发掘的墙体设计修建一座庞贝画廊（第20页左上图）。在色彩上选用黑色和红色是源自希腊花瓶上的绘画艺术，委托人拥有很多这样的花瓶。

与博诺米于1789年至1790年在大帕金顿修建的教堂（第20页左

右上图：
詹姆斯·怀亚特
格洛斯特郡（Gloucestershire）多宁顿公园
西侧正立面，1793年-1818年

右下图：
威廉·威尔金斯（William Wilkins）
剑桥唐宁学院（Downing College）
北侧翼部，从南面看到的景观，
1807年-1821年

自19世纪初，精确地模仿希腊式建筑日益成为一种流行，最终导致英国掀起了一股著名的、标榜纯粹主义的希腊复古式建筑之风，对所有领域的建筑物均造成了影响。随着对希腊艺术和文化的普遍热情的燃起，毫无疑问，此时希腊式建筑已经凌驾于罗马式建筑之上。尤其是多立克柱式，它被认为是古代理想典范的象征，是滋生万物的纯粹形式。通过回归希腊式建筑，理论家们看到了一种新的建筑形式，即完全简化为朴素的立方体结构，唯一的特色便是构成门廊或柱廊的圆柱子。至于将这种严格的理想典范付诸实践，其中一座最早的建筑物就是另一栋乡间别墅——位于汉普郡（Hampshire）的格兰其庄园（Grange）。1804年至1809年，威廉·威尔金斯将该庄园重打造为一座希腊式神庙（第22/23页插图）。一座巨大的多立克双六柱式门廊高耸于正立面前方，其形式系效仿位于雅典的赫法伊特翁和提塞翁神殿（Hephaisteion and Theseion temple）。侧面的正面则借鉴前柱式神庙而建。威尔金斯利用斯图尔特和里维特的《雅典古迹》以及他在造访希腊、意大利和小亚细亚（Asia Minor）时所做的研究作为原始资料，于1807年出版了《伟大的希腊古迹》（*Antiquities of Magna Grcecia*）。如同其小型前身——海格利庄园中的希腊式神殿一样，格兰其庄园坐落在山脊之上，不仅展示了对考古精确度的渴求，而且展示了希腊复古式建筑如画风景的一面。威尔金斯修建的另一座建筑物就是于这种趋势的初期而建。在1807年至1821年期间，他开始落实1804年为剑桥的唐宁学院所做的设计。该学院是一座不折不扣的朴素、细长的建筑物，一直延伸至一大片的草坪旁边，只有转角处的爱奥尼亚式门廊突出了它的存在。此门廊系模仿位于雅典卫城上的伊瑞克提翁神殿（第21页下图）。

然而，受希腊复古式建筑影响最深的是发展迅速的城市中的新型公共建筑。在这些地方，雄伟的神庙样式旨在表达政府建筑的尊贵和权威，或是文化机构的学识和显赫的智力。1788年，托马斯·哈里森（Thomas Harrison）开始设计三翼式的切斯特城堡（Chester Castle），该城堡不仅充当切柴郡郡政厅，还充当郡立法院、监狱和兵营。经过雅典模型上的一座通廊到达地面（1810年-1822年，第23页上图）。这座半圆形的郡政厅立有完整的爱奥尼亚式圆柱，其上罩有镶板穹顶，前方矗立着一座多立克式门廊。

政府建筑物的主要特点就是气势雄伟的门廊、饰有山墙的正立面和数排圆柱。规模庞大的圣乔治大厅（St. George's Hall）正是具有这些特点，它位于繁荣的工业城市利物浦，于1839年至1841年由哈

维·朗斯代尔·埃尔姆斯（Harvey Lonsdale Elmes）设计，不过直到1856年才由C. P.科克雷尔（C. P. Cockerell）建成（第23页右下图）。

希腊复古式建筑物被证明特别适合用于博物馆建筑。在英国，这类新式艺术神庙的最突出典范就是位于伦敦的大英博物馆（第24页上图）。建造该博物馆是为了存放政府自1805年起收购的希腊雕塑藏品。此外，政府还收购了1823年由乔治四世移交的皇家图书馆，为其后来成为大英图书馆（British Library）奠定了基础。同年，罗伯

左图：
威廉·威尔金斯
汉普郡格兰其庄园，1804年-1809年

顶图：
托马斯·哈里森
通廊（Propylæum），1811年
柴郡切斯特城堡

右下图：
哈维·朗斯代尔·埃尔姆斯、查尔斯·罗伯特·科克雷尔（Charles Robert Cockerell）
利物浦圣乔治大厅，1839年-1854年

特·斯默克（Robert Smirke）开始修建如今已被大肆扩建的大英博物馆。最初，大英博物馆围绕一座敞开的庭院建有四个略长的翼状结构，于1852年至1857年期间被封上顶盖，从而构建成大英博物馆有名的圆形阅览室（Reading Room）。正对大罗素街（Great Russell Street）的大门正立面两侧各有一个略短的翼状结构，一段台阶的顶部立有一座中央门廊。整个正立面被44根巨大的爱奥尼亚式圆柱排围住，圆柱的比例和细节均完全匹配小亚细亚普利恩的雅典娜神庙。

希腊复古式建筑也对英国的教堂建筑产生了影响，在拿破仑战争结束以后，教堂建筑于1818年历经了一场重建风潮。按照《百万法》（Million Act），议会投票决定斥资一百万英镑，在伦敦日益扩展的郊区和新的工业城镇修建一些新的教区教堂。这些"使命教会教堂"（Commissioners' Churches）既实用又经济。然而，许多富人聚集的教区自身有能力出资修建更奢华的教堂。

圣潘克勒斯新教堂（St. Paneras New Church）正是此时修建的教堂之一，其坐落于伦敦，由威廉·英伍德（William Inwood）及其子亨利·威廉（Henry William）设计。该教堂的总体设计依循18世纪早期所盛行的英国教堂建筑风格，即细长的中堂和侧堂结构，东设祭坛神龛，西置列柱门廊、休息厅和塔楼（第25页左图）。尽管如此，圣潘克勒斯教堂的细节特色却更接近罗马古典主义的雅典风格——彻头彻尾的希腊复古式。例如，其列柱门廊配有爱奥尼柱式立柱，效法雅典卫城之伊瑞克提翁神殿；西面塔楼参照风之塔（Tower of the Winds）修建；而东面圣器收藏室采用女像柱加以装饰，这些女像柱与伊瑞克提翁神殿的类似（第25页右图）。

然而，这股复古之风并未刮得多远，1820年至1830年出现了反对希腊复古式的风潮。复古建筑中，无尽的立柱队列似乎太过单调，列柱门廊亦是如此。而且，可以供人效法的例子实在是少之又少。因而，查尔斯·巴里爵士率先反对这一做法，比如，其著名作品——位于伦敦蓓尔美尔街的会所建筑就取材自意大利浪漫主义风格的宫殿（旅行家俱乐部，1829年-1831年，其旁为革新俱乐部，1837年-1841年，第24页下图）。查尔斯·罗伯特·科克雷尔进一步推动了这一风潮，其设计的大学和商业建筑融汇了古代建筑的所有传统，包括古典主义、浪漫主义和巴洛克风格。而乡村建筑主要采用复合式英格兰浪漫主义风格（詹姆斯一世）。之后，复古之风再次掀起。

威廉·英伍德与亨利·威廉
伦敦市圣潘克勒斯新教堂
正面，1819年-1822年

威廉·英伍德与亨利·威廉
伦敦市圣潘克勒斯新教堂
爱奥尼式门廊，1819年-1822年

左图：
**霍勒斯·沃波尔（Horace Walpole），
托马斯·皮特（Thomas Pitt）**
米都塞克斯郡特威克南市
（Twickenham）草莓山
大画廊，1759年-1763年

下一页，顶图：
霍勒斯·沃波尔等人
特威克南市草莓山
自东南向西北方向外部视图
1749年/1750年-1776年

霍勒斯·沃波尔与其"品鉴社"的朋友
们在（该图右侧）原有建筑基础上添加
了多边形凸窗，并建造了两层楼高且带
有扶壁的翼楼（一楼为"回廊式"，二
楼为画廊）。此外，他们还增添了高大
的圆形塔楼，作为该建筑的尾景。左翼
楼的历史可追溯至19世纪。

下一页，底图：
霍勒斯·沃波尔,约翰·丘特
特威克南市草莓山
藏书室，1754年
书架的设计效仿伦敦旧圣保罗教堂（Old
St. Paul's）之唱诗堂屏风的样式。

底图：
威廉·肯特（William Kent），亨利·弗特克罗夫特（Henry Flitcrof），理查德·本特利（Richard Bentley）
（或可归功于贝特曼）
传福音的圣约翰教堂，1746年-1756年
赫里福郡（Herefordshire）索登村（Shobdon）
东北面之内面视图

30年左右的时间，最终被打造成他的"小哥特式城堡"（第26页至第28页插图）。也就是说，通过这段时间的打磨，这幢小宅邸被最终成为一个不对称而美观动人的建筑群体，开创了如画式原理应用的先例。高低不同的层面、三角墙、塔楼和小尖塔以及尖拱、四叶饰窗户与雉堞……其繁复奢华的外观刻意效仿了成熟的中世纪建筑格局。而宅邸内部同样精彩纷呈。为此，沃波尔和其朋友曾从仅有的且后来才公开的几本中世纪建筑相关刊物上学习建筑图样。他们将书中所学融会贯通于该宅邸的装饰中。例如，宅邸的壁炉和书架（第27页下图与第28页左图）便分别效仿哥特式坟墓和十字架坛隔屏。由此，一座以缩小比例而融汇多种不同建筑特色以及英格兰和法兰西哥特式风格的综合型建筑便诞生了，其采用石膏、木头或混凝纸浆（papier mâché）建造，漆色鲜艳，而镜面装饰更使其熠熠生辉。这是一个仿造、游戏人生的世界，它在一定程度上与洛可相关，而跟最终超越18世纪的哥特复兴与稍后的新古典主义之考古严谨之风无甚干系。

早期哥特复兴式风格令人欣喜而富于装饰性，这一特性在沃波尔之友理查德·贝特曼（Richard Bateman）所建造的小教堂中得以很好的诠释。该教堂于1746年至1756年建于贝特曼在索登的一处土地上，可能根据威廉·肯特的平面设计图完成，然而这位设计师的作品却以帕拉迪奥式风格著称。这所名为传福音的圣约翰教堂，其外观形同中世纪的教区教堂，其上配以粗大的雉堞，西面设有中央塔楼。教堂内室普遍呈白色和淡蓝色，主要运用了哥特复兴式特色元素——卷叶式葱形拱（第28页底图）。其窗户采用四叶饰花窗格，而这一元素亦可见于长凳式坐席和讲道坛。屋顶被构造成镜像拱顶，体现出风格的过渡。

哥特复兴式风格

早在新古典主义风靡英国之前，中世纪建筑风格（尤其是哥特式风格）就重新成为英国建筑界的宠儿。而此时存在以下两种不同风格：一种称为哥特延续式风格，即延续以往哥特建筑风格而不打破其传统的哥特式建筑（例如，建造大学或新建筑物，以便与旧的建筑融为一体），另一种称为哥特复兴式风格，即在全新的建筑作品中有意识地添加哥特式风格的元素。新古典主义发端于早期园林设计的初步尝试，而后于乡村建筑中蓬勃发展，此期代表作品为闻名遐迩的草莓山，出自霍勒斯·沃波尔之手。霍勒斯·沃波尔是杰出的英格兰首相罗伯特·沃波尔（Robert Walpole）之子，著有《奥特兰托城堡》（1764年）——哥特式小说之鼻祖。18世纪40年代，沃波尔于泰晤士（Thames）河畔伦敦附近的特威克南市建造了一幢乡间宅邸。这所宅邸耗费沃波尔

运用基于现有中世纪建筑样式产生的哥特复兴式风格，沃波尔的这一最初想法也被其政治劲敌之一，来自托利党（Tory party）罗杰·纽迪盖特爵士（Sir Roger Newdigate）所采纳。这位爵士花费了50年时间将其乡村府邸阿博瑞会所（Arbury Hall）（沃里克郡）重新打造，尽管其知名度略逊一筹，但它却是最精美的哥特式标志性建筑之一（第29页至31页插图）。整个工程始于1748年，最初由另一名举足轻重的业余建筑设计师，热衷于哥特式风格的桑德森·米勒进行设计。在18世纪40年代，这位建筑设计师因海格利庄园（第18页插图）等景观花园的仿制城堡废墟而闻名天下。与沃波尔不同的是，纽迪盖特选择一座特殊的中世纪建筑——位于威斯敏斯教堂（Westminster Abbey）（1502年-1509年）内装饰繁复的垂直式亨利七世礼拜堂作为效仿对象。因而，他理所当然地聘用了该教堂的顾问建筑师亨利·基恩（Henry Keene）作为自己的建筑设计师（1761年-1776年）。爵士希望尽量精确地效仿亨利七世礼拜堂的每一细节，以至于基恩制作了威斯敏斯教堂的微缩石膏模型，以便会所依此而建。因此，阿博瑞会所与草莓山不同，其装饰全部采用精美复杂的英格兰垂直式建筑样式——平顶四心都铎式拱、细长的花窗格镶板、凸窗，尤其是那扇形拱顶（第29页插图）。

草莓山的这种不对称布局成为一种潮流的标志，深深烙印于英格兰乡村建筑设计之中，其影响可追溯至18世纪末。这一潮流被称之为哥特式城堡风格或城堡式风格。当时的乡村宅邸大都是形似中世纪城堡的综合型建筑，其巍峨的塔楼配以粗大的雉堞又传达出一种防御的信息。这些城堡样宅邸往往选择依山而建，其外形不规则而富于变化，从而使之与其周围环境水乳交融。由此可见，城堡式风格以巧妙的方式同时实现了如画式和威严式建筑理念。实际上，哥特式城堡风格的第一座房屋是由如画式风格的三大支持者之一，金属器具豪商之孙理查德·佩恩·奈特所建。由奈特亲自修建的唐顿城堡（Downton Castle）高高耸立于赫里福郡的蒂姆河河畔，是一座以不对称设计实现哥特式城堡风格的开山之作。城堡外部采用平整而未抹灰泥的砖石修建，又配以形态各异的塔楼。这一设计可能是受到威尔士（Wales）附近大型哥特式城堡的启发。推开城堡的凸窗和飘窗，山间一切美景尽收眼底。然而，唐顿城堡的内部却处处尽显新古典主义手法。

这种如画城堡式风格迅速赢得人们的普遍青睐，而到18世纪末到19世纪初，建筑师们可游刃有余地运用新古典主义思路设计公共委托项目，而采用哥特复兴式风格建造乡村建筑。其中最成功的建筑师之一便是詹姆斯·怀亚特，我们在上文多宁顿大厅的内容中已提到他。1796年至1812年期间，詹姆斯·怀亚特为奇幻文学大师威廉·贝

上图：
罗杰·纽迪盖特，亨利·基恩
沃里克郡阿博瑞会所，1748年-1798年
自东南朝西北方向视图

具有复兴哥特式风格的阿博瑞会所始建于1748年，之后分期完成。其第一大特色为南面的哥特式多边形凸窗。1755年，会所的藏书室落成，其风格效仿了略早前修建的草莓山。南面的中央大厅，配以下垂的扇形拱顶，细致入微地效仿了威斯敏斯特教堂的亨利七世礼拜堂。而东翼楼内休息厅的弓形窗为施工的最后阶段，仅于1798年之内就全部完工。

下图：
詹姆斯·怀亚特
赫特福德郡小加德斯登乡（Little
Gaddesden）阿什里奇（Ashridge）庄园
楼梯式塔楼拱顶，1808年-1817年

左下图：
詹姆斯·怀亚特，杰弗里·威特维尔爵士
赫特福德郡小加德斯登乡阿什里奇庄
园，1808年-1820年
自西北朝东南方向视图
礼拜堂（左侧）、楼梯式塔楼（右侧）

右下图：
詹姆斯·怀亚特
莱斯特郡（Leicestershire）贝尔瓦
城堡（Belvoir Castle）
1800年-1813年
自西南朝东北方向视图

下一页：
詹姆斯·怀亚特
赫特福德郡小加德斯登乡阿什里
奇庄园，
楼梯式塔楼拱顶，1808年-1817年

克福德（William Beckford）修建纪念堂，而它成为最具哥特复兴式风格的建筑之一，后更名为放山修道院（Fonthill Abbey）。可惜几年之后，院内高达276英尺（约84米）的塔楼便突然崩塌。相比之下，怀亚特设计的贝尔瓦城堡则较为坚固（第32页插图，右底图），并将城堡式风格发挥到了极致，而这位设计师的最后一件哥特复兴式乡村建筑作品，修建在赫特福德郡小加德斯登乡阿什里奇庄园（第32页插图，左底图）（1808年-1817年）。那是一座庞大的建筑物，中央设有高大的塔楼，塔楼按楼梯井修建，楼梯井全长中空，顶部采用扇形拱顶加盖（第32页和第33页插图）。利用这种类似中世纪大教堂交叉部塔楼的结构，这座建筑的设计似乎是在追求一种令人敬畏的视觉效果。

随着人们越来越强调准确依循中世纪建筑风格，于18世纪前10年到20年一种有别于浪漫主义和如画式风格而贴近哥特复兴式风格的潮流越加明显。这段时间内，有关原始哥特式建筑的学术文章与资料对此类建筑设计的分析愈加精确，并理解透彻。而且，越来越多的建筑设计师拥有重建中世纪建筑的经验，尤其是这些经验有意益于他们的建筑工作。因而，哥特复兴式风格开始被视为一种严谨的风格，运用到乡村建筑之外的其他领域，其影响力堪比新古典主义。毫无疑问，哥特复兴式建筑的首次成功也出现在教堂建筑领域。它们主要还是采用基督教风格。据此，上文提及的使命教会教堂也开始采用哥特式风格原理，并将垂直式布局作为优选格调。就新古典主义而言，尽管它采用了大型花格窗、扶壁和小尖塔加以装饰，整个建筑的外观

下一页：

**查尔斯·巴里爵士，A. W. N. 皮金（A.
W. N. Pugin）**

位于威斯敏斯特区的英国国会大厦，
1835年开展设计竞赛
项目始于1839年，竣工于1860年

以西面高塔为主。例如，坐落于伦敦市切尔西区的圣卢克教堂（于1820年-1824年，由詹姆斯·萨维奇主持修建），其舍弃了传统上威严耸立的列柱门廊，而采用配以尖拱和洋葱形顶而富于哥特式特色的低矮门廊（第34页左上图）。其内中堂和侧堂均采用石砌拱顶，如此便从装饰和结构两方面效仿哥特式风格。另一不同方法为托马斯·里克曼所采纳。我们可将这位建筑师归类于早期英格兰、装饰性与垂直式、哥特风格时期（1818年）。托马斯·里克曼建造位于利物浦市埃弗顿区海沃思大街（Heyworth Street）的圣乔治教区教堂（1812年-1813年）时，曾与当地钢铁制造商约翰·克拉格展开尝试性合作，将最时新的技术融入哥特式建筑中。该教堂内部全部采用铸铁建造，甚至连花格窗也无一例外（第34页右上图）。

毫无疑问，垂直样式在19世纪前10年成为英式中世纪风格狂热者的焦点。不同于任何其他英式哥特式风格，垂直式风格被认为是英格兰的独创，与法兰西乃至欧洲大陆也无关。经历了拿破仑一世时期的连绵战争之后，英格兰也像其他国家一样，萌生了创造独特民族风格的强烈愿望。这尤其体现在伦敦市国会大厦的重建工程中，该大厦于1834年被烧毁。通过这项大型委托项目，人们开始认为哥特复兴式风格适用于大型国家级建筑的修建。为此开展的设计竞赛由查尔斯·巴里爵士摘得桂冠。他虽然以善用各式新浪漫主义风格而著称（第24页插图），但这项设计他采用了垂直式风格完成，使之最终成为整个英格兰的标志（第35页插图）。就外观而言，与哥特式风格的细节不同，国会大厦依循古典主义和如画式风格的设计要求。从平面设计尤其是临河立面来看，这座建筑主要以匀称为特色，而千姿百态的分散式塔楼又使之妙趣横生。大厦侧面的主要特色为王者之门上高高耸立的维多利亚塔以及与其非对称布置的著名钟楼——大本钟。

国会大厦内部的一切复杂设计由伦敦籍建筑设计师奥古斯塔斯·韦

尔比·诺斯莫尔·皮金（Augustus Welby Northmore Pugin）负责完成，他引领哥特复兴式风格进入了一个新的阶段。其著名书作包括《对比》（Contrasts）、《14世纪和15世纪大型建筑与当今类似建筑之对比》（A Parallel between the Noble Edifices of the Fourteenth and Fifteenth Centuries and Similar Buildings of the Present Day）、《1835年细究当今品味的下滑》（Shewing the Present Decay of Taste of 1835）。在这些著作中，皮金将哥特复兴式风格提升到一种独一无二的层面，以全新的方式将实质建筑与人文精神合二为一。作为天主教的皈依者，皮金把当时的道德沉沦与中世纪时期的理想世界进行对比。他认为建筑的复兴与天主教价值观的重塑应齐头并进。他甚至曾表示"优秀的建筑设计只可能是哥特式风格，优秀的建筑设计师也只可能是天主教建筑设计师"，这集中体现了他的所有主张。这种观点唤起当时公众的热烈反应，哥特复兴式风格便成为19世纪后期英格兰信仰复兴运动的主打风格。

四位建筑大师

概述了18世纪30年代到18世纪下半叶英式建筑发展之后，我们有必要进一步探讨这段时期内举足轻重而其成就不相上下的四大建筑大师。

威廉·钱伯斯（1723年-1796年）：帕拉弟奥主义的继承人

同罗伯特·亚当（Robert Adam）一样，出生于瑞典而启蒙于英国的钱伯斯（chambers）是18世纪六七十年代最具影响力的英国建筑师。青年时代积累的丰富经验成就了他之后的领军地位。钱伯斯早年曾借为瑞典东印度公司工作的机会，于1740年到1749年年间多次走访中国和孟加拉。1749年，他曾前往由雅克·弗朗索瓦·布隆代尔（Jacques-François Blondel）创办巴黎著名高等美术学院学习了一年的建筑设计，并在那里认识了法国新古典主义的主要建筑师。之

尽管如此，相比萨默塞特宫以及他所设计的其他古典风格建筑，真正成就钱伯斯之美名的还是他在青年时代游历亚洲期间，通过亲身接触而习得的中国建筑学知识。继1757年《中国房屋设计》出版后，钱伯斯受托设计伦敦泰晤士河旁邱园的奥古斯特公主之花园（Princess Augusta's Gardens）。在这座花园的装饰上，他运用了大量的古典建筑特色与异域风情元素，包括一座清真寺、一座"阿兰布拉宫（Alhambra）"、一座哥特式大教堂、一座夫子庙以及著名的中式宝塔。这座宝塔目前已被保存下来，尽管其镀金龙饰已消失。（第36页右图）这些园林建筑的设计宗旨为使各景观花园形成鲜明对比，从而让参观者直观领略各色建筑风情。它们或是欢快，或是怪异，与钱伯斯之友埃德蒙·伯克（Edmund Burke）所提出的优美而庄严的美学原理相契合。因此，尽管钱伯斯一方面身为经典传统的拥护者，竭力反对考古式的复制模仿古希腊风格，但另一方面，他的建筑设计也融合了各式各样的风格，预示着了下一世纪的发展趋势。

后自1750年到1755年，他又到罗马深造，进一步吸取法国建筑的精髓并向乔瓦尼·巴蒂斯塔·皮拉内西（Giovanni Battista Piranesi）求教。1755年，钱伯斯定居伦敦。凭借其出色的交际能力，他在建筑事业方面迅速取得成功。1756年，他成为威尔士亲王的建筑学导师。1760年，威尔士亲王继位，成为乔治三世。此后不久，钱伯斯最终升任总监督官，负责皇室和政府建筑物的修建。1759年，他出版了颇具影响的《民用建筑论文集》（Treatise on Civil Architecture）。在私人委托项目方面，他迅速摒弃了他所学的法式建筑风格，喜欢上了英格兰当时的主流风格——帕拉第奥主义风格；但在其最伟大的公共建筑项目中，他力图将法国新古典主义同英国帕拉第奥主义，以及从古罗马到意大利文艺复兴期间的其他风格融合在一起。

萨默赛特宫（Somerset House）建于1776年至1801年间，建在伦敦泰晤士河畔的一块面积宽广但地形不规则的土地上，它是首批专为政府及教育机构设计的公共建筑之一。它是一栋四翼综合建筑，包含一个宽敞的内院和两个狭长的外院。北翼楼面朝河岸街，与其他三翼不相连，是整个建筑的重中之重，为皇家学院和文物学会等学术机构之所在地（第36页左图）。它吸取了宫殿建筑的风格，从一楼到二楼采用了大量的壁柱和附墙柱。窗户的特点是具有三角形楣饰或平拱。建筑正立面临河，延伸距离极长，从而使其巧妙地与其他楼宇融合在一起。建筑屋顶是一个穹顶，其高度与北翼阁楼相齐。

下图：
罗伯特·亚当
位于米德尔赛克斯郡布伦特福德
（Brentford）镇的赛昂宫
入口大门，约1773年

底图：
罗伯特·亚当
位于米德尔赛克斯郡布伦特福德镇的赛昂宫
藏书室［原长廊（Long Gallery）］，1766年

罗伯特·亚当（1728年-1792年）：成功的革新者

  出生于苏格兰的罗伯特·亚当（Robert Adam）较钱伯斯晚三年来到伦敦，怀揣一颗创造历史的雄心，他立志成为建筑领域的革新者。与钱伯斯一样，亚当到罗马游历了两年（1755年-1757年），师从查尔斯·路易斯·克里斯奥（CharlesLouis Clérisseau），并在庇拉涅西（Piranesi）的指导下研究了罗马废墟，而后者也曾是钱伯斯的老师。相较于寺庙建筑，亚当对古代建筑及其室内装潢更感兴趣，他认为可以将这些元素更好地运用到其随后的英国建筑设计。因此，早在意大利时，亚当就已规划出自己的职业生涯。也正因如此，他跟那些在罗马进行大旅行（Grand Tour）的英国贵族子弟们交往甚密，建立了广泛的关系网。另外，他还针对位于斯帕拉托（Spalato）［即达尔马提亚（Dalmatia）的斯普利特（Split）市］的戴克里先（Diocletian）皇宫编纂了一份考古刊物。这本刊物后来于1764年作为一种颇具说服力的建筑业准绳问世。回到伦敦后，亚当同兄弟威廉和詹姆斯合伙成立了建筑设计事务所，并让他们担任其生意经理人。随着事务所的蒸蒸日上，亚当也在短短数年之中建立了自己独树一帜的风格，彻底革新了英国建筑界。同钱伯斯一样，亚当的设计融合了各式风格，从古典主义、文艺复兴、再到巴洛克风格，但不同于钱伯斯与帕拉迪奥的是，亚当跳出了建筑设计亘古不变的条条框框，灵活运用各种风格，自由发挥，以表达自己的设计理念。他新颖的设计形式多样，而令人赏心悦目。同时，他旨在通过以下两种独特方式使自己的设计产生动感：第一种方式为形成建筑结构的内外反差，第二种方式为利用各式各样的装饰，让观察者目不暇接。亚当为自己取得的成就感到非常自豪，他曾在两本书中（亚当兄弟的建筑学著作，作于1773年-1778年，伦敦）向公众呈现自己设计的建筑，但对其建筑设计原理又刻意避而不谈。

  无论是在伦敦市区，还是在乡村，亚当通过各种私人建筑实现了自己一项又一项的伟大成就。他经常重建较古老的房屋或已开始修建的建筑，而这使得他成为最受欢迎的潮流室内设计师。在赛昂宫（Syon House）项目中（第37页-39页插图），亚当受到15世纪至17世纪某个棘手建筑在切入点方面的启发，他将自己的设计方法发展到完全成熟。自1761年到1770年左右的时间里，他为这座矩形建筑的三面修建了一系列宽敞的套房。它们鳞次栉比，而中间未设走廊，其布局原理虽为巴洛克式纵向排列套房，但各套房却在形态、装饰以及色彩上与相邻的房间形成强烈反差。整个工程始于西翼楼大厅的横向矩形区域（第38页插图）。为了不使这一区域显得过长，亚当在其北端布置

上一页：
罗伯特·亚当
位于米德尔赛克斯郡布伦特福德镇的赛昂宫
入口大厅，自1761年

下图：
罗伯特·亚当
位于米德尔赛克斯郡布伦特福德镇的赛昂宫
前厅，约1765年

了一间后堂，上方盖以矩形壁龛，而在南端采用了藻井式横隔拱。

在这块壁龛的开口处，他还嵌入了一种自己最喜欢的样式——由横梁形成的屏风，好似两根纤长的罗马多立克式立柱支撑起来的桥梁。如此，壁龛与主厅既相互分隔又具有内在联系。此外，在这一区域的两条较长边上，各门道的圆柱与横梁也采用类似结构，形成呼应。柱上楣构的雕带萦绕整个房间，使之和谐统一；又因其并无任何额枋作为支撑，使得雕带的墙面和三陇板好似悬浮在半空一般，这便是亚当运用古典柱式时进行自由发挥的典型例证。平坦的屋顶采用粗大的外围框架与对角线斜肋加以装饰，而地板上黑白相间的瓷砖图案与之相似，二者交相辉映。整个空间由乳白色和灰色构成，色调简单典雅。

亚当还采用了另一离经叛道的新方法，即纳入古代雕像复制品，使之成为整体结构的一部分。北面后堂陈列着望景楼的阿波罗（Apollo Belvedere）雕塑，而相应地在南面两根立柱之间，摆放着垂死的戈尔（Dying Gaul）塑像，二者在18世纪均受人顶礼膜拜。戈尔塑像的背后是一道圆拱大门，其通往位于宫殿西南角的前厅（第39页插图）。此处，游客们再一次叹为观止，不仅感叹它不拘一格的空间布局，而且赞叹它丰富多彩的色调，而这在当时以及之前的英式建筑中都极为罕见。前厅内，亚当采用原产于罗马的灰绿色大理石圆柱修饰各墙面。尽管这间房本身呈长方形，但他又在远离南墙之处设置了立柱，从而构成一个正方形。立柱末端采用爱奥尼亚式镀金柱头，其上的雕带和蔓藤浮雕在蓝绿色背景的映衬下熠熠生辉。柱上楣构突兀于立柱上方，如此便留下足够空间，安置上面同样镀金的仿古雕像。整个前厅的天花板以金色和白色构成，而地板采用赭色、黄色与灰色大理石铺制而成。穿过这五颜六色的房间，便来到一间面积小很多的餐厅，其同样以较长边上的屏风式立柱为特色，不过此处它们排列在后堂之前。与之相邻的休息厅（供饭后休息的房间）又呈现出另一多彩样式。其艳丽的红色丝质墙纸烘托着墙上每一幅画作，而倒槽式拱顶因许多精巧的彩色圆形浮雕而绚丽夺目。藏书室（第37页底图）是一条改建的长廊，长度与整个西翼楼相当，它也构成了另一种强烈反差。墙面由石灰绿与灰色加以装饰，并配以细长的半露柱增添层次感；其中一侧半露柱之间为窗户，而另一侧半露柱之间为镜面装饰或用作书架的嵌入式壁龛。

亚当将一类建筑特色（配以雕塑的壁龛与后堂，立柱式屏风）与另一类建筑特色（墙面与屋顶采用白色与金色蜡笔色调）结合在一起，从而构成他独有的风格标志，而这甚至在当时也是众所周知的潮流。不仅如此，亚当还独立设计了许多室内装饰物，而在其成熟阶段，他

特别重视天花板结构，采用极为扁平和精细的石膏对其加以覆盖。这些装潢花样源于赫库兰尼姆（Herculaneum）、庞贝古城（Pompeii）遗址等罗马室内装修，以及文艺复兴时期的怪诞装饰性艺术品对他的启发。肯伍德别墅（Kenwood House）是当首席大法官曼斯菲尔德（Mansfield）勋爵于1767年所修建，其藏书室是他在装修艺术上的一件得意之作（第40页插图）。该房间呈长方形，两端同样采用了后堂和立柱式屏风的结构。与窗户相对的是长方形壁龛，它们深深嵌入墙体之内，并采用镜面加以装饰，正如亚当所言，这是为了将窗外靓丽的风景引入到室内。镀金的檐部上方为半筒形拱顶，其上绘以或椭圆形、或圆形、或矩形雕饰，雕饰周围采用精美的白石膏以装饰，石膏之外又衬以淡蓝色的长方形背景。

18世纪70年代，亚当主要参与伦敦的建筑工程。在一座座城镇建筑之中，这位建筑师尽情的挥洒着自己的才华，甚至极其细微之处也不乏他的奇思妙想。1773年到1776年为伯爵夫人宅邸（Countess of Home）修建的波特曼广场（Portman Square）20号便是最好的例

罗伯特·亚当
伦敦市波特曼广场20号，1773年-1776年
楼梯井（上图，右上图）
音乐厅（右图）
主楼层平面图（下图）

本页：

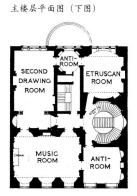

上一页：
罗伯特·亚当
肯伍德别墅的藏书室，1767年
伦敦市汉普特斯西斯公园
（Hampstead Heath）

约翰·索恩爵士（John Soane 1753年-1837年）：个人主义者

约翰·索恩爵士是英国乃至整个欧洲新一代建筑设计师的元老之一，而与之同时代的人可能会批评他的肤浅。索恩自1771年起进入新建的皇家学院（Royal Academy），跟随乔治·丹斯（George Dance）学习建筑。作为威廉·钱伯斯的门客，他获得旅行奖学金，于1778年到1780年前往罗马和西西里岛游学。索恩对古典主义的主要兴趣在于公共浴池、陵墓等带有拱顶的古罗马式建筑，以及万神殿（Pantheon）或位于蒂沃利（Tivoli）的哈德良别墅（Hadrian's Villa）。回到英国后，他的委托项目一直以乡村建筑为主，直到1791年之前。在那年修建的威姆波尔馆中，索恩首次将顶部采光（一种盖以圆屋顶的上部照明装置）付诸实践（第43页插图），而这成为了他作品的主题。其设计的黄客厅以方形为基础构造，两边设有侧堂，上部盖以沿长轴布置的筒形拱顶。中央区域上方，索恩将帆状和伞状圆拱融合，拱顶一直延伸至宽大的采光亭。

1788年，索恩授命担任英格兰银行的测绘师。这便是他余生所担任的重要职位之一，同时这也是一个良好的平台，让他尽情挥洒在圆顶主题特色方面的独特造诣。到1833年，他已在英格兰银行内修建了一片圆顶建筑群，这些建筑均借由采光亭和弦月窗进行顶部采光。而屋顶之下的空间内，与亚当一样，他不遗余力地将古典主义风格原理自由发挥。然而不同的是，亚当丰富了古典柱式的特色，并善用各种柱式以获得新奇、惊艳的效果，而索恩却反其道而行之，尽量将其削减，采用最基本的柱式。因为他所追寻的是一种返璞归真的格调。即使是威姆波尔馆，索恩也采用极为扁平的半露柱，并用纤细的线条加以勾勒。而在这座银行建筑中，他将办公间的装饰精简至墙刻，甚至在他设计的最后一批办公间里，支柱一直伸向宽大的拱顶，而不添加任何柱头（第45页至46页插图）。这完全颠覆了古典主义。索恩创造了一种极其简朴、甚至严苛的仿古建筑，并在其中大胆运用了采光效应。这种建筑与法国大革命时期的建筑有相似处，然而尽管如此，它也是十分简约。不幸的是，索恩设计的银行业务办公间于19世纪20年代惨遭破坏，灰飞烟灭。

于1811年到1814年修建的伦敦达利奇学院中，索恩设计的画廊也以绝对的精简为最突出的特色（第42页插图）。其标新立异之处不仅体现在建筑外观上，而且也蕴含于建筑结构与设计中。这是英格兰独栋博物馆的鼻祖，也是欧洲大陆第一批顶部采光展馆大楼之一。五间展厅依次向外延伸至东面的两座翼楼。低矮的副楼与画廊一侧相连，

证。这一建筑中，亚当对一楼和二楼共四室采用了完全不同的设计（第41页平面图），它们便可作为多功能建筑，用于各种不同的社交场合。螺旋楼梯（第41页右上图）被移动至大楼左侧，并且其并非按轴向盘旋而上。楼梯的栏杆与提供自然采光的圆屋顶由新兴材料铸铁与玻璃制成。整座大楼以二楼伯爵夫人音乐厅为中心，其门窗均采用壁龛样式（第41页下图）。这间音乐厅设计精美，一根根半露柱纤薄而扁平，半露柱之间镶有镜子，而墙面和天花板上刻有各种圆形雕饰。采用精细金银丝工艺制作的金色和白色花边装饰，镶嵌于各式各样的石灰绿背景上，它们布满了整个房间。

美轮美奂的亚当风格在18世纪70年代后期很快被淘汰，正如它当初迅速风靡欧洲一样。批评者认为它太过精美浮华，而且奢侈的装饰元素看起来也分外昂贵。尽管如此，亚当兄弟仍是早期新古典主义最重要的几种室内装饰风格之创始人，而整个欧洲都曾对它们竞相模仿。

亨利·帕克（Henry Parke）
学徒勘察罗马卡斯托尔与波吕克斯
（Castor and Pollux）神庙，1819年
水彩钢笔画，93.5厘米×63.5厘米
约翰索恩爵士博物馆，伦敦

18世纪末19世纪初，建筑设计师们在
开始设计新建筑以前都要仔细研究并
缜密记录古典主义建筑，甚至是小亚
细亚（Asia Minor）国家的古典建筑，
而这往往是件尤其费力的事。同样身
为浪漫主义时代的风云人物，他们热
衷于在废墟中表达自己的建筑理念。

左图：

约瑟夫·迈克尔·冈迪（Joseph Michael Gandy）

英格兰银行的圆形建筑（1798年）废墟，约翰·索恩爵士的设计一瞥

水彩画，66厘米×102厘米

约翰索恩爵士博物馆，林肯因河广场（Lincoln's Inn Fields），伦敦

这两幅英格兰银行"景观"都充分展示了浪漫主义的废墟情怀，表达了艺术家对逝去的古典主义和中世纪的热爱。

下图：

约瑟夫·迈克尔·冈迪

约翰·索恩爵士设计的英格兰银行俯视图，1830年

水彩钢笔画，72.5厘米×129厘米

伦敦林肯因河广场的约翰·索恩爵士博物馆

索恩的学徒，冈迪根据尊师的真实作品绘制了这幅画作，不带半点怀疑地预示了这一银行建筑群的悲惨命运——19世纪20年代的灭顶之灾。

副楼里住着早已在此居住多年的穷困老妇人。整个建筑的中间为小巧的十字形建筑,这里是创始人弗朗西斯·布儒瓦爵士 (Sir Francis Bourgeoi) 和为展馆提供画作的艺术收藏家诺埃尔·德桑方 (Noel Desenfans) 的墓室。此处各石块相互连接,却又通过砌石内的壁龛而彼此分隔。墓室之上,除了柱基、飞檐、采光亭所构成的采光带以外,整个建筑全部采用清水砖砌筑,而其装饰物仅包括扁平的圆拱和垂直石条。如此,它看起来更像是一座工厂,而不是一座缪斯女神之庙,与不久后问世的斯默克之大英博物馆 (British Museum) 全然不同。达利奇学院中,建筑结构主要围绕由凸出物与壁龛构成的光影效果构建,而并非利用古典主义柱式。采光对于这所建筑的室内布置同样发挥着至关重要的作用。自然光经由宽大的顶部采光装置撒满每间展厅。此外,经采光亭玻璃洒下的黄光笼罩了整个墓室,且这一效果又通过昏暗的门厅与粗大的多立克式立柱所构成的反差而得以加强。

在伦敦自己家里,索恩融入了他所有的设计特色:以奇特方式照亮整个房间的顶部采光或侧方采光 (直接或间接);圆顶房屋;简约至极的古典主义特色、基本矩形样式与平整的线条花样。后者尤其体现在正立面上。自1792年到1824年,索恩先后设计了林肯因河广场12号、13号与14号,并将它们分别改建成起居室、办公室和他的艺术藏品展览馆。这几座楼房呈现出典型的乔治王时代的艺术风格,每座楼上三列竖长的窗户临街而设,且各楼均向后延伸并拥有后院。其中,仅13号的正立面采用修琢石砌筑 (第47页插图)。一楼和二楼上,高大的圆拱窗户尤为引人注目。二楼之上的窗户仅作为凉廊窗口而设。各列窗户之间采用扁平的壁龛将其相互分隔。除一楼以外,各楼窗户旁均配有装饰物,它们看似半露柱,实则是向内雕刻的墙条。窗户之上布有回纹饰,这一装饰特色为索恩所钟爱。除此之外,他还常借鉴威斯敏斯特宫的山花雕像座与原始哥特式托架装饰自己的住宅。如此结合古典主义与中世纪建筑特色的方式的确令人耳目一新。并且,这一特点还广泛渗入到索恩的主要艺术藏品中,这些藏品不仅包括古典主义与中世纪风格的建筑残骸,还掺杂着与其同时代艺术家的建筑绘画作品。为了存放这些物品,他将三幢房屋的后院改建成自己的私人博物馆,馆内设许多大小不等的房间,它们以极为错综复杂的方式相互交错。墙面采用艺术品加以覆盖,并通过顶部采光装置或屏风背后的蜡烛进行照明。最终,其把相当分散的建筑单元杂糅在一起,毫无疑问这肯定令人眼花缭乱,头晕目眩,甚至可能连索恩自己都搞不清

楚了。房屋前面的起居室同样以千变万化的方式与博物馆连通。与之相似,此处的墙面也饰以艺术作品、书架、镜子,从而使房屋的界限一再模糊不清。在早餐室内,索恩综合了各种建筑效果,将自己的建筑构思发挥得淋漓尽致 (第46页顶图)。这间小巧的四方形房屋采用帆拱作为拱顶,且帆拱仅以末端作为支撑。伞形拱顶凌驾于帆拱之上,但其仅以装饰性雕刻呈现。拱肩处、天花板梁木以及立柱均配有装饰镜面,而壁炉上方也挂有一面倾斜的大镜子。光线以半遮半掩的方式经由下列建筑结构中洒进屋里:圆顶上的采光亭、面向内院的窗户、早餐室两旁附属建筑上高于帆拱的顶部采光装置。而这些建筑结构在早餐室内是无法直接看见的。其中一座附属建筑朝向书柜,由此可看见博物馆的中心,即穹顶 (第46页插图,右顶图)。

现代的观点来看,所有这些房屋承载了过多的建筑构思、装饰品和艺术品,以至于与他简约的建筑师作派完全背道而驰,那么索恩希望通过它们做些什么呢?作为如画式风格与浪漫主义时期举足轻重的建筑师,索恩追求建筑的诗情画意,光线的神秘莫测,物质在情感上而非逻辑上的可联想而非理性的接合——然而,无论是哪种形式,其一定具有本真的实质。与此同时,他还希望以一种新颖而独到的方式重新诠释古典主义风格。在这一点上,他成功了。但可惜索恩仅仅只是在20世纪早期倍受推崇。

下图：
约翰·纳什
布莱兹·哈姆雷特，1811年
布里斯托尔（Bristol）市亨伯里（Henbury）区

下一页：
约翰·纳什詹姆斯·汤姆森
伦敦市摄政公园（Regent's Park）的坎伯兰联
排别墅（Cumberland Terrace），1826年

约翰·纳什（1752年-1835年）：前所未有的杂家

　　如画式风格时期的另一人物，而与内敛的索恩完全不同的是他的劲敌——约翰·纳什（John Nash）。纳什并无前往意大利游学的任何经历，而是直接作为开发商于1777年的伦敦发家起步。到1783年时，他因投机而破产，并于威尔士隐退。此后，纳什便开始了自己的建筑师生涯，同时赶超尤维达尔·普赖斯及其如画式理论。从建筑到景观多变的样式和流畅的过渡，以及如画式风景的营造，这便是纳什的建筑信条。1810年，他成功将这些信条融入乡村建筑中。依照客户对建筑期望的描述，他游刃有余地变换和运用哥特式城堡风格、新古典主义或意大利风格。然而，纳什还接受小型乡村宅邸或雅致村舍

的委托项目，这些房屋模仿乡间小屋的样子，作为一种理想的乡村建筑在当时吸引了人们的广泛关注。1811年，在布里斯托尔市近郊亨伯里，纳什设计了名为"布莱兹·哈姆雷特"的整个建筑群，并借此机会，营造了一种带有仿制田园景观的如画式风景（第48页插图）。这些小屋零星地分布于一片乡间绿地之上，彼此风格迥异：低矮的屋顶相互交结而错落有致，它们或为石砌、或为瓦筑、或为草堆；附带装饰的凸窗以及漂亮的屋顶采光窗设于各屋之上；此外，还有千姿百态的烟囱。

　　然而，更伟大的事业正等待着极富创业精神的纳什。当时，伦敦市正着手规划该市西区。纳什借机绘制了大幅城市规划图，并于1811年提交伦敦市政当局，之后立刻赢得了勒让亲王（Prince Regent）的支持。他设计了一条新的街轴，将位于圣詹姆斯区（St. James）的亲王官邸卡尔顿府（Carlton House）与马里波恩路（Marylebone Road）北端即将修建的新公园（即后来的摄政公园）连接起来。城镇规划自1812年开始实施，其新颖之处在于新摄政街（Regent Street）并未径直延伸，而是略有曲折，且又因皮卡迪利广场（Piccadilly Circus）和牛津广场（Oxford Circus）而出现两处中断。这样一来，蜿蜒的新街便被赋予了生动有趣的美景。实际上，当时的纳什肯定获得了极大的信任，才能将如画式风格原理运用到城镇规划之中。可惜，现在的摄政街上他所修建的房屋早已销声匿迹。只有位于灵风坊（Langham Place）的景观被保留了下来。此处诸灵堂成为摄政街与亚当兄弟设计的波德兰广场（Portland Place）之间流畅的过渡点。考虑到街道的曲折特色，该教堂面朝两个方向，正门处设有带尖顶的圆形门厅，取代了传统的列柱门廊。从波德兰广场往马里波恩路走，人们可以看见呈半圆形的新月花园（Park Crescent）。而穿过马里波恩路，便来到摄政公园。依照约翰·伍德（John Wood）及其子于18世纪上半叶在巴斯创立的传统，新月花园被建造成单独的综合园林。而在摄政公园周围，纳什还修建了多排形态相似的别墅，这些别墅呈纵向分布，称之为"联排"（第49页插图）。它们总共绵延1000英尺（约300米），且每一栋又各有不同。一般而言，这些别墅共分为四层：基层（大都具有乡土特色），其上两层（常采用粗大的半露柱或独立的圆柱加以装饰），柱上楣构以及它上方的阁楼。为了打破长度上的单调，纳什采用类似庙宇所包含的凸出结构、凸窗或饰以山花的列柱门廊。某些地方还按照凯旋门的形态修建明拱，以构成建筑间的链接。而富丽堂皇的立面背后是许许多多的普通联排别墅和套房区域。尽管如此，这里的每一位住户都可尽享花园景观的全部

约翰·纳什
布莱顿（Brighton）市
皇家穹顶宫（Royal Pavilion），1815年-1822年
面朝老斯泰恩（Old Steyne）的正立面

美景，仿佛置身属于他们自己的世外桃源而非一座城市中。纳什在摄政公园周围修建的联排别墅拥有雄伟壮丽的柱廊，并缀以夸张而精美的装饰，是新古典主义风格下成功城市景观之一。然而，它们却像舞台布景一样廉价，仅采用半露柱和由灰泥涂敷的清水砖结构筑成。

然而，纳什最出名的作品还是位于布莱顿市的皇家穹顶宫（第50页至52页插图），其既非新古典主义又非哥特复兴式风格，然而却颇具异域情调。自1783年起，威尔士亲王经常前往时髦的布莱顿海边度假地消夏，也是在这里他很快爱上了年轻的天主教遗孀玛丽亚·菲茨赫伯特（Maria Fitzherbert），并在1785年与她秘密成婚。1787年，亲王委托亨利·霍兰为他修建别墅。这座别墅的中央为盖以圆顶的圆形建筑，左右两侧分别布置有两排弓形窗户。拿破仑战争结束后，亲王时任摄政王，他又委托纳什对此别墅进行翻修。有了这位挥金如土的客户，自1815年到1822年，纳什将这座原本简朴的别墅打造成金碧辉煌而富有异国特色的梦幻之所，且每一处都造价不菲。他将别墅向南北两端扩建，使之重新形成一个宽敞的大厅，供举办宴会和欣赏音乐所用，并将沿花园立面布置的房间改造成许多精美的休息室。此外，纳什还为这座综合建筑赋予了中国元素等东方特色。例如，宴会厅里（第52页上图），四面墙上都悬挂着中国绘画，圆顶向绘有图案的"天空"延伸，而此处最吸引参观者眼球的是那香蕉棕榈树上宽大的树叶，它们有的是富于想象的画作，有的是向外突出的雕饰。整间屋子的中央，巨大的银龙支撑着同样庞大的枝形吊灯，吊灯上装饰着数条盘龙与盛放的莲花。

比之内部陈设更为不同凡响的是皇家穹顶宫的外观（第50页至51页插图）。这座别墅主要呈新古典主义风格，纳什保留了它的中央圆形建筑和两边的弓形窗花，但却对其外部采用具有印度莫卧儿风格的装饰加以覆盖，具体包括四叶饰、马蹄形拱饰、镂空式网格、从莲花样底座中拔地而起的多边形支柱，以及由帐篷状屋顶、尖塔、洋葱式屋顶构成的繁复屋顶景观。

从外观来看，皇家穹顶宫是那样的风景如画、美妙绝伦。这样的效果不仅得益于各种新奇的外来装饰，还归功于巧妙地运用了各种先进的新兴建筑材料，而这又源于纳什在其建筑工程中对新材料的反复尝试。穹顶宫的中央圆顶就是由铁制框架支撑而成，而厨房内的支柱（第52页下图）尽管被装饰成了棕榈树的模样，但也采用了同样的材料。各圆顶的表面均采用哈姆林氏玛脂（Hamlin's Mastic）制成，这是一种早期的水泥，可惜后来证实它并非经久耐用。此外，巨大枝形吊灯的光源也已采用气体供应。

下一页，顶图：
伊桑巴德·金德姆·布吕内尔（Isambard Kingdom Brunei）
克利弗顿吊桥（Clifton Suspension Bridge）
克利弗顿（Clifton）区，1829年-1864年
这是第一批吊桥之一，也是技术上最大胆的吊桥。其塔楼参照埃及塔门而建，将技术工艺与浪漫主义结合在工程结构中。

左图：
约翰·纳什
布莱顿市
皇家穹顶宫
宴会厅，1815年-1822年

左图：
约翰·纳什
布莱顿市
皇家穹顶宫
厨房，1815年-1822年
皇家穹顶宫内奢华而梦幻气氛只可能源于对现代技术的（巧妙而隐藏地）运用。结构工程采用铸铁构筑，甚至纤细的立柱也被装饰成棕榈树的样子，巨大的枝形吊灯采用气体照明，圆顶的外涂层由一种早期水泥（哈姆林氏玛脂）涂敷而成。

下一页，底图：
乔治·格威尔特（George Gwilt），威廉·杰索普（William Jessop）
伦敦市西印度码头（West India Docks）
仓库，1802年-1803年

新建筑材料与工业建筑

　　随着工业化的普遍推进，英国率先使用了铸铁和玻璃两种新建筑材料。18世纪时，由于生产工艺的改良，大批量生产铸铁已成为现实，到1800年时，它已被广泛用于支柱或栏杆的建造。当时，桥梁是铸铁运用的重要领域。于18世纪英格兰铁制品中心——柯尔布鲁克得（Coalbrookdale）[什罗普郡（Shropshire）]附近修建的铁桥（Ironbridge）是世界上第一座纯铁制桥梁，其修建于1777年到1779年之间。之后19世纪早期，便出现了吊桥技术，如位于布里斯托尔内由伊桑巴德·金德姆·布吕内尔修建的吊桥（第53页顶图）。在这一工厂建造新领域，防火结构可通过铁制品实现。现存的马歇尔·贝尼昂·贝奇炼铁厂位于什鲁斯伯里市（Shrewsbury），修建于1796年至1797年，是世界上第一座内含钢结构的多楼层建筑，其中支柱、横梁乃至窗框均是由铸铁制成。其外墙（仍可以承重）与所有早期英国工厂一样，而大型仓库也是采用砖块砌筑。此类新式建筑通常设有五层楼，其简单朴素的建筑装饰表现出厚重肃穆之感，比如位于伦敦市西印度码头的仓库（1802年-1803年）正是如此（第53页底图）。

　　德比郡（Derbyshire）因其毛线生产厂成为英国工业化的重要中心地区，该厂在18世纪后期由理查德·阿克赖特（Richard Arkwright）与杰迪代亚·斯特拉特（Jedediah Strutt）掌管。阿克赖特原为一名理发师，后来成为一名新兴企业家。他于1768年发明了一种改进的

下图：
纺织厂，1785年
德比郡克罗姆福德市工厂路（Mill Road）
临街面（左上图）
工厂管理之家（左下图）

底图：
德比郡克罗姆福德北大街的工厂工人之家
1771年-1776年

精纺机，而这种机器可批量生产棉线。自1771年起，阿克赖特在克罗姆福德（Cromford）修建了他的第一批工厂，这些工厂采用詹姆斯·瓦特（James Watt）于1764年发明的蒸汽机作为动力。这些厂房结构简单，其上设有无数窗户，但一楼为无窗墙，以抵御当时的反机器暴乱（第54页左图）。晚年时期的阿克赖特已获得骑士地位，并积累了大笔财富。毫无疑问，这一切主要源于对廉价劳动力的大肆攫取。然而，尽管如此，阿克赖特还算得上一位有点良知的雇主。自1771年到1776年，他为工人们修建了三层楼高的联排房屋，其长度横贯整条大街（即北大街）——这便是特殊工业化房屋的开山之作（第54页底图）。克罗姆福德内，房屋的阁楼均设有宽大的窗户，这样工人的家属可以在家用织布机制作衣服。

另一建筑新兴材料为大窗格玻璃。自19世纪前10年的暖房开始，这种玻璃就和铁制结构一起使用，比如于1844年至1848年修建的邱园棕榈温室（Palm House）（第55页插图）。至此以后，玻璃被运用到大型展览馆中。最著名的例子便是位于伦敦南面由约瑟夫·帕克斯顿（Joseph Paxton）设计的水晶宫（Crystal Palace）（1850年-1851年）。这座建筑掀起了建筑业的一场变革，使得其后来形成了成熟的骨架结构体系。

芭芭拉·博恩格赛尔（Barbara Borngässer）

美国的新古典主义建筑

把美国地位提升为"建筑大国"的第一批伟大建筑并非芝加哥和纽约的摩天大楼。早在18世纪末，建筑就在这个新独立的殖民地国家的北部各州承担了重要的作用：建筑用于展示这个崭新的民主社会的骄傲和自信。如今，位于华盛顿的美国国会大厦和白宫既是这个时代最著名的标志性建筑，也是联邦政府和国家权力的代名词。美国的新古典主义是共和政体思想的"护旗手"；通过对古典形式的吸收和改造，它能给"新世界"的实用主义赋予有形式式。

建筑与意识形态总是密切相关的——毕竟，政治的概念是从希腊语"城邦"衍生出来的。希腊古代广场象征着古代"政治"生活的集中，中世纪的大教堂象征着上帝在人间的力量，而巴洛克式的城堡则象征诸侯的专制权力。所有上述建筑类型的发展与其代表的公共机构——古代城邦、主教辖区和独立邦国——的发展是同步的。虽然托斯卡纳城邦的公共建筑都是中世纪城防的传统风格，但正是这种风格却挑战了教会的权利。

18世纪中叶，当启蒙思想开始传播的时候，其总目标似乎已经非常清楚明了：终结巴洛克的过度矫饰和权利的个性化表现形式，摒弃宫廷自我夸耀的华丽和装饰的奢华。建筑作为意识形态的"橱窗"，上述目标自然要通过建筑明确表达出来。因此，第一次真正的建筑运动出现在激进变革时期，这并不是偶然的巧合。古希腊神话知识，以及其政治思想、文化和建筑方面的知识被重新挖掘出来，掀起了一股吸收古典的热潮，不仅流行于欧洲，同时也波及到它的殖民地。在寻求自己的地位、摆脱权力中心控制的道路上，殖民地国家所背的历史包袱要比殖民国轻得多。之后殖民地开始了为获得人权和独立的漫长而艰巨的斗争——虽然他们以其欧洲先辈的理念为基础。1776年，美利坚合众国宣布独立，成为了第一个开启新纪元的殖民地国家。建筑就是这次革命的唯一见证。

殖民遗产

与所有殖民地的建筑一样，北美洲的建筑体现了殖民者给殖民地带来的各种影响。虽然中美洲和南美洲的情况亦是如此，但其建筑却须与当地的地理条件、气候条件和基础设施条件相适应。在南部地区，当地建筑技术与西班牙式建筑设计之间的交流富有成效；譬如，新墨西哥州（New Mexico）的教堂和其他公共建筑都是用土砖（即火砖）建造的；因此，这些建筑与可用的自然资源和天气条件、尤其是建造者的技术能力有着密切关系。在密西西比河流域——法国毛皮商人定居在这里，城镇建筑带有种满绿树的广场和锻铁阳台；在东北地区的许多其他地方，譬如新阿姆斯特丹（New Amsterdam），其建筑风格都是荷兰、德国或瑞典建筑风格的变异，但最终还是敌不过英国建筑风格的影响。

在英国殖民地中，建筑首先受限于下列要素：与罗马天主教教堂和更南部的主教团的建筑不同，这里的建筑对联邦式建筑风格没有任何需求。宗教建筑中的繁复装饰被认求。宗教建筑中的繁复装饰被认为是一种"教棍"风格；因此，这种装饰几乎不受欢迎。清教徒（The Puritan）的会议室非常的简朴，如位于马萨诸塞州（Massachusetts）兴海姆（Hingham）的著名古船会议室（Old Ship Meeting House）（1682年）所示。传说这间会议室看起来像船体的天花板，实际上就是造船木匠制造的。殖民者居住区一般不会以长久存在为目的进行修建，而且在建筑方面也没有任何突出的重点。由于这些居住区是用作大片农田间的服务中心的，于是城镇之间通常会隔着很长的距离。城镇之间也会修建一些更壮观的农家屋舍，但是由于建筑材料多采用木材；因此，只有极少数这样的房屋能留存至今。基于英国式或荷兰式典范的建筑类型，总是使人联想到木匠们的祖国。这些建筑的规划和建造均由商人们掌管，根本就不需要任何训练有素的建筑师。

1699年，弗吉尼亚州首府从詹姆斯敦（Jamestown）搬到威廉斯堡（Williamsburg），促进了非功能性建筑的产生。尽管这座综合建筑的巴洛克式设计使人想起了先前规划的城市查尔斯顿（Charleston）（1680年）、费城（1682年）和安纳波利斯（Annapolis）（1694年），但它却比这些典范更具纪念性和代表性，由此定义了北美的新古典主义。虽然新英格兰州的建筑经常效仿詹姆斯·吉布斯（James Gibbs）设计的位于伦敦的非传统教堂——圣马田教堂（St.-Martin-in-the-Fields），但美洲殖民地的建筑一般以克里斯托弗·雷恩（Christopher Wren）的古典巴洛克式建筑为模板。威廉斯堡的威廉玛丽学院（College of William and Mary）（1695年-1702年）可能就是由雷恩设计的；它与国会大厦类似建筑一样，是受欧洲风格影响的那个建筑时代的典型代表。

18世纪中叶，就像在英国一样，人们对雷恩的"罗马"古典主义感到厌烦，开始寻找更简洁、更纯粹的风格。因此，罗得岛州（Rhode Island）纽波特（Newport）的雷德伍德图书馆（Redwood Library）被认作是北美新古典主义建筑的开端，这座建筑由彼得·哈里森（Peter Harrison）于1749年至

上图：
威廉·桑顿（William Thornton）、本杰明·拉特罗布（Benjamin Latrobe）和查尔斯·布尔芬奇（Charles Bulfinch） 华盛顿特区的美国国会大厦，1792年-1827年

左图：
彼得·哈里森
罗得岛州纽波特市雷德伍德图书馆
1749年-1758年

1758年间修建（第57页上图）。这种具有古典神殿式高雅正面的建筑，在北美还是首次出现。事实上，哈里森是一位英国籍的造船师、木雕家和船长。他根据帕拉弟奥（Palladio）在建筑方面的著作第四卷中的图样绘制了设计方案，并用木头把大部分图样雕刻出来。这座建筑的其他局部也体现了英国的新帕拉弟奥式建筑的影响。哈里森还修建了其他受古典主义启示的教堂，包括波士顿的国王礼拜堂（King's Chapel）——这座建筑呈现的素雅庄严完全得益于其原有色彩方案的丢失。

对建筑论文或传统设计著作的浓厚兴趣是这个时代恒久不变的特征——并不仅仅是涉及殖民地建筑的论文或书籍。自中世纪以来，建筑师、石匠和木匠的指导手册较之前那些公认的手册得到了更为广泛地流传。从技术建议到类型和风格范例，这些手册向委托人和建筑者等传达了一系列理论和实践知识。任何较为严厉的工程师或商人都会拥有一间与其职称相关的井然有序的藏书室。随着殖民主义的蔓延，这类文献获得了远超过其实际用途的重大历史意义。建筑设计著作服务于强化意识形态——宗教团体可通过其建筑规范来传播救赎思想，或用建筑来彰显对殖民政权的霸权要求。很少有著名欧洲建筑师愿意接受为殖民地的冒险旅程，并作为修会建筑师或工程师留在那里为"新世界"修建与其宗教或政治领导人有关的建筑，这是可以理解的。这些建筑任务通过可利用的理论框架和说明性资料方能完成：譬如贾科莫·莱奥尼（Giacomo Leoni）的《英国的帕拉弟奥式建筑》

（1716年）、詹姆斯·吉布斯的《建筑学之书》（A Book of Architecture）、以及巴蒂·兰利（Batty Langley）的《城市和乡村建筑者及工匠的设计宝典》（The City and Country Builder's and Workman's Treasury of Design）等书籍。现在，我们仅能猜测到底有多少宝贵资料是在他们去美洲的航程中被暴风雨或其他灾害毁坏的。

然而，到18世纪中叶左右，主导这些设计书籍的动机中精神或政治成分已比较少见。相反，这些书籍的特点已表现为对"真实"古代世界的明显的科学兴趣，希望通过研究古迹探寻到真相。这种古文物研究方法还与对后乔治亚建筑风格所表现的罗马-巴洛克式哀婉的深刻怀疑有着密切关系。美国国务卿、之后的美国第三任总统托马斯·杰斐逊（Thomas Jefferson）（1743年-1826年）

认为，"这片土地似乎被建筑天才施了魔咒"。

托马斯·杰斐逊与联邦式建筑风格

杰斐逊成为了转向新古典主义的关键人物；同时，他也是独立的北美建筑风格的创始人。作为一位鉴赏家，在他的职业生涯早期，他研究了英国的新帕拉弟奥式建筑作品；自1768年起，他开始自己绘制设计方案。1769年，他为自己位于弗吉尼亚州的蒙蒂塞洛庄园（第57页下图）设计并修建了一栋别墅，这栋别墅效仿了帕拉弟奥的中央式布局建筑。受到他在巴黎出任大使期间接触到的当代法国建筑的影响，杰斐逊之后重新设计了这栋别墅的主要特征，使其更加宏伟庄严、优雅美丽：他扩展了平面图，以沿中心轴设置两个大厅，并在多边形后堂末端的翼楼中设置一套同系列的房间。白色门廊由耸立的一层楼高的四根科林斯式立柱（Corinthian columns）支撑，与这栋别墅的大片砖砌墙体迥然不同。穹顶位于八角形鼓形壁之上，标志着这是整栋别墅最重要的部分。杰斐逊设计的建筑采用了古典主义风格；其优雅，尤其是与周围风景的融合，直接就是针对参观者的感官而设计的。这栋别墅自朴素的底座上拔地而

起，与周围的自然环境构成不可分割的整体，呈现出威严壮丽的感觉。

杰斐逊还是一位格外讲究实效的思想家；他为这座房屋开创了许多技术革新，譬如小型升降机和折叠床。

由于新独立的北美十三州的建筑被称为联邦式建筑；因此，蒙蒂塞洛庄园的这栋别墅被誉为联邦式建筑风格的"摇篮"。与在法国的一样，新古典主义风格中融合了启蒙思想；同时，其宏伟庄严以及居高临下的自然风景甚至还可以用更大的尺寸来诠释。这些都是这个年轻国家的建筑的思想渊源和风格基础，即使"有身份的建筑者"杰斐逊的作品向成熟的全国性建筑风格的过渡并不明显（譬如蒙蒂塞洛庄园，这座庄园直到1809年才修建完）。

杰斐逊的第二项工程——位于里士满（Richmond）的弗吉尼亚州议会大厦，清楚地展示了这个年轻共和国想要推广的建筑标志。同样，一座法式建筑典范为这座政府所在地带来了决定性的灵感：尼姆（Nîmes）的方形神殿——杰斐逊曾专心研究的一座罗马风格的方形神殿。

杰斐逊与路易斯·克里斯奥（Louis Clérisseau）一起，把这种风格提升到新的美式建筑理念中。"古老的罗马风

左图：
托马斯·杰斐逊
杰斐逊的宅邸
蒙蒂塞洛庄园（Monticello）［靠近夏洛茨维尔（Charlottesville）］
西面
1768年-1775年、1796年-1809年

格神殿，是留存至今最完美的典范，被赞誉为"立方体建筑"。

弗吉尼亚州议会大厦于1796年落成，尽管这次壁柱布置采用了围绕整座建筑的雅致的爱奥尼亚柱型，但宏伟庄严的门廊仍然是其主要特色。强健的底座与协调组合而成的三角墙一起营造出必要的距离效果和城市特色。

夏洛茨维尔的弗吉尼亚大学的创建和规划无疑是杰斐逊的重要作品，这座综合建筑直到1817年才修建完成。它是最早的"校园大学"典范之一，零落的建筑通过一系列亭子组合在一起，并

与周围的风景融为一体（第58页插图）。这种设计理念的先驱取代了独立的修道院式学院建筑，可从剑桥大学（英国）中看出；具有讽刺意味的是，专制统治者的宫殿的设计中也能看出。在夏洛茨维尔，杰斐逊成功地重新定义了延续了几个世纪的建筑类型，让各种各样的古典主义建筑得以再次涌现；对美国社会而言，这种"学院村（academic village）"具有典范特征；其重点和高点在于与图书馆和国家第一座天文台协调一致的圆形建筑。这座周围设有柱廊的建筑由两排亭子（每排五个亭子）组成，

包括了各专业学科院系。其建筑设计旨在复制出漫步穿过古罗马遗迹的场景和效果，主要效仿了万神殿、福尔图纳·维里莱斯神庙（Temple of Fortuna Virilis）和戴克里先浴场（Baths of Diocletian），并融入了对古希腊和古罗马艺术风格的新古典主义诠释。整个建筑群由广阔的绿化区联系在一起，强化了"学习的阿卡狄亚（Arcadia of learning）"这种感觉。

像杰斐逊一样，查尔斯·布尔芬奇（1763年-1844年）也是一位"有身份的建筑者"——这是从这个词最肯定的意义上来说的。Architecture）"。布尔芬

奇出生于一个有修养的波士顿家庭。获得哈佛大学博士学位后，他在欧洲游学了两年。回到美国后，1787年，他决定把对建筑的热爱转变成他的职业。虽然他很快就签署了其他北部城市的合同，但他最著名的作品却是在波士顿创作的。在他的早期作品中，修建于1791年的灯塔山纪念碑是由顶上设有一只雄鹰的多立克式立柱构成的；效仿了修建于1795年至1798年的马萨诸塞州政府建筑——这座具有柱廊式正面的建筑矗立在周围环境中。正如他的许多作品一样，他在这座建筑的设计中借鉴了英国建筑师前辈们的典范，尤其是宫廷建筑师威廉·钱伯斯（William Chambers）和罗伯特·亚当（Robert Adam）的设计作品。他把他们设计中的不足转化为更自然、更具纪念性的风格，并在许多地方都采用砖砌结构。布尔芬奇为富有的波士顿商人们设计的一排排房屋可能比他设计的政府建筑更引人入胜。

通天坊（Tontine Crescent）——于1793年根据英国巴斯的类似街道设计的——是美国高档住宅的原型。这座建筑也采用了砖砌结构，正立面涂以假石图案，设计采用了朴素的古典风格，中心凯旋门上还刻有装饰性浮雕。在他的职业生涯末期，1835年，布尔芬奇修建了具有神庙外形的马萨诸塞州洛厄尔

（Lowell）火车站——这种建筑类型中最早、最有魅力的典范之一。

在这个新旧风格交替的历史之交，私人住宅建筑与公共建筑采用了相同的设计条件：因为既没有专业的建筑师，也没有专业的设计书籍向受过教育的、热衷于这项工作的门外汉提供必要的实用工具。阿舍·本杰明（Asher Benjamin）于1797年出版的概论是非常成功的。1806年出版的《美国建筑者指南》（*The American Builder's Companion*）提供了一系列城市和田园式住宅的图样，满足了各种不同的需要。

华盛顿

1790年，经过长时间的辩论之后，议会决定在波拖马可河（Potomac River）河畔10平方英里的区域内修建一座新的联邦政府所在地。为了纪念美利坚合众国的第一任总统，新首都被命名为"华盛顿"。与杰斐逊总统商议后，著名法籍建筑师皮埃尔·查理·朗方（Pierre Charles L'Enfant）（1754年-1825年）起草了设计方案。朗方来自凡尔赛，曾作为志愿者参加过美国独立战争。几乎可以肯定的是，他为华盛顿设计的方案中融入了勒诺特雷（Le Nôtre）的园林设计中采用的轴向布局。但他修改了

这种传统的棋盘式平面图，并设置了不同宽度的楼群和林荫大道。他在这幅网状平面布置图上设置了许多宽阔的斜向林荫大道，林荫大道的交汇处形成宽敞的星形广场；这座城市最重要的机构均布置在这些交点广场上。设计中最突出的地方就是国会大厦与波拖马可河之间的四百英尺宽的林荫大道。这座城市采用了空前灵活的建筑比例，无数视点（points de vue）使沿城市轴线的远景透视显得充满活力。

在政府建筑中，只有国会大厦和白宫是初步建成的（第56页和第60页插图）。1792年，政府为这两座建筑的修建举办了设计比赛，并为确保收到美国建筑师的投稿作出了努力。但他们的设计方案都未能使评委信服；最终，政府将这项委托工作授予爱尔兰人詹姆斯·霍本（James Hoban）（约1762年-1831年）。他的设计大量借鉴了英国建筑师詹姆斯·吉布斯的田园式别墅设计，这种设计收录在詹姆斯·吉布斯于1728年出版的《建筑学之书》中。因此，美利坚合众国总统办公室以非常传统、甚至可以说是过时的方式进行设计——当然，还采用了以前的殖民国大师的风格。国会大厦复杂的历史揭示了更大的问题：最终一致认可医生及业余建筑师

威廉·桑顿（1759年-1828年）的设计之前，这座建筑的设计比赛刚开始同样是不成功的。

他设计的宽敞的古典主义风格穹顶式建筑被法国人斯凡特·哈勒特（Stephan Hallett）加以修改，之后又被美国人本杰明·拉特罗布加以改进。

1814年，英国人大肆抢掠华盛顿的时候，他们首先破坏的就是尚未完建的国会大厦。拉特罗布在仓促的国会大厦重建工程中发挥着重要作用。在他做的改动中，有的的确非常彻底，使这座苦行主义建筑变得更有魅力、更高雅。随

左图：
本杰明·拉特罗布
位于华盛顿特区的白宫门廊
1815年

底图：
本杰明·拉特罗布
费城的宾夕法尼亚银行视图，建筑师绘制的水彩草图
1799年-1800年

大厦工作之前，拉特罗布最初在弗吉尼亚州担任工程师。拉特罗布的第一次重要的独立设计就是弗吉尼亚州里士满的州监狱（1797年-1798年），初次显露出其明晰的立方体风格的迹象。

他设计的宾夕法尼亚银行标志着美国建筑的巨大突破（第60页插图）。其结构朴素简洁，由两端以希腊—多立克柱式神庙正面为特色的长方形构成。内部空间上方设有效仿万神殿的穹顶。宾夕法尼亚银行履行了法国理论家阿贝·洛吉耶（Abbé Laugier）的要求，但可能还从约翰·索恩（John Soane）设计的英格兰银行中获得了灵感。这座建筑的美观大方体现在其空间协调性和正面的微妙设计上：其中央大厅——美国的第一间以石砌拱顶为特色的大厅——象征了银行业的宏伟前景。遗憾

的是，60年后，这座于1789年至1800年间修建的银行遭到毁坏。

拉特罗布的第二项著名的设计就是巴尔的摩大教堂（Baltimore Cathedral）——美国的第一座大型天主教教堂。拉特罗布同时准备了哥特风格和罗马风格两种设计方案；最终，于1804年，优选了后者（第61页插图）。这座建筑同样以节制和逻辑连贯性为主要特点；尽管它是如此的简洁朴素，却仍给人一种庄严尊贵的感觉。这主要归功于其爱奥尼亚柱式门廊和略微突起的石砌穹顶。石砌穹顶耸立在交叉甬道上方，使人联想到万神殿。尽管拉特罗布在设计中采用了添加新元素的方法，但这座大教堂明显效仿了雅克·热尔曼·苏夫洛（Jacques-German Soufflot）设计的巴黎圣吉纳维芙教堂。1803年，拉特

着拉特罗布的改建，白宫的门廊也变得与众不同。拉特罗布还为国会大厦设计了时新的内部装饰。他设计的高雅的科林斯式立柱——把莨苕叶形柱顶改造成了玉米叶形柱顶，至今仍备受赞赏。

希腊复兴（Greek Revival）

本杰明·拉特罗布是美国的希腊复兴时期最关键的人物。他对复兴古希腊

艺术的执着，达到了从考古学角度追求风格的真实和纯洁的程度。拉特罗布是美国第一位专业建筑师，他曾在德国的莱比锡学习，并在英国建筑师、考古学家查尔斯·罗伯特·科克雷尔（Charles Robert Cockerell）手下工作过。他从查尔斯·罗伯特·科克雷尔身上获得了对正宗的古典主义建筑的热情。在杰斐逊雇用他为位于里士满的弗吉尼亚州议会

本杰明·拉特罗布
巴尔的摩（Baltimore）大教堂，1804
年-1818年
外观，建筑师绘制的草稿，1804年
（右图）
内景（底图）

罗布被任命为公共建筑督察员；在这个职位上，他负责监督位于华盛顿的白宫和国会大厦的重建和竣工。他设计的最高法院议事厅（1815年-1817年）及其多立克式沙岩立柱，全面展示了他的丰富想象力；即便是在这种融合的风格中，其想象力也不曾缩减。

1815年期间，民族主义倾向在英美战争背景下得到进一步加强。这个年轻的国家一直在为自由解放而斗争，差不多四分之一个世纪之前爆发的美国独立战争，被视为是与希腊独立战争类似的战争，同时也激发了强烈的民族主义情绪。"希腊的崇拜者"发动的浪漫主义——古典主义运动令拜伦等人十分着迷；同时也激发了朝气蓬勃的美利坚民族的热情，掀起了重新研究古希腊艺术的热潮。詹姆斯·斯图尔特（James Stuart）和尼古拉斯·里维特（Nicholas Revett）发表的有关雅典古代史的作品已经被更大范围内的读者所熟知，使古典主义建筑得到进一步推广。这种流行趋势，并非只对公共建筑有着深远影响；木制田园式宅邸装饰风格简洁雅致，以和谐的比例为特色——都被认为采用了大量的古希腊元素。米纳德·拉费维尔（Minard Lafever）的书《当代建筑者指南》（*The Modern Builder's Guide*，1833年），是不断涌入美国的包含"希腊式别墅"建造指导的众多手册之一。

19世纪30年代人们就有这种感觉：拉特罗布的学生罗伯特·米尔斯（Robert Mills，1781年-1855年）和威廉·斯特里克兰（William Strickland）（1788年-1854年）站在希腊复兴和更广泛的历史主义（复兴主义）运动的交汇处。米尔斯，自称是生于美国并在美国接受教育的第一位建筑师，提倡采用有意义的逻辑风格。他认为，这些风格应与美国的风格和要求相关，还能有助于古典主义风格这个新世界扎根。他呼吁："研究本国的风格和要求，让古典主义在这里生根发芽，孕育你自己的艺术。"他继续写道："我们已经踏入了历史的新

纪元。我们的职责是'去引导'，而不是'被引导'。"虽有这些豪言壮语，米尔斯却未能形成他自己的独立风格——时机尚未成熟。

尽管如此，米尔斯设计的一些建筑，譬如里士满的八角形纪念教堂（1812年）或查尔斯顿的郡档案馆（County Record Office，1822年），均充满了实

用主义和理性，即使它们衍生自传统典范。因其不易燃的石砌拱顶，这座档案馆被称为"防火建筑"。

米尔斯设计的建筑看起来功能性较强且较粗糙；而威廉·斯特里克兰设计的位于费城的美国第二银行（1818年-1824年）则明显采用了精致优雅的结构，很大程度上借鉴了拉特罗布设计

的宾夕法尼亚银行。

十年后，还是在这座城市里，威廉·斯特里克兰在充满挑战的地界上修建了商人交易所：其流线型的半圆形门廊向上一直延伸，将整座建筑塑造成一座优雅的塔楼，并使其成为了周围街道中令人惊叹的焦点。其风格特点明显借鉴了希腊遗迹——即位于雅典的奖杯亭。

斯特里克兰的学生托马斯·U.沃尔特（Thomas U. Walter），同样从古典主义建筑中吸取了灵感，但他懂得如何使其适应"本国要求"：从外观上看，托马斯·U.沃尔特设计的位于费城的吉拉德学院（Girard College，1833年-1847年）的主体建筑看来好似一座科林斯围柱式神庙；但其内部却含有超过三层楼高的拱形房间——在米尔斯的极力主张下，这些房间均具备防火性能。另一方面，就南卡罗来纳州查尔斯顿的爱尔兰大厅而言，沃尔特是从雅典卫城的伊瑞克提翁神殿获得灵感的。

显然，在沃尔特设计了位于哥伦布的庄重威严的俄亥俄州议会大厦（设计于1838年，始建于1848年）之后，美国古典主义建筑时期就已经一去不复返了。

耶奥里·彼得·谢恩（Georg Peter Karn）

法国的新古典主义和浪漫主义建筑

背景

尽管1789年的法国大革命被视为法国历史上的一个转折点，但它也是漫长危机导致的最终结果。经济问题、国家财政崩溃、粮食欠收、饥荒汇集在一起，使民众的不满情绪日益高涨，而路易十六统治下的君主专制政权已软弱得无力应对这些矛盾。启蒙运动时期的哲学对宗教专制政体的君权神授提出质疑并主张人人平等，进一步破坏了这个古老王国的意识形态基础，并为根本性政治变革创造了条件。随后几年里，文化也随着外部变化在许多方面取得了发展，其中最明显的就是政府形式，先后出现了国民议会（1792年、督政府1795年）、执政府（1799年）和拿破仑帝国（1804年）到波旁王朝复辟和路易·菲利普（1814年/1815年-1848年）的平民统治。这一文化发展历程较为明显地反映了作为政治变革先导的文化思潮。在建筑历史长河中，文化发展与持续不断的变革过程有关，而这一过程却又是用简单直白的通俗语言难以说清楚的。因此，在建筑史上长达半个多世纪的新古典主义时期所包含的内容丰富多彩，形式多样。尽管这一时期仍以古典主义风格为主，但是在不同时间段所突出的方面则有所不同，并且与新潮流连结在一起。最终，这种主导风格在浪漫主义时期和历史主义时期被彻底颠覆。

新古典主义发展中断的主要原因是摒弃法国建筑学院当时制定的绝对服从理论，改从维特鲁威理论，后者的核心内容是古典柱式。早在17世纪，科学家、建筑师克洛德·佩罗（Claude Perrault）就曾对柱式比例的先天之说提出了质疑，从而掀起了一场质疑之风，最后通过研究古代建筑获得了有力的佐证。18世纪中期以后，洛可可风格也遭到了批判，它的轻率浮华风格与古典主义的美观简约形成了鲜明对比。然而，直到回归路易十四时期的雄伟庄严之风，才看到"好品位"重归于建筑。

路易十五统治期间（1723年-1774年），一位不得不提的重要人物就是蓬帕杜尔夫人（Madame de Pompadour）（1721年-1764年），她曾是路易十五的情妇。随着与先进知识分子的不断联系，蓬帕杜尔夫人把许多新的理念带入王宫。她的弟弟，即后来的马里尼候爵（Marquis de Marigny，1727年-1781年），仅24岁就被委任重要的建筑总监一职。

雅克·弗朗索瓦·布隆代尔（Jacques-François Blondel，1705年-1774年）是路易十五统治时期的官方建筑风格的代表。

自1743年起，他便从身边和自己的建筑学院中招收了许多学生，并于1762年担任法兰西学院教授之后以同样的方式继续招收更多的学生，从而通过教学使他于1771年出版的《皇家建筑学》（*Cours d'Architecture*）为更多人所知晓。布隆代尔虽然恪守了神圣的维特鲁威（Vitruvian）式比例规则，但也将个性作为至关重要的判断因素融合到设计理念中。个性是指与各建筑相匹配的具体表现形式，取决于建筑的功能特点及其所有者的地位。因此，装饰的应用和基于柱式变化的联接应符合惯例和礼仪标准。布隆代尔的建筑模板都是17世纪的法国古典主义和前古典主义建筑，尤其是他所崇敬的弗朗索瓦·芒萨尔（François Mansart）的作品。

安热·雅克·加布里埃尔与皇家建筑

路易十五统治时期下半段，安热·雅克·加布里埃尔（Ange-Jacques Gabriel，1698年-1782年）成为了皇家建筑领域的核心人物。作为与芒萨尔（Mansart）密切相关的一批重要建筑师中的一员，他于1742年继承了父亲雅克·V·加布里埃尔（Jacques V. Gabriel）的宫廷建筑师（即国王的首席建筑师）一职。此后30年左右直到国王去世后、1775年他退休之时，他塑造了官方建筑风格，并将其引入新生的新古典主义时期，但并未放弃与传统风格的联系。借鉴备受尊崇的"太阳王"时期的建筑，然后加入16世纪意大利艺术元素，尤其是衍生自意大利北部建筑师安德烈亚·帕拉迪奥（Andrea Palladio）的作品的主题——这种建筑可被视作是新潮的英式建筑。枫丹白露宫（1750年-1754年）的格罗斯亭效仿了凡尔赛宫前方的勒沃花园，而加布里埃尔设计的小特里阿侬宫（1762年-1768年，第66页上图）正好位于这个花园中。小特里阿侬宫为立方体结构，各正面的大型半露柱或立柱编排各不相同，反映出加布里埃尔深受帕拉弟奥的影响。

加布里埃尔设计的路易十五广场（今协和广场，第63页插图）是最为夸张的首府城市规划项目之一，其修建日期可以追溯到18世纪初至本世纪中叶。1748年签订《亚琛条约》（*Treaty of Aachen*）后，巴黎的商人为国王订做了一座骑马雕像，但这座雕像需要一个适合的重要展示之所。国王绘制完杜伊勒里宫的规划图后，加布里埃尔便开始修建这座宫殿，充分利用了两次比赛的成果：在已建成区外围修建一种新型的自然公园，然后把布沙东（Bouchardon）设计的国王骑马雕像（后毁于法国大革命）立在公园中央。这个巨大的长方形四周围绕着水渠，塞纳河对岸狭窄的北边耸立着两座对称建筑。这两座建筑只是为了美观而规划设立的，其功能都是此后配备的。例如，右侧

建筑用作皇家器皿储存室。

这两座建筑通过转角亭相互连接，二者之间的空间正好与开阔的广场中轴协调呼应，中轴末端的标志性建筑是孔唐·迪维瑞（Contant d'Ivry）设计的玛德兰教堂（Madeleine church）。两端亭子之间的两层柱廊与不远处佩罗（Perrault）设计的著名的卢浮宫东立面和谐统一。然而，由于采用单立柱替代双立柱，柱廊呈现出一种更为明快但较同时期建筑略微伸展的18世纪建筑风格。底层刚劲的粗面石工突显了英式建筑的影响力，而局部（如阳台托架）则借鉴了米开朗琪罗的建筑风格。

与主要城市建筑设计成果不同的是，由于七年战争大量国家资金流失，加布里埃尔的大部分宏伟的皇宫扩建工程都是在规划完成之后展开的。唯独贡比涅宫（1751年-1786年）的建造除外。同样地，凡尔赛宫的贵宾庭院的系统化，在路易十四统治时期就已提出，加布里埃尔为此曾于1743年和1759年绘制了规划图。这项工程于1772年正式开始，直到1783年仍未建成。这个大规模的工程还涉及始于17世纪上半叶、沿狩猎行宫原始布局图中部分结构设计的大理石庭院，并在右翼楼一端建造了政府宫。完全放弃了为政府宫规划的奢华楼梯井，该楼梯井计划用于替换勒沃使节楼梯（于1752年拆除）。从基本特点看来，正面是根据1759年的设计（第64页上图）修建的，再次展现了加布里埃尔创立的建筑风格。

仅在粗琢台石层上方的侧翼楼边部插入的巨型柱式，与邻接教堂（由阿杜安·芒萨尔设计设计）的半露柱联接在形式上协调一致。

独立立柱和附墙柱的独特应用，不仅显示出路易十四时期建筑宏伟壮丽的特点，同时还遵循了主从原则。建筑物的立方形特征及其顶部栏杆、平屋顶、交替支撑和山花窗都显露出受到吉安洛伦佐贝尔尼尼（Gianlorenzo Bernini）建筑风格（尤其是他为卢浮宫东立面设计的最后一项工程）的影响；同时，加布里埃尔还沿用了传统的法式建筑风格。这一点从强调偶尔带有山花的凸出（尤其中央凸起圆顶）的垂直设计中可以看出。中央凸起圆顶效仿了卢浮宫时钟楼的设计。当这项工程最终于13年后开始修建时，转角亭端墙采用传统山花替代了最初设计的水平末端，与其他凸出协调统一。左翼楼从1814年至1829年才完成。

与庭院正面和主楼梯井不同，加布里埃尔成功地修建了另一项工程——凡尔赛宫皇家歌剧院（第64页左下图和第65页插图）。这项位于右翼楼外部的剧院工程，在阿杜安·芒萨尔担任设计时期就已开始构想，于1765年开始修建并于1770年完建，及时供法国王太子（即后来的路易十六）与马里耶·安托尼妮特（Marie Antoinette）大婚之用。在椭圆形平面图中，科林斯式柱廊连续地环绕在建筑中心上方，而观众席则采用了重新用于帕拉迪奥设计的位于维琴察的奥林匹克剧院的古典样式。连续成排的座位，采用了帕拉迪奥的"建筑反应人文主义理想"的建筑设计理念，是加布里埃尔根据皇家用途量身打造的，包括各种内嵌包厢和位于中轴上的不同等级的壁龛形皇室包厢。其装饰极具奢华一世的风格：采用丰富多彩的蓝色、粉色和金色装饰，包括路易·让·雅克·迪拉梅奥绘制的天花板壁画、奥古斯丁·帕茹的镀金浮雕，以及凹弧饰中的法兰西菊雕花。而皇室包厢上方半圆形屋顶上的菱形藻井，虽然受到查理·德瓦伊设计的位于罗马的维纳斯和罗马古庙的影响，却代表了接受过古典样式训练的新一代建筑师所做的贡献。

加布里埃尔的另一项设计工程，即在皇家歌剧院项目之前被严重删减的巴黎军事学院（第66页下图）最终得以修建。在最初的设计方案中，这座建筑原本设计为与附近利贝拉尔·布吕昂和朱尔·阿杜安·芒萨尔共同设计的荣军院（Hôtel-des-Invalides）在规模和标准上均能媲美的年轻贵族学习机构。1751年，加布里埃尔为之绘制了宏伟的初步设计草图。而在七年战争（1768年-1773年）结束后实际采用的方案中，作为一所军事学院，这座建筑仅采用了城堡式主楼的建筑风格。面向战神广场的正面，通过显著突出的柱上楣沟紧密连接在一起，使中亭成为整座建筑的核心。方形底座上的圆顶以及朴素的山花窗再次效仿了17世纪的传统建筑风格。庭院正立面上的两层凉廊图案是巴黎荣军院的象征标志，旁边环绕着楣构，与庭院正立面不同，这里的正立面外侧则省去了所有的边角装饰元素。尽管通往翼楼的中央大厅中交错排列的科林斯立柱采用了帕拉迪奥传统风格，但仍与翼楼朴实无华的连续墙面形成鲜明对比。从条理清晰的楼层和明显分离的附属部分中可以窥见一种新的设计理念，这种理念能与凡尔赛宫贵宾庭院正面浑然一体的设计理念匹敌。而这种新的设计理念中对古典风格的借鉴，譬如桶形拱顶小教堂（包括半露柱联接）的长方形平面图，均是受到了按维特鲁威原则重建的罗马长方形会堂的启发。

这种在加布里埃尔设计的巴黎军事学院中出现的借鉴古典建筑风格的趋势，在18世纪的另外一座非宗教建筑——塞纳河畔离新桥不

下一页：
雅克·丹尼斯·安托万
巴黎钱币博物馆（Münze），1771
年-1785年
中央大厅

左图：
安热·雅克·加布里埃尔
凡尔赛宫小特里阿侬宫（Petit
Trianon），1762年-1768年
贵宾庭院（cour d'honneur）正立面

小特里阿侬宫是为蓬帕杜尔夫人修建
的。整座建筑采用了帕拉弟奥式建筑的
长方体结构和巨柱式。就整体奢华程度
而言，四面正面均经过精心打造，与各
方面特点契合。东南向正面是这座建筑
的入口侧，其显著特点是在粗琢台石层
上方布设面向贵宾庭院的巨型半露柱。

下图：
安热·雅克·加布里埃尔
巴黎军事学院
初次设计于1751年，修建于1768年-
1773年间

远（Pont Neuf）的皇家铸币局的设计中更为明显。皇家铸币局的建造首先通过了漫长的构思期，但却同样被被七年战争打断，并在位置上做了若干更改。

　　雅克·丹尼斯·安托万（Jacques-Denis Antoine，1733年-1801年）于1768年赢得了这项工程。现场施工于1771年开始，但直到1785年内部装饰仍未完成。整座建筑包括多个庭院，巧妙地利用了形状不规则的场址。建筑正面正对塞纳河，其城堡式的外观呈现出国富民强的气派。中央凸起因采用巨型爱奥尼亚式独立柱而特点鲜明。设计上并没有采用任何综合编排方案，也没有凭借转角亭突出边角部分。单个正立面的庄严肃穆主要通过缩减楼层和立柱密度来增加效果。这种气势通过在水平面上施加异常明显的应力得以加强，其中部分应力来自替代山花的新式女儿墙。这种女儿墙鲜少用于非宗教建筑中。女儿墙前方的装饰性雕塑代表的是掌管和平、商业、智慧、正义、力量和繁荣的众神的化身，不仅象征着这座建筑的功能，同时也是国家形象的一种诠释。

　　粗琢墩座在设计规划阶段就被删除了。如果没有将这种粗琢墩座与沿一段台阶的堤墙融为一体，就不可能使正面看起来更加生动。左后翼楼巨型粗面光边石工外观坚固，延续了历史悠久的传统铸币局建筑风格，这种风格可以追溯到16世纪。内部装饰手法同样展示了安托万对细节持久不懈的关注，这一点可从他的无数设计图中得到验证。装饰极尽奢华的楼梯井和两层中央大厅（第67页插图），由墙柱和斜跨在边角上的楼廊连接支撑。夸张的凹弧饰上方的天花板壁画遵从了

17世纪的风格传统，但古典风格的菱形藻井却再次彰显了查理·德瓦伊的影响力和新理念。安托万对当时的考古发现有着相当敏锐的捕捉能力，这一点从巴黎慈济医院（Hôpital de la Charité）（始建于18世纪60年代）不复存在的柱廊便可看出。多立克式神殿的粗大圆柱直接矗立在柱基前方（首次出现在巴黎），与希腊建筑样式一致。这些被认为效仿了雅典卫城（Acropolis in Athens）入口的粗大圆柱，收录在1758年出版的朱利安·大卫·勒鲁瓦（Julien-David Leroy）的《希腊最美的史迹》（Les Ruines des plus beaux monuments de la Grèce）中，作为同时期建筑样本展示。

教堂建筑的改革

自本世纪中期以来，建筑作家就教堂建筑新理念撰写了不计其数的作品。其中最著名的作品是1753年出版的曾担任过神父的马克·安托万·洛吉耶（Marc-Antoine Laugier，1713年-1769年）的《建筑论》（*Essai sur l'Architecture*）。书中，洛吉耶主张进行彻底的建筑改革，这主要是受到让·雅克·迪拉梅奥提出的"回归纯粹自然状态"的民粹主义需求的影响。他还提出了作为其基本建筑模型的"原始小屋"，这种原始小屋由四棵树干、横梁和鞍状屋顶构成。同时，洛吉耶还重点批判了当代教堂建筑。自反宗教改革运动之后，宗教建筑主要以桶形拱顶纵向结构和十字交叉圆顶为特征，承袭了罗马圣彼得大教堂和耶稣教堂的建筑风格。洛吉耶主张用独立柱和连续额枋替代在他看来沉闷呆板的盛行巨型扶垛连拱廊，将哥特式建筑轮廓鲜明的特点与古典主义建筑大方庄重的原则结合在一起。早在1706年，阿贝·让·路易·德科尔德穆瓦（Abbé Jean-Louis de Cordemoy）就曾提出过类似的主张。这种建筑风格的确也能从具体实例中看出，譬如克洛德·佩罗的早期建筑工程——巴黎万神庙（推测始建于1675年）和阿杜安·芒萨尔设计的凡尔赛宫宫殿教堂（1689年-1710年）。18世纪40年代以后，著名建筑师皮埃尔·孔唐·迪维瑞（Pierre Contant d'Ivry，1698年-1777年）最终将立柱与额枋系统应用到教堂建筑中，譬如位于阿拉斯的圣瓦斯特（St.-Vaast）修道院教堂（始建于1755年）。

尽管洛吉耶有关此建筑风格的论作引发了广泛讨论并迅速受到追捧，但其理论的重大实际意义直到修建新万神庙修道院朝圣教堂才得以验证。新万神庙修道院朝圣教堂位于巴黎，由雅克·热尔曼·苏夫洛（Jacques-Germain Soufflot）设计。苏夫洛是马里尼侯爵的门徒，他曾于1731年和1749年至1751年间两度追随马里尼侯爵造访意大利。因此他被委任修建雄伟壮丽的新万神庙修道院朝圣教堂，这座教堂使欧洲最奢华壮丽的教堂（包括位于罗马的圣彼得大教堂和位于伦敦的圣保罗大教堂）相形见绌。在受到保守派神职人员的批评之后，苏夫洛与雷恩一样，不得不修改最初的设计草图，使之更具传统风格。这幅规划图中构建的中心建筑采用了希腊式十字架、神庙正面以及笼罩圣人墓室的十字交叉圆顶。尽管受到批评，这座教堂明亮通透的内部装饰仍然对同时代的建筑产生了强烈冲击，被看作是具有划时代意义的作品，对新教堂建筑（第67页插图）的诞生起着决定性的作用。优雅的细长立柱、大胆镶嵌在墙面上的大型窗户等巧妙设计主要通过应用新颖的减压拱、飞扶壁和内嵌式铁支柱得以实现。苏夫洛已经凭

借这些巧妙设计完成了尚未建成的卢浮宫柱廊。最初的巴洛克晚期风格奢华装饰随设计规划进程逐渐减少并被古典风格母题取而代之。后者的实例包括借鉴于罗马塞西莉亚·麦特拉之墓的外部卷须雕带、以及一度依照位于哈利卡纳苏斯（Halicarnassus）的陵墓设计的台阶式圆顶。尽管1769年建筑师皮埃尔·帕泰就其设计承重强度展开了激烈的讨论，而且1776年砌体就出现裂缝，教堂圆顶仍然得以扩建。这座教堂最终参照了圣保罗大教堂的样式，采用科林斯式立柱环绕着教堂圆顶，并在圆顶中融入了布拉曼特设计的圣彼得大教堂圆顶（第69页插图）的特色。后来这座教堂的圆顶成为了18世纪被模仿频率最高的圆顶。遗憾的是，苏夫洛终究没能活着看到其杰作的落成。法

让·弗朗索瓦·特雷瑟·沙尔格兰
巴黎圣菲利普迪鲁莱教堂（St.-Philippe-
du-Roule），1774年-1784年
内景

下图：
查理·德瓦伊和马里·约瑟夫·佩雷
巴黎法兰西喜剧院（今奥德翁剧
院），1779年-1782年
入口正面

和早期基督教时期的建筑形式。洛吉耶已在其书中对该建筑形式的重要性进行了说明。在藻井被凿穿作为窗户并与泰奥多尔·沙塞里奥（Théodore Chassériau）绘制的后堂湿壁画混为一体之前，这种效果原本是通过巨大的封闭桶形圆顶得以加强的。带山花的神殿般正面由多立克式立柱和侧入口上方的横向屋顶支撑，而正西面则设计成正方形。仅少数位置采用了装饰元素，譬如三角形山花壁面。

罗马学者

自18世纪40年代起，"罗马学者"对世俗建筑的发展产生了巨大的影响。他们以法国古典主义和前古典主义建筑风格制衡加布里埃尔和安托万推行的形式标准。作为建筑协会（Académie d´Architecture）组织的大奖赛的参与者，罗马学者们偶尔会得到赞助人的特殊资助，他们齐聚于位于罗马的法国学院中，耗费大量时间研究古代建筑和米开朗琪罗或贝尔尼尼的作品。罗马艺术家皮拉内西（Piranesi）或让·洛朗·勒热（Jean-Laurent Legeay）等的画作和系列雕版画中富有想象力的设计活灵活现地重现了古香古色的世界。他们的设计也影响了罗马学者的设计风格，从罗马学者设计的内部装饰、剧院和节日装饰中即可窥得一斑。另一股要求从根本上改革世俗建筑的力量则来自日益增多的古代建筑研究出版物。首先出现的就是对希腊文化的批判性分析，这被视作是罗马式建筑的摇篮。相关出版作品包括朱利安·大卫·勒鲁瓦的《希腊最美的史迹》（1758年）和尼古拉斯·里维特的《雅典古迹》（Antiquities of Athens）（1762年）等。返回法国这后，这些外来学者极力推广希腊风格——这种风格成功融入古代建筑、文艺复兴

国大革命爆发后，1791年，国民议会决定将新万神庙修道院朝圣教堂重新归类为先贤祠（Fanthéon des Grands Hommes），随后建筑师卡特马赫·德坎夕（Quatremère de Quincy）展开了大量的改建工作。根据新的建筑品位理念将所有装饰元素拆除并把部分窗户封堵之后，这座建筑巨大统一的结构便成为了其最突出的特点。

之后的教堂建筑不得不遵守苏夫洛制定的标准。当时由孔唐·迪维瑞设计的但最终未能付诸实践的巴黎玛德兰教堂（1761年）、路易·弗朗索瓦·特鲁巴（Louis-François Trouard）设计的位于蒙特勒伊（Montreuil）的圣桑福里安城堡（St-Symphorien，约1764年）、或尼古拉·马里耶·波坦（Nicolas-Marie Potain）设计的位于圣日耳曼昂莱（St-Germain-en-Laye）的圣路易宫（St-Louis，约1764年）也依照这种标准增修了柱廊。巴黎风格教区教堂——圣菲利普迪鲁莱教堂（第70页上图）同样受到苏夫洛式风格的影响。这座教堂于1774年至1784年间修建，自1768年后开始采用让·弗朗索瓦·特雷瑟·沙尔格兰（Jean-François-Thérèse Chalgrin，1739年-1811年）的设计方案。让·弗朗索瓦·特雷瑟·沙尔格兰是赛尔万多尼（Servandoni）和布莱（Boullée）的学生，他曾经还是一位罗马学者。尽管教堂后堂环绕着爱奥尼亚柱间或采用了向外突起的柱上楣沟，所展现出的简朴和流畅仍然与教堂本身协调一致。这种设计主要效仿了古典时期

时期建筑和巴洛克式建筑特色的富有想象力的建筑风格，这样就为新古典主义铺平了道路。

对巴黎新一代建筑师来说，法兰西喜剧院（今奥德翁剧院，1779年-1782年）堪称最富挑战的一项建筑工程。1769年为之提交的第一份规划图是由马里·约瑟夫·佩雷（Marie-Joseph Peyre）（1730年-1785年）和查理·德瓦伊（1730年-1798年）共同设计的，他们于18世纪50年代中期造访罗马。

这项工程就如万神庙的修建一样引起了广泛关注。深受大众喜爱的剧院在启蒙运动时期有了长足的发展。这一点从1781年巴黎美术展览会中展出的大量建筑规划图和建筑师们力求证明其建筑理论而撰写的论文就可以看出。初步尝试采用外观上看不出来的环形礼堂（这种设计在19世纪上半叶极为普及）之后，礼堂延长成椭圆形并罩上矩形外框。高高的女儿墙下方简洁的粗面石工和托斯卡纳立柱构成的柱廊——设计新颖、横向终止的纪念碑式柱廊——佩雷设计的这种宽阔正面（第70页右图）呈现的是一种严谨的建筑理念。相反，剧院内部（现已改建，第71页左图）陈设辉煌壮丽，充分展现了德瓦伊的装饰奢华且极具剧场效果的设计理念。德瓦伊必定是领会了同时期盛行于罗马的贝尔尼尼风格宏伟巴洛克式建筑的设计精髓。新标准（尤其是附属空间的规划标准）设定后，由于剧院社会重要性日益增加，其内容得到扩充并吸纳了宫殿建筑特色。两个对称设置的楼梯井与立柱支撑的大厅一样，均从向上展开的休息厅通往巨大的两层门厅，使得广大歌剧爱好者可以在饰以湿壁画的圆顶天花板下方的轨道般楼座上观赏公演。包厢隔墙的缩减正好提供空间用作特等席位，这种设计即使是

在法国大革命期间截然不同的时代背景下仍然获得了相当高的赞誉。

另一个高水准的公共建筑实例就是建于1769年至1774年间的外科医学院（第71页右上图和右下图）。这座位于巴黎的学院有意修建新楼以提升其外科医学声誉，故于1731年修建了一座独立学院。其建筑师正是皮拉内西的好友雅克·贡杜安（Jacques Gondoin，1737年-1818年）。虽然贡杜安并没有获得大奖赛奖，但他仍深得国王的偏爱，并在罗马游历了四年（直到1764年）。在此期间，贡杜安有了在位于蒂沃利（Tivoli）的哈德良别墅（Hadrian's villa）废墟上修

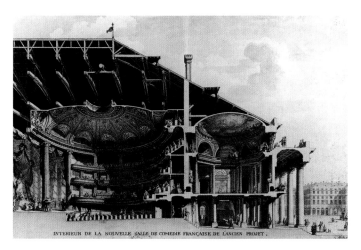

INTERIEUR DE LA NOUVELLE SALLE DE COMEDIE FRANÇAISE DE L'ANCIEN PROJET.

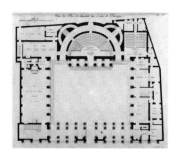

雅克·贡杜安
巴黎外科医学院，1769年-1774年
平面图（上图）
内景（左图）

建新学院的雄心壮志。贡杜安选择典型的贵族宅邸作为外科医学院的建筑模板，并将主楼设在庭院后方。然而，在对正面设计进行反复思量之后，他最终打破了传统，并开创了一种影响深远的新建筑形式：几排爱奥尼亚式立柱构成的临街"屏式正面"。这种正面使人想到了加布里埃尔设计的贡比涅宫。但是，由于采用了高高的女儿墙和连续不断的柱上楣沟，它看起来又是截然不同的。

凯旋门式大门与柱廊合为一体，其女儿墙层浮雕呈现的是智慧女神密涅瓦、命令建造这座学院的路易十五（法国大革命期间，1794年被替换成仁慈之神）以及簇拥在他身边的病人。与三分之二的立柱一样，这种古代列柱走廊继续延伸环绕着整个庭院，明显与平滑墙面和圆拱式窗户不同。列柱走廊甚至还延伸至完全由科林斯式圆柱支撑的雄伟神殿正面后方，标示出解剖学讲堂的入口，给人一种顿时从教学大厅晋升到医学圣殿的感觉。真理与实践的化身和谐统一地呈现在祭坛山花浮雕中。解剖学院讲堂的半圆形平面图中设有成排上升的台

阶，这种设计后来成为了国会议院建筑设计的原型。带藻井的半圆形屋顶上设置的天窗，效仿了罗马万神殿的设计造型。

与此同时，各省建筑的设计都试图遵守首府建筑的设计标准。当然，各省长虽是中央集权政府消减开支的得力助手，但也会乐于修建庄严气派的公共建筑。于是，譬如弗朗什—孔泰大区（Franche-Comté）的首府贝桑松（Besançon），在查理·安德烈·德拉科雷（Charles-André de la Core）的开明管辖下成为了巴黎式建筑发展的先驱。1778年至1784年间，克洛德·尼古拉·勒杜（Claude-Nicolas Ledoux）在这里修建了贝桑松市剧院。剧院大厅环绕着多立克式扶垛——后来被借鉴用于设计具有古典风格的凡尔赛宫皇家歌剧院；而剧场中彰显民主/平等的成排环连连续座位则给人一种高瞻远瞩的感觉。

为了修建总督府（Hôtel-de-l´Intendance，1770-1778年），德拉科雷聘请了建筑师维克托·路易（Victor Louis，1731- 1795年）。尽管维克托·路易被取消了参加1755年大奖赛的资格，但他仍然在罗马待了四年，期间成就了他特有的风格和对剧场效果的特殊感觉。这座总督府遵循了庭院设计的惯用形式，正面落地纱窗隔开街道（第73页上图），花园一侧有个半圆形建筑（第73页下图）。连续的爱奥尼亚式半露柱与宫殿正立面带山花中心装饰建筑的细长立柱（占立柱根数的三分之二）相结合，将主楼的矩形平面图均匀划分成几部分。墙面主要采用矩形大窗，二楼的这些大窗还可用作门。花园侧（第73页下图）圆顶中央大厅向外突出，这种母题很有可能是借鉴了乡村快乐之家的设计手法。路易式装饰格调的显著特点就是在运用巧妙精致的正面外观处理（如凹槽式半露柱、连续不断的额枋和一楼窗口上方的垂花饰浮雕）的同时，还透露出传统风格的基调。1780年至1784年间，在为沙特尔公爵扩建王宫时，路易在正面采用了较为统一的衔接方案，同样突出了丰富的细节，使得正面半露柱看起来不仅不单调，而且还具有无限扩张的节奏感。

无可争议的是，路易设计的位于波尔多的剧院是他最杰出的作品。这座剧院注定被视为18世纪最宏伟、最大的剧院建筑之一。受命于吉耶纳省总督黎塞留公爵，该剧院于1772年至1788年间修建。其室内布局符合现代剧院复杂层次安排标准，其空间接续又完整有效，令人叫绝。入口区域与礼堂之间设有宽阔的楼梯井（第72页插图），在类型上效仿了凡尔赛宫勒沃使节楼梯和加布里埃尔于1754年为卢浮宫设计的楼梯。楼梯井位置较高，宽广明亮的楼梯井与位置较低的阴暗休息室形成鲜明对比，与二楼的椭圆形会议室呼应一致。一楼封闭

墙体上方刚劲的粗面石工，突显了英国帕拉弟奥式风格的影响力。楼梯井通向立柱连拱廊并延伸至楼廊和巨大圆顶空间，与向上伸展的穹顶相互映衬，因弦乐窗而采光良好。近似圆形的剧院大厅于19世纪进行改建，由通往各层的立柱支撑，并在各层悬浮空间中设有包厢。整个正面（第74页至75页插图）都采用顶部设有雕像的科林斯式柱廊。这种水平方向上连续不断的柱廊后来成为了19世纪竞相模仿的建筑特征，直到布龙尼亚（Brongiart）设计了巴黎证券交易所为止。

私人建筑发展趋势

私人建筑主要采用巴黎式宅邸的传统式样。然而，法兰西学院和布隆代尔要求遵循惯例的限制逐步被打破了，不得不屈服于拱顶建筑的志向。譬如艾蒂安·费朗索瓦·勒格朗（Etienne-François Legrand）于1775年左右修建的加利费公馆（Hôtel Gallifet）——这座公馆是为一位在加勒比海中开垦新地致富的男爵而修建的。实际上，整个宫殿正立面（第77页左图）采用的是超过两层楼高、带平直顶部的庄严华贵的神殿正面——一种比起"攀高枝者"的住所更适合于公共建筑（如外科医学院）的外观设计。

同样地，采用贡杜安式建筑风格的雄伟的立柱正面使得泰吕松公馆（Hôtel de Salm）庭院侧大放光彩。该公馆由皮埃尔·卢梭（Pierre Rousseau，1751年-1810年）设计，于1784年修建。侧面部分独立柱构成的较低柱式也采用同样的风格。临河立面采用圆顶式半圆形中央凸出，看起来似乎没那么突兀；但与贝桑松公馆立面采用的类似布置不同的是，中央立柱关节借鉴了古典圆形神殿的建筑风格，与粗琢的翼楼形成鲜明对比。

克洛德·尼古拉·勒杜（1735年-1806年）是18世纪下半叶最著名的建筑师之一。他是布隆代尔的学生，于1773年被任命为宫廷建筑师。他的建筑作品，不管是公共建筑还是私人住宅，抑或是实际规划与设计构想，凭借其精妙绝伦的设计方案，都得以流传于世。虽然勒杜从未造访罗马或意大利，但1769年至1771年的英国游历经验，使其收获了诸多以后会用到的设计技巧。

在游历英国之前的1768年，他就为利夫里侯爵（Marquis de Livry）修建了位于诺曼底的贝努维尔城堡（第76页插图）。这座方方正正的封闭建筑体与巨大的爱奥尼亚柱式相连。爱奥尼亚柱式包括花园侧的半露柱，同正面采用的方琢石砌石和无框窗口形成鲜明反差。

庭院侧柱廊及其廊顶通过连续的柱上楣沟和高高的女儿墙层在水平方向上紧密相连，展现了与同时代建筑设计师截然不同的朴素手法，与加布里埃尔设计的巴黎军事学院的两层中央凸出类似。

与众不同的是，石砌楼梯设在花园侧（第77页右上图）。其圆顶设计有圆窗作为圆顶天窗，下面是可与17世纪芒萨尔为布卢瓦城堡或拉斐特城堡设计的楼梯相提并论的宏伟城堡式楼梯，两者交相辉映，体现了一种非同凡响的创意。

在设计巴黎式宅邸时，勒杜采取了范围相似的各种灵感设计方案。这些设计方案为他赢得了称赞，并使他成为了最受欢迎的私人建筑师之一。于泽斯公馆（Hôtel d´Uzès）的主楼于1769年重建，馆址异常狭窄且深远，主楼就设在被墙围绕的长长的林荫车道末端。勒杜采用的巨大半露柱和立柱柱式与贝努维尔城堡中的相似。在修建哈尔维尔公馆（Hôtel d´Hallwyl，1766年）时，勒杜采用托斯卡纳式柱廊把小花园围起来，并用一幅画的柱廊衔接古典列柱式走廊，给人一种无限延伸的错觉。而在蒙莫朗西公馆（Hôtel de Montmorency，1769年）的设计中，他则充分利用边角部位，将入口设在对角线上。

瑞士银行家委托的泰吕松公馆（Hôtel de Thélusson）（第77页右

左图:
艾蒂安·费朗索瓦·勒格朗
巴黎加利贵公馆，1775年-1792年
花园正面局部图

上图:
克洛德·尼古拉·勒杜
巴黎泰吕松公馆，1777年-1781年
透视图

下图：
克洛德·尼古拉·勒杜
巴黎御座屏障
1784年之后
正面局部图

底图：
克洛德·尼古拉·勒杜
巴黎维莱特关卡，1784年后

下一页：
克洛德·尼古拉·勒杜
皇家盐场
阿尔克—塞南，1775年-1779年
鸟瞰透视图（上图）
1804年雕版画
行政大楼及两侧制房（下图）

下图），修建于1777年至1781年间，是勒杜设计的最杰出的私人宅邸。1824年，这座公馆因入口售票处无法控制涌动的人潮而遭到毁坏，轰动一时。馆址深度有限，这就意味着英式风格的花园必须设在这座建筑的前方；但花园的塌陷竟然阻断了直接通向主楼的轴向通道。宽阔的入口大门就像舞台布景一样，因采用了低矮的拱墩，给人一种下沉的感觉，使人联想到了皮拉内西或于贝尔·罗贝尔（Hubert Robert）风格的建筑物废墟和桥梁母题。因此，在端亭的辉映下，柱基上的主楼看起来极具剧场效果。两侧各设一段楼梯的入口中央凸出主要采用圆形神殿风格。架设在天然岩石和洞室之上的中央突出部分，与位于蒂沃利的女先知古庙类似。环绕的科林斯式立柱与正面的粗琢表面形成鲜明对比。

勒杜对建筑设计的精通还体现在小规模建筑中，尤其是他设计的吉马尔亭（Pavilion Guimard）。这座建筑于1770年/1771年修建，是一位歌剧院舞者的情人为她出资修建的。这座内部分割精妙绝伦的立方体建筑的正面简洁朴素，主要以奥尼亚柱式门廊下巨大的壁龛式入口而特点鲜明。壁龛的藻井式圆顶一致延伸到女儿墙层。

"公益事业"与"私人住宅"的推动作用

勒杜设计的关卡或通行税征收处是巴黎城市景观（第78页插图）的显著特征。租地私有化以后，税务公司负责管理税收。设关卡的目的是为了遏制新砌城墙内迅速发展的城市中兴盛的走私贸易。1784年，勒杜接受委托修建了五十多道关卡，但只有四道被保存下来。考虑到多数亭阁的功能相同，勒杜竭力设计一种不仅适合建在开敞位置，同时还能兼顾辉煌和富于变化的建筑。意大利北部风格主义衍生出来的刚劲的粗面石工，强化了这类建筑牢不可摧的特点。然而，这类建筑的个性主要是通过其方方正正的结构和雄伟庄严的气势显现出来的。勒杜在自己的建筑中一直限制只用几种立体形状的组合，然后用古典或意大利16世纪艺术风格进行装饰。他将蒙索关卡（Barrière de Montceaux）设计成圆形多立克寺庙；而维莱特关卡（Barrière de la Villette）（第78页左下图）则设计成带圆柱形鼓座的立方体建筑，借鉴了帕拉迪奥式建筑的瑟利奥拱窗母题。单个建筑形式明显简化了，譬如低矮的柱式门廊和对多立克柱式的偏好，其预期效果和方琢石墙所突出表现的一样结实坚固。

勒杜设计的最著名的建筑是位于阿尔克—塞南（Arc-et-Senans）的皇家盐场，这座建筑同样也用作税务公司。皇家盐场修建于1775

克洛德·尼古拉·勒杜
阿尔克-塞南皇家盐场，1775年-1779年
行政大楼及主正面

年-1779年间，采用半圆形布置，效仿了纯粹巴洛克风格的城堡设计手法，但又与16世纪理想城市的设计手法相似。大规模的实用性建筑在启蒙运动时期逐渐兴起。为了实现其配套功能，这些立体建筑群再次采用了一种受帕拉迪奥或朱利奥·罗马诺（Giulio Romano）影响的刚劲有力的形式标准。这种形式规范以及多立克柱式和托斯卡纳柱式的使用，毫无疑问地使得整个建筑群具有雄伟壮丽的特点。行政大楼（第80页插图）设在盐场中央，采用的是与勒杜之后设计的埃图瓦勒关卡（Barrière de l′Etoile）类似的粗壮厚实的简洁神殿式正面。与总监办公楼两侧相邻的是带石拱的刺房、工房和工人住所。入口大门洞室般的壁龛（第81页上图及下图）效仿了吉马尔亭的正面，构建出一种"会说话的建筑"的原始视觉效果。然而，将盐场扩建成一座"理想城市"的计划最终未能付诸实践。这座城市原本是打算建成以整个盐场为中心的环形城市的。

法国大革命爆发后，勒杜几乎收不到任何委托，于是他开始从事写作。在1804年至1807年间出版的《从艺术、法律、道德观点看建筑》（*L'Architecture considérée sous le rapport de l'art, des mœurs et de la législation*）中（这个书名间接提及孟德斯鸠），他提出了理想城市的扩展模型，将乌托邦式建筑特征融入到所有重要功能和说教意图的视觉设计中。形成这种模型的部分原因是独立建筑采用了一种非常直接的表示手法——"会说话的建筑"。譬如河道改道穿过侧面看起来像圆柱体的河检员之屋（第81页下图）。

对公用建筑的高度计划性展望，同样可以从位于巴黎的谷物交易所（Halle au Blé，第82页右下图）中看出，该建筑计划用作市场大厅和仓库。这座圆形建筑由尼古拉·勒卡米·德梅齐埃（Nicolas Le

左图与右图：
弗朗索瓦·约瑟夫·贝朗热
巴黎布洛涅森林公园山林小屋，1777年
画室正面视图（左图）
大门正面（右图）

底图：
尼古拉·勒卡米·德梅齐埃
巴黎谷物交易所，1762年-1766年
圆顶，1809年-1813年
1885年停建

Camus de Mezière）于1762年至1766年间修建，中央圈成一个宽阔的内院。一楼拱形大厅让人联想到罗马式露天剧场，体现了公益事业的较高地位。之后的内院屋顶工程（1782年-1783年）中引起特别关注的木质圆顶，是由雅克·纪尧姆·勒格朗（Jacques-Guillaume Legrand，1753年-1809年）和雅克·莫利诺斯（Jacques Molinos，1743年-1831年)设计的，使得整座建筑成为一件技艺精湛的艺术品。建筑师们采用了16世纪建筑师菲利贝尔·德拉奥姆（Philibert de l′Orme）设计的桁架系统。粗琢圆顶拱墩和顶部采光与位于罗马的万神殿的基本风格相似。遭遇一场大火之后，1809年至1813年间，弗朗索瓦·约瑟夫·贝朗热对圆顶进行了改建。改建后的圆顶成为了建筑历史上的首批钢铁与玻璃结构之一。

贝朗热在私人建筑方面同样取得了令人信服的成就。他最著名的建筑作品之一就是位于布洛涅森林公园中的山林小屋（第82页左图及上图）。1777年，这间小屋因阿图瓦伯爵（Comte d′Artois）与其嫂子皇后马里耶·安托尼妮特打赌而修建，仅用了64天便建成。19世纪经改建后，这座亭阁式建筑带圆顶的半圆形画室则向外凸出。正面简朴的粗面石工与周围由斯科特·托马斯·布莱基（Scot Thomas Blaikie）设计、并由贝朗热根据众多作坊（包括哥特式复兴亭阁）进行装饰布置的英式园林形成鲜明对比。后来，马里耶·安托尼妮特命

人依照小村庄修建了位于凡尔赛庄园中的另一座田园式静修所。这座由皇后的御用建筑师里夏尔·米克（Richard Mique）于1783年至1785年间设计的小村庄同样是设在景观园林中的。

除了罗马风格的茅草屋，这个小村庄还设有磨坊和灯塔。整个设计方案都体现出这座静修所遵循了卢梭推崇的自然简约的原则。然而，这种简朴的效果却仅限于外部装饰。整座综合建筑的内部装饰则采用早已被摒弃的精致辉煌的洛可可风格。

本页：
里夏尔·米克
凡尔赛宫王后小村庄，1783年-1785年
王后之屋（上图）
磨坊（下图）

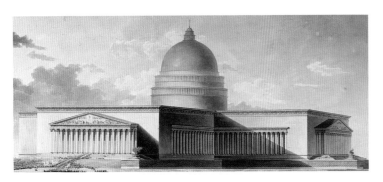

布莱与革命性建筑

另一种如画式的建筑设计流派的出现，导致革命性建筑构思进一步发展成乌托邦式的理想主义方案，这点在勒杜的后期建筑作品中表现得非常明显。杰出的建筑师们本着学术竞争的精神为此作出了诸多贡献——这同样也是重要委托减少的结果。尽管通常只有其中的极少数设计方案能付诸实践，但这些设计方案最终却使当时的空想主义（乌托邦）社会理论得以成形。于是，此时的个性一词融合了由建筑衍生出的特定情感，因而在教学上还能带来有益影响。由于大部分相关工

程都是在旧体制下设计的，因此，埃米尔·考夫曼（Emil Kaufmann）提出的革命性建筑设计理念被认作是从根本上具有误导性的理念。然而，并非所有项目的设计理念都与之相悖。另外，最近几十年的研究表明，这种现象绝非只出现在法国，而是一种国际化现象。

尽管如此，根据某种权威标准，革命性建筑设计理念违背了传统价值观。受郡主整体庇护的维特鲁威式比例规则，曾经备受推崇，而今却被置于一旁，被这种直观的基本几何形式及其简单关系取而代之。建筑师们旨在最终从情感上征服观众，采用的是近乎夸张地扩大建筑规模，结合光滑完整的表面及衔接手段无限而有效的重复。这主要是受到了从英国传入的崇高审美观的影响，就像埃德蒙·伯克（Edmund Burke）在其于1757年发表的《论崇高与美观念起源的哲学研究》（*Philosophical Enquiry into the Origin of our Ideas of the Sublime and Beautiful*）中所说的一样。

除了勒杜以外，最著名的革命性建筑设计代表人物还有艾蒂安·路易·布莱（Etienne-Louis Boullée）。在私人建筑领域初获成功后，身兼教师和图像艺术家的艾蒂安·路易·布莱越来越重视他的设计工作。1780年，在概念性方案竞赛中，布莱设计了凡尔赛宫的重建规划图（第84页上图）。这张规划图已显现了他的建筑设计手法特征（尤其是与早前加布里埃尔的设计图相比时）。在布莱的规划图中，整个建筑群的层次安排、各立面精巧各异的装饰以及遵循巴洛克式主从原则的竖向特征均被简化成了几座水平方向上终止的大型独立建筑体。带巨大山花的立柱中心嵌在光滑的立方体建筑上，看起来犹如贴花。位于主庭中部的中心高亮区在连续不断、似乎无限延伸的立柱队列处便完全消失不见了。由于遵循了同时期的崇高审美理论，这恰好能给人一种无限延伸的空间感。

某大都会（第84页中图及下图）的设计展现了同样的特点。这幅设计图被布莱收录在其未出版的《艺术论》（*Essai sur l'Art*）中。立方体建筑布局的效果在这幅图中更加突出。十字形建筑上方巨大的圆顶，以及环绕的柱廊均效仿了布莱最为欣赏的由苏夫洛设计的圣吉纳维芙教堂和由布拉曼特（Bramante）设计的罗马圣彼得教堂，但规模却要大得多。这座建筑体的三维外观不单是通过高亮区与阴影区的强烈对比展现出来的，而且还利用了布莱特意呈现的建筑阴影（用他的话来说）来达到效果。在他设计的内景中，成排的立柱和巨大的桶形圆顶同时展现出昼夜外观——自然采光和幽灵般人工照明产生的特殊效果。

他为拟建国家图书馆宽敞巨大的阅览室（第85页插图）绘制的

设计图因采用后退至远景中的带藻井的巨大桶形圆顶而著名，这副特殊规划图是1785年设计的。布莱曾说，受到拉斐尔的绘画作品《雅典学院》（School of Athens）的影响，他的绘画表现手法与他对建筑图示的见解一样出众。这种新颖且有影响力的母题就是在圆顶上开设一扇狭长的屋顶采光窗。与内部不同，整个外部是一个巨大的、没有任何关节的完整立方体。除了花饰浮雕和带铭文的两块匾额之外，只有门道采用了浮雕。由两根男像柱（Atlas）支撑的球体明显象征着"知识的世界"。布莱最著名的作品是他为物理学家艾萨克·牛顿（Isaac

Newton，1784年第86页插图）设计的纪念碑。这座纪念碑一方面展现了市民对自启蒙运动以来的"知识英雄们"日益增长的崇敬，另一方面则针对革命性建筑的明确纪念性特征构建了最为典型的模板。

球状图形描绘的是宇宙的象征，巨大的纪念碑将"会说话的建筑"发挥到极致，尤其是在内部穹顶上打孔或像第一幅图一样通过巨大的星盘采光以营造一片巨大的布满星星的天空。在使观看者迷失其中的浩瀚"天穹"下方，牛顿的石棺放在阶梯式底座上方——作为一位具有开创性贡献的知识分子，牛顿被布莱放在了世界顶尖级"知识创造

者"的位置上。

这个球形建筑除了采用抽象化和不太彻底的传统表现手法（即纯粹的几何形状）之外，还借鉴了各式各样的特征。譬如，环绕外平台的成排柏树就效仿了奥古斯塔斯之墓等古典风格的陵墓。布莱在少年时期就接受了画家的培训，他引用据说是出自科勒乔的箴言为他的《艺术论》作序："我也是位画家"。正是因为这句话，布莱试图在他的建筑中"使自然发挥作用"（mettre la nature en œuvre），就像心情感受随季节变化而变化一样。

勒克（1756年-1825年）临终前口头提出了另一种"会说话的建筑"的表面形式。他的许多设计中都明显带有稀奇古怪的特征，譬如，巨大的牛形牛棚。然而，在当时，这些因略微显露出直率而著名的设计却被视作是建筑流派中的边缘现象。

法国大革命后的发展趋势

就在大革命爆发的同时，首都乃至整个国家的建筑活动差不多都陷于停滞状态。将老剧院改建成国民议会的杜伊勒里宫Tuileries）是这期间的少数建筑活动之一。这座宫殿由艾蒂安·拉孔特和布莱的学生雅克·皮埃尔·吉索尔于1795年至1797年间修建，其中耸立的半圆形平台沿用了外科医学院的建筑风格。那些更大规模的规划设计图，譬如将被毁坏的巴士底狱改建成广场的设计，最终未能付诸于实践。

下图:

**查理·佩西耶、皮埃尔·费朗索瓦·莱昂纳
尔·方丹**
巴黎里沃利街，始建于1802年

这条街轴（1849年-1854年进行扩建）
的创建，是拿破仑时代巴黎最雄心勃勃
的城市发展措施之一。

均匀和谐的正面沿用了17世纪阿赫
18世纪大型广场的风格。

1793年，君主政体瓦解后，成立了巴黎高等理工学院。这所学院是以更切实际的教育目的而成立的，符合当时的极端实利主义原则。这所学院在拿破仑统治时期起着非常重要的作用。

再次提出教育新方向的领导人物是让·尼古拉·路易·杜兰德（1760年-1834年）。在做过布莱的助手之后，他被任命为巴黎高等理工学院的教授，并在那里训练了一批来自国内外的年轻建筑师，包括来自德国的辛克尔（Schinkel）、魏因布伦纳（Weinbrenner）和克伦策（Klenze）。他于1800年出版的《各类建筑物汇编及对比》（*Recueil et Parallèle des édifices de tout genre*），以非评判性百科全书的形式收录了埃及有史以来的所有建筑类型。

杜兰德的教学理念，主要可从其图册《巴黎高等理工学院建筑学科概论》（*Précis des leçons d'architecture données à l'École Polytechnique*）中看出。该图册于1802年至1805年间出版。杜兰德脱离了其老师布莱主张的基于绘画、理想主义和心理学的设计风格，将自己的设计方法标准化，并由此形成了一种可广泛利用的、非常独立的特殊风格。杜兰德进一步突破了前几代人与之背道而驰的维特鲁威式原则，将遵循功能诠释原则的方便与经济放在首位。根据这种方法，建筑物的布局便成为了主要考虑因素。在他的典型标准化绘画中，他用图形对建筑物的布局进行了说明。甚至故意简化为平面图和立面图中垂直相交的代表性形式都是为了提供整齐划一的规划方法和传播他的教学理念。

巴黎高等美术学院主张严格的规则化新古典主义风格，并将其纳为新建学院的内容。自1816年起，这种风格受到了安托万·克里索斯托姆·卡特马赫·德坎夕（1755年-1849年）的推崇。

为了引导巴黎的城市发展更能与其作为首都的地位相符，1800年，贝尔纳·普瓦耶（Bernard Poyet）提交了一份名为《体现共和国辉煌的建筑物和广场建设项目》（*Projet des Places et Edifices à ériger pour la Gloire de la République*）的计划，其中采用了早在大革命期间1793年就已经制定的《艺术家规划》（the Plan des Artistes）中的元素。这份项目计划打算在已被摧毁的修道院院址上修建广场，拆除设防的夏特莱广场（Châtelet），并在塞纳河上修建新桥（包括于1802年至1803年间修建的采用钢铁结构的艺术桥、以及之后的奥斯特利茨大桥和耶拿桥）。

查理·佩西耶（1764年-1838年）和皮埃尔·弗朗索瓦·莱昂纳尔·方丹（1762年-1853年）是拿破仑一世时期最著名的多才多艺的规划师，

后者于1801年被任命为首席宫廷建筑师兼第二执政官。二人从城市发展及民用建筑到装饰艺术均有合作，其中部分合作使得闻名遐迩。此外，佩西耶和方丹还出版了若干包含设计和模型的作品，展现了常规委托工程令人堪忧的前景，这些作品不仅使他们声名鹊起，同时还为他们在国内外的影响力提供了保障。

他们在城市发展方面最杰出的作品同样标志着一个新时期的开始，这一时期是对19世纪巴黎城市景观做出重大革新的时期。里沃利街（第87页插图）于1802年正式通行，与协和广场相连（这是人们渴望已久的），并为位于杜伊勒里宫的拿破仑的城市宅邸附近的城区改建奠定了基础。计划制定后，为了扩建卢浮宫北翼楼，先后对附近的几座修道院进行了改建。统一的房屋正面通过连续的檐口和阳台紧密连接在一起，并借其沿街的开敞式连拱廊将起源于意大利的新建筑风格融入到城市景观中，特点鲜明的屋顶轮廓线则效仿了帕拉迪奥设计的位于维琴察的长方形会堂。普瓦耶设计的列柱建筑街道（Rue des Colonnes）于1798年建成，其矮壮的连拱廊和仿古立柱呈现出革命性建筑的特点，可被看作是建筑先驱。

帝国式建筑

法兰西帝国时期特有的委托形式——辉煌炫目的大型公共建筑，在1806年奥斯特利茨战役获胜后尤为盛行。从尚存的宅邸来看，新

的宫殿式建筑在当时并不时兴。佩西耶和方丹于1811年设计的为拿破仑新诞生的儿子——罗马王修建大型宫殿建筑群的规划图，仍然止步于规划阶段。这个庞大的设计规划原本打算在成排的房屋和一段段阶梯中修建一座高耸的宫殿，与对面开放式的、设有公共建筑的古罗马式战神广场相互映衬。

为了满足自己迫切的炫耀之心，拿破仑委托佩西耶和方丹改建曾被革命分子洗劫一空的前朝皇宫。虽然在大革命期间，古罗马共和时期的建筑风格曾被当作理想的文化模式纷纷效仿；但当前建筑风格主要受罗马帝国时期建筑风格的影响。拿破仑一世也声称自己是罗马帝国的继承者。1786年至1792年期间游历意大利时，这两位建筑师学习了意大利文艺复兴时期的建筑风格，并将它们应用到出版作品中。1804年，为了使加冕礼流传千古，杜伊勒里宫特别采用了奢华精致的装饰，其装饰风格源自16世纪（后来在法兰西第一共和国期间于1871年被烧毁）。中亭的两层主厅因内部悬挂着帝国将军们的画像而被称为马雷绍厅（Salles de Maréchaux），其华丽的门道主要由女像柱构成。这种女像柱与让·古戎（Jean Goujon）在卢浮宫女像柱厅（Salle des Caryatides）中采用的类似，是由佩西耶和方丹自行对其进行复原的结果。

更多私密但却同样华丽设计还包括马尔迈松城堡（Château Malmaison）中的精巧陈设——这是拿破仑之妻约瑟芬委托设计的。这项工程由让·巴蒂斯特·勒佩按照佩西耶和方丹的设计图施工，并于1803年完工。室内陈设的古典建筑风格、浓烈的色彩对比、绚烂夺目的带镀金青铜贴花的红木镶板、以及效仿了庞贝风格和赫库兰尼姆风格的天花板壁画，无一不散发出奢华的气息。同样的奢华还可以从三段式结构的旧图书馆（第90页插图）中看出。会议室、约瑟芬及拿破仑的卧室（第88页至第89页插图）、以及镶有玻璃的入口大厅，均采用了帐篷的形式，暗指科西嘉岛的两次凯旋之战。昂贵的古典风格家具同样采用了佩西耶和方丹的设计。

纪念式建筑也以再现罗马帝国时期的风格为目的，其中大部分都是为了纪念奥斯特利茨战役而修建的。卡鲁塞尔凯旋门——环绕着拜占庭风格的青铜马雕塑——从威尼斯圣马可广场上掠夺的战利品，位于卢浮宫贵宾庭院内，由佩西耶和方丹于1806年至1808年修建，直接效仿了塞普提米乌斯·塞鲁维（Septimius Severus）设计的位于罗马的凯旋门。

1810年，出于同样的原因在旺多姆广场上矗立了纪念柱。这根纪念柱借鉴了贡杜安的设计，并饰以用战利品大炮的青铜制成的浮雕，沿袭了古代凯旋柱（譬如马可·奥里略或图拉真修建的凯旋柱）的风格。

左图：
让·弗朗索瓦·特雷瑟·沙尔格兰和让·阿诺·雷蒙
巴黎星形广场凯旋门，始建于1806年

然而，位于原来的星形广场上的凯旋门（第92页插图）则采用了某种程度上来说更为自由的设计。自1806年起，这座凯旋门由沙尔格兰和让·阿诺·雷蒙（1742年-1811年）设计，之后被迫暂停，直到1823年拿破仑垮台后才得以修建。最终竣工时，凯旋门上还带有纪尧姆·阿贝尔·布卢埃（1780年-1840年）设计的几经改良的女儿墙。这座凯旋门有160英尺多高（约49米），其巨大的尺寸和占据的显著位置，省略了其他惯用的立柱连接，让人联想到革命性建筑。规模相对较小的雕塑群，与平滑的方琢石表面形成鲜明对比，是由当时最著名的雕塑家创作的。由于政治环境变幻莫测，其主题在修建之前便已经选好。其地理位置的重要性后来又因巴龙·奥斯曼将两条主街汇集于此得以强化。

沙特格兰成功地将其职业生涯从旧体制延续到法兰西帝国时期，参与了卢森堡宫内参议院的扩建工程。1787年，沙特格兰曾在此工作过。半圆形的参议院大厅（Salle du Sénat），于1801年设在主建筑旧楼梯井的位置，之后于1836年又进行改造。整个大厅沿用了贡杜安设计的巴黎外科医学院的风格。新修的楼梯（第91页插图）占据了由鲁本斯（Rubens）装饰的美第奇画廊（Medici Gallery）的位置，采用连续的四分之三的奥尼亚式立柱和带藻井的桶形圆顶构建出古典风格的外观。

拿破仑一世统治时期，玛德兰教堂的修建对教堂建筑做出了极其重要的贡献。孔唐·迪维瑞（Contant d'Ivry）于1761年设计的雄伟建筑在修建初期几乎处于停滞状态，之后，建筑师们就考虑在这块地基上修建证券交易所。在拿破仑政权鼎盛时期，1807年，为了修建一座纪念堂举办了一场竞赛。这座纪念堂因大军而闻名世界。然而，这座国家纪念厅的设计并没有委托给竞赛冠军克洛德·艾蒂安·德博蒙特，而是委托给得到帝国皇帝青睐的建筑师、勒杜的学生——皮埃尔·亚历山大·维尼翁（1763年-1828年）。

1813年，大军战败后，虽然直到1840年这座耗费巨资的建筑才得以完成，但其用作教堂的初设功能仍得以保存，因而成为了复辟时

期的重要纪念建筑。根据拿破仑的愿望，主体建筑设计为巨大的科林斯柱廊式神殿，墩座墙上带山花的正面设在显著的位置，俯视着整个皇室街街轴。皇室街街轴位于加布里埃尔设计的协和广场上的建筑物之间。建筑内部采用雅克·马里耶·于韦（Jacques-Marie Huvé）（1783年-1852年）的改良风格，装饰着五彩斑斓的大理石（第94页插图）；凸圆立柱上方跃出的三角穹圆顶则让人联想到古罗马式浴场。

非宗教公共建筑的神殿正面同样采用了深受大众喜爱的庄严高贵的母题。更大规模的巨柱也恰如其分地展示了帝国的荣光与宏伟。但是，在其最终的非定性应用中，它很快就遭到了恶评。1806年至1810年间，18世纪修建的波旁宫（Palais Bourbon）被改建为立法机关，采用了贝尔纳·普瓦耶设计的由十二根巨大的科林斯式立柱组成的宽阔柱廊。从城市景观的角度来看，立法大楼与巴黎协和广场对面的玛德兰教堂遥相呼应。同样的，由亚历山大·泰奥多尔·布龙尼亚（Alexandre-Théodore Brongmart，1739年-1813年）于1808年至1826年间建造的证券交易所，拿破仑曾命人将它装饰得奢华大气以与首都的宏大相匹配，采用的是独立围柱式布局（在1902年重建之

前）。作为布莱的学生，布龙尼亚当然更倾向于采用摒弃山花、水平向上终止的18世纪末建筑风格。考虑到实际使用，其室内构造沿袭了古典式长方形会堂的风格，但与诸如托莫（Thomon）设计的著名的圣彼得堡证券交易所之类帕拉迪奥式风格的建筑不同，它摒弃了可伸缩的上层，从而从同类建筑中脱颖而出。中央大厅宏大高阔，顶部镶有玻璃，两层楼都有拱廊，向内呈现出一种维森扎（Vincenza）式长方形会堂的错觉。从全方面的平面布置图中可以看出，杜兰德在设计上的理性主义主张，对其也有着不可忽略的影响。

由于受到巴黎高等美术学院学派的影响，在七月王朝统治时期，采用水平向上终止、立柱式正面外观的建筑风格仍然占主要地位。这一点从路易·皮埃尔·巴尔塔（Louis-Pierre Baltard，1764年-1846年）于1835年修建的里昂立法大楼（Palais de Justice in Lyons，第95页插图）中可以很明显地看出。设在高高的墩座墙和女儿墙之间的狭长的科林斯式柱廊，尽管很雄伟，却几乎让人昏昏欲睡。其内部的候车室效仿了古罗马式浴场，让人联想到玛德莲教堂。

同样，帝国时期的私人建筑，也采用了类似皇家建筑的华丽仿古

让·奥古斯丁·勒纳尔
巴黎博阿尔内公馆，始建于1803年
埃及式柱廊

下一页及下图：
巴黎博阿尔内公馆
四季厅
概貌（下一页）
靠墙小桌局部图（下图）

典风格，只是规模较小一些。其中，最典型的代表当属位于圣热尔曼新市区里尔街博阿尔内公馆（Hôtel Beauharnais）。此建筑由尼古拉·巴塔伊（Nicolas Bataille）于1803年为拿破仑继子扩建，后为意大利总督龙金·博阿尔内（Eugène Beauharnais）所有。这座由热尔曼·博弗朗（Germain Boffrand）于1714年始建的建筑，采用了拔地而起的新埃及式柱廊，并配上了饰有浮雕的斜墩和莲花圆柱（第96页上图）。这座建筑的所有者被认为是让·奥古斯丁·勒纳尔（Jean-Augustin Renard）。像其他异域建筑的兴盛一样，对埃及风格母题的使用，也可以回溯到18世纪。1798年，因大量学者随拿破仑远征埃及，喷泉建筑也开始风靡起来，其中包括布拉尔（Bralle）设计的位于塞夫尔街（Rue de Sèvres，1806年-1809年）的农夫喷泉（Fontaine du Fellah）和位于夏特莱广场（Place de Châtelet，1808年）的柱状棕榈喷泉。公馆后来被转手给了约瑟芬女皇和拿破仑的弟弟热罗姆。它的室内装饰，见证了当时的另一流行趋势，即土耳其闺房式装潢。不过，其绝大部分房间依然承袭了一般的仿古典风格，装潢形式各式各样。金碧辉煌的会客厅四壁，主要粉刷成白、灰、金三色（第96页下图和第97页插图），装饰丰富地表现了四季。会客厅内科林斯式半露柱之间的裱画，署名为查理·德布瓦卢沃（Charles de Boisfremont，1773年-1838年）；门顶则采用庞贝风格的绘画进行装饰。

96

下图：
路易·伊波利特·勒巴
巴黎洛雷特圣母院，1823年-1826年
朝祭坛方向的内景

下图：
路易·伊波利特·勒巴
巴黎洛雷特圣母院，1823年-1826年
柱廊

王政复辟与浪漫主义

　　拿破仑失利后，波旁王朝复辟，引发了早期建筑及其他方方面面的复兴。譬如，多年来一直受到抑制的教堂建筑，如雨后春笋般兴建起来。1816年至1826年间，方丹和他的学生路易·伊波利特·勒巴（Louis-Hippolyte Lebas，1782年-1867年）在路易十六和玛丽皇后下葬的墓地地基上，修建了赎罪礼拜堂（Chapelle Expiatoire）。礼拜堂的中心设为圆顶，入口是一个带山花的柱式门廊，具有浓厚的新古典主义风格。不过，圣陵（Campo Santo）环绕着小礼拜堂的这种设计，效仿了意大利早期基督教堂或中世纪建筑风格。类似的风格在洛雷特圣母院（Notre-Dame-de-Lorette）中表现得更为明显。这座于1832年至1836年间修建的圣母院，同样由勒巴设计，其科林斯柱式门廊（第98页右图）沿袭了圣菲利普迪鲁莱教堂的样式，并在此基础上大大增加了垂直度和高度。然而，其建筑内部（第98页左图）的垂直度以及

爱奥尼亚式柱廊之上轮廓清晰的楼层设计，更接近于早期基督教堂模型。带藻井的天花板造型，很容易让人联想到文艺复兴时期的罗马式教堂，比如罗马的拉特兰教堂。不过，虽然其彩色大理石镶嵌有着明显的模仿痕迹，但建筑中富于15世纪风格的室内壁画，特别引人注目。

　　兴建于1830年至1846年间的圣文森特德保罗教堂（St-Vincent-de-Paul），从动工伊始就有着更大的雄心，明显可以看出其设计规模更为宏大。究其主要原因，是王室意图突显它与教会关系的源远流长，虽然教堂开始兴建时，已接近市民国王统治末期。科隆出生的雅各布·伊格纳茨·希托夫（Jacob Ignaz Hittorf，1792年-1867年）从岳父让·巴蒂斯特·勒佩（Jean-Baptiste Lepère，1761年-1844年）手中承接了设计委托。希托夫师从方丹学习建筑学，因在研究古代建筑的彩色装饰及城市开发两方面都颇有成就而著称。位于街尾的教堂尖塔，引人注目地高耸于宽大的台阶之上，霸气十足地俯瞰着周边的城

左图：
雅各布·伊格纳茨·希托夫
巴黎圣文森特德保罗教堂，
1833年-1844年
正立面

右图：
雅各布·伊格纳茨·希托夫
巴黎圣文森特德保罗教
堂，1833年-1844年
朝祭坛方向的内景

市环境（第99页左图）。

　　此处经典的六柱式门廊母题，与双塔式正面外观结合了起来。其水平方向上终止的构造，形似赛尔多万尼设计的圣叙尔皮斯大教堂（St.-Sulpice）的正面外观，又融入了新古典主义的庄严肃穆。建筑的内部（第99页插图，右图）布设有带双侧廊、多楼廊及开放式桁架屋顶的长方形会堂。设计师经常能在1822年至1824年间的意大利及早期基督教堂中看到这种设计。这一点从其精美绝伦的陈设中也可以看出。在设计时，希托夫试图复制他印象中蒙列阿来大教堂的装饰。虽然在门廊处，由朱尔·若利韦（Jules Jolivet）设计的略显突兀的釉彩面板，因为遭受强烈的恶评而被拆卸下来；但建筑内部装饰中使用的蓝、红、金三色彩色装饰令人心驰神往，开创了新的风格。

　　从现代建筑学发展来看，哥特复兴式建筑地位的确立，相对较晚。虽然早在18世纪，哥特式建筑就已经零星出现，但它们要么是为了保持古老建筑的统一延续性(譬如，奥尔良大教堂的建筑)，要么仅仅局限在希腊—哥特理想运动范围，效仿了能与经典建筑形式糅合且获得众口交赞的设计。哥特式建筑还常常作为点景建筑物或装饰点缀，

和异域建筑一道，出现在园林风景中。

　　这种思潮在19世纪早期，1802年《基督教真谛》（Le génie du Christianisme）出版后就有所改变。这本书是由法国浪漫主义伟大代表作家之一弗朗索瓦-勒内·德夏多布里昂（Francois-René de Chateaubriand，1768年-1848年）所著的。浪漫主义反对启蒙运动中的唯物主义思想，倡导宗教精神复兴。在书中，夏多布里昂认为，哥特式建筑在唤醒宗教情感方面具有特殊的效用。与此同时，他还用"国家建筑（l'architecture de la patrie）"这样的形容，大力赞颂哥特式大教堂对民族的重要性，甚至将其影响力与传说中神秘的高卢森林相比。而1831年维多克·雨果所著的《巴黎圣母院》（Notre Dame de Paris）的面世，则进一步推动了中世纪建筑的盛行。1837年，文物古迹委员会（Commission des monuments historiques）成立后，作家普罗斯佩·梅里美（Prosper Mérimée）也为其中成员之一。委

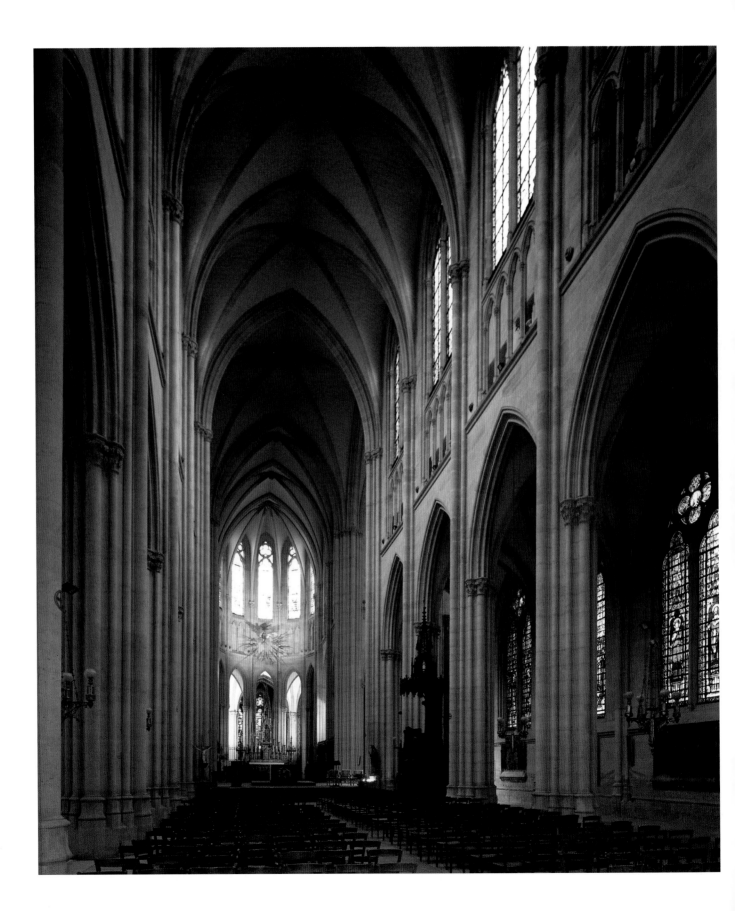

上一页及左图和右图：
弗朗茨·克里斯蒂安·戈和泰奥多尔·巴吕
巴黎圣克罗蒂教堂，1839年后
朝祭坛方向的内景（上一页）
正面（左图）
正面正门（右图）

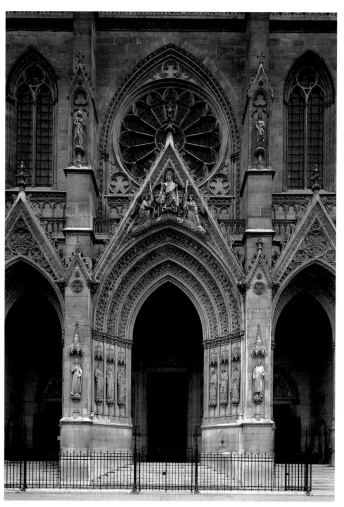

员会开始致力于系统化地修复圣沙佩勒礼拜堂（Sainte-Chapelle）和巴黎圣母院等重要古迹。1845年至1850年期间，欧也妮·维奥莱公爵（Eugène Viollet-le-Duc，1814年-1879年）及让-巴蒂斯特-安托万·拉叙斯（Jean-Baptiste-Antoine Lassus，1807年-1857年）在巴黎圣母院新建了13世纪风格的圣器收藏室。

维奥莱公爵成为了研究哥特式建筑理论的代表人物。1838年，位于鲁昂的中世纪风格的圣旺修道院教堂的西正面设计中采用了哥特复兴式风格。但是，直至1845年，这一设计才在巴黎第一座新建教堂——圣克罗蒂教堂（第100页至第101页插图）中付诸于实践。巴黎高等美术学院继续鼎力支持一丝不苟的新古典主义，抨击这项工程

为"剽窃之作"、"哥特赝品"。在回应此言论时，维奥莱公爵强调了这种风格中的民族性元素。实际上，早在1839年，德国建筑师弗朗茨·克里斯蒂安·高（Franz Christian Gau，1790年-1853年）就已提交了设计；但最后，他不得不将这项设计转交给了他的同事泰奥多尔·巴吕（Théodore Ballue，1817年-1885年）。巴吕后来对塔楼设计进行了修改。建筑的西向正面庄严宏伟，设有双子尖塔、开阔的三组门，内部为三层架构，重现了13世纪哥特式教堂母题。不过，它并不是单纯的因循之作，而是更平面化、更线性化的设计，从中能看出新古典主义的风味。现代对于哥特式复兴的抨击，大多是批判教堂雕塑和彩绘玻璃窗过多、装饰细节繁复，在看待这些批评时，我们也必须从

这个角度着手。

法国历史相对论初期，民族意识重要性的展现还可以追溯到尼姆圣保罗教堂（第102页插图）。这座教堂，由查理·奥古斯特·凯斯特尔（Charles-Auguste Questel，1807年-1888年）在赢得竞标后，于1838年至1850年间兴建。带有十字形耳堂、穹顶覆盖的长方形公堂，是根据罗马式建筑模型设计的（如法国勃艮第地区的帕雷勒莫尼亚教堂的交叉部塔楼）。此处的内部空间设计，以大量饰以梅茨一家作坊所生产的彩绘玻璃窗为显著特点，同样说明了当时人们对中世纪艺术的兴趣与日俱增。

哥特复兴式建筑也出现在众多非宗教建筑上。尤其是憎恶法国国王路易·菲利普的统治而告老还乡的旧贵族阶级代表，纷纷兴建了中世纪风格的城堡。这被认为是一种民族自信的表现。由勒内·奥德（René Hodé）于1846年为阿尔贝·德拉罗什富科·拜尔（Albert de La Rochefoucauld-Bayers）设计，并于1847年至1854年间正式修建的查来恩·拉伯特里（Challain-La-Potterie）城堡，其配搭角楼、屋顶窗的设计，可与卢瓦尔河畔众多15、16世纪的城堡媲美。与此同时，从城堡对称的正面设计中，可明显看出新古典主义对其的影响。

卡特马赫·德坎夕（Quatremère de Quincy）退休以后，官方及学院认可的现代建筑日渐偏向于意大利式的新文艺复兴风格。这种风格的具象化，可以从佩西耶的学生费利克斯·迪邦（Félix Duban，1797年-1870年）于1832年至1858年间兴建的新巴黎高等美术学院中看到。朝向波拿巴街（Rue Bonaparte）的翼楼，采用扶垛式连拱廊衔接，其正面模仿的是16世纪罗马意大利艺术宫殿建筑的半圆柱造型。据猜测，迪邦应当是在1823年赢得大奖赛奖后游历罗马之时，熟悉这种风格的。

1830年七月革命后，年轻一代的建筑师涌现了很多新的创意。这些创意，不仅出现在风格选择上，还出现的在理性实用的设计和材质的使用上。这种设计风格最重要的代表之一，是毕业于巴黎高等美术学院的亨利·拉布鲁特斯（Henri Labrouste，1801年-1875年）。拉布鲁特斯一度反对母校的教条主义。其为修建于1844年至1850年间的圣吉纳维芙国家图书馆（Bibliothèque Ste-Geneviève，第103页左上图及左下图））设计的平面图，完全基于实用性的考量。宽敞的、带两侧廊的阅览室设在图书馆二楼，室内明显为铸铁结构。其意大利文艺复兴风格的正面装饰，事实上是从属于立方体结构的。在一楼底座之上是巨大的柱式连拱廊，其上的开口下部镶有带铭文的嵌板，与室内的书架位置相呼应。如果不是如此设计，墙面就没有门窗，室内的采光也会受到影响。

拉布鲁特斯的设计理论，在设计法国国家图书馆阅览室（1862年-1868年）时，进一步得到了提升。虽然建筑的铸铁支撑采用了科林斯式柱头（第103页右图），但这些支撑较为单薄，只不过是向古典建筑致敬罢了。

值得一提的是，全新类型的建筑也大量开建，如19世纪30年代遍布全欧洲的众多火车站。与大多数将技术装置藏于华丽外观之下的早期公共建筑相反，由弗朗索瓦·迪凯努瓦（François Duquesney）于1847年至1852年间修建的巴黎东站，是第一批拥有独立设计风格的同类型建筑。三层翼楼之间环绕的巨大弦月窗，俯瞰着其下方的佛罗伦萨式圆柱拱廊，具有厚重的文艺复兴风格，使铸铁结构的火车站被打上了明晰的烙印。这种由设计理念衍生而成的前瞻性母题，虽并不是第一次出现在建筑史中，但却是走向自动化建筑设计的重要一步。

下图与底图：
亨利·拉布鲁特斯
巴黎圣吉纳维芙国家图书馆，1844年-1850年
正立面局部图（上图）
二楼阅览室（下图）

下图：
亨利·拉布鲁特斯
巴黎法国国家图书馆，1855年-1875年
阅览室，1862年-1868年

耶奥里·彼得·谢恩（Georg Peter Karn）

意大利的新古典主义与浪漫主义建筑

罗马的新古典主义与古典主义研究

历经18世纪上半叶连绵不断的战争和1748年签订《亚琛条约》（Treaty of Aachen）之后，主要欧洲国家之间达成了权力平衡，从而使意大利有了长达半个世纪的稳定期。意大利的各主要王朝（实际上指伦巴底和托斯卡纳的哈斯堡王朝、那不勒斯的波旁王朝以及撒丁岛和皮埃蒙特的萨沃王朝，作为意大利唯一成功统治王朝，但统治范围较小）都利用这段稳定时期推行开明专制，进行行政和经济改革。文化生活也明显发生了一些变化。在比较落后的小城邦，情况却不容乐观，其中包括教皇统治下的罗马，政治改革停滞不前。自1795年开始伴随拿破仑，领导的法国军队的入侵，这一政治停滞状态突然被打破。在接下来一二十年里，罗马大部分地区都出现了政治文化变革，其影响力一直持续到19世纪下半叶复兴运动时期。

尽管在18世纪期间罗马教廷的政治权力渐微，但罗马仍是建筑发展的一个中心地。在罗马，1825年-1850年间人们的审美趣味发生了决定性的改变，即转向了新古典主义，特别是在科尔西尼教皇克莱门特十二世在位期间。在这座永恒之城涌现的新观念试图用严格遵循维特鲁威原则的建筑取代业已为人们所接受的贝尔尼尼风格和博罗米尼风格。佛罗伦萨建筑师亚历山德罗·加利莱伊（Alessandro Galilei，1691年-1737年）设计的圣约翰拉特兰教堂（St. John Lateran）正立面（始建于1732年）连接新颖，结构紧凑，因此备受争议，从而象征了新风潮的到来。其他建筑师，如费迪南多·富加（Ferdinando Fuga）、路易吉·万维泰利（Luigi Vanvitelli）以及尼古拉·萨尔维（Nicola Salvi），则没有那么激进，他们试图通过借鉴16世纪的意大利艺术风格，将新的潮流与巴洛克后期的传统结合起来。许愿泉（Trevi Fountain，1735年-1762年）、恭煦达王宫（Palazzo délia Consulta，1732年-1734年）以及圣母大教堂（S. Maria Maggiore）立面（1741年）等耗资巨大的工程完工之后，18世纪下叶的政治和经济情况不再允许修建许多更大的工程，因此许多建筑师将他们的工作中心转移到了更有活力的各个政治中心，如那不勒斯、米兰和都灵，并将罗马流行的风格带到了这些地方。始建于1790年的布拉斯奇宫（Palazzo Braschi）是由科西莫·莫雷利（Cosimo Morelli）为庇护六世修建的，这是最后一座按照文艺复兴传统修建的大型私人宫殿。

为新古典主义风潮的发展和传播奠定基础的是位于罗马的两个学院：圣卢卡学院（Accademia di San Luca）和法国学院。这两个学院成为了从欧洲各地前往罗马的年轻建筑师们聚会和辩论的场所。这些年轻建筑师之间的竞争以及他们承担的练习项目使他们的学生可以在

不用考虑现实要求和财力限制的情况下，开发更加雄心勃勃的项目，并与这座城市内现存的古典建筑直接一较高下，或者甚至是和诸如布拉曼特（Bramante）、米开朗琪罗或维尼奥拉（Vignola）这样的伟大建筑师的作品一较高下，并且随后对他们自己国家的建筑也产生了影响。

同时，对废墟研究也在不断深入，旨在考察并保存这些废墟。鉴赏家和收藏家红衣主教亚历山德罗·阿尔瓦尼（Alessandro Albani，1692年-1779年）的图书管理员温克尔曼（Winckelmann，1717年-1768年）的著作为崇尚古代艺术的风潮提供了学术基础。

对年轻一代的国外建筑师（通常是法国建筑师）产生重大影响的是乔瓦尼·巴蒂斯塔·皮拉内西（1720年-1778年）。尽管他修建的建筑相对较少，但他创作的一系列雕版画普及并推广了关于古代艺术的一种全新观念。相对于客观地复制罗马废墟，皮拉内西更感兴趣的是在如画般的背景中以一种夸张的形式暗示性地描绘这些废墟。其产生的影响不仅是在对待历史的态度上，同时也影响了以图示方式表达的对建筑的感知。

当时形成了典型的分水岭局势的是关于"希腊还是罗马"的辩论，即研究柏埃斯图姆（Paestum）希腊神庙的学者和研究雅典卫城（Acropolis）的学者之间爆发的争论。将高贵简洁的美上升为一种建筑模式的法国和英国建筑师们（以及温克尔曼）要求解放希腊艺术，而皮拉内西坚持认为罗马古代艺术应具有优先性，是最优越的，因而双方产生了冲突，并对皮拉内西在这座城市的文化领导地位产生了威胁。由于在相当激烈的辩论中渐渐站不住脚，皮拉内西于1765年在他的《关于建筑的观点》（Parere sull'Architettura）中改变了立场，出人意料地对多种多样的古代艺术形式采取了一种兼容并包的开放姿态，认为不应该说仅有一种是最优秀的。

皮拉内西采取的这种折中态度，使人们在利用古代文化成就时不再受价值判断的影响。这种折中态度可以在他1769年创作的《卡米尼各种各样的崇拜方式》（第105页上图）中看到视觉形式的表达，这里汇聚了各种形式，包括希腊、伊特鲁里亚、罗马甚至埃及式。从皮拉内西的个人反应中发展出的哲学影响了19世纪的历史相对论。其中之一就是对威尼斯圣芳济会的牧师卡洛·洛多利（Carlo Lodoli，1690年-1761年）的理性主义理论产生了影响。卡洛·洛多利反对维特鲁威式传统规则，拥护基于"物质的性质（natura della materia）"的功能主义，认为装饰是可以根据建筑的"特征"而随意选择添加的。

哈布斯堡王朝统治下的米兰

在米兰的各个地区中，哈布斯堡王朝统治下的伦巴底占据着主导地位。由于玛利亚·特蕾西亚（Maria Theresia）实行的改革主义政策，这里经济繁荣，建筑业也随之繁荣起来。在众多改善基础设施的举措中，首府米兰的建筑工作最引人注目。这些建筑工作是由宫廷以及地方贵族委托进行的。直到1796年法国入侵为止，朱塞佩·皮耶尔马里尼（Giuseppe Piermarini，1734年-1808年）一直担任国家建筑师一职。皮耶尔马里尼是卡洛·万维泰利（Carlo Vanvitelli）的学生，1769年经其推荐来到了米兰。皮耶尔马里尼崇尚罗马传统，他于1769年-1778年间为费迪南德大公重修的基本上是中世纪风格的公爵宫（Palazzo Ducale）就是明证。这座三翼建筑朝向大教堂的立面采用的大型半露柱式借鉴了贝尔尼尼所修建的宫殿立面，并且体现了与哈布斯堡中心

成富有韵律感的次建筑群。平坦的粗面石工和连绵的檐部营造了一种二维效果。尽管立面连接又再次让人联想起贝尔尼尼所采用的样式，但其严谨的正交剖面和清晰的层次分隔却带有新古典主义早期的特征。

二楼窗户上方的水平矩形浮雕和附属半露柱同样属于新古典主义。立柱、三角楣和附随半露柱让人联想起皮耶尔马里尼的老师万维泰利在卡塞塔（Caserta）所建造建筑的立面中央部分，但在这里三维效果被处理成了二维。

在修建大公别墅（Villa Arciducale）（之后成为王宫）时，皮耶尔马里尼再一次谨慎地将传统形式诠释成了流行的、安闲的形式语言。大公别墅是他在1776年至1780年间为蒙察（Monza）的费迪南德大公建造的。三翼布局遵循了巴洛克传统，但华丽的轮廓被简化成了普通的阁楼结构。

皮耶尔马里尼最负盛名的建筑当属米兰史卡拉歌剧院（第106页左上图），这座剧院是在老公爵剧院被大火烧毁后，于1776年-1778年间由剧院所有人出资重建的。建筑师最终还是采用了业已为人们所接受的风格。宏伟的观众席（1807年和1830年曾再次整修）共有2800个座位，这在当时是最大的（第106页左下图）。椭圆形平面图参照了作为模型的都灵宫廷剧院（1738年-1740年）。为其所有人单独准备的各个包厢分布在底部四个扶垛之上的，上方的两层楼廊预备了可供站立的位置。面向广场的立面是由成对立柱和半露柱连接起来的，这些立柱和半露柱是立于粗琢底层、带三角楣的窗户以及高高的阁楼层之上的，同时混合了一些受法国影响的16世纪的元素。这些元素与20年前由让尼古拉·雅多（Jean-Nicolas Jadot）建造的维也

地带相仿的特征。

1772年-1781年间，皮耶尔马里尼为从枢密院官员升至亲王的阿尔贝里科·贝尔焦约索·德斯特（Alberico Belgioioso d'Este）修建了米兰贝尔焦约索宫（Palazzo Belgioioso，第106页右下图），宫殿采用了类似的布局设计。但由于立面拉长了，半露柱有时是凸出的，以便形

纳大学建筑中表现的元素类似。每一层的凸起高度都不一样，营造了一种繁杂的效果，而主入口的车辆出入门道则带有一种前瞻性的元素。

　　皮耶尔马里尼担任了将近25年的宫廷建筑师，其卓越的建筑技艺在哈布斯堡王朝的意大利首府的其他建筑中也留下了烙印。在政治动荡出现之前修建的最后一批华丽建筑中，其中一座就是1790年至1793年间为卢多维科·巴比亚诺·迪贝尔焦约索（Ludovico Barbiano di Belgioioso）建造的贝尔焦约索别墅（第107页插图）。建筑师是利奥波德·波拉克（1751年-1806年），其父亲是维也纳一位建筑工人，他曾在翻修公爵宫时为皮耶尔马里尼工作过。这座建筑不同寻常地坐落于城市防御工事之内，三翼形设计将传统样式和法国酒店的一些元素结合了起来。花园大门正立面上是大幅度凸出的带三角楣的两个侧亭，以及同一水平线上宽阔却没有明显凸出的中亭。立于粗琢底层上

带凹槽的爱奥尼亚半露柱及立柱巨型柱式是采用了皮耶尔马里尼的方案，但狭窄的柱廊以及各表面上紧凑的浮雕及檐壁装饰又让人联想起维克托·路易（Victor Louis）在法国修建的建筑。顶部带有许多雕像的栏杆将建筑的华美演绎到了极致。

　　但在贵宾庭院立面上，中亭的立柱与平整且未经装饰的凹进处表面形成了明显对比，这里也无任何角部突起的装饰。从粗琢庭院屏栏上不带底座的多立克立柱就可以看出这座建筑采用的是古典样式。建筑内部华丽、高档次的装饰是在19世纪初才由路易吉·卡诺尼卡（Luigi Canonica）完成的，之后这座建筑成了拿破仑继子尤金·博阿尔内的夏宫。这座建筑的各所花园是在意大利最早出现的英国式的花园。根据早期的资料记载，这种样式是从卡帕比利特·布朗（Capability Brown）处获得的，但更有可能是波拉克自己设计的。

拿破仑一世时期的意大利

上图：
乔瓦尼·安东尼奥·安托利尼
米兰波拿巴广场，1800年
圣奎里科（Sanquirico）创作的雕版画，
1806年

下图：
路易吉·卡尼奥拉
米兰提齐内塞门，1801年-1814年

　　被拿破仑攻占之后，哈布斯堡王朝的统治以及哈布斯堡短暂的文化影响力戛然而止了。成立于1796年的奇萨尔皮尼共和国（Repubblica Cisalpina）不过是资产阶级知识分子和贵族控制下的产物。这些资产阶级知识分子和贵族之前是反对维也纳的集权政策的，但现在开始谋求法国的霸权地位。1800年，拿破仑在马伦哥战役(Battle of Marengo)中打败盟军再次归来时，一道古典样式的凯旋门提齐内塞门（Porta Ticinese，第108页下图）被建造起来，以庆祝这场胜利。这道门建于1801年至1813年间，比法国首府的凯旋门建造的时间还早，是由路易吉·卡尼奥拉（Luigi Cagnola，1762年-1833年）修建的。整体采用的是古典罗马风格。最初通过自学，卡尼奥拉在罗马开始了其建筑生涯，但渐渐地他开始对文艺复兴建筑很感兴趣，不亚于古代建筑。尽管整个凯旋门在空间维度上十分宏大，但因为在角柱之间使用的是细长的爱奥尼亚立柱，整个凯旋门结构看起来显得开阔轻盈。从侧壁上高高的圆拱形开口和顶上的三角楣可以看出帕拉迪奥的影响。更为明显的效仿性建筑是圣皮奥凯旋门（Arco di Sempione），是卡尼奥拉修建的，为纪念总督与巴伐利亚的奥古斯塔·阿马莉娅（Augusta Amalia）的婚礼。这道凯旋门原来是临时性结构，之后是用石头加以重修砌筑的。圣皮奥凯旋门自1806年开始修建，是与巴黎的雄狮凯旋门（Arc de Triomphe de l'Étoile）同时修造的，并且与

其密切相关。仿效的是罗马的塞普蒂米乌斯·塞维鲁古凯旋门。正如巴黎的雄狮凯旋门，圣皮奥凯旋门在拿破仑战败后就停工了，都未完工。并且圣皮奥凯旋门也同样毫不犹豫地适应了新的政治现实。停工很长时间之后，凯旋门终于在1838年建成了，称为〝和平门（Arco della Pace）〞，但在1859年与法国签订和平条约后，又易名为〝圣皮奥凯旋门〞。拿破仑一世时期另一座凯旋门形状的城门是新门（Porta Nuova），是由朱塞佩·扎诺亚（Giuseppe Zanoia，1752年-1817年）于1810年至1813年间修建的，这座城门让人联想起罗马广场（Roman Forum）内的提图斯凯旋门（Arch of Titus），但增加了成角度突出的翼形结构，状似入口。1815年哈布斯堡王朝复辟后修建的科马西纳门（Porta Comasina）[1826年由贾科莫·莫拉利亚修建]和威尼斯门（Porta Venezia）[1827年至1833年间由鲁道夫·万蒂尼修建]又采用了传统风格，让人联想起巴黎的勒杜堡垒（Ledoux's barrières）（通行税征税所）。

拿破仑一世时期，伦巴底的法律和行政得以实现了根本性的变革（当然是在奥地利原有法律和行政的基础上），除此之外，公路网得以拓宽，公共建筑工程也得到了发展。1805年，米兰被定为意大利王国的首府，拿破仑意在通过多项大型发展计划来振兴米兰，但这些大型计划结果只是开了个头。尽管如此，1807年由建筑委员会制定的详细规划直到19世纪后期仍然有效。其中一项就是在这座古老的城市中修建许多笔直的街道。最重要的一项工程当属巨大的波拿巴广场（Foro Bonaparte，第108页上图），是在奇萨尔皮尼共和国期间由乔瓦尼·安东尼奥·安托利尼（Giovanni Antonio Antolini，1756年-1841年）于1800年设计的，建在了斯福尔扎古堡区。安托利尼也是在罗马开始其建筑生涯的。为纪念拿破仑在马伦戈战役中得胜，要在米兰修建一座纪念碑。作为大革命的拥护者，安托利尼在竞赛中获胜，赢得了修建纪念碑的机会。他用开阔的圆形空地［直径2000英尺（约600米）］将斯福尔扎古堡圈在了中央。革命者们要求像毁掉巴士底狱（Bastille）一样毁掉斯福尔扎古堡，但拿破仑未予批准。而是为这座中世纪建筑添加新的立面作为〝调整〞。在各个角落增建了神殿式高塔，两个主要正立面中央还增建了巨型神殿立面，其上坚固的多立克式立柱让人联想起柏埃斯图姆（Paestum）的〝希腊〞或〝伊特鲁里亚〞神殿，并且被视为大革命背景下的〝共和国柱式〞。十二座公共建筑并入其中，形成了一个柱廊般的建筑环。其中有剧院、证券交易所、博物馆、浴室和各个办公机构。成片建筑构成的圆形布局让人联想起勒杜在绍村（Chaux）提出的理想之城概念，也让人联想起〝革命性〞建筑的设计

方案。但近年来的研究证实，罗马学院的学术气氛中也存在同时代法国存在的异质性倾向。不仅是其古典形式，斯福尔扎方案中台石上的门廊和柱廊也主要是受到了帕拉迪奥和贝尔尼尼的影响。

因为资金原因，除环形大道外，安托利尼的工程只停留在了初级阶段。取而代之的是皮耶尔马里尼的学生路易吉·卡诺尼卡（1762年-1844年）设计的更为朴实的方案，并于1802年部分工程得以实施。他设计了一个方形操练场，立于广场两侧中央位置的是两座城堡式建筑，一座是前面提到的和平门，一座是古罗马竞技场风格的竞技场所，1811年这一竞技场所内曾表演了水战，以作为罗马国王的洗礼仪式。

拿破仑及其养子意大利总督尤金·博阿尔内试图在意大利其他城市也发起宏大的城市建设规划，以重振至尊罗马城的繁荣。在帝国和意大利王国于1805年宣告这项计划后，这种热情变得日益明显。

1809年罗马被并入法国后，所做的规划不仅是将各个街道和广场连成系统，而且开始开挖城内的广场和宫殿，以一种可见的形式为这一雄心勃勃的计划铺路。城北人民广场（Piazza del Popolo）的改建以及相邻平乔山上规划的花园就是其中最重要的两项工程。1794年，曾在法国学习过的建筑师朱塞佩·瓦拉迪耶（Giuseppe Valadier，1762年-1839年）向教皇庇护六世呈交了首批规划图，建筑正面对着的是由柱廊包围的梯形广场。王位继承人罗马国王出生后，设计图在规模上进行了扩展，并有法国建筑师路易斯马丁·贝尔托（Louis-Martin

表明了其建造时期。阁楼前方竖立的特大雕像迎合了帝国的肖像学概念。根据洛伦佐·桑蒂（Lorenzo Santi，1783年-1839年）的设计进行的华丽内部装饰直到1822年才完成。桑蒂还建造了圣马可教堂旁边的帕拉迪奥式大主教宫，是1837年开始动工的。

宫殿和别墅

19世纪早期的私人宫殿仍然采用的是现有样式，但根据人们审美趣味的改变而有所改变，通常是使用了帕拉迪奥式特征或其他16世纪的特征。通过将19世纪20年代在米兰修建的宫殿与皮耶尔马里尼修建的建筑加以对比即可看出，罗卡-萨波里蒂宫（Palazzo Rocca-Saporiti，第110页下图）就是一例。罗卡-萨波里蒂宫是1812年为加埃塔诺·贝诺尼（Gaetano Belloni）建造的，1818年卖给了萨波里蒂侯爵。这座宫殿带有粗琢底层，上层有一排柱廊，一直延伸到两端的角凸位置，采用的是加布里埃尔（Gabriel）在巴黎协和广场（Place de la Concorde）内采用的建筑样式。不再像18世纪的典型建筑一样拥有连绵而又差异化的布局，现在凉廊带阴影的背景前方的一排立柱与端亭的平滑墙面及其各自组成的开口形成了鲜明的对比。檐口和顶部明显凸出的檐部是为了强调水平面，现在端亭顶上不再像20年前波拉克建贝尔焦约索别墅时那样设三角楣，就更加增强了这种强调效果。1794年西莫内·坎托尼（Simone Cantoni，1736年-1818年）在修建塞尔贝

Berthault，约1772年-1823年）和居伊·德吉索尔（Guy de Gisors，1762-1835年）进行了修改。新方案拓宽了城门与路口处的巴洛克双子教堂之间的空间，用于建造一个室外讨论会场。另外，直到建于山上合适位置的公园处，地势一直呈上升趋势，所以使用了坡道系统，解决了这一问题。建于山上的公园又与邻近的美索奇别墅相联接。但原本规划的作为焦点（瓦拉迪耶将其设计为金字塔或古典穹顶式结构，从而体现与18世纪后期理想主义建筑的关联）的纪念碑从未得以实施。拿破仑撤退教皇归来后，这座纪念碑又改为纪念基督教以及联合起来反对拿破仑的修士们。最终建成的是一座大大缩减了尺寸的纪念碑，是由瓦拉迪耶在1816年修建的。纪念碑带有一个三拱柱廊和边缘台地，另外在公园的最高处有一座建于1813年至1817年间的娱乐场（第109页插图）。这所公园在历经悠久的罗马花园式建筑传统后，被重新设计成了新古典式建筑。这一方案中的各个部分被组装了起来，好像一个建筑套件中的各个零件。这些部分包括台地、阳台、屋顶上盖结构以及一座中央观景塔，都是由浅浅的角部凸起连接的朴素的方形建筑。台石层上不带底座的托斯卡纳柱式立柱使人联想起革命性建筑生硬的形式语言，而主要楼层上带花瓶状顶部的花岗岩爱奥尼亚立柱则略显欢快，与其身处的郊外风景相称。

1805年并入了新意大利王国的威尼斯也是一样。制订了许多发展城市基础设施建设的方案，包括将墓地挪到泻湖的岛上，并在原址上规划公园。一所新的艺术学院为这个新的政体展示了文化资格。更为拘谨的是为拿破仑及其总督尤金·博阿尔内建造的宅邸，尤金·博阿尔内不仅选择了总督宫，还选择了同样位于圣马可广场内的新行政官邸，这是16世纪后期由温琴佐·斯卡莫齐（Vincenzo Scamozzi）建造的城邦行政大楼。内含楼梯间和由朱塞佩·马里亚·索利（Giuseppe Maria Soli，1747年-1822年）从1810年开始建造的大型房间的建于圣马可教堂（此后由城市教堂改为威尼斯大教堂）对面西侧的西翼与广场的文艺复兴式立面设计方案是相符的（第110页上图）。只有三层高高的阁楼营造了不同高度侧立面之间的过渡，因强调了水平面而

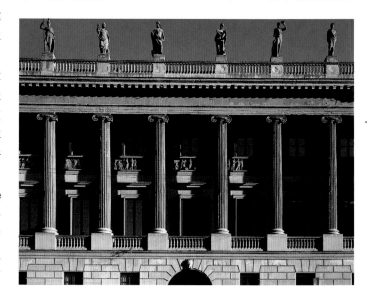

洛尼宫（Palazzo Serbelloni）时，主厅楼立柱后已经使用了特有的带图案的檐壁。乔瓦尼·佩雷戈（1781年-1817年）在设计罗卡-萨波里蒂宫时也采用了台阶式设计。直接并排放置的孤立列柱和平坦表面也是贝萨纳宫（Palazzo Besana）的特色之一，贝萨纳宫是在贝尔焦约索宫建成三年后建造的，而其立面布局又遵循了贝尔尼尼在建造著名的基吉-奥代斯卡尔基宫（Palazzo Chigi-Odescalchi）时遵循的传统。

对于19世纪早期的别墅建筑来说，最具影响力的参考模型就是帕拉迪奥所建造的清晰的方形建筑。贝尔蒙特别墅（Villa Belmonte，第111页插图）就是一例。这座别墅位于巴勒莫（Palermo）朝圣者山（Monte Pellegrino）的斜坡上，是由在罗马学习过的建筑师朱塞佩·韦南齐奥·马尔武格利亚（Giuseppe Venanzio Marvuglia，1729年-1814年）为贝尔蒙特亲王朱塞佩·文蒂米利亚（Giuseppe Ventimiglia）修建的。别墅带有粗琢底层和明显凸出的立有爱奥尼亚式立柱的中央部分，比例庄重，整体联接显得宏大雄伟。这座建在岩石地貌之中的宏伟别墅

表现出了与温琴佐·斯卡莫齐设计的别墅相关的特性。在毗连的公园之中，一座古典圆形神殿和一座哥特式复兴亭代表了花园建筑中多样化的样式和风格。同时也明显体现了亲王的亲英态度，反应了当时的政治色彩，因为英国舰队曾保证保护这座岛不被纳入拿破仑的扩张版图之中。

与之相反，建筑师路易吉·卡尼奥拉于1814年至1830年间在因韦里戈（Inverigo）为自己建造的异质性圆厅别墅（Villa La Rotonda）则大量使用了古典典故。尽管许多基本特征是效仿了帕拉迪奥在维琴察修建的著名的圆厅别墅，穹顶式中央大楼让人联想起罗马的万神殿，两座前柱式矮墙神殿正对着主立面。16世纪特色甚至是新埃及式特色突出了这座建筑的折中主义特征。帕拉迪奥式的设计仍为人们所沿用，这在乔瓦尼·巴蒂斯塔·卡雷蒂（Giovanni Battista Caretti）1832年至1839年间重建的位于罗马诺曼塔那大道（Via Nomentana）上的托洛尼亚别墅（Villa Torlonia）中可以看到。

1800年左右的这段期间，对表面几何学的重视引发了别墅形式

下图：
路易吉·卡尼奥拉
因韦里戈的圆厅别墅，1814年-1830年

左底图：
帕斯夸莱·波钱蒂
佛罗伦萨波焦皇家别墅

关于修建年代，初次记载的是1427年，此后历经几个世纪，最后一次是为埃特鲁斯坎的玛丽亚·路易丝修造的，始于1806年

右底图：
安东尼奥·尼科利尼（Antonio Niccolini）
那不勒斯圣卡洛剧院（Teatro San Carlo）立面
1810年-1811年

的变化，佛罗伦萨的波焦皇家别墅（Villa Poggio Imperial）（第112页左底图）的主立面就是特例之一。经历了大革命期间漫长的停工期之后，这座采取了17世纪和18世纪流行的加长样式的建筑最终在1806年由帕斯夸莱·波钱蒂（1774年-1858年）建成了。直到1807年拿破仑的埃特鲁斯坎王后玛丽亚·路易丝逊位以及1824年法国并吞佛罗伦萨后，处于哈普斯堡-洛林皇室费迪南德三世统治时期时，这座建筑才得以装修。尽管有着十分突出的中央凸起，但这座建筑的设计主要体现在水平方向的元素上。这些元素不仅包括相当长的立面、清晰的楼层分隔以及连绵的檐口，还包括醒目的拉长三角楣，与比凸起部分还要宽的阁楼层形成了对照。

这座建筑的非古典形式让人联想起革命性的建筑，如由安托利尼修建的波拿巴广场以及在法国由布雷（Boullée）修建的的理想工程。在中央大楼的底层上起缓冲作用的粗面石工带有15世纪或16世纪佛罗伦萨建筑的特征。之后在工程第二阶段由朱塞佩·卡恰利（Giuseppe Cacialli，1778年-1828年）加盖了上层楼面，其平滑而又显得私密的侧跨间弱化了立面好似神殿一般的效果。看起来是侧跨间而不是位于其中的立柱更多地支撑起了三角楣的重量，这些侧跨间本来是计划建成开放式凉廊的。

这种对古典建筑原理的半抽象诠释在那不勒斯圣卡洛剧院（第112页右下图）的立面上表现得更甚。1810年至1811年间安东尼奥·尼科利尼将圣卡洛剧院嫁接到了乔瓦尼·安东尼奥·梅德拉诺（Giovanni

Antonio Medrano）于1737年修建的建筑之上。两座角楼挨得很近，中间的柱廊由爱奥尼亚柱式组成，好像一条装饰带。两座角楼继续向上凸起，看起来好像塔门一般。由托架支撑而延伸开来并遮挡了立柱柱基的阳台以及明显凸出的檐口增强了水平方向上的效果，正如跨越整个宽度的阁楼层一样。阁楼层向中央凸起，好像三角楣一般，这又是革命性建筑的特征之一。众多雕像和装饰浮雕部分嵌入底部楼层厚重的粗面石工中，没有什么纵向上的关联。1818年，这座巴洛克剧院被大火烧毁之后，同时担任舞台设计师的尼科利尼自己承担起了重建的任务。

教堂建筑的发展

19世纪早期偏好将罗马的万神殿作为教堂建筑的模型，其在19世纪下半叶各所学院举办的设计竞赛中也扮演着重要角色。将一个圆形大厅和一个神殿式立面结合起来，即满足了对立体清晰感的要求，也满足了对古典式宏大华丽的要求。另外，因其外观雄伟，很容易将

其纳入城市公共规划之中。

此类建筑中最艰巨的建成项目之一就是那不勒斯皇宫（Palazzo Reale）对面的缪拉广场（第113页插图），广场是拿破仑皇帝下令自1809年开始修建的，是由莱奥波尔多·拉佩鲁塔（Leopoldo Laperuta，1771年-1858年）设计的。广场是以就任总督的拿破仑妹夫约若阿基姆·缪拉（Joachim Murat）的名字命名的。形成了一个弧段的柱廊将广场包围在了其中，这种样式既遵循了罗马圣彼得广场的传统，也仿效了帕拉迪奥式模型。1815年波旁王朝复辟之后，皇族成员们完成了广场的修建，根据新的政治组织将其更名为费迪南德奥广场。并通过竞赛方式选定了卡尼奥拉的学生彼得罗·比安基（Pietro Bianchi，1787年-1849年）修建位于广场中央的保罗圣芳济教堂，工程于1836年竣工。为使建筑更加引人注目，比安基设计了一个爱奥尼亚柱式的神殿式立面，凸起在稍矮的柱廊之中，与不带窗户的圆形大厅的方琢石墙壁形成对照，圆形大厅两侧是两座穹顶式小教堂。宏

上一页：
彼得罗·比安基
保罗圣芳济教堂，1836年，内视图
那不勒斯缪拉广场（费迪南德奥广场）

左底图：
费迪南多·邦西尼奥雷
都灵维托里奥埃马努埃莱广场
（Piazza Vittorio Emanuele），以及圣
母大教堂，1818年

下图：
**安东尼奥·卡诺瓦和乔瓦尼·安东尼
奥·塞尔瓦**
波萨尼奥的卡诺瓦诺教堂，1819
年-1833年

底图：
安东尼奥·迪耶多（Antonio Diedo）
斯基奥大教堂（Schio Cathedral），
始建于1805年

大的教堂内部（第114页插图）是古典形式的两层布局，但上层楼面用作了楼廊。不像文艺复兴时期和巴洛克时期那样有许多衍生出来的结构，柱廊是连续不断地绕着圆形大厅内部排开的，整个空间显得更加整齐匀称。仅仅通过建在女像柱上的上层华盖突出了主轴。

另一个作为城市景观的万神殿式建筑当属都灵的圣母大教堂（Chiesa di Gran Madré de Dio，第115页左下图）。这座教堂建于1818年，建在河对岸的墩座墙之上。教堂是基于在罗马学习过的建筑师费迪南多·邦西尼奥雷（Ferdinando Bonsignore，1767年-1843年）的设计而建的，邦西尼奥雷是想将其作为宫殿广场方向上波河大街的焦点。借鉴自万神殿的一些显著特征包括弧度很小的圆顶，底部呈阶梯状，还有三角楣后面高高的阁楼层。另外还有一些其他古典形式，如圆厅上的华饰檐壁，这是借鉴自罗马阿庇亚古道（Via Appia）上的卡希纳·梅泰利（Cascilia Metella）墓。石拱桥是于1810年开始修建的，1805年法国统治时期永恒之城城门已经拆毁，这座桥打算建在教堂的中轴线上。但广场本身是到1825年才开建的，很有意思的是，广场面朝着波河，一直延伸至位于城根的室外讨论会场。临街的立面由朱塞佩·弗里齐（Giuseppe Frizzi）设计成了同质风格，街平面的连拱廊仿效了大型巴洛克城镇平面图的典型特征，因为基于古典罗马建筑典范的矩形街道方案与新古典主义的城市规划理念相符。

这种万神殿式的建筑也出现在了意大利的其他城市。例如，米兰（科尔索圣卡洛教堂，1832年至1847年间，由卡洛·阿马蒂设计），也出现在了墓地的局部设计中，布雷西亚（Brescia）（1815年至1849年间，由鲁道夫·万蒂尼设计）和热那亚附近的（Staglieno）（1840年至1861年间，由乔瓦尼·安东尼奥·雷索夸设计）的墓地。除了路易吉·加诺拉（Luigi Ganola）1834年在贝加莫附近吉萨尔巴（Ghisalba）修建的圆形大厅外，另外值得一提的还有威尼托，波萨尼奥的卡诺瓦诺教堂（Tempio Canoviano，第115页右上图），这座

教堂是由雕塑家安东尼奥·卡诺瓦（Antonio Canova）为自己的家乡修建的，有可能是和乔瓦尼·安东尼奥·塞尔瓦（Giovanni Antonio Selva，1751年-1819年）一同修建的。在这里，形式被极度简化了，从而增加了一种气势恢宏的效果。几乎完全没有连接的圆形大厅上直接放置了八柱式多立克柱式的柱廊，而没有平常可见的阁楼，不带底座的凹槽立柱仿效的是雅典卫城的帕台农神庙（Parthenon）。

纵向建筑中也采用了这种古典神殿式的立面。维琴察附近的斯基奥大教堂（第115页右下图）是一座建于墩座墙上的教堂，十分引人注目，是由安东尼奥·迪耶多自1805年开始建造的。从这座教堂中也

可以看到万神殿的影响，十分忠实地仿效了其巴洛克式高塔，两侧带有三角楣（1883年被拆毁了）。

斯基奥教堂中两边有拱券围绕的柱廊是借鉴自帕拉迪奥，帕拉迪奥建在不远处马泽尔别墅（Villa Maser）内的小神殿也同样饰有高塔，甚至比罗马建筑典范还早。但立柱之后延伸的檐壁却带有典型的新古典主义特征。其他立面模型是由帕拉迪奥在威尼斯所建的教堂建筑提供的，就像瓦拉迪耶在建造乌尔比诺大教堂（Urbino cathedral, 1789年-1802年）和罗马的圣洛克教堂（S. Rocco, 1834年）时所仿效的一样。

公共建筑

19世纪上半叶，神殿立面形式不仅在传统重要建筑中仍保留着，并且渗透到了几乎所有形式的建筑中。关注公众利益的启蒙运动之后，公共建筑的建筑地位得到了很大的提升。这从帕多瓦的公共肉市（屠宰场，第116页上图）就可以很明显地看出来，这所肉市是由威尼斯人朱塞佩·亚佩利（1783年-1852年）修建的。矮矮的台阶上立了8根坚固的无底座立柱，用于支撑宽大的三角楣，中央部分看起来是受了柏埃斯图姆的希腊神殿的启发，但同时又使人联想起革命性建筑中多立克柱式的使用方式，而这种柱式的使用方式是亚佩利在乔瓦尼·安东尼奥·塞尔瓦门下学徒时就已经熟悉了的。以收敛而又传统的方式连接的翼楼很明显地与华丽的中央部分区别开来。同样受了1800年理想建筑启发的是亚佩利1824年或1825年建造的庞大的但未建成的帕多瓦大学工程。

莱戈恩水塔（Cisternone of Leghorn，第117页插图）就遵循了同样的传统。这座水塔是由帕斯夸莱·波钱蒂（1774年-1858年）修建的，是1829年至1842年间当地兴修的水系统扩建工程的一部分。延伸开来的檐部将整个大型建筑进行了区隔，各个楼层的开口各不相同，好像"游"在光滑的方琢石表面上一样。不带三角楣的由多立克立柱组成的八柱式隔屏之上，主里面上最为突出的是一个大型壁龛。这一圆顶外部呈阶梯状而内部呈格子状，又再一次让人联想起万神殿来。柱廊和壁龛这一对奇特的组合在18世纪80年代被勒杜用在了他建在巴黎的堡垒建筑和亭阁建筑中，但这一形式也出现在了安托利尼设计的波拿巴广场中。建成这一建筑的挑战性还体现在内部的多走廊结构上，其带穹顶的拱顶建于细长的立柱之上。

正如皮拉内西曾坦露过的一样，人们对罗马古代工程方面的巨大成就十分倾羡，这种倾羡在当时的功能性建筑中体现了出来。横跨罗马附近阿里恰深谷的三层拱高架桥（第116页下图）明显仿效了古典沟渠的样式。这座高架桥是由伊雷内奥·阿莱安德里（1795年-1885年）于1847年至1854年庇护九世任教皇期间修建的。1752年-1769年间路易吉·万维泰利在修建位于卡塞塔的宏伟的卡罗利诺水渠（Acquedotto Carolino）时已经采用了这种古典形式。

在修建位于马切省（Marches）马切拉塔（Macerata）的斯费里斯特里奥体育馆（Sfisterio）（第118页上图）时，阿莱安德里从古代剧院和竞技场建筑中获得了灵感。这是一个能容纳10000名观众的大体育馆，是由公众集资兴建的。体育馆修建于1820年至1829年间，阿莱安德里设计了一个拱形围墙，尽头是矩形结构的建筑，其灵感是来源于理想式建筑，如在1813年一场狂热的竞赛工程中由朱塞佩·皮斯托基（Giuseppe Pistocchi，1744年-1814年）为拿破仑在切尼西奥

帕斯夸莱·波钱蒂
莱戈恩水塔（水利工程）
里窝那（Livorno），1829年-1842年

右图：
伊雷内奥·阿莱安德里
马切拉塔的"斯费里斯特里奥体育
馆"，1820年-1829年

下图：
拉法埃诺·施特恩（Raffaello Stern）
罗马梵蒂冈新翼陈列室（Braccio
Nuovo），1817年-1822年
内景

带穹顶式空间的拉长楼廊遵循了18世
纪开创的设计方案。大量使用的大理
石和罗马式地面镶嵌为古典雕像提供
了一个华丽的布景。
梵蒂冈博物馆的扩建是为了有形地展
示教廷在文化和古文物研究方面的领
导地位。

本页：
朱塞佩·亚佩利
帕多瓦的佩德罗基咖啡馆（Caffè Pedrocchi）
主立面，1831年完工（上图）
哥特式复兴风格的扩建部分（佩德罗基诺），1837年
（下图）

山（Monte Cenisio）修建的纪念碑。外部一排排的拱券以及位于拱券之中的壁龛和洞眼也是借鉴了16世纪时的风格。内部带有跨三层楼的高高的多立克柱式的柱廊，这也是仿效了经帕拉迪奥诠释过的古典模型。

18世纪下半叶的博物馆建筑是带有前瞻性的建筑形式之一。历史科学和启蒙运动教育学方面的发展对收藏品的性质产生了影响。1763年约翰·温克尔曼开始在罗马担任教皇的古物藏品保管员，正是他指明了前进的方向。从1770年开始，特别是在克莱门特十四世和庇护六世任教皇期间，随着梵蒂冈宫的不断扩建，教堂所有的无数古典和早期基督教艺术作品的存放设施也逐渐改善了。

八角庭院（Cortile Ottagono）、音乐厅（Sala della Muse）和希腊十字交叉部（Sala della Croce Greca）[1770年至1784年间由米凯兰杰洛·西莫内蒂（Michelangelo Simonetti）和彼得罗·坎波雷塞（Pietro Camporese）建造]采用了16世纪时立柱和半露柱的传统处理手法，但拉法埃诺·施特恩（1774年-1820年）在布拉曼特的的贝尔维德府邸中建造的新翼陈列室（修建于1817年-1822年，第118页下图）却以平滑的墙壁为特点。他们仅靠一系列的壁龛以及水平方向上由马克斯·拉布勒（Max Laboureur）雕刻的仿古典风格的浮雕连接了起来。陈列的古典式雕像和托架上的胸像作为一个个整体构件与陈列室内部合为了一体。桶形拱顶上的天窗属于现代元素，这在之前布雷修建的工程以及卢浮宫大回廊（Grande Galerie）重建工程中都曾出现过。但使用的藻井天花板样式仿效了古典先例，由拱凹层界定的中央部分的穹顶上的菱形图案让人联想起古罗马广场上的维纳斯-罗马神庙（temple of Venus and Roma）的后堂。

风格多元化与处于萌芽状态的历史主义

早在18世纪，皮拉内西已经做了实现风格多元化方面的理论基础工作。特别是处在风景怡人的英式花园中的剧院布景和亭阁建筑，因其属于非正式性建筑，因而提供了很好的建设机会。但自19世纪早期以来，在城市环境中设计的建筑的范围明显越来越大。早期十分流行的公共咖啡馆建筑就是一例。皮拉内西在1760年就曾用新埃及式风格装饰了其在罗马的英式咖啡馆（第105页右图）。帕多瓦宏伟堂皇的佩德罗基咖啡馆（第119页上图）是由之前提到的朱塞佩·亚佩利由1816年修建的，在其游历期间，亚佩利对欧洲其他地方的建筑有了广泛的了解，这当中包括北欧的建筑。工程直到1831年才完工，这段期间又添加了各式各样的装饰，体现了一种折中式的设计。角部凸起中间的主立面带有两层柱廊，柱廊是由细长的科林斯立柱构成的，

这种设计仿效了标准的帕拉迪奥式别墅和宫殿建筑。创新之处是角部凸起前方街道平面上的门廊。门廊带有墩柱和革命性多立克柱式厚重的檐部，位于阶梯两侧的狮子像又仿效了埃及式建筑模型。亚佩利最终在1837年在咖啡馆背后又进行了扩建（第119页下图），采用的是哥特式复兴风格。两层楼内部的多个咖啡屋采用的都是天主教堂式风格。

在教堂建筑方面，从19世纪20年代开始，人们的兴趣转向了早期长方形基督教堂风格。其他国家也经历着同样的发展进程。此类建筑中最壮观的一座当属1823年毁于大火后重建的十四世纪罗马朝圣者教堂城外圣保罗教堂。经过长时间的讨论之后，由路易吉·保莱蒂（Luigi Paoletti，1792年-1869年）实施的计划是完全拆毁废墟并重建一座新的"净化"形式的建筑。在都灵，路易吉·卡尼纳呈交的将大教堂重修成早期基督教堂风格的计划是同建筑历史研究同时进行的。

由于对古典传统的重视，所以并未像在北欧那样过多地采用中世纪形式。在风景怡人的花园区域中修建哥特式复兴风格的建筑，在玛格力塔（第120页/第121页插图）最为常见。玛格力塔毗连着位于皮埃蒙特地区拉冈尼基的卡里尼亚诺亲王府邸。庭院（第120页插图）是在1834年至1849年间修建的，建于萨伏伊宫廷园艺家萨韦里奥·库尔滕（Saverio Kurten）规划的宽阔英式花园的边缘，是由建筑师和舞台设计师佩拉吉奥·帕拉吉（1775年-1860年）设计的。带角塔、雉堞和小尖塔形三角楣的复杂轮廓明显是受了英式建筑模型的启发，而三翼围绕庭院的平面设计又无疑是从巴洛克式别墅得来的。另一方面，由尖形拱券环绕的中庭又让人联想起回廊中庭。

1824年至1826年间费利切·马朗多诺（Felice Marandono）为比耶拉大教堂增建了门廊，这是在意大利教堂建筑中第一次采用哥特式复兴风格。同时局部也包含了埃及和古典式风格。风格的选择主要取决于当时与现有风格匹配的建筑理论的优势法则，主要是"15世纪早期建筑"。

朱塞佩·扎诺亚和卡洛·阿马蒂
米兰大教堂西立面，1806年-1813年
三角墙叶尖饰，朱塞佩·布伦塔诺（Giuseppe Brentano）设计，1888年

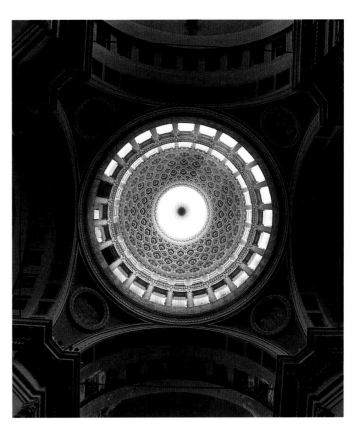

　　几世纪以来关于米兰大教堂适合那种风格的讨论也是用同样的方法决定的。首次下令将西立面修建完成的是拿破仑皇帝，是由朱塞佩·扎诺亚及其助手卡洛·阿马蒂（Carlo Amati，1776年-1852年）在1806年至1813年间基于费利切·索阿韦（Felice Soave）和利奥波德·波拉克（第122页插图）的设计而实施的。

　　窗饰组成的隔屏使得佩莱格里诺·蒂巴尔迪（Pellegrino Tibaldi）在16世纪时修建的门道和窗户保持了原样，但这种方法很快被斥为不合逻辑。对本土哥特式的怀旧之情在这一世纪的下半叶的大量竞赛中达到了高潮，其中亚佩利的学生彼得罗·塞尔瓦蒂科（Pietro Selvatico，1803年-1880年）以及卡米洛·博伊托（Camillo Boito，1836年-1914年）的作品是这一时期的代表作，这种怀旧之情是源于指向"奥地利"新古典主义的民族主义情感。

　　19世纪上半叶的前瞻性发展之一就是工程主导型建筑的解放，原因在于技术高等学校的建立。英国和法国正在建筑中使用铁结构的同时，在意大利的亚历山德罗·安东内利（Alessandro Antonelli，1798年-1888年）大胆的石建筑引起了轰动。尊崇理性主义传统的建筑作家帕德雷·洛多利（Padre Lodoli）认为应当尽可能地开发现有材料。但使用古典建筑形式——如安东内利对立柱的偏好十分引人注目——是建筑带有一种杂交性特征，让人联想起革命性建筑那种几乎可以称得上夸张的宏大规模。安东内利的主要作品是建于都灵的安东内利大尖塔（Mole Antonelliana，1863年-1888年），不过不在本卷书所设定的年代范围之内，但他所修建的第一座此类壮观建筑是建于1841年的交叉部塔楼（第123页插图），是为诺瓦腊由佩莱格里诺·蒂巴尔迪16世纪后期修建的圣高登齐奥教堂而建的。通过嵌入隐形铁条，成功建造了这一极高的细长结构（400英尺，约121米）。带圆形柱廊的圆形建筑物、逐渐内缩的上层楼面以及细长的带肋穹顶使人联想起巴黎由苏夫洛（Soufflot）修建的圣吉纳维芙教堂（church of Ste-Geneviève），但其层层叠缩的样式又使整个建筑看起来更加高耸。现代建筑框架与传统（而同时又是反传统的）连接方式之间的差异表明建筑又走到了一个新的转折点。

芭芭拉·博恩格塞尔（Barbara Borngässer）

西班牙和葡萄牙的新古典主义和浪漫主义建筑

西班牙的新古典主义建筑

古典主义在西班牙的"诞生"时间可以准确地确定在1752年，即费迪南德五世在马德里成立圣费尔南多皇家艺术学院那年。圣费尔南多皇家艺术学院的成立之事，将新古典主义风格的地位提升到正式的国家艺术，新古典主义自此成为该国的主要建筑风格，直到19世纪40年代。新古典主义盛行时期包括波旁王朝、费迪南德六世（1746年-1759年）、查尔斯三世（1759年-1788年）、查尔斯四世（1788年-1808年）、费迪南德七世（1808年及1813-1833年）以及皇后玛丽亚·克里斯蒂娜（1833年-1840年）等统治时期。同时还包括拿破仑一世1808年-1813年间统治时期，以及1812年试图使国家走向自由主义但最终流产的加的斯新宪法时期。

尽管存在不少政治风暴，从巴洛克专制主义到启蒙运动过渡的头几十年却仍然是艺术多产时期。在查尔斯三世和查尔斯四世的统治时期，著名的外国艺术家们曾齐聚马德里宫廷，其中包括意大利著名画家乔凡尼·巴蒂斯塔·提埃坡罗和德国著名画家安东·拉斐尔·门格斯。

与上述情形相反，西班牙建筑在1752年之前的一段时期一直变化不定。1750年之前，巴洛克的所谓"过度矫饰"已经遭到了严厉批评，而且要求建筑回归希腊和罗马风格的呼声越来越高。在18世纪早期的西班牙，为了争取主导地位而出现的两大对立运动：皇家建筑在很大程度上仿效法国和意大利模式的巴洛克新古典主义风格，而诸多大城市则更喜欢采用楚利盖拉、彼德罗·德·里贝拉斯、弗朗西斯科·德·赫尔达多等的奢侈装饰风格。于是，新古典主义艺术的需求更加迫切。由于教堂和私人客户偏好后一种奢侈装饰风格，所以这一风格一直盛行到18世纪下半叶，并为宫廷喜好"舶来"风格提供了一个反面教材。

建立圣费尔南多皇家艺术学院的结果是，波旁王朝完全控制了艺术生产的方向。模仿巴黎和罗马同行建立的该学院的任务包括，挑选六名赴罗马学习的奖学金获得者，根据科学原则调查建筑事务，编制艺术古迹清单，培训建筑师、画家和雕塑家。集中进行这些活动的后果之一是，西班牙国内的艺术成就更加一致。王室通过法令控制建筑领域，未经该学院事先批准，任何公共建筑不得开工，未首先申请并通过该学院考核，任何建筑师不得自称为建筑师。

赋予教育和建筑施工方法"合理化"极端重要性——事实上，甚至可能比系统展示统一艺术风格更加重要。因此，为宫廷形象工程提供了大量工人，其中包括许多工程师。学院建筑部门的首任管理人之一是迪亚哥·德·维亚努埃瓦。作为意大利和法国建筑理论专家，他撰写了数量众多的论文，在论文中，他呼吁以符合建筑任务和方法的诚实态度对待建筑。此外，他还鼓励翻译历史素材，包括1761年用西班牙语出版维特鲁威的十大建筑设计书籍（根据克劳德·佩诺特的法语版本翻译）。值得注意的是，翻译的特点是改变了卷首插入画。选择取代法语版卢浮宫立面的是，埃尔·埃斯科里亚尔皇家修道院，因此，赋予了维特鲁威合法性。这一做法开启了对胡安·德·埃雷拉斯建筑的彻底重新评估。埃雷拉斯的简洁风格与新古典主义风格的新趣味水乳交融，他早期的浪漫主义思想使其能够毫不费力地被归类为"国家建筑师"。何塞·德·埃莫西拉不仅进一步研究并出版了关于埃尔·埃斯科里亚尔修道院的作品，而且还进一步研究并出版了关于位于阿罕布拉的查理五世宫殿的作品。

两大要素决定了18世纪和19世纪西班牙建筑的特点：法国和意大利风格的新古典主义以及作为西班牙全球力量逝去时代理想形象的埃尔·埃斯科里亚尔修道院住所的影响。所有这一切的政治意图是明确无误的：一方面，1770年君临西班牙的法国波旁王朝决定采用当时的现代、国际建筑风格，与当时流行的后巴洛克时代风格保持距离。另一方面，他们试图强调他们与"黄金世纪"的联系，以强调他们对掠夺哈布斯堡王朝遗产的合法性。

文图拉·罗德里格斯和胡安·德·维亚努埃瓦

两位建筑师为新古典主义在西班牙的传播做出了重要贡献：文图拉·罗德里格斯（1717年-1785年）及迭戈·文图拉·罗德里格斯的兄弟胡安·德·维亚努埃瓦（1739年-1811年），他们的工作预示着18世纪末期从后巴洛克式建筑到新古典主义风格的过渡。在罗德里格斯的老师中，有两位活跃在西班牙的意大利人：菲利波·尤瓦拉和乔瓦尼·巴蒂斯塔·萨切蒂。直到费迪南德六世去世，作为宫廷建筑师的罗德里格斯都享有相当声望，并在之后担任了学院教授——尽管这是一个有争议的任命。在他为宫廷、学院或私人业主进行的众多设计中，只完成了大约50个设计，这里只讨论其中的几个设计。

虽然他的早期作品显然在模仿从贝尔尼尼到瓜里诺·瓜里尼时代的意大利巴洛克风格，直至18世纪50年代末期，都还可以在他的作品中看到弗朗索瓦·布隆德尔的"法兰西建筑"的影响，其发展结果是，使他成为学术上的新古典主义。他的第一部伟大作品马德里·马科斯

教区教堂（1749年-1753年）完全根据巴洛克精神设计，但是，同时他又已经选择用新古典主义风格重新设计萨拉戈萨的埃尔·皮拉尔朝圣大教堂（1753年开建）。在室内，他隐藏了弗朗西斯科·埃雷拉用科林斯式壁柱装饰方案开启的、赋予空间更大宁静的巴洛克结构。更大的难题是圣柱，圣柱上面的圣女过去是按使徒詹姆斯的形象设计的。圣柱要保持原样不变，因为仍需要供风涌到这座教堂的许多朝圣者瞻仰（第125页插图）。

罗德里格斯改变了紧靠正殿西面的支柱周围的空间，设计了一个

椭圆形空间，空间有四个带顶的半圆形屋顶。正殿三面为开放式，其特点是采用考林辛式柱子设计，第四面或者西面封闭起来作为祭墙。与位于中心不同，圣迹的支柱偏离主轴线，位于右面的有凳门廊内。与这种最终的巴洛克空间概念相比，他为位于巴利亚多利德的菲律宾奥古斯丁传教士修道院教堂提供的设计（1760年）采用了清醒、实用的新古典主义风格，并显示了与埃雷拉无装饰建筑的关系。罗马圣彼得教堂对马德里圣方济教堂（国家图书馆）设计的影响显而易见。不过，该建筑根据弗朗西斯科·德·拉·卡布扎的设计完成，其特点

是一个直径33米的无圆筒圆屋顶（第126页右图）。根据约瑟夫·波拿巴的建议，该建筑作为科尔特斯议会机构所在地，并且在1837年成为国家先贤祠。该建筑成为某些西班牙最著名人物（拉罗德里格斯本人）的最佳休闲去处。

潘普洛纳大教堂的立面（1783年，第126页左图）让罗德里格斯对圣方济教堂进行的失败设计的影响更持久，潘普洛纳项目的纪念碑性和凄美预示着19世纪的浪漫主义风格。科林斯式柱廊位于两个高大的钟楼之间，两排双柱构成通往其起源可追溯至1026年教堂的壮

丽入口。生动的清晰度和考古意义的真实性构成了文图拉·罗德里格斯这一晚期作品的特点。

　　不过，新古典主义建筑在西班牙传播的关键人物是胡安·德·维亚努埃瓦。作为查理三世和查理四世的宫廷建筑师，他负责埃尔·埃斯科里亚尔、埃尔·帕尔多和布恩·雷提洛的皇家建筑的扩建，还负责修建王室特许的普拉多博物馆和天文台。作为马德里的高级建筑师，他为西班牙首都规划了许多公共建筑。维亚努埃瓦在罗马度过了几年，他的经验及他对圣费尔南多皇家艺术学院课程设置的影响，使之成为西班牙启蒙艺术理论最重要的传承人之一。维亚努埃瓦获得的第一个主要授权是在圣·洛伦索·德·埃尔·埃斯科里亚尔修建两座小屋。这些乡村别墅被纳入庄园园林，并且专为王位继承人德·卡洛斯及其兄弟德·加布里埃尔设计。由于考虑到较少抑制对新风格样式处理的固有特性，这些建筑赢得了很高的声誉。卡西塔·德尔·普林西（1771年）显示了与巴洛克风格格格不入的独特构图原则，如有相对独立元素的线条的运用和并列对比的近似绘画技巧。短时间之后（1784年），这种附加方法进一步作为埃尔·帕尔多中的卡西塔·德尔·普林西中的一个步骤（第127页下图）：五个实际相互独立的结构被囊括在檐部主题的范围内。这一方案明显先于后来成为普拉多博物馆的维亚努埃瓦科学博物馆。

　　维亚努埃瓦被任命为马德里市建筑师和市长，标志着其25年西班牙首都建筑师事业的开始，25年间，这座城市经历了彻底改造。维亚努埃瓦首先修建了市政厅柱廊，并且重建了曾被大火烧毁的市政

广场。从建筑史的角度来看，普拉多博物馆和天文台的修建在今天极具重要意义。二者都经皇家特许，具有启蒙精神，并且二者都成为了西班牙新古典主义的主要作品。

　　普拉多博物馆的设计初衷并不是美术馆。文图拉·罗德里格斯的设计被否决后，维亚努埃瓦提出了关于自然历史博物馆和科学院的若干计划，它们被纳入布恩·雷提洛附近的公园区。在中央圆形大厅的第一批草图中的一张显示，大厅通过门廊和公用大道连接到两个有座椅的前廊。与此平行，并且在第二轴线上的是一间宽敞的礼堂，它通过前廊与圆形大厅相连，并且其长长的扩展空间通向建筑角落的两栋突出耳房。建筑于1819年竣工，之后曾遭受法国占领军的破坏。最终设计保留了原来的布局，尽管只有一根而不是两根轴线。尽管设置了通往爱奥尼亚式柱廊的公用大道，遮住了上层，但是，底层仍然装饰了拱廊和长方形壁龛。角落的亭台扩大了，其内部装饰赋予了圆形大厅更宏伟的外观（第127页上图）。突出的多利安式柱廊形成了通往该综合建筑中心的封闭式半圆形房间的入口。展览厅为罗马式风格，带平顶镶板装饰式半桶形拱顶和圆顶（第128页插图和第129页下图）。尽管借鉴了梵蒂冈的庇奥·克莱门提诺美术馆和各种学院项目，但是，普拉多仍然成为后来各时代的公共博物馆的榜样。

　　附近的天文台（第129页上图）是维亚努埃瓦的最后一件大作。尽管经过多次改建，但是，根据十字形平面图修建的天文台仍然是将新希腊风格吸收入西班牙建筑的证据。天文台1790年开建，1808年

基本竣工，其功能性和几何严格性确定了建筑的高度。科林斯式柱廊与勾画中央大厅轮廓的圆形教堂的柱廊的对比，表达了对对立统一的探索，可以被视为促进19世纪浪漫主义运动的独特品质在设计方面的亮相。不过，该建筑物仍然有很强的功能性：该圆形建筑物能够用作使用各种仪器的天文台。

扩建成住处

哈布斯堡王朝在马德里周围修建的宫殿的扩建和现代化工程，是波旁王朝国王的伟大工程之一。它们既影响了埃尔·埃斯科里亚尔、阿兰胡埃斯、埃尔·帕尔多和里奥弗里奥王室建筑的修建——除了埃尔·埃斯科里亚尔外，其余三处的规划和实施在16世纪陷入停滞，也影响了自菲利普五世开始的塞哥维亚附近的圣伊尔德丰索宫的继续修建。由于建筑管理部门的严格组织，18世纪后期，这些著名项目中的许多项目得以根据业主的愿望设计并完工。

我们已经简要说明了这些建筑在西班牙形成新古典主义风格中的极端重要性。凡尔赛宫是菲利普二世的夏宫，它是展示了西班牙新古典主义建筑几乎所有方面的另一座纪念碑。位于湖泊众多、树林茂密的塔霍河河岸的凡尔赛宫及其园林，在波旁王朝的情感中占据着特殊位置。

他们多次扩建了大花园和宫殿建筑群，以满足宫廷的需要。尽管在圣地亚哥·博纳维亚的指导下1731年就开工了，但是，在1744年计划为宫廷雇佣的20 000万人修建一个小城后进入关键阶段。街道

下图：
圣地亚哥·博纳维亚
阿兰胡埃斯圣·安东尼奥宫廷教堂
1768年

下一页图：
胡安·德·维亚努埃瓦
王宫花园的圆形教堂
阿兰胡埃斯，1784年

的几何网络通过一条将马德里与安达卢西亚连接起来的长距离道路一分为二，并且必须在哈拉马河上为该道路修建一座桥梁。由胡安·包蒂斯塔·德·托莱多和胡安·德·埃雷拉设计的宫殿本身，只是由胡安·戈麦斯·德·莫拉部分竣工，并且在1748年的一场大火中遭到严重破坏。费迪南德六世的重建在很大程度上受到赫雷拉的思想的影响，决定将其修建成一座双层四耳房建筑物，耳房西侧外墙和角塔采用突出立面。1771年，弗朗西斯科·萨巴蒂尼为宫殿的中央核心增加了侧耳房，增加的侧耳房赋予了建筑适合其代表性正式功能的外观。博纳维亚于1768年根据计划完成的圣·安东尼奥宫廷教堂也属于宫殿建筑群。圆

顶建筑物前方的弧形拱廊通向宫廷建筑群（第130页插图）。它的内部装饰显示了有趣的空间安排：前面是一个供凡人修士活动的圆形大厅，而后面的矩形部分则为修道士祭祀希望圣母的地方。一个共用祭坛连接和分离这两个区域。

维亚努埃瓦为园林增加了两座格外迷人的亭子。其中一座为古典圆形寺院形（第131页插图），另一座为中国宝塔形状。

在园林的东边部分，查理四世让人修建了一座游乐宫，1792年外出打猎时，他在那里偶遇了一处普通农舍。该皇家农庄建筑物是西班牙新古典主义最美的作品之一（第132页和第133页插图）。由

修改了胡安·德·维亚努埃瓦设计的伊西德罗·冈萨雷斯·委拉斯开兹负责，建成的建筑物是一栋简单的小屋，它反而成为按最严格标准修建的罗马别墅。其主横截面由一个柱基、主楼层和阁楼构成，两边为采用类似设计的耳房，耳房围成一个小小的院子。尽管浅色石雕与红砖外墙的对比活化了立面，但是，建筑物的真正魅力源于它的仿古装饰和古玩家具。立面雕有雕像壁龛，而罗马皇帝的半身像侧装饰着栏杆和栅栏。建筑内部，连同祭堂、雕像画廊、弹子房和各种其他门廊，则用古董收藏家的藏品进行奢华装饰。用神话壁画和地毯以及显示波旁王朝爱好的家具和钟表装饰房间。共同学习时代的热情，以及从精确仿古重建中获得的喜悦，都体现在了这个"农舍"中。

波旁王朝对菲利普五世和伊莎贝拉·法尔内塞在塞戈维亚附近建造的西班牙凡尔赛宫圣伊尔德丰索宫的圣哲罗姆修道院发生了极大兴趣。在这里，查尔斯三世还建造了包括各种附属建筑物和工厂的宫殿群，包括著名的皇家玻璃厂。在扩建过程中，宫殿教堂的东

部立面还进行了重新设计，以反映其正式功能（第134页下图）。有巨大壁柱和轮廓清晰的阁楼的唱诗班席位的两个塔很可能应归功于前面提到的建筑师弗朗西斯科·萨巴蒂尼。曾经在意大利南部卡瑟特与路易吉·万维特里共事的萨巴蒂尼在那里接触了未来的西班牙国王，并因此在波旁王朝占据了有影响力的地位。他往往用有时非常传统的设计表达文图拉·罗德里格斯或胡安·德·维亚努埃瓦的更现代的方案。

埃尔·帕尔多，弗朗西斯科·萨巴蒂尼于1772年修建了一幢与那个时代非常合拍的建筑物（第134页上图）。他加倍突出了16和17世纪的宫殿平面图，建筑顶部仍有防御塔，建筑布置了中轴线，并根据立面改变外观装饰。在18世纪，波旁王朝改建的其他宫殿并没有带来任何艺术创新。早在1752年就根据维尔吉利奥·拉瓦格里奥计划建成的里奥弗里奥，是压缩版的马德里宫殿。

城市规划

这不是什么巧合，城市规划就这样推动了西班牙新古典主义。对秩序和实用建筑主义的需要，特别是对平等主义结构的需要，是启蒙运动的根本宗旨。最重要的是，是宫廷传播了这些宣传改良主义思想，使它们成为皇家住宅现代化的基础。一个典型的例子是巴塞罗那市：巴里·德·拉·里韦拉，一个渔民聚居地，被迫成为菲利普五世军队的要塞，并于1753年被改建为一片冲积地上的巴塞罗尼塔。根据军事工程师普罗斯珀·沃布姆的设计图修建，它的设计基于当时最现代的概念：成直角相交的宽阔街道，和能够给居民提供充足阳光、空气和舒适性的低层建筑。关于已有城市的改革设计，通常采用有中央广场（市政广场）的网格结构。设计了人行道与街道照明和公园与空地布局，促进市民的安全和健康。建筑立面采用统一风格，消除社会阶层之间的差异。几乎没有完成任何这类乌托邦项目，完成的主要工作仅仅只是重新设计了市政广场。

尽管马德里意义深远的改革早在查理三世时期的18世纪60年代就开始了，当时进行的改革今天仍然清晰可见。其中，最根本的改革是，将以前孤立的皇家宫殿融入城市建筑，特别是大街的宏伟设计和施工开辟了城市空间。例如，利用仍然体现巴洛克风格的阿尔卡拉门的凯旋门（弗朗西斯科·萨巴蒂尼，1764年-1768年），赋予了阿尔卡拉大街壮丽的建筑元素（第135页上图）。太阳门广场也在内城街道网络中被赋予了更加重要的意义。不久之后的1775年，萨巴蒂尼在弗罗里达大道竖立了另一扇凯旋门——圣维森特门。这座纪念建筑的浓重的多利安式外形，是其风格观念已经发生变化的明显的外部标志。

1782年，约瑟·德·埃莫西拉扩建了普拉多大道，使之成为一条有喷泉的林荫大道。曾经是菲利普四世宫廷乐园的布恩·雷提洛现在却变成了最现代的"科学园"。查尔斯三世修建了天文台（第129页上图）、自然史博物馆和植物园。

查理四世继续实施前任的启蒙运动建设计划，但由于18世纪末和19世纪初的动荡，大部分计划都没有完成。可以理解的是，法国军队1808年对西班牙的占领、5月2日的人民起义、解放斗争以及1812年至1814年期间的短期自由主义，都不是建筑艺术的辉煌时代。为了改革，曾宣布马德里为法国政权政府所在地的约瑟夫·波拿巴摧毁了无数的教堂，并规划了几个新广场。不过，他没有取得进一步的进展。1814年返回后，波旁国王斐迪南七世的最重要的任务是清理废墟。其中包括近代在城市结构中被赋予更突出地位的东方广场，广场有维亚努埃瓦的学生安冬尼奥·罗佩斯·阿古阿多设计的皇家剧院（第135页下图）。1843年，菲利普四世的骑马雕像从布恩雷提洛移到了这里。同样，伊西德罗·冈萨雷斯·委拉斯开兹1818年设计，但是直到1850年才开建的六角形歌剧院近代也恢复了原貌。

1819年，费迪南德七世终于使普拉多成为了一个美术馆，而不是原先设计的自然史博物馆。罗佩斯·阿古阿多重新设计了它的内部，使之适合新功能（第127页至第129页插图）。阿古阿多还接受了设计

国家纪念碑托莱多门（第136页左图）的任务，它标志着我们的研究的这一部分的结束。国王下令在1816年至1817年修建该城门，作为恢复波旁王朝统治的明显标志。这一设计简洁的凯旋门成为最后在马德里建成的凯旋门。不过，获胜的西班牙在雕塑方面的表现丝毫不能掩盖这样一个事实，那就是西班牙君主政体已经走到历史的低点。宪

法斗争和卡洛斯战争将确定未来几十年的走向，在工业化进程及相关社会变革在19世纪下半叶开始之前，新的变革并没有来临。

宫廷外的新古典主义建筑

宫廷建筑占据了西班牙新古典主义建筑讨论的大部分篇幅。几乎所有重要任务，包括大多数城市规划，都与波旁王朝密切相关。迄今为止，祭祀建筑物很少受到关注，只要提到它，通常涉及到城市发展背景，或与创新的结构或风格样式有关。尽管我们对时代的整体印象不会因为研究非宫廷建筑而发生根本改变，但是，其他业主（一般为牧师）的一些优秀建筑物仍然值得一提。

托莱多将许多功能性建筑物——新的宝剑厂、精神病院和大

下图：
伊格纳西奥·哈恩
托莱多大学内院，1790年

底图：
维森特·阿塞罗，托库阿托·卡扬
加的斯大教堂
1722年、1762年至19世纪中叶

学——归功于洛伦萨纳红衣主教弗朗西斯科·安东尼奥的远见。大学（第137页上图）由萨巴蒂尼的学生，罗马奖学金获得者伊格纳西奥·哈恩创建，他修建了两栋达到了那个时代顶峰的建筑物。从1790年起带高贵的依奥尼亚式天井和带科林斯式礼堂的大学，不顾他们的纪念碑性和明显的高度差异，静静地融入了托莱多的适度建筑规模。

在巴斯克地区，胡安·德·维亚努埃瓦的天才学生，后来经常为宫廷服务的西尔维斯特·佩雷斯，用他在Motrico（1798年）、穆加尔多斯（1804年）和Berneo（1807年）的教堂开创了一种新的建筑风格，就是克劳德·尼古拉斯·勒杜和艾蒂安·路易士·布雷所谓的革命性建筑。在加利西亚，La Peregrina朝圣教堂（安东尼奥·苏托）是最原始的、介于巴洛克和新古典主义之间的作品（第136页右图）。一个细长的圆形教堂前厅面对着细长的圆形大厅，前厅的新古典主义结构因为立面的巨大浮雕和抽象装饰而改变了风格。

最后，加的斯的城市安达卢西亚值得讨论。在18世纪下半期，这个海滨城市已经发展成为新古典主义运动的中心。1812年，当议会在那里审议第一部西班牙宪法时，该城市的地位达到顶峰。加的斯还产生了重要建筑师托库阿托·卡扬·德·拉·维加及其继承人托尔夸托·本胡梅达，他们赋予了城市现代化和国际化的外观。圣·费尔南多天文台（1793年）、皇家监狱（1794年）和市政厅（始建于1816年）是这一繁荣时期的证据。不过，大教堂还仍然只是一个幻想。历经一百多年才建成，它讲述着自己的建筑史（第137页下图）。始建于1722年，最初采用的是维森特·阿塞罗设计的舒里古尔式线条，1762年首次"推翻"设计，即根据新古典主义风格重新规划。即使是来自圣费尔南多皇家艺术学院的专家们也未能成功呼吁推倒"世界上最可怕的石头堆"，建设工作每年消耗从美洲殖民地流入西班牙的黄金的四分之一，并且一直持续到1838年。

葡萄牙的新古典主义建筑

启蒙运动和新古典主义异常迅速而有效地在葡萄牙获得了立足点。在形成现代国家，并试图建立更加公正和平等的社会秩序方面，葡萄牙走在了其他欧洲国家的前面。这些惊人变化的催化剂是一场自然灾害：1755年万灵节发生的一场这骇人听闻的地震。仅仅几分钟，这个全球帝国的首都，一个25万居民的大城市就变成了一片废墟，而在这久之前，它还自夸为欧洲最富的城市。而地震中幸存下来的一

切，又很快被大火烧光了，引起火灾的是为祭祀宗教节日或海啸横扫塔霍河时逝去的亡灵而在全城点燃的蜡烛。

1755年11月1日被摧毁的里斯本不仅是一个自豪的城市，而且是旧世界的重要组成部分之一。在世纪中叶支配欧洲的动荡的大气候中，里斯本的地震被视为出现深刻危机的征兆，伏尔泰、卢梭和康德等哲学家以及后来洪堡和歌德都将这场灾难作为他们著作的主题。在18世纪之初，也就是刚刚在巴西发现黄金和钻石矿之后，若奥五世帝国幸运地享有这种不可思议的财富。不过，国王大量浪费国家的财富，追求乌托邦式的建设项目或在满足他自己的心血来潮。1750年去世时，国库空虚。约瑟夫一世和他的首相，后来成为庞巴尔侯爵的塞巴斯蒂安·若泽·德·卡尔瓦略·伊·麦罗（1699年-1782年）面对着令人沮丧的困境。在这种情况下，里斯本的地震必须看似天灾。

务实的庞巴尔认识到了当时的情绪。灾难发生后，他迅速控制了局势。他将主要注意力放在了确立新的内城（下城）布局上，塔霍岸边的内城曾经是王宫的地盘，其周围是狭窄蜿蜒的街道。与建筑师曼努埃尔·达·马亚和尤金·多斯·桑托斯一道，他们将河流和丘陵之间的212 000m²区域建成了一个现代规划城市（第138页下图）：宽阔的南北轴线，有规则地与较小的十字路口和两个大型广场交叉，两个广场分别是南边的商业广场和北边的罗西欧广场，划定了内城的边界。此外，方格街道将这一地区与西边相连，而在东边，以前占领葡萄牙的罗马和阿拉伯占领者的重要据点圣若热城堡则保持不变。贸易广场（第139页上图）可能被认为是这些创新中最有新意的创新。它形成一个相对开阔的城市空间。直到1755年，这一地区都还是皇宫的地盘，因此，它还有另一个人们广泛使用的名称，国王广场。广场完全重新定位了里斯本。在这里，城市面向大海，成为新的中心，即贸易中心。证券交易所、海关大厅和军械库等国家建筑分布在广场边缘，而宫殿建筑的余音仍然残留在"塔"内，这些塔是模仿了埃雷拉的宫殿塔。

庞巴尔为城市提供的服务，他的同事们所取得的成就，并不仅仅止步于制定了新的城市规划方案，确认了商业对里斯本的重要性。至少，他还采取了根据自己的想法快速重建城市的创新措施。1758年至1759年期间，通过了影响新内城建筑的几乎所有相关立法。同时，多努埃尔·达·马亚、尤金·多斯·桑托斯和匈牙利建筑师卡洛斯·马德尔制定了房屋布局规划方案，包括房屋的用途、空间布置、高度和立面设计。

关于葡萄牙工程质量的令人印象深刻的证据可通过Águas Livres引水道尽头的蓄水池"水之母"窥见一斑。网络早在若奥五世时就建成了，用于为整个里斯本提供新鲜饮用水。虽然水池在几十年之后才建成，但是，卡洛斯·马德尔的设计显示了这些项目的重要性。水之母是一个新古典风格的小型街区形宫殿，装饰以双楼梯和双拐角壁柱。它的内部为支柱支撑的巨大的拱形大厅。

在决定怎样利用贵族的宫殿时，庞巴尔和他的建筑师面临着一项艰巨任务。在这方面，他想出了当时惊人的激进方案：经常被主人抛弃的受损建筑物被改造成了公寓，然后再分，再饰以具有浓重庞巴尔风格的外立面。随着许多新建或改建宫殿只对立面进行了有限装潢，大部分贵族明显接受了这种风格。

具有特点的折线形屋顶和屋瓦在许多城市区域的使用也归功于马德尔。尽管新兴资本家阶级的城市住宅最奢华，但是，给是印象更深

五世时代的盛况。此外，它还是马夫拉从未完工的一个巨大寺院的缩小版。尽管充满这些矛盾，但是，用精致的大理石进行的威严的室内装饰，使之成为葡萄牙艺术的伟大成就之一。

大约在这个时候,圣·卡洛斯剧院建成，它很难再与阿玛多拉大教堂形成更大的反差。希亚多的里斯本新歌剧院建于1793年，由于城市商人的慷慨捐款，短短六个月就建成了。清晰的新古典主义风格取代了塔霍河边上著名的乔瓦尼·卡罗·比别纳歌剧院，比别纳歌剧院仅仅开放了七个月，就在1755年的大地震中毁坏了。新建筑师约瑟·达·科斯塔·席尔瓦曾经在意大利博洛尼亚接收教育，他也期待采用意大利模式。外墙，他选用了简朴而庄严的米兰斯卡拉样式——粗糙地面，外加明显向外凸出的柱廊，而内饰则承袭了名字也为圣·卡洛斯的那不勒斯歌剧院的风格。圣·卡洛斯剧院标志着新古典主义作为正统建筑风格的出现，代表了广大中产阶级的利益。另一方面，宫

刻的是它们的规模，而不是它们的艺术韵味。通常，庞巴尔当政时期来到葡萄牙的许多成功客商居住在本菲卡和辛特拉。在这个田园诗般的沿海风景区，他们修建了如诗如画的、具有浪漫主义萌芽色彩的乡间别墅。庞巴尔同意进行一定程度装饰的唯一项目是一些教堂。但即使这样，他也渴望采取统一的外观。事实上，所有用于举办宗教活动的建筑都是在围绕一个主题——有150年历史的圣·维森特·德·芙拉教堂所蕴含的主题——发生变化。双塔构成一座双层三元门形建筑，顶上饰以等边三角形人形墙。如在S. Antonio de Sé，从若奥五世时代起，圆形和断断续续的人形墙仍偶有使用。

庞巴尔时代修建的最大教堂，阿玛多拉大教堂在某种程度上似乎是一个不和谐音符。教堂建在城中的显赫位置，由马修·文森特和雷纳尔多·曼努埃尔在1779年至1792年间修建，它显然是与当时占主导地位的建筑风格针锋相对。不过，它应该记住的是，这种庞大的圆顶建筑设计受到其他规则的支配，而不是用于生产建筑元件的规则的支配，以便将规划过程快速转变化现实，规划过程的重要作用是考虑到卫生，阳光和空气。这种发展与建筑师的角色转变息息相关：建筑师不再是能够揣摩高贵业主愿望的"天才"人物，而是成为一个实用主义者，成为负责合理设计，专业施工，并最终"批量生产"高度功能化的建筑的工程师。

玛丽亚一世在王位继承人诞生时还愿捐赠的教堂，它展示了若奥

廷建筑发现难以完全摆脱巴洛克的影响。1802年，曾经被大火烧毁的新阿朱达宫的奠基就提供了这方面的例子（第143页上图）。最初考虑了曼努埃尔·卡丹奴·德·索萨的巴洛克风格设计，而最终决定采用新古典主义方案。

住处最初采用弗朗切斯科·圣·法布里和约瑟·达·科斯塔·席尔瓦的设计，深受卡塞塔的影响。但是，拿破仑的入侵打断了它的建设进程，直到1835年才完成。

此时，里斯本的新古典主义风格宫殿建筑几乎再次衰竭。1844年至1846年，波西多尼奥·达·席尔瓦将晚期巴洛克风格的寺院住所内士瑟达德斯宫重新设计为气势宏伟的宫殿，该建筑为今天的葡萄牙外交部所在地，它是显示冷色优雅风格的不朽建筑。

毫无疑问，里斯本是在葡萄牙启蒙运动的建筑中心，但是，该国的其他地区及其海外殖民地却立志用更理性的形式语言取代居于支配

地位的晚期巴洛克风格。因此，庞巴尔风格的实用主义已经在葡萄牙、巴西以及印度的部分地区培育了大量继承人。在这方面，阿尔加维的里尔圣安东尼市和波尔图市的市区重建项目特别有趣。在巴西的东北部，甚至在遥远的（印度）果阿，新建定居点和现代化项目都必须采用庞巴尔的城市规划方法。

在波尔图，庞巴尔的观念结合了城市的英国殖民地的新帕拉迪式观念，自1703年签订"梅休因条约"以来，英国殖民地主导了葡萄酒贸易。这个所谓的"葡萄酒建筑"的证据可以在有新古典主义门廊的庞大的圣·安东尼奥医院找到（第142页左上图）。它是英国建筑师约翰·卡尔（John Carr）的作品，他于1769年交付了设计图，此前，他从未踏上葡萄牙的土地。在这个巴洛克港口城市内，首先，建筑就像放错了地方，但是，过了一会儿，又会出现各种其他帕拉迪式建筑——在里贝拉广场和英国工厂，那里是英国商人聚集之地。邻近的卡尔莫教堂也被定义为反面教材。右侧的教堂建于1756年至1768年，根据Tertians的委托修建，其内部采用了令人印象深刻的新古典主义布局（第142页左底图）。带三元入口、门廊和等边三角形人形墙的简朴的交易所，始建于1842年（第143页下图），由若阿金·达·科斯塔·利马修建。它的内部倾向于世纪下半叶的浪漫主义和折中主义建筑风格。

重要的是，只要讲到葡萄牙建筑，就要提到田园诗般的小镇辛

下图：
约翰·卡尔
波尔图圣·安东尼奥医院，
1769年开建

左底图与右底图：
波尔图圣·弗朗西斯科教堂，
1756年－1768年
内景（左底图）与正立面（右底图）

下一页顶图：
弗朗切斯科·圣·法布里与约瑟·达·科斯塔·席尔瓦
里斯阿未达宫，1802年-1835年

下一页底图：
若阿金·达·科斯塔·利马
波尔图交易所
正立面，1842年

特拉，尽管事实上其大多数古迹可追溯到15世纪和16世纪，或者被视为20世纪下半叶的历史化运动的一部分。不过，拜伦勋爵描述的这个"辉煌伊甸园"的重新发现的确属于新古典时期。森林茂密的大西洋海岸线曾经陶醉了罗马人和摩尔人，最终，葡萄牙国王们也屈服于它的魔力，开始在那里建造他们的夏季住宅。19世纪，该地区成为英国和德国游客寻找浪漫主义精神的目的地，他们在辛特拉发现了葡萄牙多元文化的生存痕迹。在辛特拉，新古典主义曾经只有微弱影响，但是，在整个庞巴尔时代，该地区富商云集，在自己的"王国"建造自己的别墅时，他们设法逃避里斯本严格的建筑规定。其中最大的一处，当数1787年开建的辛得拉宫（第144页插图）。宫殿主人是一位荷兰钻石商人兼领事，其建筑特点是建筑物界线分明，并有中央凯旋门。

不过，在辛特拉，最重要的19世纪建筑是佩纳宫，由黑森州建筑师和自然主义者威廉·冯·埃施韦格男爵于1839年为萨克森堡的费迪南德修建。如果不是最早，它至少也代表了早期尝试着将不同时代和不同民族的风格融合为风景如画的整体。这个奇特的城堡完全实现了费尔南多二世的梦想，因为费迪南德在葡萄牙非常知名，他的第二任妻子爱德拉是歌剧演员。不幸的是，这项富有想象力的工作直到1885年才完成。

童话般的宫殿，高高地耸立在月亮山上（第145页插图），其入口采用摩尔人风格。它的"中世纪"塔楼和外立面采用耀眼的淡黄色、草莓红和水蓝色。虽然采用浓色，但是，还是使游客想到了德国城堡

和曼努埃尔的葡萄牙王室住宅。内部变化比较丰富，其设计目的是为了配合室内陈设。最壮观的例子无疑是墙壁和天花板上画满喇叭形风管的"阿拉伯室"（第147页插图）。高贵的客厅和卧室体现了"东方式"装潢的乐趣，而其他房间采用文艺复兴或巴洛克式主题。昂贵的萨克森州瓷器几乎随处可见。一座16世纪的圣哲罗姆修道院的长廊和小教堂占据了建筑的一部分。费迪南德将它们融入了宫殿，以防止进一步衰败。海神保护的人鱼拱门，使人想起了葡萄牙历史的辉煌时代。不管游客看到"葡萄牙新天鹅堡"想到什么，城堡留给他们的最深印象仍然是露台和海拔520米的塔身的独特景象。花园里树木珍奇，喷泉别致，亭台楼阁巧夺天工，所以这样的花园是这些欧洲建筑群中能

给人留下最深印象的东西之一。理查德·斯特劳斯是这样总结他对辛
特拉佩纳宫的印象的："这是我一生中最快乐的一天。我去过意大利、
西西里、希腊和埃及，但从来没有看过如此令人陶醉的东西。这是我
曾经看到的最美的地方。"

荷兰和比利时的历史主义和浪漫主义建筑

埃伦弗里德·克卢克特（Ehrenfried Kluckert）

让·凡·格里夫
海牙舞厅，1820年

直至17世纪，南北低地国家的建筑历史都没有差异。尽管法式建筑在比利时——以前的荷兰南部居于支配地位，但是，民族风格仍然能够在荷兰北部发展起来，慢慢地从鲜明、独特的文艺复兴形式中脱颖而出。北部拒绝了代表着天主教统治的巴洛克建筑，因此，建筑师从其他地方寻求明确的设计原则，像他们的英国同行曾经做过的一样，从帕拉迪式建筑中发现它们。当时最重要的荷兰建筑师是亨德里克·德·凯泽（1565-1621年），他的新教徒教堂代表了一种很快就遍布整个荷兰、德国沿海地区甚至波兰但泽的建筑类型。不过，

古典主义，因为他在立面装饰中有趣地使用了文艺复兴时期元素

阿姆斯特丹市政厅建于1648年，由哈勒姆建筑师雅各布·凡·坎彭修建，它可以被看作荷兰新古典主义的又一里程碑。这一宏伟建筑，就是今天的所谓阿姆斯特丹王宫，被称为当时世界的第八大奇迹。尽可能减少了建筑装饰，采用了简洁的帕拉迪式风格，因此，尽管设计简单，也许正因为设计简单，外立面看起来既雄伟又庄严，这也成为后来的新古典主义风格的特点。在这方面，修建在阿姆斯特丹市政厅前面的凡·坎彭的另一个作品，莫瑞泰斯皇家美术

雅各布·凡·坎彭
海牙莫瑞泰斯皇家美术馆，1633年-1644年

凯泽的建筑言论也确实预示着建筑的新方向，以后几十年必然追求的新方向。

这些教堂的榜样是凯泽在阿姆斯特丹修建的西教堂，它是一幢集中规划的希腊十字形建筑，建于1620年。简化的样式，仿古立柱的采用，使该建筑师的作品有别于当时仍然盛行的巴洛克风格。不过，他设计的立面还不能称为新

馆，也值得一提，它很可能是早期新古典主义风格的最早例子（第148页左图）。凡·坎彭设计的宫殿建于1633年-1644年，设计概念简单而不失庄重，其特点是采用具有帕拉迪奥风格的爱奥尼亚式壁柱。

可以通过最初朴实的法式建筑的影响，看到向荷兰新古典主义迈出的又一

步。将这种风格介绍到荷兰的是法国人、长老丹尼尔·莫洛脱，他于1685年抵达荷兰寻求宗教避难。他为威廉三世服务，为他修建了德沃尔斯特狩猎小屋。莫洛脱的风格是包容，它的包容风格很快风行荷兰，大大促进了后期巴洛克作品表现的尊严和纯洁，它摒弃了过度的建筑装饰，风格更加帕拉迪奥化。不久之后，富丽堂皇的贵族住宅就在阿姆斯特丹开建了，住宅楼梯直接深入建筑空间内部，采用朴素的方石立面。

在法式建筑的影响下，在路易十六统治时期，早期的新古典主义风格在1760年前后逐渐改变，并且这种趋势在之后几十年聚集了力量。就像在其他欧洲国家一样，法国的影响越来越明显，影响尤其来自巴黎皇家建筑学会及其会长雅克·弗朗索瓦·布隆德尔的工作。新古典主义的典范和创始文件是，弗朗索瓦·芒萨尔和罗伯特·德·柯特的凡尔赛宫宫廷教堂，建于1689年至1710年。布隆德尔还在高度不同寻常的走廊使用了科林斯式立柱，用作建筑和审美参考，走廊的高度远远超过拱廊。

荷兰的首批伟大新古典主义教堂之一是鹿特丹的圣罗萨莉娅教堂，教堂由让·奎迪克建于1777年至1779年，共建筑结构和装饰都借鉴了芒萨尔的凡尔赛宫教堂。

不过，荷兰新古典主义体系并不仅限法国模式。在埃及厅描述后，维特鲁威模仿了让·凡·格里夫1820年为海牙设计的舞厅（第148页右图）。这是一个双重柱廊大厅，来自拱廊的光线，为希腊建筑风格的柱廊赋予了公堂式剖面图。帕拉迪奥复兴了这种建筑类型，并将它传给了英国新古典主义建筑师，而这又很可能是凡·格里夫的灵感来源。

直到1840年，在本书描述范围内的荷兰新古典主义种类繁多。德国建筑师也活跃在荷兰。1772年至1796年间，

让·凡·格里夫
海牙舞厅
庭院正立面，1820年

从1826年开建的斯海弗宁恩馆门廊仍然具有浓重的新古典主义色彩。

1840年在海牙修建的舞厅的哥特式大厅标志着历史主义风格的出现。

上图：
亚伯拉罕·凡·德·哈特
阿姆斯特丹奥兰治拿骚军营，1813年

弗里德里希·路德维希·冈克尔在海牙修建了总督府，风格朴素雄伟，明显背离法国品味，更靠近德国新古典主义。

欧洲的政治地图因为拿破仑的出现而改变了。在他的兄弟1806将荷兰变成王国，并且统治失败后，几乎是不经意间，法国皇帝1810年吞并了荷兰。亚伯拉罕·凡·德·哈特从1813年起在阿姆斯特丹开建的奥兰治拿骚军营显示一种朴素的审美观念，建筑简单而节俭（第149页右上图）。类似方法在芒罗和诺尔敦多普斯的建筑物中表现得比较明显：它们分别是1823年开建的鹿特丹市政厅和1830年开建的海牙司法宫。

1826年在斯海弗宁恩修建的亭阁（第149页左上图）和1826年在吕伐登修建的法院，也值得一提。后者的建筑也有斯海弗宁恩在亭阁修建中使用的类似方法的影子，它显示了历史主义的第一个证据，即改变和整合过去建筑风格的特色。首先，利用新哥特式特色，将浪漫主义气息注入相当冷静和清醒的新古典主义风格。可以通过1836年在哈梅伦修建的哥特式教堂（第149页右下图）、海牙的舞厅内的哥特式大厅（1840年，第149页左下图）和鹿特丹的前铁路站（1847年）看到这个运动的例子。很快，这种浪漫主义概念的建筑被广泛接受，尽管它在很大程度上专注于罗马元素的

采用。借助巴洛克形式和文艺复兴特色的相互影响，最终导致了国际历史主义的兴起。

荷兰南部原来讲西班牙语，在18世纪属于哈布斯堡王朝，之后在1831年成为比利时独立王国。在17-18世纪，它的建筑主要受法国影响。建筑语言只是慢慢地摆脱了巴洛克形式，但是从未取得北方那样的决定性突破。

形成独特新古典主义风格的第一人是万维泰利的学生洛朗·伯诺伊特·德韦，

上图：
哈梅伦
哥特式教堂，1838年

1760年，他在塞内夫为朱利安·德·佩斯特雷公爵修建了一座宫殿（第150页顶图）。他优雅在设计了带科林斯式立柱的外立面，并设计了带爱奥尼亚式立柱的宫廷式走廊的柱廊。这一建筑概念模仿了英国乡村别墅。尽管它的灵感来自帕拉迪奥，但是，装饰的细节则在很大程度上受到法式建筑的影响。

1737年出生于比利时鲁汶的克劳德·菲斯科在军队接受过工程师培训，1775年，他建成了布鲁塞尔烈士广场。菲斯科宽敞的长方形广场周围布置了建筑物，建筑风格雄伟统一，类似于路易十六时期的建筑风格。由于其建筑规模不像巴黎的建筑规模那么庞大，因此，建成的建筑给人以友好而亲切的感觉。

1731年，公爵的旧宫殿被付之一炬，关于新建筑的意见未达成一致。到了1775年，才从巴黎请来建筑师尼古拉·巴利（Nicolas Barré）重新设计广场。在另一名法国人吉尔斯·巴纳贝·吉马尔被请来之前，修建皇家广场的工作迈出了第一步。吉马尔改变了最初的设计，给广场增加了拱廊，加了顶，顶上模仿兰斯皇家广场布满了栏杆（1760年）。一年后，吉马尔奉命在布鲁塞尔修建圣雅克教堂。他设计了一个长方形的有柱廊的教堂，教堂采用古色古香的正面，既符合新古典主义样式，又没有一丝创新。

尽管今天的荷兰皇家剧院（第150页左下图）是由皮埃尔·布鲁诺·布拉（Pierre Bruno Bourla）采用1829年至

1834年建成的法国皇家剧院的相同经典风格建成的。但是，更富有想象力，更富有多样性。建筑师在他的作品中模仿了古典圆形教堂的风格，按帕拉迪奥的方式，将塑像放在立柱上方的檐口。带半身像的Tondi布置在上层窗户的人形墙的螺旋饰上方。

受到"革命建筑"的影响，查尔斯·凡·德·司特拉顿于1819年至1823年间在鲁汶植物园修建了养橘温室和展览温室。

从侧翼的轻微凸出部分向外伸出的这种半圆形玻璃和铁结构，赋予了建筑一种现代甚至后现代的外观（第150页右下图）。司特拉顿与蒂牙·弗朗索瓦·瑟伊共同设计了奥兰治王子的宫殿

（1823年-1826年），它就是今天布鲁塞尔市公爵街的学院宫。修建宫殿时，他回避了朴素风格，根据帕拉迪奥式样式，在外立面上使用了明显向外突出的拐角和巨大的爱奥尼亚式壁柱（第151页左下图）。

不过，没有具体的比利时或荷兰南部的新古典主义形式。通过帕拉迪奥和革命建筑风格渗入的法国影响占据着主导地位，特别是法国建筑师往往被任命执行重要国家任务。比利时王国在新古典主义快结束时才成立。约瑟夫·珀莱尔特是首位卓越的比利时建筑师，1866年，他根据对新古典主义建筑语言的感受改进了布鲁塞尔司法宫。直到今天，仍然可以辩论，它是否是具有纪念意义的新古典主义在比利时的首次和最后呈现，或者根据对当代艺术的历史解读，这是否是新巴洛克建筑，并因此已经成为历史主义趋势的一部分。宫殿的楼梯华而不实，上面饰以雕像，雕像身着罗马服装（第151页右上图），楼梯支撑着新古典主义式的楼梯框架。另一方面，其外观艳丽，其特点是有退有进的建筑群及立柱、壁柱和门架，使之成为新巴洛克风格建筑。无论有哪一方面，珀莱尔特在布鲁塞尔修建的司法宫都是欧洲最有影响力的建筑之一。

上图：

约瑟夫·珀莱尔特
布鲁塞尔司法宫，1866年
楼梯

左上图：

莱昂·苏伊斯
布鲁塞尔证券交易所，1871年-1873年

珀莱尔特的司法宫，显示了新古典主义元素——至少楼梯如此，新巴洛克风格的证券交易所已经成为成熟的历史主义实例。

左图：

蒂尔曼·弗朗索瓦·瑟伊·查尔斯·凡·德·司特拉顿
布鲁塞尔奥兰治王子宫殿（学院宫）
1823年

克劳斯·扬·菲利普（Klaus Jan Philipp）

德国的新古典主义和浪漫主义建筑

18世纪中叶至19世纪中叶是德国建筑发展的一个关键时期。这一时期为19世纪的风格趋势奠定了基础，并为20世纪现代主义建筑铺平了道路。这一时期还为我们当今院校的建筑培训体系以及与之相关的建筑新闻的萌芽播下了种子。建筑不再只是皇帝、国王、王子和教会的事，而成了公众的事，关系到普通市民的利益。建筑师的任务已不再只是为了满足开明但专横的客户在公共宣传方面的需求。当时，建筑在社会进步方面发挥了积极的作用，正要求人们承认并将其视为一种有益于社会的艺术。整个时期都涉及了一个基本问题：如何满足建筑的这一高要求。在工业化和资本主义初期，什么样的风格才适合一个民智已开启的市民社会呢？这样的社会如何才能找到一种符合时代要求的新建筑风格呢？在建筑师的心里，社会变革会有怎样的含义呢？

建筑出版物和建筑师培训

这些问题并不仅仅局限于与建筑行业直接相关的小圈子，它们还受到了广大公众的关注。很多建设项目通过竞争决定设计师，参与竞争的设计却由广大公众来评判择取。从1789年起，德国的所有建筑事宜都要通过建筑出版物进行书面辩论，参与辩论的不仅包括建筑专家，也包括对建筑提供的发展和机会感兴趣的非专业人士和业余人士。首部这样的出版物是《民用建筑综合杂志》(Allgemeine Magazin der Bürgerlichen Baukunst)，由戈特弗里德·胡特（Gottfried Huth）编辑，1789年至1796年在魏玛出版。除了建筑哲学和建筑美学之外，胡特的杂志还涉及工艺问题、建筑物理学和建筑经济学。他证明了广泛内容的正确性，他说，关键是广泛传播"正确而基本的建筑知识"，促进"建筑本身的内在完善"，从而"逐渐摆脱许多领域根深蒂固的不良嗜好"。胡特希望建筑研究，寻求更多的追随者："如果更有头脑的人从事这一学科，它将赢得更多尊重。"最初针对非专业读者和专业读者的其他建筑出版物也提出了类似开明计划，只是大约在1829年之后，这些刊物才真正变成了面向专业人士的出版物。紧随胡特杂志之后的是由柏林建筑科学院成员出版的插图期刊《建筑文集》(Sammlung nützlicher Aufsätze die Baukunst betreffend)，出版时间从1796年持续到1806年（第153页插图）。在解放战争和根据维也纳会议成立新的德国各州之后，出现了更多的期刊，最初是约翰·迈克尔·沃赫（Johann Michael Vorherr）在德国南部出版的《建筑行业与国家进步月刊》(1821年-1830年)，之后是基督教弗里德里希·路德维希·福斯特（Friedrich Ludwig Förster）在维也纳出版的泛地区期刊《综合建筑新闻》（*Journal für die Baukunst*），该期刊从1836年一直持续到第1918年。在德国最大的州普鲁士，1829年，《建筑杂志》继承了《建筑文集》的精神，其影响超越了该州的边界，并持续到其创始人奥古斯特·利奥波德·克雷尔（Auguste Leopold Crelle）在1851年去世之前不久。在普鲁士和柏林，建筑师协会的学报（1833年-1851年）继续分《建筑行业期刊》和《建筑设计》出版，《建筑专辑》是报道并用插图说明发展趋势的中央机关报，包括柏林建筑学院从1827年起开始每月举办的竞赛。

在建筑期刊出现的同时，许多建筑家以样本形式通过刊物 *Stichpublikationen* 发表他们的设计或已竣工建筑，进一步强调事关全局利益的建筑的重要性。这些出版物向行业外公布了建筑师们的工作，并因此向建筑行业的上级部门推荐了建筑师们，建筑师们可以让客户知道自己关于设计建筑的想法。大约在19世纪之交时的一个重要刊物是《园林爱好者意林》（1796年-1806年），由约翰·戈特弗里德·格鲁曼（Johann Gottfried Grohmann）出版，许多年轻建筑师通过杂志发表了他们的郊区住宅和小型花园设计。在《美丽的农业建筑》（1798年-1804年）中，弗里德里希·迈内特（Friedrich Meinert）还涉及了其他主题，介绍了农业建筑、谷仓和家畜建筑物设计。许多建筑师自费发表了他们关于时髦主题的设计，如乡村住宅。为参加比赛等进行的设计，如为曼斯菲尔德伯爵（Mansfeld）领地的路德纪念碑进行的设计比赛，以版画的形式发表，并可以引起公开讨论。所有这些新闻活动的一个高点是卡尔·弗里德里希·申克尔（Karl Friedrich Schinkel）编辑的《建筑设计文选》（1819年-1840年），它包括了柏林建筑师们的所有重要建筑。弗里德里希·魏布雷纳（Friedrich Weinbrenner，1766年-1826年）、海因里希·Huebsch（Heinrich Hübsch，1795年-1863年）、莱奥·冯·克伦策（Leo von Klenze，1784年-1864年）及许多其他人编辑的类似出版物，并没有像申克尔编辑的《文选》那样因为卓越的品质和见闻广博的介绍方式而赢得相同的声望。

这些出版物和期刊刊登"精品建筑"新闻，专门讨论建筑行业技术问题，如运河、码头、防火安全和屋面结构建设等，确保公开讨论一般建筑问题。关于中产阶级社会、经济繁荣和社会和平的教育和传播体系的重要性得到高度评价。它反映了从18世纪中叶起开始的建筑培训的提升和制度化。皇家和王侯学院以巴黎皇家建筑学院为模型

确立了建筑课程。尽管首要原因是培养装饰和点缀宫廷和乡村的下一代艺术家，但是，还有第二个原因，那就是提升工艺，维护相对于外国供应商的独立性。此外，快到18世纪末期时，指导建筑艺术的"好品味"的趋势越来越明显。根据1790年《柏林美术与机械科学学院规程》的规定，所有建筑设计图都必须由宫廷的工程部门负责人提交给该学院，以审查"美的真实和简单的原则"以及"关于传播好品味的最佳方式"。德累斯顿（1763年）、杜塞尔多夫（1780年）、斯图加特（卡尔高中，1778年）、卡塞尔（1781年）和慕尼黑（1808年）学院的建筑课程都有类似课程表。提升建筑兴趣的重大作用可以归功于教授和学生设计年展，尤其是柏林和德累斯顿学院，那里的印刷目录简要介绍了提交的展品。

此外，建筑师在私人或城市资助下在各地建立的学校也以建筑培训方面发挥了重要作用。这些课程大部分在星期日或晚上讲授，因此，

弗里德里希·吉伊 (Friedrich Gilly) 1786年设计的普鲁士王菲特烈大帝纪念馆被认为是德国新古典主义的早期范例（第154页上图）。1796年，设计在柏林学院展出，在那里激起了古典基本原理在纪念碑应用中的极大兴趣。

高大的多边形石头方形底座上的多利安式教堂激发了莱奥·冯·克伦策设计雷根斯堡附近的瓦尔哈拉殿堂的灵感（第187-188页插图）。看到吉伊的设计，显然加快了辛克尔成为建筑师的步伐。辛克尔的许多设计和建筑物散发着吉伊的浪漫新古典主义的崇高凄美，如柏林阿尔特斯博物馆的中央大厅（第155页插图）。

然而，辛克尔的建筑更冷静。他为建筑学院提供的设计（第154页下图和第193页插图）的特点是，以理性给人留下印象，并且标志着德国建筑的一个新时代的开端。

下一页：

卡尔·弗里德里希·辛克尔

柏林阿尔特斯博物馆，1823年-1830年圆形建筑

1796年在柏林展出的弗里德里希·吉伊设计的普鲁士王菲特烈大帝纪念馆。柏林国家博物馆——普鲁士国家博物馆抹灰工程

卡尔·弗里德里希·辛克尔为柏林建筑学院提供的设计，柏林国家博物馆——普鲁士国家博物馆。参见第193页。

熟练工人可以在正常工作时间之后参加进一步培训。在一些城镇，这些私人教学机构后来发展成为建筑学院、技工学校或中等专业学校，它们是后来的科技大学和建筑课程的基础。比如，大卫·吉伊（David Gilly，1745年-1808年）曾经在柏林经营了一家私人建筑学校，它可以被认为是柏林建筑学院的核心。虽然保留了自己的独立圈子，但是，吉伊的儿子弗里德里希在柏林建立的私人青年建筑师学会同样产生了很大影响，学会邀请主要建筑师，如克里希和申克尔，讨论建筑的基本问题。在卡尔斯鲁厄（Karlsruhe），在语言、地理和历史（主要是古希腊和罗马历史）的基础上，魏布雷纳的建筑课程涵盖了综合性课程。之后是辅助学科，如几何、力学和数学。这种一般教育还补充以具体的以建筑为中心的学科，如几何图、透视图、建筑图和建筑理论。

这类通用教学计划试图将工程师和建筑师的培训统一起来。越来越明显的是，自18世纪中叶起，建筑行业开始分离为"技术"与"美术"两个分支。创新潜力全部表现在技术方面，特别包括引进新的建筑材料，如铁和玻璃，以及努力发展创新建筑技术，如黏土建筑或在施工中（特别是屋顶结构中）节省木材的方法。尽管人们早就认识到必须再次将建筑的这两个方面结合起来，但是，直到根据巴黎高等理工学院的模式建立起中等专业学校，才真正开始实现这一结合。与此同时，柏林建筑学院的理工学院课程成为19世纪20年代和30年代德国各地建立的许多中等专业学校和技工学校的样板。在解放战争和德国各州重组之后，这类新学校的真正浪潮应运而生：柏林工艺学院（1821年）、卡尔斯鲁厄（1825年）、达姆施塔特（1826年）、慕尼黑（1827年）、德累斯顿（1828年）、斯图加特（1829年）、卡塞尔（1830年）、汉诺威（1831年）、奥格斯堡（1833年）和不伦瑞克（1835年）的中等专业学校、技工学校或技术机构。利用它们的制度化课堂教学、科技教学大纲和新的实践参与，尤其包括国家机构的建筑工程和迎合社会的新需求，这些学校造就了现代建筑师。由于以工业为重点的教学大纲和根据建筑图纸、示意图和建筑史从事的相应实践工作，弥合了建筑师和工程师之间的差距。

从目前来看，建筑理论的基础仍然是维特鲁威（Vitruvius）的《建筑十书》，奥古斯特·罗德（Auguste Rode）1796年出版了新的德语译本。不过，随着越来越熟悉古代，尤其是古希腊，越来越剔除了维特鲁威学说中的教条。这主要是英国和法国旅行者的学术著作的成果，他们的出版物在德国引起了极大的兴趣。解放战争刚刚结束之后，德国建筑师就前往希腊和意大利南部，开始了类似的旅程。他们包括卡尔·哈勒·冯·哈勒斯坦因（Carl Haller von Hallerstein，1774年-1817年）、克伦策·戈特弗里德·森佩尔（Klenze Gottfried Semper，1803-1879年）和路德维希·冯·扎恩（Ludwig von Zahnt，1796年-1864年），在西西里岛，他们与来自巴黎建筑师雅各布·伊格纳扎·希托夫（Jakob Ignaz Hittorf）共同发现了希腊教堂的多色画法，并因此引发了重要讨论，就是著名的多色画法辩论。在建筑技术和农业建筑领域，大卫·吉伊的著作具有重要意义：吉伊赞扬了木板屋顶（据信可以节省木材）和土夯（捣实黏土技术）建筑的好处。吉伊的《农业艺术手册》很有影响，其影响持续了数十年，手册详细讨论了受到高度评价的建筑方面。施蒂格利茨的《1792年到1798年民用建筑百科全书》总结了18世纪末期的建筑的整体状况。19世纪初，魏布雷纳·海因里希·根茨（Weinbrenner，Heinrich Gentz，1766年-1811年）和卡尔·弗里德里希·冯·威贝金（Karl Friedrich von Wiebeking）出版了覆盖建筑研究整个范围的教科书。此外，巴黎高等理工学院教授让·尼古拉·路易·杜兰德（Jean-Nicolas-Louis Durand，《经验教训总结》，1802年）和让·巴蒂斯特·龙德勒特（Jean-Baptist Rondelet，《建筑艺术理论与实践讨论》）的著作和理性学说在德国也很有影响，后者也译成了德文。

建筑史，关注纪念碑

在学院、私立学校和工艺学校的教学大纲中建筑史非常重要。自18世纪80年代以来，上自古埃及与希腊罗马时期下至中世纪与现代时期的建筑史都已成为相关上述期刊中的核心话题。建筑师开始刻意地"修改"其作品，且每次修改都得到了认可，就这样德国形成了自己独特的风格。1827年，来自莱比锡（Leipzig）学习法律的业余建筑师与文艺批评家克里斯蒂安·路德维希·施蒂格利茨（Christian Ludwig Stieglitz）发表了现代意义上的第一本建筑史书籍，标题为《从古典主义最早期到现代的建筑史》（*Geschichte der Baukunst vom frühesten Alterthume bis in die neuern Zeiten*）。

同时建筑史演变成一门独立的学科，还产生了关注古代纪念碑的现代观念，这种观念甚至认为并非为纪念目的而修建的纪念碑也可作为历史纪念碑。在德国的很多州都成立了爱国协会，（其中）一个目的在于保护并重建历史建筑，尤其是中世纪时期的建筑。他们为19世纪早期的艺术纪念碑编制了目录，这项工作对历史建筑的保存和纪念碑的维护意义仍然十分重大。甚至这种完成中世纪未完成教堂及塔

的理念也根植于这种新的历史观中。早在1814年，约瑟夫·格雷斯
（Joseph Görres）就呼吁重新修建科隆大教堂，而实际上这项工作自
1842年才开始。在拯救行动中，因新罗马主义建筑和设计而出名的
建筑师约翰·克劳迪乌斯·冯·拉索（Johann Claudius von Lassaulx，
1781年-1848年）将位于拉默斯朵夫（Ramersdorf）受到摧毁威胁
的后罗马主义小教堂搬至波恩（Bonn）的古墓地。1817年，施蒂格
利茨将武尔岑（Würzen）的牧师会教堂再次哥特化，在其哥特式设
计中加入了唱诗席位、风琴架与席位。卡尔·亚历山大·冯·海德洛
夫（Carl Alexander von Heideloff，1788年-1865年）曾为保护纽伦
堡（Nuremberg）的历史建筑而进行抗争。在弗里德里希·冯·格特
纳（Friedrich von Gärtner，1791年-1847年）的指导下重建了班贝格
（Bamberg）、雷根斯堡（Regensburg）与斯派尔（Speyer）大教堂、

海尔斯布隆（Heilsbronn）修道院教堂和慕尼黑的伊萨门（Isar Gate
of Munich），这些建筑都被恢复了本来面目，但去除了巴洛克风格的
虚饰。不幸的是，这些"重建工作"尽管看起来风格正确，但同时破
坏了很多原来的陈设品和绘画。

建筑史

施蒂格利茨的历史观对新的建筑作品有直接的影响。施蒂格利茨
在书中提出建筑史须与政治社会发展相结合，只有当艺术与生活和谐
时，才能实现建筑上的辉煌。（他说）只有古希腊时期和中世纪时期
的德意志才真正实现了这一辉煌。但施蒂格利茨同时也肯定了其他建
筑风格，1834年，他推荐建筑师在设计各种建筑时使用以下几种风
格：希腊风格、圆形拱门风格、尖顶拱门风格与（融合式的）意大利
式风格（文艺复兴早期风格）。但这些风格不能随便使用，而须符合
特定的建筑风格。"因为这种或那种（风格）需适合设计建筑的要求
且不与其特点冲突。"施蒂格利茨并不是在宣扬一种理论上的风格多
元主义，而是反映了19世纪30年代末德意志建筑业的实际情况。同时，
他恢复了18世纪中叶流行的建筑"特征"这一理论。

在18世纪下半叶，建筑史上最重要的成就之一为废除了根据封
建社会等级确定建筑风格等级的习惯。相反，建立了一种新的秩序，
建筑特征成为最重要的分类标准。因为宫殿或教堂不可能比监狱或粮
仓（举例来说）拥有更多的风格，而仅仅是一种不同的建筑而已，所
以建筑风格的定级完全成为相对而言。

粮仓可能拥有与教堂一样多的审美与建筑吸引力。突出特征不再
是政治社会等级中的地位，而是建筑特征的保存和体现。教堂不能看
起来像个粮仓，乡村别墅不能比以后的乡村别墅看起来更像一座宫
殿或城堡。在1788年匿名发表的《建筑特点研究》（*Untersuchungen
über den Charakter der Gebäude*）一书中，特点理论更是发挥到极致，
面相学被运用到建筑轮廓中，并通过房屋特点总结出其居住者的特点
（第157页插图）。

特别的风格被赋予了特别的涵义。埃及风格具有质朴、宏大和厚
重的特点，因而特别适合用于修建陵墓和其他纪念性建筑。摩尔或土
耳其建筑风格主要适用于休闲疗养性建筑（第164页左图）。中世纪
建筑风格是宗教建筑和古日耳曼协会建筑的理想风格。另一方面，意
大利文艺复兴早期的圆形拱顶风格适用于民用建筑和住宅。除建筑风
格外，经典柱式仍然是区分建筑等级的一个重要方式。科林斯立柱适

一个"文化景观"，并将沃利茨作为其核心。弗朗兹亲王的亲戚弗里格里希·威廉·冯·厄德曼斯朵夫（1736年-1800年）积极支持这个项目，他当时已是倍受世人仰慕的德意志建筑创新大师。亲王的这个计划包括促进农业、工业和艺术发展，引进学校改革并以统一的原则重新规划整个国家。长途公路被改建成带椅子和小酒馆且用碎石铺筑的公园小路，这样越过边界的人立刻就可以发现模范国家的好处。这个幅员辽阔的国家变成了公园，成为西格利茨（Sieglitz）、克瑙（Kiihnau）、路易西欧（Luisium）与乔治吉姆（Georgium）公园建筑群。沃利茨公园还有大片带苗圃、果园和草地的农业区域，成为乡村居民的模范农场。按英式园林的模型，公园及其建筑还具有相似的教学目的。弗朗兹亲王和厄德曼斯朵夫共同游历意大利和英格兰时亲眼见证了这些发展。但是这项计划并非仅此而已，它还为"儿童乐园"设计了更加综合性的教学和社会项目。花园里由长轴连接的小型建筑（作坊）体现出人文历史、自然历史和建筑历史的融合，汇集了从罗马万神殿下埃及地穴到哥特宫（Gothic House，第161页插图），从卢梭岛（Rousseau island）到沸腾热烈的维苏威火山（Vesuvius）的各种元素。

用于宗教和王室建筑，爱奥尼亚柱式适用于博物馆或具有艺术特点的建筑，19世纪左右真正成为一种建筑风格的希腊多立克柱式适用于防御式建筑。

　　启蒙运动时期，这种建筑特征理论演变成一种所有人均可理解的建筑语言。来自卡尔斯鲁厄的海因里希·许布施（Heinrich Hübsch）在其1827年发表的颇具影响力的论文《我们应修建何种风格的建筑？》（In welchem Style sollen wir bauen?）一文中提出我们无须学习考古学知识就能判断某建筑的功能。在这篇论文中，许布施提出自18世纪中叶以来德意志建筑中的主要关注点。一种风格如何适应开明的社会并通过在文明过程中积极有效地进行干预成为一种启蒙力量？18世纪中叶，开明的国君们已设立了这一宏大的目标。因此，普鲁士国王腓特烈二世根据安德烈亚·帕拉第奥（Andrea Palladio）、朱利奥·罗马诺（Giulio Romano）、威廉·钱伯斯（William Chambers）及其他人的建筑和设计为其建筑师们编写了一本设计手册。大致按照腓特烈二世设计由格奥尔格·文策斯老斯·冯·克诺贝尔斯多夫（Georg Wenzeslaus von Knobelsdorff）修建的法兰西教堂（French Church，1752年-1753年）遵循了罗马万神殿的风格。另一方面，他将瑙恩门项目（1754年-1755年，重建于1867年-1869年）交给了约翰·格特弗里德·布林（Johann Gottfried Büring，1723年-1788年），同时还命令布林设计带两座圆形塔的中世纪城门。通过筛选各种风格，波茨坦整体上成为慈善专制政府的城市典范。

沃利茨及结果

　　1758年安哈尔特-德绍公国亲王利奥波德·腓特烈·弗朗兹三世（Leopold Frederick Francis）为其公国设计的项目更加完整。其中不仅涉及单个建筑的设计而是让一个虽然小但充满希望的公国转型成为

人工湖及其支流上架起了无数的桥梁，勾勒出桥梁建造的历史。最开始处是一座原始桥和一座中国吊桥，接下来是根据帕拉第奥（Palladio）的设计而修建的桥梁，然后是模仿英格兰柯尔布鲁克得尔的第一座铁桥（1779年）而修建的铁桥。城堡实际上只是一个乡村别墅（1769年-1773年），以英格兰的帕拉第奥建筑样式为基础，但在建筑和陈设方面都进行了删减以符合其整体上的道德和教育目标（第159页插图）。唯一体现其宏伟的是普通的立方体民居前带科林斯柱和山花的四柱式列柱门廊。后面是内院。只有按巴勒贝克（Baalbek）后罗马时期建筑模型修建在大门背后壁龛中的两尊塑像，额枋上的铭文、飞檐下的齿饰以及窗户上的山花才显示出这座立方体的建筑是亲王宫殿。

建筑物的相对拘谨以及较少的建筑装饰是整个德意志很明显的一种特征趋势。在一个仍然由巴洛克和洛可可风格建筑主宰的环境下，西面和南面主要采用了法兰西建筑师的设计。他们引入了一种新的基于法兰西（与英格兰）建筑样式的建筑语言。

安托万·弗朗索瓦·佩尔（Antoine François Peyre，1739年-1823年）与皮埃尔·米歇尔·迪克斯纳（Pierre Michel d'Ixnard，1723年-1795年）自1777年起在科布伦茨修建的城堡以及建筑师路易斯·菲利普·德·拉·瓜埃皮耶（Louis Philippe de la Guêpiere，约1715年-1773

年）、尼古拉斯·德·皮加耶（Nicolaus de Pigage，1723年-1796年）、埃马纽埃尔·约瑟夫·德·亨格伦（Emanuel Joseph d'Hengoyen，1746年-1817年）与尼古拉斯·亚历山大·萨兰·德蒙福尔（Nicolas Alexandre Salins de Montfort，1753年-1839年）的作品标志着一种风格的转变。他们在特里尔、斯图加特（Stuttgart）、布郝（Buchau）、圣布拉辛、曼海姆（Mannheim）、维尔茨堡（Würzburg）、阿沙芬堡（Aschaffenburg）、法兰克福、雷根斯堡以及其他地方设计、装潢及修建的建筑体现出巴黎皇家建筑协会提倡的路易十六式的半正式建筑风格，在德国其他州被称为"发辫时代"风格（Zopfstil）。在1779年到1786年间，活跃在特里尔和美因兹（Mainz）地区的建筑师弗朗索·伊格纳茨·茫然在特里尔附近为瓦尔登堡伯爵（Counts of Walderburg）修建了莫奈斯城堡（第160页插图）。茫然在修建这座宫殿时显示出高超的个人技巧，他将最新的法兰西和英格兰建筑理念融合，创造出了自己独特的风格。该建筑遵循了凡尔赛宫殿公园的特里阿侬（Trianon）传统，并同时从英国帕拉第奥风格和让·弗朗兹·德·纽佛（Jean-François De Neufforge）的《基本建筑法规》（Recueil élémentaire d'Architectur，1763年）中吸取灵感。1781年至1786年由茫然修建后于1793年毁于革命战争的美因兹大教堂教主

下图：

弗朗索瓦·伊格纳茨·茫然 (François Ignaz Mangin)
莫奈斯城堡 (Schloss Monaise)，1779年-1786年
特里尔 (Trier) 大主教教区

茫然通过融合法兰西（纽佛）与英格兰帕拉第奥风格成功地创造出自己的风格

宅邸是他在德国修建的最现代的建筑之一，主要灵感来源于勒度在巴黎修建的于泽斯酒店 (Hôtel d'Uzès)。在柏林，卡尔·冯·孔塔尔 (Karl von Gontard，1731年-1791年) 与克诺贝尔斯多夫是主要的"发辫时代"风格的引导者，但这种风格被精简至基本的立体形式。在德累斯顿 (Dresden) 的莱比锡和整个萨克森 (Saxony) 地区，受德累斯顿学院的影响，建筑师弗里德里希·奥古斯特·克鲁布萨切斯 (Friedrich Auguste Krubsacius，1718年-1790年)、克里斯蒂安·特劳戈特·魏利格 (Christian Traugott Weinlig，1739年-1799年)、戈特利布·奥古斯特·赫尔策 (Johann Carl Friedrich Dauthe，1744年-1814年) 与约翰·卡尔·弗里德里希·道特 (Johann Carl Friedrich Dauthe，1746年-1816年) 将法国和英国最新的建筑理念引入德国并通过教学广为传播。下一代建筑师保持了德累斯顿地区建筑的高标准，其中最重要的代表为克里斯蒂安·弗里德里希·舒里希特 (Christian Friedrich Schuricht，1753年-1832年) 与戈特利布·弗里德里希·托尔迈尔 (Gottlieb Friedrich Thormeyer，1757年-1842年)。在"歌德时期" ("Goethe period")，魏玛 (Weimar) 在克莱梅斯·文策斯劳斯·库德雷 (Clemes Wenzeslaus Coudray，1775年-1845年) 掌管建筑前吸引了许多有名的建筑师，如根茨 (Gentz)、约翰·奥古斯特·阿伦斯 (Johann August Arens，1757年-1806年) 与尼古劳斯·弗里德里

希·冯·图雷 (Nikolaus Friedrich von Thouret，1767年-1845年)。在威斯特伐利亚地区 (Westphalia)，来自明斯特 (Münster) 的建筑师费迪南·威廉·利佩尔 (Ferdinand Wilhelm Lipper，1733年-1800年) 创立了新古典主义。他的学生奥古斯特·赖因金 (August Reinking，1776年-1819年) 追随老师的足迹，修建了明斯特主教区。在下一代建筑师推行国际化的新古典主义风格前，汉堡经历了巴洛克的印度式夏天，恩斯特·格奥尔格·冯·索宁 (Ernst Georg von Sonnin，1713年-1794年) 设计了商业化的理性建筑。著名的建筑包括由约翰·奥古斯特·阿伦斯 (1757年-1806年) 与卡尔·路德维格·维默尔 (Carl Ludwig Wimmel，1786年-1845年) 设计的建筑，其中文艺复兴时期风格的汉堡证券交易所 (1837年-1841年) 是维默尔的杰作。

乡村别墅，王宫与城堡

沃利茨宅邸与带作坊的公园对所有人开放。弗朗兹亲王只是将收藏有中世纪彩色玻璃等的哥特宫 (1785年-1786年，第161页插图) 作为自己的私人财产。这座小型宫殿的西北正立面直接复制了弗朗兹亲王亲眼见过的菜园圣母院的威尼斯教堂 (Venetian church of S. Maria dell'Orto) 而西南正立面则模仿了德国北部的砖砌哥特式建筑。作为继波茨坦的瑙恩门 (第158页顶图) 之后德国的首座新哥特式建筑，沃利茨的哥特宫标志着哥特建筑复兴的真正开始。但这并未在全国产生广泛的影响，只是为了激发与中世纪时期相关的浪漫主义风格。复兴"迷信、神奇、鬼神与漫游骑士的时代" (施蒂格利茨，1792年) 也是黑塞-卡塞尔亲王兰德格拉弗·威廉九世的意图，当时他委托尤索 (Jussow) 于1791年在卡塞尔城堡的花园中修建狮子堡 (Löwenburg) (第162页插图与平面图)。尽管被建成人工废墟的样式，这是18世纪早期在古罗马建筑上修建"已摧毁"遗迹传统的延续，狮子堡内部拥有亲王宫殿通常所有的舒适配置。由约翰·戈特洛布·大卫·布伦德尔 (Johann Gottlob David Brendel，记载时间约1794年-1827年) 于1794年至1797年间在柏林的孔雀岛上修建的城堡 (第163页插图) 在内部陈设与设计之间的反差更为彻底。中世纪城堡城楼的残片与内部装饰以及其他部分，如用塔希提风格装饰的带有彩绘棕榈树的房间形成鲜明对比。另外，1807年还用一座铁桥连接了两座塔，更加突出了"中世纪"建筑与最新建筑技术的对比。

实际上德国大大小小的亲王宫殿中都曾修建这种极尽奢华的作坊。沃利茨城堡让这种风格在德国真正风靡起来。除马赫恩花园

下图：
海因里希·尤索（Heinrich Jussow）
狮子堡的人工废墟与城堡
威廉城堡公园，1791年-1799年

黑塞-卡塞尔领地卡塞尔

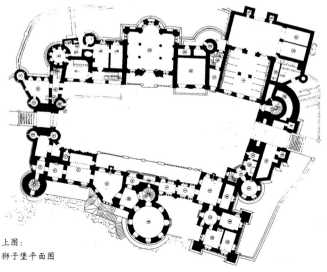

上图：
狮子堡平面图

（Machern）、塞弗斯多夫花园（Seifersdorf）与拜罗伊特花园（Bayreuth）外，值得一提的还有斯图加特附近的霍恩海姆花园（Hohenheim）。符腾堡公爵（Duke of Württemberg）在花园中的人工罗马废墟上修建了"史前"定居点，并设置了"隐居点"。这种花园在很多人看来就是各种人物与风格的杂糅，因此很快受到了批评，例如歌德在《孤独的胜利》（Triumph der Einsamkeit）一书中就对此做了批评。在19世纪初的十年，特别是在景观园林师彼得·约瑟夫·莱内（Peter Joseph Lenne，1789年-1866年）的作品中已经抛弃了这种带无数小型建筑的教学性和道德性目标而采取了带大片树林、开放区域和较少建筑的整体性设计。

　　玫瑰石公园（Rosenstein Park）最初在斯图加特城外但现已位于斯图加特城内，其规划工作始于1817年。玫瑰石公园中的城堡由乔瓦尼·萨卢奇（1769年-1845年）于1824至1829年间为国王威廉一

下图：
约翰·戈特洛布·大卫·布伦德尔
柏林孔雀岛上的城堡装饰性建筑
1794年-1797年
铁制人行道，1807年

下图：
弗里德里希·威廉·冯·扎恩（Friedrich Wilhelm von Zahnt）
威廉海玛动植物园（Wilhelma），始建于1837年
符腾堡王国斯图加特

下图：
乔瓦尼·萨卢奇（Giovanni Salucci）
玫瑰石城堡（Schloss Rosenstein），斯图加特，
为符腾堡国王威廉一世修建，
1824年-1829年

世修建（第164页右图）。乔瓦尼·萨卢奇曾游学于意大利和法兰西，自1817年起受雇于符腾堡。整个建筑布局对称，带有两层的中央亭，在两个庭院的平面图上看来像是后加上去的。萨卢奇的法国和意大利游学经历体现得非常明显。由无柱基的托斯卡纳立柱构成的侧面列柱门廊成为其主列柱门廊的一部分，其中的爱奥尼亚立柱显示该建筑为私人度假屋。在离玫瑰石公园不远处，萨卢奇自1827年起还为国王规划了一座浴室和传统宅邸，但并未付诸实践。但是在拟建传统宅邸的地方，扎恩自1837年起开始在威廉海玛动植物园设计一座摩尔风格的金碧辉煌的宫殿，带有巨大的礼仪室、植物室、东方凉亭、喷泉和剧院（第164页左图）。因为沃利茨的社会指示教育目的，这些建筑无一幸存。威廉海玛动植物园为取悦国王和王室而被完整地保留了下来。与修建威廉海玛动植物园一样，格特纳以庞贝的卡斯特（Castor）和波吕丢刻斯（Pollux）殿为原型在阿沙芬堡为巴伐利亚国王路德维格一世（Bavarian King Ludwig I）修建了庞贝式建筑（Pompeianum）。

与私人神话和浪漫主义风格外表相似的是辛克尔（Schinkel）与莱内（Lenne）自1826年起为普鲁士国王腓特烈威廉四世在波茨坦附近的无忧宫花园中修建的夏洛登霍夫（Charlottenhof）建筑群（第165页插图）。夏洛登霍夫建筑群内有城堡、王室园丁房与罗马浴室，它与周围的美妙景色构成人类和平相处的乌托邦式王国，符合辛克尔所倡导的政治与社会和谐的浪漫主义风格的理想状态。辛克尔需将现有建筑纳入他的计划中。他通过巧妙地将建筑物、风景、雕塑与内部陈设以及花园融合进计划中成功地在建筑样式上实现了他的这一理念。这座建筑非常引人注目，花园一侧为多立克立柱，入口一侧为爱奥尼亚大门，王室园丁房以意大利乡村别墅为原型，带有开放式的凉棚和葡萄凉亭。辛克尔因曾到过意大利和学习法国建筑资料而对这种样式相当熟悉。但是在修建罗马浴室时，辛克尔将庞贝宫、经典公共浴室的空间安排和古希腊的布景结合起来，例如雅典卫城里伊瑞克提翁神殿（Erectheion）中的女像柱门廊。

辛克尔通过选取并采用不同的风格为其雇主描绘了概念上的理想状态，让他可以回到一个理想世界中。但是从宫殿阶梯上的开敞谈话间向外看是布林与海因里希·路德维希·曼格（Heinrich Ludwig Manger）于1763年至1769年修建的奢华的新宫。所以，即使是置身于理想世界以及辉煌的建筑中，普鲁士王储也会看到日常的公众生活状态。这清楚地显示了旧体制结束对城堡建筑的冲击以及在一个资本主义时代为封建遗老遗少修建合适的建筑多么不易。

在规划和修建卡塞尔附近的威廉城堡（1798年前称作"魏森施泰因宫"）的过程中城堡发展危机体现得非常明显。1785年，黑塞-卡塞尔亲王兰德格拉弗·弗里德里希二世从巴黎召回查理·德瓦伊（Charles de Wailly，1730年-1798年）。查理·德瓦伊向他提交了三份古体制时期宫殿建筑样式的设计。1786年/1787年，海恩里希·尤索（1754年-1825年）提出一个替代性的理想设计，极尽奢华，从一开始看就注定无法完成。1786年，这项任务最后被交给了西蒙·路易斯·迪·利（Simon Louis du Ry，1726年-1799年），他开始时只负责设计城堡后添加的一个侧翼。1787年后，按照迪·利与尤索的设计，

海恩里希·尤索与西蒙·路易斯·迪·利（Simon Louis du Ry）

*威廉城堡，为黑塞-卡塞尔亲王兰德格拉弗·弗里德里希二世修建，
1786年-1799年，卡塞尔*

平面图（下图），侧翼（底图）

格奥尔格·阿道夫·德姆勒（Georg Adolph Demmler）**与弗里德里希·奥古斯特·施蒂勒**（Friedrich Auguste Stüler）

为梅克伦堡-什未林大公爵（Grand Duke of Mecklenburg-Schwerin）*修建的城堡，1840；1843年-1857年
什未林*

莱奥·冯·克伦策

巴伐利亚国王路德维格一世（King Ludwig I of Bavaria）*王宫，
1823年-1832年*

巴伐利亚王国慕尼黑

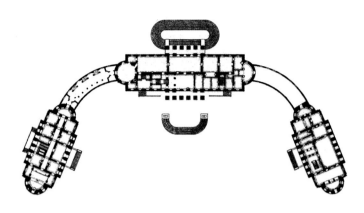

楼和城垛的"中世纪"城堡，如宾根（Bingen）附近的莱茵石城堡（Rheinstein）、菲森（Füssen）附近的旧天鹅堡（Hohenschwangau，第169页插图）、波茨坦附近的巴伯尔斯堡（Babelsberg）、科伦布茨附近的史特臣岩城堡（Stolzenfels，第168页插图）、罗伊特林根附近的列支敦士登城堡（Lichtenstein）与迈宁根（Meiningen）附近的兰茨贝格城堡。

浪漫主义风格城堡建筑的第一座巅峰之作是由格奥尔格·阿道夫·德姆勒于1840年设计由弗里德里希·奥古斯特·施蒂勒于1843年至1857年在什未林修建的大公爵城堡（第167页顶图）。通过大量吸收法兰西和意大利文艺复兴时期建筑中的装饰特点，侧面轮廓看起来像卢瓦尔城堡。什未林城堡在浪漫主义风格城堡中达到一个新的高度，只有19世纪下半叶巴伐利亚国王路德维格二世的梦幻城堡能与之媲美。

巴伐利亚国王路德维格一世在将慕尼黑改建成现代王宫驻地时采用了各种历史上的宫殿建筑风格。因此他任命莱奥·冯·克伦策使用佛罗伦萨文艺复兴时期的建筑样式修建一座王宫（1823年-1832年，第167页底图）。莱奥·冯·克伦策在1816年已修建洛伊希腾贝格宫（Leuchtenberg Palais），是德国最早的新古典主义风格建筑之一。新建王宫的正立面轮廓与碧提宫相似，衔接与粗面石砌结构则效仿鲁切拉伊宫（Palazzo Rucellai）。另一方面由格特纳设计的位于布林勒斯特劳斯（Brinnerstrasse）的威特斯巴赫宫（Wittelsbach Palais，1843年-1848年）（毁于第二次世界大战期间）像正方形平面图上的一个盒子，其角塔为德国哥特鼎盛时期风格。

格奥尔格·路德维希·弗里德里希·拉弗斯（Georg Ludwig Friedrich Laves，1788年-1864年）在重建位于汉诺威的居尔夫城堡（Guelph Schloss）的漫长过程中一直以英格兰的帕拉第奥风格为主导。由卡尔·特奥多尔·奥特默（Carl Theodor Ottmer）于1831年至1838年间在不伦瑞克修建的城堡（毁于1944年）无论是在整体布局还是细节上都采用了恢弘的巴洛克风格并借鉴了佩罗（Perrault）设计的卢浮宫正立面东侧和安德烈亚斯·施吕特（Andreas Schluter）设计的位于柏林的王宫。辛克尔在为雅典卫城的奥托国王（King Otto）设计城堡（1834年）以及为俄罗斯的察里娜·凯萨琳（Tsarina Catherine）在克里米亚（Crimea）修建城堡风格的乡村别墅时从更遥远的古典主义时期吸取灵感。

城堡才变成了现在这个样子，即独裁时期宫殿样式的三翼建筑群。它横跨威廉城堡公园的中轴线，赫拉克勒斯八边房是其外观上的亮点（第166页插图）。最后在兰德格拉弗·威廉九世的授意下，繁复而新颖的设计被精简成传统样式，由尤索按英格兰方式修建。

在其他地方，解决此危机的另一办法是回归乡村田园风格并重现中世纪建筑样式，如威廉城堡附近浪漫主义风格的狮子堡城堡。19世纪20至30年代兴起的浪漫主义风格城堡理念的背后其实是贵族建筑师们理想化的骑士精神。其结果是新建并重建了大量含防卫墙、塔

上一页：

卡尔·弗里德里希·辛克尔与弗里德里希·奥古斯特·施蒂勒

史特臣岩城堡，1825年-1845年

普鲁士莱茵兰科伦布伦茨附近

外部图（顶图）

骑士大厅（左下图）

骑士室（右下图）

有两位王储，普鲁士的弗里德里希·威廉与巴伐利亚的马克西米利安（Maximilian of Bavaria）均将已被摧毁的中世纪城堡建成自己的乡村别墅。解放战争以后，中世纪城堡变成国家自由的象征并且作为德意志历史和文化的见证再次被人们所发现。

在城堡中，亲王们可以做着浪漫的爱国梦，把他们带到远离新兴工业社会的理想世界中

下图：

多梅尼科·夸利奥（Domenico Quaglio）

旧天鹅堡，为巴伐利亚王储修建，1832年-1836年

巴伐利亚阿尔卑斯山菲森

下图：
卡尔·弗里德里克·汉森（Carl Frederik Hansen）等。
汉堡阿尔托纳区帕尔马勒（Palmaille），1806年以后

底图：
彼得·约瑟夫·克雷厄（Peter Joseph Krähe）
扎尔弗霍斯佩斯别墅（Villa Salve Hospes），为某商人修建，1805年-1808年
不伦瑞克公爵领地

城市发展与民用建筑

　　有证据表明上述所引的城堡建筑在选择风格时并非一时兴起或完全出于审美考虑，而是依赖于委托人所在地特有的条件、传统和当时的政治环境。贵族精神一直在建筑史上寻找被合理证明的与自身相融合且可为其所用的建筑样式。中产阶级基本上以贵族建筑为自己的风向标，尤其是在维也纳会议之后，德意志各个王国开始进行重建与重组。因此很难分辨1750年到1830年左右的民用建筑。1830年巴黎的七月革命对德国产生冲击性影响，1848年资产阶级革命的最终爆发导致工业化和城市人口激增，同时也带来了建筑上的明显变化。

　　自18世纪70年代起，大量作家开始撰写有关城市发展问题的文章，从而帮助宣传了城市中中产阶级生活的新标准。这一话题首先由马克·安托万·洛吉耶（Marc-Antoine Laugier）在《建筑论》（*Essai sur Varchitecture*，1753年）中首先提出，约翰·彼得·维勒布兰德（Johann Peter Willebrand）在《美丽城市概论》（*Grundriss einer schönen Stadt*，1775年-1776年）中引用了他的观点，弗里德里希·克里斯蒂安·施密特（Friedrich Christian Schmidt）也在其著作《民用建筑建设者》（*Der bürgerliche Baumeister*，1790年-1799年）中也引用了他的观点。尽管像微型城堡一样的独栋别墅仍是许多人心中的理想，但人们意识到城市居民不能采用这种建筑样式，而是需要寻找其他建筑样式。根据统一规划建立起了巴洛克风格的城镇，现在人们希望可以继续修建各种风格的房屋。尽管需要服从整体规划，但人们并不愿失去自己的个性。因此，尽管汉堡阿尔托纳区帕尔马勒的临街房屋仍被视为连贯性的街边建筑，但各栋房屋均保留了自己独特的特点（第170页上图）。帕尔马勒的很多房屋都由达内·卡尔·弗雷德里克·汉森（Dane Carl Frederick Hansen，1756年-1845年）修建。他在回到哥本哈根做城市建筑师前为富裕的汉堡商人在汉堡郊区的易北河河畔修建了大量的独栋别墅。彼得·约瑟夫·克雷厄（Peter Joseph Krahe，1758年-1837年）在不伦瑞克以非常简单朴素的风格为中产阶级客户修建同样独特而优雅的别墅。尽管很少使用能显示高贵的装潢和传统的建筑装饰品而且屋顶的弦月窗也较小，但由于比例上的完美平衡，使得为商人克劳泽在堡垒上修建的扎尔弗霍斯佩斯别墅（1805年-1808年）仍然给人一种恢弘大气的感觉（第170页下图）。辛克尔1829年在柏林修建的三层费内豪别墅（Feilnerhaus）（现已被摧毁）是创造新城市民用建筑风格的一种尝试，用平滑砖砌成的正立面上有精致的窗户斜面墙和窗下墙。与这种克制不同，森佩尔于19世纪30至40年代在德累斯顿修建的别墅及其装饰环境恰好需要大量使用意大利文艺复兴时期的母题以显示大部分中产阶级主人的优越感。与其他建筑类型一样，这种尝试没能形成和遵守一种实用、形式简化的中产阶级标准。

　　因发生严重火灾或开发新郊区而需要在城市中大兴土木时，基本遵循统一而不失多样性的原则。

　　例如，诺伊鲁平（Neuruppin，1787年）、内卡河畔苏尔茨（Sulz am Neckar，1795年）与图特林根（Tuttlingen，1803年）都是在发生严重火灾后抓住了完全重建的机会。在其他地方，新的城市建设仍然

右图：
威廉·施泰因巴赫（Wilhelm Steinbach）与约翰·格特弗里德·施泰因迈尔（Johann Gottfried Steinmeyer）
圆形广场，普特布斯（Putbus），1826年

自1815年起，开明的亲王将波罗的海吕根岛上（island of Rügen）的普特布斯镇建设成一个带平民特点的理想的小型城市。小镇中央不再是城堡，而是开放型的广场和沿线建有公共建筑的街道，成为小镇的一个特点。圆形广场，形如其名，是一个圆形的公园，青草绿树间一条条人行道纵横交错，周围环绕着粉刷成白色的民用建筑。广场中央立有一块方尖碑以纪念其建立者普特布斯的马尔特亲王（Prince Malte of Putbus）。

下图：
弗里德里希·魏因布伦纳（Friedrich Weinbrenner）
带市政大厅的卡尔斯鲁厄市场、新教徒教堂与巴洛克时期巴登统治者（Margrave William）之金字塔墓
巴登大公爵领地卡尔斯鲁厄，1806年-1826年

局限于设立郊区（如卡塞尔、达姆施塔特、美因兹、慕尼黑）、修葺旧城（如阿沙芬堡、雷根斯堡）以及完善各个街道。自1815年起，当普特布斯的马尔特亲王将吕根岛上的小镇扩建成王宫驻地时，他让建筑师威廉·施泰因巴赫和约翰·格特弗里德·施泰因迈尔（1783年-1851年）设立了平民区，粉刷成白色的房屋让这个小镇成为"白色小镇"。小镇中央是圆形广场，四周环绕着共管式公寓（1826年，第171页顶图）。样式普通的两层和三层楼房装饰别致而精美，借鉴了新古典主义时期和哥特复兴时期风格，中间还植有大量绿树青草。这种布局在英格兰（巴斯）或慕尼黑都有，卡尔·冯·菲舍尔（Karl von Fischer，1782年-1820

年）以类似的建筑样式设计并修建了卡洛林广场（Karolinenplatz）。

　　毁于1960年左右的普特布斯城堡并非位于小镇的正轴线上。开明的亲王希望将普特布斯建设成一个特别的休假胜地，因此将公共建筑建在枢轴位置，把小镇的中心让给了资产阶级。在其他城镇，如卡尔斯厄鲁，平民区的城市开发需适应现有的以城堡为轴线中心的巴洛克式城镇规划。1806年到1826年间，魏因布伦纳为巴洛克式的城镇建立了一个平民中心（第171页底图），其中有一个圆形广场，一个两侧为市政大厅的市场和一座新教徒教堂，镇中心的马格雷夫·威廉之金字塔墓是小镇的亮点。所有建筑均以国际化的新古典主义风格修建。魏因布伦纳反对哥特风格和文艺复兴时期风格在全国重新兴起的势头，因为他认为欧洲将发展成一个民主的资本主义社会。

剧院

　　随着贵族精神越来越多地退回至乡村中的浪漫主义风格的度假屋，城镇中的主要街道和广场越来越多地被真正的民用建筑替代。自18世纪中叶起，最重要的民用建筑之一为剧院，从中可以清楚地看见从新古典主义到复兴主义的历史性发展趋势。尽管城堡建筑群中仍继续新建或重建剧院，如尼古劳斯·弗里德里希·冯·图雷在路德维希堡修建的剧院，但现在剧院更多的被修建在中央广场和城镇大街上。克诺贝尔斯多夫于1740年在柏林菩提树下大街（Unter den Linden）修建的歌剧院，建筑主体与中央列柱门廊被清晰地以立体方式隔开，

预示着新古典主义潮流的到来（第172页顶图）。卡尔·戈特哈德·朗汉斯（Carl Gotthard Langhans，1732年-1808年）在波茨坦修建的剧院（现已毁）将这种立方体分区系统推进了一大步。其他剧院也采用了类似的正方形建筑样式，包括1775年/1776年建于茨魏布吕肯（Zweibrück）且内部装饰采用新埃及风格油画的皇家剧院（由约翰·克里斯蒂安·曼里希（Johann Christian Männlich, 1741年-1822年)修建）、由巴尔扎塔·威廉·斯腾格尔（Balthasar Wilhelm Stengel）于1786年至1787年建于萨尔布吕肯（Saarbrücken）且毁于1793年的剧院以及由克厄雷1787年建于克布伦茨且现已成为一排房屋的市立剧院。菲舍尔于1811年至1818年在慕尼黑马克斯-约瑟夫广场修建的巴伐利亚国家剧院因遭遇大火由克伦策于1823-1825年修复，其特点是高大宏伟的科林斯列柱门廊插进高高的舞台塔。

魏因布伦纳在卡尔斯厄鲁修建的剧院也同样具有明显的新古典主义特点，该剧院于1847年被摧毁，后由海因里希·许布施重建，但也同样被摧毁。辛克尔于1818年至1821年在柏林御林广场（Gendarmenmarkt）修建的剧院（第173页左下图）将朗汉斯之前修建但已被烧毁的基础墙整合起来，将剧院分成三个大区以满足不同的功能需要。因为特殊的地形条件，辛克尔修建的剧院不能成为其他剧院建筑的样板。但森佩尔在德累斯顿修建的第一家歌剧院（1838年-1841年）则不同，该剧院于1869年被烧毁后由第二座建筑代替，现在仍然保存完好。该剧院的外部同时体现了其内部建筑样式从而产生了经久不衰的影响力（第173页右下图）。新文艺复兴时期风格的建筑拱向剧院广场，在外面重复了内部的礼堂式结构。剧院有一个巨大的门厅，因而显得尤其引人注目，并因此而开创了一种新的样式。

这种样式在巴黎的加尼耶大歌剧院（Garnier's Grand Opéra，1860年-1874年）发展至顶峰。遵循许布施在卡尔斯厄鲁修建的建筑样式，拉弗斯将汉诺威歌剧院（1845年-1852年，第173页顶图）设计成圆形拱顶风格，同时该剧院也可被称为四方形，是森佩尔在德累斯顿所建剧院的盒状变体。小型王宫驻地处的剧院，如1837年至1841年由C.B.哈雷斯（C. B. Harres）修建的科堡（Coburg）剧院（以前称为宫廷剧院）或扎恩在斯图加特修建的威廉剧院（1839年-1840年）装饰奢华，内部饰有庞贝风格的绘画并模仿了大剧院的风格。

下图：
格奥尔格·弗里德里希·拉弗斯
汉诺威歌剧院，1845年-1852年

左底图：
卡尔·弗里德里希·辛克尔
柏林御林广场剧院，
1818年-1821年
外部和内部透视图

右底图：
戈特弗里德·森佩尔
萨克森王国德累斯顿歌剧院
1838年-1841年
第一栋建筑（如下图显示）于1869年被烧
毁，由森佩尔本人修建了第二栋建筑代替。

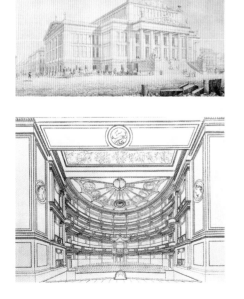

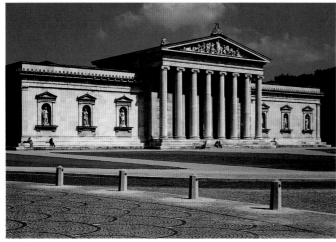

博物馆建筑

  剧院建筑在风格上仍然局限于新古典主义正立面，大部分都带有爱奥尼亚柱式以及圆形拱顶风格或文艺复兴时期风格。这同样适用于第二重要的民用建筑，这种建筑出现在历史意识发展到一定程度且人们将自身视为不断发展着的历史过程中的一部分之后。这种建筑就是博物馆。尽管之前也有私人收藏者修建的博物馆，不过第一座公共博物馆是迪·利在卡塞尔弗里德利希广场修建的弗里德利希阿鲁门博物馆（1769年-1777年，第175页底图）。爱奥尼亚式的列柱门廊显示该建筑为博物馆且其建筑师忠于新古典主义风格。需要承认的是，作为所有科学艺术品收藏中心的弗里德利希阿鲁门博物馆（Museum Fridericianum）还有一个天文台，它看起来更像一个珍稀物品的纪念堂而非一个现代的艺术博物馆，其中的风格、房间的具体顺序和灯光还需进一步完善。1813年修建慕尼黑雕塑美术馆（Glyptothek）时还专门为上述事项发起一场比赛。哈勒·冯·哈勒斯坦因，菲舍尔与克伦策递交了三种不同风格的设计，国王路德维格一世（King Ludwig I）选择了克伦策的古典主义设计，其中包括爱奥尼亚式的八柱门廊与用加框人像壁龛连接的低侧侧翼（1815年-1830年，第174页左下图）。后来格奥格·弗里德里希·齐布兰在对面修建了一个艺术展览馆（1838年-1845年，第174页顶页图）。为保持广场上风格的统一，他同样采用了古典主义风格，最后完成的是由克伦策于1846年至1853年间设计的多立克/埃及风格的通廊（第174页右下图）。

  鉴于慕尼黑雕塑美术馆仅用于展示古代和现代雕塑，由辛克尔于

1823年-1830年修建的柏林阿尔特斯博物馆需吸纳各种各样的艺术藏品（第175页右上图）。辛克尔的建筑正对着柏林王宫，爱奥尼亚式立柱构成的长柱廊对着广场。通过一段露天台阶，游客可以进入阿尔特斯博物馆的室内，室内是一个以万神殿为原型的中央大厅（第155页插图），大厅里陈列了许多雕塑。其余的展厅被设计成三侧堂的大厅，分为两层，周围环绕着正方形的庭院，这些展厅并不总是具备陈列艺术所需的特殊光照条件。克伦策在修建慕尼黑古典绘画馆（Alte Pinakothek，1826年-1836年，第175页右下图）时通过特殊的努力解决了这些问题并找到了一个可靠的解决方案。这座细长型的建筑物采用了意大利文艺复兴时期的风格，带有凸出的侧翼和巨大的圆形拱顶，光线可通过拱顶进入上层侧室。上层中央大厅从顶部采光，尽可能为陈列在此的绘画提供最好的光线。这种解决方案后成为一种定式。

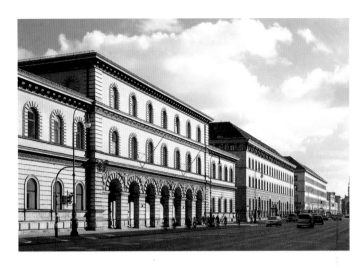

公共建筑

对于其他教育和文化方面的民用建筑，如大学和公共图书馆，也同样位于城镇中心以构建合适的框架强调这些机构的重要性和地位。例如1832年至1843年间，在格特纳设计的慕尼黑路德维希大街总体规划中加入了巴伐利亚国家图书馆、国家档案馆、大学和其他公共建筑（第176页左上图）。由格特纳设计的大规模城市发展专制主义式项目随着路德维希教堂、大街南端以佛罗伦萨兰齐回廊为原型的统帅纪念馆（Feldherrnhalle）以及北端以罗马的君士坦丁凯旋门为原型的凯旋门的竣工而完成。慕尼黑的巴伐利亚路德维希大街在城市面貌的宏伟壮观上可与柏林的普鲁士菩提树下大街媲美，这条大街也同样包括大学、图书馆、剧院、兵工厂和博物馆，这些建筑与宫殿和王宫相比也毫不逊色。1789年朗汉斯修建的带有多立克柱式的勃兰登堡门让人想起雅典卫城中的山门（第177页插图），为这条大街增添了另一分亮色。辛克尔修建的新岗哨警卫室（1816年-1818年）位于安德烈亚斯·施吕特设计的兵工厂与阿尔特斯博物馆之间，其列柱门廊也同样采取了朗汉斯的多立克主题，但在多立克柱式的考古准确性上更胜一筹，列柱门廊旁边的斜塔门突出了这栋建筑的军事特征。

海恩里希·许布施于1837年至1846年间在卡尔斯厄鲁修建的艺术馆，其"技术-静止"的风格采用了从罗马风格到文艺复兴时期风格的各种元素（第176页右下图），其功能分区则采用了克伦策的理念。类似的，格奥尔格·戈特洛布·冯·巴尔特（Georg Gottlob von Barth，1777年-1843年）1843年完成的斯图加特美术馆（现在称为"国家美术馆"）三翼设计图部分采用了克伦策的理念，但在整体布局上则更多地采用了杜兰德编写的教科书中的设计，辛克尔设计的阿尔特斯博物也主要采用了这种设计理念。森佩尔于1847年至1855年间在德累斯顿修建的艺术馆让由波贝曼修建的茨温格宫（Zwinger）更加完整。该艺术馆的风格与朱利奥·罗马诺和拉斐尔的风格相似，是克伦策设计的慕尼黑古典绘画馆的大号复制品。该美术馆中间是引人注目的圆顶广场室，是对慕尼黑古典绘画馆功能属性的一种延续与丰富。弗里德里希·奥古斯·施蒂勒（1800年-1865年）于1843年至1855年间在辛克尔设计的阿尔特斯博物馆背后修建的柏林新博物馆在外部严格遵循了辛克尔的建筑样式规则，同时精美异常的铁屋顶和支撑结构则采用了现代技术。

下图：
卡尔·戈特哈德·朗汉斯
柏林勃兰登堡门，1789年

朗汉斯以雅典卫城中的山门为原型设计了勃兰登堡门。就像伯里克利时代雅典市民们通过古城门进入卫城中的神殿一样，柏林市民通过勃兰登堡门穿过门槛进入斯比里河上的"新雅典"。

根据当时流行的品味，朗汉斯在多立克立柱上增加了女儿墙柱基。

1806年，戈特弗里德·沙多在顶端设计的四马二轮战车雕饰（Quadriga）被拿破仑掠至巴黎，1814年战争胜利后才得以归还。至此以后，勃兰登堡门成为国家纪念碑。

下图：
皮埃尔·米歇尔·迪克斯纳
本笃会修道院教堂，1768年-1783年
上斯瓦比亚圣布拉辛

下一页：
本笃会修道院教堂内部视图，1768年-1783年
上斯瓦比亚圣布拉辛

教堂建筑

即使是在法国大革命以后，各个教派的教堂建筑都得以保存，成为最为明显的城市建筑，这主要归功于其中的钟楼。在18和19世纪发展城市和建设新郊区的过程中，教堂建筑仍然是主要的建筑项目之一。新教堂同样出现在市中心，如让·劳伦特·勒盖（Jean Laurent Legay，约1710年-1786年）于1772年至1773年设计的位于柏林市中心的圣赫维德教堂（约1710年-1786年）。与很多新古典主义教堂一样，教堂中央为圆形，前面带有列柱门廊，灵感源于罗马的万神殿。皮埃尔·马歇尔·迪克斯纳于1768年至1783年间在黑森林修建的圣布拉辛

本笃会修道院教堂也同样采用了这种风格，这成为修道院体制下最后一座纪念碑式的建筑（第178页和179页插图）。其特点是巨大的圆顶从由托斯卡纳立柱构成的大型列柱门廊背后升起。在内部，带祭坛的壁龛墙壁两侧为科林斯立柱，支撑着带饰板的圆顶。在上斯瓦比亚地区，随着圣布拉辛的建成，建筑师让装饰繁复的洛可可教堂最后一次大放异彩。就这样，在圣布拉辛突然涌现出一种硬朗的新风格。但即使如此，圣布拉辛也不能成为教堂建筑进一步发展的典范，因为修道院体制已经失去了曾经的重要地位。

开明的亲王，如梅克伦堡-什未林（Mecklenburg-Schwerin）大

公爵委托建筑师约翰·若阿欣·比施（1720年-1802年）在路德维希斯卢特斯修建一座理想的公爵府邸城镇。他鼓励建筑师使用各种不同的风格也允许进行各种风格试验。路德维希斯卢特新教教堂独特的正立面正是其中的一次试验（第180页顶图）。列柱门廊极为突出，六根间隔甚远的托斯卡纳立柱支撑着额枋、山花与基座式的地上结构，所有这些引出的却又是一个极为传统的大厅内部。莱比锡的总建筑师约翰·卡尔·弗里德里希·道特（1746年-1816年）在重建哥特时代晚期风格的圣尼古拉教堂（1783年-1797年，第180页底图）时大胆进行了另一场试验。教区教堂的外墙仍然保留着中世纪的样子，道特却将内部变成了一个繁花盛开的花园，扶垛变成了棕榈树，后哥特时期的网状穹顶变成了棕榈叶。尽管道特在此处采用了马克·安托万·洛吉耶（Marc-Antoine Laugier）与弗朗切斯科·米利齐亚（Francesco Milizia）在著作中提出的观点，但他并未尝试通过使用壁柱将边墙和细长的唱诗堂连接起来从而将哥特式的轻巧明亮与传统建筑规则的宏伟融合起来。尽管同时代的建筑师对这种非传统的建筑样式兴致很高，但道特却并未继续发展这一风格。相反，在抗击拿破仑占领的解放战争的背景下，中世纪建筑重新登上历史舞台，建筑师们开始将注意力转向德国本土建筑，这种风格尤其适合教堂建筑。在呼吁将科隆大教堂建成德国国家纪念碑之后，苏尔皮茨·波瓦塞雷（Sulpiz Boisserée）又开始大肆宣扬大教堂上精美绝伦的雕刻，从而掀起了以哥特复兴式风格设计纪念碑和教堂的热潮。当然这是在真正按哥特设计建立教堂之前。

格奥尔格·莫勒（Georg Moller，1784年-1852年）设计了达姆施塔特的圣路德维格天主教教堂（1820年-1827年，第181页插图），他曾经在黑塞王宫驻地设计了大量先进的建筑。现在他再一次将目光转向万神殿，但他的设计在样式和装饰上都极为精简。积木结构的波茨坦圣尼古拉教堂最先由弗里德里希·吉伊于1797年设计，后由辛克尔于1830年-1837年间修建，其平面图为正方形，中央建筑带一个高耸的圆顶。路德维希·佩修斯（Ludwig Persius，1803年-1845年）于1844年至1850年扩建该教堂，增加了一个高高的鼓座圆顶和几个角塔。设计于1827年的克腾天主教教堂（戈特弗里德·班德霍尔，1790年-1837年，第182页左下图）的特点是采用了大卫与弗里德里希·吉伊柏林学派的立体建筑样式以及尤其是海因里希·卡尔·里德尔（Heinrich Karl Riedel）乡村教堂的设计。辛克尔在柏林市中心修建弗里德里希·韦尔德教堂（Friedrich-Werder）时提交了文艺复兴时

本页：
格奥尔格·莫勒

圣路德维格天主教教堂，
1820年-1827年
黑塞-达姆施塔特大公爵领地达
姆施塔特

外部视图（上图）
内部视图（下图）

莫勒将其圆形的中央建筑视为
罗马万神殿的改进版。柱式下
部和半圆形的圆顶显示出革命
时期建筑的对称性简洁与清
晰。在内部，圆顶由28根独立
式立柱支撑。最初的饰板因炸
弹袭击被损毁。

下图：
卡尔·弗里德里希·辛克尔
弗里德里希·韦尔德教堂（Friedrich-
Werder church），1825年-1828年
柏林

左底图：
戈特弗里德·班德豪尔
天主教教堂，设计于1827年
安哈尔特（萨克森）公爵领地克腾

下图：
丹尼尔·奥穆勒（Daniel Ohlmüller）
玛丽亚希法教堂，1831年-1839年
巴伐利亚慕尼黑奥区（Au, Munich, Bavaria）

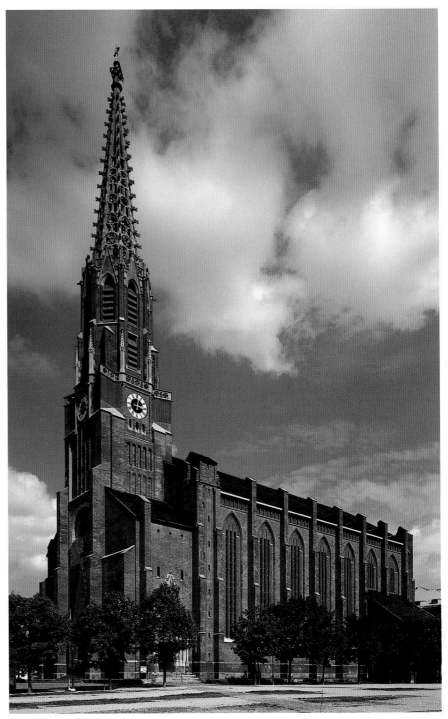

期风格和哥特风格的两种设计方案。国王选择了后一种方案，辛克尔于1825年到1828年间用砖修建了该教堂（第182页左上图）。

正立面上有双塔通向带墙墩与缩进式唱诗堂的无侧堂教堂。在砌砖工程和局部实施过程中，辛克尔遵循了普鲁士北部的砖砌哥特式传统，但进行了改进以符合当时的潮流。亚历克西斯·德沙托纳夫（Alexis de Chateauneuf，1799年-1853年）与赫尔曼·彼得·费森费尔德（Hermann Peter Fersenfeld，1786年-1853年）修建汉堡的圣彼得新教堂时（1843年-1849年）采用了类似的方法。该教堂用红砖砌成，延续德国北部的传统，同时为教堂建筑引入了新的理念。丹尼尔·奥穆勒（1791年-1839年）在慕尼黑奥区修建玛丽亚希法教堂时（1831年-1839年，第182页右图）明显采用了另一种方式实现哥特式风格的复兴，他严格遵循了哥特后期风格，几乎到了亦步亦趋的地步。甚至连带回廊和西塔的三侧堂大厅都可追溯到具体的实例，但在此处它们却被组合成一个新的整体。莱茵省雷马根附近著名的圣阿波里奈教堂也是如此，它由科隆大教堂后来的修建者恩斯特·弗里德里希·茨维尔纳（1802年-1861年）于1839年到1843年间修建。教堂整体呈十字形，带一座四塔的中央建筑（第183页插图）。

除哥特复兴式建筑外，其他风格的教堂建筑也获得了一方立足之地。1844年"风格的角逐"在圣尼古拉新教堂设计大赛中展开，最终格奥尔格·吉尔贝特·斯科特爵士（Sir George Gilbert Scott）的哥特式设计击败了戈特弗里德·森佩尔的罗马式设计。这导致19世纪中叶以后各种风格奇怪混合潮流的兴起，如慕尼黑的马克西米利安风格。但其根源却可以追溯到18世纪末，19世纪相互碰撞的各种风格因素都在当时初见端倪。许布施在比拉赫（Bulach，卡尔斯厄鲁）和罗腾堡修建教堂时创造出一种混合了各种意大利文艺复兴时期建筑样式的风格。他用新兴的更轻的拱顶设计出轻巧迷人的内部。在为整个王国寻找"标准教堂"时，发展起一些新兴的且成本低廉的教堂设计，但其中只有很少一部分被付诸实践。其他建筑师和他们的客户则更看重旧的建筑样式，因为其年代感和历史感更能显示教堂建筑的高贵地位。格特纳设计著名的慕尼黑路德维希大街上的圣路德维希教堂时以十四世纪的伦巴底教堂（第184页插图）为原型。格奥尔格·弗里德里希·齐布兰（1800年-1873年）以早期基督教时期的意大利巴西利卡为原型设计了圣卜尼法斯教堂（1835年-1850年，1944年/1945年大部分已被摧毁，第185页右下图）。该教堂距慕尼黑国王广场不远，巨大的五侧堂建筑，带有圆形拱顶的拱廊式门廊，明显借鉴了拉文纳

左图：
弗里德里希·冯·格特纳
圣路德维格教堂，1830年-1840年
慕尼黑

下一页上图：
路德维希·佩修斯
救世主教堂（海兰德），1841年
普鲁士王国波茨坦萨克洛夫港

由普鲁士新国王腓特烈·威廉四世设计
的初稿显示救世主教堂为一座带独立钟
塔的意大利式建筑。教堂位于人工露台
之上，被一个开放式的拱廊环绕，看起
来就像大海里的一只船。该教堂最引人
注目的特点是拱廊与墙后用花色砖砌成
的精美图案之间的反差。

下一页左下图：
路德维希·佩修斯
普鲁士王国波茨坦和平教堂
（Friedenskirche：1843年-1848年）

下一页右下图：
格奥尔格·弗里德里希·齐布兰
慕尼黑圣卜尼法斯教堂，1835年—
1850年
大部分毁于1944年/1945年

神殿的结合体，并直接借鉴了其带饰板的圆顶和圆窗。罗滕贝格山上的这座墓葬小教堂位于符腾堡家族城堡之中同时兼具希腊东正教教堂、墓葬小教堂和符腾堡王国纪念碑的功能。自法国大革命以后，德国掀起了修建各种纪念碑的高潮，特别是随着解放战争的急剧发展，形成了对纪念碑的一种狂热崇拜。当然，大多数统治者纪念碑、国家纪念碑、纪念宗教改革300周年的路德纪念碑、解放战争纪念碑和很多其他纪念碑都仅仅停留在计划阶段而从未实施或只实施了一小部分。普鲁士国王腓特烈大帝纪念碑的所有狂妄式设计（竣工于1796年，第154页上图）均为国王骑马雕像。所有这些促使辛克尔为德国国家大教堂设计的大型哥特式设计即柏林的克罗伊茨贝格（Kreuzberg）纪念碑成为巅峰之作，该纪念碑建于1818年至1821年间（第287页插图）。学者与哲学家纪念碑是启蒙时期后期的一大特色，这是圆形外柱廊式建筑中通常采用的经典主题，例如1787年至1790年建于汉诺威的莱布尼茨（Leibniz）纪念碑或赫利格恩于1806年至1808年间在雷根斯堡修建的开普勒纪念碑（第186页顶图）。德国的伟大人物也成为19世纪早期也许是最为壮观的纪念碑项目中的主题，即克伦策于1830年至1842年在雷根斯堡附近多瑙河上修建的德国瓦尔哈拉殿堂。1814年巴伐利亚国王路德维格一世发起一场竞赛，其中也有

（Ravenna）的圣阿波利纳雷教堂(S. Apollinare in Classe)与罗马的圣保罗教堂。辛克尔的学生佩修斯以罗马的圣克里蒙教堂为原型修建了波茨坦的和平教堂（1843年-1848年，第185页左下图），但增加了一座与罗马的科斯梅丁圣玛利亚教堂（S. Maria in Cosmedin）相似的钟楼。

纪念碑

尽管每座教堂所选取的风格不一样，但这些教堂都有一个共同点，即都位于一片开阔场地中间一个独立的位置。这让教堂在宗教功能之外还具有纪念碑的特点。斯图加特附近罗滕贝格山上的小教堂尤其如此，（1819年-1824年，第186页底图）。该教堂是萨卢奇为早逝的卡萨琳女王（Queen Catherina）设计并修建的墓地。萨卢奇击败了约瑟夫·蒂梅（Joseph Thiirmer，1789年-1833年）与魏因布伦纳的学生约翰·迈克尔·克纳普（Johann Michael Knapp，1793年-1861年）的哥特复兴式设计，但他却不得不缩小项目规模以便于实施。这座圆形的建筑现在看起来像是帕拉弟奥的圆厅别墅（Villa Rotonda）与万

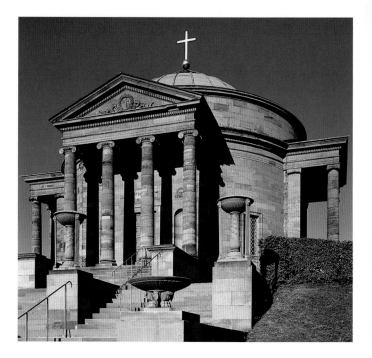

多立克寺庙从外向内逐步开阔，里面是一个大厅，大厅被墙墩分成三个部分，通过开放式的屋顶从顶部采光。德国著名人物的大理石半身像分为几层排列在墙上。楼廊上刻有从黑暗时期到中世纪的著名人物姓名，但并未留下任何肖像。凉廊中的瓦尔基莉（Valkyrie）女像柱按克伦策的设计修建。

在大门到侧室的中央，立有瓦尔哈拉殿堂建立者巴伐利亚国王路德维格一世的坐像（建于1890年），将通向后门廊的无隔断的景色与窗外景色隔开。

下图：
莱奥·冯·克伦策
解放大厅，1836年-1844年
巴伐利亚王国凯尔海姆

下一页：
路德维希·佩修斯
水泵房，1841年-1843年
普鲁士王国波茨坦

哥特式设计参加。但路德维格喜欢雅典卫城里巴特农神殿模型中的多立克式列柱走廊。德国瓦尔哈拉殿堂位于瀑布状石梯的顶部，俯瞰着河岸（第187页插图）。寺庙内部采用完全现代化的设计，大厅中带有墙墩且从顶部采光，德国著名人物的半身像和雕塑排列在墙边（第188页插图）。

克伦策在慕尼黑特雷森维斯（Theresienwiese）设计的名人堂（1843年-1850年）再次使用了多立克立柱，而他在凯尔海姆设计的解放大厅（1836年-1844年，第189页至190页插图）为一栋由壁柱连接的圆形建筑，在风格上与杜兰德的设计相似。而杜兰德也是1806年克伦策设计路德纪念碑的主要灵感来源。

新建筑任务

1834年，森佩尔批评德国建筑师说，他们要么遵循"棋盘校长"杜兰德要么将历史建筑的正立面复制到油纸上。他觉得当时所有城市看起来就像其他国家在历史上其他时期的缩影，当代人已不知今夕是何年。这种负面的评价大致上是正确的，因为即使是至少可从工业建筑中发现新理念的建筑领域，似乎也只有历史在不断更替。莱昂哈德·克里斯蒂安·迈尔（Leonhard Christian Mayr）设计的奥格斯堡许勒棉布厂（Schülesche Cotton Factory，1770年-1772年）属于典型的18世纪晚期的工业建筑风格，以专制主义时期的城堡为构思风格。即使是在后来建筑也没有摆脱前辈们的影响。在蒸汽时代和新兴的机械化时代，人们试图以古典风格美化工业工程。例如，佩修斯为无忧宫修建的水泵房（1841年-1842年，第191页插图）为活泼的摩尔风格，看起来更像是花园中的小作坊而非使用最新抽吸技术的建筑。在火车站建筑中也同样如此。建筑师们鲜有机会设计出一些新花样来，又不得不再一次借鉴历史。因此，奥特默以哥特式风格修建了第一座汉诺

下图：
海恩里希·根茨
柏林皇家铸币局，1800年
（已被摧毁）

底图：
大卫·吉伊与彼得·约瑟夫·克雷厄
菲韦格费尔拉格出版社办公室（Offices for publishers Vieweg Verlag）
1800年-1807年
不伦瑞克城堡广场（Burgplatz）

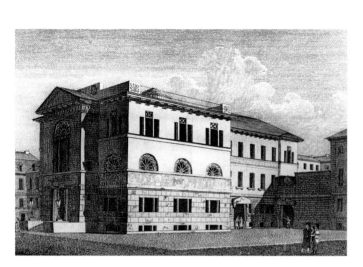

威火车站（1838年），以新古典主义风格修建了第二座火车站（1843-1845年），而弗里德里希·比尔克兰（Friedrich Bürklein）修建的慕尼黑火车站（1848年）则采用了圆形拱顶风格。在德国，现代建筑材料如铸件和锻铁仅限于屋顶结构、天花板、小型桥梁、楼梯和阳台。玻璃与铁结构的现代站棚、展览建筑和跨度较大的桥梁在19世纪中期以后兴起，当时德国已经赶上了英国和法国。

当然也曾尝试过为工业建筑发展一种新的建筑规范。例如根茨设计的柏林皇家铸币局（1800年，第192页顶图）则以"特征"这一理念为基础，根据功能设计建筑的各个部分。倾斜的粗石面砌底座与沉重的中央凸出旨在让整个铸币局足够坚固。正门上的多立克立柱再一次突出了其"厚重的乡村风格"的特点。由弗里德里希·吉伊设计戈特弗里德·沙多修建的中楣描绘了铸币过程，为主楼层提供了一种过渡，在这个地方接收铸币所用的矿物，因此用巨大的弦月窗加以强调。由根茨对顶层的大型怀亚特窗口进行修改，因为他认为内部需要大量光线。大卫·吉伊与克雷厄在设计位于不伦瑞克城堡广场的菲韦格费尔拉格出版社办公室（1800年-1807年，第192页右图）时可能采用了同样的方法。这里也同样采用了"强硬、健壮、坚固但又丰富的风格"以突出出版社作为生产中心的特点。彼得·斯佩斯（Peter Speeth，1772年-1831年）设计位于城堡下的维尔茨堡监狱（1811年-1827年）时遵循了"让建筑说话"的原则。这是一栋三层楼的立体建筑，带有厚重的粗石面底座（第192页左下图）。门位于半圆形的拱顶中，锥体朝向地面，使人在进入时产生一种压抑感。一般人认为维尔茨堡监狱大门上的十根立柱代表着十诫。因特斯堡（Insterburg）、索娜伯格（Sonnenberg）、科隆与哈雷（Halle/Saale）的监狱机构，分别建于1832、1834、1834和1837年，尽管没有什么图片资料佐证，但同样表达着一种训诫与教诲的沉重含义。现在重点强调的是容纳和监视

囚犯的功能，1842年普鲁士国王（腓特烈）威廉四世下令按伦敦本顿维尔监狱的辐射状系统修建监狱建筑。后来在修建莫阿比特监狱（Moabit）（柏林，1842年-1846年）与明斯特监狱（Münster，1845年-1853年）时将这一命令付诸了实践。

最后，可能有人会问已产生急剧变化的平民社会为什么没有能找到一种符合当时时代的建筑语言。可能是由风格本身的多元化而导致的，首先兴起景观花园，然后是城市中各种形式的建筑，这种风格符合自由开放的社会。在风格的掩饰下，未来发展的趋势也在悄然兴起，19世纪后半叶的大型工程建筑成为其顶峰。但建筑是一个整体。这在辛克尔的建筑学院中体现得最为明显（1831年-1836年，第193页插图）。除赤陶装饰外，这栋红砖建筑（毁于1960年）是一栋体现其结构的实用建筑，并未借鉴任何历史上的建筑。这是所有建筑师学习的地方，因此它在趋势上成为一种新的理想，但却是19世纪的建筑中的一个孤例。

埃伦弗里德·克卢克特（Ehrenfried Kluckert）

斯堪的纳维亚的新古典主义和浪漫主义建筑

18世纪下半叶，纳维亚学院派所有心思都花在了那个时代关于古典时期建筑的辩论上，与其他欧洲国家一样，他们也是围绕法国思想展开辩论的。

新古典主义最远传到了瑞典。在瑞典，新古典主义甚至被称为"古斯塔夫风格"，源于国王古斯塔夫三世（King Gustavus III）从1771年到1792年统治瑞典期间格外慷慨的支持。1781年，埃里克·帕尔姆斯特德修建了格里普斯科尔摩宫廷剧院，其建筑风格与法国巴洛克晚期的建筑风格有许多共同之处，见以插图形式说明的礼堂周围的半圆形爱奥尼亚式立柱（第195页插图）。事实上，古斯塔夫曾邀请过法国剧团在该舞台上演出。

帕尔姆斯特德还在斯德哥尔摩修建了宏伟的股票交易所（1773年）。七年之后，也就是1780年，古斯塔夫国王又委派帕尔姆斯特德修建海关大楼。在确定项目概况的同时，古斯塔夫三世还试图影响其建筑风格。在意大利广泛旅行期间，古斯塔夫三世走访了罗马和那不勒斯湾，对古典主义有了重新认识，于是不失时机地要求其建筑师按照罗马风格修建建筑。从那时开始，瑞典建筑中

的法国风格逐渐衰退。

从意大利归来之后，1786年，古斯塔夫让设计师们仿照位于赫库兰尼姆的剧院重新设计格里普斯科尔摩宫廷剧院的礼堂。两年之后，古斯塔夫授权在乌普萨拉修建植物馆（第194页底图）。该植物馆由奥洛夫·滕佩尔曼（Olof Tempelmann）设计。随后，法国建筑

上图：
奥洛夫·滕佩尔曼,路易斯·吉恩·德普雷
乌普萨拉修建植物馆,1788年

师路易斯·吉恩·德普雷（Louis Jean Desprez）以柱廊明确地显示特色的建筑类型——罗马神殿为其基本模板，对其加以修改。滕佩尔曼在该建筑类型中融合了许多以高大的、紧密排列的窗户为特征的建筑物。斯德哥尔摩市中心西侧的德罗特宁霍尔姆宫廷剧院就属于这一范畴。德罗特宁霍尔姆宫廷剧院修建

于1766年，是世界上保存最完好的剧院。与德罗特宁霍尔姆宫一起，被联合国教科文组织列为世界文化遗产（第194页左上图与右上图）。

阿美琳堡宫（Amalienborg Palace），由尼古拉·伊格维（Nils Eigtved）于1750年到1754年之间修建，位于哥本哈根，是丹麦出现的最早的新古典主义建筑作品之一。伊格维曾与波贝曼一起在德累斯顿学习，很快就成为哥本哈根的宫廷建筑师。伊格维在其建筑中采用法国早期的新古典主义思想。宫殿有一个很气派的中央大厅，大厅分为主层双排立柱区和底层粗面石区。阿美琳堡宫位于八边形城市规划区的中心。四座截然对立的宫殿相辅相成，形成一个和谐的整体。人们认为这一建筑物群是18世纪法国本土以外最漂亮的建筑物。

位于卡里瑟（Karise）的莫尔特克小教堂（Moltke Chapel, 1761年-1766年，第196页右上图）和罗斯基勒大教堂内的弗雷泽里克小教堂（1774年，第196页左上图与左中图）标志着丹麦新古典主义建筑艺术发展到了一个新阶段。

正如在阿美琳堡宫中所见，C.F.哈斯多夫是首位摆脱法国洛可可式风格元

上图：
C.F.哈斯多夫
罗斯基勒大教堂弗雷泽里克小教堂，
1774年

上图：
C.F.哈斯多夫
罗斯基勒大教堂弗雷泽里克礼拜堂，
1774年

上图：
C.F.哈斯多夫
卡里瑟莫尔特克小教堂，1761年-1766年

素、追求更加纯粹的新古典主义形式的斯堪的纳维亚建筑师。

基督徒弗雷德里克·汉森（Frederik Hansen）是新古典主义建筑风格的主要代表人物，严格遵守希腊的建筑风格。汉森设计的第一栋建筑目前位于汉堡市郊的阿尔托纳区（Altona）。然而，在18世纪，阿尔托纳是一个独立的丹麦城市。

汉森的作品涉及汉堡市富商的乡间别墅和领主的宅邸。简朴的正立面角落处采用粗面石、底层也采用平整的粗面石铺砌而成，颇具特色。汉森采用廊殿设计，在入口处配以爱奥尼亚柱或科林斯式立柱。上方设有三角墙。在1794年到1795年期间，一场大火将夏洛腾堡宫、市政厅以及附近的几栋建筑夷为平地之后，汉森接受委托，开展重建工作。汉森从1805到1815年设计了市政厅和法院。在法院设计中，他采用了宽立面，正对着国王新广场（Kongens Nytorv）；中央轴线处设置有令人印象深刻的爱奥尼亚柱式门廊。各侧立面均设有大门，且各侧立面上层都配有三扇高窗。游客们可以从柱廊进入宽敞的、配以多立克式立柱的门厅。带有科林斯式立柱的法院与后部相通。法官席的壁龛从此房间伸出，这一点吸纳了罗马式长方形会堂的半圆形设计。

在汉森埋头工作的时候，又一场灾难降临到丹麦的首都。在艰难地推行拿

右图：
督徒弗雷德里克·汉森
哥本哈根圣母教堂，1829年

破仑于1806年颁布的"大陆封锁"政策时，英国强迫丹麦人交出舰队，以避免其落入法国人手中，用于封锁波罗的海。英国皇家海军在哥本哈根轰炸了三天三夜，使其受到严重毁坏。圣母教堂（Church of Our Dear Lady，第196页底图）是一座修建于12世纪的大教堂，也被严重毁坏。1808年，汉森递上了重建圣母教堂的最初设计。

该建筑在几年之后开始动工，并于1829年竣工。建筑师在长方形建筑前方设计了古香古色的教堂正立面。正立面的三角墙上还绘制了以基督复活为主题的雕塑

场景。三角墙上方耸立着一座大塔楼，其比例似乎与整栋建筑比例不协调。圣母教堂的室内空间被长方形墙墩分开。长方形墙墩上设有壁龛，可以悬挂使徒雕像。墙墩上方为爱奥尼亚柱式门廊。汉森在设计时，使后堂可以容纳雕塑家贝特尔·托瓦尔森（Bertel Thorvaldsen）雕刻的耶稣雕像。新古典主义中纯粹的"希腊"风格在芬兰未取得任何进展。卡尔·路德维格·恩格尔（Carl Ludwig Engel），德国人，曾游学柏林、师从辛克尔。1809年，恩格尔从爱沙尼亚抵达芬兰。随后，1814年，他认识了著名的芬兰建筑师——

艾伯特·埃伦斯特伦（Albert Ehrenström）。恩格尔接受巴洛克观点，采用多条轴线划分建筑，并试图将该技巧与新古典主义清晰的线条融合起来。1818年，恩格尔受赫尔辛基参议院委托，在中央庭院周围设计四座侧房。底层立面由粗面石组成。三道入口拱券强化了立面的中间突出部分，并延伸至第二层。恩格尔在拱券上方设置了六根科林斯式立柱和三角墙，突显其后参议院大厅的重要性。

位于赫尔辛基的圣尼古拉斯教堂（Church of St. Nicholas）是恩格尔设计的最壮观的建筑物。1959年，该教堂被

下图：
卡尔·路德维格·恩格尔
赫尔辛基圣尼古拉斯教堂
始建于1826年

底图：
汉斯 D.F. 林斯托夫
奥斯陆（Oslo）皇宫
始建于1823年

升格为大教堂（第197页上图）。1826年，恩格尔按照希腊十字形规划设计了该教堂，并在其中融入了面北的巨大楼梯。教堂的四个侧房均设有柱廊，看上去就像是两座紧密联系的罗马神庙。在罗马十字上，恩格尔设置了侧翼带有四座小塔楼的中心立方结构，并将鼓楼和穹顶设在其上。雄伟壮丽的圣尼古拉斯教堂最终将成为赫尔辛基市的象征。

在1814年签署的基尔协议（Treaty of Kiel）中，丹麦将挪威割让给瑞典，允许挪威在瑞典王室的领导下本国实现政治和经济自治。瑞典王储卡尔·约翰（Karl Johann）当时是挪威的国王，在奥斯陆北部的一座高山上修建了皇宫（第197页右下图）。卡尔·约翰选择建筑师戴恩·汉斯 D.F. 林斯托夫（Dane Hans D.F. Linstow）设计皇宫。按照其规划，皇宫中间主体部分为三层，侧房为两层，连接在主体部分两侧，犹如两翼。正立面突出部分的底层为拱廊，拱廊顶部设置柱廊。该建筑物的内部设计受到辛克尔的启发，特别是辛克尔修建的一栋庞培城式的建筑物。林斯托夫在前往德国的旅途中曾考察过此风格的建筑。林斯托夫聘请P.C.F. 韦格曼（P.C.F. Wergmann）进行皇宫内部的粉饰和彩饰工作。

在动工两年之后，国王委托林斯托夫将宫殿融入城市整体规划，使皇家居住地沿中央轴线连接海湾。为此，林斯托夫设计了一条大街，使皇宫一直连接至奥斯陆市的大教堂。今天的卡尔·约翰大街（Karl-Johann-Gate）或多或少准确地重现了这一线路。新设计的大街以皇宫所在地的山脚为起点。林斯托夫在此规划了宽阔的广场。广场被街道分开，留出了修建大学的区域。今天，国家美术馆、大学以及国家剧院均位于此地。

斯堪的纳维亚新古典主义建筑艺术丰富多彩、形式多样，从具有晚期巴洛克式风格理念的、多轴线芬兰建筑物，到瑞典和挪威古斯塔夫风格中的法国和罗马后期/古罗马风格的建筑，直至汉森式丹麦建筑，此丹麦建筑是以古希腊建筑明晰的风格作为模型的。

彼德·普拉斯迈耶（Peter Plassmeyer）

奥地利和匈牙利的新古典主义和浪漫主义建筑

跟许多其他欧洲国家一样，在哈布斯堡家族（Habsburg）领土上的建筑风格种类众多，很难将其概括为是浪漫主义风格还是新古典主义风格。18世纪上半叶，即巴洛克晚期过渡到洛可可时代期间，建筑在形式和功能上呈现出高度的多样化。19世纪下半叶，城市受到了历史主义的影响。这一时期的建筑，最明显的共同特点体现在规模较小，建筑构造设计倾向于采用简洁、开敞式墙体。通过对这一时期几个典型建筑风格的分析，我们将看到1800年前后的奥地利建筑在形式上的多样性以及在某些方面可能存在的共同点。当然，在分析时我们会重点介绍著名的维也纳建筑，但同时，也会列举一些重要实例，专门介绍原哈布斯堡家族统治区域（包括匈牙利、波希米亚、摩拉维亚和意大利北部）的建筑风格。

玛利亚·特里萨（Maria Theresa）的统治结束后，君王出资修建建筑的观念日益淡薄。弗朗茨二世（一世）统治时期，随着皇室建筑与国家建筑分离，这种趋势达到了顶峰。在这一时期的1848年前，"官僚建筑"已经成为了真正的主导风格。从该世纪初，建筑师与其皇室赞助人的传统关系只在上流贵族圈子中还保留着其重要性。1785年，公共建筑署（Office for Public Buildings）成立，表明开始出现顾客和建筑师的角色分离，这种分离最终导致了皇家建设委员会（Court Construction Committee）于1809年成立，该委员会的职责是审核所有公共建筑项目的技术和资金问题。这一举措导致公共建筑风格单调，因为建筑思想系出约瑟夫二世朝廷。皇室建设项目大多数都只限于对现有建筑物的修饰改造，其中影响最大的是对霍夫堡（包括位于它前面的广场设计)的改造和扩建，以及对城防的重建,重建后的城防后来毁在了拿破仑的铁蹄之下。

所有这些项目中，最多的是对住宅建筑和祭祀建筑的修饰改造。祭祀建筑有两大特色：一是许多教堂大厅过道通常都很窄，二是新教（Protestant）、东正教（Orthodox）和犹太教（Jewish）根据约瑟夫二世颁布的"宽容法令",有史以来第一次允许在祭拜场所修建自己单独的会议室。此外，公共建筑物（学校、法院、医院、火车站等）初具城市化形态，也进入我们的关注视线。

约瑟夫二世，与他最钟爱的建筑师伊西多尔·卡内瓦里（Isidor Canevale）一起，彻底打破了巴洛克传统风格。他们摒弃了一切装饰元素，并将建筑论著中规定的比例处理成了一种近乎讽刺的样式。而经典的壁柱和立柱，一直到弗朗茨二世（一世）统治时期才出现（出现于霍夫堡的祭堂中）。同时，弗朗茨还在拉克森堡（Laxenburg）（第209页上图）王宫花园里修建了一座带城垛的综合建筑，名为"弗兰泽岑森布尔格"

下图：
约翰·乔治·米勒
维也纳阿尔特尔岑菲尔德教堂（Altlerchenfeld Church）
1848年-1861年

（Franzensburg）大楼。虽然这种类型的建筑通称为"浪漫主义"，但是带有城垛的反古典主义建筑在1848年大革命后仅出现在维也纳，而在此之前，这种建筑风格和新古典主义风格在乡村地区出现过。

想要清晰界定"新古典主义"和"浪漫主义"并得出一个最终结果，是相当困难，甚至毫无意义的，尤其是当有些建筑本身就是两种风格的混合体时。阿尔特尔岑菲尔德教堂（Altlerchenfeld Church，1848年－1861年）就是这样的一个混合体。1848年，教堂地基奠好后，发生的一系列事情导致其建筑师更换，轰动一时。教堂设计方案最先由保罗·施普伦格（Paul Sprenger）提供，他是皇室建设委员会（Court Construction Council）会长，同时也是维也纳最有影响力的"前革命期"建筑师。施普伦格多少还是有意地追求着新古典主义风格:严谨、单调，装饰甚少。然而，这种官方建筑风格却被工程师和建筑师联盟（Engineers' and Architects' Union）——一个紧跟于三月革命之后成立的联盟——成功抵制。对"推翻"保罗·施普伦格的设计起了决定性作用的，是年轻的瑞士建筑师约翰·乔治·米勒（Johann Georg Müller）于1848年为建筑师联盟举行的一场讲座。米勒讲座的题目是"德国教堂建筑和新文艺复兴下的阿尔特尔岑菲尔德教堂"。米勒抨击了新古典主义建筑风格，尤其批评了施普伦格的设计；其抨击批评轰动全场，相当成功，以致正在施工中的教堂也被立即叫停。随后，通过新一轮的竞争，米勒被最终任命继续完成教堂建设；而在这次竞争中，受邀参加的只有建筑师联盟成员。米勒接手建设后，将施普伦格设计的地基融入他的修建方案，着力建造一个长方形廊柱大厅式基督教堂，这个教堂有一个本堂以及用裸砖建成的侧堂，在西面立有双塔，带一个短小的十字形翼部，并在十字部分上方笼盖一个八角形圆顶（第

右图：
约翰·斐迪南·黑岑多夫·冯·奥昂贝格
维也纳奥古斯丁教堂（Augustine Church）
按哥特式风格重新设计室内
1784年-1785年

黑岑多夫（Hetzendorf）又摒弃了教堂内部的晚期巴洛克风格，将柱子和墙壁融为一体。侧殿祭坛的壁龛平整，结构呈哥特式风格，窗户扩大，并修建了一个风琴席。

199页右图）。显然，从教堂整个复杂的变化历史看，米勒的设计并未偏离施普伦格的设计理念太远。米勒设计的本质是改变教堂的外表风格：壁柱取消，代之以柱条；柱上楣构取消，代之以圆形拱门上方的雕带。然而，除开对装饰部分所作的修改，教堂新古典主义风格的建筑主体仍被保留了下来，因为皇室建设委员会仍倾向于这种风格的建筑主体。对于教堂各个独立部分，只是层次变得更加分明；而从整体上看，教堂则显得更修长些。

约瑟夫二世统治时期有一个有趣的建筑现象，即当时的建筑风格与新古典主义有同样不寻常的关系：几对几座哥特式风格的维也纳教堂的结构改造。18世纪80年代，约瑟夫委托皇家御用建筑师约翰·斐迪南·黑岑多夫·冯·奥昂贝格（Johann Ferdinand Hetzendorf von

Hohenberg）——他当时负责区域是城市周边地区——除去奥古斯蒂娜（Augustine）和米诺尔蒂（Minorite）教堂中后期巴洛克风格的小教堂和祭坛，并将其恢复成中世纪的样子，这可能意味着统一的哥特式外观的形成。

似乎拉开了19世纪历史主义风格序幕的，实际上只是约瑟夫持续对过渡采用巴洛克风格的理智性反对态度。黑岑多夫没有将镶板筒形穹顶或科林斯式圆柱纳入其设计当中，相反，而是坚持保持两个教堂原有的建筑结构。然而，他以伊西多尔·卡内瓦里的方式，从根本上保留了新古典主义风格。这些建筑没有在立柱和柱上楣构上追求新古典主义风格，而是开放式的施工和布局结构中一目了然的新古典主义。从这个意义上讲，与其说哥特式改造工程追求的是一种"浪漫的"历史主义形式，不如说是在追求纯粹的卡内瓦里建筑风格。

匈牙利

伊西多尔·卡内瓦里在匈牙利小镇威特森修建了一座凯旋拱门（第200页上图）和为米加兹红衣主教（Cardinal Migazzi）修建的大教堂（第200页下图），打响了哈普斯堡皇室领土上反对巴洛克轻浮风之战的第一枪。该拱门的修建是受米加兹所托，以纪念一对皇室夫妇的来访。其形式激进奔放，让人印象深刻，这也是它不单单是一个以暂时性材料建成的庆祝性拱门的缘故。作为第一批凯旋拱门之一，它预示着此类拱门结构于18世纪出现了。在威特森，该拱门的修建目的不仅仅只是欢迎弗朗茨·斯特凡（Franz Stefan）和玛利亚·特里萨的到来，而更重要的是，纪念在土耳其长期统治后，城市复兴的开始。城市将在旧城中心范围之外扩建，因此，这一凯旋门不仅仅是某一历史事件的纪念物，而更是一种美好未来开始的象征。

因米加兹红衣主教侄女的婚姻喜事而成就的这次皇室到访，也是一座新兴繁荣之城的正式来访。米加兹终身忠诚于女皇，女皇曾任命他为维也纳大主教，后来还将重要的匈牙利威特森主教辖区划分予他（他曾担任过该辖区大主教）。最终，米加兹成为了一名红衣主教。1759年，米加兹前任大主教艾什泰哈齐伯爵大主教（Archbishop Count Esterhazy）就已开始了城市扩建工作；在旧城大门外面，依照罗马圣彼德堡风格，已开始修建一个带有一个石柱廊广场大教堂和学院。

卡内瓦里设计的凯旋门最引人注意的一个地方在于，它完全没有

左图:

约瑟夫·希尔德

埃格尔 (Erlau) 大教堂正立面，
1831年-1839年

在匈牙利，新威特森大教堂的设计依照
了一系列新修教堂的新古典主义风格。
在埃格尔，教堂正面总是有一个经典的
阶梯及立柱门廊，而其圆屋顶则是受拜
占庭 (Byzantine) 风格影响。

一根立柱或壁柱。这些建筑因素被省去后，代之以一块平整的墙面，设计这样墙面，是为了遮挡拱门正面墙，墙上统一的柱上楣构和其亮点：拱心石——拱心石位于墙体的凹陷部分。由于拱门立于的拱墩之上，因此其亮点拱心石非常显而易见了。拱门外墙坐于一个庄严的基台之上，而拱门的女儿墙则被齿状飞檐和奇特的雕带与下面部分隔开，呈现出带花环的鹰状。仅从女儿墙及位于两者之间的圆形图案和铭文上，参观者才能看出一点拱门的原来模样。在拱门靠城市的一边、王子与公主双面肖像之间，写着通往永恒之屋 (AETERNAE domvi)。参观者一到入口，便可看到凯旋门的修建者雕塑，向来者致意。拱门临城一面的风格表达了王朝永垂不朽的愿望。

卡内瓦里对于威特森大教堂的外观设计，也同样保持了一致性，其建筑元素都基于一块平整、没有窗户的墙面。设计中的教堂正面将为前面广场的焦点，而广场将按照罗马圣彼德大教堂的样式在四周采用石柱廊。教堂侧面看起来明显很小，一看便知与莱昂·阿尔贝蒂·巴蒂斯塔 (Leon Alberti Battista) 设计的位于曼图亚 (Mantua) 的圣安德烈教堂 (Sant' Andrea) 有相似之处。教堂的另一突出特点在于穹顶的设计：带有灯笼式天窗的穹顶，在没有借助任何鼓形壁作用下，笼盖于中堂天花板之上。卡内瓦里在设计时，不得不将其前辈R·安东·皮尔格拉姆 (R Anton Pilgram) 设计的地基融入教堂修建当中。在教堂内部，卡内瓦里同样延续了巴洛克传统风格，保留了弗朗茨·安东·毛尔贝奇 (Franz Anton Maulbertsch) 极具这一风格的经典的天花板湿壁画。

位于威特森的大教堂成为了匈牙利其他教堂的学习榜样，如埃斯泰尔戈姆 (Esztergom) 的大教堂 (第202页插图)。这些教堂热切地想要呈现一种经典的新古典主义风格，但是在样式上略有变化。新古典主义理念并非仅仅只为哥特式教堂用作表现对罗马的尊崇，而德布勒森 (Debrecen) 主要的加尔文主义教徒的祭拜所也采用了柱廊和立柱，并于正面列有两个塔顶。由于教堂主体仅由一个横向中堂连着一个平坦的唱诗席构成，因此正面站立的双塔看起来大小不协调，有些奇怪——这种不协调和奇怪的感觉在看到盖于"十字部分"之上仍未完成的穹顶时，会更加强烈。

位于格兰（Gran）的大主教教堂，是匈牙利新古典主义教堂的颠峰之作；自从大主教于1111年被授予加冕匈牙利王位的权利以来，它就成为了最重要的教堂之一。这个教堂在土耳其人的围攻中被摧毁，但直至1820年，弗朗茨一世将大主教位从纳吉塞姆巴特（Nagyszambat）转到埃斯泰戈尔姆（Esztergom），该教区未再被占领过。曾有计划新修一个教堂，以取代在土耳其战争中被严重毁坏的那个教堂；这一计划从18世纪60年代才开始着手拟定，当时卡内瓦里正因勘察小城的城堡山被指控。然而，直到1820年，计划才初步成形。要恢复小城的大主教位，需要广泛的建筑新修工作。维也纳皇家建设办公室（Court Construction Office）主任路德伟伟·冯·雷米（Ludwig von Remy）和艾森施塔特（Eisenstadt）的建筑师保罗·屈内尔（Paul Kühnel）设计了一组建筑群，这个建筑群学习借用了罗马埃斯科里亚尔（Escorial）和梵蒂冈的风格，将大教堂、宗教活动会议厅、主教宫殿和神学院连接起来。1824年后，约翰·帕克（Johann Packh）在朗内尔（Runnel）的设计基础上，减小了修建规模，而约瑟夫·希尔德（Joseph Hild）则于1845年之前完成了修建工作，但依照是设计版本。

高高矗立于多瑙河之上的教堂，从其正面一眼便看到经典的鼓形壁立柱——虽然最初设计时原本是想要一个空荡的外观效果。穹顶耸立，高达70多米，由24根立柱支撑。教堂正面，映入眼帘的是57米高的双塔，边角突出，雕刻纹饰丰富多彩，它们立于十根科林斯式立柱上。与威特森（Waitzen）的教堂一样，这个教堂也是以罗马的圣彼德大教堂为参照模型。从建筑师彼德·冯·诺比莱（Peter von Nobile）于1824年绘制的24张系列设计草图中可看出，最初的教堂设计风格更加严谨庄重，如威特森的大教堂一样。同时，这个教堂欲与世界最著名的穹顶建筑一争高下，如罗马和巴黎的万神殿、罗马的圣彼德堡大教堂、伦敦的圣堡罗大教堂以及菲舍尔·冯·埃拉赫（Fischer von Erlach）设计的位于维也纳的查尔斯教堂。

位于的里雅斯特（Triest）的圣·安东尼奥（Sant' Antonio）表明，在所有奥地利建筑师中，诺比莱（Nobile）的设计与理念与卡内瓦里的设计理念最像。诺比莱在处理无窗墙面、柱廊、建筑体与宏伟的阁楼及穹顶之间关系时，合理地延用了卡内瓦里的手法。在奥地利，第一个采用多立克柱式的，是诺比莱；他在奥特·布格托夫（Outer Burgtor）和忒修斯神殿（Temple of Theseus）（第209页下图）中用了这种立柱。

维也纳及周边地区

在匈牙利工作之后，以及为列支敦士登王储们担任一段时间的御用建筑师之后，伊西多尔·卡内瓦里来到维也纳，成为约瑟夫二世君主的宫廷御用建筑师。在这个职位的，众多职责当中，伊西多尔还有一专门职责，即负责城市的郊区建筑。正如约瑟夫（Joseph）在设计霍夫堡时引入了一种新的风格，卡内瓦里在他的设计中则打破了传统的维也纳巴洛克风格；并且在综合医院处修建所谓的"傻瓜之塔"时，他将这种风格打破得最为彻底，这个医院是为"疯子"所修的一家精神病院（第203页左图）。卡内瓦里修建了一个圆筒状的建筑，其墙壁表面最先完全以乡间石料铺成，再加上墙上细小的窗户口，整个建筑看起来结构相当坚固。实际上，这种设计，跟常规的医院设计风格相比，更像是在修建一个监狱。此外，由于场地有限，"傻瓜之塔"被设计成一个紧凑的多层建筑；在其窄小的窗户之后，病房呈星状发散分布，并在庭院一侧通过一个走廊相互连接；这个走廊将看守区一分为二，而看守区是进入这些病房的唯一途径——这样的设计，可以利用最少的人员完成病人看守和照料工作。

奥加唐（Augarten）那壮观的大门，是卡内瓦里应用法国革命新古典主义风格的又一设计。作为宫廷御用建筑师，卡内瓦里还负责皇家公园的设计，而奥加唐和普拉特（Prater）便是其中之一，它是约瑟夫二世向公众开放的一个皇家公园；正因如此，卡内瓦里为奥加唐设计了一个宏伟的大门，并有一句颇具特色的格言，即"休闲之地，为您所享——来自爱你的人"。半圆形的大门之上，笼盖有一个厚重的阁楼；大门两边，连有三重门；而在三重门侧翼，则是用乡间

石料修成的卫兵室。这种几乎完全迥异、自成一格的建筑风格，与公园本身的开阔空间相去甚远，独特至极。与在威特森的设计相比，卡内瓦里对这个大门的设计更为彻底：其立体几何元素看起来像一块模板，唯一的装饰是圆形浮雕剪影和奉献铭文。朱塞佩·皮耶尔马里尼（Giuseppe Piermarini）为约瑟芬纳姆（Josephinum，1783年-1785年）在威灵格路（Währingerstrasse）的设计，被卡内瓦里彻底翻工，尤其是在建筑内部，使其不留一点巴洛克风格的痕迹。这个建筑被用作医药手术学院，因此在空间布局和装饰装潢上，卡内瓦里进行了严格的实用性考虑，比如，在图书馆设计上，天花板采用的是简单的铸铁立柱支撑（第203页右下图）。这个建筑带有三个侧翼，与街道之间用格式栅栏隔开，是综合医院区的构成部分之一，约瑟夫二世将巴黎类似建筑作为该综合医院区的设计基础；它被称作是维也纳最后一座巴洛克风格建筑。

右图：
路易斯·蒙托耶尔
维也纳拉苏摩法斯基大舞厅（Palais Rasumofsky），1803年－1807年
祭堂

　　卡内瓦里倡导的本色建筑风格以反对已退出主流舞台新古典主义的姿态兴起，并影响了他在维也纳的同行。作为一名宫廷御用建筑师，费迪南·黑岑多夫·冯·奥昂贝格（Ferdinand Hetzendorf von Hohenberg）长期坚持着巴洛克风格，他在1783至1784年期间，为当时名噪一时的维也纳银行家弗列斯伯爵（Count Fries）在约瑟夫斯普拉茨（Josephsplatz）修建了一个城市宫殿。但这次，他的设计焕然一新，没有延续他一贯的设计风格，反倒是深受了卡内瓦里作品的影响。宫殿建于女王寺院（Queen's Monastery）的废墟之上，这块废墟之地后面连有公寓大楼。最初，宫殿正面仅以一列窗户为轴相连，至于后来所加的女像柱大门，以及窗户之上的三角底山形墙，都只是为了回应其他建筑师对此所谓的"裸奔"建筑的激烈批评。黑岑多夫在建筑内部设计上，也与标准手法殊途异路：将客厅规划在中层楼，以降低天花板高度，节约取暖成本；而对于不常用到的会客室，则移到了顶楼。黑岑多夫不仅借用了已建成宫殿的维也纳式巴洛克风格，还本着卡内瓦里的理念，采用了当代的建筑形式。至今仍不清楚的是，黑岑多夫的同行反对者们，不满的是建筑师还是宫殿主人——一个刚被封为贵族的银行家，因为这位银行家竟敢在霍夫堡的旁边修建他在维也纳的私人住所，而这个地方到目前为止本应是为上层贵族人士预留的。约瑟夫二世努力想要取消贵族特权，并且作为君王，想从其代言性的角色功能中抽身出来，这些努力在公共建筑物简单明了的外表设计中实实在在地表现出来了。同时，达官仕途也向非贵族阶层开放。弗列斯（Fries）的"城市之家"旨在表现变革社会中的两个方面：一是贵族，甚至是君主在形式上的轻描淡写；二是通过勤奋即可得到贵族特权的新的机会的存在。

　　在1804年，弗朗茨二世（一世）宣布成立奥匈帝国后，西欧经典新古典主义建筑风格才成为维也纳建筑风格的一部分。当意识到在建筑风格中表达国家利益的日益增长的需求后，弗朗茨二世首次在霍夫堡中修建了一个祭奠大厅，大厅当中，方格天花板由独立式立柱支撑。这个大厅的建筑师是路易斯·蒙托耶尔（Louis Montoyer），他因在荷兰南部，从事帕拉迪奥式（Palladian）的经典新古典主义设计成名。1795年，蒙托耶尔与艾伯特·冯·萨克森-特申（Albert von Sachsen-Teschen）一起来到维也纳；随后不久，自从1803年，蒙托耶尔开始为俄罗斯特使——拉苏摩法斯基王子（Prince Rasumofsky）——设计新帕拉迪奥式宫殿，他在这个宫殿正面也采用了立柱，而其祭堂则按霍夫堡的祭奠大厅样式设计（第204页205页插图和第206页左上图）。

　　在正面采用立柱是为了保留其独特性，而非遵从设计规则；然而，

奥地利宫殿，它包含几个与众不同的立体几何部分以及独立式的屋顶，在紧凑的中央结构前面，还延伸着一个宽阔的石柱廊。

科恩霍索尔（Kornhäusel）既不是宫廷御用建筑师，也没有被赋予任何官方职务，但他的客户都是贵族成员、宗教团体以及野心勃勃的资产阶级。如今，他租住的那栋楼清晰见证了林斯特拉伊（Ringstrasse）修建之前维也纳的发展。它们是一个由紧凑的建筑体形成的综合体，墙面平整，融合了经典的新古典主义元素——但最让人震撼的是其内部风格。在设计时，科恩霍索尔一方面保持建筑外表简单，另一方面则在这种简单的克制下尽情装潢建筑内部，弥补表面的简单。不管是苏格兰基金会（Scottish Foundation）的图书馆，位于塞特斯特腾加伊（Seitenstettengasse）的犹太教堂（第207页插图），还是艾伯特·冯·萨克森-特申公爵宫殿的音乐厅和舞厅——曾为卡尔大公（Archduke Karl）改造过，现为阿尔贝蒂娜学习厅（Study Hall of the Albertina）——科恩霍索尔都始终如一地抱以戏谑态度，处理成经典立柱和壁柱、方格天花板、桶形拱顶、圆顶和装饰走廊，并对光线进行巧妙利用，而所有这些风格看起来好像都是要与外表低调平淡的设计对唱反调。总之，在19世纪头十年，对平淡无奇的建筑外表提出挑战的，正是科恩霍索尔的建筑内部设计。

前革命期的建筑风格得到的评价很低，这主要是由于皇家建设委员会的作用，因为皇室委员会被要求对所有公共建筑的技术和经济适用性进行测评，如此，公共建筑的外表设计便可得到"统一"。但单调乏味也随之而来；尤其是在委员会的命令下，修建了一些外表统一

在维也纳地区的两个著名宫殿中可以看到这些立柱。在艾森施塔特（Eisenstadt），查尔斯·莫罗（Charles Moreau）扩建了艾什泰哈齐宫（Esterhazy Palace），用立柱加固了前花园。莫罗的设计只被完成了一部分，莫罗按照克洛德·尼古拉·勒杜（Claude-Nicolas Ledou）的主旨进行扩建设计——但他的设计只被完成了一部分，莫罗在中央部分引用了克洛德的"四观景楼之屋"，在建筑两边增加两个侧翼，侧翼末端有一个立方体凉亭。莫罗打破了勒杜严肃的设计风格，添加了维克托·路易（Victor Louis）位于波尔多（Bordeaux）的剧院及查理·德瓦伊（Charles de Wailly）位于巴黎的"奥德翁"（Odéon）所用的早期纪念型石柱廊，使建筑显得熠熠生辉。几年后，莫罗的设计再次被约瑟夫·科恩霍索尔（Josef Kornhäusel）采用，当时他在巴登（Baden）附近为卡尔大公（Archduke Karl）修建魏尔堡（Weilburg，1820年-1823年，毁于1945年，第206页左下图）。魏尔堡是大革命前期最重要的

的建筑，如保罗·施普伦格设计的中央造币厂和约翰·阿曼（Johann Aman）设计的兽医学院，它们外观都毫无生气，拘于形式。然而，最近研究表明，这些建筑反映的并非一定是建筑师的设计手法，因为官僚官员坚持对规范的遵从限制了建筑师们的创造力。

18世纪晚期最重要的艺术形式是景观建筑。与其他在继巴洛克风格之后紧跟新古典主义风格的艺术形式形成鲜明对比的是，巴洛克法国公园的后继者并非新古典主义，而是人造"自然"概念。分散于公园中的那些装饰性建筑，那些希腊罗马寺庙和城堡废墟，就是建筑发展史的一个剪影。文艺复兴时期的宫殿，伴随着新哥特式建筑而立，而那些铁铸桥梁和液压技术，则在那儿见证着工业革命的存在（第230页-249页）。

此类花园于18世纪下半叶在英国发展起来，其发展势头在欧洲大陆也不相上下，体现在德绍（Dessau）附近的沃利茨（Wörlitz）以及位于马斯考（Muskau）附近的普克勒王子（Prince Pückler）的花园。在维也纳，约瑟夫二世和弗朗茨二世从1782年开始，将他们位于拉克森堡（Laxenburg）的避暑花园改造成英式花园；他们在这座庄严的浪漫主义风格的花园中大量建造纪念碑和亭阁。这其中最著名的要

数孔科尔迪亚神庙（Concordia Temple，1795年），其带有看台的赛场和虚妄之屋（House of Whims，1799年）——虚妄之屋是仿照一个废墟建立的。在重新设计舍恩布伦宫殿（Schönbrunn Palace）花园时，黑岑多夫在设计舍恩布伦宫殿（Schönbrunn Palace）花园时，也采用了景观园林的早期形式，修建了一个方尖石塔和人工废墟景点。然而，最引人注目的特色是其中的一个凉亭，它位于主轴末端的一个小山丘上，采用的是巴洛克传统风格。在拉克森堡，最主要的建筑是弗兰岑斯布尔（Franzensbur），它座落在一个人工小岛上，其大厅融合了从奥地利其他宫殿和寺院所得的建筑板块（第209页上图）。按照中世纪城堡样式修建的弗兰岑斯布尔，有塔顶，城垛，城墙和坟墓，但从1840年开始，它在其他建筑的光彩下愈加黯然失色。另一些英式花园在维也纳附近的维也纳林山（Wienerwald）建立起来，如位于诺伊瓦尔德格（Neuwaldegg）的施瓦森贝格花园（Schwarzenberg Garden），但这些建筑没有采用有任何重要地位的建筑风格。最引人注意的、为建筑学作出重要贡献的景观工程位于摩拉维亚（Moravia）小镇艾斯格鲁布（Eisgrub），是由列支敦士登王子委托建立的。

上一页：
约翰·斐迪南·黑岑多夫·冯·奥昂贝格

维也纳舍恩布伦宫殿花园
（Schönbrunn Palace Park），1775年
凉亭

右图：
拉克森堡弗兰泽岑森布尔格，始于
1782年

弗兰泽岑森布尔格位于皇家避暑小岛
拉克森堡，它那带有城垛的建筑风格
在19世纪中期之前，都是哈布斯堡家
族领土上许多宫殿修建的模型。

右图：
彼德·冯·诺比莱

维也纳特修斯神庙，1820年－1823年

这个神庙是根据雅典的特塞印
（Thesaion）修建，是维也纳首座专
门用作博物馆的建筑：安东尼奥·卡诺
瓦的《忒修斯怒砍人马怪》最先存列
于此。诺比莱在此采用了经典的希腊
多立克式柱，正如他在奥特·布格托夫
所使用的设计手法一样。

位于费尔德斯贝里 (Feldsberg) 和艾斯格鲁布 (Eisgrub) 的列支敦士登花园

最引人注目的新古典主义和浪漫主义建筑群之一,位于奥地利和摩拉维亚交界处的塔亚 (Thaya) 沿线地带。沿着这块7千米长、连接费尔德斯贝里和艾斯格鲁布臣民的宽阔地带,列支敦士登王子修建了一个英式景观园林,里面的建筑风格种类众多。从13世纪到1945年,费尔德斯贝里和艾斯格鲁布与列支敦士登议会院 (House of Liechtenstein) 都有着千丝万缕的关系,并且在16世纪,前者成为王子的主要住所之地,而后者,则是其避暑之地。

艾斯格鲁布的扩建,得益于约翰·亚当王子 (Prince Johann Adam) 委托建筑师约翰·伯恩哈德·费舍尔·冯·埃拉赫为其修建马厩一事。建成的"骏马宫"是一个庞大的建筑体,带有三个侧翼和一个后墙,其体积超过了它作为马宫本身应有的排场。马宫周围原是带有浓浓乡土味的农业区,但王子将其开发成了繁华的经济工业区。王子在费尔德斯贝里有什么样的瑞士奶牛群,那在艾斯格鲁布就会养些什么样的马。直到将近18世纪末时,列支敦士登的约翰·约瑟夫一世王子才开始规范化建设乡村地区,在那儿修建巨大的景观园林,这些花园留存至今。在卡耶坦·凡蒂 (Cajetan Fanti) 的设计下,沼泽变干地,河流改流向,人工湖和人工岛修建成形。王子的御用植物学家从世界各地找来各种奇花异草和树木——其中最受偏爱的是美洲品种——种于其中。所有这些设计背后的理念本质是,要使建筑变得更加实用,并能培育各种植物和动物。王子的御用建筑师们,约瑟夫·哈特穆特 (Joseph Hardtmuth)、约瑟夫·科恩霍索尔 (Joseph Kornhäusel) 和弗朗茨·恩格尔 (Franz Engel),创造了带有装饰建筑、亭台楼阁、微型宫殿和其他英式花园元素的建筑风格。同时,这些花园还是狩猎之地,这也带动修建了一整系列供狩猎时和狩猎后使用的建筑。

除英格兰地区各种各样的景观园林外,此类风格的典型花园主要还出现在德绍附近的沃利茨。然而,不管是从其规格形状还是大小规模上讲,艾斯格鲁布的公园都是最特别的,它们远非只是装饰性建筑而已。其中,让人印象最深的便是那座68米高的土耳其塔(第210页插图);这个塔由约瑟夫·哈特穆特于1797年修建,用作天鹅湖旁的观景台用(毁于1790年)。塔的八角看台坐于一个矩形基座之上,基座四周是连拱廊,每个连拱廊有三个拱门,每个拱门都与其顶上三个圆拱形窗户对应。基座的每根柱子向上延伸,穿过檐口,形成一个个小塔,而整个塔身则由外围走廊分为几个独立塔层。

几十年来，建筑师约瑟夫·科恩霍索尔（Joseph Kornhäusel）与雕刻家约瑟夫·克利贝尔（Josef Klieber）通力合作，并在阿波罗神庙中，这种合作关系达到顶峰。在穹顶之脚，巨大的中央贝壳之上，是一个雕带，上面是骑着太阳战车的阿波罗。穹顶前面的桶形拱顶笼盖于托斯卡纳石柱廊的柱上楣构之上，而两侧则围以雕像栏杆。傍晚时分，贝壳在夕阳余晖中闪闪发光。

以石柱廊为主题的建筑风格衍生的另一风格为雷斯坦恩贝格（Reistenberg）石柱廊。这种风格由约瑟夫·哈特穆特于1812年发起，并在他从宫廷职务中退休后，通过其继位人约瑟夫·科恩霍索尔最终完善。阁楼向凯旋拱门两侧延伸达四个柱间距，且最外围的支柱结构与拱门本身设计特色相同：都有楼梯通向阁楼顶层的阳台；这一设计灵感明显来自约翰·奥昂贝格·冯·黑岑多夫（Johann Hohenberg von Hetzendorf）设计的位于舍恩布伦（Schönbrunn）的宫廷中的那个凉亭，但同时，哈特穆特和科恩霍索尔又用其雕刻技术对其作了一番修改。

自从1812年，哈特穆特开始着手为戴安娜神庙（Temple of Diana）修建一个更为传统的凯旋拱门，拱门内部设计同样由科恩霍索尔完成。在拱门顶层，有一个巨型大厅，可由一个螺旋梯通往。这个大厅可用作狩猎后的早餐厅，而在狩猎进行时，客人们可在公园里各式各样的建筑上观看或休息，或者在此偷偷观察野生动物。由于公园是建在小山上或者林中空地当中，因此在这儿能享受到绝美的景色。美惠三女神神庙（Temple of the Three Graces，1824年）和边境宫殿（Border Palace，1826年/1827年），二者都由弗朗茨·恩格尔设计，

也是用作狩猎聚会时的休息场所。美惠三女神神庙是一个半圆形的石柱廊，表面有帕拉第奥（Palladian）装饰物，而被半圆形围在中间的，是克利贝尔（Klieber）创作的一组雕像，它们与神庙齐名。从美惠三女神神庙向附近的一座山丘平行望去，可看到由科恩霍索尔设计的小巧的湖周宫殿（Lake Palace），它比美惠三女神神庙早修不到十年；它的结构几乎呈矩形，且在其正面的中央突出部分顶上，附有山形墙；还有那个阳台和桶形入口，也是湖周宫殿的特色。

由弗朗茨·恩格尔设计的边境宫殿（Border Palace，1826年/1827年），因其位于摩拉维亚和奥地利边境而得名，它由一座帕拉第奥式的公馆改造而成，有一个中央区，两侧各有一个亭阁，两个亭阁与中央区由侧翼相连（第212页上图）。在其中轴上，有一个三拱门连拱廊，这个连拱廊同时又是宫殿的凉廊。侧翼后部衬有一个梯形墙，可在此观赏湖周风景，和远眺阿波罗神庙。

其他建筑则是能在英式花园中可看到的典型装饰性建筑，比如

哈特穆特设计的"罗马"引水渠遗址（1805年），当初通过这个引水渠，水可以流入天鹅湖——所需的水泵由工程师加布里埃尔·布尔达（Gabriel Burda）修造。同样，汉森布尔格（Hansenburg）也属于景观建筑的传统风格。在列支敦士登境内，下奥地利州（奥地利）和摩拉维亚(Lower Austria and Moravia)，也有好几处城堡遗址，这其中，数汉森布尔格最大：有四个侧翼和巨型圆塔，在其室内，有一个巨大的骑士厅和一个武器收集厅。

诺伊霍夫（Neuhof，1809年）由哈特穆特为王子那十头著名的瑞士奶牛修建，延续了艾斯格鲁布和费尔德斯贝里的马厩传统，地点则在这两个地方之间。在这个放大版的矩形建筑两边有连拱廊，拱廊的拱门用木栅门封禁；建筑侧翼是独门独户的牛棚，而在侧翼中心，即正对艾斯格鲁布的地方，弗朗茨·格鲁贝尔（Franz Gruber）插入了一个圆形建筑，以安放畜舍，并在此设计了一个观赏厅，以便观察奶牛。

19世纪中期，位于艾斯格鲁布的微型巴洛克宫殿被庄严的新哥特式庞大建筑体（第212页下图）取代。这些建筑有旗塔、城垛和凸肚窗，沿用了英国和德国的城堡风格，但同时，它们也参照了拉克森堡

宫殿花园中弗兰泽岑森布尔的风格。这类风格的建筑后来在波希米亚和摩拉维亚也都有修建。宫殿的建筑师格奥尔格·温格尔米勒（Georg Wingelmüller），修建了一个毗连的玻璃房——这是最早的此类建筑之一。

同时（1840年-1847年），约翰·阿道夫·施瓦曾伯格王子（Prince Johann Adolf Schwarzenberg）将其位于波西米亚南部弗劳恩贝格的住所换成了一座新哥特式宫殿，其设计遵从温莎城堡（Windsor Castle）的风格，但同时也保留了一种高度的整齐性。位于波西米亚北部的科尼格拉兹（Königgrätz）附近的赫拉德克（Hrâdek）的哈拉赫宫殿（Harrach Palace），同样也受英式风格影响，且也像弗兰泽岑森布尔一样，重新使用老建筑的部分地方。这些建筑的三个主人——哈拉赫（Harrach），施瓦曾伯格（Schwarzenberg）和利饮斯坦（Liechtenstein）——都曾在英国接受过教育，在其国家治理中采用了英国最新的思想。列支墩士登原统治家族的住所，即位于莫德林（Mödling）附近的一座中世纪堡垒，在1808年被重新利用起来，当时它被重新设计为浪漫主义风格。原堡垒的大部分地方看起来仍原封不动，而直到1873年以后，当为堡垒完成第二层及一个主体塔顶的修建工作后，整个改建工作才算"完成"。不管是采用了保护还是翻修原建筑的方法，位于莫德林的城堡都向我们展示了19世纪下半叶的"浪漫主义"城堡相对流行于18世纪下半叶的人造遗址已偏离地如此之远——因为人造遗址强调的是与自然的亲密关系。

希尔德加德·卢佩思·沃尔特（Hildegard Rupeks-Wolter）

俄罗斯的新古典主义建筑

向西欧学习的俄国

继伊利莎白一世（1709年-1761年）的巴洛克时代之后，凯瑟琳二世(1729年-1796年)亦引领俄国进入了新古典主义时期。执政之初，她推行开明专制，她所实施的一系列改革也让俄国的政治和社会环境焕然一新。她在执政34年间的政治、经济和文化改革使俄罗斯帝国成了欧洲社会广泛讨论的话题。彼得一世（1672年-1725年）一贯亲欧洲，而凯瑟琳不愧为彼得一世在这一方面的杰出继承人。实际上，凯瑟琳大帝的确认为自己是彼得大帝的传承人——1768年至1782年间，艾蒂安·莫里斯·法尔科内（Etienne Maurice Falconet）塑造了彼得大帝青铜骑士雕像，其铭文有力地证实了这一点"圣君彼得，圣君凯瑟琳"和"彼得创先河，凯瑟琳承衣钵"。

要想正确理解这一时代背景，我们需要对历史加以回顾。彼得一世曾对俄国进行了全面改革。作为一位果断、野心勃勃，甚至有些残忍的君主，他摒弃旧的体制，打破传统，开创了一种全新生活方式。一次偶然的机会，他在莫斯科的外国人居住区接触到了欧洲文化和技术，出于对欧洲文化和技术的研究，他于1697年至1698年间首次造访了欧洲。访问期间的所观所感促使他在行政管理、经济和文化领域进行了大刀阔斧的改革。废弃拜占庭历法而选择更受西方国家青睐的罗马儒略历正是这一新纪元诞生的标志。在大北方战争(1700年-1721年)期间，他在建设一座新城方面表现出了巨大的勇气和力量，最终于1703年获得了经由圣彼得堡进入波罗的海的权利。涅瓦河（River Neva）沿岸广阔的建设工地上，忙碌着沙皇从西欧召集的艺术家和建筑师。新的首都（皇室于1713年搬迁至此）像诗人亚历山大·普希金（Alexander Pushkin）所描述的那样，成为了"欧洲之窗"。大北方战争的胜利确立了俄国在东欧的霸权地位，也使之成为欧洲不可忽视的政治力量。也正是这项胜利使彼得抛弃了沙皇制，改为帝国制，并加冕为"大帝"。

凯瑟琳二世时期

1745年，经腓特烈大帝（Frederick the Great）引荐，来自安哈尔特·斯特（Anhalt-Zerbst）州的德国公主嫁给了俄国皇室的继承人——彼得三世（1728年-1762年）。在之后的政变中凯瑟琳二世夺取王位，当之无愧的成为了俄罗斯国家和民族的统治者。受启蒙运动精神的影响，凯瑟琳接受过较高的教育，并且和伏尔泰（Voltaire）、狄德罗（Diderot）、卢梭（Rousseau）以及格林姆男爵（Baron

Grimm）等都保持着书信来往。她通过立法来改革俄罗斯各州的努力破产之后，凯瑟琳于1767年发布了"凯瑟琳大帝诏令（Great Instruction）"，用于指导如何制定新的法律条款。在"俄国是欧洲政权"这一基本方针的指引下，凯瑟琳采纳了西欧哲学家的理念，特别是孟德斯鸠（Montesquieu）的"论法的精神（De L'Esprit de Lois）"。凯瑟琳大帝继位之后，农民起义此起彼伏，但最终都被轻易平定。在统治期间，她之前开明的态度锐减。凯瑟琳大帝虽也曾商酌废除农奴制度，但为了赢得贵族阶层的支持，巩固对她自身更为有利的贵族特权，她依然保留了农奴制度。虽然国内阴谋重重，摩擦不断，但成功的对外政策使凯瑟琳功过相抵，帝国的疆土在该时期不断西扩，南达黑海地区。女皇也积极致力于教育事务，是艺术与科学事业的坚定支持者。凯瑟琳二世深刻认识到现代国家需要一种全新的建筑语言，并由此踏上了开创新古典主义风格的征程。

石结构建筑委任状（Commission for Stone Architecture）：圣彼得堡和莫斯科

在圣彼得堡，阿列克谢·科瓦梭夫（Alexei Kvassov）综合考虑了这座兴建中的城市的各项需求，起草了一份整体发展规划。他保留了涅瓦河左岸（海军部所在的一岸）城市中心的三个主轴线，设计了整齐的街道体系，以及风格一致的临街建筑。花岗岩堤岸沿河而筑，石桥凌空飞架。伊利莎白一世时期重视巴洛克式风格宫殿的建设，但是在凯瑟琳大帝时期，众多的新型公共建筑风格应运而生：教育机构、法庭及行政建筑、银行、医院、商业建筑以及仓库等不一而足。俄罗斯当地人也和他们新上任的君主一样，采用了意大利和法国建筑师的技术（这些建筑师以前多在伊利莎白时期创立的艺术学院中任教）。这项制度活跃了俄国和西欧艺术家之间的交流，一些俄国艺术学院的奖学金获得者也开始出国游学。罗马是他们最终的目的地，还有巴黎，他们要在那儿丰富自己的古典知识。后辈的建筑师接触了一些温克曼（Winckelmann）的作品和维特鲁威（Vitruvius）及帕拉迪奥（Palladio）的建筑学专著。这一切都在莫斯科和圣彼得堡的众多建筑中得到了印证，同时也推动了一种独特风格的形成。

圣彼得堡第一批城市建筑：瓦林·莫特（Vallin de la Mothe），佛坦（Velten）以及纳尔迪（Rinaldi）

在1764年到1788年间，艺术学院按珍·巴蒂斯特·瓦林·莫特

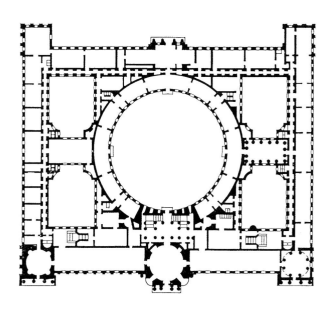

（Jean Baptiste Vallin de la Mothe，1729年-1800年）和亚历山大·科科里诺夫（Alexander Kokorinov）的建筑规划得以重建，该建筑新颖、壮丽。设计师莫特是法国人，国外建筑师的最重要代表人物之一，在1759年时被召入该学院进行设计。该建筑矗立在华西列夫斯基岛上（Vassilyevski Island），是这座城市中第一批新古典主义风格的建筑物之一，其平面呈矩形，宽敞的内院呈圆形，四个稍小的角院围绕内院分布于四角。这里是教学区和住宿区的所在。正面遥对涅瓦河，建筑采用新颖、新古典主义的设计风格：底座采用具有乡土气息的石雕工艺，镶有圆形窗户；底座之上是两层小楼，依照绝对对称的样式修建，由三道突出的门廊和方柱支撑。尽管中心部分凹凸有致的雕花仍具浓郁的巴洛克风格，其正面的中心位置则由多利克柱和原木式的门廊构建，显得格外醒目。

凯瑟琳二世是一位孜孜不倦的西方欧洲艺术品收藏者。在国外，经由格林姆男爵、狄德罗和雕塑家法尔科内推荐，她派遣大使系统地购买全套系列的收藏品。1764年建立美术馆时的展品多是购买自柏林商人（Gotzkovsky）的收藏品。同年，凯瑟琳大帝创立小艾尔米塔什（Little Hermitage）。底层建筑饰以乡土气息浓郁的石质浮雕，毗邻的后巴洛克冬宫在垂直面上呈现出相似的设计，两者合遥相呼应；底层建筑上方耸立着6根科林斯石柱门廊，庄严地支撑着建筑的阁楼（第216页插图，左图）。

下图：
珍·巴蒂斯特·瓦林·莫特
圣彼得堡小艾尔米塔什
1764年-1775年，涅瓦河一侧

下图：
尤里·佛坦
圣彼得堡老艾尔米塔什
1771年-1787年，楼梯

　　但是这座建筑的容纳量很快就捉襟见肘了。尤里·佛坦（Yuri Velten，1730年-1801年）沿用老艾尔米塔什（Old Hermitage，1771年-1787年）的模式，进行了扩建，至此，所有陈列绘画的宫殿都被统称为"艾尔米塔什"（Hermitage）。所有这些建筑，包括增建的剧场在内，使冬宫发展成为河畔的靓丽风情。该结构的最终形式不仅确立了其作为公共建筑的地位，也见证了该建筑作为新的皇家藏室的收藏品的增加。

　　追溯新古典主义的另一条路线可前往位于切什梅（Tchesme）的皇家旅馆和教堂，两座建筑坐落在圣彼得堡和沙皇别墅的夏日行宫之间。宫殿是凯瑟琳女皇为了纪念海军战胜土耳其所建，沿用了英国中世纪古堡的建筑风格。五穹顶教堂(The five-domed church,

1777年-1780年)标志着俄国出现了首座仿哥特式建筑。建筑平面呈四叶草形，整个教堂几乎遍布这种风格的元素，并和一些充满异国情调的土耳其建筑风格的元素完美结合在一起。

　　凯瑟琳二世在奥洛夫兄弟的帮助下才荣登宝座，作为回报，她在政府和军队中都授予了他们极高的权利。

　　格雷戈里·奥洛夫（Gregory Orlov）是最得她钟爱的一位，她将圣彼得堡最漂亮的宫殿之一，大理石宫（Marble Palace，1768年-1785年）赐给了他。意大利建筑师安东尼奥·纳尔迪（Antonio Rinaldi，1710年-1794年）将这座宫殿设计为涅瓦河码头的标志性建筑，和冬宫交相辉映。

下图：
尤里·佛坦
圣彼得堡切什梅教堂
1777年-1780年、从西北方向拍摄

下图：
克里姆林整体效果图、莫斯科、从莫
斯科方向拍摄，右方：大克里姆林宫、
1838年-1839年、索恩（K.A. Thon）

底图：
瓦西里·巴热诺夫
莫斯科克里姆林宫中心部分的正面，
1767年-1775年设计

莫斯科旧都

克里姆林宫的规划和城市再建：巴热诺夫（Bazhenov）和卡扎科夫（Kazakov）

在圣彼得堡修建首都的同时，凯瑟琳大帝同时致力于另一项长期的工程，旧都莫斯科的重建，尽管她并不喜欢这座中世纪风格的城市。但加冕礼依旧要在这座"神秘之都"进行，俄国东正教堂（Russian Orthodox Church）的总部也在莫斯科，更何况这里还是俄国主要的税收来源。凯萨琳大帝决心按照启蒙运动的理念来重塑这里的生活和思想，这一想法得到了狄德罗的鼓励，他认为"莫斯科比圣彼得堡更适合作为首都"。他始终认为帝国的首都不应该位于"国土的边疆地带"。凯瑟琳大帝想彻底重修"庄严"之城莫斯科的中心——克里姆林（Kremlin）：用全新的克里姆林宫（Kremlin palace）象征全新的、进步的俄国。1767年,凯瑟琳大帝将设计草图的任务交给了瓦西里·巴

热诺夫（Vasily Baehenov,1737年-1799年）。他先前在圣彼得堡、巴黎、罗马等地进修过，历经五年才设计出与克里姆林周围的城市环境融为一体的壮丽宫殿(第217页右下图)。大克里姆林宫大量临街建筑面朝莫斯科河，多是采用这种设计。旧教堂被保留下来，处于靠里的位置，巴热诺夫将参议院及行政办公楼安排在法庭周围，相互间有街道连接，形成一个广场。莫斯科的整个重心调整至那座让其他所有建筑黯然失色的宫殿。但是1773年奠基后仅仅两年，就因政治和经济原因停工了。尽管如此，受新古典主义鼓舞的建筑风格仍影响了一代的俄国建筑师。

为了规划城市化进程，莫斯科设置了城市发展委员会。最初的构想是，从1775年开始要用环形的林荫道、笔直的马路代替"怀特城（White City）"的城墙，并建设风格一致的广场。重要的公共和个人建筑的修建，特别是克里姆林宫附近区域的建筑均秉持了这些原则。

帕休可夫家族（Pashkov family，1784年-1786年）的城市宫殿修建在克里姆林宫对面的坡地上，毫无疑问它是莫斯科(第218页顶图)新古典主义建筑的杰出代表。巴热诺夫注重建筑同周边环境的和谐。

这座宫殿的非同凡响之处在于莫斯科新古典主义建筑风格的独特之处：入口直通庭院，而临街花园的这一面却是房屋的正面。中间部分高出，并和厢房相连；厢房皆为双层建筑，画廊旁则是单层建筑。四根精雕细刻的科林斯石柱支撑的柱廊遮挡住主楼中较高的楼层，栏杆围绕的高耸穹顶，还设有观景台。厢房的正面以爱奥尼亚式带有山墙的廊柱为特色。

由卡扎科夫（Kazakov，1738年-1813年）主持修建的参议员大楼（1776年-1787年）是新古典主义精髓的最好体现。平面图呈等腰三角形(第218页底图)，主厅的顶端是圆形的穹顶——这是他最钟爱的特色之一。走廊将毗连的房屋连接，并迂回至对角线侧翼所勾勒出的宽敞的内院中。这样的空间安排体现了一种新的行政建筑风格。从外部来看，整个建筑坐落在高耸的基座上，被多利安式的壁柱分为两层。爱奥尼柱支撑的门廊通向内院，建筑的正面镶以浮雕。

莫斯科大学的建设体现了教育机构的一种新风尚。凯瑟琳二世希望能建造一座科学神殿，传播启蒙运动的理想。卡扎科夫提倡理念创新，偏爱大而宏伟的大厅设计，并在贵族俱乐部（当今的工会所在地）的设计中将之完美体现，这一理念在他同时代的建筑师中颇有影响力。

他为贵族高利特欣（Golitsyn）家族设计的恢宏医院建筑完美体现了他的天赋，并使他成为18世纪末莫斯科新古典主义建筑师中的领军人物之一。

莫斯科郊外的贵族乡间别墅

凭借女皇授予的特权，越来越多地贵族们离开城市，全身心地在乡村修建宫殿。该类建筑将新古典主义真谛演绎成俄国传统的建筑材料——木材，并以此形成了自己的独特风格。库斯科瓦（Kuskovo）

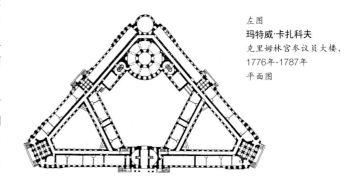

左图
玛特威·卡扎科夫
克里姆林宫参议员大楼，
1776年-1787年
平面图

上一页顶图：
瓦西里·巴热诺夫
莫斯科帕什科夫宫，1784年-1786年

下图和右图：
维森佐·布伦纳
莫斯科奥斯坦金诺宫，1792年-1798年
正立面的和蓝厅

和奥斯坦金诺（Ostankino）这两个宫殿坐落在富豪舍列梅季耶夫（Sheremetyev）的家园中。库斯科瓦宫（1769年-1775年）是由著名的法国建筑师查尔斯·德斯·瓦伊（Charles des Wailly）设计的，但其工程监督和建造却是由本地工匠们完成的。在这里，如同在奥斯坦金诺宫（1792年-1798年，第219页下图和上图）一样，有一个剧院。剧院是俄罗斯贵族生活的一个重要组成部分，每当冬季来临，宫廷显贵的剧院中就会有节目演出。奥斯坦金诺宫中的剧院按设计要求，应可容纳250名观众，并应构成该宫殿中心建筑的一部分。意大利人维森佐·布伦纳（Vincenzo Brenna）负责该设计。竖着六根圆柱的门廊和楼梯构成了形如竞技场的剧院和主室的通道。必要时，可操作巧妙的机械设备，将舞台变成舞厅。

圣彼德堡城市建筑的第二阶段：斯塔罗夫（Starov）、夸伦吉（Quarenghi）和卡梅隆（Cameron）

在凯瑟琳的统治下，莫斯科虽然发生了根本性的变化，但她却不得不放弃建造一个中心新区这一都市统一规划。在圣彼得堡，首府的布局都按彼得一世规定的样式进行，这种基本设计样式倒从未见过。

在这里，按照城市创立者的意志，"现代化"城市建设进度非常之快。为了确保城市现代化建设的顺利进行，凯瑟琳聘用了18世纪俄罗斯第三大建筑师伊凡·斯塔罗夫（Ivan Starov，1745年-1808年）。

1776年，斯塔罗夫的第一个重大建设项目进入了规划阶段。三位一体的大教堂建成后被用作彼得一世创立的亚历山大涅夫斯基修道院（Alexander Nevski Monastery）及其陵墓的主教堂（第220页插图）。斯塔罗夫通过一个陶立克式的山墙门廊和两个钟塔来烘托西立面，通过分配建筑物各部的高度来缩减圆顶的突显形态。其内部装饰则是独特的科林斯式双柱，分立在教堂中殿墙墩的周围。这种立柱样式后来演变成了教堂半圆形后殿的列柱，而且斯塔罗夫在随后的陶拉德宫（Tauride Palace）设计中对这一设计样式又作了进一步的完善。为了与城市布局协调一致，该建筑群大门前广场的设计就显得十分重要，因为这里是4.5千米长的涅夫斯基大街（Nevski Prospekt）（城市的主大街）的终点。

在1783年至1789年间，凯瑟琳为她所喜爱的格雷戈里·波特金（Gregory Potemkin）建造了一座宏大的新古典主义纪念碑。格雷戈里·波特金在成功吞并克里米亚半岛（陶拉德）后，该地的首领被授

下图：
本杰明·帕特森（1750年-1815年）
从涅瓦河看陶拉德宫
约1800年，布面油画
68厘米×84.6厘米
莫斯科特列季亚科夫国家美术馆

予陶拉德亲王（Prince of Tauride）称号，并被赐予一座宫殿。在俄罗斯宫殿建筑史上，斯塔罗夫第一次将市政厅室与住宅作了区分，而这一区分也成了拒绝巴洛克式（Baroque）风格的一个明确标志。市政厅室都分布在中心轴线上，而不是位于正立面上。从前庭进入八角形圆顶大厅，穿过横廊，便可进入暖房。横廊的设计带有一种节庆的气息，并按罗马风格与圆顶大厅（万神殿）融为一体。去正厅的走廊和横廊呈椭圆形，穿行在两道开放式柱廊中，每个柱廊有18根爱奥尼亚式柱子，其气势颇为壮观。高高的窗口和温馨的暖房，其建筑布局与周围的自然环境搭配得恰到好处。在圣彼德堡，陶拉德宫成为无数贵族住宅建筑竞相效仿的模式。

为了迎合凯瑟琳二世当时对意大利建筑师帕拉迪奥（Palladio）和罗马古风的审美口味，贾科莫·夸伦吉(Giacomo Quarenghi)和查尔斯·卡梅隆（Charles Cameron）这两位建筑师于1779年至1780年间到了圣彼得堡。他们对随后的圣彼得堡新古典主义表现艺术都产生了持久的影响。夸伦吉（1744年-1817年）对帕拉迪奥的建筑理论非常入迷，因此在罗马学习期间他游历了整个意大利，在旅游日记中他记录了这个国家的各种记念碑。他在意大利做过工程师和绘图员。在俄罗斯，他以同样的方式收集广博的建筑知识，最终成了凯瑟琳的一名主要设计者。

在这个城市里，夸伦吉所作的公共和私人作品，以及沙皇别墅，都是明白的几何结构，它们的外观简洁而宏伟。在他的建筑作品中，特别值得一提的是俄罗斯的第一家银行——国家银行——它的中央大楼造型使人不禁联想起巴拉迪欧式别墅（Palladian villa）。在其他的作品中，如拉菲尔走廊（Raphael Loggias）、厄米蒂齐剧院（Hermitage Theater）和科学院（Academy of Sciences），夸伦吉则必须将其设计思想与涅瓦河堤岸的城市发展形态相吻合。厄米蒂齐剧院(1783年-1787年)是一个宫廷剧院，每天晚上都上演节目，包括凯瑟琳二世的喜剧，这情景恰好与厄米蒂齐式弧形宫殿正面之新古典主义风格交相辉映。观众席的设计很独特，夸伦吉模仿了在维琴察市（Vicenza）由帕拉迪奥（Palladio）设计的奥林匹克剧场，将它设计成了圆形剧场，而不是采用18世纪普通的配包厢式剧场。剧场内壁主要采用了科林斯式人造大理石立柱结构；而在立柱间的壁龛中，阿波罗雕像和缪斯女神像栩栩如生。

在凯瑟琳大帝统治期间，妇女是可以接受高等教育的。在1766年，女皇还为贵族妇女和名门之女设立了一所供膳宿的学校。到了19世

纪，这所学校成了所有类似的女子学院的样板。在19世纪初，夸伦吉则是负责完成这些建筑工程的建筑师。而凯瑟琳的建造方案则并不局限于她的首府。对于沙皇别墅、巴甫洛夫斯克（Pavlovsk）和圣彼得堡郊外皇家居所的翻新和重新设计，她也很感兴趣，并为此设法请到了她的最后一位宫廷建筑师——查尔斯·卡梅隆（1745年-1812年）。她把卡梅隆看作是能够替她实现"古风之家"之愿望的一位建筑师。卡梅隆曾参与过罗马式皇家浴场的开挖工程，并于1772年用一套版画公布了这些俗场的改造计划，版画名称为"罗马浴场"。在这项工作的基础上，凯瑟琳任命他为圣彼得堡的总建筑师。

下一页：
查尔斯·卡梅隆
宫殿，巴甫洛夫斯克，1782年-1786年，
荣誉法庭正面

左图：
查尔斯·卡梅隆
沙皇别墅卡梅隆画廊，1783年-1786年，
右边的插图展示的是玛瑙馆景色。

经卡梅隆的设计布局，女沙皇可以直接
从她最喜爱的第五套房，步行穿过空中
花园，经玛瑙馆（Agate Pavilion）到卡
梅隆画廊（Cameron Gallery）。

卡梅隆画廊高耸在富有乡村气息的下层
建筑之上，俯瞰着湖面；这里有个斜
坡，说明其位置要比对面高。

在沙皇别墅里,卡梅隆设计的古典罗马式浴场(1780年-1785年)、柱厅(Hall of Pillars)和"空中花园(Hanging Garden)"以及卡梅隆画廊(1783年-1786年)在很大程度上受到了巴洛克晚期建筑风格的影响(第222页上图)。宫殿与画廊相结合后的产物就是冷水浴场(Cold Baths)和玛瑙房(Agate Rooms)。在玛瑙馆的中央大厅装饰中,卡梅隆仿照了罗马式浴场的花格镶板拱顶结构,给人的印象格外深刻。由于采用了丰富多彩的大理石和豪华瑰丽的亚宝石,这个建筑物更显得奇特无比。从玛瑙馆到卡梅隆画廊的路径是通过把柱廊延伸而形成的,在柱廊中,爱奥尼亚式波纹柱将这座长长的两层建筑的上层妆点得煞是好看。女皇把在这些波纹柱环绕之中的玛瑙馆作为餐厅使用,并在此隐居。画廊中唯一的装点物是一些半身铜像,它们大多是古董的复制品。卡梅隆仿效了罗伯特·亚当(Robert Adam)处理凯德莱斯顿厅(Kedleston Hall)的方法,设计了一对弧形双梯,这样就与通向湖泊的斜坡形成了平衡,并使得画廊与园林相得益彰。凯瑟琳把宫殿的内部装饰也交给了卡梅隆负责。在女皇私室的设计上,可以明显看出其风格受到了亚当兄弟的影响,在绿色餐厅(Green Dining Room)的古风采用上更是如此。

对于郊外的巴甫洛夫斯克王室居所工程,卡梅隆可以不受拘束地进行工作。亭阁、喷流、人造古迹、林荫道、河流,这些景点在设备齐全的宫殿群(第223页插图)和园景公园中和谐地组合在一起,体现了新古典主义建筑风格和英国浪漫主义园林相结合的原则(二战后重建)。这座夏令馆舍是为未来的沙皇保罗一世建造的。凯瑟琳二世对他并无多少感情,因此曾经试图不让他从政,甚至想完全剥夺他的王室继承权。对于孙子亚历山大的出生,她却非常喜悦;因此,她准备了一个机会,以便把这圣彼得堡以南30千米处的大笔财产赐给大公爵夫妇。

这座宫殿建于1782年至1786年,其建筑风格属于巴拉迪欧式(Palladian)。设有科林斯式门廊的庭院正面有一个圆顶,圆顶下呈环状排列着一圈立柱。其中央建筑的两边邻接着弧形的立柱廊道,各自向侧翼展开。卡梅隆还参与了该宫殿的内部设计,但其中的大部分工作是由他的意大利学生维森佐·布伦纳完成的。这样的设计模式尤其适用于意大利式中央大厅;这种大厅的特色是其圆顶高耸在整座大楼之上。对于该厅的大垂直尺度,布伦纳利用周围廊道的光学效果对其作了平衡处理。宫殿的墙壁是经过粉刷的,下层的壁龛装饰着古色的雕像。这座占地600公顷的宫殿在俄罗斯是第一个英式园林设计范例。就像该宫殿一样,卡梅隆设计的许多园林建筑都巧妙地利用了周围的自然环境,如:斯拉维亚卡河(River Slavyanka)畔的友谊教堂(Temple of Friendship,第224页右图,1780年-1782年)。而美惠三女神阁(Pavilion of the Three Graces)和阿波罗柱廊(The colonnade of Apollo)则是另一种古风式建筑结构。1796年凯瑟琳二世去世后,卡梅隆被解除了王室中的职务。

保罗一世和亚历山大一世

　　18世纪末发生的动荡剧变，其影响力不仅波及到圣彼得堡，而且还席卷了整个俄罗斯。凯瑟琳大帝的"黄金时代"结束了，贵族社会的特权生活也没有了。经过漫长而屈辱的等待后，保罗(1754年–1801年)在42岁时继承了他母亲的皇位。他在位的四年被认为是俄罗斯历史上的一个过渡期。他的行为特点是为所欲为，让人无法预测。他生性多疑，对自己的能力也估计过高。他的许多措施都违背了他母亲的意愿。他削减了贵族们的自主权，破天荒地向他们征了税，禁止人们出国旅行并取缔进口书籍。1798年，马耳他岛（Island of Malta）受到了拿破仑的威胁。马耳他岛解放后，俄罗斯与它的前盟友英国断绝了关系，而与拿破仑结了盟。很大程度上由于这个原因，同时也因为他禁止谷物出口，贵族们的经济命脉被掐断了，因此圣彼得堡的贵族阶层组成了一个联盟以反抗他的统治。1801年，保罗皇帝在一次宫廷政变中被推翻，并且在其新近建造的迈克尔宫（Michael Palace）中被杀身亡（该宫从1823年起称做工程师之宫）。

　　新的统治者亚历山大一世（1777年-1825年）受到了各方的赞誉。他是在法国启蒙运动精神的熏陶下成长的，并且决心成为他祖母的合格继任人。于是，一场恢复贵族权利的运动便开始了。贵族们也可以释放奴隶了。然而，国外发生的政治事件很快终结了这场自由改革运动。1805年发生了对法国战争，结果俄罗斯在奥斯德立兹城（Austerlitz）败北。之后俄罗斯皇帝加入了第三反法联盟。从1810年起俄法关系不断恶化，最后在1812年，拿破仑发动了征俄战争。火烧莫斯科这一事件标志着一个历史转折点。法军最终战败，因此俄罗斯在政治和军事上赢得了主导权，俄罗斯政治势力进入了一个全盛时期，而亚历山大也博得了"欧洲救主"的美名。

　　在这一政治巨变的同时，俄罗斯的新古典主义也发生了变革。19世纪的前30多年俄罗斯进入了一个新的时代，这一时代堪比西欧的"帝国"时代。当时所有的著名建筑师都认为城市建筑外观应该统一。在亚历山大统治期间，圣彼得堡的人口增加到了44万，而该城周围的土地面积也相应地增加了。所有的地区，本来一无所有，现在却是一片兴旺景象。为了协调皇城中迅速增长的建设工程量，便设立了一个建设和水资源委员会，委员会成员中有最著名的建筑师。

圣彼得堡城市建筑第三阶段：沃罗尼欣、汤姆、扎哈罗夫和罗西

安德烈·沃罗尼欣（Andrei Voronikhin，1759年-1814年）作为奴隶，出生在斯特罗加诺夫伯爵（Count Stroganov）的庄园中。斯特罗加诺夫送他去圣彼得堡学建筑学，后来又资助他去法国和意大利学习。从1800年起他执教于圣彼得堡艺术学院，并在喀山的圣母大教堂设计比赛（1801年-1811年）中胜出。该建筑的外观为18世纪的风格，但沃罗尼欣构思了一个新的设计方案，在这个方案中，教堂与周围的城市街道及广场融为一体。按照保罗一世的意愿，要模仿罗马圣彼得的样子，在这座建筑物中设一个柱廊（第225页上图）但是，这样在建造过程中却碰到了一些困难。因为按照俄罗斯正统的教规，教堂的祭坛应该朝东。所以沃罗尼欣变动了北侧走廊的位置，将它布置在涅夫斯基大街之旁。在其前面，他建造了一个宽大的柱廊，此柱廊分成四排，由96根科林斯式（Corinthian）波纹柱组成，这样就形成了一个大广场，而大教堂本身则隐藏其中。其侧立面看上去像建筑物的正面，高耸在十字交叉结构之上71.6米高的宏伟圆顶之垂直面完全体现了这一设计效果。穿过建筑物两边的大门，沿着人行道，可以通向周围的各个街道。然而，第二柱廊（在南边的）及其西侧的广场却从未建成。建筑物匀称的比例，配出出自俄罗斯最著名雕塑家之手的富丽的雕塑和宏伟的青铜像，让这座教堂更显得悦目赏心。北大门的青铜门是根据洛伦佐·吉贝尔蒂（Lorenzo Ghiberti）为佛罗伦萨洗礼堂（Florence Baptistery）制作的天堂之门（Gates of Paradise）重新设计而成的。这座以喀山圣母玛利亚命名的建筑物在1812年战后成了一座纪念馆。

同时，沃罗尼欣的主要工作也开始了；而在冬宫（Winter Palace）对面由托马斯·德·汤姆（Thomas de Thomon，1754年-1813年）负责的城区规划设计却拖延难决。汤姆是一个瑞士人。他曾经在罗马学习过，并在巴黎做过克劳德尼古拉斯·勒杜（Claude-Nicolas Ledoux）的学生。他不久被亚历山大一世委任为宫廷建筑师。

万赛拉夫斯基岛（Vassilevski Island）是涅瓦河42个岛屿中最大的一个，其一端呈箭头形，名为"斯特尔克（strelka）"，涅瓦河就是在这里一分为二，流入芬兰湾。

从18世纪中叶起，船长们就喜欢把船停泊在"斯特尔克"，而不太喜欢泊在彼得和保罗要塞。该城商业中心的第一次设计是由凯瑟琳二世发起的。在1806年至1810年间，汤姆用石料结构取代了木质结构，

这显然是受到了希腊古代建筑风格的启发（第225页底图）。这一设计非常符合沙皇的口味，因为他偏爱希腊风格。这个商业中心的设计仿照了一座围柱式古教堂的样式，建造在一个高大的花岗岩基座上。其主体高耸在陶立克式柱廊之上，正立面顶层上有一道三联浅槽饰中楣和一些雕塑群，造型非常独特。其雕塑品带有新古典派的晚期风格，象征着这一海事和商业大楼的重要地位。两根有船头装饰的纪念柱在商业中心之旁侧立着。在其基座上，还雕刻了四条俄罗斯河流的寓言

塑像:窝瓦河、聂伯河、涅瓦河和沃尔霍夫河。"斯特尔克"和商业中心的显要地位标志着圣彼得堡城市建筑水平的一个高峰,并与对岸宫廷之显赫地位遥相呼应,交相辉映。

在建造这个"商业中心"的同时,涅瓦河对岸另一大型建筑群——海军部——的建造工程也开始了。当俄罗斯建筑师安德烈扬·扎哈罗夫(Andreyan Zakharov,1761年-1811年)在1806年开始建造其不朽的建筑群(该作品完成于1823年)时,他便被认为是海军部的合适建筑师。在圣彼得堡的城市环境规划中,这座大楼的功能在当时——并且至今——都非同寻常:它的塔楼连同其金"针"(第226页插图)一起被保存下来了;今天,此塔楼仍被看作是通向都市之三条大道的方位点。U形楼群在其两组内楼群之间被一条运河一分为二。外楼群是海军部所在地,内楼群是属于船厂的。整个楼群的尺度分配非常独特:主翼长407米,两个侧翼各长163米。费奥多西·谢特灵(Feodosi Shtchedrin)、伊凡·泰勒本耶夫(Terebenyev)和斯捷潘·皮缅诺夫(Stepan Pimenov)一起完整地创作了这一楼群及其丰富多采的雕塑装璜。楼群的正面设计意在颂扬俄罗斯是一个海上强国。中央的海军部塔楼正门形如凯旋门;其侧翼有一巨大的山墙门廊,因而非常显眼。这个海军部成了圣彼得堡的建筑中心,后来人们又在其边缘建了三个广场,更加强化了它的城市中心地位。

在扎哈罗夫、汤姆和沃罗尼欣去世及1812年的胜利后,圣彼得堡的建筑又进入了一个新时代;在这一时期,克罗·罗西(Carlo Rossi,1775年-1849年)成了新古典主义晚期最后一位杰出的建筑师。出生于意大利的罗西于1787年来到俄罗斯,在那里他一直生活到去世。他努力进取,终于成了亚历山大一世的建筑助手。为了继续学习,他又去意大利待了两年,回来后于1806年被委任为宫廷建筑师。在莫斯科,为了对1812年大火后的这个旧都市进行重建,他在其中发挥了至关重要的作用。1816年他当上了圣彼得堡建设和水资源委员会的会长。罗西设计的都市建筑群非常宏大,且具有沃罗尼欣和扎哈罗夫的风格。在今天,他的作品对圣彼得堡的城市面貌仍有着举足轻重影响。

当时,叶拉金岛(Yelagin Island)上正在建造大皇宫(Grand Palace);而在圣彼得堡市中心,罗西正在实施其整个城区的设计规划。新迈克尔宫(*Michael Palace*,1819年-1825年,即今天的俄罗斯博物馆,第227页插图)前面有一个广场,还有几条道路把前迈克尔街(Michael Street)与涅夫斯基大街(Nevski Prospekt)相连接。

迈克尔宫的壮丽景色就在这里展现在皇帝的弟弟迈克尔大公（Grand Prince Michael）的面前。罗西的作品确实是俄罗斯帝国建筑风格的一个典范。其正立面由八根立柱支撑，带有山墙门廊的特色。其两翼则装饰着一些嵌墙柱，并配有界标。大门口围着一道高高的铸铁栅栏，上面还有战利品；栅栏里面是阅兵场。豪华的室内装饰设计也是由罗西负责的。就像外观设计一样，其中每个细节都有设计图纸，是有案可查的。其主前厅和白柱大厅（Hall of White Columns）至今仍能让人看出其构思之恢宏及当时大公宅第之华丽。

与此同时，罗西还投入了第二个工程的建造工作。南面的宫殿广场需要重新设计，冬宫还需要配上适当的垂饰（1819年-1829年）。两栋联合参谋总部大楼呈椭圆弧形（长600米）坐落在冬宫对面，并以一道凯旋式双拱门相互连接，此拱门通涅夫斯基大街（第228页插图）。广场对面的拱门上有一个顶层，顶层上有一辆战车载着一尊胜利塑像，六匹马拉着这辆战车。还有其他一些雕刻饰品，都是颂扬战胜拿破仑的。在建造元老院广场（现名十二月党人广场）时，罗西也沿袭了某种类似的建筑原理。在海军部对面的街道旁，他对称地建造

克罗·罗西
将军凯旋门
圣彼得堡的职员大楼，1819年-1829年
亚历山大凯旋柱和冬宫景色图

下图：
克罗·罗西
圣彼得堡的亚历山德拉剧院，
1828年-1832年，涅夫斯基大街的正立面

下图：
克罗·罗西
圣彼得堡的剧院街，
1828年-1832年

底图：
克罗·罗西
圣彼得堡的元老院和教会会议大楼
1829年-1834年
涅瓦河岸边的凯旋门和转弯段景色图

了元老院（最高政府部门）和教会会议（教会最高机构）大楼，两栋大楼由一道庄严的拱门相连接（第229页下图）。

剧院建筑群（1828年-1834年）始于涅夫斯基大街（Nevski Prospekt），沿着罗西街（Rossi Street），一直延伸到亚历山德拉剧院（Alexandra Theater），其中还包括一个广场。都市的中心区就是这个剧院建筑群，该剧院是1832年开放的，并且很快就成了这个城市中最引人注目的场所。这座建筑物的正面有一个科林斯式柱廊，侧翼的壁龛中塑着歌舞女神（Terpsichore）和悲剧女神（Melpomene）像。柱廊上面有一个顶层，奔着一辆阿波罗的四马二轮战车。对于雕刻饰

品，罗西靠斯捷潘·皮缅诺夫（Stepan Pimenov）、瓦西里·德穆特·马利诺夫斯基（Vasily Demut-Malinovski）和保罗·特立斯科里（Paolo Triscori）去完成。其正立面与剧院或罗西街严格的陶立克式柱廊形成了鲜明的对比，陶立克式柱廊的外观看起来很匀称。

在城市建筑规划领域，克罗·罗西在圣彼得堡取得的成就代表了他的艺术高峰。与其他建筑师不同的是，罗西懂得如何把城市环境融合到他的建筑设计中去。他甚至可以把起到联络点作用的元素也融入到未来建筑设计中去。罗西的成就，是建立在综合规划构思基础之上的；他的成就标志着俄罗斯新古典主义建筑艺术已臻完美。

埃伦弗里德·克卢克特（Ehrenfried Kluckert）

园林

园林的主要标准通常认为是，抹消花园和自然风景之间的界线，制造一种自由、无拘无束的自然效果。这种理念最初出现在18世纪早期的英国，但重要内容体现在由安德烈·勒诺特雷（André le Nôtre）设计的具有里程碑意义的巴洛克花园中以及法国花园理论家安东尼·约瑟夫·德扎耶·达让维尔（Antoine Joseph Dézallier d'Argenville）的著作里。

"想要修一座花园的人，毋必请牢记：多向自然而非艺术学习；只需向艺术借鉴能为自然增色的东西。"通过这些话（摘自《园艺学理论与实践》（La Théorie et la Pratique de Jardinage，1709年出版），德扎耶·达让维尔提出了艺术顺应自然的任务。之后，花园设计师的艺术宗旨即如何让植物在花园中枝繁叶茂，自由生长。"换句话说，"达让维尔写道，"能够真正装饰一个花园的，无非是站在花园中能看到的一道美

丽风景。当你站在大道尽头，或是立于一个较高的小土丘或台阶上，欣赏着方圆四五英里内那些村庄、树林、河流、小山、草地或其他景象构成的一幅美景时，那份喜悦已不能用任何言语表达；而这正是评判一个花园美与否之所在。"

作者的这些理论，多半是受到安德烈·勒诺特雷设计的那些恢宏壮丽的花园的启发，这些花园流行于整个欧洲。位于凡尔赛尚蒂伊（Chantilly）的沃勒维孔特城堡（Vaux-le-Vicomte），其聪明的设计者想要通过花园中的林荫大道和水渠（这些大道和水渠的功能像长长的轴线一样），给人一种无限延伸的景观错觉（第230页插图）。而花园本身就是一道风景，它如克劳德·洛兰（Claude Lorrain）画笔下的一幅生动画卷呈现在人们面前。从这方面讲，勒诺特雷成功消除了花园与周围风景的屏障。

德扎耶·达让维尔在这位伟大的建

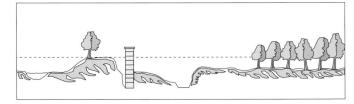

筑师逝世整整十年后，写下了他的专著；而这位伟大的建筑师自得其乐地在他的君主路易十四面前谦虚地称呼自己为"园丁"。达让维尔自然是熟悉勒诺特雷设计的，他甚至有考虑过以勒诺特雷的设计为基础，在书中总结一套设计规律，尤其总结那些用以制造深远景观效果的具体手法。为了使视线能真正眺望到远处，应避免所有可能进入视野的阻碍物，如墙壁、围栏、灌木或者树篱；此外，为了达到这种效果，达让维尔还提出在花园四周将围墙栽入壕沟，以此封围花园的设计方式。在描述这种设计时，他

用了文化史上最奇怪的一个词，但也是最深入人心的一个词："哈－哈"（ha-ha，矮墙），或者如达让维尔描述的："让人大吃一惊，发出"啊啊"感叹的设计。"他解释说："围墙与林荫大道处于同一水平高度，并不会形成围栏，在围墙前面是一个开放式壕沟，它又宽又深，在两边都置有围墙，以便固定土壤，并避免有人攀爬翻越。观赏者走近一看，惊喜不已，发出"啊，啊！"的感叹，这就是这种结构名称的由来了。"

英国

在保持英式园林与附近景色的连贯性方面，矮墙（Ahahs或ha-has）发挥着重要作用。英国园林理论大师斯蒂芬·斯威策（Stephen Switzer）曾绘制一张带围墙的矮墙图纸，非常清晰地描绘出其功能（第230页插图）。英国最早的园林之一——白金汉郡斯托园（Stowe in Buckinghamshire）中同样设有矮墙。斯托园建于1730年左右，对新风格的进一步发展产生了重大影响（第231页顶图与第234页/235页插图）。自1593年起，斯托园为坦普尔（Temple）家族所有，科伯姆的首位子爵理查德·坦普尔（Richard Temple）曾于1715年到1726年间对其进行扩建。主要负责的园林建筑师为查尔斯·布里奇曼（Charles Bridgeman），他是英国园林发展早期的重要人物。

左图：
皮埃尔·帕特尔（Pierre Patel）
凡尔赛宫宫殿与花园的鸟瞰图，1668年画布油画，115厘米×161厘米
凡尔赛博物馆

最初设计的斯托园与法国的巴洛克园林相似，而且其建造时间明显与勒诺特雷（Le Nôtre）设计的园林时间相近。除了不规则的外部边界外，建筑师还对法国人的花坛结构进行了自由的变换。为了看见附近开阔的风景，建筑师根据德扎莱尔·阿尔根维雷斯（Dézallier d'Argenville）的建议修建了矮墙。1712年约翰·詹姆斯（John James）将阿尔根维雷斯的作品译成了英文。在威廉·肯特（William Kent）的指导下园林才转变成典型的浪漫主义风格，当时的人戏称他为"直线杀手"。肯特创造出极乐世界，一个小山谷上簇立着一座帕拉第奥风格的圆形小寺庙，一条条小径在绿树丛中蜿蜒盘旋。威廉·肯特还奉命设计诺福克霍尔汉姆宫（Holkham Hall in Norfolk）中的花园，他试图用成排的绿树改造宽阔的草地（第231页下图）。

维尔特郡斯托黑德园（Stourhead in Wiltshire）可能至今仍为英格兰最有名的花园之一，而且也无疑是最具浪漫主义特色的花园（第232页插图）。该园为伦敦市长兼银行家亨利·霍尔（Henry Hoare）所有，1721年，科林·坎贝尔（Colin Campbell）以安德烈亚·帕拉第奥（Andrea Palladio）修建的威尼斯别墅为原型为他修建了一座乡村别墅。宽阔的花园延伸到别墅的一侧，并沿着不规则的湖泊群进行排列。其基本理念与威廉·肯特的理念一致，但园主亲自规划了花园并让园林建筑师根据他的要求进行修建。弯曲的湖岸经常可以

让人意外地看到寺庙、瀑布或桥梁的美景。罗马万神殿旁遍植杜鹃花，透过万神殿可以看见古老的乡村教堂和花神庙。很明显，亨利·霍尔对这个这个花园非常满意，他将它称为"迷人的加斯帕德画卷"。因为这个花园与加斯帕德·杜盖（Gaspard Dughet，也被称为普桑）的一幅画相似。

霍尔的溢美之词体现出18世纪英国园林艺术中的一个重要灵感来源：风景画。勒诺特雷希望在其设计的园林中实现如克劳德·洛兰（Claude Lorrain）的风景画中的距离感。与此不同的是，现

在是风景画中有限的片段，即画家们特别喜爱的装饰图案，成为园林的样板和园林设计的标准。

英国的园林建筑师以一种新的视角看待普桑和克劳德·洛兰（Claude Lorrain）的画作。他们不再关注薄雾朦朦的距离感而是关心如何融合古典建筑。亨利·霍尔在设计斯托黑德园的园林前很有可能研究过克劳德·洛兰所作的《德洛斯岛海边风景及埃涅阿斯》（Landscape with Aeneas at Delos），现存于伦敦国家美术馆（第233页插图）。

园林的发源地和理论根据地均在法国，但在英国发展得更为成熟。英国的园林后来影响了整个欧洲大陆上的园林设计。法国国王路易十五将凡尔赛宫中的特里阿侬（Trianon）花园建成浪漫主义田园式风格。18世纪末，英式园林更加受欢迎，英国的园林建筑师变得炙手可热起来。巴洛克园林最终开始走向没

落，因为客户更加喜欢不加雕琢的自然，再以石头、瀑布、野草丛生的河堤和小型古庙进行点缀。

让-雅克·卢梭（Jean-Jacques Rousseau）对园林新理念的流行起到了决定性的作用，他写的小说《新爱洛绮猗丝》（又名《朱丽》）——阿尔卑斯山脚下小城内一对情侣间的情书(La Nouvelle Héloise (Julie, ou la Nouvelle Héloise.Lettres de deux amants habitants d'une petite ville au pied des Alpes)于1751年首次面世。这本书很快被翻译成其他语言。书中提倡一种新的哲学观——积极地接触大自然。卢梭理想的模式是一种浑然天成的园林，对此他有极为详尽的描写：身处其中的人们可找到他们的归途，回归自我，回归本性。因此，园林不应是规整的，不应对称或为直线形式。在"自然造物无直线"这一思想的指导下，开始提倡任植物自然生长，并保留了风景的特点。

德国

以卢梭的哲学思想为基础的园林理

本页：

维尔特郡斯托黑德园
桥、湖与"罗马万神殿"鸟瞰图（上图）

万神殿近景视图（下图）
这里展示了斯托黑德园林中的建筑（万
神殿与桥），它们与克劳德·洛兰的画
作——《德洛斯岛海边风景及埃涅阿
斯》中的建筑相似。设计斯托黑德园中
花园的亨利·霍尔可能知道并专门研究
过这幅画。

克劳德·洛兰
《德洛斯岛海边风景及埃涅阿斯》，
1672年
画布油画，100厘米×134厘米
伦敦国家美术馆

下一页：

斯托园中的园林

帕拉第奥大桥

念在德国风靡一时。在启蒙与感性主义时期，沃利茨（Wörlitz）花园的名声不胫而走。这是安哈尔特-德绍亲王弗里德希·弗朗茨（Prince Friedrich Franz of Anhalt-Dessau）的创造，1790年该花园建成之后迅速成为欧洲的一大热门旅游景点。画家、哲学家和诗人们纷纷到沃利茨吸取灵感。对亲王来讲，花园是开明国家的模型，将成为模范公国的艺术中心。很明显该花园脱胎于英国的园林，据说英国外交家查尔斯·斯图尔特（Charles Stewart）见到这些宽阔的花园和常常令人感到惊讶的景色后曾惊呼道："天啊，我回英格兰了！"

18世纪70年代，年轻的亲王弗里德里希·弗朗茨（第236页插图）曾几次到英格兰游历并学习园林艺术，回国后他一直致力于美化环境和装饰他的宫殿。建筑师弗里格里希·威廉·冯·厄德曼斯朵夫（Friedrich Wilhelm von Erdmannsdorff）和园林建筑师约翰·弗里德里希·艾塞贝克（Johann Friedrich Eyserbeck）随他一起游历，后来这两个人奉命对沃利茨花园的设计工作进行指导。

亲王至少部分实现了学者王国的伟大构想。他成功说服了古典主义学者和翻译家奥古斯特·冯·罗德（Auguste von Rode）定居沃利茨。1781年，在德绍创建了面向学者与艺术家的综合书店（Allgemeine Buchhandlung der Gelehrten und Künstler），15年后成立了雕刻家协会（Chalkographische Gesellschaft）吸引了知名的铜雕艺术家。教育学家约翰·伯恩哈德·巴泽多（Johann Bernhard Basedow）在"泛爱学校"（Philantropinum）中非常活跃。

在沃利茨公园内为来自世界各地的园林建筑师修建的专业图书馆也倍受欢迎。这些都是统治者的成绩，势力强大的普鲁士亲王弗里德里希二世轻蔑地称他为"小亲王"，因为弗里德希·弗朗茨宣布他的公国脱离普鲁士并保持中立。为了这一英明举动，他不得不向普鲁士大量进贡，但这项支出是值得的，因为他相信他与自己的目标——在公园般的国度里建设一个学者共和国已经非常接近了。

为了形象化地体现其治国和生活理念的哲学根源，即启蒙运动的核心，同时为了强调他与这些理论的创造者——让·雅克·卢梭的私交关系（1775年他曾在巴黎见过卢梭），亲王在湖中央修建了一个带纪念碑的卢梭岛。当走在岸边看着绿树环绕的风景如画的白睡莲可以感受到沃利茨湖的英伦风情。就像是

借鉴了风景。1767年到1768年间厄德曼斯朵夫设计了寺庙状的亭子，带有一个屋顶花园。

公园中借鉴了各处的风景，将亲王的旅行所见全部融合在了一起。"石头岛"标志着他曾经游览那不勒斯（Naples），让他在家中体验到身处罗马平原的快乐之感。受到霍勒斯·沃波尔（Horace Walpole）在伦敦附近修建的草莓山的启发，他以新哥特风格修建了一座相似的建筑。哥特宫周围冷杉树环绕，非常具有异域风情，但立在大草坪上的新古典建筑却有点奇怪。无疑亲王也发现了自己对英格兰的古典风格情有独钟，与欧洲大陆上18世纪后半叶的新古典主义或历史主义建筑风格不同，英格兰的建筑大多属于新罗马式或新哥特式风格。这种风格后来才在德国建筑中兴起。亲王通过园林设计艺术成功地在沃利茨中创造出各种不同建筑风格的融合。

不仅英国的园林在欧洲大陆上风靡一时，欧洲的园林设计师还大量参考英国的园林设计著作（18世纪70年代已出现翻译版本）。

除这些论述外，德国的园林艺术理论也迅速风靡起来。这一理论由哲学与美学教授克里斯蒂安·凯·洛伦茨·希施费尔德（Christian Cay Lorenz Hirschfeld）提出。他并未亲眼见过英格兰的园林，却对它们进行了分析并列出其构造元素和构造方式。与早期的理论不同，希施费尔德在其著作《园林艺术理论》（Theorie der Gartenkunst，1779年面世，第240页右上图）一书中按不同的时辰和季节讨论园林。他还根据园林可能让参观者产生的情绪对园林进行

左图：
约翰·巴普蒂斯特·莱希纳（Johann Baptist Lechner）
中国塔，1789年/1790年
慕尼黑英式花园（Englischer Garten, Munich）

下图：
克里斯蒂安·凯·洛伦茨·希施费尔德
《园林艺术理论》，带小插图的标题页

莱比锡，1779年

会。他可自由实现新园林艺术的理想，不会因为需要重新设计现有的巴洛克园林而受到束缚。另外，在慕尼黑并不是特别受欢迎的选帝侯希望送给人民一份礼物。因此新的统治者于1789年签发了修建该花园的政令，希望借此可以赢得巴伐利亚人民的民心。"重新设计希施安格尔（Hirschanger），造福慕尼黑市民，并让其成为他们的娱乐中心。"我们诚挚地希望这个最美丽的自然公园可以得到人们的喜爱，大家以后将在这度过很多美好的休闲时光。"

斯克尔在这个早期的德国公园里践行了希施费尔德的建议。但他规划的第一阶段及其施工工作与在巴伐利亚工作的一位美国人赖希施格拉夫·拉姆福德（Reichsgraf Rumford）及其继任者韦尔内克伯爵（Count Werneck）产生冲突。

1804年，斯克尔最终搬到了慕尼黑，并在新统治者马克西米利安·约瑟夫（Maximilian Joseph）的旨意下升任皇家园林总指挥。此后他开始着手将长度超过5千米的大片土地建成一个和谐整齐、分区清晰的公园。

公园分成四个部分。第一个部分叫"美丽的草甸"（Schönfeldwiese）或草坪，与宫廷花园（Hofgarten）相邻。接下来是一片专为王室修建的希施安格尔林地（Hirschangerwald），在中国塔（第240页左上图）周围。第三部分绕着小黑泽罗尔湖（Kleinhesseloher）向北延伸，最后一部分叫希施绍区（Hirschaugebiet），连接到奥美斯特啤酒花园（Aumeister）。

分类，分别包括忧伤、宁静、伤感与肃穆。这些情绪可能由某种植物引起。希施费尔德是增加园林类型的第一人，在修道院园林、墓地园林、学校园林、温泉疗养地园林、医院园林和宫殿园林的基础上增加了公共公园。

他说道："全镇人民都可以在工作结束后到公共公园里锻炼、享受新鲜空气和聚在一起娱乐。"在公园结构方面，德国园林同时借鉴了后来非常流行的英式园林风格和法国的巴洛克园林风格。首先，希施费尔德拒绝承认"人工仿造"，即法式园林中的洛可可风格。他还认为英式园林中的一些元素也应该被废弃，如中国茶馆和其他装饰性建筑。希施费尔德提出这些建议的目的在于让花园更具园林的特征。换言之，他要求严格遵守"英式风格"，其严格程度甚至比其发源地还要高。希施费尔德的理论很快被大家接受并成为德国园林艺术的标准。

几年后，弗里德里希·路德维格·冯·斯克尔（Friedrich Ludwig von Sckell）按希施费尔德的建议设计了一座园林，被称为"德国天才的完美展现"，因而成为园林设计中的一种定式。这座园林即为慕尼黑的英式花园。这座花园首先是伟大的巴伐利亚君主的伟人祠，其次是一个满足慕尼黑人民群众需要的公园，显示出君主的慷慨仁慈。

在选帝侯卡尔·特奥多尔（Elector Prince Karl Theodor）的支持下，海德堡（Heidelberg）附近已建成的施韦青根园（Schwetzingen）于1778年从曼海姆（Mannheim）搬到了慕尼黑，他将部分城墙拆掉以腾出空间修建新的房屋，并宣称"慕尼黑已不仅仅是一个堡垒。"城市北部还将修建舍恩菲尔德（Schönfeld）庄园，在这种情况下修建了卡尔特奥多尔公园，后来成为英式花园。

这对斯克尔来讲是一个绝佳的机

上图：
弗里德里希·路德维格·冯·斯克尔
慕尼黑英式花园中的瀑布

斯克尔想用蜿蜒曲折的全景式道路将最开始的两个部分连接起来，从视觉上将公园融入整个城市。他手拿木棍亲自在公园中走，标出道路的走向，保证散步者可以"看见前景中的慕尼黑城市、背景中的希施安格尔树林以及其他美丽的景色"。他还用类似的蜿蜒曲径分别连接王室区域与乡村田园以及王室区域与农村人区域。斯克尔为宫廷花园与施瓦宾村附近的公园设想了一种流动的衔接方式。但是他并没有意识1803年自己像萨伯特宫（Palais Salbert）以及后来的卡尔亲王宫（Prinz Carl Palais）一样用帕拉第奥风格的建筑连接宫廷花园与英国公园阻隔了这两个区域。

根据希施费尔德的建议，斯克尔仅欲保留点景建筑物——一种并非完全具有实用功能的装饰性建筑，这是一种"纯粹的风格"，即新古典主义风格。他计划去除一些带伤感情绪和异域风情的装饰建筑，尤其是建于1790年的中国塔。但最终中国塔却被保留了下来，成为英式花园的标志性建筑。第二次世界大战中中国塔被毁，后来又按原样进行了重建。

1823年斯克尔逝世，还没来得及看见莱奥·冯·克伦策按他的构想以"纯粹的风格"建成的点景建筑。其中最雄伟壮观的建筑无疑是宫廷花园附近人工假山上建于1838年的圆形外柱廊式建筑（第241页顶图）。这是一座小型的圆形寺庙，路德维格一世曾在寺庙内为卡尔·特奥多尔和马克西米利安一世立纪念碑。在小黑泽罗尔湖岸边的公共区域内立有一座斯克尔纪念碑，在这位伟大的园林建筑师死后不久由莱奥·冯·克伦策设计并修建（第241页底图）。上面的铭文写道："献给伟大的园林艺术大师：他修建了这座公园，为人们带来了人世间最纯粹的快乐，因此将永垂不朽。马克斯·约瑟夫（Max Joseph）国王特在此立碑，以示纪念（1824年）。"

所以英式花园到底属于希施费尔德提到的哪种风格呢？忧伤、宁静、伤感还是肃穆？作为一个公共公园，也许"宁静"是最为恰当的描述。无论是圆形外柱廊式建筑还是中国塔都不会让公园看起来高贵或使参观者感到伤感。如果希施费尔德曾在其论文中要求非常俭省地使用点景建筑以更加突出园林中风景占主导的特点，他或他的继任者也一定考虑过纯粹的艺术设计是否足够产生令人伤感或悲伤的效果。园林的伤感效果取决于园主或参观者的情绪，当时的人主要是渴望到意大利或回到过去。

波茨坦市北部的新花园极好地阐释了诗意园林与伤感园林艺术。其修建过程共分为两个阶段。第一阶段为1790年，腓特烈·威廉二世命令约翰·奥古斯特·艾塞贝克（Johann Auguste Eyserbeck）负责修建该花园，当时艾塞贝克作为德绍-沃利茨（Dessau-Wörlitz）艺术圈中成员已颇有名气。他用大量建筑装饰着圣湖（Heilger Lake）两岸，并且按照英式园林传统，他非常关注远景。在这些建筑中最为迷人的当属一座已被毁的寺庙，位于厨房之前且半埋在泥土中（第242页插图）。国王想在此处修建一条地下通道通往他的夏宫——大理石宫。该宫殿由卡尔·冯·孔塔尔（Carl von Gontard）修建，并于1797年由曾经设计过勃兰登堡门（Brandenburg Gate）的建筑师卡尔·戈特哈德·朗汉斯（Carl Gotthard

Langhans）扩建。附近还有荷兰式的红砖房，是一排卫兵室和仆役房，带有马厩、马车房和金字塔状的冰库。

花园中拥有大量让人意想不到的景色，并巧妙地使用了各种建筑样式。任何一个认为金字塔中有一个陵墓或罗马寺庙是古代遗迹的人都会惊讶地发现原来这些建筑都有实际的用途。如果希望在花园中漫步并沉浸自己的思绪中，装饰性建筑和浪漫主义风格的自然景观布置必不可少。

这个如诗如梦般美好的花园在20年后再次开始修建——花园修建过程中的第二阶段。当时的建筑师为彼得·约瑟夫·莱内（Peter Joseph Lenne），他是名游历甚广的王室园林建筑师。他将设计重点转移到园林上。当时公园里草木十分茂盛，所以不得不进行修剪。莱内修建了宽阔的道路并移除了岸上的植物以创造出开阔的视觉和新的景色。

同时他将临近无忧宫台阶的大片区域转变成浪漫主义风格的园林。对

于已经存在的恰当的建筑，如1754年由约翰·格特弗里德·布林（Johann Gottfried Büring）修建的中国茶馆（第243页插图）或1768年由卡尔·冯·孔塔尔修建的友谊寺（Temple of Friendship），莱内用道路将它们连接起

来，创造出理想的"诗意景观"。

普克勒-慕斯考亲王赫尔曼（Hermann，Prince of Pückler-Muskau，第245页左上图）通过自学成才，并著有读者甚众的《一个死人的来信》（Briefe eines Verstorbenen）一书。他

所建的园林可能是德国同种类型的园林的巅峰之作。1811年，他继承了尼斯河谷（Neisse valley）中的一处庄园，并开始着手修建占地近600公顷的风景花园。该项工作始于1815年，耗时30年。他在其1834年首次面世的论文——《园林论述》（Andeutungen über Landschaftsgärtnerei）中提出设计的指导原则为道路，它们是"沉默的向导为路人指引着方向"，水则是"风景中的眼睛"。在二次世界大战的最后阶段，残酷的战争将这个公园损毁殆尽。边境线随着尼斯河移动后，现已修复的该公园一部分被划入德国，一部分被划入荷兰。

亲王希望创造一个"超级的完全的艺术作品"（借用泽德尔迈尔的表述），将村庄和慕斯考镇变成一个公园。他将人类的今日视为过去的浓缩，希望给后人及其家庭展示一种历史性生活画面——通过一个公园和公园周围的见证物，它们见证了他的努力和与自然的抗争。1845年，亲王不得不将其庄园出售。

普克勒-慕斯考亲王赫尔曼

从湖到土金字塔视图，勃兰尼茨
（Branitz），1871年

上图：

普克勒-慕斯考亲王赫尔曼·路德维格·海
因里希（Hermann Ludwig Heinrich），
约1835年
根据弗伦茨·克吕格尔（Franz Krüger）
所作肖像画印刷的平版画，1824年

右图：
勃兰尼茨，从湖泊到前巴洛克宫殿视
图，由戈特弗里德·森佩尔（Gottfried
Semper）于1852年修复并重新设计。

底图：
带铁匠铺的公园视图

他无法筹集到实施其宏伟设计所需的数目无法想象的一笔巨款。另外，他奢侈的生活作风也为人所知晓，人们将他称为"疯狂的普克勒"，他的大多数财富也因此被消耗掉。

如今想游览整个庄园的人有一个长达27千米的道路网可供选择。人们可以在这个无与伦比的自然公园中走上数个小时或者数天。这些道路可将参观者带到湖边，穿过已被修复的旧宫殿（Old Palace）、蓝色花园（Blue Garden）和爱奇湖（Eich Lake）大坝，尽情领略亲王所钟爱的如浪漫主义绘画中的"规则的整体"。

1845年，亲王在卖掉慕斯考庄园后搬到了波兰尼茨——科特布斯（Cottbus）南的一个乡村。尽管当时他已是60岁的高龄，他还是开始着手将一个几乎被遗忘的庄园改建成一个带伤感情绪的风景花园。为了建成他设想的那种台阶需要大量土建工作，因而雇佣了200多名工人，其中包括临时工和囚犯。后来他又种植了约30万棵树，包括几千棵构成公园界限的大树。公园占地约70公顷，其中央曾经是巴洛克宫殿，1852

年由戈特弗里德·森佩尔重新设计（第245页右上图）。西面是花园，布置有艺术雕塑和蓝玫瑰藤架。对亲王来讲，花园与公园分离是设计中的重要部分。花园是宫殿的一部分，他将其视为生活区的延伸，而附近的公园则是"理想化自然的汇集"。按复古样式修建的土金字塔最具创意，它无疑是园主奢侈生活的见证。1852年他的妻子逝世后，他修建了该金字塔，并将自己的陵墓建在湖中的金字塔内（第244页插图）。1871年他逝

世之后，根据他的遗愿举行了一场古埃及式葬礼，最后他被埋在了金字塔中。

法国

法国无疑是巴洛克园林的乐土，但更加灵活的英式园林也迅速在法国流行起来。位于卡昂（Caen）东南的诺曼底卡侬宫花园由伏尔泰（Voltaire）的朋友埃利·德博蒙特（Elie de Beaumont）于1768年到1783年间修建。如今它为参观者呈现出自然生长的野生植物与秩序

并然的人工部分的完美融合。台阶前面长方形的喷泉仍然让人回想起巴洛克理念。但鸽舍和带有曲径的中国凉亭明显体现出公园在整体上为英式园林风格。

枫丹白露宫（Fontainebleau）的花园（第248页至249页插图）历史悠久。该花园首先被设计成文艺复兴时期风格，后由安德烈·勒·诺雷（André le Nôtre）于1645年将其重新设计成巴洛克风格，最后又被设计成园林。在拿破仑统治时期修复了毁于法国大革命的宫殿和花园，后者被设计成英式园林。

巴黎东北部的柏特休蒙（Buttes-Chaumont）公园建于1867年。陡峭的岩石、上有吊桥横跨的沟壑以及一座已被毁的小寺庙表明它属于浪漫主义风格。另外，爱尔蒙农维乐园（Ermenonville）也很值得一提。它由马基斯·德吉拉尔丹（Marquise de Girardin）修建，其灵感来源于李骚·威廉·申斯通（Leasowe William Shenstone）。1766年马基斯购买了法兰西岛上桑利斯（Senlis）附近的一块土地，面积达900公顷，包括森林和带农场的野生植物林，被称为"优美的农庄"。

19世纪园林风靡整个欧洲并最终成为20世纪流传最广的园林风格。

本页：
埃利·德博蒙特
卡侬宫殿（Palace of Canon）公园（上图）
中国凉亭（下图）

第247-249页：
带18世纪亭子的枫丹白露宫（Palace of
Fontainebleau）公园

乌韦·格泽（Uwe Geese）

新古典主义雕塑

18世纪晚期的欧洲雕塑

人们很早就对巴洛克鼎盛时期的雕塑颇有微词。尤其是对吉安·洛伦佐·贝尔尼尼作品的负面评价。据说在贝尔尼尼的手中，大理石成了石蜡。艺术评论家弗里德里希·威廉·冯·拉姆多尔（Friedrich Wilhelm von Ramdohr，卒于1822年）对此予以反驳，他认为这正好总结了贝尔尼尼的艺术表现手法。

通过特殊光学手法的运用，贝尔尼尼成功地将其使用的大理石、赤土等材料变得更加尊贵。通过这种方式，他向观赏者传递了一种置身于圣事活动之中的错觉。贝尔尼尼的雕塑具有非凡的暗示力，在观赏者面前，尘世与天堂二者之间的界限似乎消失了。贝尔尼尼完全本着反宗教改革的精神，设法动摇观赏者所体会到的真实感，从而创造出一种超感性效果。

相反，在接下来的洛可可时代，人们在理解雕塑方面的态度和看法发生了根本性的变化。这一时期的雕塑特征是：装饰繁冗精美、体积纤小、质量较轻以及形态优美，一改巴洛克鼎盛时期雕塑的基本形式特征，即从超感性表现意象转变为感性表现虚幻现象。

弗朗茨·伊格纳茨·京特（Franz Ignaz Günther，1725年-1775年）

伊格纳茨·京特的作品，即洛可可风格晚期主要雕塑作品之一，是不知名祭坛装饰中的一幅表示崇敬的天使像（第251页下图）。该雕像可追溯至公元1770年左右。天使正跪在一个涡形饰物上，身体前倾，双手握于胸前表示崇敬。与巴洛克时期类似的雕塑作品相比，该作品的实际存在的可能最小。网格式平面结构线条让雕像变得单调、呆板，而清晰的轮廓却让背景呈现出立体感和空间感。天使像最初涂有银层，因而能够反射出周围环境。涂层突出了雕像的灵魂人物。洛可可时期的雕塑中不再采用超自然主义手法。随着抽象概念的趋势发展，更多关注的是考虑其形式特征，从而观赏者能够避开雕像。

1743年，京特离开阿尔特米尔河谷（Altmühl Valley），前往慕尼黑。在这里，他成为了约翰·巴普蒂斯特·斯特劳布（Johann Baptist Straub，1704年-1784年）的学生兼同事。1753年末最后在慕尼黑定居以前，京特一直在萨尔茨堡、曼海姆（Mannheim）、欧罗莫克（Olomouc）以及维也纳学习。京特与其老师斯特劳布是当时最受欢迎的巴伐利亚雕塑家。在京特相当短暂的工作生涯中，雕塑作品向新的艺术语言风格——新古典主义迈出了决定性的步伐。

高21英寸（约53.5厘米）的科罗诺斯与沙漏（第251页上图）小

雕像的创作年代通常被确定为1765年至1770年之间，正好是在创作天使像之前。通常作为时光消逝与短暂的象征表现，雕像可能使钟壳或纪念碑更富美感。尽管热情而疲惫的老人的动作以及一览无遗的轮廓从本质上仍具有巴洛克晚期的特征，但古典主义风格的身躯以及统一的白色颜料显示出新古典主义的图像概念。

让·皮埃尔·安托万·塔塞尔特（Jean-Pierre-Antoine Tassaert，1727年-1788年）

经让·勒朗·达朗贝尔（Jean Le Rond Alembert）介绍，塔塞尔特任命于柏林腓特烈二世宫廷之前，他曾在巴黎生活了30年，而最终他成为了一名宫廷雕塑师。塔塞尔特出生于安特卫普市（Antwerp）一个佛兰德斯雕塑家庭，最初师从于其父亲。不久之后，塔塞尔特动身前往伦敦，并于1746年前往巴黎，加入了雕刻师勒内·米歇尔（米歇尔-安热）·斯洛兹（1705年-1764年）的工作坊。在柏林，塔塞尔特再次成为宫廷雕塑师，还被委任为艺术学院院长以及皇家雕塑中心负责人。

德累斯顿国家艺术收藏馆雕塑馆中藏有一尊据说是雕塑师自刻像（未确定）的大理石半身像（第252页左图）。据艺术家的后代所述，关于半身像所属何人，它其实是一位凯撒先生的画像。很可能经过170多年的口头传述，名字已经被讹用了，从"塔塞尔特"（Tassaert）变成了"凯撒"（Caesar）。如果将这幅半身像与1788年由雕刻师的女儿亨丽埃特·费利西泰（Henriette Félicité）为其绘的肖像画进行比较，我们可以通过二者之间巨大的相似点得出结论：这的确是塔塞尔特的一幅自刻像。雕像与真人一般大小，雕刻师脸颊丰满，处于中年时期，身上的服饰和发型为1780年左右的服饰和发型风格。通过与让-安托万·乌东（Jean-Antoine Houdon）的半身像比较确定，作品不仅在发型和褶皱的处理方面，而且在鼻子右侧瘊子的描绘方面，都明显表现出作品与法国洛可可自然主义风格的紧密联系。塔塞尔特被认为是最著名的神话类雕塑大师。除创作了大量的肖像画以外，他还绘制了许多寓言画作，清楚地显示出从洛可可风格至新古典主义早期的转变。在诸如冯·赛德利茨将军和冯·凯特将军等少数几幅大型作品中，塔塞尔特是首批展示身着当代服饰，而非古典主义时期长袍的男子的雕塑师之一。塔塞尔特形成了一种洛可可式新古典主义风格。这种风格经由不列颠的影响进行传播，与当时的社会风格相一致。作为柏林雕

塑学校的老师，塔塞尔特自然而客观的艺术手法对其学生兼接班人约翰·戈特弗里德·沙多（Johann Gottfried Schadow）的影响尤为显著，从而为整个19世纪普鲁士雕塑传统风格奠定了基调。

亚历山大·特里普尔（Alexander Trippel，1744年-1793年）

亚历山大·特里普尔出生于瑞士沙夫豪森（Schaffhausen），并于十岁那年全家搬至伦敦。1763年，特里普尔前往哥本哈根艺术学院学习。之后他到了无数的地方，如哥本哈根、柏林、巴黎、瑞士和罗马，最终他在罗马定居。1786年，在特里普尔得知腓特烈大帝去

世的消息之后，他为国王设计了一尊纪念蜡像，而与此同时沙多也在其工作室做着同样的工作。两件作品都是根据马可·奥里略（Marcus Aurelius）雕像进行构思制作的骑马塑像。特里普尔的设计明显更加有趣一些，因为这幅设计让他成为了普鲁士艺术学院的荣誉院士，尽管他并没有因此而获得委托。在特里普尔的雕塑模型中，首次出现了关于将国家领导人物雕像加在骑马雕塑底座部分的想法。大约60年后，这一想法在劳赫的纪念雕塑中付诸实践。

现今特里普尔最著名的作品——瓦尔德克（Waldeck）巴特阿罗尔森王宫中的超大歌德半身像（第252页右图），是1786年在罗马

右图：
乔瓦尼·沃尔帕托（Giovanni Volpato）
《缪斯女神塔利亚与克利俄》（*Muses Thalia and Clio*）
素瓷，高30厘米
法兰克福利比希豪斯

遇见歌德后在特里普尔创作的。当时暂居罗马的克里斯蒂安·冯·瓦尔德克王子委托特里普尔制作一幅半身像模型。歌德在其《意大利游记》（*Italienische Reise*）中写道："雕像制作得非常结实。模型准备好后，他（特里普尔）制作了一个石膏模型并且很快开始在他平时很想进行刻画的大理石上进行雕刻；因为使用这种材料能够做出任何其他材料不能做出的东西。"雕像以古典半身像风格展现了38岁的歌德。在作品创作过程中，特里普尔告诉委托人："头发很长，松散地垂落下来，从正面看就像阿波罗的头形。"歌德自己也提到了头像："特里普尔获悉教皇朱斯蒂尼亚尼收藏有迄今一直被人们所忽视的阿波罗头像，他便认为这是一件稀世之作，希望买下它，但最终徒劳而返。"可追溯至1789年特里普尔所作的歌德大理石雕像，由克里斯蒂安王子作为礼物赠送给了他的兄弟——瓦尔德克的统治者腓特烈王子，而腓特烈王子将该雕像放置在其阿罗尔森宫殿的楼梯间。

温克尔曼提到：特里普尔直接转到古典主义时期的模型寻找灵感，从而将洛可可图画语言风格远远抛于脑后。因此，特里普尔与卡诺瓦一起成为了罗马新古典主义早期的主要代表，并且对下一代雕塑师产生了相当大的影响并成为其创作思路的来源。

乔瓦尼·沃尔帕托（1733年-1803年）

乔瓦尼·沃尔帕托出生于巴萨诺，最初是一名石匠，但之后学习雕刻。在威尼斯根据各类艺术家绘画作品进行图像和景观画雕刻工作后，沃尔帕托于1772年在罗马定居。在罗马，他受加文·汉密尔顿（Gavin Hamilton）邀请，为《意大利经院图》（*Schola Italica picturœ*）绘制了一些图画，并且参与完成了拉斐尔在梵蒂冈斯坦茨创作湿壁画的彩色雕刻。沃尔帕托对于新古典主义雕塑发展的主要贡献是1786年在罗马创建和经营了一家瓷器厂。教皇庇护六世曾授予他特权，在梵蒂冈博物馆重新采用瓷器制作古典雕塑品。

法兰克福利比希豪斯有两件素瓷雕塑，是沃尔帕托按照缩小的比例，复制古罗马时期模型的众多产物中的其中两件。这一类复制品被制作成各种不同尺寸大小，大量出售。尽管目前这些作品被认为无足轻重，但它们在宣传18世纪晚期和19世纪早期的古典主义知识方面具有非常重要的作用。与此同时，它们对于新古典主义风格的形成具有相当大的贡献，为资产阶级在成为社会主导阶层的抱负方面提供了审美共识。通过展现这种共享而事实上受束缚的风格品位，并且主要通过拥有"时髦"（当时称作古典式）艺术作品表明资产阶级的身份。

法尔康涅被叶卡捷林娜二世召唤到俄罗斯，从事于计划已久（1717年首次提出）的彼得大帝骑马雕像的创作（第255页插图）。尽管模型已在1770年准备好，但还是耗费了八年多的时间以及两次失败尝试后，才铸成了这座青铜雕像。随后，1782年举行了雕像的揭幕仪式。而当时，法尔康涅已回到巴黎很长一段时间了，并且担任巴黎学院的副院长。

经过无数次讨论之后，法尔康涅完美地完成了这件杰出作品，而在讨论过程中，例如狄德罗就曾提出创作一座以喷泉为底座的雕塑。然而，因计划已拟定采用一匹双脚腾空的骏马，所以法尔康涅最终选择了置于石坡上的骑马雕像，尽管这几乎完全失去了象征意义。尽管法尔康涅在雕像中采用了巴洛克式图画展示大帝的身份，但他并不仅仅只是想展示一位胜利的统帅，还想刻画出立法者和仁爱统治者的特征。因此，雕塑师将大帝的右手抬高，保护其人民。马儿右后蹄踏在一条蛇身上，而石坡则象征性地代表彼得大帝必须克服的各种困难和问题。

这件规模宏大的雕塑作品仍然采用了巴洛克式手法表达动态。尽管信息表达的方式相当直白，但其忽略了当时发生的巨大改变，因此几乎不能被同时代的人们理解。

让-安托万·乌东（1741年-1828年）

来自凡尔赛的让-安托万·乌东被认为是18世纪最著名的"人类"雕塑师。与法尔康涅一样，乌东也是勒莫安二世的学生，而且他还和让-巴蒂斯特·皮加勒（Jean-Baptiste Pigalle，1714年-1785年），尤其是和斯洛兹一起学习过。1764年至1769年靠学院奖学金赞助暂居罗马期间，乌东学习了古典雕塑，而在学习过程中，他进行了详细的解剖研究。研究成果在其1767年创作的"肌肉"男雕像中显而易见。乌东的主要作品之一就是1779年至1781年间，受伏尔泰的侄女兼主要继承人，即后来的迪维维耶夫人的委托进行创作的伏尔泰坐像（第254页插图）。雕像原本是要送给法兰西学院的礼物。乌东将这位伟大的启蒙运动人物刻画成了一位贤哲。由于捐赠者个人与学院的一些学者存在一些分歧，所以1779年，捐赠者改变了想法，将这件雕塑作品赠送给了法兰西喜剧院，而至今这件作品仍矗立在法兰西喜剧院的入口大厅内。由于捐赠者改变主意，当时的评论家讽刺性地指出雄伟的贤哲刻像与剧场环境完全不能和谐共存。

让-巴蒂斯特·皮加勒早期曾试图在哲学家还健在的时候（1778年），为其创作一幅有纪念价值的雕像（如真要做的话，以前这仅仅

缪斯女神克利俄与塔利亚（分别掌管历史和喜剧，第253页插图）复制品采用了沃尔帕托时代的一种技术——素瓷。*Bis cuire* 意思是对陶瓷黏土材料"加工（例如火烧）两次"。复制古雕塑时，要特别注意表面效果（必须无杂质、亚光弹力色），从而创造出一种精美的希腊式大理石效果。

艾蒂安·莫里斯·法尔康涅（1716年-1791年）

法国雕塑家法尔康涅的作品大部分属于18世纪艺术传统风格。在让-巴蒂斯特·勒莫安二世（Jean-Baptiste Lemoyne II，1704年-1778年）手下完成学习后，法尔康涅于1754年成为巴黎学院会员，并于1761年担任学院导师。在之前的1757年，他曾是塞夫尔瓷厂造型部负责人；之后1766年至1778年，在圣彼得堡工作。经狄德罗的推荐，

PETRO PRIMO
CATHARINA SECUNDA
MDCCLXXXII

是赋予统治者的荣誉），但他的设计被拒绝了。尽管如此，在去世前几周，伏尔泰还是允许乌东绘制了一些坐像画。经双方约定，这些仅仅是为后来的雕刻进行的前期工作。哲学家坐在一张简朴的路易十六时期风格的椅子上，身着一件长长的内衣，衣服一直延伸至前臂和脚。外面罩着一件绘有经典诸神和英雄画面的披风。雕刻家自己把这称之为"哲学家长袍"。外衣成带状从肩膀处垂下，盖过手臂和左腿，进而覆盖住大部分椅子和底座，从而使塑像给人一种庄严、庄重的感觉。伏尔泰身体微微前倾，头部部分转向右侧，似乎正在进行有趣的谈话。双手紧握着椅子扶手，突出表现了伏尔泰细心聆听的表情。尽管具有这种自然主义表现特征，但作品给人的主要印象还是身着长袍端坐着的雕像人物。因此，伏尔泰思想的活跃与敏锐成为作品的主题。哲学家头上缠绕着的"不朽绶带"与古代统治者或获胜的运动员佩戴的饰带极为相似，都显示出神圣的地位。通过这种方式，提升了对哲学家的崇拜水平，将其称为思想伟人。

蒙彼利埃市法布尔博物馆中的一幅大理石塑像上签有"乌东1783年"字样（第256页插图）。该塑像源于一系列以象征手法表现夏冬两季的模型。与采用老人或女人烤火象征冬季的巴洛克式象征手法不同，乌东选择了一个小女孩形象。小女孩的头部和上半身裹着一块布条，而腹部和双腿却裸露在外。闭合的腿部姿势可追溯到古老的含羞维纳斯主题，但裸露的身体部分却是象征冬季的一个主要元素。最终，乌东使用这些切入点创作了一尊非常性感的雕塑作品，并且很快备受欢迎。

克洛德·米歇尔（即著名的克洛迪翁）（1738年-1814年）

克洛迪翁16岁的时候从南锡来到了巴黎。最初在他叔叔的工作坊工作，之后师从于皮加勒。同年，克洛迪翁获得了学院雕塑比赛一等奖，随后被皇家学院录取。1762年至1771年，克洛迪翁依靠奖学金在罗马求学，发现了大量的模型，尤其是用于众多描绘萨梯和仙女、酒神女祭司以及爱情主题的小型虚构赤陶雕塑。依靠这些雕塑作品，克洛迪翁很快就在收藏家中小有名气。

1783年，巴黎发生了许多与人类飞天梦想相关的开创性事件。1783年7月5日，蒙戈尔菲耶兄弟将他们制作的首个热气球升空，之后，即11月21日，进行了热气球首次载人空中飞行。同年，法国物理学家雅克·亚历山大·塞萨尔·查理（Jacques Alexandre César Charles，1746年-1823年）在气球里充满氢气进行实验，因此，充

满氢气的气球被称作"charlier（氢气球）"。12月1日，查理乘坐氢气球升空。为此，王室建筑管理局举行了一场比赛，纪念这次取得的技术新成就。其他被邀请的雕塑师包括乌东、帕茹以及克洛迪翁。然而，设计并未公开展示，因为该项目于1785年被摒弃了。

克洛迪翁设计了一个圣坛形状的圆底座，上方是燃烧的火焰，一群天使四处添加稻草，维持火种燃烧（第258页-259页插图）。火焰上方悬着一只气球。气球四周同样围着一群小天使，而且法马与风神埃俄罗斯分别位于两侧。设计过分注重细节，不适合作为纪念之用，反而更适合于会客厅。甚至力求以传统象征手法赞颂发明的雕像本身，也几乎没有什么说服力。这是因为尽管火焰本身具有崇拜和新生的象征意义，但此处的部分形象却是虚构的。底座上有一只热气球，由火和热空气进行维持。充满氢气的氢气球在这种情形下会发生爆炸。

奥古斯丁·帕茹（Augustin Pajou，1730年-1809年）

奥古斯丁·帕茹出生于巴黎，同样师从于雕塑师勒莫安二世。早在克洛迪翁之前，帕茹就曾获得过学院雕塑大奖，并因此在1748年被皇家学院录取。1752年至1756年间，帕茹依靠奖学金在罗马求学。4年之后，他回到巴黎，进入学院任职并最终于1792年担任学院院长。15年前，国王曾委任帕茹负责保管古董。他还是1793年成立的法国文化协会的成员。

帕茹最著名的一件神话人物雕像要属《弃妇普绪喀》（第257页插图）。国王的女儿普绪喀美丽出众，女神阿佛洛狄忒很是嫉妒。于是，女神便派自己的儿子厄洛斯去惩罚她。但是厄洛斯，即罗马神话中的丘比特，却爱上了普绪喀并把她带回了自己的宫殿中。但他只有晚上偷偷地去看她，因为普绪喀不能看到他的真面目。在好奇心的驱使下，普绪喀不小心将睡着的厄洛斯惊醒了，于是厄洛斯便离她而去了。普绪喀陷入了绝望，走遍大地的每一个角落寻找自己的情人。最后终于在阿佛洛狄忒的神庙中找到了，可是却不得不完成许多危险的任务。普绪喀对爱情的执著最终打动了宙斯，让两个有情人重新在一起。

1782年，王室建筑管理局委托帕茹制作一件塑像，与埃德姆·布沙东（Edmé Bouchardon，1698年-1762年）制作的爱神雕塑（厄洛斯）（1750年完成，自1778年起陈列于卢浮宫古物陈列室）进行搭配。尽管塑像主题任由帕茹选择，但爱神的情人似乎是明智之选。裸体少女

上一页与右图：
克洛德·米歇尔（即著名的克洛迪翁）
《气球的发明》（*The Invention of the Balloon*），1784年
赤陶，高110厘米
纽约大都会博物馆

半坐在垫有坐垫的底座上，右脚踩在一块圆形基石上，而左脚则放在脚凳上。在她的脚边，一盏打翻的油灯躺在脚凳上，而一把匕首掉落在基座上。她以痛苦的姿势紧紧按住自己的心脏，忧伤地凝视着。通过这样的姿势，帕茹成功地表达了普绪喀在失去情人并且意识到是自身过错造成的之后彻底绝望的情绪。

托马斯·班克斯（Thomas Banks，1735年-1805年）

　　这一时期英国主要的雕塑师中，托马斯·班克斯被认为是第一个以新古典主义风格制作雕塑作品的雕塑师。托马斯·班克斯出生于伦敦。他在英格兰西部度过了孩提时代，之后回到伦敦给一位饰品雕刻匠当学徒。这位雕刻匠的工作坊靠近雕塑师彼得·希梅克斯（Peter Scheemakers，1691年-1781年）的工作室。班克斯与希梅克斯的学生们成为了朋友，并且被允许晚上到希梅克斯工作室绘画和制作模型。

在那里，他还看到了希梅克斯从罗马带回来的古典雕塑铸件。他制作的第一件古典主题浮雕获得了英国皇家艺术学会多项奖项。1770年制作的《抢掠普罗瑟皮纳》浮雕像获得了皇家艺术院金奖。两年之后，皇家艺术院授予他一笔罗马游学的奖学金。他在罗马待了七年。与此同时，约翰·海因里希·富塞利（Johann Heinrich Fuseli，1741年-1825年）也在罗马。因此两个年轻人便成为了终生好友。来到罗马之前，富塞利曾将温克尔曼的《希腊美术模仿论》（*Gedanken über die Nachahmnung der griechischen Werke in der Malerei und der Bildhauerkunst*）翻译成英文。因此，在彻底了解有关古典艺术争论现状之后，富塞利将自己所了解的知识传给了自己这位新的英国朋友。事实上，温克尔曼的思想观点对班克斯的艺术具有持久的影响。班克斯还对古代石棺特别感兴趣。1774年他创作的浮雕作品——《格马尼库斯之死》（*Death of Germanicus*，莱斯特伯爵，诺福克霍尔汉姆宫）可能是这位英国雕刻师以新古典主义风格制作的首批雕塑作品之一。

1778年左右，班克斯开始制作大理石浮雕作品——帕特洛克罗斯去世后，海神忒提斯与众仙女安慰阿喀琉斯（第260页插图）。阿喀琉斯与挚友帕特洛克罗斯一起参加了特洛伊战争。当特洛伊人迫近希腊战船时，阿喀琉斯将自己的盔甲送给了自己的好朋友。他的好友成功击退了特洛伊人，但后来却在与赫克托耳决斗中被杀死了。荷马在18世纪的《伊利亚特》（Iliad）一书中描绘阿喀琉斯的母亲——海神忒提斯与众仙女安慰自己最亲爱的儿子的场景。阿喀琉斯领导希腊人参加了特洛伊战争，后来被帕里斯一箭射中脚踝受伤而死。关于他的英雄命运一直是新古典主义艺术家产生灵感的主题。班克斯的描绘与荷马叙述的故事内容十分相似，但采用的风格却受到富塞利倾向于强调直线性的影响。然而，由于海神忒提斯周围的人群位于椭圆形结构中，所以阿喀琉斯与帕特洛克罗斯各自的角度姿态便形成鲜明的对比。

约瑟夫·诺勒肯斯（Joseph Nollekens，1737年-1823年）

在关于班克斯之死的叙述中，雕塑家约翰·弗拉克斯曼（John Flaxman）提到了一位甚至在班克斯之前就曾奉行某种古典形式的新古典主义思想的雕塑师，他就是约瑟夫·诺勒肯斯。1828年，诺勒肯斯雇佣的其中一个石匠——J. T. 史密斯在《诺勒肯斯和他的时代》中对他的前雇主进行记述。这是史上最恶毒的传记之一。史密斯在书中指责诺勒肯斯是个财迷且贪得无厌，嘲笑诺勒肯斯是一个只要能够吸引有钱客户和赞助者，便仿效任何风格的雕刻师，并声称，诺勒肯斯毕生的兴趣就是赚钱。

诺勒肯斯白手起家，去世时已积累了近200000英镑的财富。但可笑的是，只留给了史密斯100英镑。因此，史密斯在其死后发泄怒气。当然，人们可能更宽容地认为，可观的财富有力地证明了作为雕刻师的成功人生。虽然史密斯可能抓住机会嘲笑了诺勒肯斯的吝啬行为以及因纯粹的贪婪导致的悲惨生活境况，但不可否认的是，诺勒肯斯的确是一位天才肖像画家。

伦敦出生的诺勒肯斯出身于一家源自安特卫普的艺术家庭。祖父与父亲都是画家，而他却在1750年跟随彼得·希梅克斯学习。获得了英国皇家艺术学会各类奖项后，诺勒肯斯去罗马待了十年。他获得了圣卢卡学院金质奖章，并于1772年成为伦敦皇家艺术学院成员。诺

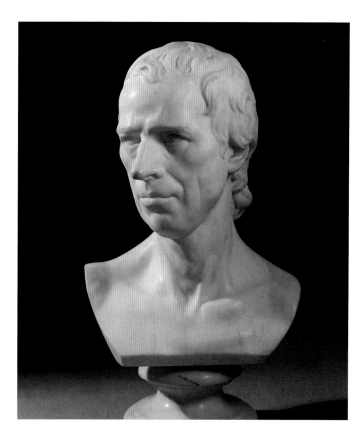

勒肯斯在罗马就已确立了肖像画家的名声。在肖像绘画方面，他是如此的成功以致于不得不复制其中一些半身像达150次。

1766年，诺勒肯斯在罗马为英国小说作家劳伦斯·斯特恩（1713年-1768年）制作的半身像（第261页插图）采用了古典模型，只描绘了头部和裸露的肩膀。尽管仿效了古罗马帝国早期的理想化肖像类型，但精美的小脸造型使肖像栩栩如生。对眼睛的立体化处理，更加强了这一效果。并非和乌东作品一样，仅在眼球中间接表现了虹膜，眼神黯然无光，诺勒肯斯将瞳孔设计成凹陷状，只留下了一个闪烁光芒的小点。这种最新的古典式处理方法得到巴洛克时期雕塑家们的进一步发扬。诺勒肯斯毫无例外地使用了这种方法，从而使其制作的半身像看起来神态逼真，栩栩如生。

下图：
若阿金·马沙多·德·卡斯特罗
《葡萄牙约瑟夫一世骑马像》（Equestrian statue of Joseph I of Portugal）
1775年
青铜像
里斯本商业广场（Praça do Comércio）

约翰·托比亚斯·塞格尔（Johan Tobias Sergel，1740年-1814年）

　　在瑞典，正是那些最初的移民艺术家们满足了贵族阶层与皇室对新建房屋以及利用雕塑和绘画进行装饰的日益增长需求。直到1690年至1770年间奢华的新斯德哥尔摩皇宫开工，才意识到需要当地工匠和艺人参与工程的计划和实施。随着1735年皇家绘画学校（即现在的皇家美术学院）的兴建，瑞典首次实现了高素质工匠和艺人的自给自足。学院所传递的艺术观点与欧洲许多新建的艺术学校一样，主要以巴黎学院为方向。但从现在开始，瑞典艺术家们还到处旅行，以开阔自己视野。正是通过18世纪中期艺术家赶赴巴黎的这样行为，法国洛可可风格才对瑞典艺术产生了强烈的影响。

　　出生于斯德哥尔摩的雕塑师兼画家约翰·托比亚斯·塞格尔（1740年-1814年）16岁时首次在路易斯·阿德林·马斯雷利埃斯（Louis Adrien Masreliez，1748年-1810年）手下当学徒。1757年，塞格尔成为了雕塑师皮埃尔·胡贝特·拉舍韦克（Pierre Hubert L'Archevêque）的学生，并且在为斯德哥尔摩王宫制作象征雕塑人物以及古斯塔夫·瓦萨（Gustavus Vasa）和古斯塔夫·阿道夫（Gustavus Adolphus）纪念雕塑作品中担任拉舍韦克的助手。1760年，塞格尔获得斯德哥尔摩学院金质奖章。三年后，他开办了个人工作室，主要制作一些肖像奖章和古典式浮雕。1767年，他被公派前往罗马。在罗马，他制作了大量神话主题赤土陶器，并且通过与无数其他国家的艺术家接触，形成了自己的新古典主义风格。1779年从罗马回来之后，他被国王古斯塔夫三世指定为老师拉舍韦克的接班人，担任宫廷雕塑师，并于一年后，担任斯德哥尔摩学院导师。塞格尔不仅是18世纪瑞典最重要的雕塑师，而且还留下了大量令人印象深刻的绘画作品。

　　由于受斯德哥尔摩市政府的委托为瑞典国王古斯塔夫三世建造一座纪念碑，1790年塞格尔提交了第一次草稿，并且在一年后，提交了一件石膏比例模型（第263页插图）。1793年，实际尺寸的模型（现已不复存在）完成后，耗费了六年多的时间铸造青铜像，直到1808年才进行青铜像揭幕仪式。塞格尔设计人物肖像雕塑的灵感来自于最著名古典雕像之一——《观景楼的阿波罗》，但是古斯塔夫穿着仿效当代服饰风格的虚构古戎装，与模型完全反了。模型中的自由站立姿势变成了单脚重心支撑，而国王右臂上方服饰与阿波罗伸展的左臂上缠绕着的布条相对应。最后，年轻且强壮有力的古典弓箭手的紧绷身体，在巴洛克晚期转型至新古典主义时期过程中变成了相当放松的统

治者姿势。

由于非常热衷于艺术与文学，古斯塔夫三世分别于1773年和1776年兴建了法国式样的皇家歌剧院和瑞典学院。他还是一名戏曲作家。古斯塔夫三世的外交政策目的是弱化丹麦与俄罗斯的反瑞典联盟。在这样的外交政策下，1788年瑞典向俄罗斯宣战。1790年，《韦雷莱条约》(Treaty of Värälä) 签订，结束了瑞典-俄罗斯战争，而领土范围并未作任何改变。塞格尔描绘了登陆时刻的场景：古斯塔夫左手撑在一块纪念石上站立着，而手里还握着胜利者桂冠。右手拿着和平的橄榄树枝（模型上已遗失），表示意图和战争的胜利。

若阿金·马沙多·德·卡斯特罗 (Joaquim Machado de Castro，1736年-1822年)

18世纪下半叶葡萄牙最重要的雕塑师要属若阿金·马沙多·德·卡斯特罗。卡斯特罗出生于蒙德古河畔老大学城——可因布拉，并且在马弗拉（位于里斯本西北方向）国王若昂创建的雕塑学校学习。学校第一位校长就是意大利人亚历山德罗·朱斯蒂 (Alessandro Giusti，1715-1799年)。他采用卡拉拉白色大理石为原马弗拉修道院制作了14件大型圣徒塑像。卡斯特罗最出名的就是那些极其逼真表现耶稣诞生场景的雕像，例如里斯本国家古代艺术博物馆，牧首大教堂以及埃斯特雷拉达教堂中的雕像。

在影响方面，可与公元79年维苏威火山喷发摧毁庞贝古城相提并论的1755年里斯本大地震，被认为是人类历史上最大的非军事灾难之一。经过长期斗争形成的启蒙运动关于人类思想控制自然的想法根基被撼动了。当全世界都在对上帝的审判感到非常遗憾时，皇室常务秘书塞巴斯蒂昂·约瑟夫·德·卡瓦略-梅洛 (Sebastião José de Carvalho e Mello，1699年-1782年) 决定重建城市。受到启蒙运动思想的影响，他所做的唯一贡献就是有关上帝审判的辩论。他曾冷冰冰地问道，为什么上帝仅仅是宽恕了红灯区。历史上将他记载为庞巴尔侯爵，这个称号是后来国王授予他的。在设计里斯本新下城区过程中，庞巴尔将原皇家广场保留在原来特茹河边的位置，但是把名字从宫殿广场改成了商业广场。广场三面为连拱式建筑，一面空了出来，面向特茹河。中间高耸的底座上方是马沙多·德·卡斯特罗设计的国王约瑟夫一世骑马像（第262页插图）。

卡斯特罗设计的塑像是葡萄牙第一座使用青铜铸造的骑马像。1774年10月15日，在陆军军工厂一次成功铸造成型。次年5月22日，

左图：
安东尼奥·卡诺瓦
《代达罗斯与伊卡洛斯》（*Dædalus and Icarus*），
1777年-1779年
大理石，高200厘米、宽95厘米、深97厘米
威尼斯科雷尔博物馆（Museo Correr）

的杰作以及后古典主义风格雕塑作品。仅12岁的时候，他便获得人生中第一次委托，制作两个装饰用的水果篮。

卡诺瓦的家境非常不幸。当他只有三岁的时候，他的父亲——石匠彼得罗·卡诺瓦便去世了。随后，母亲改嫁到位于波萨尼奥西的一个村庄。小安东尼奥便由祖父帕西诺（也是一名石匠）抚养长大。正是由于祖父的细心教导，将这位天才少年引上了正确的学习轨道。1770年，祖父卖掉了土地，为孙子支付继续留在威尼斯的费用。1773年，已委托制作装饰用果篮的委托人——参议员乔瓦尼·法利尔（Giovanni Falier）委托年轻的雕塑师制作了另外两件雕塑，一件是欧里狄克像，另一件是俄耳甫斯像，后一件是在前一件成功完成之后委托的。在这样的鼓舞下，1775年卡诺瓦离开了托雷蒂工作室，并在圣斯特凡诺修道院开办了自己的工作室。

在威尼斯的早期时期，卡诺瓦的主要作品是1777年至1779年完成的《代达罗斯与伊卡洛斯》塑像群（第264页插图）。该作品在威尼斯一年一度的艺术博览会上获得一片赞美声，同时在商业上也大获成功。作品仍具有许多巴洛克式韵律风格，其中仅通过捆绑翅膀的动作便将人物分散的动作联系在一起。作品中展现了两个人物，在相互关联的同时，又形成鲜明的对比。一侧是天真而无忧无虑的伊卡洛斯，对即将来临的冒险充满了期待；而另一侧是小心而精明的父亲，他是一位发明家以及所有艺术家的开山鼻祖。在非常自然的人物表现以及大胆的老年体格刻画中具有浓厚的肖像画元素。人们认为代达罗斯是一幅代表卡诺瓦向其祖父表达敬意的肖像画。他曾卖掉自己的土地，为雄心壮志的雕塑师插上了自由之翼。其他根据事实作出的令人信服的雕塑解释则来自于老人脚边的锤子——石匠的象征。被父亲装上"翅膀"，梦想飞行的伊卡洛斯形象（已准备好接受失败的风险，以实现人类亘古不变的梦想）表明了艺术家全新的自我形象。艺术家摆脱了传统艺术束缚，为18世纪时期的威尼斯提供了许多令人喜爱的雕塑作品。

1779年秋天，卡诺瓦开始了罗马游学之旅。在那里，他不仅熟悉了大量过去的雕塑作品，而且与当时先锋派艺术家和评论家交往密切。尽管《代达罗斯与伊卡洛斯》塑像证明了卡诺瓦的伟大雕塑才能，但仍有人劝告他，以后按照温克尔曼所要求的风格进行制作。这样的机会来了。1781年，威尼斯驻罗马大使吉罗拉莫·祖利安（Girolamo Zulian）委托卡诺瓦制作了《忒修斯与弥诺陶》（*Theseus and the Minotaur*）雕像（第265页底图）。在威尼斯元老院的资助下，卡诺瓦

塑像被隆重地送往商业广场。1775年6月6日，终于准备好了塑像揭幕仪式，并举行了盛大的庆祝典礼。46英尺（约14米）高的骑马青铜像展示了身披斗篷、头戴羽饰头盔的国王形象。他庄严地凝望着特茹河下游地区，一直延伸到海边的城市和土地。底座两侧分别是象征性雕像群，而端面皇家徽章下方则是庞巴尔肖像圆雕饰。

新古典主义雕塑作品集萃

安东尼奥·卡诺瓦（1757年-1822年）

没有一个地方可以比罗马更容易收集到更多的古典式雕塑。文艺复兴时期的收藏家和艺术家们在整个欧洲已非常出名。因此，新古典主义雕塑从罗马开始复兴，这一点也不奇怪。

正如多那太罗、米开朗琪罗或贝尔尼尼在当时的雕塑艺术上占据重要地位一样，安东尼奥·卡诺瓦在欧洲新古典主义雕塑艺术上独领风骚。1757年，卡诺瓦出生于特里维索波萨尼奥。1768年，就在帕尼亚诺附近的朱塞佩·贝尔纳迪（即托雷蒂）雕塑工作室学习。同年秋天，卡诺瓦的老师将他带到了威尼斯。在威尼斯，托雷蒂还拥有一家工作室。在那里，卡诺瓦接触到了威尼斯贵族收藏的许多古典时期

创作了一件并不是以忒修斯进行英勇搏斗为主题，而是以坐在落败的敌人身上静静沉思的胜利者为主题的雕塑作品。展现英勇事迹之后的忧郁而沉思的时刻，要比戏剧性地与克里特岛怪物进行搏斗的传统场景更合乎新的艺术观点。正是在这个时刻，人类的美德（更高尚的道德品质）汇聚在一起，从而在与恐怖与巨大的自然力量作斗争的过程中获得胜利。

在之后的一件关于忒修斯神话的作品中，卡诺瓦展现了一副激烈的搏斗场景。忒修斯一只脚压着怪物的上身，右手举着棍棒，准备狠狠地打下去，而怪物向后弯着腰，趴在地上（第265页上图与第266页插图）。作品设计的主要形状呈一个巨大的三角，由忒修斯的右脚、怪物支撑身体的左手以及作为顶点的头盔构成。其余的三角形则从属性地与这个三角外形相对应，由上臂和棍棒或者弯曲的腿构成。这种具有一定僵硬感的形式结构在一定程度上抵消了事件的戏剧效果，而卡诺瓦通过利用一种在画中几乎无法察觉的技巧，设法减轻了这种僵硬感。两个相互支撑的人物成微小角度放置，构成不同的平面，而且

搏斗的中心事件发生在前平面，而身体则形成三维空间的深度。尽管卡诺瓦的雕塑在表达哀婉以及表现紧张的搏斗方面都与拉奥孔的古典主义雕塑作品有相似之处，但卡诺瓦的主要风格是修辞性和学术性元素，并且正是这些元素成为了后来学术传统的基础。一件作品创作于1777至1779年间，而另一件创作于1804年至1819年间。两件作品中，一件雕塑博得了赞赏者的一致喝彩，却遭到了批评家最大的贬低和批评。《爱神厄洛斯与普绪喀》（*Amor and Psyche*）则转向刻画两性之间的爱恋（第267插图和第268页上图）。这一场景引起了古斯塔夫·福楼拜（Gustave Flaubert）的兴趣。他在画廊看到塑像后，又返回去看了好几次，直到"最后"，他写道，他"亲吻了向爱神伸出长长的大理石手臂的陷入晕厥的女人的肩膀，然后是脚，头，以及侧面！但愿得到饶恕！这是我第一次亲吻这么长时间。简直是妙不可言——我亲吻的就是美。"他带着歉意补充说道，他只对天才感兴趣。

事实上，卡诺瓦已成功诠释了希腊神话爱情主题。普绪喀侧躺着，身体转向后面朝着爱神（厄洛斯），而爱神正靠近准备亲吻她。爱神左手抱着她的身体，右手托着她的头，而普绪喀张开双臂抱着他的头。两位恋人外张的腿部与普绪喀双臂环绕等待亲吻的动作，构成一种平

下图：
安东尼奥·卡诺瓦
《忒修斯与人首马身怪》（局部图），1804年-1819年
意大利卡拉拉白色大理石，高340厘米，宽370厘米
维也纳艺术史博物馆

下一页：
安东尼奥·卡诺瓦
《爱神厄洛斯与普绪喀》（局部图），1786年-1793年
大理石，高155厘米，宽168厘米
巴黎卢浮宫

以纪念他在滑铁卢取得的胜利。用利希特的话说就是，作品原本是向众神表达敬意以及纪念尘世获得的短暂胜利。

拿破仑一世时期的意大利总督为米兰拿破仑广场定制的青铜像同样也没有进行安装。1812年，巨大的塑像最终铸成之后，塑像并没有向公众展示，而是放在了米兰元老院庭院中。之后，又匆忙地移至布雷拉博物馆（Museo di Brera）被收藏起来。仅在布雷拉宫庭院的半公共区域作为艺术作品进行了展示，并未表现任何有关主题相关的因素。

1800年左右，卡诺瓦意识到他不能仅依靠公共委托项目的预付款生活。因此，他开始使用石膏制作纪念雕塑，并将雕塑卖给那些潜在的买家。需要的话，他可能会为买家将石膏雕像变成大理石雕像。结果就是，作品最初拥有纯审美和艺术价值，但之后的重大价值并非是由艺术家赋予的，而是由买家或公众赋予。

这一类纪念作品在维也纳玛丽亚·特雷西娅女王（Empress Maria Theresia，第269页插图）的女儿——大公爵夫人玛丽亚·克里斯蒂娜墓雕像中可以找到。

雕像于1790年至1795年间设计用于纪念提香，但是在1797年法

衡。爱神向上伸展的双翼突出了神圣性质，即将接引凡人普绪喀离去。他们就要实现他们的爱情诺言。同时，观赏者发现自己也陷入亲吻前这令人紧张的时刻。他回想起自己多情的欲望，但可能只是徒劳。这可能就是发生在福楼拜身上的情景。然而，爱神与人类灵魂的化身之间并未实现结合，从而使想要实现的欲望以及对可能失败的认知具体化。

1802年，卡诺瓦前往巴黎准备进行拿破仑塑像的制作。因计划制作一座第一执政官塑像，所以签订了一份反映当时整个纪念性雕塑问题的合同。尽管发现巴洛克式风格适合对刻画统治者的公共纪念雕塑进行艺术处理，但是法国大革命的发生，使巴洛克式风格显得过时了。而且，当时的服饰特征不再像巴洛克时期那样，显示出统治阶级的身份，以强迫得到观赏者的尊敬。服饰变成了一种时尚。拿破仑希望穿上法国将军服。卡诺瓦对此表示坚决的拒绝。他想要创作一尊英雄裸体雕像，将其刻画成希腊神话中的战神马尔斯，通过自己的英勇事迹带来了和平（第268页底图）。然而，拿破仑认为，具有传奇色彩的古典英雄的裸体画像并不能向公众展示现代力量。裸体不再用作一种象征。裸体人显得无关紧要。

卡诺瓦成功地在半身像中抓住了拿破仑人与神的双面特征，但是与半身像相配的塑像却不符合通用的纪念要求。裸露的身体几乎完全失去了双重特征感觉。塑像全身丧失了重要的本质内容，并没有被提升至高层次含义。1811年，整个大理石雕像才抵达巴黎，但是并没有进行安装，因为当时拿破仑的地位正在下滑。最终，1815年，即拿破仑最终垮台的那一年，英国政府将这尊塑像送给了威灵顿公爵，

国占领威尼斯之后，已不可能进行制作。正是由于纪念碑的独特艺术性质，所以将纪念碑重新用于另一个去世的人——迄今为止简直令人难以相信——这变得可行。作品制作完成之后，买主赋予了它特殊意义。艺术作品的这种"独立性"同样在教堂内部关系中表现出来，卡诺瓦有意将纪念碑与教堂内部分隔开。金字塔形状正好与哥特式教堂内部相反，以及从面前的阶梯通向教堂大门黑暗入口的转变内容暗示

的空间深度，再次突出了其独立性。

庄严的队伍从左边走向金字塔的入口。队伍的最后是一名又老又瞎的男人，由一名年轻的女人牵引着。节奏性地与这幅画面相隔的是，另一名由两个女孩陪同的高个子妇女，抱着死者的骨灰瓮走向墓室。其中一个女孩跟在她后面，另一个走在她前面。这种先行向前的行为表现了内容要点，并且构成一种对待死亡的划时代的全

新态度。在早期的陵墓纪念碑中，人们总是面向观赏者，主要以说教形式表现死后生命的存在性；而在这里，则毫不理会观赏者，只留下了关于接下来是什么的可怕问题。队伍不再是沿着死后的永生之路前行。即将进入墓室大门的女孩向观赏者展示了脚底以及长袍下明显的小腿肚。甚至她的头发还闪烁着生命之光。在下一刻，她将湮没在墓室的黑暗之中，即走向死亡。对于她身后的其他人而言，也是如此。只有观看者不确定地在尘世间活着，尽管知道有一天，他也将不得不加入这个队伍。值得注意的是，离画面最远，即离观看者最近的塑像人物是死亡之灵。它坐在阶梯上，倚靠着一头正在休息的狮子。

卡诺瓦最精湛的雕塑之一——宝琳娜·博尔盖塞全身像（第270页插图）并非是呈现给公众的作品。拿破仑的妹妹——非常年轻的寡妇宝琳娜，随着哥哥事业的飞黄腾达，成为了当时最值得追求的贵族女人之一。聪慧而美丽，而且无忧无虑，像个公主。不合常规的举止以及性感的吸引力曾受到公众的关注。她希望卡诺瓦为她——公主、拿破仑的妹妹绘一幅裸体像。

为了减少复杂性，卡诺瓦打算将宝琳娜装扮成黛安娜，这样他就可以为她披上一件浴袍。但是，宝琳娜坚持装扮成维纳斯，因为维纳斯是以裸体形象出现的一位女神。对于艺术家而言，棘手的问题并不仅仅是宝琳娜想要的裸体画问题。因为，随着1800年左右时代精神的变化，象征手法表现的各项条件也随之改变。毫无疑问，裸体不再是表现古典时期英雄的元素。这很容易被怀疑是伤风败俗的行为。作为公主以及皇帝的妹妹，宝琳娜是一个"时髦"的女人。她代表了一种新的美，并且非常清楚自己的性感所在。如果卡诺瓦想要不辜负宝琳娜的期望，并且不会受到古板公众在道德上的谴责，那么这次工作则需要丰富的想象力以及大量的艺术技巧。

结果，卡诺瓦雕刻的作品中，宝琳娜轻松且无忧无虑地躺在躺椅上，右腿伸直，而左腿随意的放在上方。左手臂放在腿上，手里拿着得自特洛伊王子帕里斯在选美评判中所给予象征胜利的苹果。以右手臂支撑着上半身和头部，侧身躺在躺椅上。身体转动露出四分之三侧面，目光凝视着远方，对观看者完全置之不理。软垫或臀部周围的布料等装饰品刻画地非常自然，而上半身皮肤却打磨得非常光滑，与现实脱离。亲密与疏远两者均在此有所体现。这两种元素构成了现代名人体系的工作方式。在这方面，宝琳娜·博尔盖塞肖像被认为是玛丽莲·梦露表现自我的前辈。

贝特尔·托瓦尔森（Bertel Thorvaldsen，1770年-1844年）

继卡诺瓦之后，丹麦人贝特尔·托瓦尔森是欧洲最重要的新古典主义雕塑家。1822对手去世之后，他无可非议地被视为当时最受神灵启示的雕塑师。1770年或1768年，托瓦尔森出生于哥本哈根，父亲是来自冰岛的木雕匠。他从小在贫寒的艺术之家长大。然而当他还是一名孩童时，便展露出绘画的天份。托瓦尔森的第一任老师是画家尼古拉·亚伯拉罕·阿比尔高（Nicolai Abraham Abildgaard，1743年-1804年）。在哥本哈根学院完成石膏课程之后，托瓦尔森参加了造型课程。曾获得丹麦皇家艺术学院许多奖项和奖牌。1793年，托瓦尔森以《治愈跛脚的圣彼得》（*St. Peter healing the lame*）的浮雕荣获最高荣誉金奖，并取得前往罗马留学三年的奖学金。1797年3月8日，托瓦尔森抵达罗马，正式开始了他的艺术生涯。因此他将这一天作为自己的"罗马生日"。托瓦尔森被朋友们称为"丹麦的菲迪亚斯"。除了几次中断之外，他一直呆在"艺术之都"，直到1842年成为了一名自由雕塑师。

《伊阿宋智取金羊毛》（*Jason with the Golden Fleece*）雕塑被视为是托瓦尔森最成功的作品（第272页插图）。1800年10月，托瓦尔森制作了第一个实物大小的版本，不过因为缺乏经费制作石膏模型而白白浪费了。1802年，他制作了一个尺寸更大的新泥塑模型，并在外界的赞助下做成了石膏模型。英国艺术鉴赏家、家具设计师以及银行家托马斯·霍普（Thomas Hope）向他订制此作品的大理石雕后，托瓦尔森在罗马的财务状况才暂时稳定。此次委托项目使得托瓦尔森的工作室逐步扩大。除无数助手之外，19世纪时期最重要的一些雕塑师还在该工作室工作。

在接到霍普的委托之后，托瓦尔森与雕塑师彼得罗·菲内利（Pietro Finelli，约1770年-1812年）和海因里希·凯勒（Heinrich Keller，1771年-1832年）签订合同，接手从大理石原料至雕像雕刻工作。这同样清楚说明了在这个丹麦人工作室从事劳工组织的情形。雕塑师采用了罗马法国学院复制古物采用的点测技术着手工作。这种技法已经被卡诺瓦系统化使用过了。"在大理石坯料上方搭上木框，放置好铅垂线。准备测量好石膏模型大小后，确定好模型最外围点的大小和位置，并在石料上以黑点标注。然后，在进一步切削石料的同时，选出各种不同大小的石膏模型并送至用于制作精确的大理石雕像，但是留有足够的凸出表面，从而使艺术家能够进行最后的修饰雕琢"。这就是托瓦尔森的同乡克里斯蒂安·莫尔贝克

下图：
贝特尔·托瓦尔森
《伊阿宋》，1803年-1828年
大理石，高242厘米
哥本哈根托瓦尔森博物馆（Thorvaldsen Museum）

下一页：
M.G.宾德斯柏尔
哥本哈根托瓦尔森博物馆
1839年-1848年
内景

（Christian Molbech）描述的复制技法。卡诺瓦是亲自完成了大理石雕像最后阶段的工作，而托瓦尔森则是将大理石雕像的工作全部留给了学生和助手。渐渐地，托瓦尔森只制作模型。事实上，一件一英尺高的黏土坯模就足够了。后来由其中一个更具天赋的学生用黏土制成了更大尺寸的模型。这件以石膏复制的模型最终由几位雕塑师采用大理石复制而成。经验较少的学生做一些粗活，如从大理石坯料中凿出雕像，而之后更精细的工作则由熟手接手。这样，托瓦尔森便可以在工作室中一次性制作出一连串的雕塑作品，而他仅仅起着监督作用。"我参观了他的工作室好几次"，波兰作家拉琴斯基

伯爵（Count Racynski）写道，"他从一个工人的身旁走到另一个身旁，并用铅笔标注出必须进行改进的地方"。有了点测技术的帮助，在托瓦尔森不在工作室或甚至离开罗马的情况下，都可以不间断地连续工作。这就是能够解释他获得无数雕塑作品财富的唯一途径，其中个别作品在整个欧洲均可以找到。仅在哥本哈根托瓦尔森博物馆（第273页插图）就藏有860件雕塑作品。同时，这么巨大的作品成果表明了完全根据温克尔曼提出的概念形成的巨大生产力和不可比拟的创作潜力。

伊阿宋塑像（第272页插图）中清楚仿效了古典主义时期的风格——主要仿效了《观景楼的阿波罗》雕像，不过那不勒斯国家博物馆中波利克里托斯（Polyclitus）创作的《持矛者》（Doryphorus）也可被视作其模型。托瓦尔森遵照温克尔曼的指示，通过仔细研读古典式雕塑（而非模仿大自然）创作了神话主题中男性形象雕塑。新古典主义雕塑的主要特征就是"轮廓"，即雕塑的轮廓线。轮廓清楚地突出了艺术的"精神"形式。"壮观的轮廓线将大自然全部的美好部分和雕像的理想之美结合或包围在一起；或更确切地说，轮廓线是二者的最高概念"，温克尔曼写道，并且建议："如果模仿大自然能够赋予艺术家一切，那么肯定不能从中获得准确的轮廓线；这只能从希腊艺术中学到。"伊阿宋雕像正面图显示了托瓦尔森与温克尔曼的思想是多么的接近。

呈现在观赏者面前的裸体英雄心里充满了必胜的从容态度，通过轮廓线，将英雄的内在于外在巧妙地融合成一种理想之美。轮廓与形式在创作过程中形成完美的相依关系，因为雕像人物仍位于所使用的大理石坯料中，这一点与《观景楼的阿波罗》雕塑不同。雕塑底座上方覆盖的布料表明石料仅比塑像站立的底座大一点点。因此，在托瓦尔森的雕塑作品中，轮廓设计同样是成本管理的一部分。

轮廓甚至在《盖尼米得》（Ganymede）雕像中作为主要的设计元素特征。在制作了多个版本，其中有《盖尼米得献祭酒杯》（Ganymede Offering the Drinking Cup，1804年）和《盖尼米得斟酒》（Ganymede Filling the Cup，1816年，站立雕像），1817年制作的作品展现了盖尼米得跪着喂食老鹰喝水的情景（第275页插图）。在古代神话中，特洛伊王子盖尼米得（特洛伊命名之人）是世界上最俊美的少年。盖尼米得被天神宙斯选去为他斟酒。怀着强烈的欲望，天神之父伪装成老鹰，看上了特洛伊古城的这位年轻人，想要将他拐到奥林匹斯山。盖尼米得把他正在喝水的碗天真地送到从天而降的老鹰嘴

下图：
贝特尔·托瓦尔森
《青春女神赫柏》（Hebe），1806年
大理石，高156.5厘米
哥本哈根托瓦尔森博物馆

边，于是伪装成老鹰的宙斯神将它的喙伸进了碗中。作为身份标志，年轻人头上戴着弗利吉亚帽，右手拿着一只水壶。

该雕塑是完全从单一角度来设计的，基本上通过凝练的轮廓线使其浑然一体。这样便使得雕塑作品具有浮雕性质，并且是托瓦尔森高超的线条掌握能力的标志。他曾将线条完美运用于当时大量的浅浮雕作品中。由于受到艺术同仁们绘制的那些轮廓鲜明的图画影响，托瓦尔森通过在凹凸不平的地面上标出清晰的线条，从而形成雕像的轮廓。轮廓的形状也完全是采用温克尔曼提出的方式表现出来的。这样有可能抑制立体感——能够表现出作品主人公情感和戏剧效果的雕塑元素。由于具有这种理想之美，盖尼米得雕塑同样在实现立体感方面相当地抽象。在理想之美方面，雕塑看起来非常宁静，而非美感。

1806年，托瓦尔森制作了第一个《青春女神赫柏》模型（第274页插图）。天神宙斯与妻子赫拉的女儿赫柏是天庭上为诸神斟酒的春天与青春女神，之后这一工作由盖尼米得接替。托瓦尔森再次回到这一主题，赫柏雕像与站立的盖尼米得雕像可谓是相同主题的两面。她站立在底座上，左手举着酒杯，而眼睛一直注视着酒杯。放于大腿旁边的右手则拿着酒壶。服饰的处理与历史流行观点完全不同，因为托瓦尔森将古典及踝式宽松外袍（系于双肩）与短袖束腰外衣结合在一起。十年后托瓦尔森制作的另一尊《赫柏》塑像模型中，他只为赫柏披上了一件古希腊式宽松外袍，纠正了不合理的服饰。身体和动作同样更加拘谨，头部微微向前倾，且没有非常明显地表现出自由活动的腿。1806年的模型仅一次做成了大理石雕像，而在1819年至1823年间，1816年版本的模型却好几次被制成了大理石雕像。

约翰·戈特弗里德·沙多（Johann Gottfried Schadow，1764年-1850年）

在德国雕塑作品中，正是柏林雕塑师约翰·戈特弗里德·沙多带来了新古典主义风格。与其他德国雕塑师相比，他与希腊风格紧密的内在联系尤为显著。虽然如此，由于他采用了现实主义并将标准美和独创结合在一起，所以他的雕塑作品中并没有新古典主义中常常受到谴责的冷静理想主义。

当沙多还是一名孩童时，他就跟随柏林宫廷雕塑工作室的一名实习雕塑师学习绘画。14岁时，沙多进入雕塑师塔塞尔特的家中，接受了五年训练。在这期间，沙多与老师的大儿子一起参加了艺术学院

下图：
贝特尔·托瓦尔森
《盖尼米得为伪装成老鹰的宙斯饮水》（*Ganymede Waters Zeus as an Eagle*, 1817年）
大理石，高93.5厘米，宽118.5厘米
哥本哈根托瓦尔森博物馆

左图：
约翰·戈特弗里德·沙多
四马二轮战车雕饰（Quadriga），1793年
木板雕花铜像
高：整体：550厘米；马：370厘米；
战车：320厘米；女神：415厘米
柏林勃兰登堡门

战车雕塑被视为是和平的胜利。沙多自1788年担任工程办公室分部门——皇室雕塑工作室负责人，参照皇家马厩和兽医学院中的各种骑马模型进行绘图。即使是拥有高超技艺的手艺人和雕塑师副手负责将模型图画转变成宏伟的雕像群，也非常棘手。作品最终以铜进行雕镂装饰，其中一部分原因是柏林没有熟练的青铜铸造工作室，以及部分因为这样宏伟的青铜雕像群的重量自身固有的问题。为此，沙多制作的石膏模型由一家木工工作坊改制成了一件大型的木制模型，然后由铜匠覆以铜片。经过无数计划上的失误而导致的频繁中断之后，雕塑于1793年第二季度竣工完成，并经水路从波茨坦运抵柏林。

作为一种常见的古代军事力量象征符号，四马二轮战车是一种明显象征获胜的统治者的符号。与古罗马胜利女神维多利亚联系在一起，雕像作为和平的象征，当然与民族主义情怀联系得异常紧密，以致于仅仅在13年之后，即1806年12月，雕像便作为战利品被拉到了巴黎。拿破仑的这种盗窃行为，激发了普鲁士人民的爱国主义情怀。1814年，胜利女神雕像被索回。在两次长途跋涉旅程中，雕像遭到极大的损坏，因此有必要在巴黎和柏林进行大量的修复工作。

目前，沙多最出名的雕塑之一就是《普鲁士王妃路易丝与弗雷德丽卡》（*Princesses Louise and Frederica of Prussia*）雕像（第277页插图）。1793年12月，普鲁士皇储腓特烈·威廉与其弟弟路德维希相继与梅克伦堡-施特雷利茨的两位公主结婚后，沙多收到委托为王妃姐妹俩制作半身雕像。在制作过程中，沙多肯定选择了两姐妹的双人全身像代替。真人大小的石膏模型已于1795年在艺术学院秋季展览中展出。石膏模型最初打算用作瓷厂公开出售的小型素瓷雕像模型。但是，沙多仍未放弃制作一件大理石模型的想法。经过长期商议，终于作出了约定，尽管最终地点还未决定。国王想将这个问题留到塑像完成以后。这对于艺术家和雕塑本身而言具有重大后果。在1797年学院展览（大理石雕像展览之地）结束之前，腓特烈·威廉二世去世了，其儿子腓特烈·威廉三世认为没有理由履行父亲与沙多之间的责任和义务。

因而，包装精美的雕像最初留在沙多工作室中，最后安放在柏林皇宫的一间小房间里，远离了公众的视线。雕像现藏于柏林国家美术馆内。最初关于接纳雕塑作品的难题使沙多濒于毁灭，并且今天很多人都不知道德国新古典主义早期的一件杰作竟被隐藏了约一个世纪之久，并且其艺术和历史影响完全被剥夺了。

的绘画课程。入学注册的日期是1778年12月5日。在塔塞尔特的家中，这个年轻人有了很大的机会接近当时的资产阶级知识分子圈子，因为柏林最杰出且最有影响力的学者和官员均毕业于这所学院。

1785年至1787年间，沙多在罗马生活。因为结婚了，所以他不得不成为了一名天主教徒。他的第一个儿子卡尔·泽诺·鲁道夫（或里尔多福）（同样也是一名雕塑师），出生于罗马。在罗马，沙多在亚历山大·特里普尔手下工作并且与安东尼奥·卡诺瓦成为了好朋友。沙多对于古典雕塑绝对不会衰竭的发现，最终促使他完全专注于雕塑。沙多的第一次成功很快就来了。在1786年6月12日圣卢卡学院举行的巴莱斯特拉比赛中，沙多以《珀尔修斯解救安德洛墨达》（*Perseus liberating Andromeda*）为比赛主题创作的模型获得了金奖。

从意大利回国两年后，沙多开始创作被视为柏林最宏伟的新古典主义雕塑作品——勃兰登堡门四马二轮战车雕塑（Quadriga，第276页插图）。1788年，建筑师大卡尔·戈特哈德·朗汉斯（Carl Gotthard Langhans the Elder，1732年-1808年）担任该大门修建工程皇室办公室负责人。他打算在这座城门上方装饰上各种雕塑作品。四马二轮

左图：
约翰·戈特弗里德·沙多
《普鲁士王妃路易丝与弗雷德丽卡》雕像，1796年-1797年
大理石，高172厘米
柏林国立普鲁士文化遗产博物馆

　　两姐妹活泼而可爱地肩并肩站在一起，姐姐将手臂放在妹妹的肩上，而妹妹右手揽着姐姐的腰。模仿了古典主义服饰风格，妹妹的衣服进行收腰处理，而姐姐的服饰在胸部下方用缎带束紧。因为褶皱部分与姐姐的身体相当接近，所以在妹妹身体显得更加松散。透过布料，可以明显看到二者自由站立的腿。沙多熟练地利用了相互拥抱的两个女人的不同高度作为主题。

　　在1795年进行展览之后，石膏模型（王妃服饰明显受到当时流行时尚影响）对于当代女性时尚具有深远的影响。在他的回忆录《艺术作品与艺术观点》（Kunstwerke und Kunstansichten）一书中，沙多写道："王妃的头饰以及下巴下方缠绕的布带使其脖子更突出，但这种装束随后消失了。当时的女性将其视为效仿的流行式样。"

　　沙多表现的这种自然主义将其风格与托瓦尔森的严格新古典主义清楚地区分开。在我们考虑了展出时间非常短暂的石膏模型对观看者有何影响之后，更令人遗憾的是，最初的德国新古典主义双人全身像实际上被宣告没有任何艺术价值。

　　巴伐利亚王储路德维希首次提出修建德意志荣誉殿堂——后来的瓦尔哈拉殿堂，又称英烈祠——的计划大约可追溯至1806年，但由于政治原因，不得不进行保密，因为他与拿破仑进行联盟，不得不承担盟军军事义务。1807年1月，路德维希在前往前线访问在华沙与俄罗斯进行激战的部队的途中，在柏林中途停留。在离开以及回程的途中，路德维希指派沙多对该项目进行讨论。在讨论会议上，他委托沙多制作一系列的肖像雕塑，这对于遭遇经济危机的工作室而言，简直是天赐的恩惠。似乎沙多是最早获悉该计划的人之一，因为路德维希嘱咐他要保守秘密。

　　沙多要完成最初计划的50尊半身像中的15尊，其分别安放在三个独立的历史区域（第278页与第279页插图）。中世纪时期将以奥托大帝、康拉德二世等德意志皇帝以及亨利一世和狮王亨利等国王为代表。近代时期的代表只有物理学家奥托·冯·居里克（Otto von Guericke）和天文学家哥白尼（拉丁名：Nikolai Kopernik，路德维希将其视为德国人），而当代时期的代表人物阵容最强大，包括政治家、军事领导人、诗人和哲学家，他们被塑成半身塑像，以便名垂千古。

作为当时最有见识的鉴赏家之一，路德维希很早就意识到沙多的重要性，而且看出了一些弱点，尤其是瓦尔哈拉殿堂半身塑像上的一些缺点。1807年11月8日，路德维希在给沙多的信中写道："我对你的工作非常肯定……但仅有一点点需要完善的地方，"并且在一年后，他再次进行了表扬和批评："半身像很完美，好极了。但是头发的处理有点草率……"最后，还是沙多的学生——出生于阿罗尔森的雕塑师克里斯蒂安·丹尼尔·劳赫以其对物理精确性的更多关注获得了路德维希的热烈欢迎。当时有人嘲笑沙多，声称沙多的盛名已化为乌有了。

新古典主义时期至浪漫主义时期的欧洲雕塑

德国/克里斯蒂安·丹尼尔·劳赫 (Christian Daniel Rauch，1777年-1857年)

克里斯蒂安·丹尼尔·劳赫出生于卡塞尔附近的瓦尔德克小公国皇宫所在城镇——阿罗尔森小镇，1786年至1791年，跟随来自于附近赫尔森的宫廷雕塑师弗里德里希·瓦伦丁 (Friedrich Valentin，1752年-1819年) 学习。在瓦伦丁的指导下，劳赫完成了他人生第一件作品——为巴特阿罗尔森施赖伯尔舍博物馆 (Schreibersches Haus) 进行浮花雕饰和大理石壁炉装饰。之后，劳赫在邻近的黑森-卡塞尔侯爵领地内的艺术学院学习，并受雇于约翰·克里斯蒂安·鲁尔 (Johann Christian Ruhl，1764年-1842年) 工作室进行威廉城堡公园的雕刻工作。之后1797年，劳赫前往普鲁士波茨坦，为国王腓特烈·威廉二世提供私人服务；在腓特烈·威廉二世去世之后，他又为新王后路易丝服务。在这期间，他在柏林学院学习，并于1802年推出了个人首次展出。他创作的《沉睡的恩底弥昂》(Sleeping Endymion) 以及其中一幅半身像引起了沙多的关注，并被沙多收为学生。1804年，劳赫退出宫廷并获得了皇家奖学金前往罗马留学。

在罗马，劳赫很快接近了普鲁士外交官威廉·冯·洪堡及其妻子卡罗琳所在的文艺圈子。他很快与属于同一圈子的托瓦尔森交好，并与他做了六年的邻居。劳赫偶尔还会去这个丹麦人的工作室工作。然而，主要还是通过考古学家、洪堡夫妇的家庭老师——韦尔克 (Welcker) 以及托瓦尔森的导师索伊加 (Zoëga)，劳赫才被引进了古典主义世界。

劳赫以一件纪念性雕塑作品一夜成名，这在当时简直少有。1810年7月19日普鲁士王后路易丝去世之后，国王腓特烈·威廉三世吩咐洪堡邀请在罗马的雕塑师托瓦尔森、卡诺瓦和劳赫为王后在夏洛腾堡陵墓设计一座纪念墓碑。国王想看到自己已故的妻子躺在石棺中沉睡，就好像仅仅是在假寐而已，随时都可以被唤醒。国王来看了劳赫完成的墓碑（第280页与第281页插图）后，（卡罗琳·冯·洪堡写道）"当他看到自己心爱的亡妻的头部是如此的栩栩如生，顿时泪如泉涌"。事实上，在这座墓碑上，劳赫成功地将当时新古典主义雕塑的两种趋势融合成一种新的视觉语言。一方面是自己在柏林的老师——沙多的个人特征，另一方面是其罗马朋友托瓦尔森的标准理想形象。通过综合这两种方法，劳赫成功地创作了新古典主义的经典雕塑作品之一，受到了毫无保留的赞赏。

在35岁的时候便离去的路易丝，戴着凤冠的头枕在一个绣有星星图案的靠垫上。头偏向一边，眼睛紧闭，就好像睡着了一般，仿佛王后可以被进入寝殿的丈夫唤醒。劳赫根据自己的雕塑师朋友在王后去世后直接绘制的遗容面模制作了雕像。模型制作持续到1811年，期间一直受到柏林国王的密切关注。尽管劳赫很想在罗马制作完成墓碑的大理石模型，但他还是采用了卡拉拉白色大理石进行雕刻，以确保巨型大理石坯料的运输费用在允许范围之内。同时，他单独准备了墓碑塑像的头部和肩部，作为国王送给家人和朋友的铸件模型。除此之外，还定制了六个大理石模型版本，其中至少四个藏于不同的博物馆以及属私人所有。

1816年至1818年间劳赫第三次旅居意大利后，1819年被委任为柏林学院导师，并与克里斯蒂安·弗里德里希·蒂克 (Christian Friedrich Tieck) 共同开办了一间工作室。自1820年起，他还与歌德经常通信，并为他制作了几尊塑像。辛克尔为解放战争设计的柏林克罗伊茨贝格纪念碑上的12尊战魂中的6尊是由劳赫设计的，但是他只为其中两尊女性人物制作了模型。在1824年学院举行的展览中，劳赫展出了一尊7英尺高的维多利亚女神石膏模型，象征1814年巴黎之

下图：
克里斯蒂安·丹尼尔·劳赫
《普鲁士王后路易丝墓》，1811年-1814年
大理石雕像
柏林夏洛腾堡公园陵墓

战（第286页插图）。这尊塑像具有王后路易丝的面貌特征，而另一尊美盟（Belle Alliance）塑像则具有王后大女儿夏洛特公主，即亚历山德拉·费奥多罗芙娜皇后（Tsarina Alexandra Feodorovna）的面貌特征。由于古典文学寓言中的圣像暗指王后是保护神或"德意志民族的守护精灵"，所以塑像手持勃兰登堡门四马二轮战车雕塑，该雕塑在被拿破仑夺走之后，解放战争时被重新夺回。同样引起共鸣的还有铁十字勋章。铁十字勋章由腓特烈·威廉三世在王后生日这天，即1813年3月10日，在布雷斯劳（现名为弗罗茨瓦夫）首次授予，以表彰反抗法兰西过程中为祖国做出的服务贡献。

19世纪20年代初期，劳赫曾承诺为家乡阿罗尔森市教堂制作几件雕塑。但他花了很长时间才履行了这个承诺，并且在1831年收到提醒。直到1835年，劳赫才着手将著名的哈雷神学家、教师奥古斯特·赫尔曼·弗兰克（Auguste Herrmann Francke，1663年-1727年）纪念碑上《手拿圣经的男孩》（Boy with a Book）塑像重新制作成一尊独立的雕像。小男孩不再是抬头望着，而是凝视着右手中翻开的圣经书，用手指着读到的几行。在进行此次工作之前，劳赫就曾进行过《手捧碗的男孩》（Boy with a Bowl）塑像设计，主要是作为配对物进行搭配。穿着短罩衫的光脚小男孩，手里捧着一只碗站在底座上。头微微倾斜，

天真无邪地望着上方。

　　1836年学院展览（两尊塑像的石膏模型已展出）目录中指出塑像"进行大理石制作并且用于教堂装饰"。然而，多年过后，劳赫仍未履行其承诺，因为两尊塑像极受欢迎，所以他不得不将塑像献给国王，作为馈赠其教子威尔士王子艾伯特·爱德华（Albert Edward）的礼物。因此，这两尊塑像被送往英格兰，至今仍安放在温莎城堡的私人礼拜堂中。采用锌铸成的雕像安放在温莎城堡家庭公园。《手拿圣经的男孩》雕像复制品最终于1842年为阿罗尔森制作完成，而其他的两件复制品在稍后完成，其中一件献给了国王。《手捧碗的男孩》塑像复制的次数甚至更加频繁，1842年至1844年间为阿罗尔森制作了大理石版本。最后，1844年6月，劳赫回到了他已经离开23年的"长期思念的可爱家乡"，参观了安放在阿罗尔森教堂的两个男孩塑像（现已命名为《信念》与《施舍》）（第283页插图）。

　　自1845年起，劳赫致力于系列中第三个称作《希望》的雕像设计（第282页插图）。然而，他繁重工作量使得这项设计工作一直延迟到1847年11月。"未穿衣服的模型（作为阿罗尔森教堂雕像基础）"，1848年劳赫在日记中写道，"作为一件单独的作品完成了，用石膏进行修整，并移交进行复制"。劳赫为这件雕塑穿上了一件长长的拖地罩衣和一件及膝外衣，在腰处卷成一圈。伸出双臂表示欢迎的站立姿势来自于称为《无忧无虑祈祷的男孩》雕塑中的古典裸体祈祷者形象。这是当时柏林地区最著名的古代雕塑。后来的研究表明，祈祷男孩雕塑在一定程度上与世界七大奇迹之一——罗得岛巨型青铜雕像（高100英尺）有关，是在其附近地区发现的。劳赫的最新男孩塑像采用意大利卡拉拉大理石制成，并且再次进行了多次复制。例如，雕塑师将小雕像作为银婚礼物馈赠给了国王夫妇。另一个雕像版本——左手拿着象征永恒的莲花，是1855年劳赫为自己已故的兄长陵墓制作的，但最终却采用青铜铸造，放在了自己位于柏林佐罗赛斯塔德公墓（Dorotheenstadt cemetery）中的墓碑上。为阿罗尔森教堂制作的雕像版本——站立在瓦尔德克王子乔治·维克托别捐赠的红色大理石底座上方，在1852年圣诞节这一天举行揭幕仪式。

　　20多年以来，劳赫一直致力于腓特烈大帝骑马像的制作，直到1851年3月31日，雕像才在柏林菩提树下大街举行揭幕仪式。

　　这座雕像成为了19世纪德国最著名且模仿最频繁的雕塑作品之一。在劳赫制作雕像之前，就曾出现了无数的草稿设计，其中主要是沙多设计的，他几乎一生都致力于这项委托工程中。最终，在1840

上一页：
克里斯蒂安·丹尼尔·劳赫
腓特烈大帝骑马雕像
1839年-1851年
青铜像，高566厘米
柏林菩提树下大街

年自己优柔寡断的父亲去世之后，腓特烈·威廉四世选择了劳赫于1836年至1839年间制作的模型。采用青铜铸造，骑马像展现了国王身穿当时的服饰，披着国王斗篷，头戴双角帽。国王左手抓着缰绳，而右手上悬挂着手杖，而非指挥官的宝剑。不过，他还是庄严地坐在马背上，俯瞰着自己的领土。三层基座的台石一层刻有碑文，并且在中间一层的四角，放置有骑马雕像，分别代表不伦瑞克公爵费迪南、亨利亲王、齐藤将军（Ziethen）和赛德利茨将军。由21尊男性雕像陪同，表现了腓特烈军队中最杰出的将军以及其他领导人物。其余6尊骑马像则出现在浮雕中。上层的四个角落是象征统治者美德的女性人物形象，而风俗画式样的浮雕描绘了腓特烈大帝的生活与功绩。

就这场持久而艰苦的战争的主要情况向挑剔苛刻的委托人经过多年求证以后，1848年12月20日劳赫在写给自己在德累斯顿的好朋友里彻尔（Rietschel）的信中写道："我给你说，我从来不知道会这么疲惫不堪，我受不了了，我不可能继续再接一次这样的工作了。我精神崩溃，身心疲惫，假发、衣服和靴子竟然一连做了九年！"

1851年纪念像揭幕的时候，已经筹备70年了，其中涉及了大约40位艺术家和100种设计构思。最后，正是1848年大革命事件摧毁了整个计划，因为从那之后，为君主树立纪念碑不再被视作是国王和民族寻求团结的"国家事务"。在德意志民主共和国将纪念塑像——尽管在第二次世界大战破坏后进行了修复——首都的城区内移至无忧宫公园后，（按照自身奇怪的逻辑）关系不和又卷土重来。塑像在民主德国解体之后回到了菩提树下大街，于1998年至1999年间进行了大规模的修复。

在卡诺瓦和托瓦尔森表现的纯粹、温和的新古典主义手法的影响下，劳赫形成了一种自己的风格。通过在雕塑作品中将二者的雕塑手法与老师沙多的自然主义细节结合在一起，在19世纪柏林雕塑学派中形成了一种独立且具有影响力的风格。在德意志帝国皇帝称帝之前，在劳赫工作室学习的众多雕塑师在雕塑中均推行这种风格，且并不仅仅是在柏林推行。

克里斯蒂安·弗里德里希·蒂克（1776年-1851年）

雕塑师克里斯蒂安·弗里德里希·蒂克是通过自己的兄长——浪漫主义诗人路德维希·蒂克（Ludwig Tieck，1773年-1853年）接触到柏林浪漫主义早期文学圈子的。在这里，他结识了拉尔·莱文（Rahel Levin）、威廉·海因里希·瓦肯罗德（Wilhelm Heinrich Wackenroder）

和洪堡兄弟，从而极大地拓宽了视野。在雕塑师海因里希·贝特科伯（Heinrich Bettkober，1746年-1809年）手下学习了五年后（在这期间，还在学院学习绘画课程），蒂克于1794年进入沙多工作室。1797年，蒂克获得罗马游学奖学金，但是由于意大利北部不确定的旅行情况，他在巴黎待了三年。在巴黎，他加入了新古典主义画家雅克·路易斯·戴维（Jacques Louis David，1748年-1825年）的工作室。这是一间向所有艺术家开放的工作室。蒂克在巴黎制作的许多半身像和浮雕已经消失得无影无踪。1801年经耶拿返回魏玛途中，蒂克结识了哲学家谢林（Schelling）以及莎士比亚作品翻译家奥古斯特·施莱格尔（Auguste Schlegel，1767年-1845年）。在魏玛，蒂克制作了第一个歌德雕像，并且在歌德的帮助下，获得委托为新魏玛宫殿制作许多雕塑作品。后来，1805年蒂克再次获得奖学金，前往罗马，从而认识了劳赫并成为了终生好朋友。制作完成了各种不同雕塑之后，其中包括为瓦尔哈拉殿堂制作的25尊卡拉拉大理石巨型半身像，1818年蒂克制作了一尊劳赫雕像并同时对大理石雕刻工作进行监督，因为他的好友动身前往柏林了。之后，蒂克与劳赫合伙开办了一间工作室，从而开启了一个极具创造力的时代。1818年秋，他们接到了第一个大单，为柏林克罗伊茨贝格纪念碑设计和制作模型。

曾经一时，人们一心想树立一个纪念碑，以庆祝普鲁士摆脱拿破仑统治奴役的解放战争。大约1816年至1817年冬，皇室委托卡尔·弗里德里希·辛克尔（Karl Friedrich Schinkel，1781-1841年）进行纪念碑设计。这不仅是一座"人民"纪念碑，而且是一座"国家"纪念碑。1821年，纪念碑被贴上了"战争"标签。最终成为了一座君主"胜利"纪念碑。辛克尔的构思是采用经典立柱形式，但皇室强烈要求建造一座哥特式铁制（造价低）纪念碑，因为哥特式风格在当时被视作是德意志民族风格。辛克尔的计划不得不将这些限制规定考虑在内。他将模型做成晚期哥特式神龛角柱形状，或甚至是科隆大教堂之类的大型建筑形状。在滕佩尔霍夫（Tempelhof）131英尺（约40米）高的山上奠基后30个月，纪念碑于3月30日举行了落成仪式，这天正好是巴黎战役周年纪念日（第286页与第287页插图）。

纪念碑由一座平面呈希腊十字形的62英尺（约19米）高塔构成，其中包括一座台石和一层陈列有12尊带翼战魂的壁龛。壁龛的卷叶形尖塔环绕着细长的中心塔楼，尖塔顶端装饰有铁十字勋章。柏林郊区——克罗伊茨贝格的名字来源于这座纪念碑。劳赫设计了6尊战魂，但只制作了两尊模型。蒂克设计了四尊，但同样只制作了两尊模

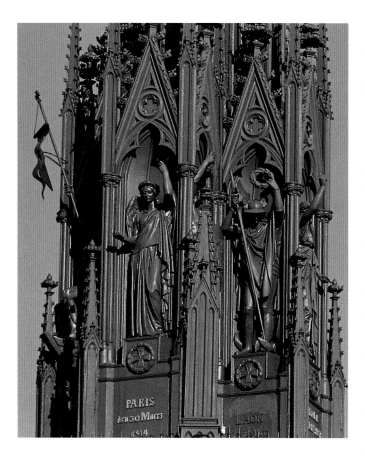

中，突出了国家"胜利纪念碑"的特征效果。1998年至1999年对柏林进行改造过程中，纪念碑被全部拆除进行重建。

倾向于温克尔曼形式新古典主义理想风格的蒂克，最终未能真正地与获得巨大成功的劳赫以及其表达的古典式自然主义对立。

鲁道夫（里尔多福）·沙多（1786年-1822年）

沙多的大儿子——里尔多福·沙多出生于沙多在罗马的时期，并且在父亲的工作室学习。仅16岁时，所做的古典和神话还有宗教主题的雕塑和浮雕就在学院展览上亮相。它们不仅仅证明了里尔多福·沙多的天赋，还证明了他父亲的影响力。1810年，里尔多福·沙多与弟弟弗里德里希·威廉（1788年-1862年）——杜塞尔多夫艺术学院创始人和院长——到了罗马。第二年，他们便接管了劳赫在罗马的工作室，而劳赫去了柏林，进行王后路易丝墓碑工作。由于自我怀疑以及思乡之情，里尔多福回到柏林，但又依靠奖学金很快与劳赫一起返回到罗马，之后一直待在罗马。

受托瓦尔森影响，1812年里尔多福制作了一尊真人大小的帕里斯（Paris）雕像。这尊雕像是在他父亲的工作室里制作完成的，并且在1808年学院展览上已展出了第一个石膏版本（第288页插图）。1820年雕像以青铜铸造而成。年轻的裸体人像的重量全部放在右腿上，而左腿稍微往后，仅用脚掌部分轻触着地面。采用单脚重心支撑的右边臀部微微随上半身逆时针旋转，从而使头部偏向右方。帕里斯头戴弗里吉亚帽，眼睛注视着右手中的苹果，而若有所思地将左手食指放在下巴上。

特洛伊的王子被宙斯选定为裁判，评判三位女神雅典娜、赫拉与阿佛洛狄忒关于谁是最美的女人的争执问题。帕里斯将根据自己的选择送出上面镌刻着"属于最美者"几个字的金苹果。三位女神都各自私许帕里斯以某种好处：雅典娜许以文武全才的荣誉，赫拉许以王位，阿佛洛狄忒则许给他世界上最美艳的女子。帕里斯选择了后者，并且在女神阿佛洛狄忒的帮助下，将斯巴达国王墨涅拉俄斯（Menelaus）的王后——绝世美女海伦从斯巴达拐到了特洛伊，从而引起了特洛伊战争。1820年学院展览中展出的雕像表现了评判之前的重要时刻场景。次年，雕像由艺术收藏家和赞助人舍恩博恩伯爵弗朗茨·埃尔温（Franz Erwein）收藏，但该雕像仍位于坡莫斯非登舍恩博恩收藏馆。

返回罗马之后，里尔多福主要致力于风俗画主题雕塑，其中结合了新古典主义形式雕塑与浪漫主义概念。标志着浪漫主义这一时期开

型。大部分工作由雕塑师路德维希·威廉·维希曼（Ludwig Wilhelm Wichmann，1788年-1859年）接手，他制作完成了劳赫与蒂克制成的六尊模型，并且增加了两尊自己设计的塑像。在落成典礼当天，仅铸造完成了两尊雕像。配上两尊着色模型仅表现出纪念碑模糊的概念。剩余缺少的雕像直到1826年6月方才制作完成。

蒂克制作的两尊神灵，即大贝伦战役和库尔木战役之魂，代表了不太重要的战役，是没有将雕像置放在十字翼前方的原因。大贝伦战魂的面容大概具有王储及后来的国王腓特烈·威廉四世的特征，身着中世纪晚期服饰装束。姿势本身以16世纪北欧雕塑为基础，使雕像具有宏伟的建筑风格。库尔木战役之魂则大不相同。姿势模仿了古典主义的对立平衡方式，与纪念碑的新哥特式风格形成鲜明的对比。狮皮和木棍象征物与文艺复兴时期起兴起的标准大力神海格立斯画像一致，主要表现国王气概。蒂克将国王威廉三世的面貌特征融合在雕像

下图：
鲁道夫（里尔多福）·沙多
《帕里斯》（*Paris*，1812年），铸于1820年
青铜像，高127厘米
坡莫斯非登（Pommersfelde）的魏森施泰因宫
（SchlossWeissenstein）

下一页：
鲁道夫（里尔多福）·沙多
《女孩与鸽子》或《天真无邪》〔（*Girl with Doves*）（*Innocence*）〕，1820年
大理石，高136厘米
柏林国立普鲁士文化遗产博物馆

端的《系鞋带的女人》（*Woman Tying her Sandal*）雕像，将借用古代古典式场景，例如著名的拔刺场景，与哀婉的浪漫主义情绪结合在一起，因而变得大受欢迎，以致于里尔多福亲自用大理石复制制作了7次。据其弟弟所言，《纺纱女》（*Spinning Women*）复制了13次，从而让这位年轻的艺术家誉满欧洲。

这一系列的第三件雕像——《女孩与鸽子》，又称作《天真无邪》，制作于1820年（第289页插图）。与前面的两件塑像一样，小女孩同样坐在一块石头上。左脚放在一块凸出的石头上，而依靠放在底座上的右脚脚趾保持身体平衡。随着上半身微微倾斜，头部转向右侧，手臂向上抬起。小女孩右手抓着一只鸽子，而眼睛一直望着鸽子；与之对应的是左手扶着放在大腿上的一只篮子，而篮子里有几只鸽子。她只是简单地穿了一件收腰长袍，但在齐肩的波浪式头发上戴着一圈花环。该雕像是新形成的古典式风俗画雕像类型例子之一。拿撒勒派所描绘的内容就是如里尔多福·沙多等形成新样式的雕塑师所要雕刻的内容。他们迎合了当时大众对于带有浪漫主义情怀的古典主义风格的喜爱，因此大获成功。

当然，里尔多福的雕塑作品并没有让他在雕塑上获得与父亲同样高的荣誉。他一生中不得不屈居于后者的权威和成功之下，这一定是促使他返回意大利的原因。当同时代的人赞扬他"自然"的雕像以及高超的大理石处理技巧（这些曾给他带来了"优雅"雕塑师的称号）时，他对此表示怀疑。意识到某位艺术历史学家提到的"大理石镌刻的田园诗主题终究会消失殆尽"，里尔多福随后转向了英雄类主题。由于经常被视为模仿而被排除在外，所以应重新对里尔多福的作品进行评论。

恩斯特·弗里德里希·奥古斯特·里彻尔（Ernst Friedrich Auguste Rietschel，1804年-1861年）

据里彻尔自己所言，他出生于一个极其贫穷的家庭。16岁时，里彻尔进入德累斯顿艺术学院学习。尽管受到的训练极其少并且几乎没有受到过任何鼓励，但极其出色的天赋使他能够一直获奖。1826年，里彻尔获得奖学金前往柏林，进入劳赫工作室并接受到真正的训练。学生与老师迅速发展成亲密好友，并且通信往来频繁。里彻尔一生都非常尊敬这位长者。1830年，里彻尔获得萨克森州奖学金，前往罗马，直到1831年才途经柏林返回德累斯顿。由于劳赫的插手，里彻尔获得首个大委托项目，为萨克森国王腓特烈·奥古斯塔斯（Frederick

Augustus）建造纪念碑。1832年，他成为了德累斯顿学院雕塑导师。

里彻尔制作的纪念性雕塑作品中，逐渐脱离了老师遵循的新古典主义传统风格，并越来越多地优先考虑了自然主义特征。因此，他为不伦瑞克剧作家莱辛（Lessing）设计的纪念碑（1848年-1849年）是最早表现上世纪作家身着当代服饰的雕塑之一。

很快，里彻尔便在国际上享有盛誉。这一点从他成为欧洲许多学院，例如柏林、维也纳、慕尼黑、斯德哥尔摩、布鲁塞尔、哥本哈根、安特卫普以及巴黎等学院的荣誉会员便可以得知。当然，也获得了多项大奖：1850年柏林、1852年伦敦以及1855年巴黎。1858年，他被授予普鲁士科学与艺术功绩勋章。

1847年11月4日，年仅38岁的作曲家费利克斯·门德尔松-巴托尔迪（Felix Mendelssohn-Bartholdy）在经受了几次打击后，在莱比锡逝世。家人已做好了他的遗容面模，并请里彻尔亲自来看一看，以便制作一尊半身像。半身雕像于1848年1月底制作完成，因此可以在2月3日德累斯顿宫廷剧院作曲家生日纪念庆祝会上向公众展出（第290页插图）。里彻尔为作曲家创作了一尊栩栩如生的个人头像，底座是裸露的双肩。额头很高，一头卷曲的头发，短连鬓胡子，下巴无须。面容看起来非常柔和，在坦率而真诚的凝视下，表现出一种灵敏性和艺术崇高性。这就是里彻尔作为一位肖像画家特别擅长之处，能够越过纯粹的写实主义并展现出主题的个性和内在性质。在这一点上，他要比他的老师做得好。

约翰·弗里德里希·德拉克（Johann Friedrich Drake，1805年-1882年）

约翰·弗里德里希·德拉克出生于代特莫尔德（Detmold）附近的皮尔蒙特（Pyrmont），从小在贫困的环境中长大。德拉克最初从事车床木工工作，从而接触到艺术，之后当了父亲的助手，制造机械模型和设备。1824年，德拉克前往卡塞尔，在一家奖章坊从事数学仪器技工工作。后来，在机械方面的这些技能帮助他站稳了脚跟，从而使他能够自然而轻松地面对长期的生活困境。另外，在学院劳赫一直请他解决机械方面的问题。通过劳赫的堂兄弟——宫廷法律顾问蒙德亨克（Mundhenk）的介绍，1827年底德拉克进入劳赫工作室学习。在这里，他——与里彻尔一起——成为了老师手下最成功的学生，并且成为了当时最受欢迎的雕塑师之一。获得的无数国内外荣誉证明德拉克在当时备受推崇。德拉克最著名的作品应该是1873年举行揭幕式的柏林胜利纪念柱上的《胜利女神维多利亚》（*Victoria*）青铜像。

常常被视为德拉克之杰作的位于柏林蒂尔加滕（德语：Tiergarten，意为"动物园"）的国王腓特烈·威廉三世纪念碑，让人想起国王发起将动物园转变为公园的事情（第291页插图）。1841年，即国王逝世后一年，柏林具有权势的市民提议，为国王树立一座纪念碑，以表谢意。腓特烈·威廉三世并未真正地拥有独立的统治权。出于保守反动阶级的利益，他曾拒绝制定国家宪法。因此，由公众出资建造的纪念碑不能与他的整个统治时期联系起来。1841年德拉克的第一次设计中，包括三个站在圆柱形底座上方象征季节的女性雕塑人物。与女像柱中一样，她们提着一篮子花卉。1842年设计发生变更，

约翰·弗里德里希·德拉克

普鲁士国王腓特烈·威廉三世纪念碑（Monument to King Frederick William III of Prussia），1849年

意大利卡拉拉大理石，高278厘米

柏林蒂尔加滕公园（Tiergarten Park）

全景图（左图）

基座浮雕局部图（右图）

部分原因在于劳赫觉得设计有些难以理解，而且多数捐助者想要表现出国王形象。最后完成的设计中，一尊站立的国王塑像取代了三个象征人物。国王穿着简单的当代服饰。左手贴在胸口上，右手拿着不朽的胜利花环，支撑在心爱的王后路易丝侧面浮雕像纪念装饰柱上。底座上的一圈浮雕像展现的是户外聚集在一起的裸体或着装雕像人物（第291页插图）。

纪念碑反映了当时对文学黄金时代的理想，人们已在自身与自然之间建立了一种平衡。将国王表现为一个普通人，一个思恋自己已故的妻子的丈夫，从而使他更贴近老百姓的世界。另一方面，底座上

的浮雕则说明树林与公园之间的对立被打破。在有关"前三月时代"（Vormärz）的诗歌中，即1848年三月革命之前的时期，树林与花园之间的差别被视作是宫廷与自由政府之间对立的隐喻，有时候甚至是贫穷与富裕对立的象征。现实中尚未实现的事情——消除这种对立，已在纪念碑中解决了。以一种渴望而积极的姿态表现了社会上已实现的一种合意的情形，因为国王与前瞻性思想联系在一起。因而，加强了大众对于保守君主政体的信任，并不仅仅依赖于一部宪法。

约翰·海因里希·丹内克尔（Johann Heinrich Dannecker，1758年-1841年）

在德国南部，斯图加特的约翰·海因里希·丹内克尔在熟练技巧方面能够和伟大的普鲁士雕塑师不相上下。1771年，公爵马夫的儿子——丹内克尔13岁时成功地被一所军事学校录取，尽管这违背了自己父亲的意愿。最初他在学习舞蹈，但很快便成为了一名雕塑学生，接受到了系统、广泛、进步的基础教育。丹内克尔的同学——剧作家弗里德里希·席勒（Friedrich Schiller）对于呆在臭名昭著的"奴隶种植园"军事学院里非常厌恶，最终逃离了斯图加特。与席勒不同的是，尽管遭遇了各种不幸，但丹内克尔一生仍忠诚于皇室，虽然常常不是十分情愿。

宫廷画师尼古拉斯·古巴尔（Nicolas Guibal，1725年-1784年莫按摩）提出深入研究自然与古典艺术，而丹内克尔以一尊《克罗托纳的米隆》（Milo of Croton，斯图加特市国家美术馆）石膏模型赢得1777年创始人纪念日比赛，很快便声名大噪。甚至在1780年担任宫廷雕塑师之后，他仍局限于狭窄的宫廷服务范围之内。1783年，丹

内克尔与一名叫做谢弗埃尔（Scheffauer）的同事步行前往巴黎，与奥古斯丁·帕茹一起合住。旅行预算经费非常紧张，因此1785年经宫廷许可，他们再次途经博洛尼亚和佛罗伦萨步行前往罗马。这次行程从8月30日开始，直到10月2日才抵达。他们在这个"艺术殿堂"——他们在信中这样称呼罗马，待了四年之久。著名的希腊咖啡馆——依然存在——不仅仅是一处聚会之所，而且还当作是通信地址。在罗马，丹内克尔结识了与他同岁的卡诺瓦。卡诺瓦的天赋给他留下了深刻的印象。除了为霍恩海姆宫（Schloss Hohenheim）藏书楼制作的两尊象征季节的雕像外，丹内克尔还制作了一系列小型雕塑作品，其中许多精良的黏土样品幸存了下来。

1790年，丹内克尔从罗马返回斯图加特并担任军事学校导师，而学校同时改名为卡尔高中学校（Carlsschule）。他怀着艺术家的梦想，渴望回到罗马。

据说，他已准备好牺牲五年的时间，从而能够到罗马定居。丹内

克尔在斯瓦比亚遭受的巨大艺术束缚从他给特里普尔写的信中可以看出："毫无疑问，这地方非常繁荣，但是对于一个艺术家的灵魂而言，就与你们那一样，相当贫瘠。"丹内克尔再也没有离开过斯图加特。

这种对世界的渴望与对自身环境抱怨之间的矛盾，在1796年所做的自刻像中可以看出（第292页插图）。这尊半身塑像充满活力、充满自信，眼睛注视着前方，就好像一位按照自己的方式生活的艺术家，既自由又独立。他把它当做是自己的写照，实际上在斯图加特这充满限制的地方找不到这样的人，因为那里的人不可能做出任何自我决定。通过古典式服饰重点突出的这种自主决定权在很大程度上受到宫廷惯例限制。当然，自刻像的理想化特征的确表现出了其艺术不受时间限制，从而使其脱离了单调乏味。这位38岁艺术家制作的自刻像的特征就是从来没有脱离私人领域。这件作品与著名的席勒半身像（1793年/1794年）之间具有一个明显的相似之处，丹内克尔曾复制了该作品中理想的自由艺术家形象。

尽管丹内克尔并不是一名自由艺术家，但他投放到艺术市场的一件雕塑作品应该就是他的杰作。有人认为《豹背上的女神阿里阿德涅》雕像（第293页插图）是现代经典之作。并且可能是19世纪德国最有名的雕塑作品之一。对于自己作品的质量确信不疑的雕塑师在1811年写道："我绝不改变使之成为一件主要表达我审美观点的作品的初衷。"1800年左右，丹内克尔一心沉浸于这个出自希腊忒修斯传奇故事中的主题——这在当代艺术各个领域非常流行，并且制作了一尊小型雕塑泥制雏形，后来可能采用大理石进行制作。

克里特岛国王的女儿阿里阿德涅深深地爱上了忒修斯，给了这位希腊英雄一个线球，叫他在迷宫中杀死弥诺陶后循线而返。他们一起逃离克里特岛后，忒修斯将她遗弃在了希腊神话中植物神和酒神狄奥尼修斯的纳克索斯岛上，在那里，酒神与她结为夫妻。自古典主义时期起，阿里阿德涅通常被表现为狄奥尼修斯发现她被遗弃的场景，但是在18世纪至19世纪早期，她被塑造成不幸被情人遗弃而伤心欲绝的形象，成为了人类理想的完美女人典型。丹内克尔在雕塑表现方面，并没有遵循先前的神话叙述。他表现的是，阿里阿德涅赤身裸体骑在狄奥尼修斯的其中一头黑豹背上。总体上，这个姿势勾画出了一种和谐的轮廓，将整个雕塑环绕在内。

丹内克尔1803年完成雕塑泥制雏形后，甚至还未找好买主，便从意大利卡拉拉订购了一大块大理石坯料。同时，他还制作了第一个全尺寸石膏模型。由于符腾堡宫廷对此不感兴趣，所以他不得不尴

尬地提出随意处置雕塑，但该雕塑模型很快在当时艺术界赢得无数赞赏。他的请求得到准许，但在1808他的同事谢弗埃尔去世之前，他再也没有得到过一次官方委托。1805年，法兰克福银行家西蒙·莫里茨·冯·贝特曼（Simon Moritz von Bethmann）最终对这件大名鼎鼎的作品感兴趣。即便如此，作品仅在五年之后以11000弗罗林的价格售出，相当于丹内克尔当导师和宫廷雕塑师年薪的十倍。1812年至1814年制作了雕像的大理石版本，两年过后，雕像安放在了法兰克福。1943年10月法兰克福遭到轰炸后，雕像被损坏得十分严重，根本不能进行修复，因而不得不被报废了。直到1977年至1978年，修复技术才进步到能够使其复原的程度。

路德维希·弗朗茨·冯·施万塔勒（Ludwig Franz von Schwanthaler，1802年-1848年）

活跃于上奥地利州和德国南部的最后一位并且可能最成功的雕塑艺术家要属在慕尼黑工作的路德维希·弗朗茨·冯·施万塔勒。在一家艺术书院待了很短一段时间后，施万塔勒与自己的父亲弗朗茨·雅各布（Franz Jacob，1760年-1820年）相处了大约短短的一年时间，即从1818年12月到1819年10月，后来在父亲去世之后便接管了其工作室。1824年，为国王马克斯·约瑟夫一世制作的一件古典式中心装饰品后，施万塔勒成为了宫廷雕塑师，并在两年后获得奖学金前往罗马。在罗马，施万塔勒在国王路德维希一世的祝愿下成为了托瓦尔森的学生，因而他能够获得"古典作家所拥有的风格与宁静，并且注意到托瓦尔森是如何制作的"。在慕尼黑做过许多工作后，1832年至1834年再次到了罗马。路德维希想要招募一名具有丹麦身份的巴伐利亚雕塑师，但施万塔勒并不特别偏爱古典主义风格。他曾经说，"无止尽地依样重复古典主义风格"，他会发疯的。

1835年施万塔勒担任美术学院导师后，他几乎无法应对洪水般的委托项目。他开办了三间工作室，员工人数达50人。工作室中设计与制作分开并且委托其堂兄弟弗朗茨·克萨韦尔·施万塔勒（Franz Xaver Schwanthaler，1799年-1879年）进行监督管理。通过招纳如

奥地利/弗朗茨·安东·埃德勒·冯·曹纳（Franz Anton Edler von Zauner，1746年-1822年）

　　出生于蒂罗尔翁特瓦尔帕坦（Untervalpatann）的弗朗茨·冯·曹纳是奥地利最重要的新古典主义雕塑家。在十岁那年，他被送至帕绍市亲戚家中，开始学习木雕。1766年，进入维也纳学院学习。在学校，他最初可能只是进行一些模型的打磨工作，但后来他取得了优异的成绩。因而，他被收入雕塑导师雅各布·克里斯托夫·施勒特雷尔（Jacob Christoph Schletterer，1699年-1774年）的门下，从而让他接触到了古典主义雕塑传统并熟悉了新古典主义。1773年，曹纳进入雕塑师威廉·拜尔（Wilhelm Bayer）的工作坊为舍恩布伦（Schönbrunn）公园制作雕塑。1775年，他独立制作完成了一座喷泉塑像，作品主要参照了著名的巴洛克风格雕塑家格奥尔格·拉斐尔·唐纳（Georg Raphael Donner，1693年-1741年）为新市场纪念喷泉制作的塑像。曹纳因此获得罗马留学三年奖学金，从而进入亚历山大·特里普尔私立学校学习。这所学校对于他的成长具有重大影响。他复制了一系列的古典雕塑作品，其中最著名的则是《观景楼的阿波罗》雕像。1782年回国后，曹纳被聘请为维也纳学院雕塑导师，并于1806年担任学院院长。

　　奥地利冶金师、讽刺作家伊格纳茨·埃德勒·冯·博恩（Ignaz Edler von Born，1742年-1791年）改进了自1590年起就应用于墨西哥，且首次在匈牙利谢尔迈巴尼亚（Selmecbanya）（现在的斯洛伐克班斯卡-什佳夫尼察）使用的矿石金银分离工艺。博恩在维也纳共济会中占据相当重要的主导地位。18世纪80年代时期，共济会聚集了众多杰出的维也纳协会成员。1784年，曹纳加入工会，从而获得一份重要委托，为伊格纳茨·冯·博恩建造一块纪念碑。

　　仅雕像的青铜石膏模型幸存。带有双翼的裸体男天使（《守护神博尔尼》）右手托着一尊裸体女性小雕像（第294页插图）。天使左手中提着用于束缚地上蹲着的猫头鹰的链条。两个物体分别代表光明与黑暗。背景中立柱上方是共济会的标志。天使形象来源于普拉克西特列斯（Praxiteles）制作的一个常以新古典主义风格进行模仿的模型。不过，曹纳创作的天使却并不仅仅是对古典雕塑进行复制。身体的各个方面完全具有自身的内在逻辑，而且与整体息息相关，使雕像呈现出自己独特的特征，从而看起来真实而充满生气。

　　曹纳的代表作则是位于维也纳皇家图书馆门前的约瑟夫二世皇帝骑马雕像（第296页插图）。雕像根据罗马经典的马可·奥里略骑马像

此众多的学生，施万塔勒遵照皇室的意愿开办了"慕尼黑雕塑学校"。

　　尽管痛风症状越来越严重，但1837年他还是签订了合同，制作巴伐利亚女神巨像（第295页插图）。这尊雕像是他的主要作品，占据了他后半辈子。雕塑矗立在特雷西娅霍尔（Theresienhöhe）古典希腊式名人堂的前方，这就意味着将女神像与雅典女神相提并论，慕尼黑正如复活新生的雅典。回溯到1819年，施万塔勒周边就聚集了一圈致力于德国历史和日耳曼骑士精神理想的年轻艺术家和知识分子。施万塔勒彻底摒弃了首批慕尼黑雕塑设计中使用的古典主义风格模型。施万塔勒创作的巴伐利亚女神像，高举的左手中拿着一个橡树叶花环，身着熊皮衣，一头巴伐利亚雄狮蹲在她的身旁，看起来相当具有日耳曼民族风格。直到1850年10月9日，即施万塔勒逝世后两年，巴伐利亚女神像才举行揭幕仪式，被视作是"具有浪漫主义特征的日耳曼式新国家象征"。

而作，展现了身穿经典罗马将军服饰，佩戴胸铠，脚穿凉鞋，身披斗篷的广受欢迎的皇帝形象。

皇帝庄严地伸出右臂，但并没有任何其他标志。为尽可能自然地刻画骏马的步态，曹纳为骏马左后蹄做了一个小小的几乎不为人察觉的支撑。雄伟的矩形花岗岩底座正面镶嵌着巨大的青铜浮雕像，描绘了皇帝为国家和臣民的进步发展而做出的工作，其中包括众多古典神话中的天使和人物。

由于维也纳并没有采用青铜铸造的传统，所以对于曹纳而言，关于弗兰西斯一世皇帝希望采用青铜制造雕像的愿望，是一大难题。他开始孜孜不倦地工作，最初尝试制作缩小版模型铸件。他采用了古代的脱蜡铸造技术，并设法对其进行改进。因为雕塑师自己提供模型并完成铸造，所以制作时间和成本大幅减少。该制作工艺使得曹纳在欧洲一夜成名。在铸造拿破仑雕像过程中，沙多和伦敦皇家学院征求他的意见，卡诺瓦与其助手一起工作，随后到处都十分需要。

约翰·马丁·菲舍尔 (Johann Martin Fischer，1741年-1820年)

除曹纳之外，18与19世纪交替时期维也纳第二个重要的雕塑师则是约翰·马丁·菲舍尔。他比曹纳年长五岁。菲舍尔出生于阿尔高（Allgäu）贝贝勒（Bebele），从小跟随乡村雕塑师学习。1760年菲舍尔进入维也纳学校学习。1762年至1766年间为施勒特雷尔工作。施勒特雷尔是唐纳以前的同事，将自己的雕塑风格传给了维也纳学院的学生们。尽管菲舍尔从未到过罗马，1784年作为曹纳的助手，他进入学院，并于次年担任学院导师。他通过研究学校收集的石膏雕像以及学校图书室中的雕刻品获取有关古典主义时期的知识。菲舍尔还教授解剖学。这一学科对于美术学习非常有用。作为约瑟夫皇帝时代进步的代表，这确保了他拥有一大批固定的观众。

菲舍尔最重要的（因为是最纯粹新古典主义风格的）作品可能是他制作的第一件大型雕塑作品，即《健康女神许革亚》喷泉雕像（第297页插图）。作为与药神阿斯克勒庇俄斯（Asclepius）相对等的女性人物，女神构成慕尼黑瓦林格施特拉森（Währingerstrasse）喷泉的核心部分。女神镇静自若的姿态以及封闭的轮廓展现了菲舍尔在雕塑方面的登峰造极。然而，菲舍尔后期创作的作品质量却不能与同仁曹纳的作品相比。尽管努力捕捉"古典"精神，但最终菲舍尔未能完全摆脱巴洛克风格形式语言。这可能就是为什么他主要接到公共委托项目的原因。

1797年拿破仑入侵后，威尼斯成为奥地利的附属，从严格意义上说，使卡诺瓦成为了奥地利雕塑师的同乡。结果就是，卡诺瓦担任照顾维也纳年轻雕塑师在罗马逗留期间的生活并对其进行指点和提供实质性帮助的任务。他获准让这些雕塑师进入圣卢卡学院学习，并参观梵蒂冈的各博物馆或其他重要收藏馆。他们可以使用他的藏书室，他还给他们布置课题进行研究并向他们教授大理石处理技法。

约翰·内波穆克·沙勒 (Johann Nepomuk Schaller，1777年-1842年)

维也纳雕塑家约翰·内波穆克·沙勒在进入维也纳瓷器厂做模型工之前，早期曾跟随多位大师学习（包括曹纳）。自1812年起，沙勒就呆在罗马，完全以卡诺瓦的作品为标准。他还与托瓦尔森交好，后者是一位大赞助人。接到宫廷关于制作一件"真人大小的年轻男雕像"

下图：
约翰·内波穆克·沙勒
《柏勒罗丰大战喀迈拉》，1821年
大理石，高210厘米
维也纳奥地利美景宫美术馆

作的柏勒罗丰同样站在对手的身上，但矫揉造作地在背后添加了飘动的服饰后，便丧失了约束性力量。在两件雕塑作品中，两位英雄都将左膝抵在对手的身体上，但在卡诺瓦的作品中，通过忒修斯抓住人首马身怪咽喉的动作，重点突出了姿势，而沙勒的柏勒罗丰——几乎是优柔寡断的，仅仅抓住了怪物的尾巴。沙勒对于肌肉组织的处理同样也相当简单。沙勒存在的缺点就是：在雕塑作品中，他仅仅能够传递出卡诺瓦雕塑作品中灌输的简化感。尽管具有很高的天赋，但沙勒仍属长期受巴洛克式视觉语言影响的奥地利雕塑师之一。

法国/皮埃尔-让·戴维（戴维·德·安热）（1788年-1856年）

皮埃尔-让·戴维（Pierre-Jean David）出生于昂热，因此以其出生地命名为戴维·德·安热（David d'Angers）。戴维曾跟随多人学习过，其中包括与他同名的伟大雅克·路易斯·戴维（Jacques Louis David，1748-1825）。1811年至1816年他在罗马度过，并因此接触到了卡诺瓦的作品。然而，意大利的新古典主义对于他而言似乎太高级了，只给他留下短暂的印象。戴维在巴黎美术展览会上展出的第一件作品（1817年）是一个成功的亲王孔戴（Prince Condé）雕像模型。努力接近广大民众以及说教式灌输道德与爱国主义精神已在这件作品中显而易见。例如，在肖像画中他坚持展现当代服饰主题。这些原则受到当时大众的广泛认可。1832年为华盛顿制作的第三届美国总统托马斯·杰斐逊（Thomas Jefferson）雕像也奠定了戴维在美国的声望。1833年，戴维计划长期旅行欧洲，尤其是德国，为歌德、劳赫、蒂克和辛克尔等著名人物制作半身像。戴维在艺术上的重要性从他在罗马、柏林、伦敦以及纽约各大院校的资格身份就可以判断出。

在先贤祠三角墙浮雕像中，戴维有机会展示了自己的爱国主义精神（第299页插图）。圣吉纳维芙教堂（Ste-Geneviève）历经数次变迁，与宗教脱离，第一次发生于米拉博（Mirabeau）去世之后的1791年。教堂变成了法兰西先贤祠（Panthéon français）——安放法国大革命英雄祠墓或纪念碑的公共建筑。先贤祠正面墙上镌刻着"致伟人，亲爱的祖国"字样。很快先贤祠又恢复成教堂，之后再一次改为一座伟人祠庙。1830年委托进行三角墙饰新项目，同时恢复了之前的题词。项目设计是根据路易-菲利普时期政策下的政治形势进行量身定做的。作为第一个实行君主立宪制的国王，路易-菲利普积极寻求民族和解并努力以公民自由权利的捍卫者形象出现在大众面前。

的委托后，沙勒选择了以柏勒罗丰大战喀迈拉（*Bellerophon Fighting the Chimœra*）为主题的群雕像（第298页插图）。

柏勒罗丰——西绪福斯（Sisyphus）的孙子，科林斯国家英雄，在一次失败的恋爱事件之后，在梯林斯国王普罗托斯宫廷受人诋毁，被派去给利西亚国王伊奥巴忒斯（Iobates）送信。信中请求伊奥巴忒斯国王将送信人杀死。为了不亲自做这件肮脏的事，伊奥巴忒斯命令柏勒罗丰去完成几件非常危险的任务。第一件任务就是：他必须将蹂躏国家的吐火怪物喀迈拉——狮头羊身蛇尾怪物杀死。

在模型中，沙勒借鉴了卡诺瓦最新完成的《忒修斯与人首马身怪》群雕（第265页和第266页插图）。与卡诺瓦手下的英雄一样，沙勒创

戴维·德·安热将象征祖国（Patria）的人物塑像放置在中间位置。右手边坐着"自由"（Liberté），正将授予伟人们的桂冠递给她；另一边坐着"历史"（Histoire），将因此而闻名的名人的姓名记录在历史书中。她的四周围绕着无数法国文化与知识史的代表人物，而三角墙的另一面却包含有众多法国历史人物，但除了特别突出的拿破仑·波拿巴外，其他人都没有表现出个性特征。

弗朗索瓦·吕德（François Rude，1784年-1855年）

在前往巴黎之前，吕德不仅在第戎的故乡小镇学习铜器制造，而且跟随弗朗索瓦·德孚日三世（François Devosge III，1732年-1811年）学习绘画。1805年，吕德在巴黎师从于新古典主义艺术家皮埃尔·卡尔泰列里（Pierre Cartellier，1757年-1831年），并于六年后赢得了法兰西学院罗马奖金大赛大奖。令人遗憾的是，实际上学院并没有钱资

助他的罗马之行。因为吕德是出了名的拿破仑支持者，所以在拿破仑遭到驱逐时，他不得不离开法国，去了布鲁塞尔。在布鲁塞尔，他接到了许多委托项目。1827年回到巴黎后，吕德创作了一尊渔童雕像（卢浮宫）。该雕像在制作完成两年后由法国政府购买。在首次获得巨大成功之后，他紧接着制作的作品包括巴黎凯旋门（Arc de Triomphe）浮雕像其中一幅（第300页插图）。该作品于拿破仑统治时期开始，路易-菲利普时期完成。

位于纪念碑（面向城市）东侧右侧台石上方的《1792年义勇军出征》（March of the Volunteers in 1792），即《马赛曲》浮雕像展现了1792年年7月5日义勇军出征马赛，保卫大革命不受反革命势力影响的场景。途经法国时，义勇军唱起了克洛德·约瑟夫·鲁日·德·李尔（Claude Joseph Rouget de Lisle）4月26日在斯特拉斯堡创作的歌曲。这首曲子被命名为《马赛曲》，并于1879年成为了法国国歌。

在相同的标签下，吕德创作的浮雕像同样在世界闻名。义勇军中的有些人穿戴着古典式盔甲，而有些人赤裸着身体或只戴着头盔，加入到战斗中。披着铠甲，带有双翼的贝娄娜——战争的象征，在天空盘旋，引导着战士们向前冲。受到戴维对于革命的悲悯影响，浮雕充满了大量让人想起新古典主义中巴洛克风格形式概念的自然主义手法，从而在浮雕像中一目了然。

吕德的作品中具有浪漫主义色彩的主要作品之一是《拿破仑永生像》（Napoleon Rising to Immortality）（第301页插图）。1845年至1847年受第戎领主，厄尔巴岛近卫军前长官——努瓦罗委托制作该雕像。石膏设计中展现的是已故皇帝身旁站着一只活着的老鹰。而实际完成的版本则展现的是恢复青春的拿破仑双眼紧闭，头戴花环，从棺材中升起来。死去的老鹰躺在下方石头上。该纪念碑从当时其他表现拿破仑历史主题的纪念碑中脱颖而出。通过展现对拿破仑复活的渴望，清楚地显示了委托人自己对于改变政权的渴望。1847年雕像揭幕仪式中有几千老兵出席，表明了纪念碑设计的危险政治背景。正是在同样的背景下，1848年大革命爆发。

让-雅克·普拉迪耶（Jean-Jacques Pradier，1790年-1852年）

让-雅克（也称作雅姆）·普拉迪耶离开日内瓦，前往巴黎学习，23岁时获得了令人羡慕的罗马奖金大赛大奖。他在罗马待了五年。他的雕塑作品主要受到卡诺瓦的影响并且大部分采用大理石制作，从1819年开始定期在巴黎美术展览会上进行展出。1827年加入美术学院并担任美术学院导师后，他接到了许多公共委托。

波旁宫（Palais Bourbon）位于塞纳河左岸，对岸为协和广场（Place de la Concorde），在大革命时期被没收并被改为国民议会大楼。自1871年起，这就是国民议会所在地，且至今仍是。然而，尤其是在雕塑方面，这幢建筑属于七月王朝（July Monarchy）最重要的产物之一。1837年至1839年间，普拉迪耶在北侧墙面上制作完成了一件《公共教育》（Public Education）浮雕像（第304页上图）

作品主题有可能来自于曾参加过法国大革命的数学家和政治家孔多塞（Condorcet，1743年-1794年）提出的建议。孔多塞于1791年被选为巴黎立法议会议员，并于1792年当选议长。孔多塞曾以没有阶级划分且不论教会和国家的教育制度为基础，起草了一项综合"国民教育"计划。他也是第一个主张成人进修的人——"世世代代的教育……完善人类理性"。然而，作为吉伦特党派成员，孔多塞于1794

前两页：
让-雅克（詹姆斯）·普拉迪耶
《宫女像》（*Odalisque*），1841年
大理石，高105厘米
里昂美术馆（Musée des Beaux-Arts）

下图：
让-雅克（詹姆斯）·普拉迪耶
《公共教育》，1837-1839年，石头
巴黎国民议会北立面

底图：
约翰·弗拉克斯曼
《阿塔玛斯的愤怒》（*The Fury of Athamas*），
1790年-1794年
大理石
萨福克郡（Suffolk）艾克沃斯（Ickworth）

年被逮捕并在次日死于狱中。一直到法兰西第三共和国当政时期基础教育改革完成后，孔多塞的观点才再次提出，并进行广泛的应用。但是他的关于通过公共教育实现社会平等的梦想仍未实现。雅典娜坐在浮雕像的中间位置，正在向周围的孩子们授课，膝盖上放着一块ABC石板。身穿希腊式长袍的侍女站在一旁，象征各类艺术、神话和缪斯。

被著名法国艺术家视作为"最后的希腊人"之一的普拉迪耶非常喜欢神话类主题。他可以从中找出适合雕刻的女性身体主题，尤其是女性裸体。然而，1841年创作的大理石雕像《宫女像》（第302页和第303页插图）却与古典式模型风马牛不相及。头上仅戴着一块东方风格的头巾的宫女坐在一块铺有某种布料的造型底座上。一只手臂靠在弯曲的左腿上，倾身向前，抓住右脚踝。头部转向后面，好像她刚刚意识到有人进入了她的隐秘空间，站在她背后。

1798年至1799年拿破仑率军远征埃及，从而东方题材成为了欧洲艺术家对东方国家后宫幻想的托辞，为普拉迪耶提供了更多创作宫女裸体像的主题。这种浪漫主义表达方式的不确定性与历史现实形成对比。大奥斯曼帝国后宫的宫女（土耳其语：*odalik*）实际上是人贩子从亚美尼亚、格鲁吉亚、高加索或苏丹地区拐骗来卖给苏丹后宫的女奴。她们只能希望在为苏丹生下合法孩子后获得自由。尽管当时欧洲舆论曾对此提出抗议，但在这类主题的艺术处理，甚至是在绘画中并没有清楚地对此作出任何批评。毫无疑问，部分原因就是艺术家自身比较偏向于与后宫主题相关的窥淫癖，而且甚至在西方国家，对于女性柔顺及其无力设防的思想观点仍根深蒂固。

英格兰/约翰·弗拉克斯曼（1755年-1826年）

约翰·弗拉克斯曼无疑是英国最著名的雕塑家，尽管最初的命运似乎并没有预示到他会获得这样大的荣誉。弗拉克斯曼小时候身子很弱，在父亲的石膏模型作坊学习读写、绘画和制作模型。由于长期接触古代雕塑的石膏模型，以及对于工作的不懈热情与年轻人的机敏，弗拉克斯曼很快便展现了自己的艺术表达能力。弗拉克斯曼10岁时便开始了自己的事业生涯。当时，他以荷马史诗插图吸引了大家的关注，甚至还接到了委托。两年后，弗拉克斯曼展出了从古典主义作品中复制的模型，并且在获得皇家学院银质奖章时，才仅仅15岁。

从1775年起，弗拉克斯曼在韦奇伍德与本特利公司工作，维持生活。1759年，陶瓷师傅乔赛亚·韦奇伍德（Josiah Wedgwood，1730年-1795年）在埃特鲁里亚（由乔赛亚·韦奇伍德在斯塔福德郡纽卡斯尔附近建造的村庄并以其工厂名称命名）创建了韦奇伍德工厂（至今仍在经营）制造各类陶器和其他器皿用具。弗拉克斯曼为韦奇伍德公司著名的碧玉细炻器——一种坚硬的石制品，在彩色背景上刻有白色浮雕，提供模型。在韦奇伍德的支持赞助下，1787年弗拉克斯曼前往罗马，通过扩大自己在古典方面的知识改进风格并担任罗马

韦奇伍德画室负责人。在罗马，弗拉克斯曼受德里主教、第四代布里斯托尔伯爵——弗雷德里克·赫维（Frederick Hervey）的委托，开始制作大理石群雕《阿塔玛斯的愤怒》（第304页底图）模型，并且该雕像仍位于他在艾克沃斯的家中。雕像描绘了底比斯国王阿塔玛斯从自己母亲手中抢夺儿子勒阿耳科斯（Learchus）并将他往墙上砸的戏剧性时刻。阿塔玛斯的第二任妻子伊诺想要杀死他第一任妻子所生的孩子，这样的事实让阿塔玛斯发了疯。因此，他捉拿伊诺所生的孩子，伊诺和幼子只有跳进大海才能躲过一劫。雕塑师没能本着新古典主义精神减少这一可怕主题的图像性质。尽管具有高超的技巧以及有目共睹地努力使雕像人物连在一起，但是雕像人物仍脱离了卡诺瓦制作的《赫拉克勒斯与利卡斯》（*Hercules and Lichas*，罗马国家现代美术馆，1795年-1815年）雕像中可找到的紧凑轮廓线，通过其外形气势，单独加强了戏剧事件的艺术性。虽然如此，但这件作品仍受到同时代观众的高度赞扬。

在奉行爱国主义的时代，弗拉克斯曼坚定地相信，一个艺术家必须全心全意地为国家服务。尽管这并非他真正的专长，但他仍竭力获得大型纪念像委托项目。其中比较重要的作品就是伦敦圣保罗大教堂的海军中将霍雷肖·纳尔逊纪念像（*Vice-Admiral Horatio Nelson*，1758年-1805年）（第305页插图）。拥有众多荣誉的中将站在一块圆形底座上，底座的下半部装饰有赤裸的海神浮雕像。浮雕像上方列出了中将在海上取得的重大胜利。身穿制服的纳尔逊以左手放在锚和绳索上平衡身体——在1797年攻打特内里费岛的战斗中失去了右臂，而象征大不列颠的女神却带来了海军军校的两名学员。另一侧则是不列颠雄狮。纪念像中奇特地融合了当代元素和古典主义元素，而大不列颠的象征性人物则来自于古代的密涅瓦女神。

理查德·韦斯特马科特爵士（Sir Richard Westmacott，1775年-1856年）

理查德·韦斯特马科特爵士早期曾跟随父亲——伦敦雕塑师理查德·韦斯特马科特学习。受过良好教育的父亲1793年将自己的儿子送去了罗马，这位年轻的小伙子进入了卡诺瓦的工作室。两年后，他不仅赢得了圣卢卡学院金质奖章，而且进入了佛罗伦萨设计学院。1797年回国后就直接在伦敦成立了自己的工作室，并首次在皇家学院展出，他又连续制作了一些作品，一直到1839年。1805年理查德·韦斯特马科特成为皇家学院会员，并于1811年成为了该学院的正式成员。1828年担任学院雕塑导师，1837年被授予爵士爵位；1839年放弃雕塑创作并全身心投入到教学活动中。

理查德·韦斯特马科特爵士的主要艺术作品是威斯敏斯特教堂查尔斯·詹姆斯·福克斯（*Charles James Fox*）纪念碑（1810年-1823年，第306页-307页插图）。卡诺瓦参观韦斯特马科特的工作室，看到了一尊非洲人雕像后——纪念碑次要雕像人物之一，他认为他必须宣布，无论是在英国国内或国外，没有一件大理石作品能够超越它。

下图：

理查德·韦斯特马科特爵士
查尔斯·詹姆斯·福克斯纪念碑，1810年-1823年
大理石
伦敦威斯敏斯特教堂

CHARLES JAMES FOX
B: 24. JAN. 1749. N:S:
D: 13. SEPT: 1806

下图：
理查德·韦斯特马科特爵士
查尔斯·詹姆斯·福克斯纪念碑（局部），
1810年-1823年
大理石
伦敦威斯敏斯特教堂

自1768年起，政治家查尔斯·詹姆斯·福克斯（1749年-1806年）担任国会议员，1770年成为英国海军部部长，并且从1772年至1774年担任财政部部长。他的一大功绩就是，推动废除奴隶交易并支持北美殖民地的权利。韦斯特马科特利用图画说明了福克斯政治生涯的三个基本要素。福克斯死在自由寓意人物的怀中，和平寓意人物则倚在福克斯的腿上哀悼；而非洲人蹲在福克斯的面前，代表自己的种族感谢福克斯的有力干预。在内容和构成两方面，坐着的"自由"人像构成整个群雕的高点。

弗朗西斯·钱特里爵士（Sir Francis Chantrey，1781年-1841年）

出生于谢菲尔德市附近一家农场，木匠的儿子——钱特里主要靠自学成为了一名雕塑师。16岁时在谢菲尔德市学习雕刻和镀金工艺，首次接触到了自己老师的交易商品——古典式铸件模型、雕刻作品以及石膏模型。同时，他还跟随不同的雕刻师学习绘画。在预期7年中

的5年过去之后，钱特里中断了木雕工艺学习，全身心地投入到肖像绘画中。他经常往返于谢菲尔德和伦敦之间，偶尔做些木雕工作，有时游览皇家学院。钱特里首次接到为谢菲尔德大教堂詹姆斯·威尔金森牧师制作一尊大理石半身像委托后——1805年在谢菲尔德市制作完成，促使他完全转向了雕塑制作。通过弗拉克斯曼，钱特里1809年接到四尊海军上将半身像委托项目（格林威治海事博物馆医院收藏馆），从而使他接触到了具有影响力的人物。次年，国王乔治三世两次让钱特里为他制作半身像。

钱特里的第一件杰出作品——牧师约翰·霍恩-图克半身像（第308页下图），1811年让他名声大噪，因此他紧接着受委托为国王制作了一尊颇具声望的大理石雕像（1940年被毁）。雕像人物穿着带纽扣的大衣，头上戴着一顶贴头的帽子。眼睛深邃，眉毛浓密，瞳孔凹陷，但皮肤却很柔软细致。甚至在早期作品中，钱特里就展现出敏锐地以大理石表现皮肤和肌肉的能力。钱特里常常为此受到赞扬。在接下来的20多年，钱特里制作无数的半身像，但几乎没有超过这件雕塑的。

雕带在1884年的大火中遭到了极大程度的损坏。1811年，哥特式同盟（Götiska förbundet）——或年轻艺术家同盟，在斯德哥尔摩建立，旨在复兴北欧古老传统。因为艺术家们从文献中获知这里曾有许多带有诸神图画的神庙，尽管没人知道它们到底是什么样，但艺术家们仍义无反顾地借助于古典主义时期的模型。通过这种方式将两种不同的神话结合起来，必然会导致矛盾发生，即使仅仅是因为古典诸神的永生和无罪，与北欧诸神因自我堕落而引起的罪责牵连根本不同。

瑞典雕塑师本特·埃兰·福格尔贝里（Bengt Erland Fogelberg，1786-1854年）跟随父亲学习黄铜铸造。1803年，福格尔贝里来到斯德哥尔摩，最初是一名宫廷雕刻师。几年后，他放弃了这门手艺，对艺术产生了兴趣并进入斯德哥尔摩艺术学院学习，1811年获得了学院最高奖章。1820年获得学院奖学金后，从而能够进入巴黎美术学院学习。一年以后，他前往罗马，并在此安家。1818年，福

在1817年学院展览中，钱特里展出的一组《熟睡的孩子》(Sleeping Children) 大理石雕像群（第308页上图与第309页插图）引起轰动，从而使他的名气大大提升。1815年，钱特里受埃伦·鲁宾逊女士委托，为其死于火灾的女儿埃伦·简和玛丽安娜制作纪念碑。钱特里曾为其中一个人制作了面部模型，但这仅用于确定脸型。孩子们躺在那里，就好像随时可以醒过来一般。通过诗意的呼吸，增强了作品刻画的自然。妹妹转头抱住姐姐寻求帮助以及手中拿着的雪花莲表现了在一个容易落泪的年纪引起情绪波动的细节。"一大群人是多么想看到孩子们……但人们不能接近她们。母亲们饱含泪水，来了又去，去了又来。而与此同时，卡诺瓦创作的闻名遐迩的《赫柏》与《忒耳西科瑞》(Terpsichore) 雕像就矗立在旁边，但几乎没人注意到"，霍兰勋爵写道。

斯堪的纳维亚

前罗马帝国的国家通过自己的历史能够与古典主义时期的传统联系起来，而这种传统在斯堪的纳维亚北欧国家却不存在。相反，随浪漫主义觉醒的民族主义重新唤起了对北欧古诸神的兴趣，但仅限于16世纪与17世纪丹麦和瑞典古典作品。在丹麦，正是雕塑师赫尔曼·恩斯特·弗罗因德（Hermann Ernst Freund，1786年-1840年）从基督纪元前的诸神中创作了丹麦国王腓特烈六世形象。1840年至1841年他为哥本哈根宫殿制作的《诸神黄昏》(Twilight of the Gods) 檐壁

格尔贝里在哥特式同盟组织的一次比赛中绘制了欧丁、托尔与弗蕾娅（*Odin, Thor and Freya*）三神巨型雕像草图。这些都是瑞典艺术首次以雕塑形式表现北欧神话的尝试。1828年，国王委托福格尔贝里制作欧丁神大理石雕像，该雕像于1830年制作完成（第310页插图）。福格尔贝里回到斯德哥尔摩一年后，这座雕像得到公众极大的赞赏。欧丁——至高的北欧之神，谜一般的人物，身着罗马将军服饰，以古典主义的对立平衡姿势站着。福格尔贝里重点突出了神的勇猛方面。他右手举着长矛，而左手抓着盾牌内面的皮带。头盔上——一种帽子和王冠的混合物，有两只小鸟，隐喻了与墨丘利相当的神。正是这简单的北欧诸神介绍，使福格尔贝里享有"瑞典雕塑革新者"的声誉。1832年成为瑞典艺术学院成员后，福格尔贝里1839年成为了该学院导师，不过无需寄宿。

西班牙

出生于加泰罗尼亚的达米亚·布埃纳文图拉·坎彭尼-埃斯特拉尼（Damià Buenaventura Campeny y Estrany，1771年-1855年）最初在父亲的作坊学习制造马鞍，之后在巴塞罗那雕塑师萨尔瓦多·古里亚（Salvador Gurri，据文献记载：1756年-1819年）手下当学徒。1795年，坎彭尼-埃斯特拉尼前往罗马，很快便获得圣卢卡学院比赛一等奖并最终成为卡诺瓦学派的一员。1816年回国后，他成为了美术学校的一名老师并同时成为马德里圣费尔南多学院的荣誉院士。不久之后，费迪南七世委任他为宫廷雕塑师。他曾先后拒绝了令人羡慕的巴塞罗那"洛加"美术学校副校长（1827年）和校长（1840年）职位。

《垂死的卢克雷蒂娅》（*Lucrecia moribunda*）石膏像始于1804年，而仅在30年后，便改成大理石雕像（第311页上图）。相传，梅里达的圣卢克雷蒂娅（St. Lucretia of Mérida）由伊斯兰教改信基督教，随后遭到摩尔人的迫害，最后于859年殉教。垂死的圣徒瘫倒在椅子上，心脏伤口处流出大量的血，而致命的匕首正躺在她的脚边。即使是在死的时候，雕塑师仍赋予了雕像一种古典的对立平衡姿势。右腿弯曲，牢牢地踏在地上，而自由的左腿却伸出了底座边缘。身体从头到脚成直线，头部耷拉在左肩上。圣徒身上轻薄且如丝一般的连衣裙滑落到右胸下方，并且在地面堆积形成褶皱。在身体暴露的部分，可以看出模仿了卡诺瓦新古典主义风格的皮肤表面处理。

对于雕塑师安东尼奥·索拉的生平（Antonio Sola，1787年-1861年）知之甚少。在巴塞罗那完成学习后，1804年左右——即只有17

右图：
达米亚·坎彭尼
《垂死的卢克雷蒂娅》，1804年
雕塑师所做大理石复制品，1834年
巴塞罗那洛加宫

岁的时候，索拉继续在罗马学习并在此定居。1816年被选为圣卢卡学院院士，1841年成为了学院院长，是这所艺术学校少数几个不是来自于意大利的院长之一。

然而，从他为西班牙所做的无数雕塑作品中可以看出，他一直依恋着自己的祖国。自由战士道伊斯和贝拉尔德（Daoiz and Velarde）群雕可追溯至1820年至1830年左右。索拉根据自己同胞对抗拿破仑统治进行的伊比利亚半岛战争中的事件（至今公众仍清楚地记得）创作出了雕塑作品（第311页下图）。两名战士英雄站在一门大炮旁边。对成功的独立战争近乎宗教性的夸张刻画，主要是为了展现一种新的民族意识。牢记战争，敬重英雄会超越政治意识形态障碍，从而将人民团结在一起。

意大利

尽管是洛林人的后裔，但乔瓦尼·杜普雷（Giovanni Dupré，1817年-1882年）却出生于锡耶纳。最初，乔瓦尼与父亲在他的工作坊待了很长一段时间，他学会了如何愉快而聚精会神地处理绘画铅笔。家里没钱送他去学校上学。1821年，父亲将乔瓦尼带到了佛罗伦萨，最终在23岁时，他赢得了雕塑比赛一等奖。

杜普雷在《随想与回忆》（Thoughts and Recollections）中提及使他一夜成名的重大雕塑，从各个方面来看都是一件非同寻常的作品。杜普雷在谈论自己的成功时，并非不带一定的满意："只是说并

右图：
安东尼奥·索拉
道伊斯和贝拉尔德像，
1820年-1830年，马德里
五月二日广场（Plaza del
Dos de Mayo）

且不断地重复，我从来没有想到我会从一名木雕匠一跃而成为一名雕塑师，甚至连一句对不起都没有。"杜普雷明确地打算寻找一个与众不同的的主题，而他的机会便落到了《失败的亚伯》雕像上（Defeated Abel，第312页插图）。作品初步研究几乎耗费了杜普雷与其模特布里纳的一生。1842年狂欢节的最后一个星期四，杜普雷与布里纳来到了一间冷冷清清的小型工作室。外面的世界是狂欢队伍的海洋，而杜普雷却正在研究自己模特的姿势、比例和形态。他们太专注于工作了，以致于没有注意到炉子出问题了。出于恐慌以及凭着自己最后的力量，杜普雷通过门锁锁眼呼吸到了一些新鲜空气，从而最终将自己和布里纳从熊熊燃烧的工作室中拯救出来。

在谈到铸造模型时，洛伦佐·巴尔托利尼（Lorenzo Bartolini，1777年-1850年）说道："惟妙惟肖的特征和形态表明，你并非来自学院"——赞美比奖品更重要。在朋友们的帮助下，杜普雷在当年9

月将雕像铸造完成。雕像引起了很大的轰动，因为就罕见的逼真性而言，很多人不能相信这竟然是徒手铸造的。为了验证雕像是根据活人模特制作的"真假"，布里纳被命令脱去衣服，摆出亚伯雕像姿势。然而所有测量和对比均是徒劳，因为杜普雷已"将雕像宽度增加了一掌宽，却将胸部宽度减少了半掌宽"。杜普雷的亚伯雕像不仅仅结束了传统的新古典主义，其不遗余力表现的自然主义还打开了欧洲雕塑的新时期大门。

美国的新古典主义雕塑

1776年《独立宣言》宣告美利坚合众国脱离大不列颠王国而独立后，对公共艺术，尤其是雕塑领域的需求极大。因这个年轻的共和国并没有具有一定资历的本土雕塑师，所以不得不依靠那些欧洲来的雕塑师。

正是法国人让-安托万·乌东被赋予了制作第一件美国政治家及美国第一任总统乔治·华盛顿（1732年-1799年）雕像的主要任务。

受弗吉尼亚议会委托，托马斯·杰斐逊曾直接向雕塑师定购。之后，雕塑师前往美国本杰明·富兰克林公司制作华盛顿雕像。雕像只是乌东接到的委托项目的一部分，他还要制作一尊华盛顿青铜骑马像。青铜骑马像并没有完成，不过大理石雕像（第314页插图）却于1792年安放在弗吉尼亚里士满州议会大厦圆形大厅内。

雕塑栩栩如生地展现了倚靠着罗马执法官权标（一束棍棒和一把突出的斧头，象征权威）的美国第一任总统形象。每一根棍棒代表原美国13个联邦州之一，各州团结在一起，形成自己的力量。杰斐逊特别强调要将华盛顿表现得栩栩如生：不要有任何夸张之处，不用显得神圣或帝王般，就像公民领袖一般。简单的公民服饰也需要在同一背景下进行诠释，包括上衣缺少纽扣，都表达了民主哲学。

除权标之外，在传记文中还有另外一处引用了罗马古典作品：弗吉利亚种植园主华盛顿被邀请担任美国革命时期爱国军队的领军人。他是以新政治秩序创始人踏上社会公共舞台的，而非凯旋的将军。在这方面，他继承了传奇罗马英雄辛辛纳特斯（Cincinnatus）。公元前

左图:
洛伦佐·巴尔托利尼
《索菲娅·扎莫伊斯卡王妃墓》
（Tomb of Princess Sophia
Zamoyska），1837年-1844年
大理石，宽87厘米
佛罗伦萨圣十字教堂萨尔维亚蒂礼
拜堂

458年辛辛纳特斯应罗马元老院之召，离开农场执掌罗马共和国的独裁权，摧毁敌军，拯救了罗马军队。仅16天后，华盛顿放弃权利地位，回到自己的农场。华盛顿脚下的耕地暗指这次事件与通过自己的行动成为美国公民美德典范的罗马农场主。乌东的这件新古典主义名作以一种独特的方式表达了年轻民主政体思想，将政治概念和人类现实结合在一起，与之相比，所有其他对于类似观点的实现尝试看起来都不那么令人满意。

对于恩里科·考西奇（Enrico Causici，1790年-1835年）的生平，除了他来自于意大利维罗纳，可能是卡诺瓦的学生以及在哈瓦那去世以外，我们知之甚少。1822年至1832年间，恩里科·考西奇呆在美国并留下了大量的浮雕、雕像作品以及1826年在巴尔的摩安装的乔治·华盛顿骑马像。1823年至1827年间他为华盛顿国会大厦制作了大量浮雕像。1827年考西奇受委托制作的其中一幅展现了传奇开拓者丹尼尔·布恩与一名高壮的印第安人进行生死搏斗的场景（见第315页插图）。浮雕中表现了1773年10月发生的事件——布恩带领一群开拓者翻过阿巴拉契亚山脉并越过肯塔基州边境。当他们行至新边界区域时，遭到了印第安人的袭击，不过在布恩的英勇鼓舞下，他们成功防御印第安人的进攻。这是一个象征性的时刻，展现了被迫退回的边界线以及被攻克的陆地。对于是否将印第安人刻画成野兽、野蛮形象（布恩表现了目空一切的据称高人一等的白人），或者将印第安人描绘成保卫自己领土的英勇战士，各方观点不一。

对于德国雕塑师而言，美国没什么吸引力，存在的艺术挑战性太少了。相反，倘若我们无视1849年请求劳赫为纽约制作的乔治·华盛顿骑马像，或者1860年在波士顿在其死后颁发的美国艺术与科学学院荣誉外籍院士奖，那么相关利益也非常有限。美国各城市公共空间对于德国雕塑作品的接纳相当晚，甚至通常只吸收现存的古老作品。在费城——大量德语人口较早定居之地，德国雕塑师鲁道夫·西梅林（Rudolf Siemering，1835年-1905年）1897年在费城艺术博物馆前广场上竖立了一尊乔治·华盛顿骑马雕像。雕像身后宏伟的台阶两侧分别是劳赫学派雕塑师制作的两尊雕像：左侧是阿尔贝特·沃尔夫（Alberte Wolf，1814年-1892年）的《斗狮人》（*Lion Fighter*），右侧是奥古斯特·基斯（August Kiss，1802年-1865年）的《亚马逊女战士》（*The Amazon*）。

来自新施特雷利茨波美拉尼亚小镇的雕塑师的儿子——阿尔贝特·沃尔夫从小便成了孤儿。1831年阿尔贝特·沃尔夫来到柏林，成

士用长矛奋力将它挡开。受到劳赫的热情称赞（"模型是这样的优秀，我准备放弃自己制作的有关这个主题的作品"），作品整体的概念像是与沙多一样"非常大胆和勇敢"。巨大的群雕于1842年铸造并于次年矗立在柏林阿尔特斯博物馆东侧。与之相对的沃尔夫的《斗狮人》于1861年安装在西侧。

两座雕像受到热烈而持久的欢迎，因此被许多铸造厂以缩小的比例以及各种材料复制了无数次。由基斯自己出资制作的巨型亚马逊女战士铸锌像在1851年伦敦大展览会上得到观众热烈的喝彩。自1928年至1929年起，根据柏林阿尔特斯博物馆的布置，原尺寸的两座群雕已用作装饰费城艺术博物馆。

为了劳赫的学生。他做了相当长一段时间的助手，直到1844年，即一次短暂意大利之行后，设立了自己个人的工作室。自1866年起，他便是柏林学院里一名成功的老师。他所做的狮子塑像是根据导师劳赫1829年开始进行的初步研究而作的，最终，1847年后者将其全部研究传给了自己的学生，因为他认为他再也不能亲自制作了。沃尔夫描绘的战斗场景中展现了单件雕塑中包含的"三种最杰出的生物：人、马和狮子"。根据圣乔治主题表现方式，沃尔夫手下的骑手手执长矛与狮子进行搏斗，而狮子代替了龙。

然而，另一位雕塑师，即奥古斯特·基斯的《亚马逊女战士》雕像的制作完成方才推动该雕像作品的实际执行。西里西亚铸造厂检验员的儿子——基斯很小的时候便熟悉了艺术作品的铁铸造过程并且了解铸造技术、制模以及铸件抛光。在柏林，与沃尔夫一样，自1825年起基斯也成为了劳赫的学生、助手与合作者，时间长达15年。基斯同样从1834年开始的早期研究中创作了《亚马逊女战士》雕像。在阿尔特斯博物馆建筑师辛克尔的鼓励下——他想用装饰性雕塑装饰建筑物的台阶，基斯设计出了具有非凡表现力的亚马逊女战士战斗雕像（第316页插图）。一只豹子向战马的咽喉扑去，而亚马逊女战

亚历山大·劳赫（Alexander Rauch）

新古典主义与浪漫主义运动：1789年至1848年两次革命之间的欧洲绘画艺术

"过去是一个谎言，因为它聚焦在杰出人物而非普通人身上。"

恩斯特·埃尔博恩（ERNST HEILBORN）

就讲述过去某个时代的艺术而言，上面引用的这句话是千真万确的，然而就艺术家本身而言，他们面临的挑战却是绘画作品要尽量表现现实生活。本书试图通过遴选的画作来介绍新古典时期和浪漫主义时期的绘画艺术，这当然就称不上客观和真实了，因为我们对某个时代的印象太受那个时代的著名艺术家所取得的成就左右。此外，我们所珍视的东西本身也在不断变化。与此同时，许多并不受重视的作品可能开创了全新的视角，或者让人用相对主义眼光看待过去一直奉为真理的东西。即使是挑选画作本身也是在做价值判断。这恰似借助于那个时代的特定见证人来讲述那个逝去的年代。关于我们所要谈论的时代，有许多能为我们讲述往事的"见证人"，但在本书中只能介绍其中一些著名艺术家。

18世纪末到19世纪中叶，也就是介于1789年革命与1848年革命之间的这一时期，是一个大动荡时代。政治浪潮一浪紧接一浪，整个欧洲都处于动荡之中，最终酝酿出了1789年的法国大革命。在持续不断的动荡过程中，发生的著名事件包括1793年1月21日路易十六被推上了吉约坦博士（Dr. Guillotin）发明的断头台，罪人第一次以"人道"方式被处死。

1795年至1799年法国督政府统治时期情势依旧。拿破仑揭竿而起，当时很多人将其视为解放运动（直至1815年），但当拿破仑及其军队如洪水般席卷欧洲各国时，很快就遭到了反抗。之后是又一轮的剧变。路易十八和查理十世、西班牙的费迪南德七世以及1814年至1815年间的维也纳国会重新恢复了旧的政治制度。而在法国巴黎，1830年的七月革命将资产阶级国王路易·菲利普推上了王位，在奥地利，昏庸的费迪南德一世（Ferdinand I）也被梅特捏伯爵（Count Metternich）取而代之。

歌德在其《编年史》（Annals）中曾写道："世界的每个角落都被点燃，整个欧洲的面貌都在转变之际，德国却正享受着近乎狂热的和平，沉溺在靠不住的安全感之中。"但随着1813年至1815年解放战争的爆发，德国也经历了转变。然而之后是1848年的革命，旧政体改头换面之后又卷土重来。那时也许很多人都在问，早知如此，为什么还白白流那么多的血呢？但同年卡尔·马克思出版了他的《共产党宣言》（Communist Manifesto），尽管其影响是在很长一段时期后才看到的。人们常常说，1789年法国革命带给艺术和文化领域的新观念和新思想，仍然左右着我们当今的文化。但这只说对了一半。启蒙运动之根早就埋藏在了旧秩序的岩石之下，只是在1789年破岩而出而已。其实这些新思想早已由17世纪的哲学家们所拟定，新时代终在1789年于生产的阵痛之中诞生，而早在这之前，这些新思想已经成胎了。

这个时期的风格和主题都确确实实地宣告了一个新的开始。但这

新开始又是以何种方式呢？仅仅是政治和社会环境的转变吗？仅仅是专制主义转向了人民统治吗？新政治体系的产生，是之前早早就出现的哲学思想攻击了旧统治体系根基的结果。之前的时代也出现过公民暴动或农民起义，但只要统治阶级宣称他们的统治是出于上帝的恩典，宣称其政权是建立在宗教和信仰之上的，这些暴动或起义就注定会失败。宗教改革表明：只要撼动信仰，社会结构就立即被撕开了。正如当时人们所编的一句谚语所说："当亚当歌唱夏娃纺纱的时候，贵族在哪里呢？" 宗教改革和艺术上的文艺复兴同时出现并非巧合，法国大革命和旨在重新发现古代艺术形式和道德价值的新古典主义同时出现，也并非巧合。值得注意的是，其随后的发展也是十分相似的。反宗教改革运动试图在宗教基础上重建旧秩序和旧思想，因而紧随19世纪与宗教及等级制度决裂的决裂期之后，出现的是一段宗教感情弥深的复辟时期。

即使我们不再深入阐释这些观念产生的背景（稍后我们将进行讨论），综观这一时期的绘画作品，我们会发现洛可可时代末期至复辟时期的这些年间，新主题已然成形，处理的问题也完全有别于之前的时代。我们可将画家们此时所处理的新现象至少归结为六大主题：

1. 命运、命运的无情残酷和人们对命运的恐惧
2. 崇高与孤绝
3. 梦和幻象
4. 富有教益的历史典范、天才和对埃及的狂热
5. 孩子
6. 比德迈式（Biedermeier）清醒健全的世界

我们也可将这些主题或现象称之为发明，因为发明创造、新手法以及新奇怪异成了绘画语言的主旨。艺术家将自己视为创造者和自己作品的策划者，之所以如此，是因为在这个"创造者"时代，这与天才这一概念是息息相关的。这就开创了另一个主题，即科学。突然之间，牛顿这个名字成了所有人都耳熟能详的一个名字。每个人言谈之间，都要提一提他的理论。学者弗朗切斯科·阿尔加罗蒂伯爵（Count Francesco Algarotti）甚至向"女士们"提供"牛顿理论（newtonianismo）"，费朗小姐（Mademoiselle Ferrand）就曾请莫里斯·康坦·德拉图尔（Maurice Quentin de la Tour）为她画过一幅画像，画中她正在思考牛顿理论（1753年，第319页插图）。1760年左右，保罗·桑比（Paul Sandby）在其创作的《魔幻时刻》（*Laterna magic*，第332页左下图）中描画了这位物理学家著作中的一页，而几年之后，贾纽埃里厄斯·齐克（Januarius Zick）也创作了《关于牛顿的成就和引力论的寓言》（*An Allegory on Newton's Achievements and the Theory of Gravity*）（第420页插图）。到了这一世纪末，威廉·布莱克（William Blake）又将"艾萨克·牛顿"这一形象"转变"为新时代中一个超现实主义的隐喻（第320页插图）。最后在1827年，佩拉吉奥·帕拉吉（Pelagio Palagi）创作了《牛

顿发现光的折射》（*Newton's Discovery of the Refraction of Light*），试着从心理角度诠释这位天才构思其观点的方式（第416页下图）。

因此，此时的中心人物不再是救恩故事中的殉道者，而是历史上的伟大人物——古代英雄和现今时代的伟大人物——天才。同时画家们也开始关注普通人，关注普通人的情感和遭遇，甚至是普通人在疯人院中痛苦的表情［如戈雅和热里科的作品］。普通人的情感和遭遇在艺术中扮演着重要角色，这是前所未有的。命运成为一个主要的主题，正如对宗教的信仰发生了转变一样，人们对命运的信仰也发生了转变。

文学作品皆是悲剧作品［如歌德的《少年维特之烦恼》］，戏剧和绘画也是如此。悲剧本身成了一个主题，人们开始关注命运［或者莱布尼茨所称的"天意"］的崇高和必然性，这在海因里希·冯·克莱斯特（Heinrich von Kleist）创作的《彭忒西勒亚》（*Penthesilea*，1808年）乃至悲剧理论家弗里德里希·席勒（Friedrich Schiller）和克里斯蒂安·弗里德里希·黑贝尔（Christian Friedrich Hebbel）［其创作于1844年的《玛利亚·玛格达莱娜》］的作品中均有迹可循，好似一条红线贯穿其中。

下一页：
约瑟夫·马洛德·威廉·特纳（Joseph Mallord William Turner）
《沉船》（*The Shipwreck*），曾于1805年展出
画布油画，171厘米×241厘米
伦敦泰特美术馆（Tate Gallery）

贝多芬著名交响曲之一《命运交响曲》（Symphony of Fate）和弗朗西斯科·德·戈雅（Francisco de Goya）的壁画之一（1819年-1823年），均命名为"命运"。通常直至悲剧终结，仁慈的上帝也并未伸手施救。伦理道德也不再是神圣律例，而仅仅是心理体验或历史典范。说教式小说和画作中的训教内容都意在通过展示典范达到教育目的，即意在借鉴和警示。雅克年-路易斯·戴维（Jacques年-Louis David）的画作就曾表现过痛苦中的"贝利萨留斯（Belisarius）"（第369页插图）和马拉（Marat）之死（第374页插图）。戴维在这两幅画作以及其他画作之中都将其价值判断升华为一个主题［皮埃尔·保罗·普吕东创作《复仇》时亦是如此］——反对形式主义神学规范，而将这些规范取而代之的，是由历史带到大众面前的正义典范。之所以如此，无疑要追溯到查尔斯·德·孟德斯鸠（Charles de Montesquieu）以及他于1748年创作的《论法的精神》（On the Spirit of the Laws）。

但悲剧唤起人们的悲悯之情。如果一个社会缺乏宗教信仰且无法得到关于身后之事的慰藉，就更是如此。因此古典时期所提的"仁慈（misericordia）"取代了基督教所提的博爱，成了理性主义者诉诸情感的一种方式。悲剧和剧变成了这一时期画作的主要特征。1755年的里斯本地震中，30000多人丧生，整个欧洲的宗教信仰也随之震荡。关于上帝要惩罚谁的讨论持续了数十年之久。同年伊曼纽尔·康德(Immanuel Kant，1724年-1804年）出版了《自然通史和天体论》（General History of Nature and Theory of the Heavens），萨韦里安（Saverien）出版了第一本物理学辞典。

许多秘藏多年的著述，很早之前就已开始质疑信仰和知识之间的关系，以前仅仅是精英圈子在谈论，但现在开始发挥其功效了。新的哲学体系和新的道德规范逐渐形成，英国思想家弗朗西斯·培根（Francis Bacon，1561年-1626年）和托马斯·霍布斯（Thomas Hobbes，1588年-1679年），大卫·休谟（David Hume，1711年-1776年）都功不可没，其中休谟于1779年发表的《自然宗教对话录》（Dialogues Concerning Natural Religion）尤为重要。自耶奥里·克里斯托夫·利希滕贝格（Georg Christoph Lichtenberg，1742年-1799年）之后，很多人都认同《世界史即宇宙史》（The History of the World as the History of the Cosmos）所阐述的观点，而这一观点本身就已是令人

左图：
威廉·布莱克
《艾萨克·牛顿》，1795年
铜凸版，钢笔水墨水彩画，46厘米× 60厘米
伦敦泰特美术馆

布莱克力求借助直接的形体写实与奇幻象征之间的张力表现牛顿哲学思想的深义。赤身生于混沌之中的牛顿看起来正冲破混沌。他正在揭示其物理形质中内在的定律。人已经品尝了智慧树上的果子，现在他望向抽象创造实体时的惊讶目光，显示了他的智慧。

震惊的。只有在这一背景下，我们才能理解特纳（Turner）的画作，也才能理解为何艺术家们要在其画作中通过描绘地震、沉船、暴风雨的夜晚、洪水或轰鸣的瀑布来渲染一种"崇高的"战栗。例如在1785年，紧随人们发现庞贝（Pompeii）古城之后，安格利卡·考夫曼（Angelika Kauffmann）就创作了一幅再现公元79年火山喷发毁灭庞贝古城的画作。

出于某些充分的理由，许多艺术家在其画作中选用了"船"这一强用力的象征来表达"人和命运"这一主题，从而传达出了"航行人生"这一概念。关于"航行人生"，卡斯帕·戴维·费里德里希（Caspar David Friedrich）在其1835年左右创作的《生命的阶段》（The Stages of Life，第440页至441页插图）中曾做过栩栩如生的描绘。此外，大海上的船只还隐喻了被无法预知的自然力量所困住的人。无情的自然力量替代了仁慈的上帝。在此我们只需谈及一部分画作，因为这些画作足可代表这一时期的一系列相关艺术形象。

首先，我们还是从英国谈起。曾经四处旅行过的特纳于1802年开始了关于"船"这一主题的创作，直至19世纪四十年代，这一直是特纳的创作主题。他的《沉船》（第321页插图）非常出名，正如《贩奴船》（Slavers）、《暴风雪》（Snowstorm）以及他所创作的许多其他画作一样。《沉船》之所以出名，不仅胜在其风格，也胜在表达出了人受困于自然力量时本质上的一种宿命感。1819年，泰奥多尔·热里科（Théodore Géricault）创作了《梅杜萨之筏》（The Raft of the Medusa，第411页插图），这一作品下文会加以详述。诸如1816年梅杜萨失事之类的悲剧事件，叙事者们那时已经大书特书过了，而且人们认为高雅艺术以此类事件作为主题，也是不合适的。绘画作品中出现人的死亡这一场景的，也仅仅是在宗教背景下表现殉道者为信仰而死。而现在，无名者的命运也成了合适的艺术载体。

大约从1817年开始，卡斯帕·戴维·费里德里希（Caspar David Friedrich）也转向海难这一主题，并于1822年创作了《格陵兰海岸上的遇难船》（A Ship Wrecked on Greenland's Coast）。这幅画作现已遗失，但这是费里德里希所创作的冰封之海系列主题画中的第一幅。在现称《希望之骸》（The Wreck of the Hope）的一幅画作中［实际上画作原本命名《北极沉船》（Arctic Shipwreck）（1824年）］，画家赋予了这一主题无与伦比的戏剧张力（第322页插图）。这一作品的奇巧之处在于——戏剧已经上演过了。高高耸立的巨大尖顶是早已矗立在这

里的缓缓移动的冰山。人类冲破生命禁区的大胆尝试，最终以死亡作为终结。这幅画作表现出了强大的力量和压迫感，这不仅源于我们能够想象到四分五裂的船骸下那些永远冰封的尸体，也是因为至今人们从未打消过冲破生命禁区的这一念头。《希望之骸》这一命名宣告了这幅画作的哲学观点，关于自然神论、宇宙神论和泛神论的哲学。基督教认为祷告可以感动上帝，这一观点早已被人们抛弃，但人们也并未找到一个现代观点（正如恩斯特·布洛克（Ernst Bloch）在其《希望原理》(The Principle of Hope)中所定义的）。在歌德、施莱尔马赫（Schleiermacher）、雅可比（Jacobi）、赫德、施莱格尔（Schlegel）和耶拿圈（Jena circle）（费里德里希非常热衷参加的圈子）的影响下，卡斯帕·戴维·费里德里希十分醉心于斯宾诺莎的哲学，如果我们能想到这一点的话，就能更好地理解其画作。许多其他画家也被此类主题所吸引。

　　船只被视为生命的象征，这一象征在很长一段时间都极具表现力。1843年，查理年-加布里埃尔·格莱尔（Charles年-Gabriel Gleyre）（关于格莱尔本书还将进一步介绍）在巴黎美术展览会展出了其画作《黄昏》(Evening)，当时的人还为这幅画作添了一个很恰当的副标题《或幻灭》(第323页上图)。这很有可能是取自奥诺雷·德·巴尔扎克（Honoré de Balzac）当年已发表的小说《幻灭》(Les Illusions perdues)。据格莱尔在其日记中所载，这幅画作是以梦幻般的形式呈现他1835年曾在尼罗河岸所见到的幻象。画中他将自己描画为一个疲倦的歌者，竖琴自手中滑落，好似再也无曲可奏。歌者这一形象并非其首创。热拉尔（Gérard）、吉罗代（Girodet）、安格尔（Ingres）和朗格（Runge）都曾以盖尔族传奇吟游诗人奥西恩（Ossian）作为人物形象，处理过"歌者之梦"这一主题。吟游诗人奥西恩很长一段时间都是中央装饰画中盛行的一个主题。

　　格莱尔的幻象——"幻灭"——是忧郁伤感的。静静的铅灰色水面是死亡的预兆。弦月之下，无花果树弯着枝子，正期盼画家"梦"到青春年少时的黄金岁月——"我青春年少时珍贵而温柔的幻想（dear and tender illusions of my youth)"，正如格莱尔自己曾写到的。康拉德·费

下图：
查理年-加布里埃尔·格莱尔
《黄昏或幻灭》（*Evening or Lost Illusions*），
1866年
格莱尔根据其1843年创作的一幅画作复制而成
画布油画，39.5厘米×67.5厘米
温特图尔艺术博物馆（Kunstmuseum, Winterthur）

底图：
约翰·亨利·富泽利
《埃泽琳和梅迪姆》（*Ezzelin and Medium*），1779年
画布油画，45.7厘米×50.8厘米
伦敦约翰索恩爵士博物馆
（Sir John Soane's Museum, London）

迪南德·迈尔（Conrad Ferdinand Meyer）看到这幅画作后，创作了一首诗，第一节这样写道：

> 梦中出现一叶轻舟，
> 无桨，随波游走。
> 暗红的光芒将河流和天空染晕，
> 似拂晓、又似黄昏。
> (In a dream a bark I saw
> Drifting silent with no oar.
> Dull red glowed both stream and sky
> As at dawn or eventide.)

在诗的第七和最后一节，已经意识到了死亡，幻象达到高潮：

> 我失魂落魄地吻着你，疯狂又悲伤，
> 笑意隐现在你苍白的嘴唇上，
> 微笑着，你渐渐离我远去，
> 我知道，是死亡，将你从我身边带去。
> (Wild with grief I kissed you madly
> Your pale mouth you offered gladly
> With a smile you faded from me
> Death –I knew 年- had claimed you from me.)

歌者沉浸在冥想之中，梦幻般的幻象中欢乐的少女们出现在同一现实层面上，尽管歌者和少女所处的世界并不一样。西面正在下沉，这一意象在格莱尔的画作中频繁出现，而在这幅画中是寓指他自己。坐着的人物像取自古代哲学家的大理石雕像（例如卢浮宫中的克律西波斯雕像）。在许多作品中都可以看到这样正在沉思着命运的人物像，直到奥古斯特·罗丹（Auguste Rodin）创作的《思想者》（*The Thinker*）仍是这样。不管艺术家想要表现的是面对命运的恐惧、怀疑还是无望，我们总能看到画中眼神空洞的人物坐像，例如皮埃尔·纳西斯·介朗（Pierre Narcisse Guérin）的《马库斯·赛克斯特斯归来》（*The Return of Marcus Sextus*，1799年）以及戴维的《苏格拉底之死》（*The Death of Socrates*，1787年，现藏于卢浮宫）或《布鲁图斯》（Brutus）。在《布鲁图斯》这幅画中，从旁边走过的人们正抬着画面前景中这对父母的儿子（第372页插图）。为了与其风格和性情相称，约翰·亨利·富泽利（John Henry Fuseli）在《埃泽琳和梅迪姆》（1779年，第323页下图）中更加强化了这一表现手法，在《寂静》（*Silence*）（约1799年-1801年，第324页下图）中则更甚。这一时期"梦和幻象"、"沉睡和死亡"通常一同被作为画作的主题，例如戈雅的《理性之（睡）梦》（The Dream (Sleep) of Reason，1797年，第365页插图），富泽利的《牧羊人之梦》（The Shepherd's Dream，1793年，第324页插图）和《梦魇》（The Nightmare，1781年，第338页插图）。

阿斯穆斯·卡斯腾斯（Asmus Carstens）就曾于1795年创作过

《夜晚与她的孩子、熟睡和死亡》（*Night with her Children, Sleep and Death*）（第12页插图）此后随着浪漫主义运动开始关注插图画，莎士比亚的《仲夏夜之梦》（*A Midsummer Night's Dream*）也被富泽利和许多其他画家选为其画作的主题。上文曾提到过的奥西恩主题也同样被画家们处理成梦的幻象，让·皮埃尔·弗兰克（Jean年-Pierre Franque）甚至在其画作《自埃及回师前的法国形势寓言》（*Allegory on the Condition of France before the Return from Egypt*）（第398页插图）中将1810年法国当时的政治形势描绘成拿破仑所见的幻象。这是以一种完全区别于今天的方式表现历史主题。但是我们必须记住，浪

漫主义运动的不合常规对随后几十年的历史画产生了重要影响，特别是英雄理想主义绘画的形式。

孤绝与崇高成了这一时期绘画的基本隐喻，并且持续了好几个阶段。紧随洛可可时期纷繁社会生活之后的，是向孤绝的撤退，兼有对崇高的找寻。弗里德里希·赫尔德林（Friedrich Hölderlin）于1797年至1799年创作了《许佩里翁或希腊隐士》（Hyperion, or the Hermit in Greece）一书，阿西姆·冯·阿尼姆（Achim von Arnim）也于1808年发表了《隐士小报》（Hermits' News年-Sheet）。做梦者亦是一个孤独的形象，做着关于崇高和幻象的梦，犹如卡斯帕·戴维·费里德里希所描绘的、弗朗茨·舒伯特（Franz Schubert）所谱写的冬季旅途中的流浪者。这里我们无需提及所有关于孤绝的画作，因为这一主题延续了几十年，下文还将讨论。许多画家都曾用风景来突显孤独隐士或做梦者的精神状态，但弗里德里希除外，虽然他曾为这一手法做过慷慨激昂的解释。

这种新的世界观和社会观源自何处呢？这是一个艺术上的转折点，但实质上却是一个思想上的转折点。文化史上的转折点在宗教改革和文艺复兴时期也曾出现过。保罗·哈泽德（Paul Hazard）在其1934年的著述中指出，这一转折早在1700年以前的英格兰就已经萌芽了。汉斯·泽德尔迈尔（Hans Sedlmayr）（1948年）也指出，很久以后这一转折的迹象才在法国显明出来。将这一剧变视为一个艺术新纪元，也是自泽德尔迈尔开始的。但是，他却得出一个消极的结论，认为这是"中心的消逝"，正如他在其著作《中心之殇》（Verlust der Mitte）中所界定的。从而也导致他对现代运动持批判态度。虽然他的论证机变敏捷，但所下的论断却是站不住脚的（这也很可能是人们引用他的结论时常常不提著者姓名的原因）。界定"消逝"相比较界定"中心"而言，要直截了当得多，这一点泽德尔迈尔也很清楚地意识到了。消逝的是旧有的西方基督教宗教信仰。因为基督教宗教信仰中所提的救恩观念，人们在其后的几个世纪有了精神依托和坚定信仰，但现在却开始消逝。启蒙运动、自然神论、宇宙神论、泛神论以及之后的理性主义、无神论和唯物主义将旧有的安全感全盘打碎，这种"消逝"造成了一种实实在在的真空，于是人们转而开始找寻新的方向。对至上者的种种找寻在艺术作品中表现为一种"渴盼"，这种"渴盼"之情弥漫在各个艺术领域之中。

因此，"渴盼"成了那个时期的关键特征。诺瓦利斯（Novalis）找寻的是"蓝色花朵"，其他人有的在找寻世外桃源（Arcadia），有的在找寻失去的乐园。正如格莱尔作品所表现出的对"逝去的幻想"的渴盼，这些作品都表达了同一种情感。归根结底，古典主义者栩栩如生描绘过的对南方的渴盼、对古意大利或希腊的渴盼也只是对至上者的另一种找寻。如此说来，新古典主义也仅仅是另一种形式的找寻而已。古代神庙中的众神一度好似填满了这个真空，因为在新的泛神论哲学思想中（例

如歌德的哲学思想），众神大体上可以视为自然力量的化身。

剧变刚刚开始的时候，诺瓦利斯曾在其《碎金集》（Fragments）中发出过这样的呐喊："这世界必须得浪漫化！"并且他自己加上了注解："浪漫化就是可能性的增多……赋予平常之物非凡意义，赋予普通之物神秘色彩、赋予熟悉之物未知的高贵，赋予暂时之物永恒之貌，我就是把它们浪漫化了。"诺瓦利斯还提供了鞭辟入里的解决之道："那些像现在这样在世上并不快乐的人，那些找寻无果的人，让他们进入到书籍和艺术家的世界吧！进入到自然中吧！在那里，古代永恒存在，而倏忽间又是现代。"

"光从东方来（Ex oriente lux）"

东方主义（Orientalism）并非仅仅起因于拿破仑远征埃及。几个世纪以前，关注"东方"也意味着找寻不同的哲学思想，而"东方"意指字面意义上的东方。1453年土耳其人征服君士坦丁堡之后，这种找寻在威尼斯绘画中随处可见，真蒂莱·贝利尼（Gentile Bellini）、维托雷·卡尔帕乔（Vittore Carpaccio）和洛伦佐·科斯塔（Lorenzo Costa）的作品中皆有。17世纪启蒙运动的先驱们尤为热切地转向东方，最初的动机是研究圣经历史。进入19世纪以后，解开古埃及文化之谜被视为首要任务，成了一门秘密研究。英国通神论者拉尔夫·卡德沃思（Ralph Cudworth，1617年-1688年）在其著作《宇宙真正的智识系统》（The True Intellectual System of the Universe，1678年）中也向人们揭示过埃及的秘密，欧洲的革命和反教权知识分子都曾争相传阅过卡德沃思的道德神学著作。他得出的惊人结论是：在埃及人的所有神秘神学中，除了恒星和行星之外，埃及人从未崇拜过某一位神，也从未用某一形而上的法则或创造论解释宇宙的起源。

这一言论在人们当中引起了普遍共鸣。剧变发生的这些年间，人们意欲将基督教信仰排除出去，并转而寻找一种有关世界和神的新（也可能是旧的！）有神论、泛神论（斯宾诺莎）或宇宙神论，而这种新理论也需具有道德权威。将寻找的眼光投向古埃及的人们也找到了一位相称的形象，就是查尔斯·莫内（Charles Monnet，1732年至1808年后）创作于1793年的大型版画《青春泉》（The Fountain of Youth，第325页插图）中所描绘的形象。在这幅画作中，泉水正从女神伊希斯（Isis）的两乳流出。一群人围着这口泉，在崇拜女神。一个人正举起高脚杯，将泉水盛入杯中。

青春泉这一意象当然并非意指肉体上的返老还童，而是意指思想层面的更新再造。这泉水所寓指的，就是沃尔夫冈·阿玛迪乌斯·莫扎特（Wolfgang Amadeus Mozart）所说的"噢，伊希斯和欧西里斯（Osiris），赐下智慧之灵吧！"。这就是1800年左右"埃及热"风靡整个欧洲的哲学根源所在。英式景观花园中或建有一座金字塔、或建有一通方尖碑，又或建有一尊狮身人面像，家具和装饰也都是埃及风格的。从内部设

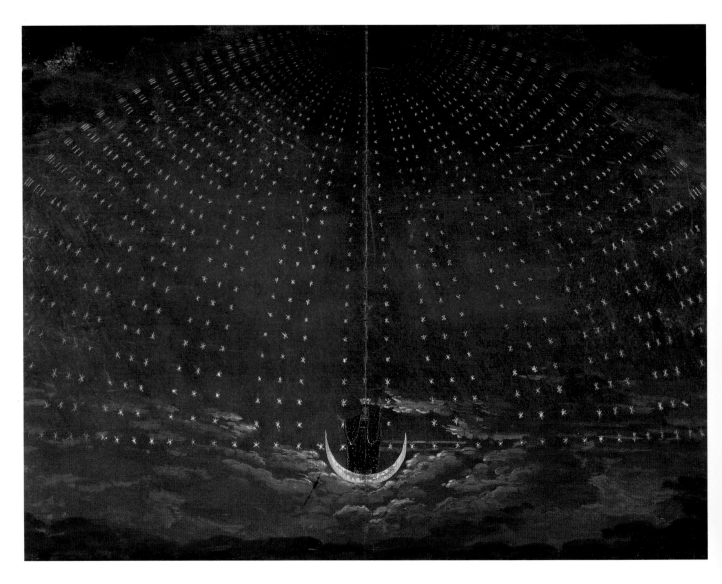

计可以看出，这些花园的主人们颇具深奥渊博的知识，是自由思想家，也是神智学者。莫扎特一位共济会的弟兄位于萨尔茨堡（Salzburg）的花园中就有一座埃及石窟，状似《魔笛》（The Magic Flute）剧本第二场中的舞台布置说明，人们认为这座石窟正是用作举行神秘入会仪式的地点。

弗里德里希·席勒（Friedrich Schiller）在他的论著《论崇高》（On the Sublime，1793年）中曾写道："这所有的一切都蒙上了面纱，这一切都包裹在神秘之中，看起来更恐怖，因此也显得崇高。位于埃及塞斯（Sais）的伊西斯神庙上刻有这样的铭文：'没有人曾揭开过我的面纱，因我生来如此。'贝特尔·托瓦尔森（Bertel Thorvaldsen）的一幅版画也同样如此神秘。这是一幅赠予歌德的版画，收在1807年亚历山大·冯·洪堡（Alexander von Humboldt）《植物地理学论文集》（Ideas on a Geography of Plants）中，题为《诗歌天才揭开自然之面纱》（The Genius of Poetry Unveiling the Image of Nature）。画中的女神伊西斯状似以弗所（Ephesus）的阿耳忒弥斯（Artemis），而天才正在揭开她的

面纱。约翰·亨利·富泽利为伊拉斯谟·达尔文（Erasmus Darwin）的诗歌《自然的殿堂》（The Temple of Nature）所画的卷首插图中，也有一位女祭司正在揭开伊西斯雕像的面纱。

以上谈及的只是"关注东方"的一个方面。另一个方面是对伊斯兰世界的关注，关注的是阿拉伯诗歌和东方智慧之美。歌德在其《西东合集》（East年-West Divan，1819年）和《穆罕默德》（Mohammed，1802年）中开始转向"东方"这一主题。戈特霍尔德·埃弗拉伊姆·莱辛（Gotthold Ephraim Lessing）于1778年创作了戏剧《智者拿单》（Nathan the Wise），该剧取材于摩西·门德尔松（Moses Mendelssohn）的宽容论和巴鲁赫·德·斯宾诺莎（Baruch de Spinoza）的泛神论，这出戏剧在当时被视为一场思想革命，比法国爆发的政治革命还要早十年。

因此，虽然这场运动始于17世纪的英国，但一个世纪之后，创作于英国的启蒙运动著作却在法国和德国读者甚众。目光转回埃及，我们会发现人们开始关注神秘的狮身人面像，想在其中找寻新的至上

者。这里我们应当提及英国自然神论者约翰·托兰（John Toland，约1670年-1722年），托兰曾与普鲁士哲学家索菲·夏洛特王后（Queen Sophie年-Charlotte）有过接触；同时应当提及的还有自由思想家威廉·沃伯顿（William Warburton，1698年-1779年）、尤其应当提及的还有德国启蒙运动哲学家卡尔·莱昂哈德·赖因霍尔德（Karl Leonhard Reinhold，1757年-1825年）。后者的圈子中有许多我们熟悉的名字，他们当中大多数人（如歌德）都曾参加过当时兴起的自由思想和共济会运动。这群人中有弗里德里希·海因里希·雅可比（Friedrich Heinrich Jacobi）、莱辛、莫扎特（Mozart）甚至席勒，席勒还是光明会秘密结社（Secret Association of Illuminati）的成员之一。莫扎特之所以能创作出《扎伊德》（Zaide，1779年-1780年），乃是因为当时的"埃及热"已达巅峰，创作《魔笛》（1789年-1791年）时更是如此。后者是由埃马努埃尔·席卡内德（Emanuel Schikaneder）编写成剧本的，而席卡内德又曾汲取过赖因霍尔德的思想。关于这一场思想界对埃及的狂热，令人印象最为深刻的，应当是早期卡尔·弗里德里希·辛克尔（Karl Friederich Schinkel）所做的《魔笛》舞台设计。在"夜后"一幕中，他设计了埃及星空（1815年，第326页插图）。

因而人们对基督教上帝的敬畏之情转向了任何其他可唤起崇高之感的事物。人们开始在古文化中热切地寻找神秘元素。而大自然本身——万奥之首、众生之母和死亡之邸——自然被推崇备至，辛克尔创作的《岩中之门》（The Gate in the Rocks，第327页插图）仅是其中一例。但实际上关于"崇高"，英格兰的埃德蒙·伯克（Edmund Burke，1729年-1797年）早在18世纪中期已经讨论过了。作为政治家、哲学家和心理美学的创始人，伯克所著的《论崇高与美观念起源的哲学研究》（A Philosophical Enquiry into the Origin of our Ideas of the Sublime and Beautiful，1757年）对18世纪下半叶的美学产生了深远的影响。受这篇著作影响，康德随后在其《判断力批判》（Critique of Judgement）中用大量篇幅探讨了这一主题，题为"论崇高（An Analysis of the Sublime）"，并得出"只有最强健的心灵才能直面大自然的神秘"这一结论。值得注意的是，他不仅列举了诸如高山雷雨之类的自然现象，说明我们可以从中体验到崇高之感，同时还列举了金字塔。

提到哲学家摩西·门德尔松（1729年-1786年），就不能不提到可能是最重要的一位思想家——巴鲁赫·斯宾诺莎（1632年-1677年），他的思想特别对德国思想界（或者说仅对德国思想界）产生了最为深远的影响。他所著的《伦理学》[Ethics，1677年发表于《遗著》（Opera Posthuma）]对德国文学界的领袖人物都产生了极大影响，这当中包括歌德、赫德、施莱尔马赫、舍林（Schelling）和雅可比。但我们对此却知之甚少。主要原因之一在于，很长一段时间这些领袖人物们都不愿公开坦承他们曾汲取过斯宾诺莎的思想。作为国务大臣的歌德，或是作为布道者的施莱尔马赫，则更深地隐藏了他们的泛神论倾向。

1780年8月，莱辛在哈尔贝施塔特（Halberstadt）拜访诗人朋友约翰·威廉·路德维希·格莱姆（Johann Ludwig Wilhelm Gleim）时，曾经在其花园宅邸内的壁纸上用希腊字母写下了"Hen kai pan"——"一即全"或"全即一"。直到莱辛死后，弗里德里希·海因里希·雅可比出版《论斯宾诺莎学说——致摩西·门德尔松的书信》（On Spinoza's Doctrine in Letters to Moses Mendelssohn）之时，这一题词之谜才解开。莱辛和雅可比都是共济会秘密结社的成员。据雅可比所说，当他在与莱辛讨论歌德著作时，莱辛曾叹道："我再也无法接受关于上帝的正统观念，我再也无法从中得到任何满足。一即全——这才是一个最基本的概念，"他还补充道："这也是歌德作品中的倾向。"莱辛坦承自己信奉斯宾诺莎主义，人们都为之震惊，自此以后，正如斯宾诺莎的泛神论观点"神或自然"（Deus sive natura）一样，"Hen kai pan（一即全）"成了一个众人皆知的格言。正因为由此打下了基础，自17世纪末起，人们开始接受"Hen kai Pan（一即全）"或"One and All（一即全）"这一观点（"One and All"是由赫尔德林提出的）。同时，这也为此后英国哲

欧仁·德拉克鲁瓦
《自由引导人民》，1830年
画布油画，260 x 325厘米
巴黎卢浮宫

学家所提出的自然神论铺平了道路。歌德在其自传《事实与虚构》(*Fact and Fiction*) 中曾说："我迫不及待地回头翻看这些（斯宾诺莎的）著述，我曾从中汲取过许多，还是那一股平静安宁的气息，拂面而过。我沉浸在阅读和思考之中，好似看到了内里的自己，我从未如此清晰地看到过这个世界。"唯有看到这一哲学基本概念在文学和绘画中产生的影响时，才能清楚地了解其重要性。艾兴多夫（Eichendorff）的诗句"万物中都安眠着同一支曲调"（A song slumbers in all things）以及当时许多画作都是以诗歌或绘画的形式在表现这样一个观点——"全即一"或者说斯宾诺莎的"神或自然"。这一哲学格言也出现在哲学家无休止的辩论中，出现在思想家和艺术家的讨论中，宇宙神论也将之奉为圭臬。

有了这一思想背景，我们就可以更好地理解卡斯帕·戴维·费里德里希和菲利普·奥托·伦格（Philipp Otto Runge）的画作，而诸如特纳和弗里德里希之间的差异也就更加清楚了。特纳所描绘的"混沌"，灵感取自英国的自然神论（乃至无神论），而弗里德里希所描绘的具有象征意义的风景，以及弗里德里希圈子中其他德国艺术家的画作，则是取道于泛神论。这并非表明画家们一定是读了这些哲学作品后开始创作的，因为这两条线从来都是并行的。

新的方法也造就了新的绘画形式。使用得尤为频繁的一种是：人物背朝观者，正望向窗外。作为画作之中的观察者，他正在研究地平线、天空、月亮或风景本身。相比较法国艺术家而言，这一时期德国艺术家更加热衷于风景画的创作。弗里德里希·哈克（Friedrich Haack）于1904年做了如下评论："对于那些再也无法在教会信仰中找到其所需，而又心存宗教渴盼的人来说，对自然发自内心的热爱注定要取代他们已经失去的精神仰望。因此在19世纪，风景取代宗教成了所有艺术的主要主题。"而法国浪漫主义运动更加专注于在叙事作品中描绘遥远地区发生的历史事件或奇遇，读起来像是小说。这也同样是旨在引起共鸣。画家们像编剧一样展开叙事编排，设定姿势并营造舞台效果。德拉克鲁瓦创作的《自由引导人民》(*Liberty leading the People*) 中的形象即是一个寓言，一位赤裸上身的美丽女性正高擎旗帜，踏着倒在地上的尸体前进。这位女性就是圣女贞德，画面布局极富戏剧性（第328页至329页插图）。将这幅画作与阿尔弗雷德·雷特尔（Alfred Rethel）的《另一支死亡之舞》(*Another Dance of Death*，这幅画也同样处理了路障这一主题，第330页左图）或是阿道夫·门策尔（Adolph Menzel）的《1848年3月的被杀者们在柏林示众》(*The Slain of March 1848 Lying in their Coffins*，第330页右图）做一下比较的话，德国与法国在艺术表现手法上的差异就再清楚不过了。

最后我们必须考虑一下这一时期的风格问题。虽然人们几经尝试，想要区分新古典主义和浪漫主义，但都徒劳无功。确切地说，新古典主义是一种风格，但浪漫主义并不是一种风格，而是一种思潮。尽管如此，我们还是很难在这两个概念之间画出一条清晰的分界线。正如

我们在十八世纪中既可以找到巴洛克新古典主义，也可以找到浪漫新古典主义，还可以找到新古典浪漫主义。

艺术理论作家约翰·格奥尔格·祖尔策（Johann Georg Sulzer，1720年-1779年）曾在其著作《美术概论》（*General Theory of the Fine Arts*，发表于1771年-1774年间）中为"古典"作出如下定义："不再满足于自然的艺术家属于一流的艺术家；他们倾其天赋在本质上相互对立的元素中找出那些与目的相悖的元素，然后通过他们天生的创造力，从中创造出自己想要的形式。"这里提到了对整个世纪产生重大影响的两个术语，即"流派（类别）"和"天赋"。其中"流派（类别）"是"古典主义"和"新古典主义"这两个术语的中心词，而"天赋"指拥有天赋之人的内在禀赋，借由艺术形式表现出来，从而造福人类。约瑟夫·安东·科赫斯（Joseph Anton Kochs）总结道："艺术必须给予人们自然无法给予的东西。"不正是因为时代对浪漫的渴盼，新古典主义才应运而生的吗？眼光犀利的拜伦勋爵早在1820年于拉文纳（Ravenna）写给歌德的信中就曾提到，他注意到关于如何定义"古典和浪漫"这两个术语，在德国和意大利人们争论不休，而在英国，人们认为这并不重要。

在这一纪元的末期，我们可以看到发生了怎样的变化。斯宾诺莎学说认为唯有冷酷的宇宙（而非仁慈的上帝）应当被视为"崇高"，因而只有如康德所说的"最强健的心灵"才能冷静地接受这一学说，并从中得到慰藉。歌德——这位"魏玛的老异教徒"——即是一例。正如拉埃尔·瓦恩哈根（Rahel Varnhagen）所说，因歌德早期小说《维特》（*Werther*）自杀的人"比因最漂亮的女人自杀的更多"。最终这场剧变的结果，却是以一股皈依罗马天主教的风潮而终，甚至舍林也在其列，他因为受慕尼黑宗教哲学家弗伦茨·克萨韦尔·冯·巴德尔的影响，也转而投向罗马天主教。

艺术界也经历了类似的变化。拿撒勒派在宗教和童真中寻找拯救。孩童（菲利普·奥托·伦格曾为之呕心沥血的主题）——成了绘画的重要主题。而之所以有此改变，主要应归功于让年-雅克·卢梭（Jean年-Jacques Rousseau，1712年-1778年）及其著作《爱弥儿》（*Emile*）和《归于自然》（*Back to Nature*）。此后伦格发出"我们应当变成孩子"的呼吁，也是基于此。但不久之后，特别是在路德维希·里希特（Ludwig Richter）的作品中，孩童这一概念又转而寓指看起来清醒而未被污染的世界。1820年至1848年这几十年间，信奉新教的北部和信奉天主教的南部之间再此出现的明显鸿沟，也是不可忽视的。弗里德里希、布勒兴（Blechen）或伦格画中哲学家般的冷静，是不可能在里希特、冯菲里希（von Führich）或施温德（Schwind）这些南部画家那里找到的。但这也是可以预见的。浪漫的彼德麦式田园风光，和其中正在绿草地上玩耍的孩子们，只不过是昙花一现。不久之后，现实主义就要向人们展示真正的现实又是怎样一幅情景。

这一时期最典型的"迫切找寻"扯出了千头万绪，但大多数无果而终。这一场找寻终究还是徒劳无益：因为人们总是会找出更能让他们得到慰藉的渴盼之情。如今，我们仍在找寻。

艺术家及其作品
英国

18世纪至19世纪中叶，在艺术风格上，英国一直占据着无可取代的地位。当英国取得的诸多开拓性成就在欧洲大陆上造成深远影响之时，这一地位就更加引人注目。这诸多成就之中，富泽利、布莱克、威尔基（Wilkie）和康斯太布尔（Constable）的画作均在其列，当然

下图：
纳撒尼尔·丹斯
《雅典的泰门》（*Timon of Athens*），约1765年
布面油画，121.9厘米×137.2厘米
伦敦伊丽莎白二世藏品

还有最重要的——特纳的画作。以前，定居英国的艺术家们多来自欧洲大陆，他们将来自本土的影响也同时带到了艺术之中，仅从霍尔拜因（Holbein）、范戴克（Van Dyck）和内勒（Kneller）即可见一斑。然而，现在的英国已经与欧洲大陆隔绝开来了。这种艺术联系的中断主要是因为英国与法国之间的多年征战。直至1815年拿破仑战败，旷日持久的征战才终告结束。历史画家本杰明·罗伯特·海登（Benjamin Robert Haydon）曾说过，正是因为欧洲大陆的封锁，英国艺术才未被新古典主义法国画家戴维的"砖灰"所侵袭。1768年皇家艺术学院建立。抑或是在这之前，英国艺术就开始展现出了前所未有的自信。七年战争结束之时，亦即英法多年战争结束之时，英国开始着手建立自己的殖民强权。也正是在英国，经由培根和霍布斯早早砌石铺路之后，启蒙思想由休谟正式提出，并传播至整个欧洲大陆。英国提出的有关泛神论和自然神论的哲学，从思想层面为欧洲大陆做出了最为重要的贡献，并且这些哲学思想在欧洲大陆得到了长足发展。正如本书绪言部分曾经谈及的，埃德蒙·伯克（Edmund Burke）是这些新观点的奠基人，他于1757年发表的著作《论崇高与美》（*Essay on the Sublime and Beautiful*）即是奠基之作。另外，也是英国诗人首次提出了"悲悯沉思（meditative grief）"之说，替代了信奉上帝的传统信仰。关于"悲悯沉思"，爱德华·扬（Edward Young）的《夜思》（*Night Thoughts*，1742年）、托马斯·格雷（Thomas Gray）的《墓畔哀歌》（*Elegy in a Country Churchyard*，1750年）和詹姆斯·赫维（James Hervey）的《墓旁沉思》（*Meditations among the Tombs*，1745-1747年）等诗中均可寻见。感性正在征服整个欧洲。

紧随威廉·霍格斯（William Hogarth，1697年-1740年）的社会批判画作之后，感伤小说也传到了欧洲大陆，同时兴起的，还有感伤式花园建筑和感伤式肖像画。随后又是朦朦胧胧的新希腊主义和新哥特式，以及富泽利、弗拉克斯曼（Flaxman）和布莱克的唯灵论，最后是特纳打破常规的革命性画作以及画作之中惊人的现代式铸铁建筑。正是这样，英国在两次革命之间的这一时期充当了开拓者和先行者的角色。

最初在英国盛行的，也是后洛可可新古典主义，例如当时斯科特·加文·汉密尔顿（Scot Gavin Hamilton，1723年-1798年）就曾十分醉心于荷马史诗中的场景。汉密尔顿画中的人物大都充满了感伤之情，诸如《阿喀琉斯哀悼普特洛克勒斯》（*Achilles Mourning the Death of Patroclus*）、《阿喀琉斯将赫克托的尸体拖入营中》（*Achilles Dragging Hector's Body into the Camp*）等。客居罗马期间，汉密尔顿对古代的兴趣甚至影响了戴维（David）。而1766年至1781年曾定居英格兰并在皇家艺术学院展出过作品的安格利卡·考夫曼（Angelika Kauffmann），还有纳撒尼尔·丹斯（Nathaniel Dance，1735年-1811年），却仍然忠心致力于洛可可风格及其感人至深的人物（第331页上图）。

对古代的看法也有另外一面，乔舒亚·雷诺兹爵士（Sir Joshua

上图：
乔舒亚·雷诺兹爵士
《雅典学院》，1751年
布面油画，102厘米×137厘米
都柏林爱尔兰国家艺廊（The National Gallery of Ireland, Dublin）

Reynolds，1723年-1792年）的《雅典学院》（The School of Athens，1751年，第331页下图）所表现的讽刺幽默就是明证。这幅讽刺画深得霍格斯（Hogarth）的精髓。它参考的当然是拉斐尔的湿壁画，但其意在批判当时的"文化消费者"，虽然当时英国人崇尚的意大利壮游（Grand Tour to Italy）仍方兴未艾，但真正让他们感到安适惬意的，却仅仅是他们自己的哥特式艺术。托马斯·帕奇（Thomas Patch，1725年-1782年）所见的同胞们对古代作品的态度，与雷诺兹爵士几乎毫无二致。在帕奇创作的《艺术业余爱好者社团成员》（The Members of the 'Society of Dilettanti'）中，聚在维纳斯·德美第奇雕像前的正是这样一群人。尽管画中人物被刻画成了艺术行家的模样，但这是一种纯粹的自我讽刺。帕奇自己也出现在了梯子上，正在审视雕像的比例。

同时，英国人还用一种讽刺和自我批判的态度看待现代科技，正如保罗·桑比（Paul Sandby，1730年-1809年）在其创作的《魔幻时刻》（The Laterna Magica，1760年左右，第332页左下图）中所表现的。这幅画作中呈现了当时的人们对光学仪器（英国是光学仪器的领先制造国）所表现出的热情，但画家同时也调侃了启蒙运动的科技成就。帆布之前堆放的一摞书中，牛顿的名字赫然在列（这一时期的画作中这一场景频繁出现）。画家将播放幻灯这一场景设在画室之内，并非巧合；也就是说，画家已经预料到摄影术与绘画相争的那一天终会来临。但这一时期也有一些客观记录技术发明的画作，朱利叶斯·凯撒·伊博森（Julius Caesar Ibbetson，1759年-1817年）的《乔治·威金斯乘坐卢纳尔迪的气球升空》（George Wiggins' Ascent in Lunardi's Balloon，1785年，第333页上图）就是一例。但同样是描绘这一事件，弗朗切斯科·瓜尔迪（Francesco Guardi）于1784年创作的另一幅画，风格上却与这幅画有着天壤之别。自此一个新的时代已经来临，不仅是技术意义上的新时代，更是绘画艺术挑起新使命的一个时代。

下图：
朱利叶斯·凯撒·伊博森
《乔治·威金斯乘坐卢纳尔迪的气球升空》，1785年
布面油画，50.5厘米×61厘米
慕尼黑新绘画陈列馆

底图：
托马斯·琼斯
《挖掘》（*An Excavation*），约1777年
纸板油画，41.9厘米×55.9厘米
J.H.亚当斯教士藏品

"古代"成了一个重要的主题。其影响在两个方面尤为明显：一是文学，当时几十年间的文学常常以死亡为主题；一是古迹的挖掘，当时的人们对此乐此不疲。约瑟夫·赖特（Joseph Wright, 1734-1797年）创作的《米拉文撬开祖先之墓》（*Miravan Opening the Graue of his Forefathers*, 第332页右图）即取自文学作品中的一个故事。故事中，米拉文在祖先墓上发现了这样一段铭文："在此墓中长眠的人，拥有的宝藏比克里萨斯王（Croesus，以富有著称）更甚"。但最后这位主人公所发现的，仅仅是枯骨和另一段铭文："死者在此安眠！你这罪人！竟然在死人这里寻找黄金吗？滚吧！贪婪之徒！你将永远不得安息！"这一主题具有双重意义：不仅描述了传说本身，很有可能也是批判了当时愈演愈烈的亵渎古迹行为。托马斯·琼斯（Thomas Jones, 1742-1803年）就曾记录过一场挖掘活动（1777年，第333页下图）。这可能是位于罗马的蒙塔尔托别墅（Villa Montalto）遗址，此处现已修造了特米尼火车站。诸如此类的古迹吸引了"华贵旅游"途中的英国旅行者，象征高雅品位的收藏热很快就迅速席卷了整个欧洲。查尔斯·汤恩利（Charles Towneley, 1737-1805年）是众多英国收藏者中最著名的一位。在约翰·佐法尼（Johann Zoffany, 1733-1810年）为他画的一幅肖像画中，画家按其想像将所有的藏品都集中放置在了一个房间——佐法尼的藏书室（第334页右上图）之内。房子的主人和他的同伴艺术史学家皮埃尔·德汉卡维莱（Pierre d'Hancarville）坐的扶手椅仍是巴洛克式的，德汉卡维莱的衣饰也是洛可可式的，但室内其他装饰却是另一种新的风格。之所以呈现出这样一种新的风格，是由藏品本身所决定的（这些藏品此后捐赠给了大英博物馆）。

如同法国浪漫主义画家德拉克鲁瓦和热里科一样，英格兰画家也开始将巴洛克绘画中的灵活笔法用作叙事性绘画。上文曾提到的讽刺画家雷诺兹，就较早地将"古代"的崇高感引入了肖像画之中。当时以美貌著称的索非娅·海伍德（Sophia Heywood），即穆斯特尔夫人（Mrs. Musters, 1758-1819年），被雷诺兹描画成了诸神的侍女——赫柏（Hebe），正在往朱庇特的大酒杯里斟酒。不管是画中人的姿势，还是画作的比例，都让人联想起圭多·雷尼所创作的《奥罗拉》（*Aurora*），而色彩运用却又似圭尔奇诺（Guercino）。

英格兰对欧洲大陆动态的关注，不仅仅是在肖像画方面。这里我们只需提及一例，即詹姆斯·沃德（James Ward, 1769-1859年）创作于1808年的《河岸上奔腾的骏马》（*Stallions Fighting on the Bank of a River*）。很明显，这幅画的灵感取自鲁本斯的作品，但沃德渲染出了更加强烈的戏剧效果。1821年热里科来到英国时，对这幅画作非常着迷。也是因为热里科的原因，随后整个法国也都为之着迷。另一方面，英国画家也十分关注法国和欧洲大陆发生的事件，并将其记录在画作之中。1815年6月18日滑铁卢战役之后，拿破仑的百日王朝匆匆结束，这一政治事件也被沃德戏剧性地表现在他九年之后创作的一幅画中，

画中只有一个简单的形象——一匹马（第334页下图）。拿破仑在战后留下的这匹柏柏尔马——马伦戈，是被一位英国军官发现的。据说，在这位世界征服者的戎马一生中，几乎都是乘着这匹马，次次都是有惊无险。但现在这匹马漫无目的地跑着，正在寻找它那位已经逃离的主人。马儿圆睁的双眼和颤动的鼻孔，都反映出了拿破仑部队仓皇逃跑时的惊恐和惧怕。这位英国画家用这样一种象征拿破仑悲剧命运的心理意象，表现了拿破仑的倒台，再没有比这更恰如其分，更富戏剧

性的了。马伦戈曾经是拿破仑的战马。但现在我们看到它焦躁不安地来回跳窜着，在海岸边颤抖着，正遥望海上，好像在寻找它的主人。动物的情绪状态，反映的正是这场灾难性的事件。这匹孤单的马儿无人乘骑，马鞍也散失了，眼神惊恐，全身每一寸肌肉都散发出躁动不安的气息。黄昏暗黑的天空下，曾经的世界征服者已经逃入其中，将他忠实的战马留在身后，而远处的地平线已经显现出来——这就是这幅历史事件画作的隐喻所在。

下图：
约瑟夫·马洛德·威廉·特纳
《战争、流亡与石贝》，1842年
布面油画，79.5厘米×79.5厘米
伦敦泰特美术馆

而同样是审视世界历史上上演的这一事件，威廉·特纳却用了一种完全不同的眼光（第335页插图）。他的画作《战争、流亡与石贝》(War, The Exile and the Rock Limpet)并非是在做心理研究，但却将这一系列事件追溯到了历史的一个点上。权势与衰败、伟大与荒谬、尊贵与平凡都在这里交汇。曾经统治整个世界的这个人，现在成了一个盛装的木偶，与水洼之中他的倒影相映的，只是一颗石贝。渐渐西沉的太阳占据了画作的中心，象征着整个世界的混沌；随着一个人的败落，历史已经演完。特纳向我们所展示的是，人之存在毫无意义（正是卡斯帕·戴维·费里德里希在其《海边的修士》(The Monk by the Sea，第433页下图)中所表现的主题)，以至于世界之存在亦毫无意义，而与之相对的，则是宇宙无法理解的浩瀚无际。

这一时期英国的叙事绘画也十分盛行，戴维·威尔基爵士（Sir David Wilkie，1785年-1841年）就是其中最著名的画家之一。最初他专注于道德人物和幽默人物的描绘，颇具霍格思（Hogarth）之风。他所创作的《宣读遗嘱》(Reading the Will，第336页插图)叙述了一个家族的历史，灵感源自沃尔特·斯科特（Walter Scott）的小说《盖伊·曼纳林》(Guy Mannering)。看到这幅画的观者，都会不由自主地开始思量画中每个人物的姿态意味着什么。这幅画总会使观者联想起自己的经历，从而拆解开画作背后的故事。《宣读遗嘱》是巴伐利亚国王马克

斯·约瑟夫一世委托创作的，艺术家因这幅画一举成名。整整一个世纪，这幅画的形式在欧洲都被视为典范。

威尔基所画的《约瑟芬和占卜者》(Josephine and the Fortune-Teller，1837年，第337页上图)，则使用了一种着重突显心理的表现手法。在这幅画中，威尔基仿效了范戴克（Van Dyck）的风格。只有当我们了解正在观察约瑟芬掌纹的占卜者，正预言这位来自马提尼克（Martinique）的年轻女人即将登上皇后的宝座时，才能更明白画中如戏剧演出一般富于表现力的姿势。这幅画的主题取自约瑟芬的《拿破仑传记》(Memoirs of Napoleon)，该书于1829年出版，1830年译成了英语。威尔基描绘的是历史，而非官方事件。画家摘取了这位未来皇后生活中的一瞬——提前预知其历史命运的一瞬。约瑟芬此时仍然坐在昏暗的房屋之中，但她似乎已经瞥见未来的荣耀之光，好似正经过凯旋门一般。朝臣正贴近她的身畔，香槟已经开启，连小狗也虔诚忠实地望着她。将重要的历史主题处理成逸事趣闻，成了当时流行的一种绘画类型。英格兰画家理查德·帕克斯·波宁顿（Richard Parkes Bonington，1802年-1828年）创作的《亨利四世和西班牙大使》(Henry IV and the Spanish Ambassador，1827年，华莱士藏品)以及法国画家德拉克鲁瓦的作品均是如此。但让我们再整体看一下这幅画作，尤其是看一看威尔基怎样用轻盈无比的线条，栩栩如生地描绘在他笔下

常常被拉长了的人物形象。在借鉴自巴洛克的诸多风格中，这种风格一段时期内在英格兰显得分外重要，从富泽利、布莱克、威尔基直到特纳，都曾运用过这一风格。我们可以称之为"形体流动感"，而到了特纳那里，又变成了正在流动和消溶的风景。可见这些都不是突如其来的。

约翰·亨利·富泽利（John Henry Fuseli，1741年-1825年）

　　早在1781年，这位英国化了的瑞士画家约翰·海因里希·菲斯利（约翰·亨利·富泽利）就曾在他的画作《梦魇》（The Nightmare）背面还画了一幅年轻女人肖像（第337页下图和第338页插图）。据说这正反两幅画都画的拉瓦特尔（W.霍夫曼）的侄女——他所深爱的安娜·兰多特（Anna Landoldt），但因安娜父母阻挠，两人无缘成婚。如果这是真的的话，《梦魇》难道不应当视为一则关于失望的寓言吗？如果是这样的话，画中带着忌妒眼神的恐怖猿猴寓指的就是画家自己，他最终被允许"占有"这位令人敬爱的女士。但这是以她的生命为代价的，在富泽利的画中，她的身体正无力地垂下，只剩最后一口气。

　　在这两幅画中富泽利都运用了极富表现力的线条，这是他作品的一大特色。据说他的艺术一方面是受米开朗琪罗影响，另一方面也是源于他自己艺术性情中的"狂暴和压抑"。当时的德国文学成了他的灵感泉源，但他以一种更富表现力的形式，将曾经读过的作品描绘在了画布上。富泽利曾于1770年到过罗马，在那里待了八年时间。最开始他受到了门斯（Mengs）的影响（之前他与门斯已经相识），随后又和戴维成了朋友。正是因为富泽利，戴维的庄重线条表现手法才为英国人所知，尽管戴维自己用的是一种完全不同的语言，一种全新的、不会被法国人所接受的语言。富泽利与戴维、戈雅年龄相仿。戈雅热爱与死亡、躁动、唯灵有关的主题，这对富泽利的影响尤其大。富泽利偏爱形式的重复，这一点再明显不过了。形式即是隐喻，里面隐藏着情绪和感情，好似戏剧舞台上的姿势和肢体语言。他的《麦克白夫人梦游》（Lady Macbeth Sleepwalking）或《手持匕首的麦克白夫人》（Lady Macbeth with the Daggers，第339页插图）描绘的是戏剧中的一幕，背后画了黑色的背景作为映衬；这幅画几年以后出现在戈雅宅邸中众多神秘而又躁动的壁画之中，看起来根本不像一个欧洲画家的作品。富泽利创作的《对古代残留遗产重要性感到绝望的艺术家》（第11页下图），也像舞台上的一幕。艺术家不像一位画家，而更像一位演员在呈现精心排练过的模样。毫无疑问，富泽利的画作与意大利矫饰主义画家蓬托尔莫（Pontormo）或卢卡·坎比亚索（Luca Cambiaso）以及20世纪超现实主义画家的作品相近，因为他们都曾做过这样一件事情：藉着抛弃惯有的现实观来打破传统。这也是为何他们能取得相似成就的原因。

约翰·亨利·富泽利
《手持匕首的麦克白夫人》，1812年
布面油画，101.6厘米×127厘米
伦敦泰特美术馆

左图：
约翰·亨利·富泽利
《布伦希尔德正在观察被她绑在天花板上的巩特尔》（*Brunhilde Observing Gunther, Whom She Has Tied to the Ceiling*，尼贝丁·萨加十世，648年-650年），1807年
铅笔、钢笔水墨画，48.3厘米×31.7厘米
诺丁汉市立博物馆和美术馆（City Museum and Art Gallery, Nottingham）

上图：

约翰·亨利·富泽利

《戴着羽毛头饰的宫女》（*Courtesan Wearing a Feathered Headdress*），1800年-1810年

铅笔和水墨水彩画，28.3厘米×20厘米

苏黎世博物馆

右图：

约翰·亨利·富泽利

多人淫乱——一男三女（*Symplegma of a Man with Three Women*），1809年-1810年

铅笔画，灰色和粉色着色，19厘米×24.8厘米

伦敦维多利亚与艾伯特博物馆

左图：

约翰·亨利·富泽利

多人淫乱——一男二女（*Symplegma of a Man with Two Women*），1770年-1778年

钢笔水墨画，26.8厘米×33.3厘米

佛罗伦萨乌菲兹版画和素描收藏室

1770年至1778年间，约翰·亨利·富泽利创作了多幅色情素描画，他称之为"多人淫乱"。这些画与洛可可晚期当时的色情画有很大的区别。富泽利毫不隐晦地做了赤裸裸的描绘。在这些素描画中，色情元素看起来往往像受苦一般，正如他描绘激情的时候，用的是一个本族德语词——"Leidenschaft"。"Leidenschaft"的字面意思是"leiden"，意为痛苦。在富泽利的所有作品中，完全忘情的狂欢和强烈的内心情感息是明显并存的。这些素描画也包含一些让人联想起古代的元素，普里阿普斯（Priapus，男性生殖神）这一形象或其头柱反复出现，从而明显寓示了对神秘事物的狂热崇拜。直到1900年左右，才有其他艺术家，如弗伦茨·冯·拜罗斯（Franz von Bayros）和奥布里·比尔兹利（Aubrey Beardsley），也将色情与痛苦和折磨联系起来。

威廉·布莱克（William Blake，1757年-1827年）

从这一意义上来说，威廉·布莱克应当是最接近富泽利的一位画家。布莱克是一位诺斯替教徒。从传统意义上来看，说他是一位诗人和神秘主义者倒比说他是一位画家来的合适，而他的画作更像是"诗意的素描"（其诗集中一卷诗的标题），或是呈现他关于宇宙哲学观点的方式。这也是布莱克在现代运动中被重新发现的原因所在（富泽利也是一样）。作为物质世界创造者的恶者寓言形象——尤里曾（Urizen）在布莱克作品中频繁出现——想象和幻象超越了传统的道德和理性。像卡斯

帕·戴维·费里德里希一样，布莱克也在物质世界的混沌之中寻找着发现和拯救灵魂的方法，只是所用的风格不同而已。不可否认的是，布莱克直接借鉴的就是神秘主义者伊曼纽尔·斯韦登伯格（Emanuel von Swedenborg，1688年-1772年）的神智学。关于重生、肉体和灵魂的转移或往来、天堂和地狱之间的激烈争斗是斯韦登伯格（Swedenborg）著述的主题，也是布莱克画作中表现的内容。最后，在接受摩尼教观点之后，布莱克的伪宗教倾向更加明显。善与恶之间的对峙在他的作品中体现为象征性的构图方式。

布莱克于1795年创作了《命运三女神》（*The Three Fates*），原名《赫卡特》（Hecate），近来被人们称之为《埃尼撒阿蒙的欢乐之夜》（*The Night of Enitharmon s Joy*，第342页插图）。这幅画表现了布莱克作品所具有的多重意义，或者说是难以理解的神秘，因此要找一个合适的标题也并非易事。这些作品都介于理性和梦之间。两年之后，戈雅在其蚀刻画《理性沉睡，怪物四起》（The Sleep of Reason Produces Monsters，第365页左图）中也开始表现潜伏于神秘想像中的夜间幽灵般的猫头鹰和蝙蝠形象，质疑理性究竟是否是从始至终的。但可以肯定的是，这并非是受到了布莱克的影响。长期以来，人们也一直认为布莱克的作品和伦格（Runge）的作品好似一对孪生兄弟，尽管后者要年轻20岁。歌德论及伦格时曾说道他是"一个站在刀刃之上的人，要么死去，要么疯癫"，这句话对布莱克来说也同样合适。

这两个人都曾有过关于秩序的思考，都曾创作过构图有序的画作，也许还都曾相信自己能够在混沌之中追寻到创造的秘密，或者又都曾相信物质的内在秩序就是灵魂。但终究，都是以失败告终。

左图：

威廉·布莱克
《约伯记：当晨星一同歌唱》（*The Book of Job: When the Morning Stars Sang Together*），1820年
水彩画，28厘米×17.9厘米
纽约皮尔庞特摩根图书馆（The Piermont Morgan Library, New York）

布莱克画中的形象都是介于梦和理性之间。他的画即使是直接取材于《圣经》（这幅即取自《圣经》的《约伯记》），也不一定能将其视为《圣经》插图。这些场景更多的是表达艺术家自己的宗教幻象。这幅画中，受尽痛苦折磨的约伯被上帝收留。张开双臂的上帝看似光明和黑暗之主，但这幅画又好像是想将上帝描绘成大地之主。上帝的面貌和约伯的面貌也惊人地相似。在1825年出版的系列版画中，这件作品是其中一幅版画的素描。

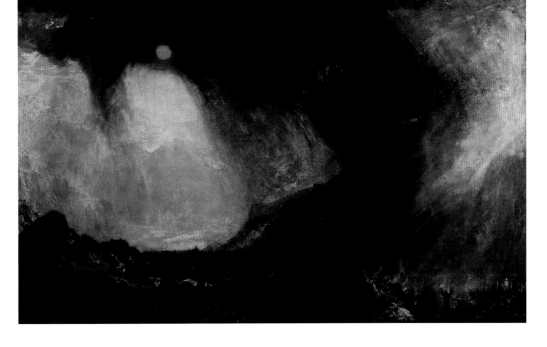

右图：
约瑟夫·马洛德·威廉·特纳
《暴风雪：汉尼拔和他的军队越过阿尔卑斯山》（*Snow Storm, Hannibal and his Army Crossing the Alps*），1812年
布面油画，145厘米×236.5厘米
伦敦泰特美术馆

底图：
约瑟夫·马洛德·威廉·特纳
《雨、蒸汽和速度——西部大铁路》（*Rain, Steam and Speed, or The Great Western Railway*），1844年
布面油画，91厘米×122厘米
伦敦国家美术馆

约瑟夫·马洛德·威廉·特纳（1775年-1851年）

特纳用一种完全不同的方式传达了他的宇宙神学世界观。他自始至终都是一位画家——一位当时可能最具革命性的画家。用我们现在的眼光来看，特纳如此具有现代性，以至于将他的大多数风景画放在生于1909年的弗朗西斯·培根的画作旁边，也不会显得突兀，观者简直会忘了横亘在两人之间的百年跨度。如果将特纳称之为早期印象派画家，那就大错特错了，但这一点并不是我们在此处要讨论的。但是，不得不提的是，特纳之所以在画中运用强烈的色彩，并非是要把世界裂解成一种光的现象（虽然实际上世界确实是一种光的现象），特纳想要表现的是，世界正处于一种幻象般的中间状态，起初源于混沌，而

结局终将是阴间。就连他承袭尼古拉斯·普桑（Nicolas Poussin）和克劳德·洛兰（Claude Lorrain，这两位画家的作品都曾透露出新古典主义的曙光）风景画的传统，分别创作于1815年和1817年的姊妹篇《迦太基帝国的兴起》（*The Rise of the Carthaginian Empire*）和《迦太基帝国的衰落》（*The Decline of the Carthaginian Empire*），传达出的也是画家意在表现崛起和衰落之对比的旨趣。《暴风雪：汉尼拔越过阿尔卑斯山》（*A Snowstorm, Hannibal Crossing the Alps*，第345页上图）中既运用了古典绘画手法，又通过混乱无序的色彩来描绘混沌，使观者觉得相当困惑茫然。在这幅画中，特纳也同样描绘了看起来强大的人类在原始的自然力量面前，显得多么无能为力。卡斯帕·戴维·费里德里希（Caspar David Friedrich）描绘了静静的、冰冷的废墟，让人心生战栗；而特纳所描绘的却是一股强劲的旋风，旋风之中人类所取得的成就、以及不断前进的思想，全都被吸入了宇宙的漩涡之中，这就是他在画作《雨、蒸汽和速度》（第345页下图）中所表现的。从我们现在的眼光来看的话，《洪水灭世后的清晨》（*The Morning after the Deluge*，第347页插图）显得再现代不过了。在一幅他命名为《安息》的画作中，描绘了一场海葬，埋葬的是他的同行——著名画家戴维·威尔基（1842年，第346页插图），这幅画中我们可以看出画家的典型心理状态——他的基本信仰来自自然神论。特奥多尔·冯塔内（Theodor Fontane）曾这样评价这幅画："一切都是灰色的，天空、大海以及远处高耸的岩石，都是灰色的；只有升向天际的遇难信号，闪出一道白光。寂静的灰色海面上，汽船正在摇摆飘荡；黑色的船尾、黑色的船帆、黑色的蒸汽，随风摆动，好似一面哀悼的旗帜。整艘船就是一个巨大的棺木……数年之前，我就被特纳与众不同的绘画所打动……他的画令我难以忘怀，常常引我深思。"

上图：
约瑟夫·马洛德·威廉·特纳
《安息──海葬》（*Peace - Burial at Sea*），1842年
布面油画，87厘米×86.5厘米
伦敦泰特美术馆

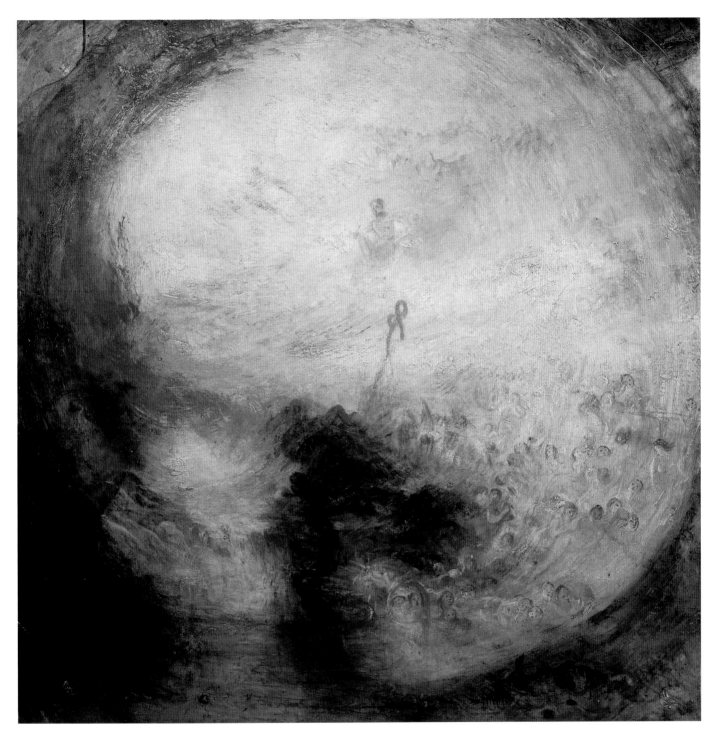

上图：
约瑟夫·马洛德·威廉·特纳
《洪水灭世后的清晨》，约1843年
布面油画，78.5厘米×78.5厘米
伦敦泰特美术馆

约翰·马丁（John Martin，1789年-1854年）和约翰·康斯太布尔（John Constable，1776年-1837年）

约翰·马丁也同样富有戏剧性地在其作品中表现了自然的力量，他的《大洪水的夜晚》（The Evening of the Deluge，第348页底图）尤富戏剧性。马丁一生从未离开过英国。使他声名大噪的，是他为约翰·弥尔顿的《失乐园》创作的插画。《曼弗雷德和阿尔卑斯山女巫》（Manfred and the Alpine Witch，第349页上图）中，马丁转向了一个文学主题：拜伦勋爵诗中描绘的曼弗雷德（Manfred）。曼弗雷德因受惩罚，永恒生存着，但无眠无休。这也曾是福特·马多克斯·布朗（Ford Maddox Brown）和许多其他画家处理过的主题。曼弗雷德召唤女巫想求得平静，但女巫要求他以灵魂作为交换，所以曼弗雷德将她打发走了。画家利用自然的形式投射出了内容的戏剧性，这一绘画技巧成了后浪漫主义艺术家尤为喜爱的一种情感表达方式，这种绘画手法会延续好几十年。

约翰·康斯太布尔是英国最伟大的艺术家之一。作为一位"自然画家"，康斯太布尔创作其风景画时，都是直接从自然中汲取灵感。他所追求的是"单纯而自然地表达"平静安宁，因此他的大多数作品都描绘的是其故乡萨福克（Suffolk）的真实风景。但从他创作于1809年左右的《沃里克郡的马尔文会堂》（Malvern Hall in Warwickshire，第348页上图）中即可看出，康斯太布尔曾对自然做过细致的研究。尽管画中的风景十分宁静，没有丝毫多愁善感或矫揉造作的痕迹，但在这平静的客观写实中，却满布着闪烁的光线。这也预示着印象主义的到来。1820年左右，康斯太布尔做了大量关于云的研究，并创作了以此表达情感的画作。他曾说："绘画是情感表达的另一种形式。"

1830年过后，在他生命的最后几年中，康斯太布尔的作品出现了显著的变化，情绪看起来成了意义的一种载体。这很可能是受了特纳的影响。他于1835创作的《乱石阵》（Stonehenge，第349页下图）与1820年曾经为之绘制的草图相去甚远。石阵的布局颇富戏剧性，看起来好似正被一道道闪电所照亮，而具有戏剧效果的云则暗示着时间的毁灭性力量。康斯太布尔自己也曾说："遗留下来的神秘乱石阵，矗立在空旷无际的荒野中。好像与过去时代的事件并无关联，与现今也并无关联。它使你将所有历史记录抛在脑后，进入了一个完全未知的神秘时代。"

从康斯太布尔的作品中可明显看出鲁本斯的影响，这一影响表现在多个层面，并非仅仅是内容或构图布局上的影响。两位艺术家具有一种深层次的共识，那就是巴洛克式风景观——风景即"世界的意象"。

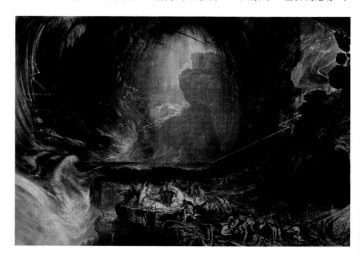

在很长一段时间内，奇异或怪诞都一直是英国文学和英国绘画中的基本要素。艺术家试图颠覆整个世界秩序，打开另一扇门，通往新颖的、开创性的、梦幻般的一扇门。我们可能还可以回忆起美国作家埃德加·艾伦·坡（Edgar Allan Poe）的作品，他对这一时期产生了重大影响。而要抛弃基本的审美品味，艺术家往往会为此付出高昂的代价。总体来说，这种转向也成了20世纪艺术的一个强大推动力。根据上述这些画作做一个判断的话，英国在借鉴意大利手法主义方面走得最远，同时也最为明显地暗示这也将影响我们现今的时代。

对怪诞的兴趣也是源自于美国。"新大陆"中也不乏描绘诸如月光、瀑布之类风景的画家。华盛顿·奥尔斯顿（Washington Allston，1779年-1843年）就是其中一位。另外，在美国也可以追寻到自新古典-彼德麦式对现实的如实细绘［如约翰·伍德赛德（John Woodside，1781年-1852年）的作品］到后期"素朴画家"的发展脉络，犹如一条直线。

托马斯·科尔

托马斯·科尔（Thomas Cole，1801年-1848年）祖籍英国，但少年时期就移民到了新大陆，1833年时创作了《泰坦的高脚杯》（第351页插图）。这幅画奇异怪诞，好似超现实主义画作一般。科尔称特纳为"幽灵王子"，他想要寻找的，是一种第一眼看去更加平静的表达形式，来表达他狂想般的幻象。在他的《建筑师之梦》（第350页插图）中，画有一个超大尺寸的柱头，建筑师正斜倚其上陷入沉思，但这个超大柱头也只有近看才看得清楚。但实际上这是对真实情形的一种颠覆，本质上造成了一种威胁感，这比特纳笔下的混沌也平静不了多少。如果超出实物尺寸的夸张能够在一定程度上表达伯克（Burke）所言的"崇高肃穆"的话，那么完全超出限度的巨大尺寸则是走向了反面，显得如狂魔一般。而这正是戈雅在其《巨人》（The Giant）中所生动表现的。

西班牙/弗朗西斯科·何塞·德·戈雅－卢西恩特斯（Francisco José de Goya y Lucientes，1746年-1828年）

戈雅于1820年左右发表了他的蚀刻画《巨人》，澄净天空映衬的广阔风景之上，坐着一位赤裸着的、强壮有力的人物，一位蓄着胡须的巨人。他的背部朝向观者，双脚浸在天边外的大海之中。因此，我们可以看出地球是圆的，同时我们也惊讶地意识到这个低着头的巨人有多么巨大。巨人的头部顶入了月夜之中，在巨型身体上悄悄投下了影子，最后一片强光仅仅照亮了他的侧脸。他的目光呆滞，双眼茫然地盯着什么。这位巨人对这个世界毫无兴趣，尽管他坐在其上。他的目光正越过肩膀冷静地回望，望向天际，好像听到了什么声音，这声音打扰了他漫无涯际的休息。在这幅震慑人心的画作中，戈雅很清楚地表现了这位巨人对人类的痛苦呼号、刀剑交错、炮火轰鸣的充耳不闻。巨人只是冷静地坐着。根据古埃及和古典时代古老的宇宙理论，众神已经对人类感到厌烦。而这幅画中所描绘的，正是类似的一个形象。一千年以来，基督教画作中所表现的希望，结果只是幻觉一场。现实是对基督教仁慈上帝的一种嘲讽。

而当时戈雅的另一同名巨幅油画——《巨人》（*The Colossus*），被制成了的印刷品，销到了欧洲各个地方。这幅画现藏于普拉多。有时人们也称这幅画为《惊恐》。戈雅创作这幅画的时候，是1808年的夏天（第353页插图）。在这幅画中，巨人是站着的，他的双拳正因战争而紧握。风景中是成群成群的人，赶逐着他们的牲畜正在逃亡。主宰着人类的是存在于天与地之间的力量——命运，这在油画中表现的更为清楚。画中将能够掌管地球的超人描绘得好像一场梦一般。这看起来似乎是对古代潘神形象的否定，并且画中各个角落都满布着阴郁的惊恐之情。戈雅主

要使用的是一种巴洛克式绘画手法——寓言。这幅画难以解释，因为我们不知道这一形象是以拟人手法表现了愤怒人民所引爆的革命本身，还是其对立面——以幻象形式呈现的威胁。画中的风景是永恒的，而在这种永恒的背景下，我们可以看到现代史上寓言般成群结队、仓皇奔逃的人群，看到人群大规模迁徙和种族屠杀的场景。

戈雅的作品是现实主义的。远在人们将现实主义作为一种风格加以讨论之前，他就开始以一种新闻报导式的方式表现画中的主题，并不注重以绘画技巧渲染画作的鉴赏性。所以，即使是在他绘画生涯的早期，戈雅的画作就开始关注在这样一个宗教观念森严的天主教国家之中，横亘于启蒙式批判视角和基于旧信仰的自欺欺人式精神安宁之间的鸿沟。他的风格与正式画院的要求也是不相符的。戈雅是个孤独者，在他所生活的时代，人们很难将他安置在绘画发展中的某一位置。他的风格如此独树一帜，以至于无人能够仿效，只是在他死后，才有人开始伪造他的作品。

戈雅的全名是弗朗西斯科·何塞·德·戈雅－卢西恩特斯，按照西班牙传统，他母亲的姓也包含其中。戈雅的母亲出生在一个古老的没落贵族家庭，但戈雅此后每每提及之时，却常常充满自豪之情。戈雅是家中的第六个孩子，1746年出生在萨拉戈萨（Saragossa）芬德托多斯（Fuendetodos）村（这个村现已荒凉无人烟），并在那里长大。他先是跟着一位雕塑家胡安·拉米雷斯（Juan Ramirez）学习绘画，之后又拜师何塞·卢桑（José Luzán）门下，之后报考过马德里美术学院，但并未通过。不过却使他得以早在1766年就在首都看到了安东·拉斐尔·门斯（Anton Raphael Mengs，1728年-1779年）和詹巴蒂斯塔·蒂耶波洛（Giambattista Tiepolo，1696年-1770年）的作品。之后，与

下图：
弗朗西斯科·德·戈雅－卢西恩特斯
《巨人》或《惊恐》，1808年
布面油画、120厘米×100厘米
马德里普拉多博物馆

下图：
弗朗西斯科·德·戈雅－卢西恩特斯
《巫师夜会》（*Witches' Sabbath*），1789年
布面油画，43厘米×30厘米
马德里卡尔迪亚挪博物馆（Museo Lazaro Galdiano,
Madrid）

下一页：
弗朗西斯科·德·戈雅－卢西恩特斯
《查理四世和皇室家族》（*Charles IV
and the Royal Family*）
布面油画，280厘米×336厘米
马德里普拉多博物馆

戈雅来自同一个省的画家弗朗西斯科·巴耶伊-苏维亚斯（Francisco Bayeu y Subias）成了戈雅的老师和房东。

1769年，戈雅前往意大利，并在那里熟悉了文艺复兴时期的绘画。1770年，他在帕尔马（Parma）举办的一次比赛中获得了二等奖，但却有人警戒他有时不够细致。尽管如此，1771年戈雅还是接到了萨拉戈萨的埃尔·皮拉尔教堂（Basilica of El Pilar）的委托项目，以及天主教加尔都西会奥拉·代修道院（Aula Dei in the Carthusian monastery）的委托项目。戈雅此时创作的作品中，蒂耶波洛（Tiepolo）的风格依稀可辨。尽管詹巴蒂斯塔的画作不如他的儿子——乔瓦尼·多梅尼科（Giovanni Domenico，1727年-1804年）的作品那样具有明媚的威尼斯特征，但詹巴蒂斯塔的讽刺怪诞风格对戈雅的影响很大。

戈雅娶了老师巴耶伊（Bayeu）的妹妹为妻，她曾为他怀过20个孩子，但只有一个儿子活了下来。此后巴耶伊也是一直扶携着戈雅。巴耶伊与德国画家门斯（Mengs）之间有往来（门斯被当时的西班牙绘画界视为典范）。门斯从罗马来到了马德里并被委任为查理三世的宫廷画家后，巴耶伊就为戈雅谋了一份很重要的委托项目——为圣巴巴拉织锦厂设计织锦图案，一夜之间戈雅成了"国王御用画家"。在这个新的委托项目中，戈雅将乡村生活作为其绘画主题，在他绘制这些洛可可式田园场景时，法国画家弗朗索瓦·布歇（François Boucher）和让-奥洛雷·弗拉戈纳尔（Jean-Honoré Fragonard）的风格成了他汲取灵感的泉源。但戈雅所创作的《阳伞》（The Parasol，1777年，第352页插图）、《约会》（The Rendezvous，1780年）、《葡萄丰收》（The Grape Harvest，1786年）和《踩高跷的人们》（The Stilt Walkers，1788年）却又迥别于已有的关于类似题材的法国作品。光秃秃的风景、乡村女孩充满生气的认真眼神、"玛哈"（女子）和着斗篷的"玛霍"（男子）是18世纪社会阶层较低的民族，他们穿着艳丽，自由开朗，被人们认为是介于洛可可和早期新古典主义之间的典型西班牙绘画。现在，什么也无法阻止戈雅进入马德里美术学院了。他本可以就此享受无限精彩的人生，但是很快，戈雅却成了众矢之的。受到人们攻击的，是他画作中的主题。例如，古老迷信潘神崇拜即是戈雅《巫师夜会》一画的主题（1789年，第354页插图），而潘神崇拜在当时是被教会所迫害的，尽管在西班牙边远地区仍有人相信。一群狂热的、愚昧幼稚的妇女和巫师们中间坐着的一只公羊，正命令将其中一个孩子献为祭物。地上还躺着另一具瘦弱孩童的尸体。月亮和成群的蝙蝠夺去了白日的光辉，天空正在变暗。所有这些象征直指西班牙的宗教法庭。

1798年，戈雅设计了马德里圣安东尼·德拉佛罗里达教堂（Church of San Antonio de la Florida）的穹顶湿壁画，画家阿森尼奥·胡利娅（Asensio Julia）担当了他的助手。他描绘了教堂护教圣人所施的一件神迹——被谋杀的人死而复活。场景中出现了许多人物，有的虔诚质朴，有的仍旧执迷不悟无动于衷，有的则表现出怀疑或半信半疑，他们内心活动和反应都刻画得惟妙惟肖。但这并不符合教会当局当初委托这一作品时的初衷，此后戈雅再也未曾接到过任何一项宗教委托项目。

戈雅自始至终都是一个反叛者。法国画家泰奥菲勒·戈蒂埃（Théophile Gautier）曾说戈雅用他的手指、扫帚、调羹以及任何能够想到的工具作画，而非用画笔。不过戈蒂埃并没有就此提供什么可靠的证据。但是戈蒂埃所说的有一点肯定没错，那就是戈雅对艺术所持的非学院派观点。尽管上面提到的只是关于戈雅后期作品的一则轶事，但不可否认的是，即使是在他绘画生涯的早期，戈雅也几乎完全不关

注精美的画作——不管是洛可可晚期的法国"漆画"，还是新古典主义早期画家的作品。他并不重视布局、透视或精心设计的大胆比例。他所画的肖像画中，人物的四肢通常都被缩短了，显得很奇怪，因而他画中的人物常常看起来像侏儒一样不自然。但这对他来说并不是个问题。巴耶伊死后，戈雅被委任为学院的副院长，1789年又荣膺"摄像机画家（*pintor de camera*）"的称号，这都让戈雅的自信心大增。毫无疑问，戈雅并不奉承他笔下的人物。现在我们仍然很难理解，为什么当时的皇室家族会接受那样一幅带讽刺性描绘的画作，即戈雅1800年完成的委托项目——大型群体肖像画《查理四世和皇室家族》（第355页插图）。即使我们假设一下，这些皇室家族的成员都正如这幅肖像画中所表现的那样颓废而愚钝，还是很难理解他们为什么会对这样一幅画作

表示满意。画家对他们丝毫未加奉承，不管是在布局上（并未考虑有身份的人物应按等级排列顺序），还是在面貌的处理上。这组人物看起来分离松散，好像被皇后手上牵着的穿着亮红衣服的孩童隔开了。这也暗示着这位锦衣玉食、红颊、鱼眼、带着一丝尴尬眼神空洞地盯着前方的国王，并非这个孩子的父亲。实际上戈雅还在这个男孩身上描画了当时臭名昭著的唐曼努埃尔·戈多伊（Don Manuel Godoy）的一些特征，据说戈多伊正是这个男孩的父亲。只有这个家族中的年轻成员为画作增添了一点尊贵之气，但在立于左侧"未露脸"的皇后儿媳身后，观者看到的是老公主玛丽亚·何塞加（Maria Josega）猫头鹰一般的眼神。画中只有一个人的眼神越过国王的肩膀，望向了画作之外，这个人皱着眉头，带着一种批判和怀疑的神情，这很有可能就是针对画家的。

我们肯定记得戈雅已熟知拉瓦特尔(1741年-1801年)所著的发表于1775年或1778年的《心理学断想》(*Physiological Fragments*);所以戈雅得意地将自己也画在了皇室家族肖像画内,就是在背景中画架之前的那位,意在向令人尊敬的老一辈大师贝拉斯克斯(Velasquez)致敬。

可能我们还是要问,为什么皇室家族会喜欢这幅肖像画呢?也许是他们想向这个国家的各界人士表明:他们现代而又开明(在这个国家,启蒙运动从未发生过,因为宗教法庭将其扼杀在了摇篮之中)。他们肯定是喜欢打破常规的人物布局。大大小小的人物松散地站着,好像当时刚刚时兴起来的景观公园中的树丛一样。放弃巴洛克式的等级布局的确是一种创新。西班牙皇室家族知道当时整个欧洲都流行自然随意

的姿势,并且只要他们看到关于其他家族的画作显得不甚和谐时不会觉得不舒服,那么对于他们自己来说,也就同样可以接受。而众所周知的是,这一家族本身的确并不和谐。

但戈雅并非有意将这幅肖像画画成一幅讽刺画。而是表达了普遍意义上的对于人性的讽刺。他所谴责的,并非仅仅是某一个社会阶层,也不仅仅是某些政治事件。他所留下的具有讽刺意味的作品,普遍记录了暴怒公民的盲信愚钝、无知农民的野蛮残忍、占领军的残酷无情、宗教法庭的傲慢专横以及王公贵族的虚荣浮夸。

只有为孩子们和他真正的朋友画肖像画时,戈雅才流露出真实可以感知的温暖和热情,这样的温暖和热情使画作显得更加动人。他为导师所画的肖像画《巴耶伊》(*Bayeu*,1794年)以及另一幅肖像画《阿尔巴公爵夫人》(*The Duchess of Alba*,1795年,第356页插图)即属此列。戈雅与公爵夫人有着亲密而长久的友谊,她是古老贵族家族中的最后一位成员,以美貌、风趣和才智著称。公爵夫人所受的是自由主义传统教育,又熟知卢梭和百科全书派的著作,所以成了贵族、作家和画家云集的名人圈子里的中心人物。她自己并无子嗣,只收养了殖民地的一个黑人女孩。当戈雅身染一种不知名的疾病并一度瘫痪之时,公爵夫人曾全心全意地安排人来照顾他。这整幅肖像画可以视为戈雅对其友情的热忱感谢。画中写在沙地上的题献是画家的真情流露,公爵夫人正指着这一题献:"阿尔巴公爵夫人。弗朗西斯科·德·戈雅,1795年。"她手腕上戴着象征友谊的镶边,上面也草签着戈雅的名字。戈雅想让她的子孙后代看到,她拥有多么温和但又多么警醒的眼神。抬起的眉毛和有如框架般的卷发更突显出她率直的表情。这幅画只用了几种颜色,光秃秃的风景和简单朴素的处理手法也许是象征着他们之间友谊的真诚。戈雅自己保管着这幅画,并打算一直带在身边。两年之后,戈雅又为公爵夫人画了另一幅肖像画,画中公爵夫人穿着黑色蕾丝礼服,她所指着的题词是:"孤独的戈雅!",是她背叛了他们之间的友谊,又或者这是戈雅关于孤独的热切梦想?

1808年以后,政治形势风云突变,拿破仑攻入了西班牙,声称是为了保护这个半岛免受革命破坏。形势所迫,戈雅也只得向掌权者妥协。这位查理三世、查理四世和费迪南七世的宫廷画家,将社会上的形势、思想上的压制以及西班牙宗教法庭的所做所行都看在眼里。戈雅熟知同时代哲学家以及百科全书派的著作,他曾经也是一位有爱国心的自由思想家,期望拿破仑带来的新自由主义精神能够将人们从这个腐朽政权的暴政下解放出来。但是他的梦想——也是欧洲各地人们的梦想——因法军入侵西班牙戛然而止了。1808年,查理四世退位,拿破仑的妹夫若阿基姆·缪拉(Joachim Murat)占领了马德里,约瑟夫·波

本页：
弗朗西斯科·德·戈雅 - 卢西恩特斯
《着衣的玛哈》（上图）（Maja Clothed），1799年
布面油画，95厘米×190厘米
马德里普拉多博物馆

《裸体的玛哈》（下图）（Maja Unclothed），1799年
布面油画，97厘米×190厘米
马德里普拉多博物馆

拿巴（Joseph Bonaparte，拿破仑长兄）加冕西班牙国王。

　　虽然戈雅不得不宣誓效忠新国王，但他也见证了1808年5月2日和5月3日发生的残忍事件——游击队员（*guérilleros*）被执行死刑（"*guérilleros*"一词也是自那时开始使用的）。死刑自凌晨一直持续到了晚上。只有在法军被威灵顿公爵再次逐出西班牙，费迪南七世回到马德里之后，戈雅才敢创作《五月三日（死刑）》这样一幅感人至深的控诉性画作（第358页-359页插图）。这幅画中，他并没有将受难者理想化地描绘成英雄，他描绘的只是普通民众，正尖叫着抗议的普通民众；而行刑队则处在阴影之中，没有露脸，也毫无个性特征，这群人如同机器一般，残忍无情地扣动扳机。受难者脸上，并未像叛乱者一样，面对死亡时流露出为复仇而呐喊的表情，他们脸上有的只是难以置信的恐惧。他们双眼圆睁，怒火中烧而又无能为力，只能苦楚泪流。正是因为这幅画聚焦的只是子弹发射前短短的一瞬，因而更富戏剧性地传达了画作想要传达的信息。观者可以感到那永恒的一瞬，介于扣动扳机的手指与死亡之间的永恒一瞬。现在受难者的衬衣还是白色的，但就在这一秒，这衬衣将被鲜血染红。他的尸体也将倒在同伴的血泊之中。

　　戈雅虽然恢复了原职，但他的头顶上始终悬着一把达摩克利斯剑。国王曾经说过："你本该被流放或绞死，但我们原谅了你，因为你是一位伟大的艺术家。"，肯定当时是警告了他要当心点的。宗教裁判所又东山再起，重掌了权力，并且开始把注意力放在过去那些罪人身上。最终在1815年，戈雅因他1797开始创作的《着衣的玛哈》和《裸体的玛哈》（第357页插图）而被宗教裁判所审讯。审讯的内容是：这两幅画是否出自他之手？是为谁画的？意图是什么？是在什么情况下画的？我们不知道他是怎么回答的，但也许是因为实际拥有这两幅画的人权力并不在戈多伊（这两幅画最初是记录在首相戈多伊的藏画目录上的）之下，这才救了戈雅。这两幅画很明显地借鉴了委拉斯开兹（Velazquez）的《镜前的维纳斯》（*Rokeby Venus*）。当时西班牙一直禁止裸体画，戈雅所在的年代仍是如此。委拉斯开兹在他的裸体人物旁边画了一个小小的丘比特，以表明她就是维纳斯，另外，为了修饰遮掩，他只画了这位裸体模特的背面。所以我们可以看到，戈雅往前跨了多大一步。他所画的裸体玛哈并未用神话加以遮掩，就是活生生的模特画像。如果我们还知道委拉斯开兹所画的这位裸体美人，在藏画目录上早期登记的名字是"裸体女郎"而非"维纳斯"时，我们就能看出其意义所在了。也就是说，禁忌早就已经被打破了。戈雅的裸体模特肯定不是什么有声望的人，也绝对不是像查尔斯·波德莱尔（*Charles Baudelaire*）或其他人所猜测的那样，是阿尔巴公爵夫人。她是一个乡村女孩，一个玛哈，而且很有可能像委拉斯开兹的模特一样，

是被某个男人委托画家画下来作为消遣的。我们应该能够记起，戈雅在同一时期（1797年-1800年）画了同一人物的"裸体"和"着衣"版本——《真理、历史和时间》（*Truth, History and Time*）（波士顿美术博物馆和斯德哥尔摩国家博物馆）。

这两幅玛哈画像，究竟哪幅是创作于1797年哪幅是创作于1803年的呢，对此人们观点不一。一种（未经证实的）假设是：着衣版本要早些，约创作于1797年或1800年，裸体版本直至1800年或1803年才开始创作。但另一种看法却正好相反，所依据的是这样一个事实：尽管这两个版本的布局和人物姿势一模一样，但绘画处理手法上却迥然有别。裸体版本中更加关注垫子和床单的质地，人物的头发以及面部细节，这就造就了一种更加私密的肖像画效果。而着衣版本中，这些方面的处理则显得粗略一些。所以看起来首先委托创作的是裸体画像。而端庄一些的着衣画像是后期创作，这样才方便向别人展示这位美人。当时流行的一种做法是：将一幅画挂在另一幅画的上面，挂在上面的那幅可以移开或取下，从而呈现出更"令人愉悦"的另一个版本。然而，着衣版本散发出来的色情意味并不亚于裸体版本。事实上更能引起观者注意的，是画中女孩的眼神。这不像是一名社交名媛的眼神，而是勾人的、挑逗而充满欲望的眼神，得意地看着迫不及待的观者不能自己地拜倒在她面前。如果我们对比一下这两幅画中人物的头部，尽管都是紧密簇拥的卷发，但好像戈雅极有技巧地描绘了着衣玛哈凌乱的头发和变得迟钝的神情，呈现出一幅"之后"的意象，从而与"之前"的公开邀请形成对照。

这两幅画对此后艺术家的影响十分明显。马内（Manet）的《奥林匹亚》（*Olympia*）即是一例。法国画家费利克斯·特鲁塔特（1824年-1848年），这位鲜有人提及且在24岁就英年早逝的画家，也在画作中奉上了很有意思的一个对比。20岁时，特鲁塔特就携着他的《豹皮

上的裸体女孩》（*Nude Girl on a Panther Skin*，第360页插图）初次登场。在这幅画中，人们可以感受到这位年轻画家超越时代的敏感和洞察力，因而他已经早早使用了一种近乎自然主义的手法，而这一手法是到了让·雅克·埃内尔（Jean-Jacques Henner，1829年-1905年）、夏尔·沙普兰（Charles Chaplin，1835年-1891年）和欧仁·卡里埃（Eugène Carrière，1849年-1908年）那里才真正成形的。另外，我们还可以看出他在画作中呈现出的私密感堪比戈雅的两幅《玛哈》。特鲁塔特也使我们确信，这里画的就是一个真实人物，而非符合大众审美品味的某个典型形象。但他又确实在巴克斯豹皮上写了泰斯欧斯（Tyrsos）的诗句，来为他的裸体画中人创造一个神话身份。背景中略略放大的老人头像（借鉴了苏珊娜教堂中的老年圣经人物肖像），让画中的女孩显得更加青春。

现在让我们再回头来谈戈雅。1792年，戈雅突然病倒，眼瞎、耳聋、瘫痪接踵而至，这病此后反复发作。二十八年之后，戈雅画了一幅《病榻上的自画像》（*Self-Portrait on a Sick Bed*，第361页左图），向一位真正的朋友——阿列塔医生——表示热忱感谢。画中，阿列塔医生的脸上流露出专注而同情的表情，眼神温和而又机警，而戈雅正筋疲力尽地向后仰着，用疲倦的眼神寻找着他的朋友。看到这里，我们不得不承认这确实是一幅最令人震撼的自我见证式画作。这并非自怜，而是不带任何感伤之情的写实。画作的下沿写了这样几句话："戈雅于1820年为他的朋友阿列塔所作，感谢他在1819年我73岁时那场可怕而又危险的疾病中，无微不至的照顾。"

戈雅从病中康复之时，耳聋并没有治好。他的性情也随之改变，这种改变都反映在了画作之中。耳聋的打击可能还造成了一种更深层的沮丧之情，这也是人们为什么会将他和贝多芬加以比较的原因。因为一直担心旧病复发，戈雅变得性情急躁，这在他的绘画技巧上也表

现的很明显。1796年到1800年这段期间，也就是受大病过后耳痛顽疾折磨的这段期间，戈雅创作了大量作品，让人们惊叹不已。被迫卧床，太虚弱以致无法在画架前工作的时候，戈雅还创作出了他的蚀刻画组图。1819年末，戈雅回到乡下的宅邸静养，这座宅邸就是著名的"聋人之家"（House of the Deaf Man）。好像是为了表达他的怪诞想像，戈雅宅邸中两个房间的墙壁上，都满布着关于巫师的恐怖场景以及关于恶魔的幻象，显得阴沉黑暗。一大批奸笑着的丑恶巫婆和幽灵充斥着这两个房间，只要想着这位耳聋的画家还要就着蜡烛的微光在其中用餐，就让人不寒而栗。这些黑色画作（Black Paintings）此后被人们从墙上取了下来，现藏于普拉多博物馆。《农神吞噬其子》（第361页右图）可能要算其中最直白的一幅了。画中梦魇和神话交织，意在发出这样

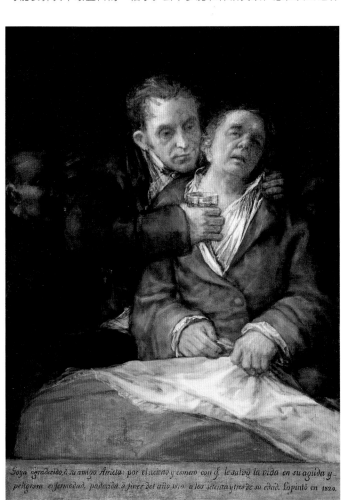

一个时代判语：这就是真理之疯癫。这是反映了戈雅自己的心理状态，还是关于国家形势的一则寓言，寓指那些亲手将自己的孩子送到血腥战场和革命中的人呢？抑或是宣告了普遍意义上的人类境况呢？也许是仁者见仁智者见智。甚至还有可能是反映了这个顿悟之人的自身境况，因为此时的画家已找不到他的上帝，只能去体验宇宙一样浩瀚无边的无情残忍。1820年以后，当时74岁的画家开始了他的黑暗岁月。健康恶化，政治命运也越来越不济。常常面临着宗教裁判所的威胁，甚至可能是因为担心被查抄，他索性将宅邸遗赠给了孙子。为了离开西班牙，戈雅暗暗地做着准备。他申请了外出旅行，并被准予出国疗养。于是借此机会逃到了巴黎，但在那儿常有人盯他的梢。最后戈雅终于在波尔多（Bordeaux）安顿了下来。去世前两年，也就是80岁的时候，戈雅才因西班牙国王的赦令最终摆脱了控制和调查。1828年四月，戈雅在波尔多逝世，直到1919年，遗骸才运回圣安东尼·德拉佛罗里达——这座他曾经设计装饰过的教堂。

戈雅的作品不仅是当时世代的宝贵遗产，在整个欧洲绘画史上也是前无古人后无来者的。在戈雅以前，人们不会要求艺术家对他所处的时代做出道德判断，艺术家们自己也不愿意这样做。从道德上来说，绘画和宗教总是绑在一起的，或者绘画遵从的仅仅是已完全确立的哲学准则。如果画作中描绘到了痛苦，那么通常是与宗教场景中的殉道有关。世界上所经历痛苦之报偿，是应许的永生福乐。但在戈雅笔下，殉道者却常常死于蓄意预谋，并非死得其所，而上帝的怜悯也并非是他想要表达的主题。他的画作是未做判断的一种观察。画作的焦点从来不是某一人物本身，而常常是这个人物所扮演的角色、形势局面、或是悲剧一点一滴的累积。

戈雅的画中，道德好像就是他曾经一再画过和蚀刻过的斗牛比赛中的逻辑：残忍争战达到血腥高潮之际，被造物终究难逃一死，而在这残忍争战之中，没有人会问关于生存之意义或死后之应许的问题。

《命运》是戈雅于1819年至1823年创作的湿壁画组图中的一幅。这幅画也反映了他在许多作品中都曾表达过的反教权态度，戈雅认为传统意义上的上帝可能并不存在。因此戈雅摆脱了前辈大师的影响，成了现代运动的一份子，他在作品中使用的语言就是我们现今的语言。在他的静物画中（第363页底图），尸体以一种反美学的方式被抛下（这在我们今天的艺术中也可以寻见），好像是对被禁锢的想象力加以嘲弄一般。其朝圣画作中描绘的人物面孔（第362页-363页插图），在20世纪来说也是一种创新。借着这些不现实的扭曲面孔，戈雅背离了人物描绘的美观要求。这些扭曲面孔也指明了将来——也就是我们所在的

这个时代——艺术发展的方向。对比戈雅画作和当代画作，我们就知道我们与戈雅还在同一个艺术时代，启蒙仍在继续，而关于艺术家是否远离现实、是否疯癫的问题，还将继续讨论下去。戈雅的《狂想曲》(*Caprichos*) 蚀刻画（第365页左图）中因理性沉睡而四起的怪物，也启迪了我们今天的绘画，将我们领到了一条介于幡然醒悟和神秘费解之间的小径上。

但是，继承戈雅的不是西班牙，而是法国。在法国，戈雅的绘画手法和哲学理论被艺术家们迫切仿效。欧仁·德拉克鲁瓦 (Eugène Delacroix) 自1824年起就创作了一系列《戈雅风格的讽刺画》(*Caricatures in the Manner of Goya*)，此后的现实主义画家，从古斯塔夫·库尔贝 (Gustave Courbet) 和奥诺雷·杜米埃 (Honoré Daumier) 到爱德华·马内 (Edouard Manet) 再到奥迪隆·雷东 (Odilon Redon)，都受到过这位伟大的西班牙人的影响。他们都继承了戈雅充满力量效果的黑色色彩用法，特别是着重描绘黑色阴影以形成光影对比效果的马内 (Manet)，奥迪隆·雷东还曾经画过一幅《戈雅颂》(*Hommage à Goya*)。与歌德同时代、与戴维同龄的戈雅，不仅是后来现实主义和印象主义的先驱，亦是超现实主义和表现主义的先驱，并且为他的西班牙同行毕加索 (Picasso) 树立了形式爆发力方面的榜样。

法国

雅克-路易斯·戴维
（Jacques-Louis David，
1748年-1825年）

　　戈雅出生于西班牙的那年，雅克-路易斯·戴维也在巴黎出生。无论是在哪个国家，人们都承认戴维是无可争议的新古典主义大师。但他的影响既不是立刻产生的，也绝非是不受限制的。路易十六时期为营造平直效果而兴起使用凹槽装饰家具和分隔墙面之时，具有古代模式和引自古典的各种形式早已悄悄渗入了巴洛克式和洛可可式房间之内。忙于皇家宫殿委托项目的同时，戈雅也走前浪漫主义和新古典主义绘画观点的重叠和交融，在18世纪下半叶的法国绘画中表现得尤为明显。而能够最为清晰地表现这一重叠和交融的画作，无疑是"废墟画家"于贝尔·罗贝尔（Hubert Robert，1733年-1808年）的作品。罗贝尔的观点成形于意大利。他十分推崇乔瓦尼·保罗·帕尼尼（Giovanni Paolo Panini）的废墟画作，并且曾在意大利见证

下图：
弗朗西斯科·德·戈雅－卢西恩特斯
《狂想曲》，第43幅，1797年/1798年
"理性沉睡，怪物四起"，
一次酸蚀版
蚀刻画，21.6厘米×15.2厘米

右上图：
《狂想曲》，第56幅，1799年
"起落"（Rise and Fall）
蚀刻画，约21厘米×15厘米

右下图：
《狂想曲》，第50幅，1799年
"钦奇利亚人"（The Chinchillas）
蚀刻画，约21厘米×15厘米

左图：
让-巴蒂斯特·格勒兹（Jean-Baptiste Greuze）
《打破水壶的少女》（*The Broken Jug*），1785年
画布油画，110厘米×85厘米
巴黎卢浮宫

底图：
于贝尔·罗贝尔
《卢浮宫大画廊的设计》（*Design for the Grande Galerie in the Louvre*），1796年
画布油画，112厘米×143厘米
巴黎卢浮宫

他画下了透过窗口观看到的风景，同时也不得不卑躬屈膝地承认自己是个机会主义者，直至拿破仑掌权时起用他为宫廷画家。

如果我们知道，父亲1757年与人决斗被杀时戴维年仅九岁，我们可能就能理解这位画家为何如此满腔热情地追求公正与高贵，虽然还说不上是追求支配统治的权力。教导他绘画的是他的亲戚们，其中之一是建筑师、巴黎皇家绘画雕刻学院的成员雅克·德迈松（Jacques Desmaison），另外，弗朗索瓦·布歇也是他的亲戚老师之一。布歇和其他一些艺术家都推荐他跟约瑟夫-马里耶·维安（Joseph-Marie Vien）学画，并推荐他就读皇家美术院。但戴维在成功之前经历了漫长的等待，期间他曾几度想要自杀。最后终于获得了罗马大奖，并于1775年跟随维安前往意大利。当时的罗马对刚刚重新发现的古代遗迹充满了热情。沉睡了几个世纪的庞贝古城和赫库兰尼姆古城又再次被唤醒了。马里尼侯爵（Marquis de Marigny）、安妮·克洛德·菲利普·凯吕斯伯爵（Comte Anne Claude Philippe Caylus）和德国考古学家约翰·约阿希姆·克尔曼（Johann Joachim Winckelmann）在这些新近挖掘出来的原址中向人们展示了真实的、可以触摸的古代世界。这个世界的丰富宝藏引来了络绎不绝的马车，个个都满载着其中发现的珍宝。庇护六世还专门在梵蒂冈设了一个博物馆，用来放置这些古代遗物。古代形式、罗马精神（或者说人们所认为的罗马精神）以及罗马美德的重新发现开创了一个全新而时尚的绘画世界。

戴维也抛弃了到那时为止曾竭力拥护的旧风格：让-巴蒂斯特·格勒兹（1725-1805年）古典但柔软温和的风格。让-巴蒂斯特·格勒兹年长

了庞贝古城的第一批挖掘工作。罗贝尔曾得到狄德罗（Diderot）的夸赞；当时人们打算将古董放入凡尔赛公园时，也是第一时间来向罗贝尔征求意见。但罗贝尔最伟大的工作，却是筹建了卢浮宫博物馆。如果我们对比一下罗贝尔的两幅画作（第366页右下图，第367页插图）（第一幅画的是荒废的筒形穹顶大厅，第二幅画的是卢浮宫的大画廊），就会明白关于顶部采光和通过顶部升向天际来营造新设计画廊的"古代效果"的想法是源自何处了。古代废墟的崇高感被带入了真实建筑之中，而这一建筑又转而成了珍藏艺术的宝库，成了可与其古代典范相媲美的继承者。

但是从罗贝尔到戴维，又过了15年之久，观点变了，风格也随之变了。倒在废墟中的古代遗迹不再是人们关注的焦点，取而代之的是现代版的罗马共和国。罗贝尔曾经享受过的洛可可晚期无忧无虑的生活，戴维再也无缘享受了。就像戈雅一样，戴维被卷进了政治生活的惊涛骇浪之中。他积极投身1789年革命，并于1792年成了法兰西国民公会的一名激进分子。一年之后，他参与投票，赞成处死国王（路易十六）。另外，他还是雅各宾俱乐部的主席。戴维也是罗伯斯庇尔的密友，他曾猛烈抨击洛可可时期的闺阁艺术是"毫无章法的乱涂乱画"。此外，戴维还被委任为国家正式节庆活动的负责人。当政治形势逆转之后，戴维因参与这些活动在巴黎卢森堡宫被监禁了将近六个月，监禁期间，

戴维23岁。我们只要看一眼格勒兹的名作《打破水壶的少女》，就能知道两人的差别所在。《打破水壶的少女》画的是一位站在井旁的女孩（第366页左上图），一眼就可看出格勒兹创作的是一种洛可可风格的青春情色画。画中古代风格的狮子完全不合比例，只是一种时兴的元素。与格勒兹不同，戴维则是通过精确复制各种浮雕、建筑残片和雕像，想要寻找一种更接近古代的风格，为此他一直不知疲倦地尝试着。在1780年为马赛一家医院创作的大型画作《圣罗胡斯恳求圣母玛利亚医治瘟疫中的受害者》（St. Rochus Asking the Virgin Mary to Heal Victims of the Plague）中，戴维展示了一种全新的风格，清澈的色彩、明晰的形式和轮廓分明的人物肢体成了这一风格的基本要素。尽管这幅画大获好评，但德尼·狄德罗（Denis Diderot）1781年在巴黎美术展览会上看到这幅画作时，却持批判态度。狄德罗认为这些瘟疫受害者们是一些"可怕的形象"，看起来令人反感，但又没办法忽视他们的存在。而这却是戴维

上图：
于贝尔·罗贝尔
《卢浮宫大画廊废墟想象图》（An Imaginary View of the Grande Galerie in the Louvre as a Ruin），1796年
画布油画、114厘米×146厘米
巴黎卢浮宫

和法国绘画1780年能够独领风骚的关键所在，或者更确切地说是两大风格时代——巴洛克和新古典主义——的分界线所在。

　　戴维想要将一件神迹，即一个按照传统规则架构的、想象中的巴洛克主题，与已不再适合传统绘画手法的新表现方式结合起来。但具有明显新古典主义风格的色彩运用，显然可加以测量的人物身体比例，以及好似量度过的整体架构，无不表明要将天差地别的两面——关于瘟疫和受难者的真实事件和历史上空灵的救恩形象——结合起来，只能是徒劳一场。在两个世纪的发展过程中，巴洛克绘画之所以演变出

下图：
雅克-路易斯·戴维
《圣罗胡斯恳求圣母玛利亚医治瘟疫中的受害者》，1780年
木板油画，260厘米×195厘米
马赛美术馆（Musée des Beaux-Arts, Marseilles）

19世纪时宗教绘画被纳入历史绘画范畴的原因。戴维很快就得出了这一必要的结论，所以在他的下一幅作品《贝利萨留斯在乞讨施舍》（*Belisarius Begging for Alms*，第369页插图）中，就将取自信仰的基督教博爱之情转变成了"悲悯同情"，即基于公正命运的观点，视同情为道德中的一个要素。历史榜样提供的来自经验的新道德规范，成了宗教要求的替代品。为了使画作内容看起来真实可信，戴维细致逼真地如实描绘了人物服饰以及其他物件。曾经权倾一时的贝里萨留斯，被查士丁尼一世（Justinian）免了职，落入贫困不堪的境地，眼睛也瞎了，这激起了人们的同情（或者说古代所说的慈悲之心）。回顾过去，我们可以发现新古典主义画家在创作戏剧性历史画时，虽然设计了好似舞台布景般的画面构图，但他们对古代的描绘并不比之前尼古拉斯·普桑（Nicolas Poussin）或克洛德·洛兰（Claude Lorain）的描绘显得更加精确或忠实。但这时的绘画，却利用能够激起人们极大热情的看似完全精确的细节复制，向过去的年代赋予了一种新的生命气息。只要看看仍然穿戴着昂贵盔甲和头盔却正在乞讨小钱的老将军，我们就知道这幅贝里萨留斯乞讨的画面是多么不真实。

因一件绘画作品，戴维声名大噪起来（在经历多次挫折之后）。但这也是理所当然的，因为为了创作这幅画，戴维甚至举家搬往罗马，就是为了让自己完全融入古代形式的世界之中。这幅画就是《荷加斯兄弟的宣誓》（*The Oath of the Horatii*，第370页至371页插图）。罗马通讯记者图特斯切尔·默库尔（Teutscher Merkur）曾报道过："不仅仅是艺术家、艺术爱好者和艺术鉴赏家，连普通民众都成群结队地去观看这幅画，从早到晚络绎不绝——连教皇选举也没有引起过这么大的骚动。"整个罗马都被戴维作品中"古代的质朴"所深深吸引。不久以后，茹尔纳尔·德巴里（Journal de Baris）也评论道："看到这幅画时，人们能体会到一种将灵魂升华的情感，因为这件作品具有让-雅克·卢梭所说的那种振奋人心、使人激情澎湃的力量。"

这幅画讲述的是发生在公元前7世纪的故事，故事的主人公是普布留斯·荷加斯（Publius Horatius）的三个儿子，他们将决定罗马与阿尔巴隆伽（Albalonga）之间战争的胜负。兄弟三人中，最后只有一个活下来了，但是他却杀了自己的亲妹妹，因为她为了其中一位被杀死的敌人——她已经订婚的未婚夫——哀哭。虽然因杀死胞妹被判了死刑，但最后荷加斯的儿子还是依照人民的意愿被赦免了。爱国精神和人民的力量是这幅画作的真正主题，而这也曾是皮埃尔·科尔内耶的戏剧《荷加斯》的主题，这部戏1782年再次重演，戴维观看了这部戏，因而燃烧起了他内心的激情。尽管戴维的作品并非意在支持反对国家权利

了一套将过去和现在联接起来的系统，即由薄雾、云层结构和幻象色彩效果组成的系统，并且将过去和现在都赋予了宇宙和天国意义上的永恒感，是有个中缘由的。在同一光线和同一色彩方案下，戴维笔下的圣罗胡斯跨越了三个层面：过去、现在和永恒。在这幅本质上十分清晰的画作中，现实（或者说现实主义）与奇迹中信仰非现实的一面形成了矛盾。这幅画很美，但是对受难者形象的现实描绘，比起关怀中孩童而非圣罗胡斯恳求的玛利亚来，前者更加打动人。当前真实的受难情景看起来十分可信，而所描绘的宗教一面则变得不再令人信服。这种类型的绘画说明，宗教绘画很长一段时间都处在穷途末路之中。

狄德罗的批评就直接针对的是这种不平衡感。从本质上来说，进一步发展古典元素而放弃宗教元素，是当时的时代要求。这也是随后

下图：
雅克-路易斯·戴维
《贝利萨留斯在乞讨施舍》，1781年
画布油画，288厘米×312厘米
里尔美术馆（Musée des Beaux-Arts, Lille）

左图：

雅克-路易斯·戴维
《荷加斯兄弟的宣誓》，1784年
画布油画，330厘米×425厘米
巴黎卢浮宫

的阴谋观点，但在革命之前的数年间，这幅画还是在当时的狂热气氛中被赋予了这种意义。这是戴维的一次胜利。他打破了巴洛克式风格的旧传统，人们都为之折服。第一次，时间和动作结合成为一体，并被带入了特意安排的严谨构图之中。从这幅画中我们可以看到，这几位英雄满怀激情，已经做好了牺牲的准备，而在构图中出现的哭泣的妇女们，则是一种预兆，预示着即将到来的悲剧。戴维将作为黑暗背景的拱廊描绘得分外幽深，增强了整个动作场面的戏剧效果。构图和叙事融为了一体。中间部分是支撑两翼的柱式，寓指的是父亲这一形象。利剑在画面中央熠熠发光，向上伸出并指着武器宣誓的胳膊预示了即将来临的战斗。胳膊伸出的角度经过了细致处理，犹如三重和弦一般优美。而形状各异的利剑则反映了另一面：这并不是秩序井然的准备，而是激情洋溢者的自发行动。数年之后爆发的大革命就是要将许许多多持不同观点、携带不同武器的民众团结起来。拘谨的、雕像般的人物神态和如同戏剧般的表现形式不久之后就受到了人们的批评，但使人们感到激情澎湃的，也恰恰是这些地方的精描细绘。如果我们觉得这一场景在今天的我们看来太过夸张，那我们应当知道，最近就有一场具有类似戏剧效果的举手对旗宣誓仪式，感动了全体民众。这幅画早期素描中的一幅，描绘的是父亲正为他活下来的最后一个儿子辩护，请求不要因他杀死自己的胞妹而定他的罪。这就形成了一个悖论：为了达成更加高尚的目标，杀人也变得合理化了。而这正是激发人们掀起大革命浪潮的信念所在。

戴维创作的另一幅画《布鲁图斯之子被运回》（*Return of the Sons of Butus*，第372页插图），处理的也是关于死亡的主题。这幅画是为拥护共和国所做的。画作的日期是1789年，这显然与实际不符，但画作的主题却是与拥护共和国这一主旨紧密相关的。我们应当记住谋杀凯撒的并非布鲁图斯，尽管在当时的革命年代，他的名字被视为在暴政统治下获得自由的重要象征。正是卢修斯·朱尼厄斯·布鲁图斯（Lucius Junius Brutus）于公元前510年左右宣布了罗马共和国的成立。作为一个政治狂热分子，布鲁特斯处死了自己的儿子们，因为他们参与了反对共和国的阴谋活动。这是另一个煽动性的主题，褒扬的是一种自我牺牲，为了更高尚的目标牺牲自己的血肉之躯。这一政治宣传也确实起到了效果。

戴维极富技巧地诠释并寓言般地注解了画中人物的悲伤、痛苦、恐惧和哀恸。正发出控诉的痛苦母亲，旁边防卫般地举起双手的女儿，以及因哀恸而正往地上无力坠下的小女儿。右边角落里的另一个形象寓指的是悲伤，是一种拟人化的表现手法。而布鲁图斯这位"英雄"坐在阴影之中，带着思想者般的暗沉神色。他的姿势看起来坚忍而严肃，左手紧紧抓着一张控告信，坐在罗马（Roma）——共和国之象征——的阴影之中，而他的这一牺牲，正是为罗马所作出的。在他身后，因

反对共和国而死去的儿子正被抬了进来。一根立柱将画作戏剧性地分为明暗两个部分，一面是命运的黑暗力量，另一面是对这一事件毫不遮掩的情感反应。

10年之后，皮埃尔·纳西斯·介朗（Pierre-Narcisse Guérin）（1774年-1833年）也戏剧性地描绘了一个类似的悲剧主题，但这一事件是虚构的。在《马库斯·赛克斯特斯归来》（1799年，第373页下图）这幅画中，介朗描绘了流放归来的赛克斯特斯也正以一种坚忍的姿势坐在死去的妻子床边。凝望的眼神反映了他内心对生命意义的质问。这件作品描绘的是异教徒时代的场景，但却使用了旧的基督教肖像画法。这位悲痛的男人和死去的女人十分明显地组成了一个十字架的形状，为这幅画作增添了隐喻性的意义。而哀恸地伏在父亲膝上的女儿，则让人联想起基督教艺术作品中的抹大拉玛利亚。

1789年6月20日，500多名平民阶级的代表在巴黎网球场举行效忠宣誓。当然也只有革命派的画家戴维才会被委托为这一事件作画。但是要描绘500个人，构图问题真的能够解决吗？又要如何呈现这些人的社会地位以及他们之间的平等和友爱呢？谁应该放在背景中，谁应该放在前景中呢？怎么能够理想化地呈现实际上一片混乱的场面呢？绘画突然遇到了新的挑战。为了应对这一挑战，甚至在随后的一个世纪，艺术家们还在坚持不懈地尝试着。这一新的挑战就是人物众多的历史画。美化过去并树立典范（正如《荷加斯兄弟的宣誓》一样）是一件事，但要将并不神圣的现在理想化，则完全是另外一件事情了。戴维没能成功地解决这一问题。凡尔赛的储藏室里堆积了数以百计的《网球场宣誓》素描。6米宽的油画也是一件未完成的作品（第373页顶图），这幅钢笔水墨油画上描绘的，是一群赫拉克勒斯似的男性裸体。

另一方面，《马拉之死》（第374页插图）可以说是戴维最精美的作品。在这幅画中，戴维十分成功地通过刻画一个社会人物意象而永远记录了当时发生的一个政治事件。绘画也果然发挥了其影响。让-保罗·马拉（Jean-Paul Marat）将自己视为人民的朋友。他不仅是一名医生和

上一页：
雅克-路易斯·戴维
《布鲁图斯之子被运回》，1789年
画布油画，323厘米×422厘米
巴黎卢浮宫

右图：
雅克-路易斯·戴维
《网球场宣誓》，1791年
铅笔、钢笔水墨画布油画，358厘
米×648厘米
凡尔赛国家博物馆（Musée
national du Château, Versailles）

戴维原本打算用一幅6米多长的画
作理想化地呈现1789年在网球场
举行的历史性宣誓仪式，并将其留
给后世。但他失败了。原因在于，
对各个人物的精描细绘无法与整
体布局融为一体。在戴维所处的时
代，要将并不神圣的现今转变为令
人信服的历史画卷，条件还不成
熟，因而这件作品也成了一件未完
的作品。

右图：
皮埃尔·纳西斯·介朗
《马库斯·赛克斯特斯归来》，
1799年
画布油画，217厘米×244厘米
巴黎卢浮宫

物理学家，更重要的是，他还是《人民之友报》（*News-sheet Ami du
peuple*）的编辑。因患了皮肤病，他不得不躺在浴缸里处理与革命相关的事务。戴维在画作里呈现的，正是马拉刚刚被贵族阶层拥护者夏洛特·科尔代（Charlotte Corday）一刀刺死在浴缸里的情景。戴维前一天还造访过他的这位同党派成员和朋友。戴维曾说道："看到他躺在那里的姿势，我感到十分震惊……当他躺倒在浴缸里时，他的手还在写着与人民福利有关的最后思索。"因为自己与马拉之间的私人友谊，戴维创作这幅画时"好像是在精神恍惚的状态"（据戴维的学生之一所说）。

在这幅画中，戴维将观者领入了马拉的私人房间，让观者自己见证马拉刚刚被刺后的情景。马拉的头和胳膊已经垂下，但手中仍握着钢笔和纸。画作描绘了马拉呼出最后一口气死在浴缸中的这一瞬间，这在当时产生了极大的影响，并且这影响如今还在。当时的新闻报纸也创作了多幅描述刺杀事件的画作，但有些太过虚构。在《马拉之死》中，为了更加突出画作的意旨，戴维还描绘了幽深的黑暗背景。房间的上半部分十分醒目地聚焦在了马拉低垂的头上，留出的大片空间让人更生感触。光线的分布与普通画法完全相反，暗反而在光之上。这幅画成了当时最感人的画作之一，而戴维也因此塑造了一个世俗化的殉道者意象。这幅画作常常被人们拿来与罗马由米开朗琪罗创作的《圣母怜子图》比较，这样的比较也确实是合理的。两幅画中，最引人注目的元素都是毫无生气、沉沉垂下的手臂。所以戴维以一种隐蔽的方式将基督教中的殉道者中心形象替换成了马拉。虽然当时这幅画作被视为革命性的、反宗教性的画作，但很明显它频繁借鉴了过去宗教绘画的肖像画法和绘画风格。

革命期间，很多革命者为之丧命，但画家们却幸免于难。作为一名政治活动家，戴维虽然曾在1794年被捕入狱，但他却得以保护几家博物馆免受破旧活动的破坏，以暂时停办方式保存法兰西学院，负责主持国家性的庆典活动，还顺便创作了一些反应这一时期暴力事件的画作，《马里耶·安托尼妮特被带往断头台》即是其中之一。他不仅没有因政治变迁而丧命，反而留下了许多幅肖像画，甚至在狱中还构思了《萨宾妇女》（第375页插图）。在《萨宾妇女》这幅画中，戴维又一次证实了处理众多人物形象只能是后期风格手法才能解决的问题。精描细绘式的细节堆叠必然是以牺牲画面生动性为代价的。主要人物看起来像是雕塑家的模特一般，整个场面显得僵硬刻板。但因为对于多数古代典型人物而言，能够看到的也只有他们的大理石雕塑，所以人们认为这种雕塑般的画法还是适合古代主题的。

戴维被人们誉为欧洲的首席画家。他门下有众多有名弟子，例如安托万-让·格罗（Antoine-Jean Gros）、安-路易·吉罗代（Anne-Louis Girodet）、让-克洛德·奈容（Jean Claude Naigeon）和弗朗索瓦·热拉尔（François Gérard）。他也曾教导过许多肖像画家和历史画家，这些画家记录并渲染了拿破仑时代。作为当时的首席宫廷画家，据说曾有400多名画家在他门下学习。戴维为法兰西的新统治者饱含激情地创作了《拿破仑镇静驾驭烈马横越阿尔卑斯山》（第376页左图）。通过标题我们即可知道：这位将军能够绝佳地统治难以驾驭的欧洲。1804年，受首相潘特·德昂珀勒尔（Premier Peintre de l'Empereur）委托，戴维将拿破仑加冕仪式永久记录在了大型画布上，后又经查理·佩

下图：
雅克-路易斯·戴维
《拿破仑镇静驾驭烈马横越阿尔卑斯山》（*Bonaparte, Calm on a Fiery Steed, Crossing the Alps*），1801年
画布油画，259厘米×221厘米
吕埃尔马尔迈松国家博物馆（Musée Nationale du Château de Malmaison, Rueil）

下图及下一页顶图：
雅克-路易斯·戴维
《拿破仑一世加冕礼》（*The Coronation of Napoleon*），1805年-1807年
画布油画，629厘米×979厘米
巴黎卢浮宫
（局部图和全景图）

下一页下图：
弗朗索瓦·热拉尔
《查理十世加冕礼》（*The Coronation of Charles 罗*），1827年
画布油画，514厘米×972厘米
沙特尔美术馆（Musée des Beaux Arts, Chartres）

西耶（Charles Percier）和皮埃尔·弗朗索瓦·方丹（Pierre François Fontaine）非常细致地进行了细节润色（第376页右图和第377页上图）。画布将近十米长，戴维在画中必须安排80多位不同等级的人物，并精确地一一描绘他们的特征。但这幅画的效果，比他的其他处理众多人物的巨幅画要显得可信得多。他的风格非常适合传达典礼中这一关键时刻的庄重肃穆之感，另外他的学生们也肯定花了不少心血。

我们对比一下老师戴维和他一位学生的画作，就知道他们对同一主题的处理有多大差别。这位学生就是弗朗索瓦·热拉尔（1770年-1837年）。热拉尔接到的委托项目是为1827年查理十世的加冕礼作画（第377页下图）。华盖的厚重帷帐，人物的服饰和大弧度的姿势又重拾了巴洛克风格，不过这在复辟时期也不足为奇。值得注意的是，占据画面中心的是大主教，而不是加冕仪式本身。大主教正背对国王而站，以恳求的眼神向天上仰望。好似在祈愿复辟的旧制度能够存到永远。正如我们所知，历史并未让这一祈愿得以实现。另外还有一个例子，就是雷卡米耶小姐的肖像画（第378页下图）。戴维是于1800年开始创作这幅画的。顺便提一下，这幅画也使当时以雷卡米耶小姐命名的家具闻名一时。但是，戴维却一直没能完成这幅画。因为当这位老师知道这位女士还另请了热拉尔为她画像时，他拒绝再为她继续画下去。仅仅是因为她选择了他的学生吗？还是他的画作未能得到这位客户的首肯呢？

戴维笔下的雷卡米耶小姐高贵、质朴、简单的服饰配上斯巴达式的装饰，面容坦率而动人。这可能比热拉尔为她画的现代版肖像（第378页上图）要动人得多，而当时的人们却认为热拉尔所画的肖像更加典型，更加讨人喜欢。并且其他比较过这两幅肖像画的艺术家也认为热拉尔所画的雷卡米耶小姐比戴维画的更像。戴维采用的斯巴达式朴素构图、新古典主义式的稀疏布局、房间的冷色调处理、以及因这位女士向内侧着身子而显得疏远的姿势，都是新古典主义一直以来所运用的元素。而热拉尔笔下的这位女士却位于华美的公园凉廊之中，看起来有人正邀请她谈心。低胸紧身上衣显得十分诱人，红色的布帘为

她的皮肤衬映出一层粉红的色调，看起来更加动人。在戴维笔下，这位漂亮女人的嘴部稍显严肃，而热拉尔用一抹微笑塑造了她的个性，同时也使她显得更加年轻。戴维具有古代风格的肖像画则显得有些不自然。这些也许正是这幅画作未完成的原因。雷卡米耶小姐将热拉尔为她画的肖像画赠送给了他的爱慕者普鲁士王子奥古斯特（1779年-1843年），腓特烈二世的侄子。奥古斯特王子与这位法国美人是在德斯塔埃尔小姐（Madame de Staël）的沙龙上认识的。出于政治原因，这两个人未能成婚。但在一幅柏林艺术家弗伦茨·克吕格尔（1797年-1857年）为王子所画的肖像画中（第379页插图），我们看到雷卡米耶小姐的肖像出现在了辛克尔（Schinkel）1817年为王子装修的宫殿中。藉着克吕格尔的这幅画中画，我们即可得知巴黎与柏林之间绘画风格的相异之处。奥古斯特王子去世以后，这幅肖像画被归还给了雷卡米耶小姐。

拿破仑帝国灭亡之后，戴维再也没有接到任何公共项目委托，他开始更加专心致志地从事肖像画创作。波旁王朝重新掌权后，他也可以像其他革命者一样，向新主子卑躬屈膝以重获声誉地位，但这位老革命者却宁愿被流放到布鲁塞尔。流放期间，戴维在当地也是极富声望，

下图：
弗伦茨·克吕格尔（Franz Krüger）
《普鲁士王子奥古斯塔斯》（*Prince Augustus of Prussia*），约1817年
画布油画，63厘米×47厘米
柏林国立普鲁士文化遗产博物馆

1825年，戴维在此与世长辞。他数不胜数的学生之中，至少我们得提一提吉罗代和让-巴蒂斯特·勒尼奥（Jean-Baptiste Regnault），另外特别要提到的还有安托万-让·格罗（Antoine-Jean Gros，1771年-1835年），戴维被流放时曾提名格罗作为他的继任者。格罗继承了老师冷峻的新古典主义风格，而勒尼奥，特别是热拉尔，却常常推崇一种讨好似的叙事性柔和色彩，这曾被纯粹主义者批评为简单浅薄。

安托万-让·格罗（1771年-1835年）

格罗的情况十分特别。从他频繁的言论中，我们可明显得知他是一位后期浪漫主义学派的先驱，但他又不得不继承戴维的衣钵，站在了浪漫主义的对立面，尽管他自己也曾对浪漫主义的发展做出过贡献。我们只要看看三位画家处理众多人物的肖像画，比如说戴维的《萨宾妇女》（第375页插图），格罗的《阿布基尔湾海战》（The Battle of Abukir，第380页插图）和德拉克鲁瓦的《希阿岛的屠杀》（Massacre of Chios，第381页上图），就可发现格罗是引领法国浪漫主义运动的先驱之一。格罗也因拿破仑时代发生的事件激情澎湃，因为当大革命爆发时，他才刚满18岁。而此后拿破仑又崛起称帝，这都对格罗作品中的形式产生了影响。1797年，拿破仑还是将军的时候，曾委托格罗创作了《阿科尔桥上的拿破仑》（*Bonaparte on the Bridge at Arcole*，第380页下图），这是格罗接到的第一份委任项目。格罗对人物进行了动感处理，画中戴维的新古典主义痕迹几乎无处可觅。当看到自己被描绘得充满暴风雨一般的力量但又坚定而克制的时候，拿破仑一定觉得非常满意。同年，格罗被委任为某个委员会的成员，这个委员会关注的是意大利艺术作品。直到1800年，格罗才返回巴黎，并专心致志地创作了多幅描绘拿破仑时代历史事件的大型油画，如《雅法瘟疫受害者》（*The Victims of the Plague in Jaffa*，1804年）、《拿破仑在普鲁士埃劳战场上》（*Napoleon on the Battlefield at Preussisch-Eylau*，1808年）等。但是这位善于描绘战争的艺术家也会因一些画作让自己看起来十分荒谬可笑，比如说他1833年在巴黎美术展览会上展出的《被蜜蜂蜇了的丘比特向维纳斯抱怨》（*Cupid Stung by a Bee Complaining to Venus*）。格罗陷入了绝望之中，他坚信自己是属于过去的。他曾说："实际上我已经死了。"65岁时，格罗跳进塞纳河自杀了。毁了格罗的，是他内心深处的矛盾。一方面，他不愿意坚守浪漫主义运动阵地，虽然他曾在其中扮演过先锋角色；而另一方面，虽然他长期致力于复兴新古典主义运动，却又远远落在了其他艺术家后面，比如说让-奥古斯特-多米尼克·安格尔（Jean-Auguste-Dominique Ingres）。使格罗备受折磨的这些矛盾冲突，也是当时几十年之久艺术界共有的病症。新古典主义风

格和浪漫主义风格成了两股并驾齐驱的力量。它们注定要向两极分化，而格罗却被困在了两者的夹缝之间。随后到来的一个世纪中，这两种不同的绘画观点仍然并存，并且在19世纪末20世纪初时达到了多种风格并存的高潮——折中主义、新古典主义和印象主义并存。带有分明轮廓的帝国古典风格的出现并非偶然，第一次国内革命时的一代人就找到过这种表达语言。随后是20世纪的独裁时代，国家控制着艺术的表达形式。

弗朗索瓦-帕斯卡尔·西蒙·热拉尔（Francois-Pascal Simon Gérard，1770年-1837年）

热拉尔这位擅长描绘精细线条的年轻大师，常常被人们批评为太

379

逝的美永恒地记录了下来，但这样的描绘并不带有任何侵略或攻击的意味。这种绘画风格可能也要求艺术家具有某种特殊个性，所以当我们知道当时任职革命法庭的热拉尔，常常叫人带信称病不愿参加会议时，也不会觉得奇怪了。热拉尔只偶尔创作一些历史画，如《奥斯特里茨战役》（*The Battle of Austerlitz*），但也还是偏重肖像描绘。只有在复辟时期，政治环境相对平和之时，热拉尔才迎来了一段新的成功期。

让-巴蒂斯特·勒尼奥（1754年-1829年）

之前提到过的巴黎画家让-巴蒂斯特·勒尼奥，跟戴维一样，也是让·巴尔丹（Jean Bardin）和尼古拉·贝尔纳·雷皮希埃（Nicolas Bernard Lépicié）的学生。勒尼奥不是一位多产的画家，而且他一直都是一成不变地谨守圭多·雷尼（Guido Reni）和卡拉齐家族中诸位画家的巴洛克典范。但他画作中的主题则取自古代。他的第一件成功作品是《阿喀琉斯的教育》（*The Education of Achilles*），这幅画获得了1776年的罗马奖。之后又陆续创作了《丘比特和许门》（*Cupid and Hymen*，卢浮宫）、《克利奥帕特拉》（*Cleopatra*，杜塞尔多夫）和《伏尔甘和普罗塞耳皮娜》（*Vulcan and Proserpina*，圣彼得堡）。在勒尼奥的《自由与死亡之间的法国天才》（第383页插图）中，仍然可以明显看出戴维的影响，特别是在素材的渲染方面。但在这幅寓言场景的布局上，又不可否认是借鉴了巴洛克式典范。确切地说，画中这位天才形象的原型是拉斐尔创作的墨丘利神，但这位天才形象更具有巴洛克式的矫饰成分，并且兼具基督教宗教画作的各种形式。这位张开双臂的裸体青年好似一位复活者形象，他头顶上的火焰可能寓指这位天才所担负的轰轰烈烈的使命。这无疑是借鉴自基督教肖像画法，与圣灵降临周奇迹这一意象有相似之处。圣灵的火焰通常象征着神圣信息，用在这里是想表现对新思想的"热情"。将死亡这一形象置于画面布局的下方并非偶然，并且这具骷髅将胳膊搭在大镰刀上也并非毫无缘由，这表明死亡的使命已经终结。这幅画想要表达的信息是：天才正在宣告"成了"，大革命之后，法国已经战胜了死亡，赢得了自由。自由这一寓言形象以星星为冠冕，正以胜利的姿态高举雅各宾派的帽子。她宝座上刻着永恒的蛇之象征，手中所持的发声和测量工具象征着调和对称，而她脚下的执法吏束棒则象征着法律之权威。画中的球体应寓指这一信息的广泛性和全面性。这是在呼吁全体人民——"相互拥抱吧！千万生民！"——效法法国的榜样，即使面临死亡也在所不惜。整套复杂的象征体系使这幅画显得庄重宏大，而也正是因为这幅作品，使勒尼奥的所有其他作品都黯然失色。

过肤浅、刻意讨好。而这也预示着艺术家对新古典主义的态度正在改变。第二代风格崇尚的是一种形体美至上的唯美主义，好像正试着寻找到底何处才为极限。到了安格尔的时候，已经臻于极致。这种新的意图在热拉尔的《丘比特与普绪喀》（第382页插图）中已经体现得非常明显了，这幅画是在1798年的巴黎艺术展览会上展出的，很快就招来了一片攻击声。这幅画意在完美地表现形体美、线条、构图、色彩和人体的精细描绘。画中人物是无可挑剔的。雕塑家安东尼奥·卡诺瓦（Antonio Canova）追求的也是同一目标，因而他创作的大理石雕像总是力求柔和秀美。在《丘比特与普绪喀》一画中，通过描绘柔滑肌肤轻轻触碰时具有情色意味的感官感受，热拉尔将完美无瑕而又转瞬即

下图：
皮埃尔-保罗·普吕东（Pierre-Paul Prud'hon）
《约瑟芬皇后》（The Empress Josephine），1805年
画布油画，244厘米×179厘米
巴黎卢浮宫

底图：
伊丽莎白-路易丝·维热-勒布伦
（Elisabeth-Louise Vigée-Lebrun）
《戴草帽的自画像》（Self-Portrait in a
Straw Hat），1782年
画布油画，94厘米×70厘米
伦敦国家美术馆

下一页：
皮埃尔-保罗·普吕东
《正义与神圣复仇女神驱逐罪恶》
（Justice and Divine Vengeance
Pursuing Crime），1808年
画布油画，244厘米×292厘米
巴黎卢浮宫

第384页右下图）却明显借鉴了之前的鲁本斯和范戴克。

我们继续来谈普吕东。仅仅是在直线式风格方面，我们才可将普吕东视为一名新古典主义画家，并且即使是这样的话，他的这种直线式风格仍十分明显地带有一种洛可可末期的情调。这在普吕东创作的全身肖像画《约瑟芬皇后》（1805年，第384页左图）中可以很清楚地看到。18世纪晚期的艺术家们钟情自然，这幅画仍受其影响。皇后正沉思般地凝望着一只古瓮，这种沉思凝望的姿态可以说是紧紧地扣住了时代的脉搏。这位女士看起来心情不错，但实际上又几乎是忧郁伤感的。然而，普吕东1808年为司法宫创作的一幅完全不同的画作——《正义与神圣复仇女神驱逐罪恶》（第385页插图）——却让他获得了轰动性的成功。从风格上来说，这件作品既不像新古典主义画家（如热拉尔）那样注重细节，又不像浪漫主义画家（如德拉克鲁瓦）那样追求戏剧般的动感，而是介于两者之间。但普吕东之所以能够获得成功，主要可能取决于画作的内容。如果我们知道启蒙运动和大革命对道德造成的划时代改变，这就很容易理解了。正义、赎罪或惩罚这些概念一直是归在基督教道德范畴内的，但现在随着宗教已被夺去了权力，这类主题应以一种脱离宗教背景的全新方式加以演绎。于是人们转向

皮埃尔-保罗·普吕东（1758年-1823年）

皮埃尔-保罗·普吕东最初的绘画风格也是完全植根于18世纪的。他画作的主题取自古代，但他所使用的晕涂法（没有明显界限轮廓、相互晕染的色调）、精美装饰、衣服上轻柔的褶皱、仙女们的纤小面庞都表明他是洛可可风格最后挽歌般的代表人物之一。普吕东的早期作品在晚期洛可沙龙里看起来很不错，这使他得以与让-巴蒂斯特·格勒兹、玛格丽特·热拉尔（Margarethe Gérard）、米歇尔-马丁·德罗林（Michel-Martin Drolling）、雅克·雷阿图（Jacques Réattu）以及肖像画家伊丽莎白-路易丝·维热-勒布伦（1755年-1842年）相识，其中伊丽莎白只比他大几岁。伊丽莎白那时已经晋升马里耶·安托尼妮特的宫廷肖像画家，此后她开始转向新古典主义，并与约瑟夫·韦尔内（Joseph Vernet）和戴维成了朋友。但她为自己画的《戴草帽的自画像》（1782年，

了自然神论、无神论和自由思想，并且此时《拿破仑民法典》已经颁布，这一法典参考的正是古代的公民道德。

　　普吕东自己也为这幅画作的内容提供了注解："暮色掩盖之下，贪婪的罪犯在偏远的野地之中将受害人杀害了，抢去了他的金子，并确认受害人已没有一丝生命的迹象，无人会得知他所犯下的可怕罪行。但他并没有看到，正义的坚决维护者复仇女神正在追赶他，马上就要抓住他，并将他交给自己刚正不阿的助手。"依画家所说，这个贼想偷的只是金子，但受害人最后却落得完全赤身裸体。我们可能会猜测这是一种艺术表现惯例。对裸体的描绘——特别是以这样一种毫无遮掩的方式——正是这幅画作在巴黎艺术展览会上成功的重要原因。但是横陈在地上的裸体所要表达的，远远不止这些。将这幅画与勒尼奥的《自由和死亡之间的法国天才》（第383页插图）加以比较的话，我们就会

知道这张开的双臂也是一种形式上的十字架。使徒彼得就是以这样一种姿势倒钉在了十字架上，而带着一袋金子逃走的形象则让人联想起基督教画作中的犹大。这反映出了当时在发展脱离宗教的肖像画法方面遇到了多么大的问题。在基调方面，普吕东也同样转向了传统典范。他所描绘的场景让人联想起该隐谋杀亚伯，并且又将这一场景呈现在了具有戏剧效果的月光之下。此后的亚历山大·法尔吉埃（Alexandre Falguiér，1831年-1900年）也向我们证实了，借鉴圣经主题是画家们有意为之的，因为法尔吉埃在1876年创作的《该隐与亚伯》中，就借鉴了普吕东画作中的关键元素。《正义与神圣复仇女神驱逐罪恶》中所表现的关于正义的新观点，使人确信犯罪的结果必然是惩罚。画作同时表现的，还有人类社会中从来不曾停止的犯罪行为。这一切都使普吕东的这幅画与社会和政治之间产生了联系。画作的野地场景也预示

下图：
安·路易·吉罗代·德卢西-特里奥松
《化身维纳斯的朗热小姐》（*Mademoiselle Lange as Venus*），1798年
画布油画，170厘米×87.5厘米
莱比锡造型艺术博物馆

着即将到来的浪漫主义，并传达出了这一时期强盗小说的基调。

普吕东的《西风之神》（*Zephyr*，1814年）和《劫走普绪喀》（*The Rape of Psyche*）（两幅画都藏于卢浮宫）更多地是借鉴了科勒乔和莱昂纳多（普吕东曾称自己是他们的学生），而非同时代的戴维。这里也许有人要问，到底普吕东的画作是不是应被视为一种倒退呢？但因为政治的瞬息万变，很快我们就发现了其他借鉴过去风格的做法。在复辟时期，艺术家们就曾特意借鉴文艺复兴和巴洛克时期的形式来迎合当时出现的新品味。精细色调的画作也透露出了普吕东内心的敏感，他在生活中也是磨难重重。第一位妻子被送进了精神病院，第二位妻子自杀，用的是他的刮胡刀。他自己也因精神上的烦恼和压抑饱受折磨，为了维持开支不得不接一些不值得的委托项目。只有德拉克鲁瓦此后再次对他的重要性和地位做出了肯定，认为他是法兰西学派的最伟大的大师之一。

安-路易·吉罗代·德卢西－特里奥松（Anne-Louis Girodet de Roucy-Trioson）（1767年-1824年）

据说安-路易·吉罗代·德卢西——特里奥松是大卫的得意门生。出于对文学的强烈偏好，他直到学习了哲学后，才开始绘画创作。他的许多作品充满神秘而诗意的气息，这种气息即大多数人称作的浪漫主义精神，但这种精神在新古典主义中已隐约可见或者也可以这样说：虽然从18岁开始便师从大卫，努力成为一名新古典主义者，但吉罗代在早期时候便察觉到了即将到来的绘画方向。吉罗代从小父母双亡，他的监护人——外科军医特里奥松（Trioson）——在经济上给了他足够支持，使他能选择自己的职业，因此，当我们发现他对顾主可能提出的任何批评都几乎不屑一顾时，就不足为怪了。吉罗代为朗热小姐（Mademoiselle Lange）画的第一幅作品是维纳斯（Mademoiselle Lange as Venus，第386页插图）；画中朗热小姐站在自己的睡椅上，脸扭向一边。在丘比特为她举着的镜子中，吉罗代欣然以隐藏的手法只为她画了一只耳朵！朗热小姐对这幅作品表示恼怒，于是吉罗代又重新为她画了一幅；这次采用了神话形式，作品名称是《狄安娜》（*Mademoiselle Lange as Danae*）（第387页上图）。显然，考虑到这幅画会成为一个好的售卖品。椭圆的画布中，朗热小姐裸坐在那儿，盯着如雨点般落在衣布上的金子，眼神空洞，闪闪发光的手上拿着一面破损的镜子——一个象征虚荣的寓意性静物。在她的脚下，是朱庇特的象征物：一束火焰。但这儿朱庇特没有以皇家鹰的形象出现，而是被画作了一只雄火鸡。在美色的陶醉下，他放下火束，烧焦了写有毛普洛佐（Plautus）的戏剧《驴》（*Donkeys*）手稿卷。丘比特则看向画外，向上托起遮盖朗热小姐大腿的衣布，并作欢迎状，似乎是在展露

下图：
安-路易·吉罗代·德卢西-特里奥松
《狄安娜》，1799年
画布油画，65厘米 x 54厘米
威廉·霍德·邓伍迪基金会
(The William Hood Dunwoody Fund)
明尼阿波利斯美术馆 (The Minneapolis Institute of Arts)：
明尼阿波利斯

底图：
洛朗·居约，A.-C.卡拉菲
《桑－库洛特温度计》
铜版画，32.3 厘米 x 36.2厘米
巴黎法国国家图书馆

最私密之处，以便要个高价。这幅画在1799年的"沙龙"中引起公愤，被迫收回。朗热小姐的职业生涯就此终结，吉罗代也备受冷漠这绝对不是因为他将朗热小姐画成了裸体，也非他对朗热小姐造成的伤害所致——由于她是著名的上层人士的情妇，吉罗代给她戴上了孔雀羽毛头巾——而更多的是由于朗热小姐的那些匿名顾客们，他们害怕因此而成为议论对象；他们中的许多人担心有人认出那个诌媚的、被裸体丘比特拔了毛的雄火鸡就是自己。

毫无疑问，吉罗代故意让他的报复行为产生广泛效应，因为我们看到四处散发的雅各宾派的宣传单，成为了吉罗代的创作模型。宣传单上有洛朗·居约 (Laurent Guyot) 按照阿尔茫-查理·卡拉费 (Armand-Charles Caraffe) 的作品《桑－库洛特温度计》(*The Thermometer of Sans-Culotte*) 创作的版画（第387页底图）。宣传单还被做成一个椭圆状，四角有圆形装饰图案及格言警句。此外，雅各宾派的标语"Sansculotte"可以解释成许多消极意义：它不仅表示"没有穿裤子"，还与另一个词"sansculotterie"有联系，"sansculotterie"意思是"暴徒行为"，其中"culotte"是指鸽子臀部或牛尾。其中一个圆形图案旁边是著名的格言："堪与众太阳媲美" (nec pluribus impar)，而吉罗代则在画中描绘了一头公牛。所以不管是从字面意思上还是象征意义上，他都让画中女人（或者是女人的崇拜者）赤裸裸地站在那儿。对于右上角的那个圆形图案，吉罗代画了一个古代蝗虫，旁边的格言是"Risum teneatis amici"（恐惧的笑声，朋友！）。

如果说我们对这幅画的讨论，要比通常情况下对其他时期画作的讨论更深入的话，那是因为在这一时期，我们更深入地看到了"沙龙"的社会重要性。公众和评论家们前来参观展览，并非仅仅出于对艺术的纯粹兴趣，而是由于"沙龙"在某种程度上，于知识分子中间起着的宣传媒介作用。艺术家们可以站起来，对当前事件进行绘声绘色的评论。

世界闻名的赝品

如果吉罗代为朗热小姐画的裸体画在形式上（尽管它在内容上具有讽刺意义）符合年轻安格尔 (Ingres) 的审美期望，那他的《奥西恩在瓦尔哈拉迎接为国捐躯的共和国将军们》(*Ossian Receiving in Valhalla the Generals of the Republic Who Have Fallen for their Fatherland*) 则算是其新主题作品——即充满兴起中的法国浪漫主义运动的主题——的早期代表作之一。1801年，吉罗代受建筑师皮埃尔·佛朗索瓦·莱昂纳尔·方丹 (Pierre François Léonard Fontaine) 之托，为"石竹" (Malmaison) 小宫殿作装饰画，这个小宫殿由拿破仑装饰后为自己所用。吉罗代画的以奥西恩 (Ossian) 为主题的两幅画作挂于客

当他才华横溢时，他赞美的唯一一个人，是已失去了理智的奥西恩……"以此向评论家们解释。显然，拿破仑阅读了《少年维特的烦恼》，并以奥西恩为原型创作了戏剧。据说他曾大声感叹道："你的荷马跟我的奥西恩是多么地不同啊！"所以说，奥西恩的传奇为官方认可的正式的新古典主义向浪漫主义的过渡作出了贡献。这位世界征服者渴求着成为一名拥有钢铁般意志、能将生死完全置之度外的大英雄，因此，可能真正感动他的，与其说是诗意，不如说是诗中所描述的日耳曼勇士那随时为战斗待命的无私奉献精神。而拥有这种精神的战士，正是他所要的。在吉罗代的画作中，表达了与此相同的主题。在瓦尔哈拉殿（Valhalla），勇士们围绕在双目失明的先知左右，激情澎湃，准备着献身战场。先知身后与其随行的，是历史上已牺牲的英雄勇士，他们因内在精神而光辉四射，并且被女神般飘飞着的少女环绕，似乎以此作为对他们的回报。这幅画带来的影响是巨大的：它创造的理想成为整个国家甚至整个时代的创作模型。吉罗代这幅巨作的稍小油画草图收藏在罗浮宫（Louvre）中。从草图中可以看出后来只在定稿画作上呈现的、把人物表现地光辉四射的构想，而诗人自己仍一身戎装。有争议说这幅画是一幅"讽刺的复制品"，但从未被证实过。

吉罗代的这幅画在"石竹"宫殿中，我们知道的至少有四个版本。拿破仑将第一幅送给了瑞典的约翰，即后来的国王查理十四世，但被遗失了。至1814年，又委托人重新绘作以替代遗失的那幅。汉堡市立美术馆中的《奥西恩》——据说这幅画曾是"石竹"小宫殿中的画作——被认定为弗朗索瓦·热拉尔（François Gérard）的作品。画中，诗人"在洛拉河边以竖琴之声唤醒灵魂"（第389页插图）。这位双目失明的歌者全神贯注地演唱着，头发灰白蓬乱，脑袋低埋着。他的十指紧紧握着琴弦，月色中，梦境人物现身了，他们即诗人歌颂的英雄：芬戈尔（Fingal）——即奥西恩的父王——坐在他的王位上，旁边是马尔维纳（Malwina），在他们身后的，是那些勇士们。

人们倾向性地认为这幅画为热拉尔所作，或者说认为这幅画的作者本应与新古典主义风格相去甚远。这幅画画面模糊，极有浪漫主义风格，色调也相当模糊，除了英雄们极具表现力的姿势和对月色中的城堡废墟的处理外，整幅画完全看不出是一幅法国画。这幅画的出处只表示它来自一位瑞典私人收藏家之后。之前（利希特瓦克和罗姆达尔）认为这幅没有署名也没有标注日期的画作是由丹麦画家阿斯穆斯·雅各布·卡斯腾斯（Asmus Jakob Carstens，1754年-1798年）所作，这点是可以理解的。"石竹"宫殿里遗失的画作的第一个版本，后来于1801年由约翰·戈德弗鲁瓦制成版画出版；哥德在谈及画中的诗人形象时说道："奥西恩看起来不像一个热情饱满的诗人，而更像是一个狂热分

厅炉腔两侧。另一幅则由热拉尔（Gérard）创作。炉腔两侧的两幅画是受到宫殿主人赞许的唯一两幅，而这不是没有原因的。当时兴起了追崇传奇盖尔诗人奥西恩的散文史诗的热潮，拿破仑也参与到了这股热潮当中，而吉罗代也在其中。这股热潮的发起之作，"出土的古爱尔兰诗作选段"《芬戈尔和特莫拉》，出版于1762年和1763年，编著者是位苏格兰人，詹姆斯·麦克弗森（James Macpherson，1736年-1796年）。到1777年时，已有法语版本出版。书中别具一格的非古典文体以及诗人——这位诗人跟荷马一样，双目失明——那粗暴但极有表现力的日耳曼语言，都深深地打动了读者。跟古希腊语言相比，日耳曼的语言风格似乎更能打动人心。

在德国，可以看到这种新发现的日耳曼语言和理想对当时紧张气息影响是多么地巨大：赫尔德（Herder）极其喜爱这种不掺有一丝一毫人造因素的完全自然诗体，甚至哥德笔下的维特（Werther）都深情地为他所爱的洛特（Lotte）朗诵奥西恩的诗段。英国哲学家大卫·休谟（David Hume）是唯一对此持怀疑态度的人，即便在著作出版后也是如此；但在麦克弗森死后十年，这些诗段选集被发现是赝品，它们其实是麦克弗森从萨迦中选出的诗段而已。不管怎样，哥德在多年后巧妙地让自己脱离了尴尬境地，他借用维特口吻，向荷马赞美道："……

下图：
弗朗索瓦·热拉尔
《在洛拉河边用竖琴之声唤醒灵魂的奥西恩》（*Ossian Awakening the Spirits on the Banks of the Lora with the Sound of his Harp*）
1801年后
画布油画，184.5厘米×194.5厘米
汉堡市立美术馆

尔画中的那些梦境人物则好像是透明的蜡石雕像。此外，安格尔的画作有种如梦般的时间超越感。甚至梦境人物看起来也疲惫不堪，几乎像死人一样躺在那儿，似乎他还在做着梦中梦。一切动作在睡梦中沉静下来。但三幅作品都描绘了光亮的梦境人物，他们闪闪发光，似乎是因内在精神而光辉四射，或者，用大卫的话说，他们是"水晶人物"。这并非艺术家们的原创，而是源于诗歌本身，源于麦克弗森。哥德在描述维特向他深爱的洛特朗诵描述这一现象的诗句时，写道："你忧郁地抬起你那未经任何修饰的头：……你在盯着什么看呀，明灯？……你神采飞扬：……再见吧，你这沉默的光束！让奥西恩的灵魂之光亮起来吧。它正冉冉升起，给我们带来力量。我注视着我的那些已故的亡友。他们聚集在洛拉河畔，像曾经的那些日子里一样。芬戈尔如雾气弥漫的水柱到来了……"萨迦中描述的内容对安格尔作品中那些僵硬的梦境人物尤其有用："（芬戈尔）被他的英雄们环绕着……可是啊，他们那么沉默，永远都那么沉默了！冰凉，他们那泥土一样的胸膛是那么地冰凉。"

用画作展现一种飘于土地之上的全景式视觉景象，伴着没有具体物质形态的、明亮的人物渗透在真实可见的世界当中，似乎存在于另一个维度当中；这种主题在这一时期反复出现。这种构想源于共时不同代的哲学概念，以此消除时间感，换句话说，以此进行永恒暗示。这种构想还表达了在现有世界中穿插历史画面的理念，以此使历史——以及萨迦和童话故事——成为凌驾于现实之上的精神实体。早在巴洛克宗教天顶画时代，在再现那些奇迹时，画家们就领会和应用了这些手法。但在这儿，"奇迹"和"宽容"的概念被莱布尼茨（Leibniz）所用的"景象"和"天意"取代。最终导致的结果是：基督教里的救赎论与其目的论被摒除了。

子。"菲利普·奥托·伦格（Philipp Otto Runge）在1805年创作的绘画中也很容易看到相似的主题。

1812年，大卫的学生让-奥古斯特-多米尼克·安格尔（Jean-Auguste-Dominique Ingres，1780年-1867年）也被委托以奥西恩为主题进行绘画创作。最终的画作将挂于拿破仑在罗马的奎里纳尔宫的一个房间中，由此诞生了安格尔的《奥西恩之梦》（第390页插图）。3年后，拿破仑离开宫殿，教皇将画作归还给画家，这是可以理解的，因为画中的异教景象几乎与它的天主教环境格格不入。

让我们来比较一下这三幅奥西恩主题的画作：安格尔新古典主义风格的、意义鲜明的奥西恩主题画作与热拉尔的版本相差如此之大，引人注意。安格尔将主题表现得有多么率直，而热拉尔就表现得有多么隐晦（其画作中人物众多）。大卫曾评论道："要么是他疯了，要么是我完全丧失了对画作的理解力。这些是他为我们创造的水晶一样的人物。"在吉罗代的画作中，人物和画面在熠熠生辉的光线下显得很模糊，而安格

让-奥古斯特-多米尼克·安格尔（1780年-1867年）

安格尔将大卫的新古典主义风格延续到了19世纪下半叶。在作品中，他对光线的处理跟大卫一样，不增加任何薄雾或轻纱笼罩的感觉，画中的"明亮开化"的人物形象清晰，轮廓分明。安格尔还赢得过罗马奖（Rome Prize），并于1806年去了古典文化中心和拉斐尔（Raphael）艺术之城——"永恒之城"，在那儿待了近20年。安格尔称不上艺术创作天才，却是一位温和的折衷主义者，也是一位手法精细的画匠，在线条、协调和比例平衡方面都有相当高的技艺。正因如此，他的画作让人无法超越。安格尔开创了婉约细腻的唯美主义风格，尤其是在刻画美丽的裸体方面。在这方面他超越了他的老师，也正是在这方面，他追求着绘画能达到的形式上的完美极限。很难再在艺术的历史长廊中找到一件作品，能与《瓦平松的浴女》（Valpinçon

Bather）和《大宫女》（La Grande Odalisque，第392页插图）中的那两个背影，以及《营救安吉丽卡的罗杰》（Rüdiger Freeing Angelica，第391页插图）中用柔和线条勾勒的年轻女孩的身体匹敌。年轻的安吉丽卡的头向后偏仰着，用现代标准来看，姿势相当夸张，但她那裸露着的、毫无防护措施的脖子，以及那向上抬望的眼神——看得出她已昏迷——都被用来表现女性的彻底投降。为了表现安吉丽卡对营救她的罗杰已无条件投降，安格尔几乎让她的脖子看起来像患了甲状腺肿。但这种刻意破坏裸体美感的做法，并没

有减少画作的情色感，因为恰是这一点小瑕疵，让安吉丽卡看起来更真实。

这种头部姿势我们在他的《宙斯和忒提斯》（Zeus and Thetis，1811年）中也能看到。这两幅画，如《土耳其浴女》（The Turkish Bath，第394页插图）一样，都是安格尔在绘画中处心积虑地使用情色诱惑的代表作。线条的手绘质感及神化选题为画作营造了一种遥远的意境，画中场景似乎超越了时间，超越了我们所在的世界，也超越了历史；利用这种巧妙的手法，艺术家得以创作出那令人心潮澎湃的、

年轻女孩的裸体画。我们再次看到，古典宗教主题与世俗主题结合在一起，有时两种主题甚至互换。这在当时是有可能的，且实际上，绘画中经常追求这种结合与互换。尽管安吉丽卡的故事来源于阿瘳斯托（Ariosto）的《疯狂的罗兰》（Roland Raving），而其形象来自保罗·乌切洛（Paolo Uccello）的画作，但这种与传统骑士人物圣乔治（St. George）的结合带来的绝佳效果，也是毋庸置疑的。且其中的宗教元素被再次变质成情色主题。安格尔还将莱昂纳多（Leonardo）的田园风光效果与古斯塔夫·莫罗（Gustave Moreau，1826年-1898年）的现代化元素结合起来——例如，画作中的骑士呈飘飞向下状，姿势梦幻而古怪。这也证明了安格尔在19世纪绘画艺术中的中心地位。

安格尔的画作效果很大程度上取决于绘制手法和线条感，但他同时也利用色彩来刻意制造某种效果。要选择什么样的颜色，才能让大宫女的肌肤，在与饰有红花图案的丝布窗帘那冰冷的青绿色相比时，显得更加鲜活温暖呢？这幅裸体画绘于1814年，为拿破仑的妹妹卡罗琳缪拉王后（Queen Caroline Murat）而作。与戈雅（Goya）在《玛哈》（Maja）中的现实主义风格不同，安格尔创作的裸体几乎没有情色暗示，其情色效果，只在你怀着保守心态对裸体女人投以置疑评判的一瞥时，才慢慢浮现出来。这种传统源于提香（Titian）和焦尔焦内（Giorgione），但安格尔画的是一个活生生的女人，而非寓言中的维纳斯女神。然而，因为场景被设置在了遥远的东方世界，现实主义风格的情色暗示味道减少了。

在肖像绘画方面，安格尔也远远超过了他的同仁。他能将现实主义的客观精确与心理洞察力结合起来，但他没有表现创作对象的内心世界，让画中人物仍然保持为一个冷静的观察者。如果去观察他的大多数肖像画，你会发现总有一份客观性在里面。对安格尔来说，似乎画每一位创作对象都是最难的，并且在画每一位创作对象时他都曾感到过无助。他能将一位老头画出年轻公主们才有的高度悠闲的味道，并且能像准确捕捉画家同仁们的批判意见一样，准确抓住政府官员眼中的高贵——如在肖像画《路易·坦伯像》中（路易·坦伯是七月民主政权和第二帝国之间的领导人物之一）（第395页下图），或者在《贝蒂·德罗特席德尔男爵夫人》（Baroness Betty de Rothschild）中准确抓住夫人那温柔的高贵。作为一名肖像画家，安格尔经常被拿来与霍尔拜因（Holbein）相比较，并且，他在肖像画方面尤其体现出的、典型新古典主义式的工整的线条和客观精准的细节常为画中人物增添一分特别的历史庄严气质。

理智地说，安格尔似乎展现了形式主义的精髓，并且在他的整个绘画生涯中，都坚持用新古典主义风格创作，尽管这种风格受到同代年轻画家如德拉克鲁瓦（Delacroix）或热里科（Géricault）的抨

左图：
让-奥古斯特-多米尼克·安格尔
《荷马的荣耀》（*The Apotheosis of Homer*），1827年
画布油画，386厘米x 515厘米
巴黎卢浮宫

这幅巨大的画作是为装饰卢浮宫克拉拉大厅（Salle Clarac）的天花板而作，安格尔将它视为"他的艺术生涯中最美最重要的作品"。这幅画描绘了历史上最著名的艺术家们：但丁（Dante）、莫里哀（Molière）以及画家如普桑（Poussin），且所有人都在荷马的领导之下。这幅画旨在表现一种所有美学规范的大集结。然而，它想要达到所有的期望，这几乎是不可能的。今天再看这幅画时，它看起来拘谨僵硬，很不自然。保罗·德拉罗什（Paul Delaroche）后来在他的《半圆斗技场》（Hémicycle.）中表达过相同的主题。

下图：
让-奥古斯-特多米尼克·安格尔
《保罗和弗兰切斯卡》1819年
画布油画，480厘米x 390厘米
鲁昂美术馆

击。《路易十三的誓言》（*The Vow of Louis XIII*）（第395页上图）是一幅新古典主义风格的奉献画。在这幅画中安格尔整个地采用了拉斐尔（Raphael）的《佛里诺的圣母》（*Madonna di Foligno*），同时借用了卡拉奇（Carraccis）创作的形象。他采用了传统的肖像手法，这种手法基于神恩规则概念，但这种手法在大革命后已显得不合时宜了。向天后（Mother of God）呈奉世俗皇冠和权杖的姿势看起来戏剧化，很不自然，而世俗君王屈膝跪地的画面看起来与其说是对天后的尊崇，不如说是对神圣艺术的尊崇，在这儿，神圣艺术指拉斐尔艺术。因为实际上，宗教的地位在很长一段时间已被艺术取代，这也是为什么整幅画作看起来如此别扭——它好像是在故意制造一种几何公式感。《荷马的荣耀》（*The Apotheosis of Homer*，第396页上图）也是这种情况，这幅画描绘了一系列的著名艺术家。巨幅的画布挂于卢浮宫的一个展厅里，直顶天花板。在这幅画中，安格尔采用了当时还不常见的一种手法：他在画布上作画，然后再将画布抵着天花板悬挂，这样，他就不需利用巴洛克式的规模来制造多维效果了。整幅画布局对称，画中僵硬的信徒像石头般站立着，这使画作看起来与后来兴起的历史主义的法庭和学院装饰格格不入。

安格尔在19世纪下半叶仍继续创作。在人生的最后十年中，他获得了很多的荣誉，并在被任命为元老院议员时达至顶峰。他卒于1867年，享年87岁；其留下的作品因坚持传统而受到年轻一代画家的极力推崇。安格尔心思细腻敏感，14岁时便擅长小提琴，他努力将其音乐感转化成单纯的形式和美丽的线条，完全致力于为人们创造和传递美。在安格尔作品中看不到一点残忍和恐惧——残忍和恐惧是戈雅的创作魔法

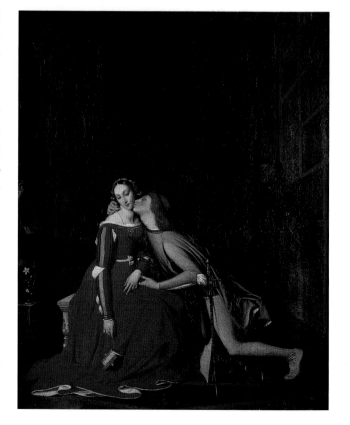

下图：
约瑟夫·德西雷·库尔
《年轻的女孩在斯卡曼河》（Young Girl at the Scamander River）、1824年
画布油画
阿朗松博物馆（Musée des Beaux-Arts et de la Dentelle d'Alençon）

及荣誉所在。安格尔在他的作品中展现了拉斐尔意大利艺术的巨大影响力，这种艺术也正是他毕生追求的。

在提到对安格尔产生影响的人物时，如果不提到德国艺术家们，将是一大疏忽。在意大利期间，安格尔有一个画室：维亚·格雷格里安娜（Via Gregoriana），旁边挨着装饰有德国拿撒勒派（German Nazarenes）创作的湿壁画的巴托尔迪之家（Casa Bartholdy）。同时，安格尔对拉特兰Massimo赌场（Casino Massimo al Laterano）里的壁画也有所了解，这些壁画由德国画家尤利乌斯·施诺尔·冯·卡洛尔斯费尔德（Julius Schnorr von Carolsfeld）、弗里德里希·奥韦尔贝克（Friedrich Overbeck）、约瑟夫·冯·富里希（Joseph von Führich）、约瑟夫·安东·科赫（Joseph Anton Koch）和彼德·科尔内留斯（Peter Cornelius）于1820年至1829年期间创作。从安格尔的许多画作中，如《保罗和弗兰切斯卡》（Paolo and Francesca）（1819年，第396页底图），尤其是《王位继承人即位》（The Entry of the Heir to the Throne），和《查理五世于1358年提前进入巴黎》（Future Charles V, into Paris in 1358年，1821年），都看得出他受这些偶遇作品的影响。所以，当发现安格尔的学生和追随者也将学习目光投向这些作品，如伊波利特·弗朗德兰（Hippolyte Flandrin，1809年-1864年）在他的基督徒系列作品中表现的一样时，也就不足为怪了。

在塑造审美和人体美方面，安格尔对复辟时期及拿破仑三世统治下的第二帝国（Second Empire under Napoleon III）时期的年轻艺术家有着深远的影响。仅举几个例子，如：约瑟夫·德西雷·库尔（Joseph-Désiré Court，第397页插图）——他是格罗（Gros）的学生，比安格尔早两年于1865年卒于巴黎，托马斯·库蒂尔（Thomas Couture，1815年-1879年），阿道夫·威廉·布格罗（Adolphe-William Bouguereau，1825年-1905年）和保罗·博德里（Paul Baudry，1828年-1886年）。安格尔画作中的宫女及土耳其宫殿景象影响了如奥拉斯维尔内（·Horace Vernet），亚历山大·卡巴内尔（Alexandre Cabanel）和保罗·德拉罗什（Paul Delaroche）的东方学者；在早期的现代运动中，安格尔——这位新古典主义的形式主义者——在所有的画家中，列出了一批他热情的追随者中的佼佼者，如埃德加·德加（Edgar Degas），哈伊姆·苏蒂纳（Chaim Soutine），皮埃尔·奥古斯特·勒努瓦（Pierre-Auguste Renoir）和巴勃罗·毕加索（Pablo Picasso）。

瑞士画家夏·加布里埃尔·格莱尔（Charles-Gabriel Gleyre，1806年-1874年）也致身于通过绘画美化过去，复活过去的事业中。他曾在里昂的埃科利韦·德皮埃尔(Ecole de Pierre)学习，也曾师从历史画家圣·路易·埃尔森（Saint-Louis Hersent，1777年-1860年），并向英国画家理查德·帕克斯·波宁顿（Richard Parkes Bonington）学

习水彩画。他在罗马结交过德国画家，在巴黎与作曲家埃克多·柏辽兹（Hector Berlioz），画家卡尔·韦尔内（Carle Vernet），罗贝尔·南特伊（Robert Nanteuil），让·佩兰（Jean Perrin）和保罗·舍纳瓦尔（Paul Chenavard）都有来往，尤其与他的同仁瑞士人利奥波德·罗伯特（Leopold Robert）交往甚深。1834年，他陪同一位美国富人来到东方，却在那儿得了严重的疾病，险些丧命。他回来后先去了里昂，但在完全恢复健康后于1838年回到了巴黎。1840年，他在沙龙举办画展，随后，他的命运似乎发生了改变：他受迪尤·德吕内（Due de Luynes）之托，开始了对位于当皮埃尔（Dampierre）的宫殿楼梯的装饰任务。然而，这个任务完成得很勉强，几乎不能达到公爵及其建筑师的要求，格莱尔因此遭受沉重打击。公爵不止让安格尔一个画家来

对楼梯修饰工程进行审核。格莱尔创作的壁画被立即销毁，取而代之，安格尔在宫殿中创作了他著名的《黄金时代》(Age d'Or，1843年-1847年)。不管是格莱尔，还是安格尔，在他们的余生中都没有再提起这件事，但格莱尔深受其辱，数年间遭受冷漠，直到1843年凭借作品《傍晚前》(Evening)，又才取得了巨大成功，这幅作品后来又命名为：黄昏或幻灭 (Lost Illusions)(第323页上图)。在这幅画中，格莱尔触及到了当时社会那根紧张的神经。同安格尔一样，格莱尔在19世纪下半叶仍坚持以新古典主义风格创作绘画，并且他于1853年创作的《承认失败的罗马人（洛桑市）》[The Romans Put Under the Yoke (Lausanne)]可能算是他最重要历史绘画。公众对《萨福的沉睡》(Sappho's Sleep)的热情，表明由安格尔延续下来的审美观在19世纪中期以后仍被人们热烈推崇。尽管格莱尔才华横溢，但其一生不幸的经历注定他只能留给我们少量的一些作品——少量却值得肯定的作品。

东方主义在法国

将好奇渴望的目光转向埃及和东方的思潮现象并非只出现在法国——整个欧洲都对那儿充满了的强烈兴趣——在英国、德国和瑞士都出现了东方味道的画作。但波拿巴 (Bonaparte) 于1798年至1799年间对埃及远征活动尤其影响了法国艺术家们。这次远征并非只出于政治利益，而是正如我们今天看到的一样，它象征了文化探寻的一次颠峰。诚然，去征服一大片衰败落后的土地无法带来任何经济利益，但是拿破仑从历史意义角度考虑这次远征。他自诩为亚历山大，那么他征服尼罗河，就像亚历山大当年征服印度恒河 (Ganges) 一样重要了。最终，扩展知识文化，并通过地理占领征服一个神秘未知世界，从而在精神上统治整个世界的决心成为他的远征动力。

这次远征本身经过并不复杂。法国军队于1798年在金字塔附近取得胜利后，占领了开罗；但同年，他们在撤退途中，于阿布克尔 (Abukir

受到海军司令纳尔逊（Admiral Nelson）指挥下的英国舰队的阻止；拿破仑的军队损失惨重。1799年，法国军队继续打入叙利亚，但拿破仑于1801年从埃及被迫撤军。回到巴黎后，督政府（Directorate）被推翻，五百人院（Council of the Five Hundred）也遭瓦解。

9年后，大卫的学生让·皮埃尔·弗兰克（Jean-Pierre Franque，1774年-1860年）展出了一幅巨大的画作，以寓言形式回顾了18世纪转入19世纪时期的法国情况，把拿破仑的英雄事迹处理成一种夸张而富丽堂皇的景象（第398页插图）。这幅巨作很有可能由让皮埃尔及他的胞兄约瑟夫（Joseph）共同合作完成，并且在最先的画册名单中，这幅画的作者是约瑟夫。比它的来源更有趣的是这幅画中关键元素所起的作用。因为如果仔细观察这幅画，会发现它是杰德勒（Gerard）的奥西恩主题的绘作（第389插图）的一个镜像而已，尽管这幅画中，扮演先知角色的拿破仑自己，他没有注意到任何神话人物，而是看着法国的象征物，但她渴求地向前伸出手臂，似乎她正承受痛若，并渴望着这位还未出现的救世主。画面中，金字塔在云雾中若隐若现，似乎画家把埃及远征看作是一次追求海市蜃楼（fata morgana）的旅行。而树叶看起来好像正被一场暴风使劲吹着，以此象征着正风起云涌的政治活动。

在文化历史中，《罗塞塔石碑》（*Rosetta Stone*）——它被拿破仑军队中的一名军官于1799年发现，并帮助让·弗朗索瓦·商博良（Jean-François Champillion）于1822年破译了埃及象形文字——起初并不及展现在整个军队面前的异域风情重要：那阳光普照下黄沙漫漫中的金字塔景象，那些神奇东方土地上多姿多彩的生活，集市，光塔，寺庙遗迹，还有那狮身人面像。在接下来的几年中，艺术家们扮演着"报道者"的角色，将这个新世界用数不胜数的绘画和水彩画记录下来，这些画作的很多变体后来都被重新以油画形式呈现出来。在如《与布拉盖牺牲者一起在佳发的波拿巴》（*Bonaparte with the Victims of the Blague at Jaffa*），《阿布克尔战役》（*The Battle of Abukir*），《拿撒勒战役》（*The Battle of Nazareth*）的作品中，安托万-让·格罗（Antoine-Jean Gros）对闪耀的光线、光彩照人的军装、有东方韵味的头巾及服装的钟爱不亚于后来的德拉克鲁瓦（Delacroix）。然而，与东方世界的这次"邂逅"，对绘画艺术的发展还有着更深远的意义：它标志着浪漫主义运动的开始。哲学家弗里德希·施莱格尔（Friedrich Schlegel）就曾在他1800年的著作《神话讲演录》（*Rede über die Mythologie*）中说过："我们必须到东方世界里去寻求最高的浪漫主义元素！"

因此在法国，东方主义与浪漫主义运动紧紧绑在一起，而毫无疑问，浪漫主义运动中最重要的代表人物是：德拉克鲁瓦和热里科（Géricault）。除这些杰出的画家外，以东方为创作主题的画家绵延不断

地出现，直至19世纪末，甚至19世纪末以后仍有出现，似乎永远都将会有浪漫主义画家存在。他们以"东方主义者"之称闻名整个欧洲。当然，他们中的几乎每一个人还以其他主题进行创作——只有少部分主要出现于19世纪下半叶的画家将东方作为其所有作品的主题——这少部分画家有：约翰·弗雷德里克·路易斯（1805年-1875年）、前拉斐尔派（Pre-Raphaelite）威廉·霍尔曼·亨特（William Holman Hunt，1827年-1910年）、奥地利的路德维格·多伊特希（Ludwig Deutsch，1855年-1930年）和古斯塔夫·鲍姆法因德（Gustav Bauernfeind，1848年-1904年）。

在早期的法国东方主义者中，应提及赫拉斯·埃米尔·让·维尔内（Horace Emile Jean Vernet，1789年-1863年），他来自一个著名的绘画世家。一开始，他在画作中将拿破仑事迹正义化，但后来，他开始热衷于波旁家族和奥尔良。从1828年到1835年，他前往罗马的法国学院，并又去了几次北非。他的画作《征服斯马哈》（*The Conquest of*

the Smalah，凡尔赛）被创作成一幅巨大的作品，有100多平方米大，足以将观赏者团团包住，好像是要以此让观赏者有身临其境感受到战争的效果。这种手法在随后发展起来的全景画作中被继续使用。

维尔内的《杰胡达和塔马》（第399页插图）作于1840年。从画上女性身体的姿态表现、柔美的线条及和谐的色调中，都可以很清晰地看到安格尔的唯美主义。然而，从整体上说，画家着眼叙事细节，精心忠实地呈现纺衣和配饰，以此表现其精湛的绘画技艺。维尔内在此故意摒弃了安格尔通过场景的时间超越感达到永恒效果的手法。杰胡达和塔马之间的对话似乎能被一字一句复述出来，项链递交行为是圣经故事中某一特定时刻的事情。画中项链位于整幅作品的中轴线上，这绝非偶然。这幅画诠释了一个文学典型故事，这种题材可能对安格尔来说有着广泛的象征意义，但在这儿，它不再有这种意义，而是一个插图式的评论，所以，尽管维尔内费尽心思想要忠实地再现每一个细节，但仍然可看出这幅画作是在迎合19世纪公众的审美期望。塔马那完美无瑕的乳房和裸露的大腿特别满足了沙龙参观者的喜好，因为这些参观者对情色元素的接受力极强。但在东方现实生活中，不可能看到一个女人用面纱将脸遮住，但却如此随便地裸露出其极具女性魅力的隐秘部位，同时还娴熟地假装腼腆。画中塔马眼神梦幻，而杰胡达的表情则表现出他对即将获得的欢愉的热切期待。他的手小心地拿着项链，而她则伸手准备接受这份交易。通过此类姿势，维尔内重新诠释了圣经故事，并从心理角度说明了19世纪存在的一种性关系。他甚至将骆驼描绘出一种似乎在评论画中对话的表情。

在诸如此类的画作中，绘画转向了一个崭新的世界——从心理学上诠释文学作品。在画作面前，观赏者总有冲动，要去猜想画中人物的对话内容，或者回忆画作基于的文学作品的原文。这种艺术实践对19世纪下半叶的整个绘画界来说都是个巨大的挑战。并自然地，在评判画作时，会看画家营造的这种情感语境有多么深远，塑造的戏剧场景和人物有多么生动。随后院校中的——首先是比利时的院校，不久之后整个欧洲的院校，尤其是杜赛尔多夫（Düsseldorf）法兰克福（Frankfurt）及慕尼黑（Munich）地区的学校中的——历史画、行为画及世俗画，即以这种标准存在。

无数的画家通过旅行或者阅读诸如极富想象力的《阿拉伯之夜》（*Arabian Nights*）之类的文学作品，亲身领略了东方世界那五彩斑斓的魅力及优美无比的情色诱惑，并将这些表现在他们的画作当中，以此建立了东方世界在欧洲的形象。这其中应提到的三个重要画家是：欧仁·德拉克鲁瓦（Eugène Delacroix，1798年-1836年），查理-加布里埃尔·格莱尔（Charles-Gabriel Gleyre，1806年-1874年）以及让—

莱昂·热罗姆（Jean-Léon Gérôme，1824年-1904年）。

德拉克鲁瓦被国王路易·菲利普在占领阿尔及利亚以后作为一名主题画家送到摩洛哥。在摩洛哥，那新鲜的色彩，非同寻常的光线，建筑光鲜的外表，穿着传统服饰的人们，穿梭在公共广场和集市中，构成一种格调和形式多元的景象，这些都印在了德拉克鲁瓦的脑子里，并激发着他采用鲁本斯(Rubens)的风格手法，尤其采用伦勃朗(Rembrandt)的风格手法，因为在这两个人毕生的作品中，东方主题都扮演着一个丰富的角色。然而，为了处理如此鲜活的色彩，德拉克鲁瓦需要的不是荷兰画家所用的明暗色彩对照法，而是巴洛克式的旋转画法。德拉克鲁瓦反映他与东方世界"邂逅"的早期作品，是以希腊解放战争为题材的，其中第一幅为《希阿岛的屠杀》(Massacre of Chios，1824年)。到后来才有《猎狮》(The Lion Hunt)，以及众多描绘阿拉伯铁蹄下的残酷斗争或野蛮的钢笔素描、彩墨画和油画。在这两种风格的中间时期，得益于他创作东方主题画作的经验，德拉克鲁瓦创作了大量以圣经或文学作品为主题的画作。这些画作采用了"原始的东方手法"，如《萨达那培拉斯之死》(The Death of Sardanapalus)(卢浮宫)。其中有一些，因为真实再现了环境的美丽而引人注目，如《犹太人的婚礼在摩洛哥》(Jewish Wedding in Morocco)或《闺房中的阿尔及女人》(Algiers in Their Chamber，1834年，第400页插图)。但正如安格尔一样，这时的艺术家们的着眼点是让人们了解到那个未知的世界，深入观察到那块禁区，这种体验极受沙龙成员的欢迎。

格莱尔对东方主题的把握，也如同他对新古典主义主题一样到位。他创作了大量的水彩画，纪录他的旅行，描绘埃及的寺庙遗迹。在大

胆的东方元素绘画创作中，他成功地在富有想象力的历史画中强化了童话元素，如在《示巴女王》（第402页右底图）所用到的一样。

让-莱昂·热罗姆生于1824年，他是这批画家中最年轻的一位，他的作品出现于19世纪下半叶的晚期。之所以需要在这儿提及他，因为他是把新古典主义风格与有异域情调的浪漫主义结合起来的代表性艺术家。他于1863年左右创作的《拿破仑将军在开罗》（Napoleon in Cairo），不仅体现了他的东方主义风格，还展现了在这一时期开始的拿破仑帝国的政治名誉恢复。

热里科、德拉克鲁瓦与法兰西"戏剧浪漫主义"

泰奥多尔·热里科（Théodore Géricault，1791年-1824年）与欧仁·费迪南·维克托·德拉克鲁瓦（Eugène Ferdinand Victor Delacroix，1798年-1863年）是法式浪漫主义画派的两大最重要的代表人物。因此，若想弄清楚"浪漫主义"的外延，我们须将两位大师的作品与其所依赖的巴洛克式技法相比较；同时，还应将他们重视色彩和强调奔放式旋转画法（有时看似融化了轮廓，模糊了界限）的特色，与卡斯帕·戴维·弗里德里希（Caspar David Friedrich，其作品同样被称之为浪漫主义）等德意志艺术家的阴郁、压抑气质，或与路德维希·里希特、莫里茨·冯·施温德等艺术家的田园牧歌式画风相比较。尽管各种画风所达到的效果迥异，但它们仍具有共同之处：构建与当下现实世界截然相反的各种理想世界。德拉克鲁瓦的作品意义深远，其影响一直散播到下个世纪。甚至印象派艺术家也声称他们是受到了德拉克鲁瓦的启发。虽然比之年长7岁的热里科

身处新艺术浪潮的萌芽阶段，但值得注意的是，他的许多绘画作品实际上都反映出热里科才是后来理想主义的鼻祖，对这一点我们应明白。

德拉克鲁瓦（1798年-1863年）因其母亲的家族关系而与厄贝本（Oeben）和里斯内（Riesener）两大木匠世家有联系。他们是德意志人，曾效力于路易十五。德拉克鲁瓦的父亲是一名外交官，活跃于当时的政坛，而且也是法兰西国名公会的一员。他一生尽享人间美事，可惜于1805年英年早逝。而据传说，德拉克鲁瓦真正的父亲是宰相塔列朗（Talleyrand），他经常帮助这个家庭，并对这位年轻的画家给予事业上的极大扶持。通过里斯内的关系，德拉克鲁瓦曾进入皮埃尔·格尔因（Pierre Guérin）的工作室，并在那里遇见了正在绘制《梅杜萨之筏》（The Raft of the Medusa）那时的德拉克鲁瓦痴迷于鲁宾斯（Rubens）的《美第奇》（Medici）系列油画，迷醉于提香（Titian）和丁托列托（Tintoretto）等意大利画家的作品，又臣服于戈雅（Goya）的画作，并深受他们的影响。不过，他随后又转而关注当时的英国绘画，最后成为一名极端的亲英派画家。据说，1824年巴黎美术展览会召开之后，德拉克鲁瓦因深深折服于康斯太布尔（Constable）展出的画作，而对自己的作品《希阿岛的屠杀》（The Massacre of Chios）进行重新上色。与康斯太布尔的不期而遇，再加上跟理查德·帕克斯·波宁顿（Richard Parkes Bonington，1802年-1828年）的深厚友谊，促使德拉克鲁瓦于1825年来到伦敦。在莎翁戏剧与《浮士德》（后来成为伦敦市激烈争论的焦点话题）的熏陶之下，德拉克鲁瓦升华了其戏剧化手法。同时，他还在英国学习了一种新的着色风格，这种风格被某批评家评论为"宏伟壮丽、

上一页：

欧仁·德拉克鲁瓦

《自由引导人民》

（第328页/329页插图的局部图），1830年

布面油画，260厘米×325厘米

巴黎卢浮宫

下图：

欧仁·德拉克鲁瓦

《萨达那培拉斯之死》，1827年

布面油画，395厘米×495厘米

巴黎卢浮宫

底图：

让-维克托·施内茨（Jean-Victor Schnetz）

《为市政厅而战》，1830年7月28日

于1834年展出于巴黎美术展览会

巴黎小王宫博物馆

惊世骇俗而热情奔放。"德拉克鲁瓦不仅尤其钟爱莎士比亚与拜伦两位文学巨匠的作品，而且同他们一样，热衷于烘托"悲剧性亮点"，即突出那样的时刻，让人物的情感最终迸发出来。同时期的诗人阿尔弗雷德·德缪塞（Alfred de Musset，1810年-1857年）在其于1836年问世的《世纪之子的忏悔录》（*Confession d'un enfant du Siècle*）一书中阐述了当时艺术新动向的主旨。与之相似，德拉克鲁瓦也一味追求悲怆的情怀，从而迎合观者的情感需求。"将世界上的害怕、恐惧、惊愕与绝望结合在一起，然后将其表现出来"，这便是他的目标。为拜伦的《唐璜》（*Don Juan*）创作有关海难的插画时，德拉克鲁瓦便融入了自己1840年的一段海上风暴经历。而他的自传处处闪烁着智慧的光芒且笔触风趣幽默，体现出他是最博学的艺术理论家之一。此外，德拉克鲁瓦也是巴尔扎克、司汤达，乃至维克多·雨果的朋友。晚年时代，他还受到了波德莱尔的尊敬。就德拉克鲁瓦的效仿对象而言，他本人所提述的就包括提香、丁托列托、鲁宾斯、普桑（Poussin），而这也昭示着即将到来的折中主义。

1827年因巴黎美术展览会而被视为浪漫主义运动之年。其间，德拉克鲁瓦展出的作品中，至少有九件获得广泛认可。一年之后，他又展出了《萨达那培拉斯之死》（*The Death of Sardanapalus*）（第403页顶图和第405页上图），这件作品的画风同样是受到了拜伦勋爵的影响。看到四面楚歌已无法脱生时，东方王子将自己和他所有的宝藏一同关在屋子里，并下令屠杀所有妻妾，最后玉石俱焚，同归于尽。这不单单是对东方世界的一种刻画，更是以绘画的手法呈现一个悲惨的故事——虽荒淫无度，但死亡却不期而至。

1830年的七月革命促使政治体系发生变革，新的统治者登上了王位，从而结束了王政复辟时期。在此影响下，德拉克鲁瓦开始创造其著名画作《自由引导人民》（*Liberty Leading the People*）（第328至329页以及第404页插图）这幅作品于1831年被当时的资产阶级统治政府年所收购，但两年后为了避免遭受政治迫害，他们又将其从巴黎卢森堡宫送还给这位艺术家——在那政局动荡的年代，这便是时代特色。直到1848年之后，它才重新公诸于世。1855年，拿破仑三世统治时期，这幅画作也曾出现在某展览会上，之后便被悬挂于卢浮宫。

有人认为画面中头戴高帽的学生具备这位艺术家的特点。然而，据他的朋友亚历山大·迪马说，德拉克鲁瓦"太骄傲、太敏感、又太重视精神，以至于无法参与任何时新的运动；不过，作为拿破仑主要拥护者的儿子与兄弟，他欢迎三色旗的重新出现。"

相传，德拉克鲁瓦将历史性变革视作自然事件，"即无法估量的事件，从而将人们从重重压力之下，从日常生活的百无聊赖之中解放出来。"而在这幅画作中，他把作品隐含的重大意义化作人群中一名女子

的形象而集中表现出来。查理·博朗说，此时此刻的德拉克鲁瓦志在称颂精神世界的自由而并非政治意义上的自由。我们再看看1834年巴黎美术展览会展出的让·维克托·施内茨之《为市政厅而战》（The Battle for the Town Hall，1830年7月5日，第405页底图），这一观点便再清楚不过了。这幅画虽然同样强调事件的戏剧特征，但施内茨在象征手法的运用上仍有些裹手裹脚。而在德拉克鲁瓦的作品中，将自由化身女人的思想是巴洛克风格的体现。画作中女子随风飘荡的衣襟呈现出流畅的动感，完全符合巴洛克的传统，让人回想起鲁宾斯创作的《战争的后果》（Consequences of War）。

自由女袒露的胸部不仅优美动人而且振奋人心，对于整幅画面的效果发挥着重要作用。在政治性绘画作品中融合情色元素在当时确实是标新立异。即使是巴洛克时期的政治绘画，也并未让女性化身以性感的形象出现。而画面中，一位战死的士兵下半身裸露着躺倒在地上，又不知是处于何种原因。然而，这全然是戏剧性的效果。这幅画同时描绘了冰清玉洁的胴体与赤条条的恐惧，以戏剧的形式展现美丑、善恶的反差。如此巧妙利用紧张局面的做法便实现了戏剧性的效果。海因里希·海涅（Heinrich Heine）曾十分欣赏1831年巴黎美术展览会展出的这幅画作，并称画中的自由女性为"近乎神化的人物形象"，是"芙丽涅（Phryne）、博萨瑞德（Poissarde）、自由女神的综合体"。以女性形象表现救赎者的做法与当时自由解放的思想丝毫无关，却与借由女性表达寓意的传统有所关联，而这一传统可追溯至古典主义。与我们已欣赏的多幅画作一样，这幅画的中心人物形象同样是基督教肖像画的世俗版本。因而，此画还借鉴了基督复活的手法。本来应该是高擎旗帜的萨尔瓦托·蒙迪（Salvator Mundi），却被换成了自由女性的形象。

可能正因为如此，海涅才谈到了"神圣主题"。然而，海涅所意识到的"伟大思想"，即他认为会"使普通人尊贵而圣洁"的思想，却是出于其他原因。那便是毫无防备的女性参与斗争的勇气，而这值得人们尊敬。此外，德拉克鲁瓦还添加了一名手持重型手枪的少年，以此表现出即便是如此小的孩子也具备同样大的勇气。手无寸铁且无依无靠的人们所表现出的勇气，正是这幅画作要向所有人传达的无所畏惧的精神。

经过七次申请且随后在塔列朗的支持下，德拉克鲁瓦最终成为巴黎艺术学院的一员。他的作品曾被安格尔（Ingres）及其支持者嗤之以鼻，认为是不成熟的画法。然而，德拉克鲁瓦后来逐步在法兰西浪漫主义运动中占据主导地位，尽管当时许多批评家也声称他们可以在他的画作中看到"拿捏不准"和"某些弱点"。诚然，若审视他的作品，人们会发现德拉克鲁瓦对于画作的准确性并不在意。许多胳膊看起来出奇的短小，许多动作跟面团似得软弱无力，单个人物或尤其是多个人物的姿势也往往难以令人信服。然而，色彩与形式的巧妙综合的确为他的画作增添了统一性。我们所强调的重点不在于娴熟的绘画技巧，不在于人物和动作的精确把握（在这些方面,德拉克鲁瓦远不如仅比其年长几岁的热里科），而在于画面所传达的信息，即对观者在情感上的感召力。德拉克鲁瓦游刃有余地处理色彩与形式的关系，要么突出色彩的奔放，要么强调构图的大胆。而这一娴熟技法直指当时的浪漫主义运动。因而，德拉克鲁瓦并不是缺乏技术能力，而是不重视那些可为20世纪艺术搭桥铺路的基础。

这与19世纪的天才崇拜密切相关。1824年，德拉克鲁瓦写道："天才创造的并不是新的思想；反而是那些已被人们阐述但又阐述得不够充分的思想，驱使天才去思考。"作为那个时代的印迹，剧院用戏剧塑造了天才的形象；与之相似，天才的德拉克鲁瓦用画笔描绘了天才的

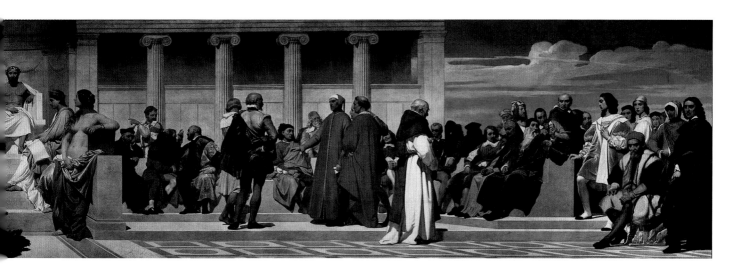

英雄事迹，而他的一笔一画都被视作天才的神来之笔。另外，德拉克鲁瓦厌恶新古典主义画家那种审慎小心而又精美细致的画风，而善于泼墨式快捷而又松散的画法。这使他能在很短的时间内把握描绘历史事件的大型系列绘画作品，比如绘画凡尔赛的战争场景。

在19世纪，历史画与天才崇拜如同一对双胞胎兄弟一样密切相关。与其他绘画作品不同，历史画衍生于对基督救赎故事的描绘。然而启蒙运动与革命对最后一次要求宗教为每个人提供圣人形象的学习模范发出质疑。就当时的观点来看，此时的"英雄"或者伟大的历史人物同样也拯救了世界，从而取代了基督教的圣徒。因此，送走了殉教者，迎来了

英雄；没有昭示乾坤的先知，只有解人不惑的天才。而相应地，早期的罪恶故事则变成了对当下的警告。着手历史性题材之前，许多历史画画家最初致力于基督教主题。保罗·德拉罗什（Paul Delaroche，1797年-1856年）便是其中一个。他的早期作品主要取材于《旧约》（Old Testament），而后他转向从法国与英国的历史中提取素材。他所在的时代，德拉罗什是最富盛名的画家之一，曾被赞誉为"时代英雄"。他的画作通过艺术达到了教育的目的，满足了感官的需求。他的画作之所以在当时大受欢迎，得益于他对事物本质和人物服饰的细微观察，以及画作本身的戏剧性内容。例如，在《英格兰女王伊丽莎白一世之死》（*The Death of Queen Elizabeth I of England*，1827年）中，纷繁复杂的素材（实际上分散了人们对真实事件的注意力）令观者眼花缭乱，以至于它被批评为"病态虚荣心的附属产物"。然而，这与当时人们品味的需求一致，因为装饰性历史画要求滴水不漏地将物品、家具和服饰的细节展露无遗。此外，德拉罗什的作品掀起了一场不同以往的变革。如果说其他画家往往从剧场设计中选取素材，那么德拉罗什则相反，他的作品就被搬上了舞台，比如《爱德华国王的臣子们塔楼之死》（1831年，第407页底图）。这幅画作如此深入人心，使得卡其米尔·德拉维涅（Casimir Delavigne）当即奋笔疾书写下了一部悲剧，而其舞台布景与此画如出一辙。

1837年，德拉罗什接到一份重要工作。即用一组艺术家的系列肖像画装饰国立美术学院的后堂，所涉艺术家超过70位，且均为自古典主义以来最杰出的艺术家（第406页-407页插图）。这幅艺术群星图后来被称作《半圆室》（*Hémicycle*）。数十年来，世界各地的艺术家以它为湿壁画模板，争相效仿。创作这幅作品时，德拉罗什重新运用了古代蜡画技术，是这一复兴之法的开山鼻祖。这种方法即把灼热的溶解

蜡倾倒在石膏上，从而使画质流畅光滑，同时起到了除湿的作用。德意志艺术家朱利叶斯·施诺尔·凡·卡罗斯费尔德（Julius Schnorr von Carolsfeld）曾采用同样的技术为国王路德维希一世（Ludwig I）绘制了壁画《慕尼黑居所》（*Residence in Munich*，第461页底图）。

德拉罗什的最后一件重要作品为《台伯河中的少女尸体》（*The Bodies of Girls in the Tiber*，1855年），其问世后立刻被指定为"卢浮宫内少女殉道者"。这里我们再次看到了前文所述的宗教情怀之世俗化，然而德拉罗什已经突破了界限，进入该世纪下半叶感伤式绘画。

戏剧化浪漫主义在1847年的巴黎美术展览会上达到巅峰，当时格罗（Gros）的学生托马斯·库蒂尔（Thomas Couture，1815-1879年）展出了他近8米长的画作《堕落的罗马人》（*Romans of the Decadence*，第408页插图）。这幅画作实际上是受政府的委托为巴黎卢森堡宫而作。库蒂尔为此收到了高达1.2万金法郎的报酬，批评家们大声惊呼"库蒂尔拿得最高！"——一句一箭双雕的评论。其实，若有人看过这幅画，则更容易理解，那个时代介于新古典主义与浪漫主义之间的激情与狂热是法国绘画努力表现的全部内容。这幅作品的成功之处不仅在于借鉴了韦罗内塞（Veronese）、蒂耶波洛（Tiepolo）、鲁宾斯和普桑（Poussin）等古代欧洲大画家开放式画风和创作方法；而且在于，与同时代主张达到戏剧化效果的艺术家相比，画家库蒂尔似乎在融合古典主义与当代特色方面更胜一筹。人们可以看到所有的这一切在这里交汇：古典柱式大厅、与鲜活的人物相互呼应的雕塑，

安格尔（Ingres）式线条勾勒的美丽形态，以及德拉罗什所善用的细节处理。画作主题取材于尤维纳利斯（Juvenal）的诗句，但我们可以推断此情色而感伤的画面比之拉丁文诗句更扣人心弦。此处，画面中央也是一位妇女，如此便让人们将所有的目光都放在她身上。妇女舒展地躺倒在一大群人中间，而他们正肆意纵情于一切罪恶中，正是这些罪恶导致了罗马的坠落。五尊比实际人体大五倍的罗马历史人物雕塑将整个场景团团围绕，他们的动作似乎是在要求人们回归本真。而整幅画作的真实思想是从画面中央妇女痛苦而忧郁的表情中流露出来。这一题材再现于自我怀疑为"颓废派"的时期，尤其是在19世纪末。奥地利艺术家汉斯·马卡特（Hans Makart，1840-1884年）便是此类题材的典型代表之一。尽管库蒂尔对其他法国画家的影响并不是特别深远，但他对在罗马定居和工作的德意志画家安塞尔姆·费尔巴哈（Anselm Feuerbach，1829-1880年）有着重大影响。

现在我们再重新讨论较早期的艺术家让·路易·泰奥多尔·热里科（1791-1824年）这并非空穴来风。年轻的热里科还没来得及大展自己的艺术才华，就在33岁时夭折于巴黎。他出生于受过良好教育的家庭，成长于拿破仑掌权的时代。15岁时，进入卡尔·韦尔内（Carle Vernet，1758年-1836年）的工作室接受马画培训。1810年，又被戴维风格传承人格厅（1774年-1836年）收纳为徒。热里科从自己与马匹的亲身接触中提炼出了意义深远的世界观，由此可见他把自己的一生都献给了马匹。他的无数马画精品所表现的，与其说是它们细腻的情感、

逼真的鼻子、富于表现力的头足姿势，倒不如说是热里科力求通过这种动物的千姿百态表现大自然的本真——这一目的更值得人们关注。对他而言，马匹或狂野或温和的眼神是大自然的语言。他能够将一般观察者很难捕捉到的细微差别，在其与众不同的自然画作中展现得淋漓尽致。菲利普·奥托·伦格（Philipp Otto Runge）致力于色彩理论，而热里科投身于鲜活的自然物种。在《马臀》（Horses' Rumps，1812年-1816年）一画中，他描绘了30匹不同姿势的马，它们在马厩中一个挨着一个呈现在人们眼前。每匹马独立成形，且各具特色。在热里科看来，马匹是大自然之狂暴的象征，而人可以各种方式驯服它。

他的第一件主要作品为《轻骑兵军官的冲锋》（Portrait of an Officer of the Chasseurs Commanding a Charge，1812年，第409页底图），其深受格罗的影响。画面中，骑兵侧身急转，其幅度之大以至于向前冲锋的马匹与骑兵瞪眼凝视的方向完全相反。扭转的身体又因弯曲的马刀得以加强。整幅画面直观而流畅，所有的元素构成了一个戏剧性的整体——上升对角线式的布局，大幅度的身体后转动作，向下扫视惨败的敌人，冲向弥漫着红色硝烟的战场。

这幅画是受官员迪厄多内（Dieudonné）的委托，他希望以身着军服的形象呈现自己，因而热里科便塑造了一个激情而极端的冲锋勇士形象。为此，他于1812年的巴黎美术展览会上获得绘画表彰。而他的另一幅作品《受伤的胸甲兵》（A Wounded Cuirassier，1814年，第409页顶图）却在该展览会上引来一片骂声。画面中，仍能够驾驭身后马匹的受伤士兵正抬头仰望漆黑而昏暗的茫茫苍穹。这一形象被视作法国战败的象征，无法唤起人们心中顶天立地的英雄气概。当时的批评声之猛烈，乃至这位画家曾多次受到威胁要摧毁画作。

热里科的私生活十分凄惨。朋友之妻为其诞下一子，这个孩子在法国长大却从来不知道自己的母亲是谁。热里科负担这个孩子的抚养费用。为了忘掉这个不愉快的往事，他只身前往意大利，在那里全心投入绘画研究，涉猎范围包括米开朗琪罗与拉斐尔的画作、西斯廷教堂壁画和古代雕刻作品。

1816年，护卫舰梅杜萨号启航前往塞内加尔。显而易见，由于船长缺乏经验，大船遇难沉入海底。借由生还者之口，这场灾难引起了公众的广泛关注。杂志社将此事件印制成了小册子，并在一夜之间销售一空。出于直觉的敏感再加上十足的魄力，热里科利用这次机会将绘画带入了新的领域，即借时事警世人。他认为反映大事件的画作不应被视为单纯的纪实报道而写实，相反画家应采用艺术的手法去表现事件，以达到普遍警示的作用。这便是我们解读世界名画《梅杜萨之筏》（第411页顶图）的方法。船上149名乘客靠一支木筏在海上流浪逃生，

然而他反驳道："说出那样蠢话的人显然从未经历过两周饥渴交迫的生活，否则他们会明白木筏上饱受煎熬的人们所经历的那种彻头彻尾的恐惧并非是诗人或画家能够诉诸纸笔的。"

这里，我们可将热里科在1818年到1819年之间创作的画作与卡斯帕·戴维·弗里德里希（Caspar David Friedrich）的《希望之骸》（The Wreck of the 'Hope'，第322页插图）进行比较，二者在主题上十分相似。尽管他们表达的情感与价值观是一样的，但弗里德里希的画作偏阴郁冷峻，对主题的处理大刀阔斧鞭辟入里，而缺乏法国绘画作品那种狂热的戏剧式画风。此外，弗里德里希更为清晰地刻画了无神世界的荒芜颓败。《希望之骸》同样取材于真实的悲惨事件，"希望"号在探险过程中遇难，最后冰封于北极圈内。两艘船中，一艘名为"希望"，另一艘名为"梅杜萨"（三头蛇发女妖的化身，只要被她望一眼，一切都会变成石头，以此便可抵抗灾难），二者都是以自然神论者的口吻讽刺命运的无情。然而，命运要让那些胆敢与它对抗的人们明白，即使是巨人也会倒下臣服于它的无所不能，就像后来1912年发生的泰坦尼克号惨剧一样。

热里科似乎感受到了心中一种类似使命的东西，因而他选择当时社会上最可怜的人——波旁王朝的支持者——作为画作的主题。在描绘精神病人的画作中，他抓住了每一个微秒细节，比如《疯狂的女赌徒》（A Madwoman and Compulsive Gambler，第410页插图）。这与他创作的马画或《行刑犯的头颅》（The Heads of Executed Prisoners，斯德哥尔摩）一样，力求完全地覆盖自然的众生百态。此类作品上，这位画家不仅以科学严谨的态度纪实，而且还展示了小人物饱受命运煎熬却又因此而不受尊重的悲惨人生。画面所呈现的全然困惑与疯子们脸上流露的极度孤独，让我们深深陶醉。但若要理解热里科为何如此善于心理刻画和解读人物表情与特性，还须与结合是歌德的朋友，科学家约翰·卡斯帕·拉瓦特尔（Johann Caspar Lavater，1741年-1801年）所撰写的《生理解剖》（Physiological Fragments），这本书曾在德意志广为流传；或者结合雕刻家弗朗茨·克萨韦尔·梅塞施密特（Franz Xaver Messerschmidt，1736年-1783年）所创作的富于表现力的作品。

戈雅曾在1808到1812年间将动物尸体搬上了静物画（第363页底图），与之相似，热里科也在其《梅杜萨之阀》的众多初稿中寻求狰狞与恐怖的效果。着手这幅巨作之前，他曾悉心创作《行刑犯的头颅——尸体残段》（Executed Prisoners, Parts of Corpses，1817年-1820年）。有关他想抓住机会描绘刚刚死去的人还有一个可怕的传说：热里科某天在街上碰见一位患有黄疸已奄奄一息的朋友，然后高兴地叫到："哇，您多美呀！"

1821到1824年间，热里科再次回到海难主题上，但是这次他克制自己，只描绘了一具被海浪冲上岩石的遇难女尸（第411页底图）。在

木筏原本可由一艘与梅杜萨号同行的小船拖回岸边，但是绳子断了，人们在饥渴煎熬与痛苦绝望中度过了12天。

据说，当时还发生了食人事件。最后15名获救者中，仅5人生还。对于画作的特色，热里科花费了很长时间去琢磨整个事件中哪一点最适合绘画创作——是大船下沉的时刻？绳子断裂的时刻？还是木筏上发生暴乱的时刻？最后，他确定为那样的一刻——绝望的乘客们远远望见一艘船只，他们奋力招手，但随即又发现根本没人能看见他们。由于创作之初画家绘制了无数草图，所以这幅画作呈现的一种反差包含了大量信息。自始至终，善变的热里科都在强化画作的戏剧性，寻求同时表现恐怖与怜悯的最佳时刻。在终稿上，画家调用一切艺术手法描绘了一个地狱般的悲惨景象。水面上漂浮着死尸与奄奄一息的生命；阴沉的天空压得人喘不过气，它那焦黄的颜色透露着邪恶。可以搭救乘客却没能看见他们的船只在画中可辨认为远处的一点帆影。因而，挥动衣襟之时，人们忽然意识到这根本没用，希望随即转为绝望。这不是我们在鲁宾斯的《埃涅阿斯之海难》等巴洛克式绘画中所见到的上帝之神力，而是命运无情摧残小人物的集中体现。

这幅画描绘的既不是殉教者也不是国家英雄，而是蹂躏着底层人民的悲惨命运。至今此类事件仍被认为是最值得崇高艺术去描绘的主题。正如人们所预料的，这幅画在当时立刻被看作是国家的象征。热里科的"爱国之笔"受到了人们的褒奖，但也有人将这幅画误解为"革命作品"或者"反抗的呐喊"。热里科还被指责为"诽谤整个国家海事部"，

上图：

让·路易·泰奥多尔·热里科

《梅杜萨之筏》，1818年-1819年

布面油画，491厘米×716厘米

巴黎卢浮宫

左图：

让·路易·泰奥多尔·热里科

《冲上岸边的路易莎·德梅洛》

（*The Wreck of the Luisa de Mello*）（海难，风暴）

1821-1824年

布面油画，14厘米×25厘米

巴黎卢浮宫

19世纪的"命运画"展示了早期的宗教形态。艺术家们描绘了人在大自然面前无能为力，只能任由其摆布——无论是一群人身处恐怖与绝望的险境，还是一个人，比如画作中被海浪抛上岸边而毫无知觉的人。德意志诗人海因里希·海涅（Heinrich Heine）在其诗作《北海》中描绘了类似的场景。

"希望与爱——统统消失！

而我自己，像一具死尸

被惊涛巨浪冲上岸边

我躺在沙滩上

这杳无人迹的沙滩……"

左图：
乔瓦尼·多梅尼科·蒂耶波格
（Giovanni Domenico Tiepolo）
《散步》（The Walk），1800年前
齐安哥内，原蒂耶波格别墅（Villa
Tiepolo）的湿壁画
威尼斯柯瑞尔博物馆（Museo di Ca'
Rezzonico）

底图：
乔瓦尼·多梅尼科·蒂耶波格
《喋喋不休的人》（The Chatterbox）
维琴察附近瓦尔马拉纳别墅（Villa
Valmarana）的湿壁画

科"线条画错了"或在涂料的运用上太过大胆。仅有少数人支持他，比如他的朋友诗人波德莱尔以及另外一名画家奥拉斯·韦内尔（Horace Vernet）。《梅杜莎之筏》在伦敦展出时获得出乎意料的好评，以及热里科对英国绘画情有独钟，这一切都并非巧合，恰好证实了他向现实主义的转变。从马背上摔下来之后，他长时间卧床不起，忍受着病痛的煎熬，直到死亡的来临，那年他才33岁。尽管如此，但他仍坚持绘画。临死前，悲痛欲绝的热里科曾说"我没画过什么，绝对什么也没有"。只可惜对他的安慰来得太迟了。热里科死后，整个19世纪后期，人们都在瞻仰他，争相复制和仿造他的作品。热里科是现实主义的主要先驱之一。

意大利

自洛可可时代末期到王政复辟的数十年当中，意大利占据了一个特殊的地位。暨乔瓦尼·多梅尼科·蒂耶波格（Giovanni Domenico Tiepolo）、弗朗切斯科·瓜尔迪（Francesco Guardi）、安东尼奥·卡纳尔（Antonio Canal）和贝尔纳多·贝洛托（Bernardo Bellotto，1727年-1804年）所支撑的鼎盛时期之后，绘画艺术出现了明显的停滞不前，即艺术史学家们经常谈论的"沉沦"。此时的画作主要表现的便是一种冷静与沉思，这很好地契合了这类主题。浪漫主义对废墟的依恋不仅是洛可可遗风之所在，而且意大利风景画家再其作品中也体现了同样的画风，这

19世纪，他并不是选择这一主题的唯一画家。上文中我们曾提到了热里科创作的《台伯河中的少女尸体》（1855年），而另一幅作品《维尔日妮之死》（The Death of Virginie）[1869年，沙鲁托博物馆，创作者为詹姆斯·贝特朗（James Bertrand，1823年-1887年）]取材于1788年的一部小说，同样描绘了被冲上海滩的少女。此外，我们还会想起阿尔弗雷德·德奥当（Alfred Dehodencq）于1849年的画作《被发现死在沙滩上的维尔日妮》（Virginie Found Dead on the Beach，1822年-1882年）。这些作品由跟热里科同时代的或者画家所创作，它们反复重现了同一主题。就在热里科创作了《沙滩上的尸体》（Body on the Beach）几年后，海因里希·海涅在其诗集《北海》的"北海篇"（Nordsee，1825年-1826年）中描述了同样的场景。

热里科仅创作了几幅山水画，比如《英雄渔夫风景图》（Heroic Landscape with Fishermen，1817年-1820年）以及《海景画》（Marine Painting，1821年-1824年，私人收藏，瑞士）同样是浓墨重彩渲染大自然不可抗拒的强大原始力量，比之前描绘上帝的任何一幅画作都更加生动逼真。这些画作中，人仅仅被当作是花边装饰，就像是烟波浩渺的宇宙中偶然出现的渺小生物。

公众与艺术家不总是对这位艺术家充满好感，他们有时提醒热里

下图:
弗朗切斯科·瓜尔迪
《威尼斯音乐盛会》(*Venetian Gala Concert*),1782年
布面油画、68厘米×91厘米
慕尼黑老美术馆(Alte Pinkothek, Munich)

些画家大都来自意大利并创作了德意志城市景观画。相反,意大利的废墟将欧洲各国的艺术家吸引到南方,在废墟原址上寻找创作的灵感。

当时意大利的经济状况与实力地位,决定了它能提供的大型题材是少之又少。乔瓦尼·多梅尼科·蒂耶波格晚期在热那亚(Genoa)总督府(Palazzo Ducale)创作的湿壁画于19世纪被大火烧毁。1799年底,过着隐居生活的蒂耶波格用描绘狂欢节景象的壁画,装饰他在威尼斯附近齐安哥内(Zianigo)的别墅之墙面,这些作品反映出他已经放弃了巴洛克风格(第412页顶图)。他的壁画作品中,最杰出的当属维琴察附近瓦尔马拉纳·代·纳尼别墅(Villa Valmarana dei Nani)中的壁画(第

412页底图)。从这幅画作中,我们已可感受到人物及其服饰所体现的冷峻的新古典主义风格。然而,令我们感到惊奇的是新哥特式浪漫主义作品。19世纪的后几十年中,晚期巴洛克风格本身也开始发生转变;即便是大礼堂也变得暗淡了,比如在弗朗切斯科·瓜尔迪的音乐会绘画作品中,人们长袍的颜色比墙壁的冷淡色调还要统一(第413页插图)鉴于意大利与法国一样进入了资产阶级的时代———一些历史学家甚至说是大众的时代,因而无名氏成了艺术的主题,而这在前述两幅画作中十分明显。

朱塞佩·博尔萨托(1771年-1849年)创作的《欧仁·博阿尔内及其来自巴伐利亚的妻子奥古斯特·阿马莉茵临威尼斯》(1806年左右,第414

下图：

朱塞佩·博尔萨托

《欧仁·博阿尔内及其来自巴伐利亚的妻子奥古斯特·阿莉莅临威尼斯》（The Arrival of the Viceroy Eugène Beauharnais and his Vicereine Auguste Amalie of Bavaria in Venice），约1806年

布面油画，63.5厘米×92.5厘米

私人收藏品

底图：

罗伯特（雅克·弗朗瓦索·福斯特）·勒菲弗

《宝琳娜·博尔盖塞王妃》，1808年

布面油画，214厘米×149厘米

凡尔赛及特里侬宫（Château de Versailles et de Trianon）

然而，出于以下一些原因，勒菲弗描绘的另一位具有宝琳娜特色的人物更值得人们关注。这幅画作中，对生活抱有极大热情的王妃被描绘成了神话中的人物：《装扮成逃离阿波罗的达佛涅之宝琳娜》（Pauline as Daphne Fleeing from Apollo，第415页顶图）。因而，对于身为人像画家和神话主题绘画大师的勒菲弗，该主题赋予了他施展才能的机会。不过，这同样也表明寓言式的巴洛克风格并未完全被打破。画面的景观暗指世外桃源阿卡迪亚（Arcadia），而位于蒂沃利（Tivoli）的神庙同样描绘了这位王妃的新领地。而画作的主题不可避免地给新古典主义画家勒菲弗出了一道特殊的难题：奔跑的人物很难符合戴维的静态要求——人像如雕塑般庄严优美，其长袍带着平缓的褶皱轻轻下垂。因而，这幅画中，人物仿佛漂浮在空中一般，随风飘荡的衣衫形成了有棱有角的皱褶，而达佛涅的脚步好似芭蕾舞者一般轻盈。这便是勒菲弗的作品中反复出现的特色。

页顶图）此类以早期手法创作的作品很难具有说服力。除了一晃而过的凯旋门之外，人群本身以及风景构成了画面的主要内容。在这普天同庆的日子里，统治者及其妻子乃至皇室都只是整个盛会的一部分。然而，这种冷静客观的特质（也是卡纳尔与贝洛托早已具备的素质）是新拿破仑时期绘画的工具。至此之后，正如新国王与他的家族一样，此类画作主导了整个意大利。上述画作引起克劳斯·兰克海特（Klaus Lankheit）对当时还不太出名的博尔萨托的注意和对意大利这一段被人忽视的绘画史的关注。

拿破仑掌权后，所有前朝残余势力从皇宫迁出，为新统治者及其家族绘制肖像的需求与日剧增。继戴维与热拉尔之后，他们的许多学生都接到了委托题材，即便他们既不在意大利居住又从未角逐过罗马大奖。那时对画作的要求只有一个——足够好。

罗伯特·勒菲弗（Robert Lefèvre，1755年-1830年）便是其中之一，他出生于巴约（Bayeux）师从勒尼奥（Regnaul）。这位画家最初以神话主题绘画成名，但不久后（而并非草率的）他成为人像画家，被同时代的人视可与戴维和热拉尔相提并论，进而授命为国王及其家族绘制官方肖像。因而，为拿破仑最宠爱的妹妹玛丽-宝琳娜（Marie-Pauline，1780年-1825年）画肖像的画师中，勒菲弗可能是画得最多的一个，尽管我们更熟悉巴黎画家乔瓦尼·弗朗切斯科·博西奥（Giovanni-Francesco Bosio，1764年-1827年）为这位公主创作的肖像以及卡诺瓦（Canova）以她为原型创作的《胜利女神维纳斯》（Venus Victrix）两次婚姻之后，1803年，宝琳娜嫁给了卡米洛·博尔盖塞王子（Prince Camillo Borghese）。勒菲弗的代表作就包含了1808年在凡尔赛为她创作的作品——身着华服的《宝琳娜·博尔盖塞王妃》（Princess Pauline Borghese，第414页底图）。

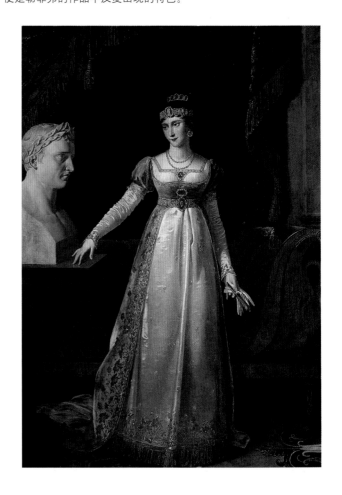

《胜利女神维纳斯》，丘比特的塑造则是借鉴拉斐尔的画法。无论如何，这就是克劳斯·兰克海特所称的"意大利新古典主义运动中迄今还不为人所了解的柔和画风"。虽然这股风潮只持续了几年时间，然而，与稍晚出现的安格尔（Ingres）类似主题的画作相对比时，此特点尤为明显，在帕拉吉的作品中也有所反映。

帕拉吉的画作《牛顿发现光的折射》（*Newton's Discovery of the Refraction of Light*，1827年，第416页下图）展现了这一改变。它还揭示了以叙事为基调的浪漫主义画风的出现。采用类似戏剧场景的形式，这幅画"呈现"牛顿的发现。孩子制造的肥皂泡，让科学家突然停下手中的工作，因为他有了不经意的发现。这幅作品既被看作是风俗画也被当作是历史画，同时它还体现了帕拉吉倾向于心理刻画，这也是此后几年中意大利画家所共有的特点，比如我们所看到乔尼瓦·法托里（Giovanni Fattori）或多梅尼科·莫雷利（Domenico Morelli）。心理

安德烈亚·阿皮亚尼（Andrea Appiani，1754年-1817年）被拿破仑任命为意大利国家首席宫廷画师。这位伦巴底（Lombardy）大师因其在蒙扎宫楼顶的画作《丘比特与普绪喀》（*Cupid and Psyche*）而闻名于天下，被人们赞颂为"令人感动的画家（pittor delle Grazie）"。随后，他又获得允许以这位欧洲的征服者为原型，在米兰的卡塞塔皇宫（Palazzo Reale）描绘《丘比特与地球的征服者》（*Jupiter and the Conqueror of the Globe*），从而使拿破仑家族名垂千古。当时，奥古斯特·威廉·施莱格尔（Auguste Wilhelm Schlegel）告诉歌德"现今，米兰的阿皮亚尼无人可及。"相比画家彼得罗·本韦努蒂（Pietro Benvenuti，1769年-1844年）或佩拉吉奥·帕拉吉（Pelagio Palagi，1775年-1860年），阿皮亚尼所采用的色调要柔和许多，比如其画作《普雷斯堡之和平寓言》（*Allegory on the Peace of Pressburg*，1808年，第416页顶图）以及官方肖像画《身着宫廷服的总督夫人奥古斯特·阿马莉娅》（*Vicereine Auguste Amalie in Court Dress*，1806年，第415页底图）中温文尔雅的巴伐利亚王妃。

帕拉吉（Palagi）创作的《丘比特与普绪喀的婚礼》（*The Nuptials of Cupid and Psyche*，1808年，第417页插图）反映出此时的意大利画家能够将其所依赖的法国画风与他们对古典主义的研究，以及门斯（Mengs）对他们的影响融汇在一起。若不结合从法国传入的思想，人们很难理解这幅《丘比特与普绪喀的婚礼》。而上述融合特色又出现于维森佐·卡穆奇尼（Vincenzo Camuccini，1771年-1844年）的画作中。在他所在的时代，人们认为帕拉吉已吸收了古典主义名画的精髓——我们可以看到《丘比特与普绪喀的婚礼》主要参考了梵蒂冈的《丘辟特·韦洛斯比》（*Jupiter Verospi*）的画风，而其中普绪喀的形象是效仿

下一页：

佩拉吉奥·帕拉吉
《丘比特与普绪喀的婚礼》，1808年
布面油画，254厘米×188.5厘米
底特律美术馆

类似《丘比特与普绪喀的婚礼》这样的题材，适合在古典主义或文艺复兴风格的正统作品寻找参考。梵蒂冈博物馆内的"胜利女神维纳斯"或"丘辟特·韦洛斯比"等大理石罗马人雕像提供了画家将雕像转换为绘画人物的灵感，而丘比特的造型则主要效仿拉斐尔创作的类似人物。

左上图：

安德烈亚·阿皮亚尼
《普雷斯堡之和平寓言》，1808年
木板油画，38厘米×46厘米
莫斯科市普希金美术博物馆（Pushkin Museum of Fine Arts）

左下图：

佩拉吉奥·帕拉吉
《牛顿发现光的折射》，1827年
布面油画，167厘米×216厘米
布雷西亚市现代艺术美术馆（Galleria d'Arte Moderna）

刻画的风潮在意大利绘画中复兴，一直延续至由现实主义画家组成的斑痕（Machiaioli）风格画派。

最后，我们还要提及弗朗切斯科·阿耶（Francesco Hayez，1791年-1882年），他是19世纪下半叶将法国思想传入意大利的许多其他画家之代表。他荣耀的一生充满了赞誉，他的事业使他在整个19世纪下半叶对意大利绘画风格的形成发挥了举足轻重的作用。阿耶早期的作品画风细腻、笔法严谨，仍表现为安格尔的影响；但很快，他就吸取了浪漫主义风格的方式，比如我们所看到的《罗密欧与朱丽叶的吻别》（The Last Kiss of Romeo and Juliet，1823年，第419页左图），其布局便如同舞台布景一般。在《帕尔加岛的难民》（The Refugees of Parga，1831年，第418页插图）这幅画中，阿耶全然以历史画家的视角呈现自己的思想，以达到教育世人目的。如此，一方面，他能通过描绘特殊的事件表达爱国主义情怀，同时升华背井离乡、颠沛流离这样的主题（时至今日此类主题仍具重大意义）；另一方面，尽管画面如此感人至深，他还能赋予它高度的表现力使之成为一种永恒的谴责。

1850年阿耶的画作《对<旧约>与<新约>的沉思》（Meditation on the Old and New Testaments，第419页插图），其正确的名称应为《对意大利历史的沉思》（Meditation on the History of Italy）。自1848年后

解放战争之前，阿尔卑斯山以南地区的绘画艺术就如同当时的混乱社会尚未达到一个清晰界定的状态。19世纪中期时，宗教与历史的问题以及意大利的历史性选择是对还是错，是十分重要的热点话题，而在这里启蒙运动从未真正发生过。这幅画中，美女暗淡的目光并未直接投向观众。她深深陷入沉思，眼睛盯着画布以外的地方出了神。美女的右手拿着一本对开本书籍，上面写着"意大利历史"（Storia d'Italia），即知识的象征；左手握着一把十字架——信仰的象征，而这对于意大利历史同样发挥着重要作用。然而，她却把十字架放在较低的位置。她裸露的胸部很可能象征真理，与表示哀悼的黑色十字架放在一起，极具感染力而煽动人心。因而，解读上述肖像元素的布局时，人们一定会问：阿耶是在对比真理与信仰，还是希望把历史放在信仰与真理之间？画面中仅有一侧胸部裸露，是因为在知识与信仰之间，人们常常只抓住了一半吗？这位美女垂头沉思，发丝散乱，似乎已因为这些问题而感到疲惫不堪。她的目光所流露出的疑惑，是难于决定信仰或者知识，宗教或者科学吗？美女本身象征着19世纪的意大利吗？这位"意大利"化身面向观者的目光达到了一种令人浮想联翩而近乎催眠的效果。美女自己似乎就处在半梦半醒之间。这便是尚未找到答案而为悲伤所笼罩的沉思。

上一页：
弗朗切斯科·阿耶
《帕尔加岛的难民》，1831年
布面油画，201厘米×290厘米
布雷西亚市艺术画廊

这幅画的巨大篇幅达到了以下两种效果：一是，1818年英国人将此地交由土耳其人界管，那时人们被迫背井离乡，大篇幅画作可放大其悲惨的命运，从而构成一种警示；二是，大篇幅画作可让观者产生身临其境之感，甚至可以说，是让他们亲眼见证了这一事件。

上图：
弗朗切斯科·阿耶
《罗密欧与朱丽叶的吻别》，1823年
布面油画，291厘米×202厘米
特雷梅佐（Tremezzo）卡洛塔别墅
（Villa Carlotta）

上图：
弗朗切斯科·阿耶
《对意大利历史的沉思》（也称为《对
<旧约>与<新约>的沉思》），1850年
布面油画，90厘米×70厘米
罗维雷托，私人收藏品

德意志的新古典主义和浪漫主义运动

　　洛可可时代末期，新古典主义的大流主要为法兰西所主宰。欧洲亲王——特别是德意志人——自然而然地转向法兰西文学和戏剧，或吸纳来自法兰西的建筑师和画家，还是派遣本国的建筑师与画家到巴黎学习。若皇家建筑师赶时髦，采用新古典主义早期的"假发风格"，即路易十六时期的风格，则内部装修也应采用与花型装饰、纯灰色圆花饰以及蜿蜒起伏的雕带风格一致的装饰性绘画。

　　那时，任何希望与时俱进的人都会钻研巴黎或至少像贾纽埃里厄

斯·齐克（Januarius Zick，1730年-1797年）一样追随法兰西风格。贾纽埃里厄斯·齐克出生于慕尼黑，曾负责装饰布鲁赫萨尔宫（Bruchsal）的华托厅（Watteau）。随着他画风逐渐从洛可可风格转向新古典主义，其油画作品的色调也愈加暗淡起来。虽然，他的风景画与古代人物像，比如《雕刻家工作室内的墨丘利神》〔[Mercury in the Sculptor's Workshop，1777年，科布伦茨市（Koblenz）中莱茵博物馆（Mittelrhein museum）]〕仍然颇具洛可可之精髓——此类画被称作是"新古典主义的感召"。但古典主题以及与新科学思想的碰撞已在他的作品中占据了重要作用，正如我们从《关于牛顿发现引力的寓言》（An Allegory on Newton's Discovery of the Theory of the Force of Gravity，约1780年，第420页插图）看到的一样。这幅画作中，齐克巧妙地将那个时代的三大重要元素（浪漫主义对废墟的青睐，人们对古典主义的借用，以及画作的真实主题——向启蒙运动与现代科学致敬）融汇在一起，这实在令人钦佩。画面中，牛顿象征着启蒙运动，他的一旁是酒神巴克斯赐予迷魂酒的诱惑，另一旁科学被加上了锁链捆绑在地上。尽管画作的主题为启蒙运动，但他仍采用了巴洛克式寓言手法。当意大利画家佩拉吉奥·帕拉吉后来以同样的主题进行创作时（即前文所述，把牛顿作为启蒙运动思想家，第416页下图），人们便可清晰地看到50年来绘画风格的转变——从巴洛克寓言式风格转向心理刻画与教育宣传。不过就齐克而言，他并未发展出属于自己的新古典主义特色。

与之相反，德意志画家们在各种古典风格的发祥地（首先是意大利，其次是罗马，再到大希腊。）中寻求新古典主义。这些曾被称作"罗马籍德意志人"的画家单枪匹马或成群结队地聚集在罗马。他们中，有些人仅在这座永恒之城中停留了短暂的一段时间，而另一些人比如约翰·克里斯蒂安·赖因哈特（Johann Christian Reinhart，1761年-1847年）和约瑟夫·安东·科赫（Joseph Anton Koch，1768年-1839年）等则在意大利娶妻安家，度过他们的余生。柏林艺术家弗朗茨·路德维希·卡特尔（Franz Ludwig Catel，1778年-1856年）也是其中的一位。他曾留下一幅栩栩如生的画作，形象地刻画了德意志艺术家在罗马的生活。这幅画是1824年皇储，即后来的巴伐利亚国王路德维希一世让他创作的，名为《在罗马西班牙酒馆里的王储路德维希》（Crown Prince Ludwig in the Spanish Wine Tavern in Rome，1824年，第421页顶图）。画面中，酒馆里艺术家们坐在阿文丁山（Mount Aventine）对面的一个酒馆里，卡特尔曾在他的一封书信中列明了他所描绘的人：向酒馆老板示意的是王储，他旁边的是贝特尔·托瓦尔森（Berthel Thorvaldsen）、建筑师莱奥·冯克伦策（Leo von Klenze）、约翰·马丁·瓦格纳（Johann Martin Wagner）。瓦格纳是来罗马购买古典雕塑，拿回慕尼黑作收藏。之后，便是菲利普·法伊特（Philipp Veit）、朱利叶斯·施诺尔·凡·卡罗斯费尔德（Julius Schnorr von Carolsfeld）和卡特尔自己。

显而易见，德意志艺术家们寻找古典主义的风潮并不像他们对文艺复兴的思索那样特别专注于古典主义作品，而是更注重荷马万神殿的那种人文传统。这便是出生于施滕达尔（Stendal）的希腊学者约翰·约阿希姆·温克勒曼（Johann Joachim Winckelmann，1717年-1768年）所采取的思路。在1754年出版的《对于绘画与雕塑效仿希腊作品的思考》（Ideas on the Imitation of Greek Works in Painting and Sculpture）以及10年后的《古代艺术史》（History of the Art of Antiquity）两本著作中，他创造了"理想"、"真实美"、"美并真实"的理念——现在人们耳熟能详的名言"高贵的单纯，静穆的伟大"。

自1757年起，温克勒曼便在罗马安居乐业，到1763年时，他当上了本地古玩协会的会长。同年，他的另一著作《论感受美的能力》（Treatise on the Ability to Perceive Beauty）问世。由此，温克勒曼不仅建立一个新的学术分支——艺术史，而且创制了新的希腊典范。洛可可时代末期，室内装修的古典主义潮流便因此而拥有了理论依据，并且迅速而彻底地改变了人们对绘画的期望。

温克勒曼的首位追随者是安东·拉斐尔·门斯（Anton Raphael Mengs，1727年-1779年），他将毕生的精力都献给了上述新出现的完

右图：
弗朗茨·路德维希·卡特尔
《在罗马西班牙酒馆里的王储路德维希》
布面油画，63厘米×73厘米
慕尼黑新绘画陈列馆
（Neue Pinakothek）

酒馆中的场景是德意志艺术家在罗马生活的一个缩影。巴伐利亚王储路德维希常常出资赞助艺术创作，而从图中我们可看出他坐在艺术家中间，招呼酒店老板前去。1824年，卡特尔曾写道："我最近为巴伐利亚王储完成了一幅小型班博西昂塔派画作。尊贵的王储殿下在里帕区格兰德港口（Ripa Grande）的唐·拉法埃尔（Don Raffaele's）酒家举行小型聚会，送别冯·克伦泽（von Klenze），并且他让我用画笔记录下当时的场景。"

下图：
安格利卡·考夫曼
《约翰·约阿希姆·温克勒曼》，1764年
布面油画，97厘米×71厘米
苏黎世市美术馆（Kunsthaus, Zurich）

美观点。在其有生之年，门斯曾被看作是欧洲最重要的艺术家之一，很可能还是德意志新古典主义主要代表的第一人。他的大部理论著作，如《对绘画中的美与品味的思考》（*Thoughts on Beauty and Taste in Painting*，1762年）等，均依循温克勒曼的思想，且此类著作迅速主宰了当时的学术界。此外，门斯还被当做是"改革者"，将人们带回到拉斐尔画面中纯洁的主旋律。尽管如此，他并未完成在其绘画作品中完成他所声称的重大成就，而是由后来的青年画家实现这一夙愿。门斯的父亲是一位微型画画家，他曾向门斯介绍安东尼奥·阿莱格里（Antonio Allegri，即柯勒乔）、拉斐尔等画家，并告诉他要以他们为自己的榜样。

尽管门斯的肖像画艺术在各地尤其是德累斯顿（Dresden）都很出名，然而他却只身前往罗马。他的天花板名画《帕纳塞斯山》（*Parnassus*，1760年-1761年，第422页插图）突破了巴洛克风格近大远小的透视法，门斯本人也因此成为首位将架上绘画搬到天花板的艺术家。后来，安格尔效仿这一做法创作了我们已谈到的作品《奥西恩之梦》（第390页插图）。我们发现，门斯于1762年来到马德里，后来又去了佛罗伦萨，到1774年时返回西班牙。在这里，他率先成为无可争议的全方位艺术专家。作为国王的首席宫廷画师，他曾获得首批为青年戈雅作画的任务。显然由于过度劳累，他于1778年死于罗马。富泽利（Fuseli）、尼古拉·亚伯拉罕·阿比尔高（Nicolai Abraham Abildgaard）乃至戴维都深受他的影响。

安格利卡·考夫曼（Angelika Kauffmann）生于1741年库尔市（Chur），是温

克勒曼的朋友。她曾接受富泽利的委托为这位新古典主义先锋绘制肖像画（第421页底图）。与这一时期的许多女画家一样，她擅长粉蜡笔画，同时效仿老一辈名家的画风，用几个人物构成画面的主题。1767年，她迁往英格兰，并在那里取得了巨大成就。她曾应邀绘制庞培城的壁画，从而成为第一位与罗伯特·亚当及其团队合作的画家。1782年，她又前往伦敦并接管了门斯的宅邸，成为社交生活的焦点。她不仅与格莱姆（Gleim）、克洛普施托克（Klopstock）和格勒特（Gellert）做朋友，还曾招待过许多亲王和学者。歌德本人也曾在宴会上为她朗诵诗文，而她也获得允许教授歌德绘画课。对于考夫曼，歌德曾给予这样的评价："她虽然温和谦逊，犹如天使般清纯而天真，但她可能是全欧洲最有教养的女人"。同时，她还是赫德（Herder）和雷诺兹（Reynolds）的朋友。当1807年她于罗马去世时，整座城市伟大艺术家都前来为她哀悼，卡诺瓦（Canova）还为她盖棺。尽管她的作品轮廓模糊，画风非常接近洛可可，但作品的主题以及其固有的画法偏离了新古典主义的初衷。

达内·阿斯穆斯·雅各布·卡斯腾斯（Dane Asmus Jakob Carstens，1754年-1798年）是另一位定居罗马的画家。他于1792年来到这里，并在此度过余生。卡斯腾斯追求突破巴洛克风格，实现"高贵的单纯"。他最初在米开朗琪罗和古代雕刻家的作品中寻找灵感，这一点也反映在他的作品中（第12页顶图）。1795年，当他在罗马举办画展时，人们赞誉其为"新德意志艺术的诞生"。

尽管我们无法在此处一一列举早期的德意志新古典主义画家，但我们必须提到风景画家雅各布·菲利普·哈克特（Jacob Philipp Hackert，1737年-1807年）。虽然他曾在柏林向法国画家勒叙厄尔（Le Sueur）学习荷兰风景画的古典巴洛克风格，但1764年来到罗马，成为第一个"罗马籍德国人"时，他便转向普桑的画风，并将新古典主义风格的原理运用到风景画的创作中。他的自传随笔至少曾被歌德出版，书中描述了他的风景画如何由最初隐含巴洛克风格转变为愈加

浓郁的"古典主义"风格。尽管《罗马圣彼得大教堂一瞥》（*View of St. Peter's in Rome*，1777年，法兰克福）全然是荷兰风格，但不久后，哈克特的画风就变得清晰起来，更加强调轮廓的描绘。然而，或许是因为科赫（Koch）和赖因哈特（Reinhard）曾鄙视他是个"景观画家"，也许是因为他对于自己的商业成功一点也不低调，与这位两位艺术家不同，哈克特在其风景画作品中一直坚持准确刻画地形的信条。而这一点对于画作的买家而言，则颇具吸引力，因为他们希望把自己在意大利的旅行经历带回家。尽管如此，画作《特尔尼瀑布》（*The Waterfalls at Terni*，1779年，第423页插图）体现出哈克特同样善于采用科赫的画法描绘壮观之景。这幅画中，画家采用巧妙地方式模糊了岩石与树木的相对比例以及透视的深度，使之浑然一体。如此一来，无论现实的瀑布有多大，画面中的瀑布都一样气势恢宏、雄伟壮丽。此类画作标定了德意志的新罗马主义与浪漫主义绘画的新焦点：即我们所称的"壮观式"和"感伤式"风景画。

与齐克、门斯、哈克特以及安格利卡·考夫曼一样，德意志艺术家都将注意力都集中到古典主义，而相反，由戴维在法兰西发展起来的新古典主义风格特色，却并未在德意志或居住于意大利的德意志艺术家中产生同样大的热情。其原因可能在这里。新古典主义风格的产生与当时法兰西的政治和社会变革（导致革命爆发的事件、1789年法国大革命、执政内阁时期以及拿破仑从执政官变成帝王的时代）尤其相关。

戴维的哲学式新古典主义由富泽利传到英格兰，通过克里斯托弗·威廉·埃克斯贝尔（Christopher Wilhelm Eckersberg）传到丹麦与德意志北部，又由戈特利布·希克（Gottlieb Schick，1776年-1812年）传到德意志南部。最后的这位画家出生于斯图加特（Stuttgart），并于1798年到1802年师从巴黎大师。当时，各德意志小国（如巴登和巴伐利亚）被拿破仑统一成大国，而这些国家的宫廷画师自然而然地倾向于法国风格。尽管此时大多数艺术家显然都逃往意大利，但他们在这

里又碰上了戴维。因此，虽然德意志转向法式新古典主义仅有一小段时差，但与此同时，狂飙突进运动（Storm and Stress movement）正努力寻求浪漫主义的理想化色彩。在德意志，从新古典主义到浪漫主义的过渡并不明显，并且两种运动更像是结合在一起。直到该世纪末，二者之间的相互渗透在某些领域中更为明显，克劳斯·兰克海特（Klaus Lankheit）曾说："新古典主义与浪漫主义常常被看作是处理同一历史情境的不同尝试。"在德意志，即便是以浪漫主义为依据反对新古典主义的拿撒勒派艺术家，也与后来在英格兰出现的前拉斐尔派艺术家一样，不置可否地依循新古典主义风格。导致法兰西艺术与德国艺术在特征上迥异的另一根本原因为："德意志合众国"（Kleinstaaterei）是由许多小公国构成的德意志体系。尽管这使得德意志更像是分散各地的省份，但它同时让德意志形成无法估量的优势，以对抗集权的压力，而这种压力正主宰着当时的法兰西。为了实现自己的理想，许多艺术家此时纷纷出逃，投靠不同的统治者，以寻求庇护。此外，德意志北部新教的绘画风格与其南部天主教的风格截然不同，因而艺术家们彻底放弃了法兰西的统一画风。在法国，大革命的几十年间，政治局势很大程度上主宰着绘画创作的方向，而德意志的画家们只是像透过玻璃碗般观望法国，他们仍可专心追求自己更高的理想：培养高贵，寻求崇高以及追索高尚——在教育与宗教分离与脱离教派关系之后——是神学家对一种新普世思想的追求。法兰西雕刻家戴维·安热曾这样评价卡斯帕·戴维·弗里德里希（Caspar David Friedrich）的画作："这个人已经发现了山水画的不幸！"德意志此时产生的浪漫主义元素构成了一种让人置身陌生世界的想法，比如，飞往圣林；飞到遥远的地方；追随历史；回到过去。这些新题材包括世外桃源般理想的，浪漫而壮观的风景画与历史画。

约翰·克里斯蒂安·赖因哈特也许是将风景画视为"古典主义"的第一人。他于1761年出生于巴伐利亚王国的萨勒河畔霍夫（Hof an der Saale）。他绘画的主题不满足于自然地体现生命和呼吸，而是注重前景和深度，调动一切能唤起观众情绪的元素以创造一幅理想的作品。赖因哈特曾在莱比锡城（Leipzig）学习绘画技术，之后师从亚当·弗里德里克·厄泽尔（Adam Friedrich Oeser）。在德累斯顿，他与克里斯蒂安·克伦格尔（Christian Klengel）、唐拉德·格斯纳（Conrad Gessner）和席勒（Schiller）是挚交，因而他们也常常是他绘画的对象。1789年，他定居罗马，一直居住到1847年去世。如前文所述，卡斯腾与科赫相继于1792年和1794年来到罗马；赖因哈特在此地创办了一类似私人学校的机构，为几乎所有的移民艺术家提供活动中心。把德意志早期风景画家吸引到罗马的是风景画自由创作的理念、英雄主义以及人们

此做到心中有数的人也许是哈克特，但绝对不是一位风景画家。"

若我们将科赫与早期同类画家进行比较，便能更好地理解科赫的理想化风景画他曾抨击"机械式的临摹真实"。他崇尚理想化，主张将若干对自然界的单独的观察组合成一幅画，这样的画不必是真实的，但一定要反映出画家强烈的情感。他的名言"单纯的复制真实距离艺术还很远"便说明了一切。1797年，他曾因囊中羞涩而在纽伦堡（Nuremberg）出版商弗劳恩霍尔茨（Frauenholz）手下担任镂版工。当时，他曾在一封书信里写道："我的主要风格是风景画、历史画或诗意风景画。"

要理解科赫所谈及的"壮观"和"诗意"风景画，我们仅需比较他创作的两幅具有重大意义的名画：一幅是自1804年开始创作到1815年完成的《壮丽的彩虹之景》（*Heroic Landscape with Rainbow*，第426页插图），另一幅是《施梅德尔巴克瀑布》（*The Schmadribach Falls*，1821年-1822年，第427页插图）。二者的差异是显而易见的。《壮丽的彩虹之景》以宽广的视角呈现了一派理想化的天地景观。如同剧院内帷幕升起之后，人们跟随画面一同穿越时空，回到那遥远的古代。像这样的《圣经》场景常常出现于富于幻想的风景画中，正如我们在科赫的另一幅画作《路得与博阿斯之景》（*Landscape with Ruth and Boas*，蒂洛尔州因斯布鲁克市）见到的一样。科赫的此类"壮观式风景画"向世人展示了由文学创作中所描绘的古希腊。它们不仅蕴含了古典画家普桑（Poussin）的画风，还包含了17世纪的传统。《壮丽的彩虹之景》向我们展现了一幅远离现实生活的景象，画中悠然自得的牧羊人便是歌德所说是"无欲无求而思想深邃的人。"这便是黄金时代如梦般的原生状态。放弃空中透视画法，科赫在这幅画中淋漓尽致地展现了远处的景象，不仅让我们看到前景平和的田园风光，还让我们清楚看到中间坐落着的建有神庙的城镇，那像是一座历史久远的城镇，而这一切都在弯弯的彩虹笼罩之下，象征着暴雨过后永恒的安宁。科赫曾就这一主题画过几幅作品，并且他个人十分欣赏，还给予了很高的评价，赞誉其为"我从未创作过这样有力、饱满而清晰的作品。"

另一幅作品则展现了另一派景象，其感情色彩亦完全不同。让我们将视线从卢达本纳（Lauterbrunnental）抽离出来，转到伯尔尼高原（Bernese Oberland）上那气势宏宏的施梅德尔巴克瀑布。这样我们才能更深入地了解科赫的"诗意"风景画，乃至"壮观"风景画所包含的思想。就"诗意"而言，他认为是融合并浓缩本质上永远不可能交合的几种元素：以《施梅德尔巴克瀑布》为例，即通过巧妙的方式描绘山峦，从而将上行和下行的视线一次性地纳入画作中。尽管现实中的山巅彼此遮蔽，而在画面中却鳞次栉比地一一呈现出来。

这使得阿尔卑斯山如同喜马拉雅山脉一般宏伟壮丽。然而，与此

对画作恢弘气势的强调。1796年，作家弗里德里克·布伦（Friederike Brun）曾这样描述赖因哈特的作品："清风凉爽，沙沙作响的树荫笼爱你，你并不孤单——慢慢地你甚至会觉得你也在那神圣的树丛中。"尽管后来在很长的一段时间内其他艺术家在风格和理念上都不曾采用他的艺术观点，85岁的赖因哈特还是在其有生之年完成了一幅让他功成名就的杰作——《卡里马库斯笔下科林斯人的梦幻》（*The Invention of the Corinthian Capital by Callimachos*）（第424页至425页插图），这幅作品受巴伐利亚国王路德维希一世的委托绘制。

约瑟夫·安东·科赫（Joseph Anton Koch）可看作是伟大的新古典主义风景画大师。他以符合自己独特秉性的方式延续了比他大7岁的赖因哈特的成就。他的画作中，那种对大千世界的率真和热爱正是他生活方式的写照。科赫在蒂罗尔（Tyrol）的山区长大，看到当地教区教堂内天花板上的壁画时，他便第一次萌生了当画家的冲动。也正是这里的牧师为他安排了7年的学习课程，之后他便前往位于斯图加尔市（Stuttgart）的卡尔高中（Hohe Karlsschule）学习。与之前的席勒一样，他也在1791年从德国逃走，尽管他曾在那里与前面提述的希克（Schick）一起师事于戴维的学生菲利普·弗里德里希·黑奇（Philipp Friedrich Hetsch），而这位画家曾将法兰西新古典主义的思想传授给许多德意志画家，并建议他们向戴维学习。科赫逃亡至斯特拉斯堡时，曾在莱茵河大桥上剪掉自己的辫子，然后将雅克帽戴在头上。这一举动反映出他内心已转向为自由而战的理想主义阵营。他决定与哈克特划清界限："我选择高尚的女神而反对时尚……从未长时间研究过大自然，却能对

同时，画面前景的细节却清晰可见。画家放弃了中心构图的做法，将整个画面有意"弯曲"，如此观者便可飞一般地从河流扫视到山巅，将一切美景尽收眼底。对此，我们应明白18世纪风景画家为了描绘这样的画面曾创制了"集中式全景画法"。而比构建此类视觉效果更为重要的是画作"壮观"的体现。科赫自己阐释了什么才是真正的"壮观"景观。1791年，步入沙夫豪森（Schaffhausen）的莱茵河瀑布景区后，他曾在日记中写道："无边无际的景色在眼前铺展开来……云雾萦绕的阿尔卑斯将它古朴庄严的顶峰伸向苍穹，但看起来就像是云层将其稳稳托住一般……如此宏伟壮观的景象彻底地释放了我被神灵束缚的灵魂，我的血液像大河一样奔流，而我的心脏也咚咚作响。恍惚中，莱茵河之神站在嶙峋的山石中向我召唤：'起来，行动，让你的力量与动作都坚定不移，与专制政治抗争到底……为人类自由而战，矢志不渝，正如与我抗争的磐石'……三道宁静的七色彩虹一道叠着另一道，浮现

在薄雾般的云海中……"科赫将大自然拟人化，并把自然力之间的相互抗争看作一种使命。科赫的其他著作中乃至同时代的其他艺术家撰写的文章都未提到基督教的神。斯宾诺莎（Spinoza）曾提出"神或自然（deus sive natura）"之泛神论的观点，这同样出现在科赫的日记中："世间万物以若干形式而高度统一。"那便是在"崇高"中构建新的伦理道义，进而"提升"对大自然的憧憬。

不久后，路德维希·里希特（Ludwig Richter）于1824年来到科赫位于罗马的工作室，并在这里绘制了一幅与《施梅德尔巴克瀑布》对应的作品，即《瓦茨曼山》（The Watzmann，第428页插图）。比较科赫的画可看出这位年纪较轻的画家如何缓和画面的戏剧式夸张，从而使他的画作更具浪漫主义色彩，具有了安逸平和的彼德麦风格。尽管同样绘有雄伟壮丽的山峰，但整幅画作更像是一幅田园风景画。画中的两间小屋便是漫步者的家，整个画景贴近观者，人们似乎可以跨入画中景色一般；相反，在科赫的画作中，孤立的场景、狂野而险峻的水流似乎形成较长距离，让人望而止步。

这便引发了有关真实与现实、理想与现实的问题。1829年，一位热衷于科赫画作的批评家曾说："《施梅德尔巴克瀑布》是一幅极富真实性和感染力的代表作，超过了任何其他同类作品……大自然的鬼斧神工在这里通过这种夸大的真实得以展现无遗。"因此，真实的概念不应被理解为对现实状态的临摹，而是意味着再现一种无论何时都永远正确的更高秩序。

巴伐利亚国王路德维希一世买下了科赫的《施梅德尔巴克瀑布》。这位国王希望将慕尼黑转变为"伊萨尔河畔的雅典"，因而他同时注意到出生于巴列丁（Palatinate）的风景画家卡尔·罗特曼（Carl Rottmann，1797年-1850年），并将几项重要题材委托给他。这里，我们有必要提及两组系列画作：一组名为《意大利系列画作》（Italian cycle），于1833年至1838年绘制，描绘的是画家在1826年到1827年的旅行经历；另一组名为《希腊系列画作》（Greece cycle），这组画专门为慕尼黑宫廷花园（Hofgarten）的拱廊绘制，完全采用古典式风格。在慕尼黑，这两个地方在人们想象中是一派郁郁葱葱、生机勃勃的欢乐景象，早期古典主义画作中也将其如此理想化。然而，罗特曼的那些旅行却十分艰苦、险恶至极，其最初得出的结论也让人失望——那是一片被干旱所吞噬，被战争所蹂躏的不毛之地。那些历史古迹在人文想象中依旧繁荣昌盛，而在现实中却是多石之地，其景观也早已被侵蚀而裸露于外。尽管这样的现实发人深省，但罗特曼还是成功塑造了其新景象。他将传奇故事中的英雄主义转移到对地势的绘画之中，使其本身成为一位鲜活的英雄。与科赫一样，路德维希表现了大地通

上图：
威廉·冯·科贝尔
《席卷科泽尔》，1808年
布面油画，202厘米×305厘米
慕尼黑新绘画陈列馆

左图：
卡尔·罗特曼
《马拉松平原》，1848年
石板蜡画，157厘米×200厘米
慕尼黑新绘画陈列馆

过与宇宙之力抗争而形成地貌，从那些粉碎石头的形态，那些饱经风霜的古战场，人们似乎可以读出希腊的历史。然而，罗特曼强化了他的画作对象，将它提升至奇幻领域。其作品《英雄斯帕尔塔——塔乌各托斯山》(Sparta-Taygetos，约1841年) 或《马拉松平原》(Marathon，1848年，第429页底图) 可被视为壮丽景观的最佳呈现。原本打算画38幅作品，画家最终创作了23幅，且全部采用蜡画技法。尽管罗特曼运用了戏剧化的光影效果，但其与卡斯帕·戴维·费里德里希的浪漫主义风景画相关性却十分明显。通常，前景里的阴影让人们更加关注画作明亮的中央区域，这就像一个舞台，云层和高山在这里展开激烈的厮杀。然而，与费里德里希的画作相同，画作中的人物与我们的观者一样似乎为宇宙之力"深深折服"。

与此全然相反，慕尼黑宫廷画师威廉·冯·科贝尔 (Wilhelm von Kobell，1766年-1853年) 的画作明确反映出地球上严肃庄重的生命之景。他同样来自巴列丁，是风景画家费迪南德·科贝尔 (Ferdinand Kobell) 之子。风格上，他的作品以德意志艺术为基础。科贝尔曾去往

巴黎，但并未受当地流行的戏剧化战争风格的影响，这一点从其作品《席卷科泽尔》(The Siege of Cosel，1808年，第429页顶图) 可看出。这幅画中，马队就像是摆放在棋盘上的棋子，而画面可被"解读"为一幅战略性地图。科贝尔的确实现了戴维所要求的明晰度且重点突出，但他也采用其个人独特的风格样式将其加以修饰。他的主张阳光明媚的风景画晶莹剔透，而慕尼黑周围是一片静穆与死寂。在《特戈恩湖一瞥》(View of Lake Legem，1822年，第430页插图) 中，显而易见，画家去除了所有不必要的元素。这近乎是彼德麦世界的示意，其神圣而纯粹，清爽而明媚。从而，与罗特曼的画风形成了极大的鲜明对比。

在这一点上，或许我们应考虑另外两位画家的风格与构图方式。他们几乎处在同一时代，都是建筑师，并且均采用符合建筑学原理的风格作画。他们便是慕尼黑的莱奥·冯·克伦策 (Leo von Klenze，1784年-1864年) 和柏林的卡尔·弗里德里希·辛克尔 (Karl Friedrich Schinkel，1781年-1841年)。两位画家都曾在柏林向弗里德里希·吉伊 (Friedrich Gilly) 拜师学艺，且都曾游历意大利，造访巴黎。不仅如此，他们还作为建筑设计师担任过国家要职，因而对其所在城市的风貌起到了决定性的作用。在这个时代，建筑师的设计实践以绘画为基本功，其成败也和绘画水平息息相关，因而他们对绘画的依赖程度决不可低估。这便可解释为什么画家建筑师会同属两个流派。如何在设计中呈现"理想"对于建筑设计竞争具有举足轻重的作用。在古迹原址创作的素描图与绘画不仅反映了画师的绘画功底，而且还表明建筑师对于那些年代颇为久远的古建筑十分熟悉。诚然，在这些"废墟"题材中，理想可以表现得更为令人信服而光彩夺目，而不是更符合建筑学的可行性或者经济实惠。因而，若不是纯粹的乌托邦景象，则克伦策和辛克尔的许多画作在一定程度上是各种风格理想化的方案。克伦策曾于1846年根据自己于1843年画的一张素描绘制了《雅典卫城》(The Acropolis at Athens，第431页插图)，这幅图所体现的理想之景包含了以下两层意义：首先，它展现了克伦策重现卫城之美的实力，同时表达了对巴伐利亚皇室成员统治下的雅典历史建筑的关心；其次，他对卫城的实地勘察为慕尼黑国王广场 (Königsplatz) 入口的修建提供了数据。如果他的作品再少一点戏剧性色彩——即，我们所熟知，他的朋友罗特曼创作的壮丽风景画的特质，那么冷静的克伦策同样升华了自己的理想，或采用有理有节的突出手法重现了乌迪内 (Udine)、桑特岛 (Zante)、比萨 (Pisa)、皮兰 (Pirano) 和阿马尔菲 (Amalfi)。基于对古典主义与文艺复兴风格的钟爱，克伦策主要选择这些时代的作品作为自己的效仿对象；而辛克尔亦是如此，不过他倾向于哥特式风格。

辛克尔的《突出于小镇之上的大教堂》(Cathedral above a Town，

第432页插图）创作于1813年左右，而后于1931年在慕尼黑的玻璃宫被烧毁，不过忠实于原作的复制品同样可向我们呈现辛克尔的观点。尽管这座高耸于城镇之中的哥特式大教堂比克伦策的画作要久远许多，但显而易见，辛克尔在画作中采用了更为时尚前卫的风格。浪漫主义特质以一种可以唤起民族情感的非凡特质呈现出来，而且在解放战争时期，这种特质似乎完全将德意志建筑烘托至显要地位。沐浴在阳光中的大教堂雄伟壮观，耸入云霄，而这也被视为一种警示信息。长长的逐级抬高的台阶以及城镇与教堂之间由高大立柱构成的桥梁加强了观者的距离感。整个画面赞颂了一种神圣的尊严。画作的焦点显然不是突出某个宗教派别，而是宣扬在画家的祖国——德意志——的疆域

里遍布各地的基督教文化。辛克尔曾说："建筑是人类的杰作，而景观则是上帝的手笔"，这一评论本身便诠释了这幅画。很明显，在后来的几十年中，哥特复兴式教堂建筑试图通过这样或与之类似的方式使自己与众不同而突显于其他建筑之外。

此外，还应提到另一点：作为画家和艺术哲学家以及无数建筑（其中包括哥特复兴式建筑）的建筑设计师，辛克尔让这座大教堂以完好无缺的形象呈现在世人面前。画面中耸立的教堂被赋予了强烈的情感，使其成为极具艺术性的综合作品，但它确确实实已经修建了起来。辛克尔的新古典主义画作明显有别于斯帕·戴维·费里德里希等艺术家绘制的浪漫主义教堂废墟（第433页顶图）。

比较这两幅画作，我们可看出辛克尔与弗里德里希的不同之处，他们在浪漫主义风景画上截然不同。辛克尔展示了中世纪鼎盛时代的城镇，因而赋予了城镇宏伟壮丽的气质，以彰显民族骄傲。画家的对复兴民族理念的渴望十分迫切，我们还可引用辛克尔自己写的一段话："如果有人能突出人类活动的迹象，那么这幅风景画会更加迷人……因而，人们便可看到在其最原始的黄金时代，一个民族享受着大自然的慷慨馈赠……或者风景画还可展现富饶的土地上生活着一群涵养颇高的民族。"而弗里德里希的《橡树林中的修道院》(Abbey in an Oak Wood) 则表达了对于昔日的辉煌一去不复返的悲伤。画家选择了一处残垣断壁为对象；尽管从这些废墟中人们仍能感受到建筑从前的雄伟壮丽，但现在它已然成为伫立在建筑墓地里的碑石。

古斯特、弗里德里希·施莱格尔、尤其是歌德，赫尔德林在评价弗里德里希的绘画时说："我的天堂刚强如铁，我的心坚如磐石。"一个修士站在海边，凝视着浩瀚的宇宙，不多不少，就像是砌筑史前古墓用的石料。他是短暂的，只是沉醉在浩瀚的宇宙中的一颗小微粒而已。弗里德里希绘画中的人物，经常站在或坐在大石头上，凝视浩瀚的宇宙，也是在徒劳地等待不会出现的回答。塞缪尔·贝克特（Samuel Beckett）在其剧本《等待戈多》（*Waiting for Godot*）中，用现代语言描绘了相同的"缺乏实践意义"的个体。宇宙神学世界观是弗里德里希艺术的一个基本条件。毫无疑问，绘画中特定的精神语言是另外一个条件。这些绘画大多数是死气沉沉的，然而我们不能就此说它们体现了悲观主义。这种相当真诚然而固有的受压迫的人生观，似乎植根于艺术家的灵魂中。他的自画像（第493页左上图）就体现了这一点。此外，与他同时代的画家也有体会到了这一点。弗里德里希的朋友格奥尔格·弗里德里希·克斯廷（Georg Friedrich Kersting，1785年-1847年）曾多次描绘在空荡荡地画室中沉思的弗里德里希（第434页左上图）。克斯廷是一位匠心独运的制图员和画家，其绘画将我们带入了无

卡斯帕·戴维·弗里德里希（Caspar David Friedrich，1774年-1840年）

在这一时期，科赫和圈子里画家的目标是"英勇"的风格，这一点与以主观情感为基础的泛神论世界观形成巨大的反差，在德国风景画中几乎无法超越，如卡斯帕·戴维·弗里德里希的风景画所示。弗里德里希亦未按照事实描绘大自然。和科赫不同，他在描绘大自然时倾注了自己的情感。

这就是弗里德里希强烈地攻击科赫和其圈子的原因。弗里德里希认为："他们将大自然中的100度曲线表达成45度角。"相形之下，弗里德里希的绘画有一种庄严的空虚感，通过仅有的几个精心推算的元素对画面进行细分。他的风景画弥漫着和谐的严肃性和清教徒式的稀疏性，此外还有正式的新古典主义的无意识特征。然而，这仅仅是外观而已。在陈诉的作用下，会被迅速遗忘。弗里德里希的所有绘画均涉及个体与浩瀚的宇宙之间的对话，其中，参与者徒然等待上帝的回答。乍看之下，似乎很难理解人们为什么称弗里德里希的绘画带有"宗教性"。然而，人们在这里应该从哲学的而不是教派的角度理解宗教。

在斯宾诺莎泛神论的启发下，一群朋友分享通过绘画再现的哲学。弗里德里希是其中的一员。哲学家弗里德里希·谢林（Friedrich Schelling）、弗里德里希·施莱尔马赫（Friedrich Schleiermacher）、奥

忧无虑的彼德麦式世界。《警戒》（第434页右下图）是一份引人注目的解放战争文件，是克斯廷为战争中倒下的朋友克斯纳（Körner）、弗里森（Friesen）与哈特曼（Hartmann）树立的纪念碑。

海伦娜·马里耶（Helene-Marie）是画家格哈德·冯·屈格尔根（Gerhard von Kügelgen）之妻，记录了参观弗里德里希作品《海边的修士》（第433页下图）展览时的情景。她说："这幅画描绘了一个无边无垠的天空。天空下是波涛汹涌的海水。画面的最前方是一块明亮的沙地。沙地上，一个衣着黑色长袍或斗篷的隐士在徐徐前进。天空是明朗的，而且相当平静：没有暴风雨、没有太阳、没有月亮，也没有雷电。实际上，即便是一场大暴雨也可能很受欢迎，对我来说也可能是一个安慰。因为，这样的话，画面中至少会显示一丝生命和运动。然而，一望无垠的海面上没有轮船、小船、甚至也没有海怪出现的迹象；沙地上也没有一点绿色植物生长的痕迹。只有几只海鸥振翅飞翔，使孤独的场景看上去更加广阔、更加孤独。"这份同时期的记录详细地说明了绘画的内容。而且，还显示出泛神论思想："天空很平静！"评论者在感叹甚至没有看到海怪时，承认海鸥只会使孤独感显得更加强烈。这一点精彩地描绘了艺术家的基本意图，即，反映人与宇宙之间的关系。

通过现代心理学，我们了解到决定性的经历将塑造人的性格、决定人的表达方式。因此，在了解了弗里德里希的经历之后，我们不难理解其绘画中的忧郁。弗里德里希出生于格内夫斯瓦尔德（Greifswald）的一个肥皂商家庭，在家中10个孩子中，排名第6。在他七岁的时候，他的母亲去世。在他13岁的时候，发生了一场事故。这场事故可能进而发展成为一种阴影，使其形成了伴随一生的忧郁性格。滑冰时，弗里德里希眼睁睁地看着胞弟克里斯托夫（Christoph）为了救溺水的他而淹死在冰冷的水中。即便是对是否应采用心理学解释而犹豫不决的人们，也无法否认弗里德里希各种"冰封之海"绘画（第322页插图）与这个惨痛的经历之间的关系。

弗里德里希在20岁时前往哥本哈根艺术学院，与阿斯穆斯·雅各布·卡斯腾斯（Asmus Jakob Carstens）、约翰·克里斯蒂安·克劳森·达尔（Johan Christian Clausen Dahl）、菲利普·奥托·伦格等一起学习。4年之后（即1798年），弗里德里希搬到德累斯顿。除了前往哈尔茨山脉（Harz）、厄尔士山脉（Erzgebirge）、利森山区（Riesengebirge）、吕根岛（Rügen）以及故乡波美拉尼亚（Pomerania）的短途旅行之外，弗里德里希后半生都呆在德累斯顿。在德累斯顿，弗里德里希的周围有一小群崇拜者：同学伦格和达尔，同伴画家克斯廷、屈格尔根与卡鲁斯，以及作家克莱斯特、冯·阿尼姆和勃伦塔诺。此外，歌德也高

度评价了弗里德里希。耶拿圈还在德累斯顿以外为弗里德里希树立了名声。随后，弗里德里希与朋友施莱马赫一起为柏林的期刊《雅典娜神殿》（Athenäum）供稿。教授奥古斯特·威廉·施莱格尔（Auguste Wilhelm Schlegel）当时是《综合文学》杂志的编辑。弗里德里希在他的家中认识了施莱格尔、森德灵（Sendling）、费希特与诺瓦利斯。然而，这种高尚的交往仅保持了短暂的时间。1820年之后，弗里德里希的绘画大受欢迎，普鲁士的弗里德里希威廉皇储与未来的尼古拉斯一世也曾造访过他的画室。然而，这种联系再一次中断。在弗里德里希的晚年，他们都离开了他的画室。绘画的风格随着时间的流逝而变化。然而，弗里德里希却没有那么灵活。弗劳·冯·屈格尔根（Frau von Kügelgen）称："如果不是我父亲经常将访客引起了大家对弗里德里希的注意力，并尽可能地宣传他，那个时代最伟大的风景画家可能要被饿死了。"实际上，在弗里德里希逝世后不久即被人遗忘。直到20世纪初期，挪威人安德烈亚斯·奥贝尔（Andreas Aubert）才使人们再一次注意到他。

弗里德里希被人们遗忘是绝非偶然的。他的绘画相当主观，沉醉于某种情绪之中。尽管很多人崇拜他，很少有人能真正忍受它们。在参观一次画展之后，阿西姆·冯·阿尼姆说："很高兴绘画无法听到人们说话，否则它们会彻底藏起来。那些评论相当的刺耳。人们最后深信这些绘画中展示的场面是他们应该透露的秘密犯罪。"因为人、世界和宇宙的压力而感到挑衅时，艺术家有权自由地表达自己的主观经验。这一步骤将使艺术家进入现代运动。然而，事实上，批评的性质与大意基本保持原样。与之后的里希特、施温德以及施皮茨韦格不同，弗

下一页：
卡斯帕·戴维·弗里德里希
《云海中的旅行者》（*The Wanderer above the Sea of Mist*），约1818年
画布油画，74.8厘米×94.8厘米
汉堡市立美术馆

里德里希的绘画不是在提起人们的精神，而是试图展现大自然背后不言而喻的真理与上帝极端的安静。在斯宾诺莎看来，上帝只是一个象征而已。以此来看，弗里德里希和伦格的浪漫主义运动并不是反对启蒙主义的，而代表着其终极的自我实现。

卡默赫尔·巴斯琉·冯·拉姆多尔（Kammerherr Basilius von Ramdohr）等人曾敦促弗里德里希描绘更吸引人且不太沉重的风景画。他们的主观意愿是好的。然而，却一点都不了解弗里德里希的艺术目的。然而，冯·拉姆多尔确实能够理解《山顶上的十字架》（第435页插图）。他认为这幅画对无宗派宗教而言是个威胁，自此来看，或者他是唯一理解这幅画的人。通过仔细观察后，显然，乍看之下，异教的泛神论似乎是这幅画要表达的宗教思想。人们怀疑这幅画是"对大自然的谬论"。1808年，图恩·霍亨斯丁的特雷西娅·玛丽亚女伯爵（Countess Theresia Maria of Thun-Hohenstein）委托弗里德里希为海森宫殿（Palace of Tetschen）描绘此图。海森宫殿无礼拜堂。在弗里德里希的画室展览时，这幅画就引起了巨大的争议。首先，人们争论的重点是艺术理论。人们指控他违反透视原则，不能使观看者清晰地确认方位。拉姆多尔警告说风景画怎么能作为祭坛艺术品混入教堂。然而克莱斯特与画家哈特曼和屈格尔根均支持弗里德里希。事实上，上述分歧进一步加深。人们经常将弗里德里希的"祭坛画"曲解为笃信宗教的作品。事实上，就像拉姆多尔正确地猜想的那样，该作品是告别宗教信仰。根据玛丽·冯·屈格尔根（Marie von Kügelgen）的回忆："这幅绘画深深地打动了每一个进入房间的人，使他们就像进入一座神庙一样。大嗓门者降低了音调、低声细语，就像是进入教堂一样。当时，进入展览室的人未必都能感受到宗教气氛，然而却对弗里德里希绘画中所流露出的庄严感充满敬意。这幅祭坛画未描绘上帝，却能够成为宗教象征，充分体现了画家的巧妙。《山顶上的十字架》以永恒的大自然为背景，然而却是背对观看者的。植物的枝蔓，稍纵即逝，似乎要蔓延爬升到杆上。人们创造了自己的上帝。现在，在面对"永恒的"耀眼宇宙时，又树立起祈祷的形象："神或自然。"弗里德里希自己发表了一个重要评论。他将山峰后西沉的夕阳比喻成随基督教义一起消逝的旧世界。对宗教教义的"信仰"而不是宗教教义稳如泰山、不可动摇。弗里德里希在给画家路易斯·塞德勒（Louise Seidler）的信中解释了《波罗的海海岸的十字架》（*Cross on the Shore of the Baltic*，1815年，柏林夏洛腾堡宫）中的十字架的意义："不管人们信仰或不信仰它，让十字架给人们带来安慰吧。"弗里德里希话语中的双关意义，还是其绘画的中心元素。

弗里德里希对基督教的看法看上去是"现代的"，与弗莱赫尔·冯·哈登堡（诺瓦利斯）的观点类似。哈登堡写到："基督教有三个重要时期：

天主教、路德教与（新时期现代形式的）唯心主义者。"

弗里德里希与当时期望通过宗教感情的呈现获得救赎的画家反目成仇。"憔悴的圣母怀抱着像纸一样衣服包裹着、将要饿死的圣婴，是不是不太会令人觉得冒犯，反而经常会令人厌恶……他们盲目地模仿早期绘画大师作品中的所有错误。然而，深邃的、虔诚的、天真的精神等绘画中的优良元素却是无法模仿的，即便是伪装成天主教徒，那些伪君子也不可能模仿成功。他引用了"拿撒勒派"或歌德对他们的评价，"软弱的人过着苦行僧般的生活。"

鉴于这种情况，人们会质疑绘画《海边的修士》中的修士是否有反教会的意味。弗劳·冯·屈格尔根，具有敏锐的感知能力，认为绘画中的修士在"蹑足前进"，所以在她看来，修士的形象并不令人尊敬。修士似乎是在向全能的大自然祷告。然而，修士不是在教堂内向上帝祷告，而是在自然环境中向不可思议的或无法描述的力量祈祷。这幅绘画是19世纪最令人振奋的作品之一。人们从未如此冷酷地比较渺小的人类和包罗万象的大自然。当然，图尔纳也提出过类似的观点。然而，图尔纳令人眼花目眩的剧本与弗里德里希的空荡、寂静与隔绝等永恒的视觉感觉是截然不同的。正如弗劳·冯·屈格尔根所记录，作品中的"无物可视"使绘画产生了沉思冥想的效果。人们走近看时，会发现视野已经没有框架，大自然的风景像全景画一样展开，无边无际。克莱门斯·勃伦塔诺说："看上去就像是一个人的眼睑被切掉了。"

在1818年左右，弗里德里希创作了《云海中的旅行者》（第437页插图）。弗里德里希再一次塑造了一个极为崇拜大自然的孤独形象。此时，人们可能会回忆其歌德的诗句："群峰一片沉寂"。尼采在"查拉图斯特拉"（Zarathustra）和"日出之前"中均表达这一哲学预感。查拉图斯特拉也远离尘世，住在高山上，如尼采所述"超越人与时间六千尺"。查拉图斯特拉是在云海中沉思。然而，正如瓦格纳随后所见，在弗里德里希的绘画中，面对自然现象时的极端震撼是绘画作者自己的意图，并无典故参考。

弗里德里希极少在绘画中融入自己的生活。然而，即使有些绘画融入了画家自己的生活，也没有影响到其客观性。1818年，弗里德里希与卡洛琳·邦梅尔（Carline Bommer）结婚，这一行为使弗里德里希的朋友大为震惊。随后，他的绘画中开始出现女人。《赏月》可能是对两人关系的最明确的确认（第438页左上图）。根据画家约翰·克里斯蒂安·克劳森·达尔（Johan Christian Clausen Dahl，1788年-1857年）所述，这一主题创作于1819年。弗里德里希曾以此主题创作多次多幅作品。达尔说他在这幅画中认出了弗里德里希夫妇。《赏月》（*Two Men looking at the Moon*，德累斯顿）可能创作于1822年，弗里德里

希的学生奥古斯特·海因里希（Auguste Heinrich）逝世之后。考虑到绘画中的主题变化，人们提出的较晚的创作日期几乎没有说服力。并不是说一个人必须接受月亮绘画中的基督教解释。评论家声称，月亮绘画中枯萎的橡树和所谓的史前墓石象征着异教时代的崩塌，而那棵杉树则象征着基督教。上述观点可能来自人们虔诚的愿望，他们在即将到来的19世纪，将基督教信仰归咎于信奉宇宙神的弗里德里希。

　　现在，让我们来欣赏弗里德里希另外两幅风景与人进行象征互动的绘画吧。《吕根岛白色悬崖》（第439页插图）描绘了画家1818年的蜜月之旅。我们可以认为图画中的人物是画家夫妇和画家的兄弟。这幅画中的双重意义也非常明显。乍看之下，绘画中显示出光明和幸福的场景。然而，在仔细观察之后，那种光明和幸福都荡然无存了。三个人都冒险爬到悬崖边上。右侧的男士依赖矮树丛避免跌落；左侧的女士坐在地上，借以固定自己，在向下指的同时，她也抓着一丛灌木。

在图画中的三个人中，画家的表现最为奇怪。他的礼帽似乎是跌落在草丛中，又像是在匆忙之中扔在一边。他爬行至悬崖边缘，小心地探路，似乎是想探测同伴所指的地方那令人眼晕目眩的深度。生活的象征回忆经历和"深渊"之间的双重意义再明显不过了。海景中的两艘帆船就像是人物下方的开口，包围在陡峭的悬崖与缠绕在一起的树冠中。绘画所表达的思想与辛克尔1818年创作的《岩中之门》（第438页右上图）有惊人的相像，人们忍不住会想弗里德里希是否受到辛克尔的影响。然而，弗里德里希利用大胆的构图成功地展示出两种极端的视觉融合：陡峭的悬崖与海景以及无边无际的视野。弯曲的视角迫使观看者从欣赏眼前的深渊转向遥远的天空，这种大胆的想法几乎无人可以超越。即便是辛克尔也不想这么做。显而易见，这种绘图可以引发多种解释。令人欢愉悦且充满阳光的心情与跌落悬崖的死亡象征明显地交织在一起。

　　弗里德里希又一次将观看者带到海边，通过双重意义的形象向他

左图：
卡斯帕·戴维·弗里德里希
《生命的阶段》，约1835年
画布油画，72.5厘米×94厘米
莱比锡造型艺术博物馆

们展示了生命的象征。在作品《生命的阶段》(*The Stages of Life*，约1835年，第440页插图) 中，弗里德里希又一次通过情绪变化描绘了太阳落下到月亮升起这一时间段。娥眉月依稀可见。夜晚，一家人出来了。家庭成员的数量与我们看到的船只的数量对应。两艘经受不住海上风浪的帆船象征着两个儿童。而收帆归港的大船则象征着年迈的画家。此刻，他正凝视着一家人。所以，在这里可以把帆船看成是人生的旅程。我们甚至都可以为画中人推荐名字了，但在这里，他们的名字一点都不重要（更富启迪意义的是他们之间的关系）。他们之间的关系才是最有价值的。他是在召唤老人加入吗？老人拄着拐杖，距离旁边年事已久、倒向一侧的小船很近。人们只需要看清楚每个人都是在做什么。孩子们沉醉在旗帜游戏中，什么东西也不会使他们分心。年轻的女人，或者说年长的女儿，心中只有这两个孩子。中年人在转身，关心着这些孩子，又在和老人对话。只有老人才能看到完整的场景、风景、所爱的人以及等待着他的永恒。

人们可以模仿弗里德里希的"客观性"风格，然而真正使其作品傲视追随者的"内在真理"却是无人可以模仿的。引用瓦肯罗德的话来说，弗里德里希的绘画是"内心感情的流露"，融合了两种元素。一方面，在固定宗教信仰缺失的情况下，艺术家寻求着年龄所固有的、包罗万象的存在的统一性；与此同时，特有的情绪特征使弗里德里希终其一生把一般性问题个人化。内心痛苦不堪的画家可以表达所有其他人只能领会的"世界之痛"，这也就是那些人流于感情变化的原因。如果从今天看来弗里德里希的作品对我们相当重要，那是因为我们的宇宙观基本保持原样，仍然动摇着宗教信仰。多亏了他的弟弟，弗里德里希才能活下来。然而，弗里德里希也把一生的作品倾注在死亡上。弗里德里希作品中粗糙、多节的树枝就像是纪念碑一样；而山顶的严寒和无法逾越的浓雾是死亡的象征，也是新生的前提条件。就这一点而言，弗里德里希对问题的探索始终与我们这个时代悬而未决的问题一致。

欣赏日落或无边无际的海洋并不是弗里德里希作品的主题。它是一种当代现象，根植于宗教观点的变化中。观察大自然、侍奉上帝成为通用的绘画图案，在不计其数感人至深的情感变化绘画中重复出现。

莱比锡画家卡尔·古斯塔夫·卡鲁斯 (Carl Gustav Carus，1789年-1969年)、挪威画家约翰·克里斯蒂安·克劳森·达尔 (Johan Christian Clausen Dahl，1788-1857年) 以及柏林画家卡尔·爱德华·费迪南德·布勒兴 (Karl Eduard Ferdinand Blechen，1798-1840年) 与弗里德里希关系密切。卡鲁斯是德累斯顿皇室医生，业余时间绘画。然而，正是他的艺术理论文章使其成为当时最著名的学者。1831年，卡鲁斯发表《有关风景画的九封信》，试图驳斥科尔内留斯1825年的指

442页左图）。不久之后，达尔就成为当时最著名的挪威艺术家，而且还被人们看作是外光派画法的创始人。

显而易见，达尔与德累斯顿的朋友们分享着新的世界观，其中，伟大与渺小、重要与次要等作为同等重要的元素被融入绘画。

柏林画家卡尔·布勒兴比弗里德里希小24岁。作为一名天赋惊人的画家，他可能是唯一能继续弗里德里希工作的画家。首先，他也采用抽象的颜色象征；然而，却摒弃了弗里德里希的神秘主义自然观。对于布勒兴而言，即便是大自然最奇怪的现象都可通过物理原因得以解释。尽管这些现象就自身而言都是相当具有代表性的。布勒兴不像弗里德里希一样在作品中暗示神秘的深度。在他的眼里，大自然是平凡的。然而，他力图使观看者看到什么才是"美轮美奂的"自然美学。

控：风景画至多是"雄伟的艺术枝干上的苔藓或矮枝"。他自学绘画技巧并且理智地形成自己的绘画风格。弗里德里希展示其内心确信绘画应该是"自然哲学"。因此，卡鲁斯成了前者的亲密追随者和伙伴。例如，在其作品《岩石山谷中的朝圣者》（Pilgrim in a Rocky Valley，柏林）中，他采用弗里德里希介绍的方法，描绘人物的背影。在这幅画中，他催促观看者尽快进入绘画，猜测他的观点。卡鲁斯的作品《德累斯顿易北河上的刚朵拉》（第442页右下图）遵守相同的原理。因此，观看者也体验了乘船之旅。与此同时，船外的风景就像是窗户外的远景一样，创造了画中有画的画面。这是弗里德里希在其室内装饰画中曾多次采用过的一种方法，借此展示有如透过窗户又看到一幅风景般的效果（如《窗户边的女人》所示，第472页左下图）。

1867年，达尔的《画选之观察与思考》（Observations and Thoughts before Selected Paintings）出现在德累斯顿美术馆。达尔的回忆和难忘的瞬间，通过观察力敏锐的科学家隐喻告诉我们艺术家对其时代的担忧。我们有理由认为卡鲁斯对其朋友弗里德里希的泛神论世界观持鼓励态度。

达尔于1818年定居德累斯顿，与弗里德里希同时被任命为学院导师。他也是蒂克和卡鲁斯朋友圈的成员。弗里德里希从未到过意大利。与弗里德里希不同，达尔深深地陶醉在印象中的意大利千变万化的风景中。光的景色和意大利与北部之间不同的形态，而不是经典风景画，激发了达尔创作大部分小尺寸绘画的灵感。尽管在主题选择上，达尔和弗里德里希都对雾的形成和变幻莫测的光影感兴趣，他们的风格是大为不同的。达尔的绘画更具写生风格，使绘画看上去更加现代（第

除此之外，布勒兴进一步使看起来象征性的绘画元素透明化，如《魔鬼桥的修建》（第443页上图）所示。在仔细观察之后，人们没有在绘画中发现弗里德里希式的开放性问题，而是相当简单的答案："绞刑架"实际上只是起重机而已，黑暗峡谷中那鬼魅的灯光不过是山脉之间的自然光，而且躺在地上的人也没有双重意义，只不过是疲惫的工人。我们可以预测新桥的未来，然而这也正是事情发展的方向。正是通过这种方式，布勒兴颠覆了当时风靡一时且被画家频繁采用的令人恐惧的矛盾幻影。

特别是在1828年/1829年之后，布勒兴关于意大利旅行的印象使其到达自然主义的边缘。他的绘画效果有时是戏剧性的，然而这来源于大自然本身的戏剧性场景，如《拉帕洛海湾》（第443页底图）中即将到来的大暴雨。布勒兴在老师弗里德里希逝世之后两个月也与世长辞，他曾与年长两岁的法国人卡米尔·科罗（Camille Corot，1796年-1875年）极为亲密。

在学习科罗和法国后来被称为"私密风景"的新风景画画法过程中，在年轻一代的画家中，布勒兴在未来几十年中，是描绘德国的先行者。他们不希望通过外界绘画表达画室里的自然现象，而是直接露天记录在画布上，为自然主义铺平了道路。

菲利普·奥托·伦格（Philipp Otto Runge，1777年-1810年）

弗里德里希和伦格是德国浪漫主义运动中两个互相对立的主要人物。在这几十年中，两人都因古怪独特的个性而成为公众关注的人物。鉴于两人求学的哥本哈根艺术学院未形成非常独特的风格，弗里德里希和伦格都觉得该学校对其意义不大。除了肤浅的模仿之外，两人的风格均无实际的变动。伦格和弗里德里希一样，个性很强，作为同时代最著名的两名画家，二者互相敌视。每个人都在寻找自己的形式语言，用来表达新的观点和方法。他们并不热衷于描绘大自然的真实状态，大自然的真实状态看上去更像是艺术家自行解释的工具。借用舍林的话来说，灵魂在灵魂的世界里寻找答案。但是，在弗里德里希的绘画为观看者留下开放性问题的同时，伦格则试图提出解决方案或者灵魂的世界与人类之间关系的神秘解释。上述内容可通过变化的诗学理念、人类心灵与大自然灵魂之间的转变得以呈现。其中，伦格呈现了"图

像"。因此，伦格采用理性的方式，并最终发明了色彩理论。从此之后，风景成了弗里德里希绘画的真实内容；与此同时，伦格将人类形态及其象征性的变形作为其创作主题。然而，这能代表什么呢？

菲利普·奥托·伦格英年早逝，正当他相信他最后找到了他的创作道路时，他的生命结束了。此时他才仅仅工作十年，离他找到的道路只有几步之遥。这条路最终会把他带到何处，人们只能猜测了；但可以肯定的是，后来的象征派画家继承了他的想法，正是从他离开的地方出发的。与弗里德里希一样，伦格起初把风景看成重塑艺术的机会，这与学院派"复兴古老的艺术"的"邪恶的理念"形成鲜明的对比。最后，在他的全部作品中，风景只是象征主义的装饰而已。对于伦格而言，艺术是"与生俱来的能力"。人或者人与有机物质之间的关系是对他来说是天生的。伦格采用象征性的手法解释了植物与人之间的关系。

这一切完全本着歌德确认的精神。多亏了斯宾诺莎："一切无常事物，无非譬喻一场。"，歌德才以确认。不久之后，伦格即发现风景无法满足他的需要，无法充分地表达"象征"或"寓言和清晰而健康的思想"。因此，人类成了伦格在图画中表达人与浑然一体的大自然之间本质性统一的工具。

在这一方面，弗里德里希与伦格确实是相反的两极。弗里德里希将人类描绘成无边无际的风景中的一个小人物，而伦格在认真计算的艺术作品中，使风景与人物保持一致，而且还充分考虑色彩理论和参考的协调。风景变成了基本过程的"象征"。在弗里德里希探索无限的隔绝时，伦格在家庭以及朋友圈中找到了绘画作品的参考模特。

弗里德里希在前述《生命的阶段》（第441页插图）中，通过规定五人与帆船之间的关系显示了象征关系。伦格在其早期作品《许尔森贝克家的儿童》（第444页插图）中也采用了这一点。绘画中的儿童与

左侧的三朵太阳花交相辉映。向日葵茎干的直径与儿童们的年龄对应，旋转的身体与头部的位置也与向日葵的方向与姿势对应。最小的太阳花，尚未完全开放，由其他两棵向日葵的叶子支撑着。进入观看者右侧视野的男孩与朝右的太阳花对应；左侧的一朵朝着后方的太阳花则象征着那个最大的正在回头的孩子。画面中其他地方也存在类比。按照舍林的解释，限制儿童自由、最终指引其回家的篱笆，很好地利用了斯宾诺莎关于人的行动自由理念。

一年之后创作的《艺术家的父母》（第445页插图）采用了相同的象征主义。在这幅画中，道路也是规定的。篱笆引导着年迈的夫妇走出画面。随着时间的流逝，人类的外貌变得暗淡无光，这一点通过父母的外貌特征精彩地展现了出来。时光荏苒，剩下的只是灵魂。他们那意味深长的一瞥，就像是向观看者再见一样。画面中的儿童不仅是子孙后代，还与年迈的夫妇对应，象征着大自然的变化。在这幅画中，青春与暮年和谐并存。在某种程度上，这幅画还象征着轮回。画面中，小女孩指着一朵花。年迈的老妈妈手里拿着一枝采摘下来的玫瑰，这朵玫瑰不久就会凋谢了。就像那位父亲挽着妻子的手一样，小男孩再紧紧地抓住小女孩的同时，侧着身体去摘一朵花。

伦格的绘画有太多层次的解释，不胜枚举。然而，我们应该提到这一点：在伦格的儿童绘画中，我们看不到过于感情化的无名小孩，看到的是非常成熟的相貌，好像那些相貌能够显现他们的一生和命运一样。画家的妻子宝琳娜·伦格·巴辛基（Pauline Runge, née Bassenge）于1872年将这幅画捐赠给汉堡市立美术馆。在波美拉尼亚生活的那段舒适的日子里，伦格饱受周期性爆发的严重疾病的痛苦。在伦格18岁的时候，哥哥丹尼尔将他带到汉堡市。这幅画真实地反映了《马太福音》第2章13节中讲述的基督教故事，然而未讨论深层次的象征主义。伦格留留下关于这幅画的说明。在这幅画中，避免宗教的升华是一个相当显著的特点；例如，图片上没有传统的基督肖像中的光环或类似元素。画家故意将圣婴放在图画的一边。然而，圣婴正在向上望，与繁花似锦的大树上那个小孩打招呼，这种儿童与自然的关系与伦格其他作品中的关系类似。相比之下，处于最显著位置的大人约瑟夫就像是一个边框一样。这幅未完成的绘画最初可能计划用于格内夫斯瓦尔德的一所教堂。然而，后来它又被重新命名为《东方世界的黎明》(The Dawn of the Eastern World)，与《西方世界的夜幕》(The Evening of the Western World)相对应。上述两幅画组成一对寓言画《诗人的来源》(The Poet's Source)。汉堡市立美术馆还有伦格创作的一幅钢笔画，显示一组绘画的总体构成。

"我们应当把自己看成儿童……"伦格说，"如果我们想获得成功"。

本页：
菲利普·奥托·伦格
《艺术家的父母》（*The Artist's Parents*），1806年
画布油画，196厘米×131厘米
汉堡市立美术馆
全景图（左图）
局部图（上图）

　　像弗里德里希一样，伦格的婚姻也在一定程度上影响了他的作品。伦格1801年与妻子波利娜·巴辛基相遇，她当时只有16岁，3年后结婚。从此之后，人类成了伦格作品的核心部分。不幸的是，绘画《我们仨》（1805年，第448页左图）惨遭烧毁。然而我们从其复制品中可以看到新婚的画家夫妇与他的长兄丹尼尔。在这里，我们也可以看到类比体系。我们可以看到伦格的妻子斜靠在他的身上，背景中两棵小树的位置与伦格夫妇形成的S形曲线形成一种类比。

　　伦格的第一幅主要作品《夜莺的教训》（第448页右图），可能就是在完成《我们仨》之后创作的。伦格的《夜莺的教训》，灵感来自弗里德里希·戈特洛布·克洛普施托克（Friedrich Gottlob Klopstock）的《颂歌》，画家的妻子也出现在画面中。然而，在画面中寻找夜莺的人们可能要无功而返了，他们很快就会明白画家是拿人类的孩子比喻幼小的夜莺。按照舍林的理解，这是数不胜数解释灵魂的世界的方式之一。教训也只不过是两人之间无声的眼神交流而已。从根本上说，上述观点源于舍林的哲学——灵魂与自然相统一的秘密只不过是"理智地预测"而已。舍林的同一哲学可以回答伦格绘画观点中提出的许多问

以借机用自己关于舍林或歌德对斯宾诺莎主义解释的看法产生的"变形"，填补框架。我们还将看到尤金·诺伊洛伊特等慕尼黑画家描绘的花丛中的儿童和经典的取景。当然，《清晨》的观点可以看成是这一原则体系的具体实施。在缩小版（1808年，第449页右图）和放大版《美好的清晨》（第450页和第451页插图）中，可以看到这一形象化的美景。伦格的后人将《美好的清晨》分开了，然而，随后它又被重新拼接在一起。时期不仅仅是一天或季节中的不同时间。时期的各种不同意义必须在舍林的片段《世界的各个时代》（The Ages of the World，1813年）与随笔《论灵魂的世界》（On the Soul of the World，1798年）的背景下理解。在作品《清晨》中的边框图片和中心画面上，在镜子中显现了最简单的转化和复制阶段，使上文所述的转化观点不言而喻。躺在草地上的儿童，瞪大双眼似乎在凝望生命的奥秘。这一画面所表达出的宏伟的观点深深地打动了每一个观看者。整个大自然就像新生的一滴露珠一样。人们常说边框上的独立画面使观看者可以同时看到两个画面。与之相反，我们不能将其理解为"拆分"单一视图。人们永远

题，还影响了赫尔德林和歌德以及诺瓦利斯、蒂克与施莱格尔的耶拿圈。从斯宾诺莎开始，舍林的"统一"哲学可以理解为精神与自然现象的统一。因此，我们不能把自然看成是死气沉沉的或机械的原子聚合物。自然与精神代表着现实与理想，在本质上是完全相同的。根据斯宾诺莎《伦理学》第45条原则，按照无限永恒的原则，人类也是花朵、植物以及无限的变形阶段。一切的一切与上帝统一在一起。因此，"教训"不是一个小时的时间，而是永恒的状态。因为，按照舍林的斯宾诺莎主义，"时间的真正顺序是混乱的想法"。而且，教训中"对话"的解释将在缄默中永生。

舍林在《论美学》中说："自然是一首秘密的诗，是一个精彩的剧本"。伦格反复地通过绘画展示自然多姿多彩的变化形态。人们从一束一束的花中脱颖而出，或者包围在花丛内。我们可以从图片周围描绘的单色画、《在前往埃及的旅途中休息》（1805年，第446页与第447页插图）中花儿盛开的大树以及铜版画《四个时期的变化》中看到上述景象。

1802年，伦格又一次试图按照自己的想法建立风景与陌生声音之间的对话。然而，最终他并未将真实的风景当成一个整体呈现，仅呈现了框架结构中的部分风景。这一想法并不是空穴来风的。为了维持婚后的生活，伦格开始转向代表"时代风格"的壁画。然而，什么是时代的风格呢？在新古典主义氛围中，罗马的墙壁细分原理与庞贝风格的壁画都风行一时。四个时期将按照大型壁画的方式描绘。伦格可

下图:
菲利普·奥托·伦格
《一天的时光：白天》（*Times of Day: Day*），1805年

上图:
菲利普·奥托·伦格
《一天的时光：夜晚》（*Times of Day: Evening*），1805年
均为铜版画，71.2厘米×47.5厘米
德累斯顿国家铜版画陈列馆

下图及下一页：
菲利普·奥托·伦格
《美好的清晨》（The Great Morning），1809-1810年
全景图与局部图
画布油画，152厘米×113厘米
汉堡市立美术馆

时期的变化》是他最重要的作品。1808年，他开始回归到《四个时期的变化》的彩色版中。然而，1810年，伦格与世长辞，此项工作仅进行了一半。

在伦格的绘画中，他试图在艺术中展现当代哲学，我们需要清楚地对待。我们知道蒂克在这一方面起到了指导性的作用。伦格曾与蒂克一起两度拜访歌德。他与赫尔德、诺瓦利斯以及歌德的关系更加巩固了这一方法。对于伦格而言，就像是诺瓦利斯认为的一样，人性就像是"各种各样的风景，某一特定精神的理想工具"。这一点与斯宾诺莎的《伦理学》一致，其中第24条原则是："我们发现的独立事件越多，发现上帝的机会就越大"——神或自然！就色彩理论的问题，伦格与歌德经常保持联系。1810年，伦格提出色球理论。四年前，他在沃尔加斯特（Wolgast）向耶拿的诗歌王子写信："吾近来与友探讨色彩观点，然友人指出该观点早已有之，牛顿之前曾有更加彻底的探讨……因此，若汝知道并告知其探讨内容何处可查，吾将不胜感激……若吾所送散文之若干片段得蒙青睐，吾将非常高兴终能偿还所欠之部分恩情。"在这些句子中再次出现了牛顿的名字，牛顿精神是整个时代的代表，那是一个边探索边启蒙的年代。因此，在伦格的绘画中，伦格力图从形式和颜色中为"统一"原则寻找看得见的"图像"或"象征"。

拿撒勒派与信奉天主教的南部

伦格和弗里德里希作品中的绝对个人主义使其远离主流社会。这种过于自信的艺术几乎没有实际的追随者，主要原因是中产阶级观看者和买主无法长期忍受伦格的神秘主义或弗里德里希的孤立。

浪漫主义运动在很大程度上是随着新兴资产阶级的出现而发展的。新兴资产阶级希望艺术家们描绘人人都可以理解的、符合资产阶级精神生活的作品。然而，伦格和弗里德里希作为这个时代最重要的两个代表，并不能满足这一要求。此外，这一点也造成了长期以来持有的错误观念，即遥远是浪漫主义运动的普遍目标。从那个角度来看，还可以看到拿撒勒派艺术家们假修士型的隐退。然而，他们十足的社群意识被人们误解了。此外，当他们皈依宗教后，这一团体的支持者们试图唤醒人们传统的虔诚感。德国"修道士的手足情谊"的形成与民族团结与友爱的渴望一致，并非偶然。法国人弗朗索瓦·拉伯雷（François Rabelais）是一名最著名的资产阶级知识分子，讲述了16世纪迪玛修道院（Abbey of Thelem）修建的故事。这个故事有点像修道士的"个人主义者团体"。当然，这个观点非常荒谬，然而它仍然成为当今现代主义的分类依据。

也无法真正地描绘永恒。弗里德里希只是在其风景画中暗示永恒，伦格采用古典主义时期以来常用的方法，试图显示共存的不同时期表示永恒。在这里，儿童也出现在花丛中。云彩后边那天使或儿童的脑袋，在一定程度上象征着无穷无尽的人群，它们被大自然诞生时奇妙的蓝光照亮。当然，这个想法是以前就有的，不是伦格发明的。从曼特尼亚和弗拉·菲利波·利皮到拉斐尔等文艺复兴时期画家的作品中，我们发现了相同的方法，这些画家都利用数不胜数的天使的脑袋象征永恒。当然，从宗教艺术中获得的这些元素使人们对绘画产生敬畏感，从而将艺术作品提升到宗教祭坛上。尽管是大自然宇宙神学宗教的祭坛，回想《祈祷书》的边框和人物的对称证实了这一点。伦格认为《四个

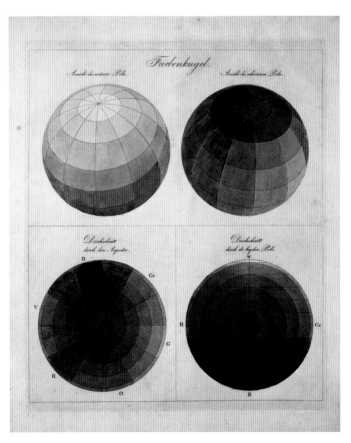

克随后很快就皈依宗教。苏黎世的杜塞尔多夫·约瑟夫·温特格斯特（Düsseldorfer Josef Wintergerst，1783年-1867年）与路德维希·沃格尔（Ludwig Vogel，1788年-1897年）等其他天资一般的艺术家也加入了他们。由于拿破仑的统治，他们都是爱国人士，极其信赖传统的德国大师艺术，在贝雷帽下面留着长发。他们希望像修道士一样过着简朴的生活，支持宗教道德观。在维也纳期间，普福尔创作了新学派最著名的作品《哈布斯堡皇帝鲁道夫驾临巴塞尔》（1809年-1810年，第453页插图）。普福尔简短的一生被疾病和抑郁困扰。在其不久之后创作的作品《圣乔治和他的龙驹》（*St. George and the Dragon*，第454页上图），这一特点颇为明显。绘画中的战士极为自负，与战斗极为不协调，只有马儿那双大大的、敏锐的眼睛与观看者保持接触。这是一场毫不费力的战斗！骑士看上去是在回想远离尘世的死气沉沉的经历。艺术家的忧郁非常耐人寻味。除了本绘画与安格尔的相关主题作品《营救安洁丽卡的罗杰》（第391页插图）之间的对比之外，没有其他方法能更加清楚地显示法国和德国方法之间的显著差别。

画家埃伯哈德·冯·瓦希特（Eberhard von Wächter，1762年-1852年）完全沉醉在意大利天主教家庭生活中。在他的建议下，普福尔与奥韦尔贝克于1810年来到罗马。海德堡艺术家卡尔·菲利普·福尔（Carl Philipp Fohr，1795年-1818年）于1816年加入他们，在科赫的影响下，在浪漫主义风景画方面实现了极高的个人成就（第454页底图）。然而，福尔英年早逝，在台伯河去世时年仅27岁，而且仅留下五幅作品。科赫在邀请之下也加入联合创作，例如，用塔索的《解放了的耶路撒冷》（*Gerusalemme Liberata*）中的场景装饰马西莫剧院（Casino Massimo）。

1817年，朱利叶斯·施诺尔·凡·卡罗斯费尔德（Julius Schnorr von Carolsfeld，1794年-1872年）加入该圈子。随后，1827年，约瑟夫·冯·富里希（Joseph von Führich，1800年-1876年）加入。富里希是拿撒勒派最重要的宗教题材画家之一。在罗马停留期间，富里希承认道："如果可以自由地选择自己的职业，圣经是我想要涉足的领域……"。他最终实现了自己的愿望（第455页上图）。在1829年离开罗马之后，富里希主要致力于圣经题材绘画。

1829年，爱德华·冯·施泰因德尔（Edward von Steinle，1810年-1886年）加入该圈子，他是最后一位加入的艺术家。然而，在最后阶段，社区艺术的观点已然存在。最后，兄弟会的成员们将其平滑且平稳的理想化描绘观念融入德国各学院后（与彼德麦式清醒的现实主义相反），兄弟会产生了巨大的社会影响。例如，慕尼黑的科尔内留斯和施诺尔，

按照舍林之的解释，斯宾诺莎拒绝接受自然哲学的观念是一种普遍现象。舍林在获得慕尼黑的指派职位后，回到无宗派宗教，皈依天主教。其他知识分子群体，像舍林一样，受到天主教思想家弗伦茨·克萨韦尔·冯·巴德尔（1765年-1841年）的影响，被雅各布·博姆（Jakob Böhme）和法国人圣马丁等宗教知识分子的世界深深地打动了。

人们开始对启蒙运动产生反应，艺术家们很快追随而上。1809年7月10日，法兰克福人弗伦茨·普福尔（1788年-1812年）与来自吕贝克的弗里德里希·奥韦尔贝克（Friedrich Overbeck，1791年-1859年）在维也纳成立了第一家具有现代意义的艺术家协会——圣卢克兄弟会（St. Luke's Brotherhood）。圣卢克兄弟会的成立与维也纳艺术学院示意性的历史定论主义机构反其道而行之。该机构是督导新古典主义画家海因里希·费格尔（Heinrich Füger）管辖下最重要的此类机构。普福尔的性格可能更倾向于沉思，而更加安静、更有天赋的奥韦尔贝

杜塞尔多夫的沙多以及维也纳的冯·富里希。

　　1810年，在搬迁至平乔山（Monte Pincio）一所废弃的修道院之后，他们自称"圣伊西德罗兄弟会"（The Brethren of San Isodoro），致力于"独自在安静的沉思中献身于古老而神秘的艺术"，如奥韦尔贝克所述。卡尔·菲利普·福尔27岁时在台伯河溺水而亡，仅留下5幅油画作品。然而，这几幅作品中显而易见的优势，暗示了艺术家本来可以完成的事业。黑暗的和深深的发光的颜色与对自然风景地貌的感受，升华成浪漫思想，也在这幅画中显示了画家超凡绝伦的能力。福尔在慕尼黑艺术学院（Munich Academy）学习时，师从彼德·冯·朗格尔（Peter von Langer），无法接受其苛刻的新古典主义教学方式，随而前往意大利，在此次旅行中，他创作了70幅绘画和水彩画。福尔继续跟随以路德维希·鲁尔（Ludwig Ruhl）为中心的慕尼黑艺术家们独立学习，也就是在这一时期，他创作了作品《烧炭人小屋前的骑士》。显而易见，

与福尔不太喜欢的学院学习相比，多瑙河画派的中世纪晚期绘画，特别是亚当·埃尔舍默（Adam Elsheimer）的绘画作品，对福尔记得文艺复兴初期的画家修道士、弗拉·安吉利科、弗拉·菲利波·利皮与弗拉·巴尔托洛梅奥等，试图用线条回归简单的形式，就像佩鲁吉诺或年轻的拉斐尔一样。他们认为透视画法是"早期艺术高峰的堕落"，故意根据杜勒的自画像——中分的长发与拿撒勒昔日居民和革命性的耶稣的穿衣风格——塑造自己的外形。在意大利，人们称之为"另类拿撒勒人"。1817年，歌德在一封书信中首次使用此嘲弄名字"拿撒勒人"。如前所述，歌德认为该运动是"儒弱的人过着苦行僧般的生活"。

　　奥韦尔贝克熟悉德国的意大利绘画。此外，奥韦尔贝克与伦格在汉堡相遇，为其留下了深刻的印象。并对奥韦尔贝克产生了更大的影响。在威廉·蒂施拜因（Wilhelm Tischbein）的干预下，维也纳艺术院接收了他。然而，正是在普福尔的影响之

左图：
弗伦茨·普福尔（Franz Pforr）
《圣乔治和他的龙驹》
木板画，28厘米×21厘米
法兰克福斯特德尔美术馆

画中。此外，正是普福尔的小说和绘画《舒拉米特与玛丽亚》（第456页插图）激发了奥韦尔贝克创作其同名作品（第455页底图）的灵感。

然而，两幅作品是相当不同的！在双联画中，普福尔隔开了意大利和德国世界、《旧约全书》和《新约全书》；而奥韦尔贝克消除了分离，创造了姐妹式的团结。他将"融合各元素"看成是自己的任务，或者，正如他所说："正是这种渴望不停地将北方艺术家吸引到南方及其艺术、自然以及诗歌"。鉴于服装、桂冠、桃金娘科植物花环以及不同的风景地貌和房屋使作品的意义相当明显，5年之后，该作品立即更名为《意大利人和德国人》（*Italia and Germania*，第455页底图）。两个女人的外貌和性格代表着奥韦尔贝克对意大利和德国少女的理解。然而，它也是文艺复兴时期的风格：沉思冥想的意大利少女代表着"沉思生活"，而积极活泼的德国少女体现了"积极生活"。其中，德国少女抓着朋友的手。绘画中的少女是想象中的新娘，极为理想化而且多愁善感，在

右图：
卡尔·菲利普·福尔
《烧炭人小屋前的骑士》（*Knight before the Charcoal Burner's Hut*），1816年
画布油画，51厘米×64厘米
柏林国立普鲁士文化遗产博物馆

下，他开始向霍尔拜因、克拉纳赫（Cranach）以及杜勒等传统德国绘画大师学习。他还为朋友创作了一幅不朽的作品（第457页插图）。普福尔通过拱形哥特式窗户内那一双锐利而虔诚的眼睛，吸引了观看者的注意，似乎是在问："您为什么没有发现虔诚带来的平和呢？"在宗教塔楼背景中，他的妻子令人尊敬，似乎是被百合花保佑一样。普福尔的标志、十字架上的头颅、葡萄藤、警惕的小猫或代表着希望的猎鹰都象征性地包含在这幅绘

左图：
约瑟夫·冯·富里希
《雅各布遇到拉结和她父亲的羊群》
(*Jacob Encountering Rachel with her Father's Herds*)，1836年
画布油画，66厘米×92厘米
维也纳奥地利美术馆

下图：
弗里德里希·奥韦尔贝克
《意大利人和德国人》(*Italia and Germania*)，1815年-1828年
画布油画，94厘米×104厘米
慕尼黑新绘画陈列馆

拿撒勒派艺术中独树一帜。在意大利邂逅德国艺术家这一题材上，没有人能比奥韦尔贝克树立了一座更耀眼或更名副其实的纪念碑。

1811年，来自杜塞尔多夫的彼得·科尔内留斯（Peter Cornelius, 1783年-1867年）加入兄弟会，成为最活跃的会员。受普鲁士总领事的委托，科尔内留斯与奥韦尔贝克、弗里德里希·威廉·冯·沙多（Friedrich Wilhelm von Schadow，1788年-1862年）以及柏林画家菲利普·维斯（Philipp Veith，1793年-1877年）一起，用以约瑟夫故事（第458页上图）为主题的湿壁画装饰了祝卡洛之家（Casa Zuccaro）。法老顾问这一主题当然是考虑了顾客的外交官身份。沙多描绘了《雅各布的悲叹》、法伊特与奥韦尔贝克装饰了弦月窗、科尔内留斯自己创作了《约瑟夫现身兄弟前》（Joseph Reveals himself to his Brothers）与《法老之梦》（Pharaoh's Dream）。法老坐在宝座上，聚精会神地倾听，沉思着未来的预言。约瑟夫正在用手指为法老计算，就像是在做数学练习一样。科尔内留斯通过抄写员的如实记录和消失在暗处之人的密切关注和怀疑，描绘了听众的一系列反应。然而，画家通过两侧圆板显示梦的想法是相当有趣的，就像是英国艺术家桑比展示的魔幻时刻的投影一样（第332页左下图）。当然，桑比的光球与科尔内留斯的《约瑟夫之梦》（Joseph's Dream）无直接联系。然而，不久，威廉·布莱克的《约伯记》解释第20章（第458页底图）中重现了梦幻想法与圆投影之间的相似性。在我们获悉这些绘画的巨大成功和科尔内留斯对英国的强大影响之后，我们知道这绝对不是巧合。虽然如此，我们还需指出颜色在这些湿壁画中的作用并不重要。同样地，人们并没有特别关注整体结构；个人

被视为全部表演的组成部分。就像一般拿撒勒派艺术一样，叙事共存决定了画面。一段时间以后，这一特征在慕尼黑为科尔内留斯带来了种种困难。

信奉天主教的南部——慕尼黑和维也纳

在路德维希一世的赞助下，慕尼黑成了除耶拿、柏林与维也纳之

下一页：
弗里德里希·奥韦尔贝克
《画家弗伦茨·普福尔之肖像画》（*Portrait of the Painter Franz Pforr*），约1810年
画布油画，62厘米×47厘米
柏林国立普鲁士文化遗产博物馆

左图：

彼得·冯·科尔内留斯

《为法老解梦的约瑟夫》(Joseph Interpreting Pharaoh's Dream)，1816年-1817年

蛋彩画湿壁画，246厘米×331厘米

柏林国立普鲁士文化遗产博物馆

本湿壁画最初是罗马巴托尔迪之家（Casa Bartholdy）以前的接待室中整套五幅绘画之一，创作于1815年到1817年之间。19世纪末，这些湿壁画被人们取下送到柏林。沙多创作了《雅各布的悲叹》（Jacob's Lament），法伊特创作了上方的弦月窗上的绘画《丰年》（The Fat Years）与巨幅绘画《约瑟夫与波提法的妻子》（Joseph and Potiphar's Wife）。科尔内留斯的绘画作品在其旁边，弦月窗覆盖其上。《荒年》（The Lean Years）由奥弗尔贝克创作。艺术家们认为整套湿壁画是其主要作品，他们均创作了小规模的水彩版绘画，这些绘画由建筑分部加外框，于1818年秋季在柏林学院展出。

下图：

威廉·布莱克

《约伯与他的女儿》(Job and his Daughters，《约伯记》第20章)，1823年-1826年

铜版画，21.7厘米×17厘米

伦敦泰特美术馆

外的一流的艺术中心，"伊萨尔河畔的雅典"多年以来一直是德国最主要的艺术中心。1920年左右，慕尼黑登记有3000多名艺术家；然而，柏林取代了这一德国南部大都市的地位。克伦策与格特纳修建的宫殿建筑群和齐布兰与欧穆勒（Ohlmüller）修筑的教堂也为画家们创造了更多的工作机会。与柏林或维也纳的艺术学院相比，慕尼黑的艺术学院更加现代；而且，德国北部许多希望前往意大利的人也绝不会错过慕尼黑。

尤金·拿破仑·诺伊洛伊特（Eugen Napoleon Neureuther，1806年-1882年）曾获准用蔓藤花纹和页边空白插画装饰过歌德的诗歌，他为声名鹊起的慕尼黑艺术家又树立了一座丰碑（《空前繁荣的慕尼黑艺术》，第459页插图）。画中科尔内留斯（Cornelius）被推崇在三拱券大厅中就坐，周围画有著名的慕尼黑画家，有正在创作天花板壁画的彼得·冯·赫斯（Peter von Hess），手拿热气腾腾的颜料锅（指蜡画法）的施诺尔（Schnorr）以及正在作坊工作的考尔巴赫（Kaulbach）。在油画中，我们还可以看到建筑师和艺术爱好者。

1819年，科尔内留斯抵达慕尼黑，不久即被任命为学院院长，并获国王授予爵位。雕刻博物馆和绘画陈列馆中的弦月窗和穹顶油画是他的第一批作品，在当时的慕尼黑达到了登峰造极的地步。然而，遗憾的是，这些油画在很久以后被空袭损毁。1836年，科尔内留斯接受了一项重要的任务，用《最后的审判》（第460页插图）装饰加特纳（Gartner）的路德维希教堂（Ludwigskirche）祭坛墙壁。大体上说，科尔内留斯的此作品是效仿米开朗琪罗西斯廷教堂的湿壁画创作的，

但是比后者明显大一半，因此，它是当前世界上最大的湿壁画。对科尔内留斯而言，这一点是致命的。各个单独元素不会简单地化为一幅有机统一的作品。画家科尔内留斯因此受到一代美术史学家的诟病。终于，在面临相同的问题时，米开朗琪罗选择了巴洛克风格的空间处理。科尔内留斯想把当时注重细节的风尚转变为注重宏观图像，这简直就是不可能完成的任务。然而，在更大的范围内，人们对该作品的态度本质上是怀有敌意的。皇家客户，作为巨幅绘画的发起人，与科尔内

左图：
尤金·诺伊洛伊特
《空前繁荣的慕尼黑艺术》（*The Arts Flourishing in Munich*），1861年
画布油画，73厘米×101厘米
慕尼黑沙克美术馆（Schack Galerie）

留斯产生了严重的争议。威廉·冯·考尔巴赫（Wilhelm von Kaulbach，1804年-1874年）是科尔内留斯的学生，其病态的甜美风格几乎是对自己的讽刺。在国王开始喜欢考尔巴赫之后，科尔内留斯极为痛苦地离开了慕尼黑，前往柏林。然而，他并没有就此放弃。在1840年向为普鲁士国王腓特烈·威廉四世服务之后，科尔内留斯着手规划中的大教堂内墓地的装饰草图。而且，在最终摒弃拿撒勒派的直线化绘图语言后，科尔内留斯成功完成这些装饰草图的宏伟设计。在设计展出时，科尔内留斯已达80岁高龄，再一次成为德意志最伟大的画家。科尔内留斯再次享受到成功的喜悦。然而，这些草图从未得以实施。在很长一段时间内，大教堂仍然是海市蜃楼。尽管如此，3年之后，当科尔内留斯以83岁高龄与世长辞之时，得知自己已获得不朽的艺术成就，他应该可以含笑九泉。

今天，在我们看来，莱比锡人朱利叶斯·施诺尔·凡·卡罗斯费尔德（Julius Schnorr von Carolsfeld）的风格与科尔内留斯的风格最为相像。一项对其细微绘画的研究显示了他相当远大的目标。在线条的优美性、表达的强烈程度以及笔法或轮廓的细腻性方面，施诺尔希望与拉斐尔或者文艺复兴初期的画家获得同等的艺术评价。有些时候，施诺尔确实在形式方面超越了其目标。《迦那婚礼盛宴》（*The Wedding Feast at Cana*，第461页上图）的主题形式多样，以至于哥伯哈德·福盖尔（Gebhard Fugel）、马丁·福伊尔斯坦（Martin Feuerstein）以及卡尔·武尔姆（Karl Wurm）等后来的"新拿撒勒派画家"在进入20世纪前10年之后，仍然在教堂绘画中使用该画。

施诺尔对巨幅作品有一种本能的天赋。明显的是，在他创作完慕尼黑皇宫（Residenz in Munich）墙面蜡画之后，那种中伤科尔内留斯的批评再也加不到他的身上了。

战争毁坏了几乎所有的东西，然而尼伯龙根大厅（Nibelung halls，第461页底图）保存了下来，显示出施诺尔游刃有余地处理巨幅绘画的能力。然而，就像科尔内留斯在柏林创作的草图一样，这些作品都是后来才付诸实践的。此外，以作品为蓝本的工程一直持续到1867年。施诺尔在创作过程中，得到了费迪南德·奥利维尔（Ferdinand，1785年-1841年）和亨利希·奥利维尔（Heinrich Olivier，1783年-1848年）的胞弟弗里德里希·奥利维尔（Friedrich Olivier，1791年-1859年）的协助。费迪南德和亨利希属于拿撒勒派画家。他们的风景画无法与科赫（Koch）媲美，在宗教绘画上也与奥韦尔贝克（Overbeck）或施诺尔相形见绌。

尽管如此，科尔内留斯、沙多（Schadow）和施诺尔还在孜孜不倦地探索纪念性历史画。在这一世纪的后半叶，纪念性历史画发挥了举足轻重的作用。几乎所有的公共建筑、培训中心（比如慕尼黑的马克西米利安纪念馆）、博物馆、市政厅以及大学均悬挂有巨幅全景画，因而它们也成了文化中心。他们传授历史，并且希望能够作为历史典范而产生教育影响。威廉·冯·考尔巴赫的巨幅作品《提图斯摧毁耶路撒冷》（*The Destruction of Jerusalem by Titus*，始创于1836年，第462页上图）是新型戏剧历史画中最完美的典范。艺术家们展现的是唯心的启蒙主义，而不是真实事件。我们所看到的历史解读跨越了时

空，并且旨在对全世界产生极为重要的影响。然而，当考尔巴赫在绘画右侧标注"基督教精神"，在相反方向画上一个奇丑无比的"流浪的犹太人（the Wandering Jew）"逃离城市的画面时，19世纪历史观所反映的社会层面和社会危害就显得太简单化了。即便是在考尔巴赫所处的时代，这一行为也会遭人耻笑。博纳旺蒂尔·格默利（Bonaventura Genelli，1798年-1868年）采用漫画手段讽刺考尔巴赫，将其画成是一个加冕的王子，而不是一个具有创新精神的人。格默利曾师从卡斯腾斯（Carstens），并且前往罗马拜访了科赫，期望能在米开朗琪罗的灵活性观点和新古典主义派的直线历史观之间架起沟通之桥。在希腊花瓶绘画艺术的激发之下，格默利的绘画主题变成了轮廓画。这也是英国画家弗拉克斯曼（Flaxman）的主题。由于受到巴伐利亚国王的冷落，慕尼黑的沙克公爵（Count Schack）成为格默利的最后一位赞助人。作为德国新古典主义画派分支的最后一名画家，格默利在魏玛（Weimar）度过人生最后一段艰难的岁月后，安息于此。

专业化、主题大师

尽管从今天看来，那些画家都拥有成功的事业，可当时，他们之间的竞争非常激烈，这种竞争刺激了学院中主题专业化的发展。在18世纪下半叶，术语"主题大师"盛行一时，画家们开始专门研究景观、肖像、历史或宗教画。在激烈的竞争之后，一些画家获得了巨大的成功，为世人所颂扬。肖像画家约瑟夫·卡尔·施蒂勒（Joseph Karl Stieler,

是最高统治者统治之下的王国，首先在战争中与拿破仑结盟，之后又在主要的天主教州府推行世俗化，并没收教堂财产、驱逐修士。然而，德国北部随后推行相反的运动，许多教徒改信天主教。拉埃尔·瓦恩哈根（Rahel Varnhagen）是犹太人，在皈依天主教后宣称在天主教中"找到了安宁和平静"。当时，位于柏林的施莱格尔（Schlegels）与瓦恩哈根类似。施莱格尔的继子菲利普·法伊特（Philipp Veit）在17岁时从犹太教皈依天主教。施莱格尔劝说他的儿子和继子去参与卫戍教堂（Garnisonskirche）的装饰："如果墙壁不属于天主教，它们很可能将要属于天主教。而且，任何东西都可以变成新的东西。"

雅可比（Jacobi）、施莱尔马赫（Schleiermacher）、黑格尔（Hegel）与舍林（Schelling）等哲学家对斯宾诺莎的泛神论的影响与新教主义的影响极为类似，然而它没有对信奉天主教的南部产生同等范围的影响。现在，斯宾诺莎泛神论在北部也属于过去时了。它只能为歌德和莱辛等极少一部分人带来"纯粹的内在幸福"。然而，对于普通人而言，需要极大的牺牲：普通人失去了宗教信仰可以提供的社群意识。现在，

1781年-1858年）就是其中的一位。巴伐利亚国王路德维格一世委托施蒂勒画出慕尼黑当时最优雅、最光彩照人的女士，并制成"美女画廊"。"美女画廊"中的美女有17岁的纳内特·考拉（Nanette Kaula），她是犹太人社区领导人的女儿，嫁给了海因里希·海涅（Heinrich Heine）的侄子。另外一位美女是英年早逝的埃玛莉·冯·斯金特灵（Amalie von Schintling，第463页插图）。在技术上趋于完美的同时，施蒂勒还为后人记录了他们那个年代完美的美女。

正如同维也纳一样，长期以来，慕尼黑的浪漫主义运动一直与新古典主义并行发展。或者说，除了柯贝尔（Kobell）或施蒂勒等纯粹的新古典主义画家以外，新古典主义的形式要求与浪漫主义的热情奔放和超越现实互相融合在一起。科尔内留斯、考尔巴赫、格默利和施诺尔的作品可以验证这一点。然而在德国南部或维也纳的浪漫主义作品中，我们看不到弗里德里希和伦格作品中出现的、新教宣扬的斯巴达严肃性，也没有发现达尔（Dahl）或克斯廷（Kersting）作品中出现的更加温和的彼德麦式版本。这一中断，从本质上可以追溯至宗教改革，它再一次使德国的文化景观分裂多年。当然，艺术欣赏不仅仅从当时的社会和政治状况等角度来欣赏，但这可能是德国北部将腓特烈大帝（Frederick the Great）打响的战争看成是新教发动战争的原因。所以，在新教国家，拿破仑（Napoleon）因为推行天主教也成了他们的敌人。然而，德国南部对待拿破仑的态度就截然相反。巴伐利亚公国自认为

人们非常虔诚。至少，在新时代环境中，整个社会笼罩在虔诚的氛围中。甚至，威廉·冯·洪堡（Wilhelm von Humboldt）作为无神论者，也感同身受："我由衷地为小东西（他的女儿）的虔诚而感到高兴；他们的虔诚与时代大环境融合在一起，相得宜彰。"突然之间，当一个家族的族长与国家不谋而合时，一种新的传统的婚姻态度开始风靡一时。"一家之主"的言论又一次为世人所重视。针织长统袜不仅征服了婚姻殿堂，而且征服了许多肖像画，例如海因里希·赫斯在其长兄（画家彼得·赫斯）的小姨子肖像画（第462页底图）中就采用了这一主题。卡尔·贝加斯（Carl Begas，1794年-1854年）的家庭肖像画亦是如此（第464页插图）。在蒂克（Tieck）的讽刺诗中，夫妻之间的拥抱甚至也涉及针织长筒袜。它并未阻止吸取"灵修书籍"的精华，对于这一点，奥韦尔贝克早在1801年创作的普福尔（Pforr）之妻的肖像画中确认。

对待女性化的态度变得更加难以确定。除了母性之外，一种新的理想化形式，女性化的女人开始出现。在歌德看来，"永恒的女性引领男人更加上进"。起初，永恒的女性代表着各种各样的高贵品质，如威廉·冯·沙多（Wilhelm von Schadow，1788年-1862年）作品《蜜妮安》（Mignon，第465页顶图）中如天使般纯洁、有艺术家气质然而却有点忧郁的少女。奥古斯特·里德尔（Auguste Riedel，1799年-1883年）的《朱迪斯》（Judith，第466页插图）健壮而有力。然而，在其英勇杀敌行为的背后，人们仍然可以从她的眼睛中发现那么一丝温柔。与此同时，"夫人"出生了，她成了两种形象的化身。安格利卡·考夫曼、拉尔·莱文（Rahel Levin，瓦恩哈根·冯·恩泽之妻）、亨丽埃特·赫兹（Henriette Hertz）以及多罗特娅·施莱格尔（Dorothea Schlegel）等知识女性通过举办沙龙、建立思想中心来开展解放运动，然而这一局面不久即被更改了。现在，女主人谦恭地站在丈夫旁边，甘居其下，希望能够尽可能的获

下图：
卡尔·贝加斯
《艺术家之家》（*The Artists Family*），1821年
画布油画，76.5厘米×85.5厘米
科隆瓦尔拉特博物馆

下图：
威廉·冯·沙多
《蜜妮安》，1828年
画布油画，119厘米×92厘米
莱比锡造型艺术博物馆

底图：
约翰·彼得·克拉夫特（Johann Peter Krafft）？
《玛丽亚·安吉丽卡·里希特·冯·本嫩萨·弗雷恩·冯·扎克》（*Maria Angelica Richter von Binnenthal, née Freiin von Zach*）与《弗朗茨·克萨韦尔·里希特·冯·本嫩萨》（*Franz Xaver Richter von Binnenthah*）
1814年-1815年
画布油画，均为53厘米×43厘米
私人收藏品

得成功。当然，因经历痛苦，在她的嘴角反而显现出一丝高贵的神情。莱辛的明娜·冯·巴尔赫姆（Minna von Barnhelm）在忒尔赫姆（Tellheim）面前出现时，"正处于服丧期间"。现在，画家和诗人总是幻想着这位夫人身着当时风行一时的黑色长袍。歌德小说《威廉·迈斯特的学习时代》中的娜塔莉（Natalie）、《他索》（*Tasso*）中的利奥诺（Leonore），蒂克小说《魔法城堡》（*The Magic Castle*，1830年）中的"狂野的英国女人"以及同名小说（1835年）中绑在一个不爱的男人身上的武茨勒的沃里（Wutzkow's Wally），是此类型文学作品中的代表人物。我们可以在油画，特别是肖像画中发现此类人物。然而，我们不能忘记解放战争使她们付出了巨大的代价。黑色的寡妇丧服从一个侧面反映了牺牲将士的英勇表现。死亡使小人物变得重要起来。路德维希·伯尔勒（Ludwig Börne）的观察颇具时代特色："因为黑色适合她们，所以女士们愿为拐弯抹角的亲戚们服丧。"如果说战争的召唤将反对拿破仑的解放战争中英勇无畏的志愿者们提升到英雄的高度，可以说风靡一时的黑色服装使女人更显高贵。"高贵的灵魂"是悲伤的，禁止人们放声大笑。

里希特·冯·本嫩萨（Richter von Binnenthal）是一名维也纳贵族官员。本嫩萨夫妇的一对肖像画明显地表现出了这一时代的特征。这幅肖像画由约翰·彼得·克拉夫特（1780年-1856年）创作。优雅的妻子与丈夫相差25岁。然而，当丈夫佩戴着1814勋章时，他与妻子一样高贵典雅。此外，两人衣服的颜色巧妙地搭配在一起：妻子的黑色礼服与白色衣领和丈夫的哈普斯堡制服颜色截然相反。在复辟时期，白色的蕾丝衣领相当流行。哈普斯堡皇室喜欢回想逝去的西班牙帝国。从这对夫妇的身上，我们可以看到目前世界各地仍然流行的黑白配这一时尚的起源。黑白礼服还是哈普斯堡王朝之前的宫廷服装。在19世纪艺术中，身着黑色服装的夫人这一形象保留了很长一段时间。随后，安塞尔姆·费尔巴哈（Anselm Feuerbach）一遍又一遍地描绘着这位夫人，沉浸在她的黑色长袍中，隔绝了尘世间一切欢乐。随后，伯尔勒又一次恰如其分地评论到："对于男人来说，吃东西是一种感官娱乐；对于女人而言，它是一种审美享受。不能呵呵大笑，一抹浅笑即可；不能狼吞虎咽，最好细嚼慢咽！"这位夫人被提升到神秘的高度，虔诚的行为中带有贵族气质。最后，在19世纪末20世纪之初转变成弗伦茨·冯·施图克（Franz von Stuck）创作的男人杀手斯芬克斯或"罪恶"之前，在伯克林（Böcklin）的《死亡岛》（*Island of the Dead*）中，她又成为身着黑衣的神职人员，站在祭坛前方。

下图:
奥古斯特·里德尔
《朱迪斯》，1840年
画布油画，131厘米×96 厘米
慕尼黑新绘画陈列馆

下一页:
彼特·芬迪（Peter Fendi）
《令人哀伤的消息》（*The Sad Message*），1838年
木板油画，37厘米×30厘米
维也纳市历史博物馆（Historisches Museum der Stadt Wien）

理想与现实在这两幅画中形成鲜明的对比。如果说在艺术家的眼中，女性高贵、自信而且出类拔萃；除此之外，作为一个英雄人物，眼中还仍然能保留那么一丝温柔，就像奥古斯特·里德尔的《朱迪斯》一样，实际上有时却是大相径庭。一家之父在解放战争的战场上去世的消息对于大多数妇女来说，需要具有真正的英雄气概方能面对，正如下页图中显示的悲惨场面所示。

在两幅画中，我们可以看到19世纪艺术趋于利用心理学解释。

当里德尔用朱迪斯的面部表情传达圣经故事、作为整体说明时，下页的油画显示了妻子知道自己的命运后那令人难忘的一瞬。这一类通俗画通过心理解读达到高潮。

施温德将女性的外形转化为和谐的浪花。施温德1828年抵达慕尼黑，1835年在意大利旅行。从1838年开始，他开始在巴登和萨克森市工作。1840年，施温德搬家至卡尔斯鲁厄市。随后，又前往法兰克福，最终于1847年左右回到慕尼黑。长期的冒险旅行表明施温德的艺术作品还是被德意志人民热切接受的。施温德是浪漫主义艺术家。音乐，作为参考主题，对他的重要性是不言而喻的。1852年，施温德"创作了"油画《交响曲》（*A Symphony*，第469页插图）并评论到："可以把整幅画想象成贝多芬乐室的墙壁……贝多芬的作品C小调钢琴合唱幻想曲

绘画与音乐

在1848年前后的几十年里，全世界，特别是当代的艺术家从北部遥望音乐之都维也纳，聆听维也纳古典时期的音乐。卡斯帕·戴维·弗里德里希的"交响曲"《冬日风景》（*Winter Landscape*，第468页顶图）中描绘的枯树昏鸦或者光秃秃的树木之间孤独的流浪者，以舒伯特的音乐《冬之旅》（*Winterreise*）或民谣《乌鸦》（*The Crows*）为背景。施温德还依据舒伯特的歌词"我来时是陌生人，现在陌生人要走了"描绘自己（第468页底图）。弗里德里希的月光绘画与其他浪漫主义作品与贝多芬的《月光》（*Moonlight*）奏鸣曲极为类似，互相补充。暴风雨、寂静以及轰隆作响的大瀑布或潺潺细流都可以通过夸张的浪漫主义绘画表达，如同通过音乐表达一样。最初，绘画与音乐的密切关系仅限于风景画。弗里德里希·施莱格尔认为建筑是音乐化的石料。正是由于"植物中的音乐"，普克勒·穆斯考大公（Prince Pückler-Muskau）在浪漫主义景观花园中发现了音乐的原理。"大自然有交响乐、慢板和快板……同样能从根本上打动人的灵魂。"

人们常说弗里德里希的风景画是音乐绘画。然而，并不是只有风景画有音感。据说，巴脱迪之家（Casa Bartholdy）中的湿壁画线条相当优美："像音乐一样令人兴奋却又风平浪静"，埃尔博恩如是说。突然之间，画家们意识到音乐的节奏和绘画的节奏之间的相似性。此外，"tone"有音调和色调两个意思，可完美地应用于两种媒介中。维也纳艺术家约瑟夫·丹豪森（Joseph Danhauser，1805年-1845年）在其著名作品《演奏中的李斯特》（*Liszt at the Piano*）中描绘了音乐对当时的人们产生的影响。技巧娴熟的作曲家、钢琴家注视着上方，眼神中充满了渴望；听众们似乎也陷入了相同的情感之中。

莫里茨·冯·施温德（Moritz von Schwind，1804年-1871年），是朱利叶斯·施诺尔·凡·卡罗斯费尔德和彼得·克拉夫特的弟子，是维也纳一名关键人物。在连环画《小女巫梅露欣》（*Melusine Cycle*）中，

是油画《交响曲》的创作依据"，施温德声称，油画的各个独立部分加入了爱情故事，与贝多芬交响曲中的四个乐章保持一致。在油画下方，我们可以看到一场室内音乐排练（引子），年轻的听众坠入爱河，爱上了歌手；随后，二人前往树林中约会（行板）；再往上，我们可以看到年轻人在舞会上宣布他的感情（柔板）；最后，幸福的丈夫和新娘坐在马车中，以无尽的幸福开始蜜月之旅（回旋曲）。

　　施温德的绘画和绘画说明显示当时的一种普遍现象，即融合故事和音乐创作标题音乐。艺术家们把"整个故事"变成巨幅壁画。主题顺序像全景画一样展开，表达社会生活的空间维度。装饰瓦特堡时，施温德在古老的墙壁上重现了英雄传奇。在其作品《歌手的战争》(War of the Singers)中，施温德使行吟诗人长期以来销声匿迹的音乐通过颜色获得重生。不久之后，巴伐利亚的童话国王路德维希二世委托施温德的弟子按照他的梦想——人们可以四处走动的舞台，以大同小异的方式装修新天鹅堡宫。所以，在施温德的作品中，我们可以发现瓦格纳颂扬的所有艺术作品的起源。然而，施温德并没有做好用绘画服务思想讨论的准备。毫无疑问，他也没有做好面对政党政治批评的准备。"与政治正确相比，我更喜欢音乐。这一点目前可以解释。"他说。憎恶冲突是复辟时期绘画的一个显著特征。遁入音乐是其中的一部分，和谐的音乐超越了日常的政治冲突。

"孤独的森林"与比德迈式安逸

　　各个社会阶层的人士在摇篮时期都会听到统一的童话故事。术语"孤独的森林"起源于路德维希·蒂克（Ludwig Tieck）的童话故事《金发的艾克贝尔特》(Blond Eckbert)，暗示着寻求精神庇护所。在格林兄弟收集童话故事时，绘画也转向这一流派，这绝对不是巧合，而是源于德国特有的某种氛围。在童话故事中，神秘的森林展现出富于象征意义的舞台；而在现实生活中，真实的体验交织着梦想与恐惧。这一点解释了为什么森林这个主题变得如此流行。可以说森林是无处不在却又无处可寻。沼泽暗示着光明和希望，黑暗的深渊令人颤栗，而树木又见证着永恒与不朽。森林还同时象征着危险和家。就是在这个时候，民族主义思想开始与森林联系在一起。人们宣布哥特式建筑（起源于法国）是德国建筑风格。与此类似，森林也被打上了"德国森林"的标签。罗马的德国画家们收集了以阿尔巴尼亚山脉中的森林为主题而创作的热情洋溢的绘画。在此基础上，他们继续寻找本土森林。最终，里希特发现了图林根森林。

　　早期浪漫主义画家的渴望从远方转变成了家。新的乡愁使人们渴望迷人的村庄、"舒适的"小城镇以及茂密的森林。如果没有拿撒勒派

的流浪人和混迹罗马的德国画家，就不会逐步形成重返家园这一想法。人们可能还记得歌德戏剧诗中的浮士德（Faust），在复活节的晨间漫步时感叹他终于"重回地球"。艺术家们在描绘这一主题的同时，还会回想起画家阿尔布雷特·阿尔多弗（Albrecht Altdorfer）和沃尔夫·胡贝尔（Wolf Huber）作品中传统的德国风景画。很久以后，人们称二者为多瑙河画派（Danube school）画家。

　　路德维希·里希特的《在森林中隐居的赫诺维瓦》(Genoveva in the Lonely Forest，第470页插图)显示了密林深处有阳光照耀的一角。阳光就像是保护之手抚摸着对上帝充满虔诚的这个小家庭，使他们能安坐在变幻莫测的大自然的怀抱之中。里希特和弗里德里希之间的巨大差别由此显现。

上一页：
路德维希·里希特
《在森林中隐居的赫诺维瓦》
（*Genoveva in the Forest Seclusion*），
1841年
画布油画，117厘米×101厘米
汉堡市立美术馆

下图：
莫里茨·冯·施温德
《演奏者与隐士》（*A Player with a Hermit*），约1846年
硬纸板画，60.9厘米×45.7厘米
慕尼黑新绘画陈列馆

森林中隐居、隐士令人美慕的生活、树林的安静以及亲近自然的简单生活的回归表达了一种新的生活态度。施温德在这里描绘了一幅比德迈时期、在简单环境中寻找幸福以及早已消逝的工业化前城市社会的安宁的渴望。在献身于上帝的默祷生活中，虔诚的隐士看上去显示出一种理想的、"秘密的"宗教情感。在再一次出发前往下一个喧嚣的城镇之前，乐师在这里也如同在家里一般轻松自在。"森林代表着寂静……"诗人说。而且，正是由于这个原因，宁静的森林是寂静的载体，而且还常常表达虔诚或宗教热情。

下一页：
路德维希·里希特
《春天里的迎亲队伍》（Bridal Train in a Spring Landscape），1847年
画布油画，53厘米×150厘米
德累斯顿州立艺术博物馆

菲利普·奥托·伦格曾说过，如果想获得成功，我们应当把自己看成是儿童。尽管伦格和里希特创作艺术作品的方式截然不同，在这一点上还是形成了一致的观点。此外，伦格还将儿童绘画看成是其哲学思想的反映。因此，他经常将儿童图形纳入知性的作品，有时会让观看者产生疑惑。与此相反，里希特力图通过让人观看儿童们快乐的游戏，激发观看者与生俱来的快乐。他的作品《春天里的迎亲队伍》展现出一个乌托邦一样的世界，人们从树林遮盖的阴影中走到阳光照耀的草地上。里希特可以将婚礼、儿童的游戏或阅读童话故事等真实的世界转变成如梦如幻的回忆。

左图：
莫里茨·冯·施温德
《清晨》（Early Morning），1858年
画布油画，34厘米×40厘米
慕尼黑沙克美术馆

右图：
卡斯帕·戴维·弗里德里希
《窗户边的女人》
（Woman at the Window），1822年
画布油画，44厘米×37厘米
柏林国立普鲁士文化遗产博物馆

最右侧：
格奥尔格·弗里德里希·克斯廷（Georg Friedrich Kersting）
《梳妆镜前》（At the Mirror），1827年
画布油画，46厘米×35厘米
基尔市立美术馆

在弗里德里希的作品中，人们在经历大自然的磨难之后才能找到上帝；而里希特认为信仰能保护人们免受大自然力量的影响。《隐士》(The Hermit) 发挥了一个非常特殊的作用。在他的身上，人们发现了浪漫主义画家对"孤独的森林"的憧憬，晚期浪漫主义画家们重新开始热爱社交，无法实现这一理想（第471页插图）。随着社会对天主教独身禁欲主义的推崇，城市居民开始相信隐居生活是超凡脱俗、怡然自乐的，他们只需一边抽着烟，一边欣赏里希特或施温德的画作，就能间接体会到这一点。弗里德里希身上北方德国浪漫主义势不可挡的本性认识转化成里希特"插图杂志"中引人入胜的读物。正如在施温德作品《清晨》（第472页顶图）中所见，舒适而温馨的家、铺以全新亚麻布、干净且整洁的比德迈式卧室、以及面向凉爽的晨风成了目前的绘画主题。窗户外的风景和房间一样引人注目。这幅画的灵感源自画家早年时，即1820年，创作的一幅作品，因此，它比弗里德里希的《窗户边的女人》（第472页左下图）早两年。除了两者都代表风靡一时、望向窗外的人物背视之外，比德迈式绘画与弗里德里希极为简单的绘画之间的差别就再清楚不过了。克斯廷也为我们留下了这样一幅画（第472页右下图）。

其中传达出的信仰和秩序就是里希特和施温德解释的信息。他们描绘了一幅心满意足的小资产阶级画面，却没有考虑这些小资产阶级是否真正地得到应得的东西。儿童的幸福与天真烂漫才真正令人赏心悦目。里希特的《春天里的迎亲队伍》（第473页插图）明确地传达了这一特点。所有停下来的人在观看者心中引起积极的感情：在看到高兴地玩耍的儿童参加婚礼庆祝时，观看者自然会感到极为快乐。里希特的儿童绘画堪称德国浪漫主义绘画艺术中最优秀的作品。如果浪漫主义画家的目标是将理想而不实际的、遥远的想象或者梦想通过绘画表达出来，这些无忧无虑的儿童就是理想的完美境界。我们从未看到儿童嚎啕大哭。即便是这样，那也是会使我们发笑的幼稚的眼泪。这些愿景使人们感觉比德迈式世界及其吸引人的满足感可能在某个地方得以实现，是这类艺术的显著特征。

在一定意义上，从1815年到1848年三月革命之前的时期，即Vormärz（梅特涅时代），德国的政治确实是风平浪静的。尽管在梅特涅亲王（Prince Metternich，被人们戏称为"午夜亲王"或"国家之痔"）统治之下，政治压力较大，间谍活动也迅速发展，解放战争之后的和平为人们提供了一段沉思的时间。相亲相爱的夫妻是舒适的家庭生活的重要组成部分。正在抽烟的丈夫穿着晨衣、戴着睡帽，戴着花边帽的妻子忙于编织或阅读，成了许多绘画的主题（第474页底图）。然而，迅速发展的资产阶级助长了中产阶级下层幼稚的自我意识，在维护自己的价值观时他们非常自以为是。维克托·冯·舍费尔在《传单》

下一页：
弗里德里希·冯·阿美玲 (Friedrich von Amerling)
《鲁道夫·冯·阿斯与孩子鲁道夫、爱蜜莉以及古斯塔夫观看孩子母亲的肖像》 (*Rudolf von Arth ab er with bis Children, Rudolf, Emilie and Gustav, Looking at the Portrait of their Dead Mother*)
画布油画，155厘米×221厘米
维也纳奥地利美术馆

左图：
卡尔·施皮茨韦格 (Carl Spitzweg)
《穷诗人》 (*The Poor Poet*)，1835年
画布油画，36.2厘米×44.6厘米
慕尼黑新绘画陈列馆

施皮茨韦格是一位孤独的"慕尼黑修马特画家诗人"。同时，他极为古怪，从未显现其旅行阅历。《穷诗人》现存三个版本。人们认为居住在慕尼黑穷人区的埃滕胡贝尔 (Etenhuber, 1720年-1782年) 是其创作原型。图画中，诗人为了取暖，不得不躺在床上创作。因为，外边屋顶上有厚厚的积雪，而炉膛里也没有木柴。然而，诗人的嘴里吊着鹅毛笔，仍然在数着诗的韵脚，似乎并不关心自己匮乏的财产和漏雨的屋顶。

下图：
约瑟夫·丹豪森 (Joseph Danhauser)
《午睡》 (*Siesta*，甜睡者)，1831年
布达佩斯美术博物馆

(*Fliegende Blätter*) 杂志中创造了两种俗人，"毕德曼"（Biedermann）式和"布曼迈尔"（Bummelmaier），后来二词合并成为"比德迈"，成为这一时期和风格的代名词。起初，"比德迈"一词颇具讽刺意味。诗人路德维希·艾希罗特（Ludwig Eichrodt）在出版物《比德迈的歌曲集》 (Biedermeier's Song Book) 中首次使用这一单词，作为巴登一位乡村学校校长绍特（Sauter）诗作的标题。

在慕尼黑，没有人能比卡尔·施皮茨韦格（1808年-1885年）更好地通过绘画嘲讽微不足道的、无恶意的以微薄资产度日的小人物。施皮茨韦格在某种程度上仍然处于慕尼黑艺术界的边缘。局外人的身份使其能够更好地观察人性的脆弱和愚蠢。施皮茨韦格去过很多地方旅行，因此能够以新鲜的视角看待故乡的小角落。古怪行为中的快乐与中产阶级下层暗藏心底的渴望和温和的生活方式等通俗场面，都切中要点。比德迈式绘画艺术在施皮茨韦格这里真正走到了尽头。施皮茨韦格带着挑剔的旁观者的客观性和距离，仍然在描绘这个世界。这是一位能够在看似理想的场景和主题中加入辛辣幽默的艺术家。其1839年作品《穷诗人》（第474页顶图）充分说明了这一点。几十年后，人们的观点改变了。费尔南德·乔治·瓦尔特米勒（Ferdinand Georg Waldmüller，1793年-1865年）投身于儿童与儿童游戏绘画。然而，他通过截然不同的方式，通常是矛盾的人物，来表达这一主题。不久之后，

我们发现艺术家们开始批评社会环境,如瓦尔特米勒的《慈善厨房》(The Soup Kitchen,第476页插图)所示。无忧无虑的游戏画面开始让步严重的生存问题。浪漫主义运动彻底结束了,现实主义开始展现其严酷的色彩,如维也纳画家约瑟夫·丹豪森(1805年-1845年)作品所示。与此同时,比德迈期的中产阶级渴望现实主义肖像艺术,宫廷社会亦是如此。瓦尔特米勒、克拉夫特与丹豪森都是这一流派的关键人物,弗里德里希·冯·阿美玲(1803年-1887年)尤为如此。阿美玲曾在伦敦学习,师从托马斯·劳伦斯。在此期间,他开始了解雷诺兹爵士的作品。随后,他成长为最受欢迎的宫廷肖像画家。从1830年开始,阿美玲成为维也纳最受欢迎的艺术家之一,与莫里茨·米迦勒·达芬格尔(Moritz Michael Daffinger)、弗朗茨·艾布尔(Franz Eybl)、鲁道夫·冯·阿尔特(Rudolf von Alt)以及彼得·芬迪(Peter Fendi)齐名。阿美玲于1832年创作的奥地利皇帝弗朗茨一世的真人大小肖像画(第477页插图)奠定了他的声誉。从今天来看,这幅作品让人忍不住要问当时到

底是什么东西强烈地吸引了皇帝和公众。瘦小且疲倦的脑袋上那顶巨大的王冠使现代的观看者受到强烈的震撼。因为那看上去不是在加冕,倒是在压迫这个脆弱的老人。沉重的绣花貂皮礼服包裹着落座的老人,压在他的双肩上,而且他似乎无法坐满整个椅子。包围在他身边的窗帘装饰物、柱子以及壁龛就像是场景和道具布置一样。画家把这些巴洛克式宫廷肖像的全部道具从宝库中搬出来,为坐着的人重新摆放。从来没有比历史性戏剧道具看上去更愚蠢的了。皇帝那忧心忡忡的表情表明他完全了解自己的责任。在这里,皇帝和传统压力之间的差距表现得再明显不过了。对于追求和平的老人而言,他的粗糙的双手绝对不会舞动那无力地躺在膝盖和手臂之间的长剑。而且,权杖也好像是被化妆师塞在他的手中一样。然而,我们看到了优雅的、由丝绸包裹的双腿!即便是不了解人们看重灵活、敏捷,希望男人步伐轻盈的人也会发现这一画面极为不庄重。因此,这幅绘画包括截然不同的元素。传统的皇家肖像特征与"自然"人的描绘融合在一起。在这里"自然"

下图：
弗里德里希·冯·阿美玲
《身着加冕礼服的奥地利皇帝弗朗茨一世》（*Emperor Franz I of Austria in his Coronation Robes*），1832年
画布油画，260厘米×175厘米
维也纳舍恩布伦宫殿

人们如果能够回想起作品创作前一年的社会环境，就可以更好地理解瓦尔特米勒的《慈善厨房》或《修道院之汤》（*Monastery Soup*）。此类机构的日常事务，在一定程度上，被比德迈时期的理想主义绘画忽略了。在1816年和1817年，食品极为短缺，人们相当贫困，进而引起政府机构无法解决的社会问题。德国所有的区议会均强加"穷人税"，希望能够为"扶贫救济"筹募资金，然而这一行为是徒劳的。根据法律，大部分人因经济状况的原因都无权结婚，因此，私生子的出生率显著增加。例如，在1838年/1839年，慕尼黑有1365名婚生儿童，1046名私生子。孤儿和无父母照看的半孤儿数量也大幅度提升。这一时期的警方记录描绘了当时极为触目惊心的情况。在这种大背景下，人们肯定认为瓦尔特米勒的儿童绘画粉饰了当时的现实。只有下一代的现实主义者才敢于描绘国家的可怕情况。

爱德华·雅各布·冯·施泰因德尔（Edward Jakob von Steinle）
《塔楼守望者》（*The Tower Watchman*），1859年
画布油画，139厘米×68厘米
慕尼黑沙克美术馆

仅包括脸部和脚部。这也是他看上去有违惯例的原因。装饰织物包括起来的王位，看上去如此的不稳。事实上，不久之后这个王位确实被动摇了。尽管在皇帝肖像的脸部复辟时期的忧虑显而易见，肖像中的浪漫主义元素也是毋庸置疑的。这位神话般的帝王在年老的时候试图通过不断地更新这幅皇帝肖像，将自己从时间长河中拯救出来，永葆青春。

尽管1848年左右及以后，出现政治独断。然而，未能发现理想的天堂所带来的悲伤，在人们重燃对神话故事的兴趣中发挥了重要的作用。阿尔弗雷德·雷特尔（1816年-1859年）因精神病而英年早逝。在他的作品中，年老的卡尔大帝（Emperor Karl）从潮湿的坟墓中走了出来，像预兆、像法官、像预言家，更像是以晚期浪漫主义时期对救赎的渴望为主题的神话。

在年轻的爱德华·雅各布·冯·施泰因德尔（1810年-1886年）作品《塔楼守望者》（第478页插图）中，站在高处热切地凝视远处的年轻人表达了时代的精神需要。悲伤通过向外凝视表露了出来。因为，哀钟挂在头的正上方。而他脚下，正在筑巢的燕子又象征着希望。他好像是挣扎在悲伤和希望之中；下方远处的彼德麦式小镇如梦如幻。

然而，还有其他神话传说。即诱惑着人们走向死亡的歌曲，是对受歌曲迷惑而茫然不知所之的时代的回应。全国各地的诗人详细地描述礁石上的罗蕾莱（Lorelei）的故事绝非偶然。在19世纪，克莱门斯·勃伦塔诺（Clemens Brentano）是第一个完整塑造致命美女形象的诗人。然而，中世纪的一名德国作家行动的更早，他认为尼伯龙根的黄金藏在罗蕾莱山脉下。在传说中，人们认为抬起黄金就抬起了整个德国。然而，这条道路是相当危险的！根据传说，罗蕾莱是高山上的一个女妖，用动人的歌曲诱惑着贫穷的水手，使其走向死亡。1827年之前，海姆克·海涅（Heimich Heine）写下了以下著名诗句：

"不知为什么，

我会如此悲伤。

有一个古老的故事，

在我心中念念不忘。"

没有哪首歌能像这首歌一样被如此广泛地传唱。长期以来，人们认为这首歌是德国敏感性的最终体现。一个世纪以来，男声合唱以小调吟诵着"强有力的旋律"，并不为其眼泪感到羞耻。他们歌唱着水手们往后上方凝视，被金发迷惑，忘记了时间和波浪，一个接一个的不断死亡。这是一个使很多人担忧的"古老的故事"。只有神话故事才能达到如此之境界。人们不会质疑神话故事，而是一直追随直至死亡。

在1933年之后德国强烈的浪漫主义时期，人们盲目地向上凝视，被高尚化的金发迷惑，反而陷入了深渊。上文显示了古代神话故事与错误的古代世界观"民族浪漫主义"及其危险的、致命的传说之间更深层次的联系。

然而，在爱德华·冯·施泰因德尔按照客户沙克公爵的要求描绘"礁石上的妖女、北欧传说中的人物以及魔法般美丽的美女"（第479页插图）时，生动的神话看上去并不奇怪，犹太诗人（海涅）赋予其持久的名声也理所当然。然而，这同样显示着，不管弗里德里希与施温德、伦格与富里希、勃伦塔诺与海涅如何不同，时代在召唤着每一个人。而且，人们对宗教的热情也超越了宗教本身。

在今天看来，查尔斯·波德莱尔（Charles Baudelaire）1848年时谈到沙龙时说的话还像当时一样中肯，在新古典主义和浪漫主义末期，谋求古典主义、革命时期、扩张主义、复辟时期与民主时期时，"说实话，我们丧失了美好的旧传统，而尚未形成新的传统"。

本页：
爱德华·雅各布·冯·施泰因德尔
《罗蕾莱》（The Lorelei），1864年
全景图（左图）
局部（上图）
画布油画，211厘米×135厘米
慕尼黑沙克美术馆

安杰拉·雷森曼（Angela Resemann）

新古典主义与浪漫主义时期的素描艺术

1750年至1850年间，艺术家和艺术爱好者创作了大量的素描作品，作品数量之多堪称史无前例。在业余艺术爱好者中，歌德算是最著名的一位，他一个人就创作了上千幅素描作品。绘画曾被人们视为贵族生活方式的一部分，所以一些热心的中产阶级也开始学画画。于是，很快就产生了一个新的职业——绘画老师。对于艺术家而言，素描是所有绘画作品的基础。速写、绘图、试画以及准备性构图都是对手指的很好练习，或者说是一副成型艺术作品的初级阶段——换言之，这是一种带有"目的性"的绘画作品。相反，"自发性"绘画作品属于独立的艺术作品，19世纪早期创作的艺术作品中相当大一部分属于这类作品。当时可用的绘画材料包括石墨笔、黑色和彩色粉笔和木炭笔；笔绘画作主要采用棕色墨水或墨汁；水墨画作以画刷蘸上水彩或水粉创作而成。1800年左右，铅笔的发明算得上一次技术革命，这一工具至今仍在使用，但现在的铅笔已不再是由铅制成，而是采用石墨和纯化黏土制成。铅笔很快成为当时最为流行的绘画工具，并投入工业化生产，所以不仅容易买到，质量还稳定。

新古典主义与浪漫主义时期创作的大量素描作品，与当时的另一种矛盾的现象形成了鲜明的对比，那就是许多艺术家把自己的画作收藏起来，而只给他的朋友们欣赏这些画作的草图——有时候甚至连草图也不会示以他人。这一现象让艺术史学家们花费了些功夫，才找到这些艺术珍品。由于这类艺术作品感光性较高，也容易遭到损坏，而且通常作为图片收藏保存，因此很少进行展出，长期以来未受到油画那么高的评价。然而，对于艺术鉴赏家而言，素描即是一种艺术形式。与其他门类的美术作品不同，素描对鉴赏者来说富有挑战性，因为需要他们自由发挥想象力。素描作品不具备雕塑的三维结构形式，也不能跟油画一样散发出"色彩的光芒"（歌德），传达出生命的气息。素描作品即是在一块平面上画出的多少有点抽象的结构线条，鉴赏者需要自己对这些抽象结构进行想象和解析。然而，素描零碎的风格特点，有时让人们难以琢磨艺术家竭力表现的思想意图，但素描却能最为清晰地表现艺术家的精神世界，让他们能够自由地进行自我表达。这就跟用笔写字一样，艺术家笔下的线条即能体现其精神特质和性格特点。素描相对于其他艺术形式的这一优点已经得到了人们的广泛重视，因为虽然人们可以通过想象为画作添加色彩，但却无法取代富有真实意义的创作行为创造出来的实际形象。不仅如此，素描作为最为敏感的艺术种类，还能以最快的速度对艺术新动向和风格创新做出反应。

艺术与当时发生深远影响的事件相呼应，即在欧洲的封建统治结束以后发生的法国大革命和拿破仑战争。于是各种主题思想和图像形式应运而生，并且如此的丰富多样，使之前单调统一的洛可可式风格黯然失色。19世纪最初形成的诸多艺术倾向，直到几十年以后才开始逐渐成型，并迎来了现代主义艺术的开端。在整个19世纪期间，理想主义和现实主义的倾向都在进行你争我夺的激烈竞争。在此期间，艺术家们摆脱了过去贵族学院式风格的桎梏，而进行了一场自由市场式的艺术变革。通过回归过去的理想世界，艺术又一次开始重新塑造一个完美无缺的世界。虽然新古典主义的特点更趋向于世俗观念的理性思潮，而浪漫主义艺术——最初以古典主义的外观作伪装——更带有情绪和感性的内涵。

"高贵的质朴和平静的宏伟"（温克尔曼）
从洛洛可艺术到古典主义时期的理想艺术

新古典主义风格可追溯至18世纪中期，到了启蒙运动时代，该风格发展到了鼎盛时期，并从位于罗马和巴黎的中心地区迅速传播到其他地区。当时人们的意识形态是造成该现象的必要条件：当时的人们把他们自己视为历史进程的一部分，因而与欧洲文化的起源密切相连。赫库兰尼姆（Herculaneum）和庞贝（Pompeii）的古代艺术作品被挖掘出来，并以图片系列的形式进行展出。法国的凯吕斯伯爵（Caylus）和德国的约翰·约阿希姆·温克尔曼（Johann Joachim Winckelmann）为新古典主义风格的发展提供了理论框架。他们两人相信艺术的变革可以对社会的发展产生积极的影响，所以逐渐远离了洛可可艺术的风格形式。他们的目标是要模仿希腊艺术中那种高贵的质朴和平静的宏伟，普桑（Poussin）和拉斐尔（Raphael）的艺术作品被认为是学习的典范。罗马是法国奖学金持有艺术家们的活动中心，罗马的法国学院对于新古典主义的传播起到了重要作用，而这座城市也像一块磁铁一样，吸引来自世界各地的旅游者来到这里，并把在这座"永恒之城"的逗留作为他们欧洲巡游的顶峰之行。人们或者模仿法国学院老师们的画作，或者对大多数的古代雕塑作品进行描画，或者直接画真人模特。另外，罗马的古代遗迹也是他们创作的灵感源泉，这点可以从于贝尔·罗贝尔（Hubert Robert，1733年-1808年）的作品《贝佳斯花瓶的作画人》（The Draughtsman of the Borghese Vase，第481页插图）看出。跟皮拉内西（Piranesi）一样，罗贝尔把实物的比例尺寸进行了变形处理，并把以景观画（vedutà）形式设计和表现的许多小碎片处理成为建筑的空想艺术作品（capriccio）。可以看到，贝佳斯花瓶的创作者正在广场上方的平台上描画巨大的贝佳斯花瓶，平台可以俯视下面的古罗马竞技场——罗贝尔通过增加连拱饰，在该建筑的垂直方向进行了延伸。然而，贝佳斯花瓶从未摆放在古罗马竞技场附近，而是位于贝佳斯花园。这样的描绘体现了与古典主义的理想关系：罗马的早期辉煌依旧存在于其废墟之上。

于贝尔采用了18世纪后期常用的棕红色粉笔进行勾画，使其画作达到一种既有点像素描又有点类似于绘画的效果。整幅作品精致易碎的轮廓质感，以及作品中茂盛的树叶所体现的示意手法，也不禁让你联想起洛可可风格——这与当时享有极高声望的肖像画家伊丽莎白·维吉-勒布伦（Elisabeth Vigée-LeBrun，1755年-1842年，第482页下图）所作的一幅女性头像作品画法一致。创作这幅作品的艺术家采用蜡笔——一种在18世纪很流行的绘画工具——在黑色粉笔的基底上，勾勒出一位头有花环、安详宁静的寓言人物头像。该画作原本只是为了对绘画进行研究，画作虽然采用了传统的主题思想和表现技巧，而其伸展的结构、美好的头部以及其清新、光洁如陶瓷的皮肤质感，又体现出古典主义的手法。

雅克·路易斯·戴维（Jacques-Louis David，1748年-1825年）是该时代的最佳代表。其作品《荷加斯兄弟的宣誓》（The Oath of the Horatii，第370页插图）让他在一夜之间成名，而这幅作品严谨的构

左图：
雅克-路易斯·戴维
《安德洛玛刻的悲伤》，1782年
黑色粉笔、棕色笔墨画，29厘米×
24.6厘米
巴黎小王宫博物馆

底图：
伊丽莎白·维吉-勒布伦
《女子头像》（作为对画作《和平带来丰收》的研究），1780年
蓝色纸上的木炭和彩色粉笔画，
47.9厘米×40.5厘米
巴黎美术学院（École des Beaux-Arts）

艺术种类。戴维和他的院派也在拿破仑统治之下的第一帝国留下了印记，但是一些更具有感性元素和大众化特点的绘画作品开始逐渐涌现。皮埃尔-保罗·普吕东（Pierre-Paul Prud'hon，1758年-1823年）所创作的色情裸女体现了美并不一定要有德这一概念（第483页右图）。艺术家在学习的过程中，通常要学习描绘裸体，描绘裸体也是绘画艺术的基础。但这对于普吕东而言并非如此：即使已经是位很成熟的艺术家，他依旧从生活中吸取灵感，而不以任何方式去从作品中寻求进步。画作中他的模特后背向前，采用的是经典的身体摆放姿势。光与影交替呈现的布局，以及柔和的过渡区域，造就了模特身体的理想美感——其灵感来自于古代的雕塑。而烟雾画法（sfumato）的技巧则进一步增强了画作的感官效果，该技巧让人联想起了莱昂纳多·达芬奇。普吕东也在罗马，但是他的艺术风格与戴维却大不相同。他对于绘画的认知实际上在18世纪与法国浪漫主义时期的艺术之间架起了一座桥梁。

阿斯穆斯·雅各布·卡斯腾斯（Asmus Jakob Carstens，1754年-1798

图和誓不退让的主题思想，也为绘画艺术创立了新的标准。所以，历史性画作的任务并不仅限于为鉴赏者带来视觉享受——同时还要表达一定的政治以及道德内涵。他们从古代的作家，尤其是荷马（Homer）和普鲁塔克（Plutarch）那里找到取之不竭的道德模范，其中又以从《伊利亚特》中节选的安德洛玛刻（Andromache）为他死去的丈夫赫克托（Hector）献上哀歌这段最为普遍。这位来自特洛伊城的赫克托在与希腊冠军阿喀琉斯（Achilles）作战过程中牺牲，而英雄葬礼上的棺材则成为美德和勇气的一种象征。戴维在为他的另一幅作品《安德洛玛刻的悲伤》（The Grief of Andromache，第482页上图）打基底的时候，也借鉴了尼古拉斯·普桑（Nicolas Poussin）作品的某些元素，以及古代石棺的浮雕元素。

作品中经典的狭窄箱式空间前部，挤满了三个人物；整幅作品没有设置中部空间，而后方秃墙上悬挂、遮帘和长矛则构成了作品的结构边缘。作品左边的光线均匀地照射下来，赫克托华丽的武器和屋内的装饰让画幅看上去非常真实，而武器和装饰的样式则与古代的原型完全一样。但是，这幅作品所表现的却不仅仅只是一个中产阶级家庭的故事，它并没有过多的渲染人物个人的悲伤和痛苦，而更多的刻画了安德洛玛刻在自己的丈夫为国牺牲时的英勇。甚至连赫克托的小儿子阿斯蒂阿纳克斯（Astyanax），也没有掉下一滴那眼泪而显得淡定自如。在刻画安德洛玛刻这个人物时，戴维借用了表现圣母玛利亚愤怒的方法：18世纪前后的艺术家擅于运用基督教艺术的绘画手法于其他

年）的作品具有厚重的思想内涵以及"平静的宏伟"，因而与戴维革命的悲怆式风格形成鲜明的对比。卡斯腾斯极其富有艺术的使命感，他撇开所有的关系，而在罗马做一名独立艺术家，所以他当时的生活境况也相当窘迫。他理想的艺术是模仿希腊雕塑的纯粹轮廓性风格，并且认为颜色的添加对于画作来说完全是画蛇添足。可能部分处于必要性的考虑，他把卡通艺术——壁画的一种表现手法——提升为一门独立的艺术。卡斯腾斯相信线条的勾勒已经足以完全的表达思想，而不需要添加任何其他的元素。他的寓言画作《夜晚与她的孩子熟睡和死亡》（Night with her Children Sleep and Death）便是这样一幅卡通艺术作品（第12页上图），该作品的灵感来源于一首古代诗歌。该作品中，在洞的入口处，黑夜伸展开臂膀看护它的孩子们，可从罂粟和火炬的象征意义来看，这里的孩子们指的是睡眠和死亡。围着黑夜的分别是人间祸害复仇女神（Nemesis），读取生命之书的命运女神以及命运三女神。这样对于纪念性人物的紧密浮雕式描绘，是对于米开朗基罗（Michelangelo）的模仿，这些人物与真实的时空并不相关，而其行为也只具有象征意义。黑夜，所有的命运之源，也在当前和时空中体现。

有史以来第一次，黑夜的主题被处理成为我们一天当中的某个具体时段。正如歌德希望寻觅到所有植物生命的起源，卡斯腾斯也试图在他的画作中描绘最原始的神奇力量。这已经成为浪漫主义的早期形式，但是卡斯腾斯作为一个新古典主义的艺术家，只以线条的形式进行表达。卡斯腾斯去世以后，通过戴维的学生埃伯哈德·韦希特尔

活了下来，但也开始涌现出一些新的思潮。旧的体制土崩瓦解，新的社会理想开始萌芽，而人们也重新开始了对于宗教的向往。与自然的联系成为与上帝的联系，对于艺术的追求也成为一种宗教的行为。15世纪和16世纪的绘画开始具有更大的重要的，这期间，丢勒（Dürer）和拉斐尔（Raphael）成为了艺术苍穹中的新启之星。人们不再读荷马和普鲁塔克，他们开始读奥西恩（Ossian）、米尔顿和圣经，童话故事和人物传奇让人们民族主义的情节重新复苏。个体的自由带来绝对的主观意志，卡斯帕·戴维·弗里德里希（Caspar David Friedrich）就曾经说过，艺术家的情感是他创作时唯一遵循的法则。他寻求一种与十九世纪当时的情况相符的艺术表达形式，跟他所说的名言一样，这位艺术家不只是描绘他眼前的事物，同是还把他内心所洞察的内涵表现出来，并从现实的细节中创作具有代表性的场景。他的画作《海边巨人的坟墓》（Giant's Grave by the Sea，第484页插图）中精致而浓重的绘画风格，以及其树木、石头和灌木丛中几乎熔化的轮廓，就好像是直接来源于全景景观。然而，这样的目标印象具有欺骗性：对于新教徒弗里德里希而言，上帝和大自然的同为一体。对自然的经验主义研究仅仅是一个密码，解开密码就开启了物质世界之后的精神世界，从而彰显了神的存在。费里德里希的画作中巨人坟墓的元素，与那时人们对于奥西恩诗歌的热衷，以及他对异教英雄忧郁的赞美一致。费里德里希在波罗的海的吕根岛上发掘出这一表现景观的恰当元素。画幅的前景呈现出尘世生活的短暂，这与后面无限辽阔象征不朽的天空形成对比，而两者之间没有任何突兀的中间地带。费里德里希采用深褐色——八爪鱼身上的墨汁——来创作的该幅作品。从1780年起，墨鱼汁就取代了棕色烟尘制成的墨汁，这种墨汁可以使绘画作品达到明暗对比的效果，而且由于其单一但有恰当的色调，成为了新古典主义艺术家普遍采用的绘画材料。费里德里希最大限度地采用了他的后期作品所采用的形式，来创作该幅作品。然而，他的后期作品是如此神秘，以致含义变得晦涩难懂，费里德里希本人也越来越被孤立，久而久之也被人们所遗忘。

菲利普·奥托·伦格（Philipp Otto Runge，1777年-1810年）是另一位伟大的德国北部浪漫主义画家，他把山水画视为艺术革新的一种方式。然而，他创作的概念非常广泛，所有的绘画风格都被运用与山水画的创作之中，来表现宇宙浩淼而有机的世界秩序，以及神灵对这个世界的庇佑。伦格运用寓言和象征性的语言来表达这样的概念，并通过典型的浪漫主义蔓藤花纹表现两者间的重要关系。对称性是伦格描绘抽象主题的艺术作品中不可缺少的手法，他的作品《百合灯和晨星》（Lily of Light and Morning Star，第485页插图）就与他在1802年开始创作的代表性作品《那个年代》（The Times of Day）相对应。《那个年

（Eberhard Wächter），对接下来几代艺术家产生了巨大的影响，而韦希特尔也从罗马来到维也纳。与约瑟夫·安东·科赫（Joseph Anton Kochs）一样，同代的艺术家们把卡斯腾斯认为是德国艺术的革新力量。

英国的艺术家和雕塑大师约翰·弗拉克斯曼（John Flaxman，1755年-1826年），对于那个时代的艺术品味也产生了深远的影响。他在18世纪90年代创作出的绘画作品，其画面具有清新简洁的特点，而其对于古代文学内容的刻画也非常的巧妙出色。就跟版画一样，弗拉克斯曼的作品很快闻名于欧洲，并在欧洲产生巨大影响。正如歌德所说的一样，弗拉克斯曼就是"业余爱好者们的偶像"。他的作品模仿了古代花瓶画作的风格，但是却显得更加优雅明快，因此非常适合表现例如非常事件的浪漫主义画面主题，这点可以从他的画作《冥界的奥德赛》（Odysseus in the Underworld，第483页上图）中看出。在这幅画作中，英雄正在等候他已经故去的战友，但是最终却被神灵虏去。弗拉克斯曼以准确细腻的笔触描绘了画面的轮廓，其人物的描绘也只能看出一点点勾勒的痕迹。平行线被作为装饰元素，以表现云彩和无形空间；因此，可以说奥德赛只是在虚幻缥缈的背景下行事，环绕其周围的仅仅只是幻象。弗拉克斯曼的画幅中没有繁冗之笔，作品中典型的情节元素、清晰的结构以及对于线条的抽象运用，是其拥有深刻表现力的秘方，而这些元素也成为后来几十年间人们用之不竭的巨大财富。

"我们不再是希腊人"（伦格）
从高贵的质朴到虔诚的多样性

古典主义始于公元1800年以后，虽然新古典主义形式可能最后存

代》描绘了对《清晨》这幅作品的研习，并包括了该幅作品的上半部分。光被描绘为宇宙创造性的本源；光意味着生命的开始，以及对于死后永恒幸福的承诺。因此，早晨就是自然永恒循环的起源和终点。伦格圆满解决了不同光源照亮下的场景光线处理这一艺术难题。早晨的太阳光线从下方照射，笼罩着百合花的花瓣——孩子们坐在花瓣上，看上去好像完全没有重量——温暖的红色光线，甚至照射到了他们上方浮动的小天使，而晨星冰冷和微弱的光芒照射在画幅的上方。百合本身就象征着神圣之光，伦格使用白色粉笔作提亮，而达到光线从百合照射出来的效果。艺术家通过巧妙调节光线的亮度层次，在灰棕色的纸张上制造出微妙的过渡效果，从而实现了光线的变化。艺术家也对通常采用的黑色粉笔浓度进行了调整——越朝上方越来越厚重的层次代表了黑暗——从而反映黑暗过去黎明到来的自然过程。红色粉笔描绘的轮廓细腻而又精确，先是逐渐膨胀然后再慢慢退去；由于其有机形式，并从根本上与弗拉克斯曼对于线条的运用大不相同，因此对伦格产生了最初影响。

与伦格一样，英国诗人和画家威廉·布莱克（William Blake，1757年-1827年）也是受到神秘灵感启发的艺术家之一，其绘画艺术主要表现思想信念方面的内容。布雷克把创造性想象力的力量放在首位，认

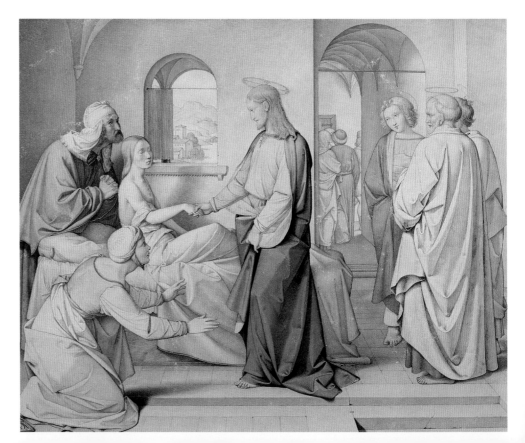

左图：
彼得·科尔内留斯
《瑞亨斯坦的幻象》，1811年
在薄牛皮纸以灰色墨水创作的
钢笔画，
39.3厘米×51.6厘米
法兰克福施塔德尔美术博物
馆（Städelsches Kunstinstitut
Graphische Sammlung）

为该力量比其他任何理性的力量更为重要。他创作的插画作品集中表现人类堕落的主题，而在他的作品《最后的审判》中，他又主要表达了救赎的思想内容。他理想的文学模型是约翰·弥尔顿的巴洛克式韵文史诗《失乐园》（Paradise Lost），这部史诗描绘了光线和混乱之间的斗争，以及神与撒旦之间的战斗。布莱克富有远见的绘画风格——后来与前拉斐尔派（Pre-Raphaelites）、象征主义（Symbolists）和新艺术运动（Art Nouveau movement）相呼应的艺术风格——可从他的水彩和笔墨绘画作品《基督，人类的救赎》（Christ as the Redeemer of Mankind，第486页上图）中看出一二。基督浮立在上帝父亲的面前，他身体的姿态暗指他死亡在十字架上。上帝父亲一双深情的大手轻轻地抚摸着他，他由四位天使陪护着来到尘世之间。然而，和谐的气氛之中也带有紧张的氛围。单单就色彩运用方面，神圣的天界就与撒旦所在的虚空世界一分为二。撒旦手持长矛，试图阻止神的救赎计划。画面具有对称性和重复性的特点，其中的场景不仅体现了艺术家精湛的技术，同时也具有很强的精神启发意义。艺术家的笔触充满了流动性，并多以并行的线条来进行绘画。布莱克的创作灵感来源于弗拉克斯曼和哥特式的雕塑，同时，他还坚持认为古典主义的线条轮廓是能够充分表现思想世界的唯一手段。

弗拉克斯曼的轮廓式风格同样也被拿撒勒派（Nazarenes）所采用，

该派的一群年轻的艺术家于1809年在维也纳建立了圣卢克协会（Guild of St. Luke）。他们的目标是创建富于基督教精神和民族意识，并且不受学术限制的新型艺术，而他们的理想人物便是早期浪漫主义文学作品中所描述的虔诚艺术家们。拿撒勒派希望的他们艺术可以复兴中世纪的精神——对他们而言，中世纪时期的世界上依然坚不可摧、纯洁无暇。圣卢克协会曾因为其成员的装束打扮被人们嘲讽地称为"拿撒勒派"，后来，该协会在1810年搬到了罗马。在这里修道院兄弟式的宗教氛围中，他们创作了一些表现宗教虔诚的流行艺术作品，以用于宗教复兴目的。约翰·费里德里希·奥韦尔贝克（Johann Friedrich Overbecks，1789年-1869年）的作品《基督让雅鲁的女儿复活》（Christ Resurrects the Daughter of jairu）就是基于意大利文艺复兴时期的画作（第486页底图）创作而成。尽管作品采用了多种颜色，但作品中人物依然呈平面形式；其清新透明的配色方案只是为了区分不同的人物。作品中的色彩基于线条构成的框架之上，而仍然处于轮廓所定义的范围之内。奥韦尔贝克没有试图展现人物服装的原本模样，事实上，他们的长袍看起来就像一层纸，从而更让他们显得脱离尘世。画幅的美学价值被其所要反应的精神内涵所取代：雅鲁女儿奇迹般的复活就真实的发生在基督的门徒和女孩的父母面前。他们的表情和姿势显示他们并不绝望，而耶稣说"不要害怕，请相信我"这句话，更让他们确定救赎。

下图：
欧仁·德拉克鲁瓦
《亚婆安息日的晚上，浮士德和梅菲斯托在黑夜里
策马飞奔》（哥特的文学作品《浮士德》的插画，
4399至4404节），1825年-1827年
铅笔在米色纸上创作而成，22.5厘米×29.5厘米
版画的反向研究（局部图）1908年，第73号
巴黎卢浮宫美术馆

底图：
弗朗西斯·德戈雅
《未来你会看到》（Después lo veras），1803年-1812年
采用印度墨水在粉红色纸张上创作而成的钢笔画作品，
取自于黑框的合集，
26.6厘米×18.7厘米
纽约大都会艺术博物馆，哈里斯布里斯班迪克基金会

下一页：
约翰·亨利·富泽利
《站在冰山上的但丁和维吉尔》（但丁文学作
品《炼狱》的插画，第三十二章），1774年
墨鱼汁创作而成的钢笔画，同时还运用了黄绿
色和棕紫色水彩，39厘米×27.4厘米
苏黎世博物馆（Kunsthaus, Zurich）

日（Witches' Sabbath）看到浮士德时，刺激了浮士德的良心。在科尔内留斯的这幅作品中，浮士德的人物形象占据了整个画幅的主要位置，而外部事件和叙事情节也变得更加重要。德拉克鲁瓦描绘了另一种精神的体验，就是他的作品创作集中在两个主要人物身上。他甚至运用铅笔达到绘画的效果，并能描绘出光线的细微变化。柔软模糊的线条与清晰硬朗的硬铅笔笔触交错排列，铅笔从黑色到灰色的所有可能的颜色都可以在画作中找到，而作品的各种元素被精简到了绝对的最少数。德拉克鲁瓦所作的线条不像科尔内留斯的线条那样"漂亮"，但显得很突然和紧迫，并且只能在与其他线条相互结合的情况才能让人明白。对比新古典主义时期线条的装饰性运用，他的作品传达出一种空间感和可塑性。

"我独自走在无人行过的路上"（米开朗基罗）
1800年前后遭遇的艺术危机与伟大的创新者

德拉克鲁瓦为当时的艺术引入了全新的元素。跟德拉克鲁瓦一样，泰奥多尔·热里科（Théodore Géricault，1781年-1824年）和约翰·亨利·富

彼得·科尔内留斯（Peter Cornelius，1783年-1867年）与奥韦尔贝克一起，成为拿撒勒派艺术的领军人物。比起皈依了天主教的奥韦尔贝克，科尔内留斯更少地从事宗教艺术的创作，而更多的致力于国家民族的主题创作。他为《浮士德》所作的插图标志着拿撒勒派绘画艺术的开端。人们认为，中世纪的艺术代表了德国式理想主义的典型特征。因此，没有什么能比以"旧德国"风格为歌德的作品配以插画。然而，并不存在这样的传统作画方式，于是科尔内留斯从过去的图画模型中吸取灵感，来创作自己的作品。他还认为没有必要对自然进行研究。他的作品《瑞亨斯坦的幻象》（Vision on the Rahenstein，第487页插图）中生动的笔墨技巧显示了他汲取自铜版画的绘画技艺。科尔内留斯采用精细的平行线和交叉线来描绘其中的人物，并花费了很大力气去描绘每一个细节，以达到过去衡量是否为大师级人物的"不遗余力"的精度。画幅中精致的轮廓也具有独立的欣赏价值，就如梅菲斯托（Mephisto）斗篷上弯曲的蔓藤花纹褶皱所表现的一样。对于哥特作品《浮士德》的翻译、改编和音乐制作意味着该作品也成为法国文化精品中不可或缺的一部分。

与欧仁·德拉克鲁瓦（Eugène Delacroix'，1798年-1863年）同类主题作品（第488页上图）比较，就可以看出法国浪漫主义的发展方向。这幅作品中，所有元素均在自由移动以及自由表达。在晨光中飞驰的骏马，鼻息连连，而魔鬼梅菲斯托与浮士德之间的矛盾，可从其身体姿态以及相交的头部看出，而格蕾琴（Gretchen）在巫婆的安息

泽利（John Henry Fuseli，1741年-1825年），另外尤其是弗朗西斯·德戈雅（Francisco de Goya，1748年-1828年），打破了当时占主导地位的传统主题和风格。对于这些艺术家，不能把他们轻易的定义为或强制归类为某种狭窄的风格类别。他们具有丰富的创造力和想象力，甚至超出了他们同时代的艺术家，为艺术后期的发展指明了方向。他们主观性的作品带有更为浓厚的情感色彩，因此构成了一个梦想、欲望和本能释放的通道，而这些作品也成为1800年前后时期新兴艺术的典范。

当时最杰出的艺术人物之一，是瑞士画家富泽利（Fuseli），他长期居住在英格兰。他的艺术作品混合了新古典主义和浪漫主义的元素，并且受到了古代雕塑和米开朗基罗作品的影响。富泽利通过人物的姿态扭曲，以产生紧张和悲怆的表现效果，以抓住鉴赏者的情绪，并传递对与崇高的恐惧。但丁（Dante）《神曲》中所描述的地狱，在18世纪中叶被人们"重新发现"，富泽利以上的艺术表达手法特别适合于这一主题。但丁被人们视为富于创造力的艺术家，他居无定所四处游走，却背负着对于这个世界的关怀，其地位与那些19世纪同样没有根基但却非常杰出的艺术家们相同。笔墨画作品《站在冰山上的但丁和维吉尔》（Dante and Virgil on the Ice of Kocythos，第489页插图）显示诗人站在已经冻结在海洋冰面上的头颅中间，头颅布满了地狱之门。作品中，诗人正盯着叛徒乌格利诺（Ugolino），此时乌格利诺正在经历难言的折磨，因为他和他那无辜的儿子正在一起挨饿。由于其情感内涵，乌格利诺的命运是狂飙运动中（Storm and Stress movement）的流行主题，但丁在看到他们受苦的时候表现出强烈的心灵震撼。为了描绘但丁这样的状态，富泽利采用了描述抬起双臂这样戏剧化的动作处理。根据当时对于演员要求的手册所作的解释，这样的戏剧动作只应在极其特殊的情况下采用。画中的事件描述部分都集中在但丁这一人物身上，从上向下的光线使作品中的人物形成生动的明暗对比反差；但丁与平面勾勒的维吉尔之间，间隔着不连续的平行空间。后台的石墙传达一种无助感，而巨型的大脚暗示着令人眩目的高度。对比但丁诗歌在描绘这一场景时所采用的反向时间序列，画作中的叙事采用了同时叙述，却侧重于情节不同方面的手法。富泽利画笔下的但丁能够对事物进行感知并作出反应，观众也相应的响应该种情绪。随着富泽利画笔下标新立异人物形象越来愈多，他开始涉足到之前从未涉及过的灵魂领域，而这也构成了这位艺术家现代性的特征。戈雅只承认自然、拉斯开兹（Velazquez）和伦勃朗（Rembrandt）是他的老师。他是自伦勃朗以来最伟大的画家，他对人类行为的描绘甚至达到了与伦勃朗同样的水准。在他的系列铜版画作品中，戈雅抨击了人类的愚昧无知、是非颠倒和险恶残酷。他这一系列作品收集于素描类别，每幅作品都

是完整独立的艺术品，但戈雅并不是广大的公众进行的创作，他还经常为自己的作品加上诫勉或具有讽刺意味的标题。他的墨笔素描作品《未来你会看到》（You'll See Later），描绘了一个身材魁梧但身份低下的男子，他正在贪婪地从皮革瓶里喝酒（第488页下图）。显然，他与妻子发生了争吵，而戈雅的作品就刚好展现了这一不和谐的时刻和戏剧性的行为。通过简单几笔的精确勾勒，也并没有画过草图，但戈雅仍旧通过画作表现出一个非常情绪化的场景。他画笔下的人物轮廓不够鲜明，戈雅创作时仿佛也很紧张而且会频繁地中断。他采用点面结合的方法，并运用水墨画的绘画技巧，通过光与影动态对比创作出三位立体的人物形象。戈雅摧毁了巴洛克式的空间概念，其中包括一个

左图：
让·奥古斯特·多米尼克·安格尔
《小提琴家尼科洛·帕加尼尼》，1819年
铅笔画，29.8厘米×21.8厘米
巴黎卢浮宫美术馆

下图：
卡尔·菲利普·福尔
《海因里希·卡尔·霍夫曼的画像》，1816年
在亮棕色烫金边的纸上创作而成，作品先以铅笔打底，再用棕灰色的钢笔描画，
25.4厘米×21.2厘米
斯图加尔市美术博物馆

逻辑空间和透视连贯的系列空间——前景、中景和后景，而这也是对于过去世界观消亡的隐喻。他让其作品中的人物挤在一个狭小的空间，并在这一范围内行为做事，他们跟其周围的空白部分没有任何关系，而且人物所在的位置通常不会超出整个画面的下半部分。由于这样几乎扭曲的画面布局，这些人物往往显得冷漠、拘谨和迷失。戈雅对当时的社会不公进行了无情抨击，并通过描绘遭遇失败、饱受折磨的人物来表现人类生存的根本。艺术家运用了最少的图形元素，却实现了很大范围的动态观点陈述。戈雅令其画作服务于社会道德，而社会道德又是永恒的主题，这就使得他的作品具有了现代主义的风格特征。

尽管热里科（Gericault）和德拉克鲁瓦（Delacroix）都是接受的古典主义教育，但他们还是打破了传统的主题和形式，为浪漫主义在法国的发展奠定了基调。热里科尤其以他在《从俄罗斯撤退的受伤士兵》（*Wounded Soldiers Retreating from Russia*，第490页插图）这幅作品中，对暴戾的骏马所作的描绘最为著名，作品讨论了一些主题性的历史事件，而这样的主题性事件就是他所有作品的线索。这些受伤的士兵们在冰天雪地里穿行，他们饥寒交迫、疲惫不堪，在死亡的边缘作

垂死的挣扎。艺术家没有对士兵们的进行歌功颂德式的描会，而刻画他们在极端困境下的苦难历程——而这样的方式也符合当时的时代精神。热里科对于线条的运用极其富有表现力，受伤士兵裤脚缝上一根细细的曲线，巧妙地反应出其裤子的厚度和质地。艺术家还放弃了单纯的轮廓，而通过光与影的明暗对比，达到一种绘画的效果。他画中人物对角穿透的空间布局和人物造型，也远离了古典主义的艺术风格。为了能够恰当的表现一些内部事件，热里科从当时流行的形式框架中解放出来，而他的风格已经具有很明显的特点，从而构成了走向现实主义的一大步。

德拉克鲁瓦也意图在他的作品中最大可能地表达情感，而这也是一种快速增强想象力的技巧。由于德拉克鲁瓦总是把自己的作品收藏起来，以作为其创作灵感的思想宝库，所以在他生平时期，其绘画在当时几乎无人知晓。尽管他的水彩画作品《井边的两妇人》（*Two Women at a Well*，第491页插图）中人物的描绘显得支离破碎，但这幅1832年艺术家在前往摩洛哥和阿尔及尔的路上创作的水彩作品，其主题内涵是完全可以理解的。德拉克鲁瓦先只用寥寥数笔，就以铅笔

勾勒出作品的基本面貌，然后再重新用画刷进行再加工修饰。作品采用典型水彩画的方法，以不同深浅的棕色水彩部分表现出厚度和光影的关系，而纸质的背景则提供了光源。德拉克鲁瓦对以地中海风情的渲染具有彻底的说服力，而他的北非水彩画的魅力就在于其简洁自然。出于对东方过度浪漫主义的情节，这位艺术家开始了他的北非之旅，而这段旅程不仅改变了艺术家的调色技巧，同时增强了他对于光线的感受力；德拉克鲁瓦发现，阿拉伯人是古老民族的真正后裔，他们依然保留了古代的社会结构和那时的道德尊严。正是通过他们，德拉克鲁瓦才寻觅到了一条通往新古典主义以及"现实古典主义"的道路。

"素描即是真实的艺术"（安格尔）
肖像即是灵魂的镜子

让·奥古斯特·多米尼克·安格尔（Jean Auguste Dominique Ingres，1880年-1867年）保守、恶毒艺术风格，与德拉克鲁瓦的风格恰好相反。这位艺术家不断地在寻觅一种永恒的古典美——跟他在拉斐尔以及古代的艺术作品看到的一样——他终身都坚持这样的观点，

那就是线条的重要性居于颜色之上。虽然德拉克鲁瓦的画作代表了开创性的壮举，而安格尔对于艺术的贡献在于他的肖像画创作水平，并且他也是那个世纪最重要的一位画家。他的肖像画作品对人物内心世界的处理非常巧妙，并且对光线和表面的处理非常精妙。然而，安格尔在很大程度上想向历史画作方面有所成就，而肖像画对他而言则是一项繁重的工作，他也只是把他作为一项谋生的手段。在当时，他创作的肖像画作品的价值一般，但现在这些作品已经是收藏家们热情追捧的典藏之作。通常情况下，安格尔创作一副肖像画估计需要四个小时，其间他们会吃顿饭，这时艺术家就可以观察到被画人物动态情况下的特征。安格尔自己本身也是一位才华横溢的小提琴家，他为尼科洛·帕加尼尼（Niccolo Paganini，第492页左图）画了一副肖像——当时正是帕格尼尼的职业生涯刚开始的时候——目的可能是为了纪念他们两人曾经一起出席音乐会演出的往事。帕加尼尼平静的外表下隐藏着恶魔般的气质，这样的气质到后来也成为传奇的故事。画作的每一个细节都在强调活力与激情的表达，他的姿势似乎是动态的，他精致的双手看上去很敏感，而他脸部清晰的线条也表现出一种紧张感。铅笔硬

朗的笔触传递出音乐家的狂放不羁，鲜明地刻画出他无限的活力和无拘无束的激情。安格尔通过烟熏软铅笔的不同笔力，来表现帕加尼尼厚重的外衣与其时髦衬衫领子精细材料的不同质地。尽管采用如此的客观描绘，安格尔还是保持了谨慎：画中人物刚毅正直的目光，并未对表现人物的特征造成伤害，反而展示纯粹化和理想化的个人形象。

卡尔·菲利普·福尔（Carl Phillip Fohr，1795年-1818年）的肖像画，也同样具有精致的艺术特征，表现出同样的清晰、简洁但规范的运笔风格，以强调人物和物体的轮廓。卡尔·菲利普·福尔英年早逝，他是一位与拿撒勒派有着密切联系的艺术家。然而，跟所有德国的艺术家们一样，他偏向于沿用丢勒和霍尔拜因（Holbein）画人物全身或四分之三身体部分的传统。福尔在他的家乡海德堡（Heidelberg）镇逗留时，加入了"条顿人(Teutons)"的团体，这是一个由具有民族主义倾向的学生组成的第一个学生联谊会。在那里，他为德国统一的第

上一页顶图：
克里斯托夫·纳希
《村街》，1791年
以棕色墨水创作的钢笔水彩画，
18.8厘米×25.1厘米
柏林国家博物馆版画和素描收藏馆

上一页底图：
约瑟夫·安东·科赫
《格雷姆赛尔关的小旅馆》，创作于
1793年至1813年之间，也可能是1793
年至1794年之间。
黑灰色钢笔水彩画，37厘米×52.1厘米
斯图加尔市美术博物馆

右图：
弗朗茨·霍尔尼
《奥莱瓦诺的美景》，约1822年
以黑色和灰色墨水的钢笔创作，水彩
画，铅笔画，53.1厘米×43.1厘米
柏林国家博物馆版画和素描收藏馆

一批支持者之一的律师和记者海因里希·卡尔·霍夫曼（Heinrich Karl Hofmann，第492页右图）画了肖像。福尔通过在铅笔之上再用钢笔进行描绘，使其作品中的人物显得更加栩栩如生。他通过铅笔的轻轻勾勒和提亮，使这幅四分之三画像作品中人物的黑色眼睛看上去非常犀利敏锐，而他脸上的神情表现出人物行事果断、雷厉风行的性格特点，以及其隐藏起来的激情。画中人物桀骜不逊的头发，还有发梢上凌乱的卷发，清晰地表现了人物的性格。艺术家对于脸部和服装的处理也不相同。福尔在为他的朋友作这幅画像的时候，实现了现实要求与理想表达的完美结合。艺术家通过这幅典型的浪漫主义作品，向后代子

孙勾画出他们一群人以及他们同时代人的形象，并为他们所依赖并珍视的社会提供了见证。

空间、场景、服装和其他此类细节，在浪漫主义时期的肖像画作品中，只起到了次要的作用，艺术家只会集中表现面部和眼睛的基本元素。很久以来，人们认为眼睛是所有感官中最重要的感官，是我们每个人灵魂的窗户，通过眼睛，人类可以洞察到到上帝的创造。因此，在弗里德里希（Friedrich）的自画像作品中（第493页左图），他把自己描绘成一个严肃认真、行事周全的男人，他那自信而又询问式的目光，仿佛是为了让人揭穿他内心一样，直刺观众的内心。艺术家

495

下图：
朱利叶斯·施诺尔·凡·卡罗斯费尔德
《奥莱瓦诺大祭司的葡萄藤》
采用钢笔以墨鱼汁创作而成，
23厘米×30.5厘米
德累斯顿国家艺术博物馆

下一页：
路德维希·里希特
《萨尔茨卡默古特的福斯尔山和沙夫山》，1823年，水彩画，采用钢笔以棕色墨水创作而成，同时也用了铅笔，18.3厘米×24厘米
柏林国家博物馆版画和素描收藏馆

上图：
费迪南德·奥利维尔
《从蒙西斯山俯瞰萨尔茨堡和霍亨萨尔斯城堡》，1818年
铅笔画，32.6厘米×40.6厘米
维也纳阿尔贝蒂娜博物馆

把头部和眼睛放在画面的正中央，这样就强调了其对于艺术创作所作的贡献，而艺术家身上古典样式的挂坠则让人物脱离了所在时代的限制。弗里德里希这样的装扮，其原因可能是由于他想把自己描绘成预言家莪相的继任者。新古典主义建筑师卡尔·弗里德里希·辛克尔（Karl Friedrich Schinkel，1781年-1841年）为他的小女儿马里耶（Marie，第493页右图）创作了一副画像，小婴孩可爱迷人的形象，体现了人类婴儿时期的原始天性与自然之间和谐相融的状态，这幅画像也传承了伦格肖像艺术的精湛风格。婴孩的主题是浪漫主义时期的一个重要特点，孩童阶段也代表着人生的起步以及万物的发展。此类的肖像作品不仅描绘了人物的外表特征，也展现了人类的智慧和精神生活。

“万物皆风景”（伦格）

景观：理想、田园与现实主义

伦格和弗里德里希的作品清楚地表明，艺术类别之间的界限在19世纪逐渐模糊，而之前很小的艺术类别比如肖像和风景画，其艺术地位也开始上升，人们也更加重视这两个艺术门类的发展。风景画作的一大特征也是表现自然和艺术之间的紧张关系，而且总是在对自然的理想化或现实性描绘的两个极端摇摆，以致后来在印象派画作《户外空气》（*plein air*）中达到顶峰。西里西亚艺术家克里斯托夫·纳希（Christoph Nahe，1753年-1806年）的水彩画被形容为“印象派艺术的诞生”，他的作品《村街和木屋》（*Village Street*，第494页顶图）精确描绘了17世纪荷兰风景画作品中密切观注的一部分自然。大雨滂沱过后，秋日傍晚的阳光穿透过雨后的云层，光与影之间的强烈对比以及狂风中摇摆的大树体现了当时不断变化的氛围。精致的水彩颜料与钢笔笔触娴熟勾勒的线条轮廓相交相融，使两者结合充满动感活力并且有机自然。纳希对光线和空气等自然现象的生动表现，已经远远超过了他同时代的其他艺术家。

另一方面，新古典主义艺术家约瑟夫·安东·科赫（Joseph Anton Koch，1768年-1824年），并不关心捕捉瞬间即逝的景观，而更在意描绘永恒的理想化人物景观。他的作品《格雷姆赛尔关的小旅馆》（*Hospice on the Grimsel Pass*，第494页底图）描绘了苍凉的高山间清晰的山脉结构——这在18世纪是一个非常崇高主题的体现。瑞士的阿尔卑斯山吸引了来自欧洲各地甚至欧洲以外的旅行者，由于卢梭（Rousseau）的影响，人们认为高山环境有利于获取生命的自由。科赫精心地描绘地面上稀疏的地衣和苔藓，追踪地面上每一个微小的不规则结构。崎岖的山脉倒映在高山湖泊之间，水彩的运用则加强了山脉的表现效果。

乌云后面云层没有遮挡住的地方，可以看到山脉的顶峰高耸入云，这样的效果也烘托出了关口的荒凉。人类置于造物主创造的世界之中时，显得是如此之渺小无力；作品左侧赶骡人的篷车队正朝着小旅馆行进，他们跟大山相比显得如此之小，作品中几乎就看不见他们。科赫不仅仅希望逼真地"临摹"大自然，对他而言，艺术就意味着要选取美好壮观的元素，并把这些元素以理想化的方式融合在一起。他抬高的视野，运用多种角度，创造出了自然之间并不存在的景观。在罗马平原，科赫发现了与他创作的山脉景观类似的南方山脉。科赫带有英雄主义色彩的理想主义山水画风，对于浪漫主义的艺术家们产生了巨大的影响，但也遭到了费里德里希的批评。费里德里希认为画家不应臆造自然界不存在的景观，而应该去发现自然本身具有的美景。科赫在萨比尼山（the Sabine mountains）发现了田园诗般的奥莱瓦诺（Olevano）村，这个村庄后来也成为人们学习和逗留的好去处。在这里，从牧羊人和羊群来看，仍旧保留着古代阿卡迪亚（Arcadia of Antiquity）的自然风貌。

弗朗茨·霍尔尼（Franz Horny，1798年-1824年）是科赫最有才华的学生，他创作的作品《奥莱瓦诺的美景》（View of Olevano，第495页插图），描绘了这片阿卡迪亚的景色。村内方体的建筑高高耸立，其作品的成就超出了任何一副科赫的作品。线条的清晰表现和水彩的透明使用，运用于整个画幅，从而图案空间创建了动态的关系。清晰的书法线条独立于画面的主题，从而形成了独立的美学个体——这可以从前景的两棵树干看出。艺术加工的痕迹——通常情况下会小心去掉——在这幅画作中却显而易见：霍尔尼用铅笔勾画下他的最初灵感，他要么在页面上保留这些铅笔线条，要么在上面重新创作。霍尔尼故意让其显得不完美，其目的就是要让最后的画作——尽管还存在勾勒的线条——既具有艺术的美感时又能代表真实的自然。由于其线条的抽象和流线运用，霍尔尼的绘画技巧已经超越了拿撒勒派的水平。

朱利叶斯·施诺尔·凡·卡罗斯费尔德（Julius Schnorr von Carolsfeld，1794年-1872年），在1817年加入圣卢克兄弟会（Brotherhood

老师和朋友。里希特的观点与奥利维尔作品尤其相近："铅笔不能太硬，也不能削的太尖，否则无法捕捉到景物最精致的轮廓和最准确的细节……我们爱上了小草的每一片细叶，大树的每一枝树丫，我们不允许任何一点点美丽的元素逃离我们的画笔。"奥利维尔对萨尔茨堡（Salzburg）附近地区的描绘——所谓的"上帝的花园"——使得该地区闻名于世，他的风景画也让人联想起由银色小点创作而成的老德国绘画。这些绘画后来构成了系列作品，作品中景观和图形的要素也传达了宗教的主题思想。他的作品《从蒙西斯山俯瞰萨尔茨堡和霍亨萨尔斯城堡》（View of Salzburg and the Hohensalzburg Fortress from the Mönchsberg，第496页底图），描绘了他的弟弟和弟媳在大自然的奇迹面前，紧握着彼此的双手，对自然的鬼斧神工表示出浪漫主义的敬畏之情。作品中的两个人物都戴着当时农村流行的"高帽"。奥利维尔铅笔笔触在对画面背景的描绘中逐渐变得轻淡，而他对画面中所有景物都进行了深刻而且准确的刻画，这也符合拿撒勒派对于作品真实性的要求。

约翰·克里斯托夫·埃哈德（Johann Christoph Erhard，1795年-1822年）创作的水彩画作品《山间小憩的艺术家》（Artists Resting in the Mountains，第12页底图），是浪漫主义艺术家大自然带给他们的激情体现在他们画作中的直接证据。画作中的光线明亮，而现实性的风格也显示其与18世纪的传统相连。埃哈德同他的两位朋友一起，在维也纳-诺伊施塔特（Wiener-Neustadt）附近圣沃尔夫冈（Schneeberg）山地区人多的地方开始了他们的"艺术之行"。在他的这幅作品中，风景具有多个层次，景色在天际之间逐渐变得简约轻淡，并在云雾之间逐渐

of St. Luke），他代表了该运动的新教力量，而且还被认为该会最好的画家。与其他艺术家不同的是，施诺尔知道如何发掘墨鱼汁绘画技艺的潜力。他先用铅笔作画，再在铅笔上使用钢笔勾勒，最后才用画刷涂上颜料。正如《奥莱瓦诺大祭司的葡萄藤》（Vine of the Archpriest in Olevano，第496页顶图）的作品所体现的一样，他的作品具有鲜明的明暗对比特征，而且画中轮廓的线条勾勒灵动活泼，线条本身柔和细腻，而且线条的运用也显得十分轻松自如。对于路德维希·里希特（Ludwig Richter）而言，这幅作品具有"最优美的人物刻画"，并代表着"浪漫主义的所有魅力"；但对于拿撒勒派的施诺尔（Schnorr）而言，自然只是人类理想化生存的起点，而这点是他从意大利人民简单质朴的生活中领悟到的。他根据景观的特点来构思作品中的人物，把人物和景观和谐地置于他的作品当中。

拿撒勒派其中一些最伟大的风景画作品由费迪南德·奥利维尔（Ferdinand Olivier，1785年-1841年）创作而成，奥利维尔是施诺尔的

变得弥散模糊。埃哈德的作品与科赫的作品形成鲜明的对比，科赫描绘的是崎岖险要的大山，而埃哈德笔下的景色似乎更加迷人，也更加易于到达，正如画面中景中的人物所体现的一样。艺术家的后背出现在画面的前景中，这样欣赏画作的人们可以如身临其境一般地感受夏季里美妙一天的浪漫主义氛围。艺术家旁边毛榉树强调了他们之间的友好情谊，因此，作品除了描绘美丽景色以外，也记录了朋友间的亲密感情。

路德维希·里希特（Ludwig Richter，1803年-1884年）也把科赫宏伟壮观的绘画景观转变到一个更加人性化的场景中来，其目的在于确定人与自然和谐统一的关系。他的早期水彩画作品《萨尔茨卡默古特的福斯尔山和沙夫山》（The Fuschlsee and the Schafberg Mountain in the Salzkammergut，第497页插图）引领了后来的彼德麦式（Biedermeier）田园风光画，后来里希特以这种田园风光画的风格对他的后期作品进行渲染着色。里希特作品中的人物不仅只是站在那里欣赏美好的景致，他们还会有相应的动作表现。该作品中艺术家使用画刷的手法——在此之前他很少采用这样的手法——以及拿撒勒派风格的清晰水彩，也让人联想到了福尔和霍尔尼。福尔和霍尔尼对于自然的研究，可能也激发了里希特把他以前创作铅笔素描作品，进行一些颜色再添加的想法。在罗马的时候，他在朋友施诺尔（施诺尔当时在罗马开设了一家创作俱乐部）的带领之下，对先前创作的有些笨拙、但却优雅清新的画中人物进行了完善。

施诺尔和里希特的田园风景画仍然是对景色的真实写照——他们描绘了农民们的生活，而他们的生活与周围的环境密切相连——而维也纳艺术家莫里茨·冯·施温德（Moritz von Schwind，1804年-1871年）的山水画作，却具有诗一般的意境和童话般的特征（第498页顶图）。在山麓之下可以眺望远方丘陵美景的地方，一个人对着中世纪的城堡，陷入了无限的沉思；游者的后背上挂着的竖琴，表现出他的思乡情结。两棵大树——一棵茁壮挺拔，一棵垂垂老矣——在浪漫主义的自然景

物描绘中，分别代表了生命和死亡，而竖琴家和暗指的音乐则代表着永远向前的历史。施温德能够运用各种绘画风格，通过自信娴熟的绘画技巧，在其笔端呈现出自然随意的人物和景象。这幅在纸上创作的钢笔画，并没有使用铅笔的辅助，也同样具有完美的自然随意性。施温德自己也被视为游走于不同历史事件之间的流浪者：比如，他使用的正统表达就会让人联想到16世纪的艺术大师们。

卡尔·布勒兴对高山深渊浪漫主义色彩的描绘，与冯·施温德等艺术家欢喜舒适的风格氛围，形成鲜明对比。他的作品《冬天在阿尔卑斯山口的修道士》（*Alpine Pass in Winter with Monks*，第498页，底图）描绘了哈茨山脉（Harz mountains）中苍茫萧瑟的博德河谷（Bode valley）地区。艺术家先用铅笔勾勒出自然的大致轮廓，然后在逐渐添加完善从而形成完整的图画。崎岖冷清的林海深处，两个修道士在大自然的伟力之前显得如此渺小无力。他们身后有一个裂缝形成的洞口，旁边象征着死亡和不幸的纪念碑，更加重了画面的恐怖感。画面上方部分几根细细的中间突然折断的光树干，就跟费里德里希对冬天景致的描绘，或弗朗茨·舒伯特（Franz Schubert）的作品《冬天的旅途》（A Winter's Journey）一样，以同样的表现手法强调了景观死一般的氛围。景观展示了一个与人类生活直接对立的独立生存状态。布勒兴以他强烈的笔触、装饰性结构以及书法的缩写，对景观进行了高度抽象化的表达。作品中的雪并非实际画成，而以纸张白色的背景表示雪的存在。就与很多的艺术家一样，布勒兴在1828年至1829年间到意大利的游历，标志着他艺术生涯的转折点，在此期间他寻找到了属于自己的创作风格。在布勒兴的作品中，印象派的基调以其流动的色彩与弥散的轮廓，与光亮的水彩互相呼应。他回到柏林以后，颜色和光线的效果也已经占据了他对德国森林描述的主导地位。

恩斯特·弗里斯（Ernst Fries，1801年-1833年）受到他在罗马遇到的朋友卡米尔·科罗（Camille Corot）的影响，也开始寻求对于光的现实表现手法，并把绘画艺术的最新发展运用于其水彩画的创作当中。他的作品《从阿里恰的基吉别墅花园》（From the Park of the Villa Chigi in Ariccia，第499页顶图）以其渐变的迷人色彩展现出一个洒满阳光的"奇幻森林"。弗里斯把景物的精确描绘——这幅作品中即是半毁的楼梯和树根——与颜料的浓墨重彩结合在一起，颜料对细节约节表现，而画面的前景与枝叶也通过水彩部分衔接到一起。在威廉·冯·科贝尔（Wilhelm von Kobell，1766年-1855年）曾占据重要地位的慕尼黑绘画学院，那里的艺术家们也曾作过类似的尝试，把光线本身上升为一个主题。威廉·冯·科贝尔在几十年的时间内，一直致力于"遇见"主题的多样化表现，这是一项他在1800年左右开发出来的主题上。他的水彩画作品《马背上的绅士和伊萨尔河边的乡下姑娘》（Gentleman on Horseback and Country Girl on the Banks of the Isar，第499页底图），便是最好的例证之一。在画中精心体察的场景中，几个乡下人与上层社会的碰到了一起，氛围显得静止和超然。然而，由于作品采用了冷静的古典主义创作方式，从而避免了彼德麦式现实主义可能会给画作带来的突兀效果。作品中除了角落里的草坪之外，几乎完全没有其他自然元素，而整个场景画面几乎全由人物所占据。一束明亮均匀的自然光线从左上方照射下来，铺满了画面中的每一个角落，从而给现实的场景营造出喜庆和谐的气氛。这样一来，就表达了在这个正在进行理想主义变革的国家，城市的居民也拥有了生活的启迪和智慧这一概念。

没有其他任何浪漫主义艺术家在描绘云雾时，其极端的程度可以比上威廉·特纳（William Turner，1775年-1851年）。威廉·特纳把18世纪英国传统水彩画的风格运用到当时的艺术创作当中。他在第一次到意大利游历时描绘威尼斯的水彩画，就构成了一个小小的艺术变革，

艺术家采用纯粹、通透的颜色处理，以最少的艺术手法，来表现时光飞逝如电的概念。作品中的彩色背景为分层创作而成，前一层仍然是湿的，接下来又开始涂下一层，然后才开始勾勒。在他的作品《圣乔治马焦雷教堂的黎明》（San Giorgio Maggiore at Dawn，第500页插图）中，圣乔治马焦雷教堂坐落倒映的水面之上。画面描绘了教堂清晨的场景，天空带有变化的朦胧微光，建筑物在微光中呈现出扁平和模糊的轮廓。大海、城市的天际线以及广袤的天空，在地平线上以颜色的微妙层递融合在一起。威尼斯成为特纳画作的中心主题，虽然威尼斯这座城市并不具有罗马一样的重要地位，但这座城市却尤其受到英国游客的欢迎：这座城市稍纵即逝的美丽以及它明显的衰败迹象，触动了类似拜伦勋爵（Lord Byron）的浪漫主义艺术家的灵魂，激发了他们忧郁感伤的艺术情怀。特纳的艺术风格在现实主义与经验主义之间摇摆，他同样开创了一个前所未有的艺术新领域，使自己成为19世纪最伟大的艺术家之一。

浪漫主义的艺术家们摒弃了18世纪多愁善感的传统风格，开始描绘原始状态下不加以感情渲染的纯粹的自然。这样一来，艺术家们开始在大自然进行创作，而不是在绘画工作室。对于威廉·特纳而言，即便为了逃离现实，他又同时开创了与风景画截然相反的另一类作品——文化作品——其中表现了他对社会和宗教乌托邦的渴望和向往，他依然认为自然才是他最伟大的老师。这些浪漫主义艺术家们在他们的作品中，充分利用了宗教景观以及大众所熟悉的景观，而直到浪漫主义时期，人们才认为这样的作品具有艺术价值。浪漫主义艺术家们与意大利的交汇，在很多方面来看都具有释放的力量。意大利让他们接触到古代以及本土的艺术，并让他们领略到或雄伟壮丽或清新田园的美丽景致。而且，他们的共同经历更加深了艺术群体内彼此之间的友好情谊，所以地中海阳光的沐浴对于现实主义的发展起着至关重要的作用。

由于描绘的风格制约较少，比起油画，描绘可以给予艺术家更多的自由发挥，因此描绘也成为了艺术创作的主要内容。此外，大规模的油画项目日趋减少，这就为描绘艺术的发展创造了条件。艺术家们和当时的中产阶级大众，他们认为具有油画性质的描绘作品几乎就可以等同于油画，不仅如此，描绘艺术零碎的风格也逐渐赢得了其独立的艺术地位。从今天的观点来看，描绘通常代表着更为重要的艺术成就。到了19世纪，现代艺术家们终于割断了与传统的联系，而开始依赖自有的思想源泉进行独立创作。艺术的独特性和内在的必要性成为其价值的衡量标准，而不再基于过去普遍认可的标准规范。从19世纪开始，艺术创作呈现出千变万化的形式，"人们追求幸福的方式有多少，那么艺术的种类就有多少"（波德莱尔）。

附录

术语表

专制主义（absolutism）：绝对权力由统治者一手掌控的一种政体，与君主立宪政体相对。启蒙运动时期，开明君主有时被称为"仁君"。

莨苕（acanthus）：一种爵床科植物，科林斯式圆柱上有该种植物的叶形装饰。

卫城（acropolis）：高地上的城市筑防区域，所有重要建筑均坐落卫城中。最出名的卫城是雅典卫城。

山花雕像座（acroteria）：三角墙墙头及墙角雕像的基座。

神龛式小型建筑（aedicula）：框架式开口（例如门）或壁龛，框架由支撑柱上楣构的立柱或壁柱构成。

侧堂（aisle）：长方形会堂中，侧堂指与中堂平行的侧边部分。厅堂式教堂中，侧堂指两排支柱之间的任何纵向地带。

无侧堂教堂（aisleless church）：一种没有划设侧堂的教堂。

城堡（alcázar，阿拉伯语）：西班牙一种起源于摩尔式风格的堡垒，一般为封闭的四翼式结构。

交替支撑（alternating supports）：圆立柱和方墩柱相间交错。

回廊（ambulatory）：教堂高坛后方周围的侧堂增设部分。

露天剧场（amphitheater）：一种圆形或椭圆形竞技场，四周设有阶梯式平台，用作座位。

神秘解释（anagogic）：进行象征性解释或神圣性解释，例如对旧约事件进行解释，作为新约事件的铺垫。

旧体制（Ancien Régime）：法国大革命之前的一种君主制。

壁角柱（antae，拉丁语）：神庙墙壁末端的壁柱，通常建于立有圆柱的门廊周围。

人形的（anthropomorphic）：形状像人的。

套房（apartments）：宫殿中的套间。

神化（apotheosis）：将人奉若神明地进行赞颂。

辟邪用的（apotrophaic）：避免邪恶。

双层套房（appartement double，法语）：宫殿中的双套房间。

贴花（appliqué）：表面上的预制装饰物。

后堂（apse）：教堂东端的半圆形小礼拜堂，或非宗教建筑中形状类似的壁龛。

植物园（arboretum）：园林中供科研或教学用的树木聚集地。

阿卡狄亚（Arcadia）：伯罗奔尼撒半岛中的风景秀美之地，人们在此过着田园牧歌式生活；象征着大自然和自由的地方。

会说话的建筑（architecture parlante，法语）："会说话的"建筑：建筑设计可体现建筑功能。

额枋（architrave）：柱上楣构中位置最低的水平横梁，支撑在柱头上。

拱边饰（archivolt）：拱门周围的一组弯曲形模型制品。

关节（articulation）：用于塑造建筑形状的建筑构件（圆柱、门廊等）。

方琢石（ashlar）：各面均进行过加工的石材。

男像柱（Atlas）：横梁或额枋的人形支柱。

中庭（atrium）：罗马式建筑中，中庭指内部庭院；早期的基督教长方形会堂中，中庭指有柱廊的门廊。

女儿墙（attic）：建筑物正面主飞檐之上的墙。女儿墙有时会遮挡屋顶的较低部位，可与其融为一体，形成一层额外的较低的楼层。

花瓷砖（azulejo，西班牙语/葡萄牙语）：彩色釉面墙砖或地砖。

华盖（baldachino）：祭坛或祭祀对象上方的遮篷或类似屋顶的上部构造，有时采用锦缎材料，有时采用大理石或普通石材。

栏杆柱（baluster）：栏杆中支撑扶手或顶盖的支柱。

洗礼堂（baptistery）：教堂中举行洗礼仪式的独立部分（通常为中央建筑）。

筒形穹顶（barrel vault）：一种连续式圆形穹顶，无拱肋。也称为"圆筒穹顶"。

巴里尔（barrière，法语）：收费亭，巴黎郊区尤为常见。

柱基（base）：立柱或支柱柱身与底座之间的模制部分。

无柱基（baseless）：（立柱）没有柱基。

巴西利卡（basilica）：最初指罗马市场大厅或地方行政官大厅。基督教建

筑中，指中堂和侧堂，且中堂上方有凸式高侧窗。

浅浮雕（bas-relief）：本质上为二维的浮雕。

斜面的（battered）：倾斜的，像塔门或扶壁的斜面。

凸窗（bay window）：凸出住宅的底层多边形或半圆形窗户。也有可能包括上部楼层。若仅位于上部楼层，则称为"凸肚窗"。

开间（bay）：沿着纵轴方向（例如沿着教堂中堂）的竖直部分，包含完整的拱顶部分。

彼德麦式样的（Beidermeier）：由维克托·冯·舍费尔（Victor von Scheffel）编造根据彼德曼（Beidermann）和布姆梅尔麦（Bummelmaier）这两个肥力斯人物名字编造而来的词。最初是一个具有讽刺意味的术语，用于描述19世纪早期德国中产阶级下层喜欢的艺术风格。

步行带（belt walk）：园林周围的小路，通过小路可以从外部连续不断地观看园林景色。

观景楼（belvedere）：顶层小屋/塔楼，视野开阔（参见"瞭望亭"）。窗下墙（breast）：窗台下的一段实心墙。

素瓷（bisque）：进行两次烧制的瓷器。

假立面（blind façade）：仅起装饰作用的立面，与其后方建筑的结构无关联。

粗凿石料（boasted stone）：粗加工石料，在现场进行最后加工。

细木护壁板（boiserie，法语）：一种护壁材料。

砌合（bond）：砖在墙中的布置形式（如全丁砖砌合法、顺砖向外砌合法或交替砌合法）。例如，英国式砌合法即先砌一层丁砖，再砌一层顺砖。砖砌建筑中很少采用这种砌合法。

小丛林（bosket）：位于园林不那么正式的位置的小树林或小灌木丛。

弓形窗（bow window）：一种平面图为弧段的浅凸窗。

包厢（box）：剧场中面向礼堂的小房间。

波察多（简易模型，bozzetto）：粗制模型。

窗下墙（breast）：窗台下的一段实心墙。

锦绣式花坛（法语，broderie）：原意为刺绣品，装饰品；法式园林中，指用彩色石材砌成的装饰性花坛。

圆顶（calotte）：不带鼓形座——直接靠帆拱支撑——的半球形圆顶。

密室（camarin，西班牙语）：教堂圣坛后方或上方像小礼拜室一样的空间。

主礼拜室（capela mor，葡萄牙语）：葡萄牙教堂中的主礼拜堂（一般位于唱诗堂）。

柱头（capital）：支撑物（立柱或支柱）与拱门或额枋之间的装饰性部分，一般刻有饰纹。

建筑奇景画（capriccio）：生机勃勃的艺术作品或音乐作品。

特征（caractère，法语）：与建筑功能匹配的建筑风格。

漩涡装饰（cartouche）：用植物叶子加以装饰的盾形装饰物，用作盾徽、铭文等的边框。

女像柱（caryatid）：用作支撑物的女性塑像，用于代替立柱。

城堡式陵墓（Castrum doloris，拉丁语）：丧葬台，装饰通常较为华丽，埋葬显要人物时使用。

灵柩台（catafalque）：承载大人物棺材的高台。

中心建筑（central building）：四周建筑等长的——即没有主纵轴——圆形建筑或多边形建筑。

明暗配合法（chiaroscuro，意大利语）：绘画中利用明暗两种形式描绘物体形状的方法。

中国艺术风格（chinoiserie，法语）：大概在模仿中国式风格的风格，盛行于18世纪。

唱诗堂屏栏（choir screen）：十字交叉部东部装饰华丽的屏栏，使教堂非神职人员部分与神职人员部分隔开。

唱诗班席（choir）：教堂中的神职人员部分，含圣坛。巴西利卡式教堂中，唱诗班席位于十字交叉部和东部末端之间。

地府的（chthonic）：与阴间或尘世神明有关的。

邱里格拉风格（churriguerismo，西班牙语）：18世纪早期与邱里格拉艺术家之家相联系的一种风格。

16世纪（Cinquecento，意大利语）：1500-1599

圆形广场（circus）：城镇中的圆形区域，四周有建筑物，通常位于主要街道的交汇处，或者充当规划开发的中心点。

高侧窗（clerestory/clearstory）：巴西利卡侧堂屋顶之上用于采光的中央加高层。

回廊中庭 (cloister garth)：修道院的庭院，周围一般有回廊人行道和内部建筑。

苜蓿叶式教堂 (clover leaf church)：东端设有三个半圆形或多边形后堂的一种教堂。

藻井 (coffering)：古典形式的天顶或拱顶结构装饰，将表面分割成小的（正方形或菱形）凹面。

列柱式 (columniation)：立柱的设置样式。

外屋 (communs，法语)：法式城堡的附属建筑物，供仆人、佣人居住。

思想 (concetto，意大利语)：艺术作品的内容。

半圆形屋顶 (conch)：半个圆屋顶，其下方可能还有壁龛。

靠墙小桌 (console table)：紧贴墙壁固定的桌子，一般位于一面镜子下方，镜子与桌子配套。

托架 (console)：凸出墙面的支架，用于支撑物体（例如弓架）。

（构图的）对立平衡 (contrapposto)：古典雕塑的一种姿势，即塑像的站姿轻微扭曲，身体重量由一条腿支撑。

惯例 (convenance，法语)：古典主义建筑中的合乎礼节。

花篮装饰 (corbeil，法语)：以一篮子水果为特征的装饰图案。

飞檐 (cornice)：柱上楣构的顶部，通常向外凸出。

主楼 (corps de logis，法语)：城堡主楼。

雅致村舍 (cottage orné，法语)：乡间小屋，供劳动工人居住，或者作乡间休养所。

乡间别墅 (country house)：为富有的土地所有人修建的大型住宅或府邸。

乡绅名流 (The county)：18世纪一个郡中相互知晓的上流社会人士。

庭院 (cour d'honneur，法语)：城堡中的庭院，四周围绕着厢房。

卷叶饰的 (crocketed)：用卷叶形花饰（13世纪的一种弯曲的球形叶状装饰图案）进行装饰的。

十字交叉部 (crossing)：教堂中堂和耳堂相交的位置，教堂非神职人员部分的末端。教堂塔楼通常就位于十字交叉部上方。

十字形的 (cruciform)：十字架形状的。

业余爱好者 (dilettante)：业余艺术家或艺术爱好者。

室内/室外设计 (disegno interno/esterno，意大利语)：艺术作品的知性概念及其具体实现。

圆座/方座圆顶 (dome percée/carrée，法语)：顶部有圆窗的圆顶/基座为方形的圆顶。

屋顶采光窗 (dormer)：人字形屋顶上的窗户，有独立的窗顶和窗框。屋顶采光窗并非与外墙平行，而是向内缩进的。

鼓座 (drum)：见"鼓座 (tambour)"。

集仿主义 (eclecticism)：模仿历史上的各种建筑风格，或自由组合各种建筑形式。

卵锚饰 (egg-and-dart)：文艺复兴时期古典主义建筑中采用的雕刻模制装饰图案，包含用箭头状装饰进行点缀的卵形物。

徽章 (emblem)：象征性设计，包含以下内容：1)图案，2)上标，3)下标。

漏斗状斜面墙 (embrasure)：八字窗内的墙面。

对面 (en face，法语)：对立面。

纵向排列套房 (enfilade，法语)：巴洛克式城堡中，房门位于一条轴上的一连串房间。

附墙圆柱 (engaged column)：砌在墙里或部分砌在墙里的圆柱。在雕像中，附墙支腿便是承重附墙圆柱。

英式园林 (English garden)：与严格正式、整齐均匀的法式园林形成鲜明对比的非正式、"自然的"风景式园林。

启蒙运动 (Enlightenment)：18世纪发生在欧洲的一次哲学运动，主要特点是信赖道理与经验、抨击教条和圣传、强调人文主义政治目标及社会进步。

柱上楣构 (entablature)：古典主义建筑拱门、门道、窗户或门廊顶部的一套水平构件，由额枋、带帽和飞檐构成。

庭院和花园之间 (entre cour et jardin，法语)：庭院和花园之间。

正式进驻 (entrée solennelle，法语)：正式进驻。

开敞谈话间 (exedra)：半圆形后堂或扩建部分，外侧周围通常有座椅。

作坊 (fabrique，法语)：小型装饰性园林式建筑物，如圣堂、耗资巨大的无用怪异建筑。

平滑面的 (fair-faced)：(砌砖工程)精心指示的，使之更具装饰性。

扇形拱顶 (fan vault)：十五/16世纪一种复杂的英国哥特式拱顶，其中拱肋从一个支撑物向外展开，形成扇形状。

优美的农庄 (ferme ornée，法语)：见"雅致村舍 (cottage orné)"。

垂花饰 (festoon)：悬挂饰物中悬挂的装饰性花形和水果形图案。

蛇形人像 (figura serpentinata，意大利语)：身姿为S形的人物塑像。与手法主义有关。

填充墙 (filled wall)：内外墙之间的碎石或砂浆复合墙。

凹槽 (fluting)：圆柱或半露柱上的平行凹面槽。

摆设建筑 (folly)：为营造生动独特的画面而修建的建筑物，无实用用途。

回纹 (fret pattern)：各种希腊装饰纹样。也称"回纹饰"。

山墙 (gable)：屋顶末端或墙面、窗户、神龛式小型建筑、门廊等上方的顶部结构。可能为三角形、阶梯形、半圆形，或者这三者的综合形状。古典主义建筑中的三角形或半圆形山墙称为人字墙。

楼廊 (gallery)：教堂中的楼廊指较高的楼层，通常供皇室成员或女性等隔离人群使用。城堡中的楼廊指屋顶的人行道；大型住宅中的楼廊指较长的活动室；因此，"楼廊"因此最近还指艺术品展览楼。

瞭望亭 (gazebo)：观景楼，即屋顶上的小型房间或塔楼，视野开阔。也指花园中视野开阔的独立式亭子。

守护神 (Genius)：神话中掌控命运、确定个人或地方特性的守护之神或守护精灵。

风俗画 (genre picture)：描绘日常生活场景的画。

乔治王时代艺术风格 (Georgian)：1714年至19世纪早期（乔治一世至乔治四世统治时期）英国盛行的一种建筑风格。

巨柱式 (giant/colossal order)：跨度超过一层楼的圆柱或半露柱。

凉亭 (gloriette)：园林中起景观作用的圣堂或亭子。

哥特风格 (Gothic)：英国18世纪哥特复兴时期的洛可可风格。

希腊式十字架 (Greek cross)：四臂长度相等的十字架。

交叉拱 (groin arch)：使圆筒拱顶交叉以便形成棱角线的拱形，例如窗户前方的拱形。

交叉拱顶 (groin vault)：不带拱肋的拱顶，由两个简单的交叉拱顶构成，形成了X形棱角线。

洞室 (grotto)：象征原始条件的人造岩洞，将大自然与艺术融为一体。自文艺复兴时期起，洞室便是一种流行的园林样式。

壕沟 (ha-ha)：住宅娱乐场周围不显眼的干沟渠，旨在隔离牲畜并营造连续的画面。由查尔斯·布里奇曼 (Charles Bridgeman) 将其引入风景石园林中。

砖木混合结构 (half-timbering)：立柱、横梁及支杆搭建而成的木质框架结构，再用枝条、砖块或木板条和灰浆进行填充。

厅堂式唱诗堂 (hall choir)：有多个等高侧堂的一种唱诗堂。

厅堂式教堂 (hall church)：有等高侧堂的一种教堂，哥特式晚期建筑中尤为常见。

半身像柱 (herm)：尖细的或方形支柱或基座，顶部刻有人头像。若半身像柱还包括躯干和脚部，则称为胸像柱。

僻静居处 (hermitage)：较小的隐蔽住处、洞室或帐篷式户外场所，用作宅邸或宫殿主人的休憩场所。

六柱式门廊 (hexastyle)：设有六根立柱的门廊。

历史主义 (Historicism)：19世纪对任何过往风格的再次使用。历史准确性扮演者重要角色。

历史画 (history painting)：学术体系中最高类别的绘画，历史画描绘的是《圣经》、历史、神话或著名文献中的场景。

公馆 (hôtel，法语)：贵族的城内宅邸。

图解 (iconography)：对图片内容的解释说明。

拱墩 (impost)：拱形发生反弹的点，例如柱头顶部。

题铭 (impresa)：题词，通常还附有图片，用于间接指代某人。

柱距 (intercolumniation)：立柱之间的间距。

创意 (inventio)：图像的内容构思。

詹姆斯一世建筑款式 (Jacobethan)：英国建筑学中指代伊丽莎白复兴的另一个词，因为伊丽莎白复兴包括了詹姆斯一世时期和王政复辟时期这两个时期的风格特点。

城堡主楼 (keep)：城堡中央最强健的建筑，防守的最后一道防线。法语中称为"donjon"。

拱顶石（keystone）：用以完善拱顶的楔形石。

采光亭（lantern）：圆顶顶部装有玻璃的附属设施，用于采光、通风。

拉丁式十字架（Latin cross）：一种直长横短的十字架。

壁柱（lesene）：不带柱基、柱头或装饰的普通半露柱。

人文科学（liberal arts）：中世纪大学中的指示性学科：三学科（trivium）（文法、算术和几何）和四学科（quadrivium）（音乐、天文、逻辑和修辞）。

凉廊（loggia）：建筑侧面之中或向外突出修建的有拱廊或有屋顶走廊，尤其是可以眺望的开放式庭院。

长廊（long gallery）：大型住宅中活动室，常设有画像。

屋顶窗（lucarne）：窗户与前墙平行的高侧天窗。

弦月窗（lunette）：半圆形窗户。

快乐之家（maison de plaisance，法语）：宜人环境中的乡间僻静地，供皇室人员进行季节性的娱乐。

手法主义（Mannerism）：16世纪的一种后文艺复兴风格，该风格引入了主观性扭曲变形，摒弃了文艺复兴盛期的古典平衡。

折线型屋顶（mansard roof）：因建筑师弗朗索瓦·芒萨尔（François Mansart，1598-1666）而得名，折线型屋顶有两个面，下层面较陡峭，倾斜度较大，上层面则较平缓。

曼努埃尔式风格（Manueline style）：16世纪早期葡萄牙一种哥特晚期/文艺复兴初期的风格，因葡萄牙曼努埃尔一世（Manuel I）而得名。

陵墓（mausoleum）：纪念性坟墓，以哈利卡纳苏斯的摩索拉斯（Mausolus）国王命名（摩索拉斯陵墓于公元前353年建成）。

回纹饰（meander）：参见"回纹"。

墙面/三陇板（metope/triglyph）：三陇板指多立克式雕带中的竖直木板，三陇板之间是墙面。

中层楼（mezzanine）：两个高层楼面之间的低层。

镜像拱顶（mirror vault）：一种巴洛克式拱顶，其中矩形凸起式天花板位于更大的矩形墙面中。天花板拐角向房屋拐角位置弯曲。

独石制品（monolith）：整个石块制成的方尖碑或立柱。

圆形外柱廊式建筑（monopteron）：圆形围柱式圣堂，内部可能没有墙面。

教堂前厅（narthex）：中世纪早期教堂中的一种门厅。后来称为"门廊"。

自然主义（naturalism）：旨在描绘直观"真实情况"，但并无现实主义的艺术性夸大的一种艺术风格。

中堂（nave）：巴西利卡中的纵向正厅。基督教教堂中，中堂指教堂十字交叉部与教堂西门之间的非神职人员部分。

新古典主义（Neoclassicism）：基于希腊和罗马先例的艺术风格或建筑风格。

罗马式建筑（nymphaeum）：泉水旁的神殿，一般设有多个楼层、立柱、壁龛，还有水池。

方尖碑（obelisk）：由下而上逐渐变细的巨型独石，截面呈方形，顶端呈金字塔形。发现于古埃及的一种纪念碑形式，18世纪末期/19世纪早期再次流行。

八柱式门廊（octastyle）：设有八根立柱的门廊。

圆窗（oculus）：圆形小窗。

洋葱形拱（ogee arch）：由两个凹面四分圆和两个凸面四分圆构成的尖形哥特式拱。

天窗（opaion，希腊语）：圆顶开口上的灯笼式天窗，用于采光。

露明屋顶（open roof）：内部不设置天花板的屋顶，因此可以看见人字形木结构。

后门廊（opisthodomus，希腊语）：神殿后方的空间，与另一端的门廊相称。

橘园（orangery）：巴洛克时期用于种植橘树的单层种植房，面向南方。

小礼拜堂（oratory）：教堂唱诗席中的小型私人祈祷室或私人楼廊。

柱式（order）：古典建筑中采用的立柱样式。主要柱式为多立克式（最简约的柱式）、爱奥尼亚柱式（柱头位置有涡形装饰）和科林斯柱式（装饰华丽，有莨苕叶形装饰和涡形装饰）三种柱式。托斯卡纳柱式是罗马多立克式的简化柱式。

飘窗（oriel）：上层楼面中向外凸起的窗户。

正交（orthogonal）：与直角的使用有关。

门顶装饰/门头花饰（overdoor/sopraporta）：室内门上方的装饰品（例如绘画）。

牛眼窗（ox-eye）：一种椭圆形窗户。

宝塔（pagoda）：一种起源于东亚

的塔状建筑物，每个楼层均建有屋顶。

府邸（palazzo，意大利语）：贵族的城内宅邸或重要公共建筑。

帕拉迪奥主义（Palladianism）：1700年之后英国建筑的主导风格，在其他国家也具有影响力。这种风格以安德烈亚·帕拉迪奥（Andrea Palladio）的作品为基础。

万神殿（Pantheon）：所有神明的庙宇。最出名的是罗马的穹顶万神殿，它后来成为了无数建筑的典范。

长廊（paseo，西班牙语）：散步场所，两侧种树的人行走廊。

宗教游行（paso，西班牙语）：宗教游行，或宗教游行时携带的便携式祈祷画。

亭子（pavilion）：1)宅邸或宫殿中的凸出位置，通常位于末端或中央；2)花园或园林中的娱乐性建筑。

山花（pediment）：三角形或半圆形山墙。山花的内部区域为山花壁面，其中可能设置有雕塑。

帆拱（pendentive）：可以使圆顶被支撑在方形基座上的一种凹面拱肩。

凉棚（pergola）：两侧有立柱或木托梁的小道或铺砌区，攀缘植物可攀爬在立柱或木托梁上生长。

围柱式庙宇（peripteral）：四面八方都有柱廊的庙宇。

列柱走廊（peristyle）：室内围柱式建筑，即四周设有立柱的大厅或庭院。

垂直式风格（Perpendicular）：英国的晚期哥特式风格，始于1330年。

宫殿（Pfalz，德语）：中世纪的亲王宫殿，没有固定的王宫。

主楼层（piano nobile，意大利语）：主要的楼层，一般指第一层上层楼层。

如画（picturesque）：18世纪在风景方面对建筑进行定义的一种美学理论。

半露柱（pilaster）：墙上的等效扁平柱，柱头、柱基类似。

皇家广场（place royale，法语）：统一风格的雄伟广场（17世纪的法国尤为常见），一般设有国王雕塑。

马约尔广场（plaza mayor）：西班牙广场，相当于皇家广场，四周一般有柱廊。

游乐园（pleasance）：隐蔽的娱乐之园。注意与休闲园（plaisance）进行区分，休闲园指避暑别墅或凉亭。

游乐场（pleasure ground）：英式乡间别墅附近的草地，游乐场与园林之间常被小湖隔开。

基石（plinth）：见"台石"。

景观（point de vue）：花园或园林中形成视野焦点的建筑、雕塑或水池。

点测技术（pointing technique）：通过精心测量和小圆点临摹古代雕塑的技术。

多色彩的（polychrome）：许多种颜色的。

多边形（polygon）：有多条边的几何形状。多边形包括六边形、八边形等。多边形小礼拜堂可能恰好是半个六边形或八边形。

加权的（ponderated，意大利语）：分布式权数的。

门廊（porch）：有顶盖的门入口。

马车出入口（porte-cochère，法语）：可供四轮大马车或棺材架出入的大型门廊。

列柱门廊（portico）：建筑物前方建有立柱的门廊，至少与主要柱上楣构同高。立柱与主建筑线之间必须有一定的间隔。

内殿（presbytery）：中世纪教堂中由圣坛构成的凸起区，用于举行仪式。

凸出（projection）：伸出在大型非宗教建筑（例如乡间别墅）的水平主建筑线之外的一部分。常见的布局是中央为引人注目的凸出部分（例如有山墙的门廊），两端为两个较小的类似凸出部分。

门厅（pronaos）：神殿前方的门廊、前厅，边上有围墙。

山门（propylaeum）：神殿庭院的正门。

舞台（proscenium）：剧场中向外凸起的演出舞台。

前柱式构造（prostyle）：前方有一排立柱的结构，例如柱廊。

爱神雕像饰（putto，意大利语）：丰满的男童天使或丘比特。

塔门（pylon）：埃及寺院入口两侧巨大的倾斜构筑物或者任何此种形状的构筑物。

四马二轮战车雕饰（quadriga，拉丁语）：一个驾战车人和四匹马组成的雕像群，常位于凯旋门顶部。

转绘式天顶画（quadro riportato，意大利语）：包框墙或天花板上更大装饰物上的绘画，天顶画未采用巴洛克式透视缩短法。

四叶饰（quatrefoil）：四片叶子组成的对称性叶形图案。

十五世纪（quattrocento，意大利语）：1400年至1499年。

古今之辩（querelle des anciens

et des modernes，**法语**）：17世纪后期巴黎人关于古与今、绘画价值、轮廓和色彩的学术争辩。普桑（Poussin）和鲁本斯（Rubens）之间的鲜明对照就是其中一个例子。

舞厅（redoute，**法语**）：公共跳舞厅。

并居区（reducción，**西班牙语**）：拉丁美洲的印第安人耶稣会传教士殖民地。

还原主义（reductionism）：精简古典建筑特征、简化几何形状的一种风格。

摄政时期风格（Regency）：1800年至1830年英国乔治王朝时代的风格。

前景逆推移焦技法（repoussoir，**法语**）：在画中前景位置放置物体或人物，将视线拉深入画面后景的方法。

王宫（Residenz，**德语**）：统治者的主要宅邸，一般位于名叫王宫城（Residenzstadt）的城镇上。

圆凸线脚（ressaut，**法语**）：凸出或前向倾的部分。

王政复辟（Restoration/Restauration）：拿破仑时期之后法国君主制的重建。该术语也指1660年查尔斯二世领导的英国君主制重建。

祭坛装饰（retable）：祭坛上的绘画装饰或纪念性装饰品。

网状拱（reticulated vault）：网格样式的拱顶。

神的肖像（retrato a lo divino，**西班牙语**）：画有圣人肖像的图画。

拐角侧房（return wing）：与主侧房成90度角的侧房。

门窗侧壁（reveal）：窗户或拱门各侧的狭窄内墙。

革新建筑（Revolutionary architecture）：描述布莱（Boullée）、勒杜（Ledoux）和勒克（Lequeu）未被实现的那些极度狂妄自大的建筑设计的术语，该类建筑强烈地倾向于纪念性建筑。

拱肋（rib）：中世纪拱顶中的拱形承重支撑物。

丝带织品（ribbon work）：丝带制成的精美装饰品[漩涡饰]。

洛可可风格（Rococo）：晚期巴洛克风格（约1720-1770年），主要特点为华美闲适、纤弱娇媚，注重表面装饰的程度比注重建筑式样的程度更深。

浪漫主义风格（Romanticism）：1800年左右与古典主义风格对立的一种风格，强烈地倾向于强调主观特征，例如情感。

十字梁隔屏（rood screen）：中世纪英式教堂中分隔唱诗班席和十字交叉部的一种坚实的隔板，其装饰一般较为华丽。

圆形建筑（rotunda）：平面图为圆形的中央建筑。

毛石工（rubble work）：未经加工或经粗加工的石工。

粗面光边石工（rustication）：石工装饰物，通常由粗雕石材组成，用于装饰建筑的较低部分。

圣器收藏室（sacristy）：教堂中存放祭司服饰及礼拜仪式用的器具的收藏室。

帆圆顶（sail dome）：只有拐角位置才有支撑的弧形圆顶。

螺旋形柱（Salomónica，**西班牙语**）：绞绳形柱。也称为"麦芽糖柱"。据推测，可能源自耶路撒冷的所罗门神殿。

瑟利奥拱窗（serliana）：参见"威尼斯式窗"。

渲染层次（sfumato，**意大利语**）：相互遮蔽的色调效果，因此没有明显的轮廓。

骨架结构（skeleton construction）：所有承重构件均位于骨架中的一种结构形式。填料不起固定作用。

台石（socle）：建筑物基础或较低部分。也叫"基石"。

拱腹（soffit）：拱的底面。

拱肩（spandrel）：曲形拱门门口的拐角位置，位于拱墩之上。圆顶之下的拐角位置中的类似位置。

画中背景物（Staffage）：园林中用以增强风景情感影响力的建筑物，例如装饰性小建筑物。

楼梯井（stairwell）：围绕在楼梯四周的区域。大型住宅中，楼梯井通常构成了独立式建筑、半分离式建筑或亭子。

尖塔（steeple）：教堂的塔楼、尖顶。

体积测定（stereometry）：对体积的测量。

静物画（still life）：以无生命的物体为题材的绘画。

拉弦拱（strainer arch）：两面平行墙面之间的水平拱。

灰泥（stucco）：用于对砖块外表面进行粉刷的硬质灰浆。

神龛（tabernacle）：存放圣体的贮藏所，或独立式建筑华盖。

鼓座（tambour）：圆顶较低位置的圆柱形或多边形部分。同"鼓座（drum）"。

小教堂（tempietto，**意大利语**）：小型圣堂，一般像一个小型花园。

暗色调主义（tenebrism）：巴洛克式绘画的一种风格，其中大多数绘画中有阴影部分，而主要对象的色调则很引人注目。暗色调主义与卡拉瓦乔（Caravaggio）有关，日常"现实性"或不尽人意的场景中才采用这种描绘方法。

排屋（terrace）：一个设计中结合在一起的一排房屋。

四柱式门廊（tetrastyle）：设有四根立柱的门廊。

浴场（thermae）：古典式罗马洗浴场所，例如罗马的卡拉卡拉浴场（Baths of Caracalla）。

浴场式窗（thermal window）：被两个竖框分隔的半圆形窗户。

圆庙（tholos，**希腊语**）：圆形寺庙。

刺房（thorn house）：采用分等级法制盐的建筑。

三翼房（three-wing house）：一座巴洛克式城堡的标准设计，包括一栋主楼和两栋翼楼（围着一个庭院）。

圆形画（tondo，**意大利语**）：圆形绘画。

屋顶采光窗（toplighting）：屋顶上用于采光的窗户。

花饰图案（tracery）：中世纪石窗竖框上装饰华丽的图案。

耳堂（transept）：拉丁十字架形或双十字架形教堂中较短的翼部。

圣餐变体（transubstantiation）：圣餐仪式时面包和葡萄酒转变为耶稣的肉和血。

横隔拱（transverse arch）：与主纵轴呈直角的承重拱。

梁格/分为梁格（travis/travated）：梁格指跨间。分为梁格指分成跨间。

特伦托会议（Trent, Council of）：天主教会议（1545-1563），该会议发起了反宗教改革运动。

凯旋式（triumph）：罗马庆祝将军胜利归来的游行；也指代表胜利游行的任何作品。

凯旋门（triumphal arch）：庆祝军事胜利的纪念性拱门。

错视画法（trompe l'œil，**法语**）：巴洛克式错觉艺术手法的艺术家在平面绘画上暗示三维物体（例如建筑物）的方法。错视画法是一种展现艺术上精湛技艺的方法。

倒槽式拱（trough vault）：巴洛克式拱顶，拱顶位于中心，呈椭圆形地逐渐向四边弯曲。

桁架屋顶（truss roof）：有构架的木屋顶。

古墓（tumulus）：古代的坟墓。

关卡收费公路（turnpike road）：利用通行费提供资金并进行维护的公路。关卡是有尖头的屏障，即收税卡口。

山花壁面（tympanon）：山花内的空间。其中常常设置有雕塑。

伞形圆顶（umbrella dome）：圆形基座上拱顶为降落伞形状的圆顶。

城市规划学（urbanistics）：对城市规划的研究。

劝世画（vanitas scene）：阐明所存在物体的空虚、浮华的一种绘画。

拱顶（vault）：室内区域（例如教堂中堂）上方的内部拱形屋顶。

景观画（veduta，**意大利语**）：有关城镇或如画般风景的正确地形认识的风景画。

威尼斯式窗（Venetian window）：一种三分式的窗户，中间为宽大的圆拱形格子，两边为两个位置较低的较窄平顶窗格子。也叫"巴拉迪欧（Palladium）窗"或瑟利奥拱窗。

别墅（villa）：乡间住宅。19世纪时，别墅的概念逐步缩小，最后到郊区住宅。

涡形饰（volute）：柱头或三角墙上的涡卷形装饰特点。

还愿画（votive picture）：出于许愿而捐赠的绘画或构筑物。

墙墩教堂（wall pier church）：内部支墩建成的无侧堂教堂，支墩之间建有小礼拜堂。

世界景观画（world landscape）：包罗万象的虚构景观的透视画。

怀亚特窗口（Wyatt window）：一种矩形的三分式窗户，与威尼斯式窗类似，但中间窗格上没有半圆形拱，即三个窗格子高度相同，但宽度不同。

辫子风格（zopf style）：18世纪出现在德国西南部的一种建筑风格，这种风格源自法国王宫的建筑风格。根据18世纪晚期流行的辫子而命名。

尖塔（Zwerchhaus）：本质上是全高型阁楼，正面修建有山墙。

参考文献

根据本书章节顺序对本参考文献进行了细分。本参考文献中包括作者参考的文献作品，也包括供今后参考阅读的文献作品。因此，可能重复出现某些书名标题。下文所列参考文献仅仅是精心挑选的一部分。

乌特·恩格尔
英国的新古典主义和浪漫主义建筑

Ackerman, James S.: The Villa: Form and Ideology of Country Houses, Princeton 1993

Aldrich, Megan: Gothic Revival, London 1994

Boase, Thomas: English Art 1800-1870, Oxford 1959

Clark, Kenneth: The Gothic Revival: An Essay in the History of Taste, London 1962

Burke, Joseph: English Art 1714-1800, Oxford 1976

Buttlar, Adrian von: Der Landschaftsgarten. Gartenkunst desKlassizismus und der Romantik, Cologne1989

Colvin, Howard: A Biographical Dictionary of British Architects, 1600-1840, Yale 31995

Crook, John Mordaunt: The Greek Revival: Neoclassical Attitudes in British Architecture, London 21995

Cruickshank, Dan: A Guide to the Georgian Buildings of Britain and Ireland, New York 1985

Dobai, Johannes: Die Kunstliteratur des Klassizismus und der Romantik in England, 4 vols., Berne 1974-84

Ford, Boris (ed.): The Cambridge Guide to the Arts in Britain, Vol. 5: The Augustan Age, Vol. 6: Romantics to Early Victorians, Cambridge 1990-91

Girouard, Mark: Life in the English Country House, London/New Haven 1978

Hammerschmidt, Valentin/ Wilke, Joachim: Die Entdeckung der Landschaft. Englische Gärten des 18. Jh., Stuttgart 1990

Hussey, Christopher: English Country Houses: Mid-Georgian 1760-1800, London21986

Hussey, Christopher: English Country Houses: Late Georgian 1800-40, London 21986

Hussey, Christopher: The Picturesque. Studies in a Point of View, London 31983

Jones, Edgar: Industrial Architecture in Britain, 1750-1939, London 1985

MacCarthy, Michael: The Origins of the Gothic Revival, London/New Haven 1987

Macauly, James: The Gothic Revival 1745-1845, Glasgow/ London 1975

Pevsner, Nikolaus: A History of Building Types, London 1976

Stillman, Damie: English Neoclassical Architecture, 2 vols., London 1988

Summerson, John: Architecture in Britain, 1530-1830, London/New Haven -1993

Summerson, John: Georgian London, London 1991

Worsley, Giles: Classical Architecture in Britain: The Heroic Age, London/New Haven 1995

芭芭拉·博恩格赛尔
美国的新古典主义建筑

资料来源：

Thomas Jefferson Architect: Original Designs in the Collection of Thomas Jefferson Coolidge Jr, with an essay and notes by Fiske Kimball, Boston, Mass. 1916, reprint 1968

Asher Benjamin: The American Builder's Companion, or, a New System of Architecture: Particularly Adapted to the Present Style of Building in the United States of America, Boston, Mass. 1806, reprint 1967

文献：

Brown, Milton Wolf: American Art to 1900: Painting, Sculpture, Architecture, New York 1977

Burchard, J. and Bush-Brown, A.: The Architecture of America, A social and cultural history, Boston, Mass. 1961

Condit, Carl: American Building Art, the 19th Century, New York 1960

Hamlin, Talbot: Greek Revival Architecture in America, New York 1944, reprint 1966

Handlin, David P.: American Architecture, London 1985

Kidder-Smith, G. E.: The Architecture of the United States, 3 vols, New York 1981

Kimball, F.: Domestic Architecture of the American Colonies and Early Republic, new impression New York 1950

Kirker, Harold and James: Bulfinch's Boston, 1787-1817, New York 1964

Martin, Jennifer et al.: Die Kunst der USA, Freiburg, Basle, Vienna 1998

Reps, John W.: Monumental Washington; the Planning and Development of the Capital Center, Princeton, N.J., 1967

Whiffen, M. and Koeper, F.: American Architecture, 1607-1976, Cambridge, Mass. 1981

耶奥里·彼得·谢恩
法国和意大利的新古典主义和浪漫主义建筑

The Age of Neoclassicism. Exhibition catalog, Royal Academy and Victoria & £ Albert Museum, London 1972

Christian Baur: Neugotik, Munich 1981

Fortunato Bellonzi: Architettura, pittura, scultura dal Neoclassicismo al Liberty, Rome 1978

Allan Braham: The Architecture of the French Enlightenment, London 1980

Johannes Erichsen: Antique und Grec. Studien zur Funktion der Antike in Architektur und Kunsttheorie. PhD thesis, Cologne 1980

Georg Germann: Neugotik. Geschichte ihrer Architekturtheorie, Stuttgart 1974

Henry Russell Hitchcock: Architecture: 19th and 20th Centuries, Harmondsworth 1977

Christian-Adolf Isermeyer: Empire, Munich 1977

Wendt von Kalnein: Architecture in France in the 18th Century, New Haven, London 1995

Emil Kaufmann: Architecture in the Age of Reason. Baroque and Postbaroque in England, Italy and France, Cambridge, Mass. 1955

Hanno-Walter Kruft: Geschichte der Architekturtheorie, Munich 1991

Klaus Lankheit: Revolution und Restauration, Baden-Baden 1980

Anna Maria Matteucci: L'Architettura del Settecento (Storia dell'Arte in Italia), Turin 1988

Carroll L.V. Meeks: Italian Architecture, 1750-1914, New Haven, London 1966

Gianni Mezzanotte: Architettura neoclassica in Lombardia. (Collana di storia dell'architettura, ambiente, urbanistica, arti figurative), Naples 1966

Robin Middleton, David Watkin: Klassizismus und Historismus, Stuttgart 1986

Claude Mignot: Architektur des 19. Jh, Stuttgart 1983

Winfried Nerdinger, Klaus Jan Philipp, Hans-Peter Schwarz: Revolutions architektur. Ein Aspekt der europäischen Architektur um 1800. Exhibition catalog of the Architekturmuseum, Frankfurt, Munich 1990

Jean-Marie Perouse de Montclos: De la Renaissance à la Révolution. (Histoire de l'Architecture Française), Paris 1989

芭芭拉·博恩格赛尔
西班牙和葡萄牙的新古典主义和浪漫主义建筑

Anacleto, R.: Neoclassicismo e romantismo (Historia da Arte em Portugal, X), Lisbon 1986

Bonet Correa, Antonio: Bibliografia de arquitectura, ingenieria y urbanismo en Espafia (1498-1880), 2 vols. Madrid, Vaduz 1980

Bonet Correa, Antonio: El Urbanismo en Espana y en Hispanoamérica, Madrid 1991

Bottineau, Yves: L'Art de Cour dans l'Espagne des Lumières (1746-1808), Paris 1986

Camôn Aznar, José, Morales y Marin, José Luis, Valdivieso Gonzalez, Enrique: Arte espanol del siglo XVIII (Summa Artis XXVII), Madrid 1984

Cruz Valdovinos, José Manuel et al.: Arquitectura barroca de los siglos XVII y XVIII. Arquitectura de los Borbones. Arquitectura Neoclàsica (Historia de la Arquitectura Espanola IV), Zaragoza 1986

Franca, José Augusto, Morales y Marin, José Luis, Rincön Garcia, Wifredo: Arte Portugués (Summa Artis XXX), Madrid 1986

Franca, José Augusto: A Arte em Portugal no século XIX, 2 vols., Lisbon 21981

Franca, José Augusto: A Arte Portuguesa de Oitocentos, Lisbon 21983

Franca, José-Augusto: Lisboa Pombaiina e o Iluminismo, Viseu 1987

Hansel, Sylvaine and Karge, Henrik (ed.): Spanische Kunstgeschichte. Eine Einführung, 2 vols., Berlin 1992

Hernando, Javier: Arquitectura en Espana. 1770-1900, Madrid 1989

Kruft, Hanno Walter: Geschichte der Architekturtheorie von der Antike bis zur Gegenwart. Chap. 18.: Der Beitrag Spaniens vom 16.18. Jh., pp. 245-256, Munich 1985

Kubler, George and Soria, M.: Art and Architecture in Spain and Portugal and their American Dominions 1500-1800, Harmondsworth 1959

Levenson, Jay A. (ed.): The Age of the Baroque in Portugal, Washington 1993

Moleön Gavilanes, Pedro: La Arquitectura de Juan de Villanueva. El Proceso del Proyecto, Madrid 1988

Noehles-Doerk, Gisela: Madrid und Zentralspanien. Kunstdenkmäler und Museen (Reclams Kunstführer Spanien,

1), Stuttgart 1986

Pereira, Paulo (ed.): Historia da Arte portuguesa, Vol. III, Do Barroco à Contemporaneidade, Barcelona 1995

Pereira, José Fernandes (ed.): Dicionário da arte barroca em Portugal, Lisbon 1989

Reese, Thomas Ford: The architecture of Ventura Rodriguez, New York 1976

Sambricio, Carlos: La Arquitectura espanola de la Ilustración, Madrid 1986 Triomphe du Baroque. Exhib. cat. Brussels 1991

Varela Gomes, P.: A cultura arquitectonica e artistica em Portugal no século XVIII, Lisbon 1988

埃伦弗里德·克卢克特
荷兰和比利时的新古典主义和浪漫主义建筑

Architecture du XVIIIe siècle en Belgique: baroque tardif, rococo néo-classicisme, Brussels 1998

Ching, Francis D.K.: Bildlexicon der Architektur, Frankfurt 1996 Centro Internazionale de Studi di Architettura Andrea Palladio: Palladio nel Nord Europa, Vicenza 1999

Schönfeld, Stephan: Zum niederländischen Einfluss auf den Kirchenbau in Brandenburg im 17. und 18. Jh., Berlin 1999

克劳斯·扬·菲利普
德国的新古典主义与浪漫主义建筑

背景资料 :

Bolenz, Eckhard: Baubeamte, Baugewerksmeister, freiberufliche Architekten - Technische Berufe im Bauwesen (Preußen/Deutschland 1 "99-1931), PhD thesis, University of Bielefeld 1988

Germann, Georg: Neugotik. Geschichte ihrer Architekturtheorie, Stuttgart 1974

Lankheit, Klaus: Revolution und Restauration, Baden-Baden 1965

Lorenz, Werner: Konstruktion als Kunstwerk. Bauen mit Eisen in Berlin und Potsdam 1797-1850, Berlin 1995.

Meilinghoff, Tilmann and Watkin, David: Deutscher Klassizismus. Architektur 1740-1840, Stuttgart 1989

Mann, Albrecht: Die Neuromanik. Eine rheinische Komponente im Historismus des 19. Jh., Cologne 1966.

Mignot, Claude: Architektur des 19. Jh., Stuttgart 1983

Milde, Kurt: Neorenaissance in der deutschen Architektur des 19. Jh., Dresden 1981

Mittig, Hans-Erich and Plagemann, Volker: Denkmäler im 19. Jh. Deutung und Kritik, Munich 1972

Pevsner, Nikolaus: A History of Building Types, London 1976

Pevsner, Nikolaus: Die Geschichte der Kunstakademien, Munich 1986

Pfammatter, Ulrich: Die Erfindung des modernen Architekten: Ursprung und Entwicklung seiner wissenschaftlichen Ausbildung, Basle 1997

Philipp, Klaus Jan: Um 1800: Architekturtheorie und Architekturkritik in Deutschland zwischen 1790 und 1810, Stuttgart/London 1997

Plagemann, Volker: Das deutsche Kunstmuseum, Munich 1967

个别景点、地点 :

Bechtholdt, Frank-Andreas, und Weiss, Thomas: Weltbild Wörlitz. Entwurf einer Kulturlandschaft, Ostfildern-Ruit 1996

Betthausen, Peter: Studien zur deutschen Kunst und Kultur um 1800, Dresden 1981

Biehn, Heinz: Residenzen der Romantik, Munich 1970

Börsch-Supan, Eva: Berliner Baukunst nach Schinkel 1840-1870 (Studien zur Kunst des 19. Jh., Vol. 25), Munich 1977

Deuter, Jörg: Die Genesis des Klassizismus in Nordwestdeutschland, Oldenburg 1997

Dittscheid, Hans-Christoph: Kassel-Wilhelmshöhe und die Krise des Schloßbaus am Ende des Ancien Régime, Worms 1987

Mielke, Friedrich: Potsdamer Baukunst. Das klassische Potsdam, Berlin 1981

Nerdinger, Winfried: Klassizismus in Bayern, Schwaben und Franken (architectural drawings 1775-1825), Munich 1980

Nerdinger, Winfried: Romantik und Restauration. Architektur in Bayern zur Zeit Ludwigs I. 1825-1848, Munich 1987

Schönemann, Heinz: Karl Friedrich Schinkel: Charlottenhof, Potsdam-Sanssouci (complete works, ed. by Axel Menges, vol. 12), Stuttgart 1997

建筑师 :

Bussmann, Klaus: Wilhelm Ferdinand Lipper. Ein Beitrag zur Geschichte des Frühklassizismus in Münster, Münster 1972

Clemens Wenzeslaus Coudray: Architektur im Spannungsfeld zwischen Klassizismus und Romantik, Wissenschaftliche Zeitschrift, Bauhaus University Weimar, Vol. 42, No. 2/3, 1996

Doebber, Adolph: Heinrich Gentz. Ein Berliner Baumeister um 1800, Berlin 1916

Dorn, Reinhard: Peter Joseph Krähe. Leben und Werk, 3 vols., Brunswick/ Munich 1969, 1971 and 1997

Forssmann, Erik: Karl Friedrich Schinkel. Bauwerke und Baugedanken, Munich 1981

Franz, Erich: Pierre Michel d'Ixnard 1723-1795, Weissenborn 1985

Giesau, Peter: Carl Theodor Ottmer (1800-1843): Braunschweiger Hofbaurat zwischen Klassizismus und Historismus, Munich 1997

Giovanni Salucci 1769-1845: Hof-baumeister König Wilhelms I. von Württemberg 1817-1839. Exhibition catalog, Stuttgart 1995

Hammer-Schenk, Harold, and Kokkeling, Günther : Laves und Hannover. Niedersächsische Architektur im 19. Jh., Hanover 1989

Hannmann, Eckhardt: Carl Ludwig Wimmel. Hamburgs erster Baudirektor, Munich 1975

Hauke, Karlheinz: Auguste Reinking 1776-1819. Leben und Werk des westfälischen Architekten und Offiziers, Münster 1991

Kadatz, Hans-Joachim: Friedrich Wilhelm von Erdmannsdorff. Wegbereiter des deutschen Frühklassizismus in Anhalt-Dessau, Berlin 1986

Karl Friedrich Schinkel: Lebenswerk, ed. by von Paul Ortwin Rave, 1962-1994 by Margarete Kühn, Munich 1939 ff.

Lammert, Marlies: David Gilly. Ein Baumeister des deutschen Klassizismus, Berlin 1964/1981

Laudel, Heidrun: Gottfried Semper. Architektur und Stil, Dresden 1991

Nerdinger, Winfried: Friedrich von Gärtner. Ein Architektenleben 1791-1847, Munich 1992

Nestler, Erhard: Christoph Gottfried Bandhauer. Baumeister des Klassizismus in Anhalt-Kothen, Kothen 1990

Nicolas de Pigage 1723-1796. Architekt des Kurfürsten Carl Theodor. Exhibition catalog, Düsseldorf and Mannheim 1985

Oncken, Alste: Friedrich Gilly 1772-1800, Berlin 1935/1981

Reidel, Hermann: Emanuel Joseph von Herigoyen. Kg. bayer. Oberbaukommissar 1746-1817, Munich/Zurich 1982

Schirmer, Wulf (ed.): Heinrich Hübsch 1795-1863. Der grosse badische

Baumeister der Romantik, Karlsruhe 1983

Springorum-Kleiner, Ilse: Karl von Fischer 1782-1820, Munich 1982

Valdenaire, Arthur: Friedrich Weinbrenner. Sein Leben und seine Bauten, Karlsruhe 1919/1985

埃伦弗里德·克卢克特
斯堪的纳维亚的新古典主义和浪漫主义建筑

Donelly, Marian C: Architecture in the Scandinavian Countries, Cambridge/ Mass. 1992

Henningsen, Bernd (ed.): Wahlverwandschaft: Skandinavien und Deutschland 1800 bis 1914, Berlin 1997

彼得·普拉斯梅耶尔
奥地利和匈牙利的新古典主义和浪漫主义建筑

[展览目录]
Österreich zur Zeit Kaiser Josephs II. Mitregent Kaiserin Maria Theresias und Landesfürst. Lower Austria exhibition, Melk Abbey, Vienna 1980 Liechtenstein. The Princely Collections. New York (The Metropolitan Museum) 1985

Joseph Wenzel von Liechtenstein. Fürst und Diplomat im Europa des 18. Jh. Vaduz 1990

文献 :

Christian Bauer: Neugotik. Munich 1981

Johann Kräftner: Am Ozean der Stille. In: Parnass 4/1987, pp. 32-43

Ulrich Nefzger: ZETERND DOMVI. Stil, Wandel und Dauer am Triumphboden zu Waitzen. In: Alte und moderne Kunst 169 (1980), pp. 13-19

Ulrich Nefzger: Die Romidee des Frühklassizismus und die Kathedrale von Waitzen. In: Alte und moderne Kunst 190/191 (1983), pp. 15-22

Gerhard Stenzel: Österreichs Burgen. Vienna 1989

Renate Wagner-Rieger: Wiens Architektur im 19. Jh. Vienna 1970 Renate Wagner-Rieger: Vom Klassizismus bis zur Sezession. In: Geschichte der bildenden Kunst in Wien, Vol. 7,3. Vienna 1973

Gustav Wagner: Joseph Hardtmuth 1758-1816. Architekt und Erfinder. Vienna/Cologne 1990

希尔德加德·鲁彼克斯·沃尔特
俄罗斯的新古典主义建筑

Beljakowa, Z.: The Romanov

Legacy. The Palaces of St. Petersburg, London 1994

Brodskij, B. I.: Kunstschätze Moskaus, Leipzig 1986

Brumfield, W. C: A History of Russian Architecture, Cambridge 1993

Fleischhacker, H. (ed.): Katharina die Große, Memoiren, Frankfurt/ Leipzig 1996

Geschichte der russischen Kunst, Vol. 6, Dresden 1976

Hallmann, G.: Sommerresidenzen russischer Zaren, Leningrad 1986

Hamilton, G.H.: The Art and Architecture of Russia, Baltimore 1975

Hootz, R. (ed.): Kunstdenkmäler in der Sowjetunion. Moskau und Umgebung, Moscow/ Leipzig 1978

Hootz, R. (ed.): Kunstdenkmäler in der Sowjetunion. Leningrad und Umgebung, Moscow/ Leipzig 1982 Katharina die Große, exhibition catalog, Kassel 1997

Keller, H.: Russische Architektur (Propyläen-Kunstgeschichte Vol. 10), Berlin 1971

Kennett, V.A.: Die Paläste von Leningrad, Munich-Lucerne 1984

Kovalenskaya, N.: Istorija russkogo iskusstwo 18. weka (History of 18th-cent. Russian Art), Moscow 1962

Pavlovsk: Le palais et le park. Les Collections, 2 vols., Paris 1993

Pevsner, N., Honour, H., Fleming, J.: Dictionary of Architecture, 4London 1991

Schumann, H. (ed.): Katharina die Große/Voltaire: Monsieur-Madame, der Briefwechsel zwischen der Zarin und dem Philosophen, Zurich 1991

Shvidkovsky, D.: The Empress & the Architect. Architecture and Gardens at the Court of Catherine the Great, New Haven/ London 1996 St. Petersburg urn 1800, exhibition catalog, Essen 1990

Torke, H.-J.: Die russischen Zaren 1547-1917, Munich 1995

埃伦弗里德·克卢克特
风景园林

Beenken, Hermann: Das 19. Jh. in der deutschen Kunst, Munich 1944

Hammerschmidt, Valentin and Wilke, Joachim: Die Entdeckung der Landschaft, Englische Gärten des 18. Jh., Stuttgart 1996

Maier-Solgk, Andreas and Greuter, Frank: Landschaftsgärten in Deutschland, Stuttgart 1997

Pückler-Muskau, Prince Hermann of :
Andeutungen über Landschaftsgärtnerei verbunden mit der Beschreibung ihrer praktischen Anwendung in Muskau, Stuttgart 1995

Wimmer, Clemens Alexander: Geschichte der Gartentheorie, Darmstadt 1989

乌韦·格泽
新古典主义雕塑

展览目录：

Ethos und Pathos. Die Berliner Bildhauerschule 1786-1914, 2 vols., ed. by Bloch, S. Einholz and J. v. Simson, Berlin 1990

Europa und der Orient. 800-1900. ed. by. G. Sievernich and H. Budde, Berlin 1989

Künstlerleben in Rom. Bertel Thorvaldsen (1770-1844). Der dänische Bildhauer und seine deutschen Freunde, ed. by G. Bott and H. Spielmann, Copenhagen/ Nuremberg 1991 Verborgene Schätze der Skulpturensammlung. M. Raumschüssel. Staatliche Skulpturensammlung, Dresden 1992

文献：

Barrai i Altet, X. (ed.): Die Geschichte der Spanischen Kunst, Cologne 1997 Beck, H.: Bildwerke des Klassizismus. Führer durch die Sammlungen (Guide to the sculpture collections at the Liebighaus etc), Frankfurt 1985

Beck, H., Bol, P. C, Maek-Gerard, E. (ed.): Ideal und Wirklichkeit der bildenden Kunst im späten 18. Jh. Frankfurter Forschungen zur Kunst, Vol. II, Berlin 1984

Bloch, P.: Anmerkungen zu Berliner Skulpturen des 19. Jh. Offprint from Jahrbuch Preussischer Kulturbesitz VIII/1970

Bloch, P.: Bildwerke 1780-1910. Aus den Beständen der Skulpturengalerie und der Nationalgalerie. Die Bildwerke der Skulpturengalerie Berlin, Vol. III, Berlin 1990

Burg, H.: Der Bildhauer Franz Anton Zauner und seine Zeit. Ein Beitrag zur Geschichte des Klassizismus in Österreich, Vienna 1915

Dupré, G.: Gedanken und Erinnerungen eines Florentiner Bildhauers aus dem Risorgimento, Munich 1990

Essers, V.: Johann Friedrich Drake 1805-1882. Materialien zur Kunst des 19. Jh., Vol. 20, Munich, no date.

Feist, P. et al.: Geschichte der deutschen Kunst 1760-1848, Leipzig 1986

Geese, U.: Liebighaus - Museum alter Plastik, Frankfurt. Scholarly catalogs, Nachantike großplastische Bildwerke Vol. IV (Italy, Netherlands, Germany, Austria, Switzerland, France 1540/50-1780), Melsungen 1984

Holst, Chr. v.: Johann Heinrich Dannecker. Der Bildhauer. Monograph for Johann Heinrich Dannecker exhibition, Stuttgart 1987

Hughes, R.: Bilder von Amerika. Die amerikanische Kunst von den Anfängen bis zur Gegenwart, Munich 1997

Jäger, H.-W.: Politische Metaphorik im Jakobinismus und im Vormärz, Stuttgart 1971

Jedicke, G.: Christian Daniel Rauch und Arolsen. Museumshefte Waldeck-Frankenberg 15, Arolsen 1994

Keller, H. (ed.): Die Kunst des 18. Jh. Propyläen Kunstgeschichte. Special number, Frankfurt am Main, Berlin 1990

Krenzlin, U.: Johann Gottfried Schadow. Ein Künstlerleben in Berlin, Berlin 1990

Lankheit, K.: Revolution und Restauration, Baden-Baden 1965

Licht, F.: Antonio Canova, Munich 1983

Mielke, F. and Simson, J. v.: Das Berliner Denkmal für Friedrich IL, den Großen. Ein Sonderdruck zum Jahreswechsel für die Freunde der Verlage Propyläen, Ullstein, Frankfurt, Berlin, Vienna 1975 Museo Correr, Guide Artistiche, Milano 1984

Osten, G. von der: Plastik des 19. Jh. in Deutschland, Österreich und der Schweiz. Re-issue, Königstein 1961

Rietschel, E.: Erinnerungen aus meinem Leben, ed. by A. Löckle, Dresden 1935

Schadow, J. G.: Kunstwerke und Kunstansichten. Ein Quellenwerk zur Berliner Kunst- und Kulturgeschichte 1780 1845. Annotated reprint of 1849 edition, ed. by Götz Eckardt. 3 vols., Berlin 1987

Skulptur. Die Moderne. 19. und 20. Jh., Cologne, Lisbon, London, New York, Paris, Tokyo 1997

Skulptur. Renaissance bis Rokoko. 15. bis 18. Jh., Cologne, Lisbon, London, New York, Paris, Tokyo

Stephan, B.: Skulpturensammlung Dresden. Klassizistische Bildwerke, Munich 1993

Tesan, H.: Thorvaldsen und seine Bildhauerschule in Rom. Cologne, Weimar, Vienna 1998

Thorvaldsen Museum, Copenhagen. Museum catalog, Copenhagen 1962

Toman, R. (ed.): Wien. Kunst und Architektur, Cologne 1999

Whinney, M.: Sculpture in Britain 1530 to 1830. Harmondsworth 1964,21988

Zeitler, R. (ed.): Die Kunst des 19. Jh. Propyläen Kunstgeschichte. Special number, Frankfurt, Berlin 1990

亚历山大·劳赫
新古典主义与浪漫主义：两次革命之间的欧洲绘画艺术

Anderson, Jorgen: De Ar i Rom; Abildgaard, Sergel, Fuseli, Copenhagen 1989.

Andrews, Keith: The Nazarenes, A Brotherhood of German Painters in Rome, Oxford 1964

Angelis, Rita de: Eopera pittorica compléta di Goya, introdotta e coordinata da Rita de Angelis, Milan 1974

Antal, Frederick: Classicism and Romanticism, London 1966 Bätschmann, Oskar: Die Entfernung der Natur. Landschaftsmalerei 1750-1920, Cologne, 1989

Bazin, Germain: Théodore Géricault, étude critique, documents et catalogue raisonné, Vols. 1-5, Paris 1987-1992

Berger, Klaus: Géricault und sein Werk, Vienna 1952

Bindman, David: Blake as an Artist, Oxford 1977

idem: The Complete Graphie Work of William Blake, London 1978

Bisanz, Rudolph M.: German Romanticism and Philipp Otto Runge, De Kalb, 1970

Börsch-Supan, Helmut and Jähning, Karl Wilhelm: CD. Friedrich, GEuvrekatalog der Gemälde, Druckgraphik und bildmässigen Zeichnungen, Munich 1973

idem: Caspar David Friedrich, Munich 1974

Brieger, Lothar: Die romantische Malerei, Eine Einführung in ihr Wesen und ihre Werke, Berlin 1926

Brookner, Anita: Jacques-Louis David, London 1980

Brunner, Manfred H.: Antoine-Jean Gros. Die napoleonischen Historienbilder, PhD thesis, Bonn 1977, 1979

Burda, Hubert: Die Ruinen in den Bildern Hubert Roberts, Munich 1967

Burke, Edmund: A Philosophical Enquiry into the Origin of our Ideas of the Sublime and Beautiful, London 1757, London/New-York 1958 (ed. vonJ.T. Boulton).

Busch, Werner: Das sentimentalische Bild; Die Krise der Kunst im 18. Jh. und die Geburt der

Moderne, Munich 1 993

Butlin, Martin: William Blake, Täte Gallery, London 1978

Butler, Martin and Joll, Evelyn: The Paintings of J.M.W. Turner, New Haven 1977

Buttlar, Adrian von: Der englische Landsitz 1715-1760. Symbol eines liberalen Selbstentwurfs, Mittenwald 1982

Büttner, Frank: Peter Cornelius. Fresken und Freskenprojekte, Vol. I., Wiesbaden 1980

Camesasca, Ettore and Ternois, Daniel: Tout l'oeuvre peint d'Ingres, Paris 1971

Cams, Carl Gustav: Briefe und Aufsätze über Landschaftsmalerei, ed. by Gertrud Heider, Leipzig/Weimar 1982

Coupin, Pierre A.: Œvres posthumes de Girodet-Trioson, Vols. I—II, Paris 1829

Daguerre de Hureaux: Alain, Delacroix,

Dobai, Johannes: Die Kunstliteratur des Klassizismus und der Romantik in England, Vols. 1-4, Berne 1974-1984

Eitner, Lorenz: Géricault, His Life and His Work, London 1983

Geschichte der deutschen Kunst 1760-1848, Leipzig 1986

Frank, Hilmar and Keisch, Claude: exhibition catalog by Staatliche Museen, Berlin: Asmus Jakob Carstens und Joseph Anton Koch - zwei Zeitgenossen der Französischen Revolution. Berlin 1990

Frey, Dagobert: Die Bildkomposition bei Joseph Anton Koch und ihre Beziehung zur Dichtung, in: Wiener Jahrbuch für Kunstgeschichte XIV, 1950, pp. 195-224

Friedländer, Walter: Hauptströmungen der französischen Malerei von David bis Delacroix, Cologne 1977

Friedrich, Caspar David: Caspar David Friedrich in Briefen und Bekenntnissen, ed. by Sigrid Hinz. Munich 21974

Frodl-Schneemann, Marianne: Johann Peter Krafft, 1780-1856. Monograph and catalog of the paintings, Vienna/ Munich 1984

Gage, John: Colour in Turner. Poetry and Truth, London 1969

idem: Turner, Rain, Steam and Speed, London 1972

Gassier, Pierre, and Wilson, Juliet: Goya, His Life and Work, London 1971

Geller, Hans: Die Bildnisse der deutschen Künstler in Rom, 1 800-1830, Berlin 1952

Gerstenberg, Kurt, and Rave, Ortwin:

Die Wandgemälde der deutschen Romantiker im Cassino Massimo zu Rom, Berlin 1934

idem: Italienische Dichtungen in Wandgemälden deutscher Romantiker in Rom, Munich 1961

Goldschmit-Jentner, Rudolf Karl (ed.):

Eine Welt schreibt an Goethe -Gesammelte Briefe an Goethe, Heidelberg 1947

Gombrich, Sir Ernst H.: The Dream of Reason, Symbolism of the French Revolution, in: The British Journal for 18th Century Studies II, 1979 Gonzales-Palacios, Alvar: David e la pittura napoleonica, Milan 1967

Grunchec, Philippe: Le Grand Prix de Peinture, Les concours de Prix de Rome de 1797 à 1863, École des Beaux-Arts, Paris 1983

Guiffrey, Jean: L'Œuvre de Pierre Paul

Prud'hon, Paris 1924

Gurlitt, Cornelius: Die deutsche Kunst

seit 1800, ihre Ziele und Taten, Berlin 1924

Hamann, Richard: Die deutsche Malerei, vom 18. bis zum Beginn des 20. Jh., Leipzig/Berlin 1925

Heilborn, Ernst: Zwischen zwei Revolutionen, Der Geist der Schinkelzeit 1789-1848, Berlin 1927

Herbert, Rober L.: David, Voltaire, Brutus and the French Revolution, London/New York 1972

Hofmann, Werner: Das entzweite Jahrhundert, Kunst zwischen 1750 und

1830, Munich 1995

von Holst, Christian: Joseph Anton Koch, Ansichten der Natur. Catalog,

Staatsgalerie Stuttgart 1989

Hönisch, Dieter: Anton Raphael Mengs

und die Bildform des Frühklassizismus,

Recklinghausen 1965

Jensen, Jens Christian: Malerei der Romantik in Deutschland, Cologne 1985

Justi, Karl, Winckelmann und seine Zeitgenossen, Leipzig 1898

Kemp, Wolfgang: Das Revolutionstheater des Jacques-Louis

David. Eine neue Interpretation des Schwurs im Ballhaus, in: Marburger Jahrbuch für Kunstwissenschaft XXI,

1986,pp. 165-184

Lankheit, Klaus: Revolution und Restauration, Kunst der Welt

series,

Baden-Baden, 1980

idem: Von der napoleonischen Epoche

zum Risorgimento, Studien zur italienischen Kunst des 19. Jh., Munich 1988

Lavater, Johann Caspar: Physiognomische Fragmente zur Beförderung der Menschenkenntnis und Menschenliebe, Leipzig/Winterthur 1 5-78, selected and annotated by Friedrich Märker, Munich 1948

Levitine, George: Girodet-Trioson, An [c< »nographic Study, Cambridge/Mass. 1952, New York/ London 1978

Licht, Fred: Goya, The Origins of the Modern Temper in Art, New York, 1979 Lindsay, Jack: J.M.W. Turner, His Life and Work, London 1966

Maepherson, James: Fragments of Ancient Poetry, collected in the Highlands of Scotland, Edinburgh 1760, reprinted 1917

Matile, Heinz: Die Farbenlehre Philipp Otto Runges, Berner Schriften zu Kunst XIII, Berne 1973

Moreno de las Heras, Margarita and Luna Juan J. (eds., Comisario de la Exposición): Goya, 250. Aniversario, Prado/Madrid, 1996

Muther, Richard: Ein Jahrhundert französischer Malerei, Berlin 1901

Myers, Bernard: Goya, London 1964

Pascal, Roy: The German Sturm and Drang, Manchester 1959

Praz, Mario: Girodet's Mlle Lange as Danae, in: The Minneapolis Institute of Arts Bulletin LXIII, 1969, pp. 64-68

Prochno, Renate: Joshua Reynolds, Diskurse und Gemälde, PhD thesis, Munich/Weinheim 1990

Richter, Ludwig: Lebenserinnerungen eines deutschen Malers (ed. by Max Lehrs), Berlin, no date (1922).

Sala, Charles: Caspar David Friedrich und der Geist der Romantik, Paris 1993

Sauerländer, Willibald: Davids Mar at à son dernier soupir oder Malerei und Terreur, in: Idea, Jahrbuch der Hamburger Kunsthalle II, 1983, pp. 49-88

Scheffler, Karl: Deutsche Maler und Zeichner im 19. Jh., Leipzig 1920

Scheidig, Walter: Goethes Preisaufgaben für bildende Künstler, 1799-1805 -Schriften der Goethe-Gesellsch. LVII, Weimar 1958

Schiff, Gert: Johann Heinrich Füssli, 1741-1825, Vols. 1-2, Zurich/Munich 1973

Schnapper, Antoine: David -

Témoin de Son Temps, Fribourg (Switzerland) 1980

Schoch, Rainer: Das Herrscherbild in der Malerei des 19. Jh., Munich 1975

Schöne, Albrecht: Goethes Farbentheologie, Munich 1987

Sells, Christopher R.S.: Jean-Baptist Regnault, 1754-1829, Biography and catalogue raisonné, PhD thesis, London 1981

Sommerhage, Claus: Deutsche Romantik, Literatur und Malerei, Cologne 1988

Stevens, Mary Anne (ed.): The Orientalists: Delacroix to Matisse, European Painters in North Africa and the Near East, London 1984

Tischbein, Johannes H.W.: Briefe aus Rom, hauptsächlich Werke jetzt daselbst lebender Künstler betreffend, in: Der teutsche Merkur 1785, pp. 251-267,LUI, 1786, pp. 69-82, 169-186

Traeger, Jörg: Philipp Otto Runge und sein Werk, Munich 1975

idem: Der Tod des Marat. Revolution des Menschenbildes, Munich 1986

Wildenstein, Georges: Ingres, London 1954, London/ New York 1956

Wilton, Andrew: The Life and Work of J.M.W. Turner, London 1979

展览目录
[先列出展览地点，再在括号中列出编者]

柏林：

Martin-Gropius-Bau, 4. Festival der Weltkulturen Horizonte '89 (Sievernich, Gereon and Budde, Hendrik, eds.): Europa und der Orient, 800-1900, Berlin 1989

Staatliche Museen: (Frank, Hilmar and Keisch, Claude), Asmus Jakob Carstens und Joseph Anton Koch - zwei Zeitgenossen der Französischen Revolution. Berlin 1990

Staatliche Museen, Nationalgalerie: (Schuster, Peter-Klaus), Carl Blechen zwischen Romantik und Realismus., Berlin 1990

科隆：

Wallraf-Richartz-Museum, (Mai, Ekkehard / Cymmek, Götz): Heroismus und Idylle. Formen der Landschaft um 1800. Cologne 1984

杜塞尔多夫：

Kunstmuseum, (Baumgärtel, Bettina, ed.): Angelika Kauffmann -Retrospektive, Düsseldorf/Ostfildern-Ruit 1999

法兰克福：

Städtische Galerie im Städelschen Kunstinstitut (Dorra, Henri / Eich, Paul/ Gallwitz, Klaus): Die Nazarener,

Frankfurt 1977

汉堡：

Hamburger Kunsthalle
(Toussaint, Helene / Hohl, Hanna):
Ossian und die Kunst um 1800,
Hamburg 1974
(Grohn, Hans-Werner / Holsten,
Siegmar): Caspar David Friedrich,
Hamburg 1974
(Schiff, Gert): Johann Heinrich
Füssli, Hamburg 1975
(Bindmann, David): William Blake,
Hamburg 1975
(Wilton Andrew / Holsten, Siegmar):
William Turner und die Landschaft seiner
Zeit, Hamburg 1976 (Hohl, Hanna /
Schuster, Peter-Klaus): Runge in seiner
Zeit, Hamburg 1977/78 (Hofmann,
Werner / Hohl, Hanna): Goya. Das
Zeitalter der Revolutionen, 1789-1830,
Hamburg, 1981

卡尔斯鲁厄：

Kunsthalle, Moritz von Schwind,
Meister der Spätromantik, Karlsruhe,
1996

洛桑：

Musée cantonal des Beaux-Arts
(Berger, René, ed./Koella, Rudolf)
Charles Gleyre ou les illusions perdues,
Lausanne 1974/75

莱比锡

Kunsthalle Bremen, Museum der
Bildenden Künste, exhibition catalog,
Julius Schnorr von Carolsfeld, 1994

马德里：

Museo del Prado (Villar, Mercedes
Agueda): Antonio Rafael Mengs, 1728-
1779, Madrid 1980

慕尼黑：

Haus der Kunst (Gage, John): Zwei
Jahrhunderte englische Malerei, Munich
1980 Haus der Kunst (Wichmann,
Siegfried):
Spitzweg, Munich 1985/86 Haus
der Kunst (Wichmann, Siegfried):
Gedächtnis-Ausstellung zum 200.
Geburtstag des Malers Wilhelm von
Kobell 1766-1853. Munich/Mannheim
1966
Bayerische Akademie der Schönen
Künste, im Königsbau der Münchner
Residenz (Hederer, Oswald / Lieb,
Norbert / Hufnagl, Florian): Leo von
Klenze als Maler und Zeichner, Munich
1977/78
Schack-Galerie (Heilmann,
Christoph), Ein Führer durch die
Sammlung deutscher Maler der
Spätromantik. Munich 1983 Paris:
Le Grand Palais (Rosenberg,
Pierre): De David à Delacroix. La
peinture française de 1774 à 1830,
Paris 1975 École des Beaux-Arts
(Grunchec, Philippe): Les Concours de
prix de Rome, 1797-1863. Paris 1986

Le Grand Palais: La Révolution française
et PEurope, 1789-1799. Paris, 1989
Le Grand Palais: (Laveissiäre, Sylvain /
Michel, Régis): Géricault, Paris 1992

斯图加特：

Staatsgalerie (von Holst, Christian):
Joseph Anton Koch, Ansichten der
Natur, Stuttgart 1989

安杰拉·雷森曼
新古典主义与浪漫主义绘画

背景资料：

Bernhard, B. (ed.): Deutsche
Romantik:
Handzeichnungen. 2 vols., 2nd
revised
edition, Munich 1974
Bott, G. / Schoch, R.: Meister der
Zeichnung. Drawings and water
colors
from the Graphische Sammlung of
the
Germanisches Nationalmuseum,
Nuremberg 1992
Christoffel, U.: Die romantische
Zeichnung von Runge bis Schwind,
Munich 1920
Dörries, B.: Zeichnungen der
Frühromantik, Munich 1960
Gallwitz, K. (ed.): Die Nazarener in
Rom. Ein deutscher Künstlerbund der
Romantik, Rom 1981
Gauss, U.: Die Zeichnungen
und Aquarelle des 19. Jh. in der
Graphischen Sammlung Stuttgart,
catalog, Stuttgart 1976
Heise, C. G.: Grosse Zeichner des
XIX. Jh., Berlin 1959
Hofmann, W.: Das Irdische
Paradies. Motive und Ideen des 19. Jh.,
2nd newly illustrated edn., Munich 1974
Jensen, J. C: Aquarelle und
Zeichnungen der deutschen Romantik,
Cologne 1978
Koschatzky, W.: Die Kunst der
Zeichnung. Technik, Geschichte,
Meisterwerke, Munich 81996
Müller-Thamm, P.: Nazarenische
Zeichenkunst (19th cent, drawings
and water colors in the Kunsthalle,
Mannheim, Vol. 4, ed. by Manfred Fath),
Berlin 1993
Rosenblum, R.: The International
Style of 1800. A Study in Linear
Abstraction, New York/ London 1976

个别艺术家：

Andersson, U./ Frese, A. (ed.): Carl
Philipp Fohr und seine Künstlerfreunde
in Rom, zum 200. Geburtstag des
Heidelberger Künstlers, Kurpfälzisches
Museum, Heidelberg 1995
Asmus Jakob Carstens: Goethes

Erwerbungen für Weimar. Catalog
of art collections in Weimar, ed. by R.
Barth; Part II: Zeichnungen aus Goethes
Besitz. Stiftung Weimarer Klassik, ed.
by M. Oppel. Schleswig-Holsteinisches
Landesmuseum, Schloß Gottorf,
Schleswig 1992
Badt, K.: Eugène Delacroix. Werke
und Ideale. Three essays, Cologne
1965
Becker, C. / Hattendorff, C: Johann
Heinrich Füssli. Das verlorene Paradies.
Staatsgalerie Stuttgart 1997-98
Bindman, D.: William Blake. His
Art and Times. Yale Center for British
Art, New Haven, Art Gallery of Ontario
1982-83
Blühm, A. / Gerkens, G. (ed.):
Johann Friedrich Overbeck 1789-
1869. Zur 200. Wiederkehr seines
Geburtstages, Museum für Kunst und
Kulturgeschichte Lübeck, Behnhaus
1989
Börsch-Supan, H. / Jähnig, K. W.:
Caspar David Friedrich, Munich 1973
Brown, D. B. / Schröder, K. A. (ed.):
J M W Turner, Munich-New-York 1997
Butlin, M.: The Paintings and
Drawings of William Blake, 2 vols., New
Haven/ London 1981
Gassier, P.: Francisco Goya. Die
Skizzenbücher, Fribourg 1973
Goldschmidt, E. / Adriani, G.
(ed.): Ingres et Delacroix, Aquarelles et
dessins, Kunsthalle Tübingen and Palais
des Beaux-Arts, Brussels 1986
Grunchec, P. (ed.): Géricault,
Aceademia di Francia a Roma, Villa
Medici 1979-80
Irwin, D.: John Flaxman 1755-
1826. Sculptor, Illustrator, Designer,
London 1979
Hofmann, W. (ed.): John Flaxman,
Mythologie und Industrie, Hamburger
Kunsthalle 1979
Hohl, H., Mildenberger, H. and
Sieveking, H.: Franz Theobald Horny.
Ein Romantiker im Lichte Italiens,
Kunstsammlungen zu Weimar,
Kunsthalle, Hamburg 1998-99
Holst, C. von (ed.): J. A. Koch
-Ansichten der Natur, Staatsgalerie,
Stuttgart 1989
Jacques-Louis David 1748-1825.
Musée du Louvre, Paris, Musée national
de château, Versailles, Paris 1989
Laveissière, S. (ed.): Prud'hon ou
le rêve de bonheur. Galeries nationales
du Grand Palais, Paris and Metropolitan
Museum of Art, New York 1997-98
Marker, P.: Selig sind,
die nicht sehen und doch
glauben. Zur nazarenischen
Land schaftsauffassung Ferdinand
Oliviers, in: Städel-Jahrbuch 1979, pp.

187-206 Moritz von Schwind, Meister
der Spätromantik, Kunsthalle/ Karlsruhe
and Museum der bildenden Künste/
Leipzig, 1996-97
Naef, H.: Die Bildniszeichnung von
J. A. D. Ingres, 5 vols., Berne 1977
Neidhardt, H. J. (ed.): Ludwig
Richter und sein Kreis, Ausstellung
zum 100. Todestag im Albertinum
zu Dresden (centenary exhibition),
Kupferstich-Kabinett, Dresden 1984
Philipp Otto Runge im Umkreis
der deutschen und europäischen
Romantik. 2nd Greifswald Conference
on Romanticism, Lauterbach/Putbus
1977 (Wissenschaftliche Zeitschrift,
Ernst-Moritz-Arndt University of
Greifswald, Gesellschafts- und
Sprachwissen schaftliche series 28,
1-2,1979), Greifswald 1979
Riemann, G. (ed.): Karl Friedrich
Schinkel 1781-1841, Staatliche Museen
zu Berlin, 1980-81
Riemann, G., Czok, C. and
Riemann-Reyher, U.: Ahnung &
Gegenwart. Drawings and water
colors of German Romanticism in the
Kupferstichkabinett, Berlin.Berlin 1994-
95
Scheffler, G. / Hardtwig, B.: Von
Dillis bis Piloty. German and Austrian
water colors, drawings and oil sketches
1790-1850 owned by the Staatliche
Graphische Sammlung 1979-80,
Munich 1979
Schiff, G.: Johann Heinrich Fuseli
1741-1825. 2 vols, Zurich/ Munich
1973
Schoch, R. (ed.): Johann Christoph
Erhard (1795-1822): Der Zeichner,
Germanisches Nationalmuseum,
Nuremberg 1996
Schuster, P.-K. (ed.): Carl Blechen.
Zwischen Romantik und Realismus,
Nationalgalerie Berlin, Berlin 1990.
Sonnabend, M.: Peter Cornelius.
Zeichnungen zu Goethes Faust aus der
Graphischen Sammlung, Städtische
Galerie im Städel, Frankfurt 1991
Stuffmann, M.(ed.): Eugène
Delacroix. Themen und Variationen.
Arbeiten auf Papier, Städtische Galerie
im Städelschen Kunstinstitut, Frankfurt
1987
Traeger, J.: Philipp Otto Runge
und sein Werk. Monograph and critical
catalog, Munich 1975
Vogel, G.-H. (ed.): Julius Schnorr
von Carolsfeld und die Kunst der
Romantik. Contributions to 7th
Greifswald Conference in Schneeberg,
Greifswald 1996
Wichmann, S.: Wilhelm von Kobell.
Monograph and critical catalog of
works, Munich 1970

516

519

图片来源

出版社在此对提供图片并授权复制图片的博物馆、图片资料馆及摄影师表示感谢。截至本书出版时，本书编者与出版社已竭尽全力确定图片版权的各个其他所有人。

1=左；r=右；m=中；a=上；b=下

尚未联系的任何个人或组织，以及认为对本书插图拥有版权的个人或组织，请与出版社联系。

除插图说明中提到的博物馆与机构之外，还应进行如下说明：

阿里纳利（Alinari），佛罗伦萨：108b、112bl、112 br、115bl、118b、312

美国国会大厦建筑师，华盛顿特区：315

艺术与历史档案馆，柏林/摄影：324b、331b、340、341ar、364a、364b、3651、384r、421b、434a、434b、449al、449bl、468a、472br；埃里希·莱辛（Erich Lessing）：323a

艺术史档案馆，慕尼黑：415a、465bl、465br

法国喜剧图片档案馆：254 1

S.A.图像档案馆/考比斯（CORBIS）：65

阿托太克，魏尔海姆/摄影：322、330ar、363b、374、433a、435、444、445、446/447、448b、449r、456、462b、470、473、500；拜耳（Bayer）和米特科（Mitko）：421a、474a、479；约阿希姆·布劳尔（Joachim Blauel）：319、413、424/425、426、427、428、429b、430、431、432、437、443a、455b、459、463 1、466、471、498b；布劳尔/格纳姆（Blauel/Gnamm）：33a、336、429a、462a、469、472a、478；汉斯·欣茨（HansHinz）：355、356、395a、439；约瑟夫·S·马丁（JosephS.Martin）：345b、352、353、357a、357b、358/59、361r；图片业务（Photobusiness）：477；克里斯托夫·桑迪格（ChristophSandig）：440/441、465a；阿尔弗雷德·席勒（AlfredSchiller）：474b；冯·德米尔贝（vonderMülbe）：460；G.韦斯特曼（G.Westermann）：349a、442b，彼得·维利（PeterWilli）：362/363、376 1

阿图尔，科隆/奥利弗·海斯纳（Oliver Heissner）：177

巴斯勒，马库斯，多斯奎尔斯（赫罗纳）：125、1261、126r、127a、127b、128、129a、129b、130、131、132a、132b、133、134a、134b、135a、135b、1361、136r、137a、137b、138b、139a、140a、140b、1411、141r、142al、142bl、142br、143a、143b、144、145、146al、146ar、146 b、147、262、311b

巴伐利亚国家博物馆，慕尼黑：251 r

巴伐利亚国有建筑、园林与湖泊管理处，慕尼黑 461b、463r

阿希姆·贝德诺尔茨，科隆：63、66b、67、70a、70b、71a、73a、73b、74/75、76、77a、77bl、78a、78b、81ar、81br、82al、82ar、87、88/89、90、91、92、93、94、95、96a、96b、97、981、98r、991、99r、100、160、162、1641,164r、166、167a、167b、168a、168bl、168br、175ar、175er、175bl、176al、176cl、176br、178、179、180a、180b、181a、181b、182al、182bl、182r、183、184、185br、186a、186b、187、188、189、190、192bl、192br、246a、246b、247、248/249、252r、278、279、282、283、291a、291b、295、299、300、301、304、316、317

安东尼奥·贝卢科，帕多瓦：116a

巴黎国家图书馆：7、71bc、81bl、84a、84c、84b、85、86a、86b、105a、105b、387b

马尔堡照片档案馆：442、448a

柏林普鲁士文化遗产图片档案馆/摄影：154b、280、281、284；约尔格·P·安德斯（Jörg P. Anders）：173bl、193、327、379、433b、438 1、438r、442 a、443b、454b、457、468b、472br、486b、493 1、493r、494a、495、497、499；克劳斯·格肯（Klaus Göken）：277 1、289、458 a；赖因哈德·赛克泽斯基（Reinhard Saczewski）：154a、173cl、326；吕特·沙赫特（Ruth Schacht）：290；埃尔克·沃尔福德（Elke Walford），汉堡：13、325a、383、389、450、451、452、461a

马库斯·博伦，贝吉施·格拉德巴：106a、106br、107、109、110a、110b、111、112a、113、114、115a、115c、116b、117、118a、119a、119b、120、121a、121b、122、1231、123r

伦敦布里奇曼艺术图书馆：332r、334ar、341b、343、365ar、365br；劳罗斯·吉罗东（Lauros·Giraudon）：71bl、77br、79a、368

伦敦不列颠博物馆：332bl

布尔卡托夫斯基（Burkatovski）美术图片馆，赫因波伦（rheinböllen）：216 1、216r、217ar、217bl、218a、219a、219u、220、221a、221c、222a、222b、223、2241、224r、225a、225b、226、227、228、229al、229ar、229b、255

阿希姆·宾茨，慕尼黑：169

阿奇贝尔塔雷利公民艺术收藏馆（Civica Raccolta delle Stampe Achille Bertarelli），米兰/摄影：萨波雷蒂（Saporetti）：108a

巴黎历史古迹和遗址国家基金会/摄影：帕斯卡尔·勒迈特（Pascal Lemaitre）：377u；卡罗琳·罗丝（Caroline Rose）：68

哥本哈根市博物馆：196bl、196br

考陶尔德艺术学院（Courtauld Institute of Art），摄影调查/布林斯列·福特（Brinsley Ford）爵士，伦敦：332al

皇家版权（Crown Copyright）NMR，斯文顿（Swindon，英国）：21o

底特律（Detroit）美术馆；奠基人协会（Founders Society）购买物，资金来源：伯特·L·斯莫克尔（Bert L. Smokier）夫妇与劳伦斯·A.·弗莱施曼（Lawrence A. Fleischmann）夫妇，1983年：337b、338；奠基人协会购买物，资金来源：本森与伊迪丝·福特基金会（Benson and Edith Ford Fund）和亨利二世基金会，1977年：417

葡萄牙里斯本博物馆研究所摄影文件司/摄影：弗朗西斯科·马蒂亚斯（Francisco Matias）：139b；卡洛斯·蒙蒂罗（Carlos Monteiro）：138a

达利奇画廊：42

巴黎国立高等美术学院：406/407、482r

英国遗产图片馆：334al

剑桥菲茨威廉博物馆：308r

Fotoflash，威尼斯：264

拉普兹图片工作室（Fotostudio Rapuzzi），布雷西亚（Brescia）：416 b, 418

克劳斯·弗拉姆（Klaus Frahm）：155、158、165a、165b、172b、185a、185bl、191、242a、242b、243

延斯·约恩·弗里曼德（Frimand, Jens·Jorgen），哥本哈根：196al、196ac

日耳曼国家博物馆，纽伦堡（Nürnberg）：236b

戈特弗里德·凯勒基金会，苏黎世美术馆保存：341 al

格拉夫·冯·舍恩博恩（Graf von Schönborn）/艺术收藏馆（Kunstsammlungen Schloß Weißenstein）：288

阿尔贝蒂娜博物馆（Graphische Sammlung Albertina），维也纳：496b、498r

于尔根·亨克尔曼（Henkelmann, Jürgen），柏林：276、286

维也纳历史博物馆：467

马蒂亚斯·伊娃尔森（Iwarsson, Mattias），乌普萨拉（Uppsala）：194b

柏林克罗伊茨贝格博物馆/摄影：克努兹·彼得森（Knud Petersen）：287

不来梅美术馆（Kunsthalle Bremen）：12b

苏黎世博物馆：11b、341al、489

佛罗伦萨艺术史研究所：415b

魏玛博物馆/摄影：德雷斯勒（Dreßler）：484

弗吉尼亚图书馆，里士满（Richmond）：314

慕尼黑卢克（LOOK）图片馆/摄影：豪克·德雷斯勒（Hauke Dressler）：197b；马克斯·加利（Max Galli）：197a；克里斯蒂安·赫布（Christian Heeb）：56、58bl、59b、60a；卡尔·乔汉（Karl Johaentges）：58a、58br

匈牙利素描，匈牙利图片，布达佩斯（Budapest）：200a、200b、201；阿提拉·穆德拉克（Attila Mudräk）：202

大都会艺术博物馆：购买物，罗杰斯基金会和匿名赠送，1944年（44.21ab）：258、259；Jr.塞缪尔P.埃弗里赠送，1904年（04.29.2）：351

米兰文化遗产活动部（Ministero per i Beni e le Attività Culturali）/摄影：安东尼奥·圭拉（Antonio Guerra）：268b

明尼阿波利斯美术馆（The Minneapolis Institute of Arts）：361 1、387a

弗洛里安·蒙海姆（Monheim, Florian）；罗曼·冯·格茨（von Götz, Roman）/蒙海姆图片档案馆：15、17、18a,18b、19、20a、20bl、20br、21b、22、23a、23b、24b、251、25r、26、27a、27b、28a、28b、29、30、31、32a、32bl、32br、33、341、34r、35、36a、36b、37a、37b、38、39、40、41al、41ar、41b、47、48a、48b、49a、49b、50、53a、53b、54a、54bl、54br、55、148ar、148br、149al、149ar、149bl、149br、150al、150ac、150er、150bl、150br、151al、151ar、151b、158b、159、161、163、231a、232a、232b、234/235、236a、237、238/239、240al、240br、241a、241b、244、245ar、245b、305、306、307、308a、309

昂热博物馆：396b

阿朗松（Alençon）博物馆/展览馆：397

第戎（Dijon）美术馆：360

鲁昂（Rouen）美术馆/摄影：迪迪埃·特拉然（Didier Tragin）/卡特林·朗西安（Catherine Lancien）：490

瓦伦斯（Valence）美术馆：481

洛桑（Lausanne）市立美术馆/摄影：J.C.迪克雷（J.C. Ducret）：402a、402b

法布尔博物馆（Musée Fabre），蒙彼利埃（Montpellier）：256

莱比锡造型艺术博物馆/摄影：梅尔滕斯（Maertens）：386

波士顿艺术博物馆：福赛思·维克斯（Forsyth Wiekes）收藏馆的福赛思·维克斯遗赠物：483r；募捐基金会赠送：486a

苏格兰国立美术馆，爱丁堡：337a

伦敦国立画廊图片馆：233

哥本哈根国立博物馆：196ar

伦敦国立肖像馆：261

国家信托基金照片图书馆（伦敦）/摄影：安德烈亚斯·冯·艾恩西德尔（Andreas von Einsiedel）：43、304b

下萨克森州博物馆，汉诺威：420

奥地利美景宫美术馆，维也纳 294、298、455a、475、476

马德里奥罗诺斯（Oronoz）照片档案馆：354、488b

小王宫，巴黎美术博物馆/摄影：405b；皮耶拉因（Pierrain）：482a

斯卡拉图片（Photo Scala），佛罗伦萨：106c、270、313、390

皮尔庞特摩根图书馆（The Piermont Morgan Library）/艺术资源中心，纽约：344

德国北部私人财产：423

雷德伍德（Redwood）图书馆与雅典娜神殿，罗得岛州纽波特/摄影：托马斯·帕尔默（Thomas Palmer）：57a

巴黎国家博物馆/摄影：360、373a、377a、378a、378b、385、388、392/393、396、398、400/401、411b、414b；阿诺代（Arnaudet）：366a、411a；阿诺代/让（Arnaudet/Jean）：375；阿诺代/J.朔尔（Arnaudet/J. Schor）：391；米谢勒·贝洛（Michèle Bellot）：492 1；热拉尔·布洛（Gérard Blot）：64a、230、380b、382、394、409a、410、491；热拉尔·布洛/C.让：370/371、372、384；热拉尔·布洛/J.朔尔：366b、367；C.让：268al、395b；埃尔韦·莱万多夫斯基（Hervé Lewandowski）：328/329、369、381、405 a、407b、408、409b、488a；R. G.奥赫达（R. G. Ojeda）：257、302、303、373b；彼得·维利（Peter Willi）：380a

科隆莱因绘画博物馆（Rheinisches Bildarchiv）：464、485伦敦皇家美术学院：483l

伊利莎白二世女王皇家收藏馆，温莎：331a

布莱顿皇家展览馆、图书馆及博物馆：520a、520b

伦敦约翰·索恩爵士博物馆，受托人借用/摄影：44、45a、45b、46b、323b；马丁·查尔斯（Martin Charles）：46al、46ar

卡尔斯鲁厄国立美术馆：499a

德累斯顿国家艺术博物馆：252 1

莫斯科国家普希金美术馆：416a

斯图加尔市国家美术馆：2、11

法兰克福斯特德尔美术馆/摄影：约亨·贝耶（Jochen Beyer）：

法兰克福市（Liebieghaus）美术馆/摄影：于尔叙勒·埃德尔曼（Ursula Edelmann）：253 1、293 1、293r、487

斯德哥尔摩国立博物馆/摄影：195；埃里克·科尔内留斯（Erik Cornelius）：263、310

瑞典剧院博物馆，斯德哥尔摩：191al、191ar

伦敦泰特美术馆（Tate Gallery）：320、321、324a、333b、335、339、342、345a、346、347、348a、458b

托马斯·杰斐逊纪念基金会/摄影：劳特曼（Lautmann），R.蒙蒂塞洛（R. Monticello）：57b

哥本哈根托瓦尔森博物馆/摄影：奥勒·沃尔比耶（Ole Woldbye）：272、274、275

托莱多艺术博物馆，托莱多，俄亥俄州：佛罗伦萨斯科特·利比（Scott Libbey）遗赠基金购买，以纪念其父亲莫里斯A.斯科特（Maurice A. Scott）：350

诺森伯兰郡公爵受托人：38、334b

德国柯尼希斯温特（Königswinter）坦德科姆（Tandecm）出版社有限责任公司/摄影：阿希姆·贝德诺尔茨（Achim Bednorz）：66a、69、72、79b、80、83a、83b、148cl、208；格拉尔德·祖格曼恩（Gerald Zugmann）：199a、199 b、203ar、203cr、204/205、206al、206 b、207、209 b、265ar、266、269、296、297

柏林乌尔斯坦因图片服务（Ullstein Bilderdienst）：277r

伦敦华莱士收藏馆，受托人许可：399

恩斯特·弗鲁巴，苏尔茨巴赫（陶努斯山）：24a

伦敦维多利亚与艾伯特图片馆：9、260、265b、348b、349b

格拉尔德·祖格曼恩（Gerald Zugmann），维也纳：209a、210、211ar、211cr、211bl、212a、212b、213a、213b

图片来源补遗，出自波士顿、底特律、纽约博物馆的插图：

258、259：克洛迪翁（Clodion），气球式纪念碑，大都会艺术博物馆；罗杰斯基金会购买及匿名赠送，1944年图片：版权所有，1990年，纽约大都会艺术博物馆

337页下图及338页：

富泽利（Fuseli），《一位年轻女人的肖像》与《梦魇》

底特律（Detroit）美术馆/奠基人协会（Founders Society）购买物，资金来源：伯特·L·斯莫克尔（Bert L. Smokier）夫妇与劳伦斯·A.·弗莱施曼（Lawrence A. Fleischmann）夫妇

图片：版权所有1983年，底特律美术馆

第351页：

科尔，《泰坦的高脚杯》

纽约大都会艺术博物馆，塞缪尔P.埃弗里（Samuel P. Avery）赠送，1904年

图片：版权所有1992年，纽约大都会艺术博物馆

第417页：

帕拉吉（Palagi），《爱神厄洛斯与普绪喀》

底特律美术馆/奠基人协会购买物，本森与伊迪丝·福特基金会和亨利二世基金会

图片：版权所有1977年，底特律美术馆

第483页右图与第486页上图：

募捐基金会赠送

波士顿美术博物馆许可